Rinker/Ditges/Arendt
Bilanzen

W0048425

Kompendium der praktischen Betriebswirtschaft

Das Kompendium der praktischen Betriebswirtschaft soll dazu dienen, das allgemein anerkannte und praktisch verwertbare Grundlagenwissen der modernen Betriebswirtschaftslehre praxisgerecht, übersichtlich und einprägsam zu vermitteln.

Dieser Zielsetzung gerecht zu werden, ist gemeinsames Anliegen des Herausgebers und der Autoren, die durch ihr Wirken an Hochschulen, als leitende Mitarbeiter von Unternehmen und in der betriebswirtschaftlichen Unternehmensberatung vielfältige Kenntnisse und Erfahrungen sammeln konnten.

Das Kompendium der praktischen Betriebswirtschaft umfasst mehrere Bände, die einheitlich gestaltet sind und jeweils aus zwei Teilen bestehen:

► Dem Textteil, der systematisch gegliedert sowie mit vielen Beispielen und Abbildungen versehen ist, welche die Wissensvermittlung erleichtern. Zahlreiche Kontrollfragen mit Lösungshinweisen dienen der Wissensüberprüfung. Umfassende Literaturverzeichnisse zu jedem Kapitel verweisen auf die verwendete und weiterführende Literatur.

► Dem Übungsteil, der eine Vielzahl von Aufgaben und Fällen enthält, denen sich ausführliche Lösungen anschließen, die schrittweise und in verständlicher Form in die betriebswirtschaftlichen Fragestellungen einführen.

Als praxisorientierte Fachbuchreihe wendet sich das Kompendium der praktischen Betriebswirtschaft vor allem an:

► Studierende der Fachhochschulen und Universitäten, Akademien und sonstigen Institutionen, denen eine systematische Einführung in die betriebswirtschaftlichen Teilgebiete vermittelt werden soll, die eine praktische Umsetzbarkeit gewährleistet.

► Praktiker in den Unternehmen, die sich innerhalb ihres Tätigkeitsfeldes weiterbilden, sich einen fundierten Einblick in benachbarte Bereiche verschaffen oder sich eines umfassenden betrieblichen Handbuches bedienen wollen.

Für Anregungen, die der weiteren Verbesserung der Fachbuchreihe dienen, bin ich dankbar.

Prof. Klaus Olfert
Herausgeber

Vorwort zur 14. Auflage

Unternehmerisches Handeln führt in der Regel zur buchhalterischen Erfassung. Dies dient sowohl als Basis für geplantes Handeln in der Zukunft als auch der Dokumentation.

Die Bilanzierung findet aufgrund der hohen praktischen Relevanz ihren Niederschlag immer im Rahmen der betriebswirtschaftlichen Ausbildung. Vorlesungen bzw. Veranstaltungen zum Thema Buchhaltung und Bilanzierung gehören zu jedem betriebswirtschaftlichen Studium bzw. jeder betriebswirtschaftlichen Weiterbildung als Pflichtfächer dazu. Auch in technischen Studiengängen werden betriebswirtschaftliche Kurse mittlerweile angeboten bzw. sind belegungspflichtig.

Das vorliegende Lehrbuch dient sowohl für Ausbildungszwecke als auch für interessierte Praktiker. Es gibt einen systematischen Überblick über die Bilanzierung eines Unternehmens im weiteren Sinne, d. h. die Aufstellung der Bilanz, der Gewinn- und Verlustrechnung, der Konzeption des Anhanges sowie des Lageberichts bis hin zur Konzernrechnungslegung. Ferner werden die grundlegenden Aufgaben und Konzepte von Sonderbilanzen dargestellt. Die Instrumente der Bilanzpolitik und somit Hinweise auf Ansatz- und Bewertungswahlrechte zur planmäßigen Gestaltung des Jahresabschlusses werden in einem separaten Kapitel erläutert. Das Vorgehen einer systematischen Bilanzanalyse wird außerdem ausführlich beschrieben.

Seit der 13. Auflage hat es keine wesentlichen Änderungen der gesetzlichen Regelungen gegeben. Die Änderungen des Bilanzrechtsmodernisierungsgesetzes (BilMoG) wurden bereits in der 13. Auflage eingearbeitet.

Nicht für alle, sondern nur für kapitalmarktorientierte Unternehmen sind die internationalen Rechnungslegungsvorschriften nach IFRS für den Konzernabschluss maßgeblich. Da das IFRS-Regelwerk einen erheblichen Umfang angenommen hat, habe ich in der vorliegenden Auflage auf Erläuterungen der IFRS verzichtet. Ich möchte an dieser Stelle auf das Lehrbuch Internationale Rechnungslegung nach IFRS der Autoren Professor Dr. Johannes Ditges und Uwe Arendt hinweisen.

Bei den Altautoren Prof. Dr. Johannes Ditges und Uwe Arendt möchte ich mich recht herzlich für deren ausgezeichnete Arbeit bedanken, die ich nun fortführen darf.

Die Verfasserin und der Verlag freuen sich auf Hinweise sowie Anregungen und Vorschläge aus der Leserschaft, gerne auch auf elektronischem Weg (**post@carolarinker.de**).

Carola Rinker
Freiburg, Mai 2012

Feedbackhinweis

Kein Produkt ist so gut, dass es nicht noch verbessert werden könnte. Ihre Meinung ist uns wichtig. Was gefällt Ihnen gut? Was können wir in Ihren Augen verbessern? Bitte schreiben Sie einfach eine E-Mail an: **c.ziegler@kiehl.de**

Als kleines Dankeschön verlosen wir unter allen Teilnehmern einmal pro Monat ein Buchgeschenk!

Dozentenservice

Als besonderer Service für Dozenten steht ab November 2012 zu diesem Titel auf der Website des Verlags unter **www.kiehl.de** > Studium > Kompendium der praktischen Betriebswirtschaft > Bilanzen ein kompletter Foliensatz als Gratis-Download zur Verfügung.

Benutzungshinweise

Kontrollfragen

Die Kontrollfragen dienen der Wissenskontolle. Sie finden sich am Ende eines jeden Kapitels.

Aufgaben/Fälle

Die Aufgaben/Fälle im Übungsteil dienen der Wissens- und Verständniskontrolle. Auf sie wird jeweils im Textteil hingewiesen:

Aufgabe 1 > Seite 417
Aufgabe 2 > Seite 417

Der Übungsteil befindet sich als „blauer Teil" am Ende des Buches. Es wird empfohlen, die Aufgaben/Fälle unmittelbar nach Bearbeitung der entsprechenden Textstellen zu lösen.

Diese Symbole erleichtern Ihnen die Arbeit mit diesem Buch:

 TIPP

Hier finden Sie nützliche Hinweise zum Thema.

 MERKE

Das X macht auf wichtige Merksätze oder Definitionen aufmerksam.

 ACHTUNG

Das Ausrufezeichen steht für Beachtenswertes, wie z. B. Fehler, die immer wieder vorkommen, typische Stolpersteine oder wichtige Ausnahmen.

 INFO

Hier erhalten Sie nützliche Zusatz- und Hintergrundinformationen zum Thema.

 RECHTSGRUNDLAGEN

Das Paragrafenzeichen verweist auf rechtliche Grundlagen, wie z. B. Gesetzestexte.

 MEDIEN

Das Maus-Symbol weist Sie auf andere Medien hin. Sie finden hier Hinweise z. B. auf Download-Möglichkeiten von Zusatzmaterialien, auf Audio-Medien oder auf die Website von Kiehl.

A. Grundlagen

1. Bilanz

Dem Wort Bilanz liegt – etymologisch gesehen – die Vorstellung einer im Gleichgewicht befindlichen zweischaligen Waage zu Grunde.

Damit werden folgende **Wesensmerkmale** der Bilanz angesprochen:

(1) Die Bilanz ist die Gegenüberstellung zweier Größen.

(2) Die Summen der beiden Größen, d. h. beider Seiten der Bilanz, sind gleich.

Im betriebswirtschaftlichen Sinne kann die Bilanz als **Gegenüberstellung von Vermögen (Aktiv-Seite) und Kapital (Passiv-Seite) zu einem bestimmten Zeitpunkt** bezeichnet werden:

AKTIVA	Bilanz zum 31.12.01	PASSIVA
Vermögen	Kapital	

Die Bilanz zeigt auf ihrer Passiv-Seite die Herkunft der finanziellen Mittel und auf ihrer Aktiv-Seite die Verwendung dieser Mittel:

AKTIVA	Bilanz zum 31.12.01	PASSIVA
Anlagevermögen Umlaufvermögen	Eigenkapital Fremdkapital	

Nach § 242 Abs. 3 HGB bilden die Bilanz und die Gewinn- und Verlustrechnung (GuV) den **Jahresabschluss**. Bei Kapitalgesellschaften ist der **Anhang** zusätzlicher Bestandteil des Jahresabschlusses (§ 264 Abs. 1 Satz 1 HGB), ergänzt um einen **Lagebericht**. Nicht konzernrechnungslegungspflichtige kapitalmarktorientierte Kapitalgesellschaften müssen den Jahresabschluss um eine Kapitalflussrechnung und einen Eigenkapitalspiegel erweitern.

Entsprechend dieser gesetzlichen Regelung und in Übereinstimmung mit der Betriebswirtschaftslehre (BWL) ist die Bilanz, d. h. die Gegenüberstellung des Vermögens und der Schulden zum Bilanzstichtag (§ 242 Abs. 1 HGB), Gegenstand der folgenden Ausführungen. Man spricht auch von der Bilanz im engen Sinne.

1.1 Aufgaben

Die Bilanz ist zweckbestimmt, d. h. es gibt nicht die eine Bilanz, sondern sie wird stets unter bestimmten Gesichtspunkten erstellt. Aus diesem Grunde lassen sich nur schwer allgemeine Aufgaben nennen, die sich für alle Bilanzen gleichermaßen stellen.

Ich beschränke mich auf die **Jahresbilanz**, die auf der Basis der handels- bzw. steuerrechtlichen Vorschriften erstellt wird. Sie steht – zusammen mit der GuV-Rechnung und dem Lagebericht – im Mittelpunkt dieses Buches.

Generell ist es Aufgabe der Jahresbilanz, dem Kaufmann selbst sowie außerhalb des Unternehmens stehenden Gruppen bzw. Institutionen **Informationen über die Entwicklung und Lage des Unternehmens** zu geben. Dies folgt bereits aus § 238 Abs. 1 Satz 2 HGB. Konkret fordert § 264 Abs. 2 HGB für Kapitalgesellschaften die Darstellung der

- ► Vermögenslage,
- ► Finanzlage und
- ► Ertragslage.

Die Rechnungslegung nach IFRS geht noch darüber hinaus. Danach sollen entscheidungsnützliche Informationen über die Vermögens-, Finanz- und Ertragslage sowie über deren Entwicklung im Zeitablauf vermittelt werden.

Hieraus lassen sich folgende Teilaufgaben der Bilanz ableiten:

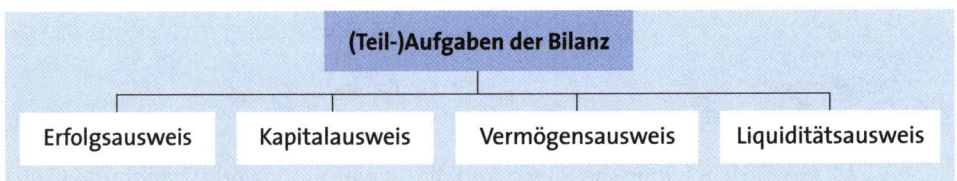

(Teil-)Aufgaben der Bilanz

| Erfolgsausweis | Kapitalausweis | Vermögensausweis | Liquiditätsausweis |

1.1.1 Erfolgsausweis

Der **Erfolg** ist nach handels- oder steuerrechtlichen Vorschriften auszuweisen. Dabei ist jedoch zu beachten, dass er durch geeignete Bilanzierungs- und Bewertungsmaßnahmen beeinflusst werden kann.

Ein Mangel beim bilanziellen Erfolgsausweis ist, dass er nur in seiner Höhe, nicht aber hinsichtlich seiner Zusammensetzung und Herkunft ausgewiesen wird. Diese Informationen sind nur aus der GuV zu entnehmen.

1.1.2 Kapitalausweis

Beim Ausweis des Kapitals hat die Bilanz zwei Aufgaben zu erfüllen:

(1) **Kennzeichnung des Kapitalaufbaus**
Hier ist die Gegenüberstellung von Eigen- und Fremdkapital von Interesse. Banken und andere Gläubiger werden dieses Verhältnis mit Interesse beobachten, da sich für sie das finanzielle Risiko bei geringer Eigenkapitalbasis erhöht.

(2) **Nachweis der Kapitalerhaltung**
Auch der Nachweis der Kapitalerhaltung ist von großer Wichtigkeit. Er kann aber auch durch geeignete Bewertungs- und Abschreibungsmaßnahmen beeinflusst werden, sodass es dem Außenstehenden schwierig oder unmöglich wird, den Umfang der Kapitalerhaltung zu beurteilen.

1.1.3 Vermögensausweis

Beim Vermögensausweis sind zwei Gesichtspunkte zu nennen:

(1) **Feststellung des Vermögens**
Das Vermögen in seiner Gesamtheit soll – genau aufgeschlüsselt – dargestellt werden. Die handelsrechtlichen Gliederungsvorschriften (§ 266 Abs. 2 f. HGB) berücksichtigen dieses Postulat.

(2) **Kennzeichnung des Vermögensaufbaus**
Hier werden häufig Anlagevermögen und Umlaufvermögen wertmäßig gegenübergestellt. Daraus lassen sich wichtige Erkenntnisse über die Wirksamkeit der Leistungserstellung ziehen.

1.1.4 Liquiditätsausweis

Der Ausweis der Liquiditätslage des Unternehmens mithilfe der Bilanz ist problematisch. Die Bilanz, die eine Zeitpunktrechnung darstellt, ist wenig geeignet, die Liquiditätslage eines Unternehmens aufzuzeigen.

Der in der Bilanz ermittelte Gewinn ist vom finanzwirtschaftlichen Standpunkt aus unrichtig. Darüber hinaus ist die Bilanz keine Einzahlungs- bzw. Auszahlungsrechnung.

Bilanzierungs- und Bewertungswahlrechte erlauben zudem die Bildung stiller Reserven, sodass der finanzwirtschaftliche Aussagegehalt eine weitere Beeinträchtigung erfährt.

Nicht zu verkennen ist jedoch, dass die Vorschriften des § 268 Abs. 4 f. HGB dazu dienen, die Bestimmung der **Liquiditätslage** von **Kapitalgesellschaften** zu erleichtern. Hiernach ist der Betrag der Forderungen (Verbindlichkeiten) mit einer Restlaufzeit von mehr als einem Jahr (bis zu einem Jahr) bei jedem gesondert ausgewiesenen Posten zu vermerken (siehe auch § 285 Nr. 1a, 3 und 3a HGB).

In der Praxis werden teilweise **Zusatzrechnungen** (Bewegungsbilanzen, Kapitalfluss-rechnungen) durchgeführt, um eine genauere Liquiditätsrechnung zu ermöglichen.

1.2 Adressaten

Der Jahresabschluss soll verschiedene Aufgaben erfüllen. Damit richtet er sich an ver-schiedene Adressaten, die ein berechtigtes Interesse an Bilanz, GuV und Anhang sowie Lagebericht haben:

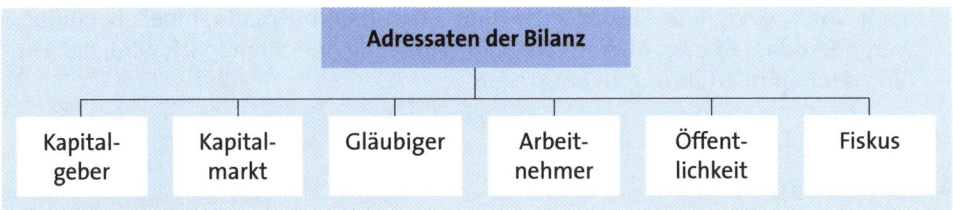

1.2.1 Kapitalgeber

Aus ihrer gesellschaftlichen Beteiligung am Unternehmen erhalten die Kapitalgeber eine Reihe von Mitverwaltungsrechten, deren Ausmaß sich in erster Linie nach der rechtlichen Gestalt des Unternehmens richtet. Um ihre Rechte wahrnehmen zu kön-nen, müssen sie einen Einblick in die Geschäfte des Unternehmens haben. Die Kapital-geber haben Anspruch auf Information.

Die Bilanz ist zusammen mit der GuV und ggf. Anhang, Kapitalflussrechnung, Eigenka-pitalspiegel und Lagebericht als **Rechenschaftsbericht** der Unternehmensleitung ge-genüber den Eigenkapitalgebern anzusehen. Sie soll dem Gesellschafter die Lage des Unternehmens, seine wirtschaftliche Tätigkeit und die wirtschaftlichen Interessen, in die es verflochten ist, zeigen, um ihm eine sachkundige Ausübung seiner Rechte zu er-möglichen. Eine umfangreiche Berichterstattung ermöglicht den Gesellschaftern, ihre Mitgliedschaftsrechte wahrzunehmen.

Eine unvollständige Darlegung der Vermögens- und Ertragslage bringt für die Anteils-eigner, die Kapitalgeber und Risikoträger sind, Gefahren mit sich. Aus diesem Grunde sieht § 325 HGB die **Offenlegung** des Jahresabschlusses und Lageberichts von Kapital-gesellschaften und Kapitalgesellschaften & Co. vor. Die Rechnungslegungsunterlagen sind beim Betreiber des elektronischen Bundesanzeigers elektronisch einzureichen sowie danach unverzüglich bekannt machen zu lassen. Entsprechendes gilt für große Unternehmen in anderer Rechtsform nach dem Publizitätsgesetz. Zu größenabhängi-gen Erleichterungen bei der Offenlegung siehe §§ 326 f. HGB.

1.2.2 Kapitalmarkt

Auch potenzielle Anleger haben einen Anspruch darauf, über die finanzielle Lage des Unternehmens informiert zu werden. Bilanz, GuV, Anhang, Kapitalflussrechnung, Eigenkapitalspiegel, ggf. Segmentberichterstattung und Lagebericht sollen dem Kapitalmarkt die erforderlichen Aufklärungen geben, um dem am An- und Verkauf von Wertpapieren des Unternehmens interessierten Publikum eine durch Kenntnisse fundierte Entscheidung zu ermöglichen.

Kapitalanleger haben somit die Möglichkeit, die **Angemessenheit des Börsenkurses** zu beurteilen und seine Entwicklungsmöglichkeiten abzuschätzen.

Die Forderung an die Publizitätspolitik eines kapitalsuchenden Unternehmens besteht darin, wahrheitsgemäß Rechnung zu legen; andernfalls würden die Kapitalanleger erhebliche zusätzliche Risiken eingehen.

Das Maximum aussagekräftiger Informationen bietet vor allem die Rechnungslegung nach IFRS für Kapitalgeber, da diese internationale Rechnungslegung primär die Informationsfunktion erfüllt.

1.2.3 Gläubiger

Für die Gläubiger bietet die Offenlegung des Jahresabschlusses die Möglichkeit, sich über die wirtschaftliche Lage des Schuldners zu informieren. Um die Gläubiger zu schützen und ihr Risiko zu begrenzen, sieht § 252 Abs. 1 Nr. 4 HGB eine **vorsichtige Bewertung** der Vermögensgegenstände vor. Ferner sind alle vorhersehbaren Risiken und Verluste, die bis zum Abschlussstichtag entstanden sind, zu berücksichtigen (siehe hierzu ausführlicher Abschnitt B.4.2.4).

§ 252 Abs. 1 Nr. 4 HGB wird ergänzt durch § 130a HGB, § 64 GmbHG und § 92 AktG, die ebenfalls dem Gläubigerschutz dienen. Diese Vorschriften schreiben die Beantragung des Insolvenzverfahrens vor, wenn das Unternehmen **zahlungsunfähig** oder **überschuldet** ist. Letzteres ist, wenn nicht aus der Bilanz im Rahmen des Jahresabschlusses ersichtlich, durch einen Überschuldungsstatus festzustellen.

1.2.4 Arbeitnehmer

Auch die Arbeitnehmer haben Anspruch auf Information. Sie sind am **Bestand ihres Unternehmens**, insbesondere ihres Arbeitsplatzes, interessiert.

Das kommt zum Ausdruck durch das Betriebsverfassungsgesetz und das Mitbestimmungsgesetz.

Es gibt bei AG, KGaA, GmbH und anderen Unternehmen i. S. von § 1 MitbestG einen Aufsichtsrat, der zur Hälfte von der Belegschaft gestellt wird und dem u. a. die Prüfung des Jahresabschlusses obliegt. Zur Zusammensetzung des Aufsichtsrats im Einzelnen siehe § 7 MitbestG. Eine paritätische Mitbestimmung unter Hinzufügung eines Unparteiischen gilt ferner für Unternehmen der Montanindustrie.

Schließlich haben Arbeitnehmer ggf. als „Kleinaktionäre" ein berechtigtes Interesse am Jahresabschluss.

1.2.5 Öffentlichkeit

Die interessierte Öffentlichkeit soll und muss ebenfalls Adressat der Bilanz, der GuV, des Anhangs und des Lageberichts sein, da die volkswirtschaftliche Betrachtung nicht außer Acht gelassen werden darf. Große Unternehmen berühren die Geschicke weiter Bevölkerungskreise. Damit wird es notwendig, die Öffentlichkeit zu informieren (siehe hierzu § 325 HGB).

1.2.6 Fiskus

Der Fiskus schließlich ist daran interessiert, die Gewinne, die das bilanzierende Unternehmen erzielt hat, mit Ertragsteuern (Einkommen-, Körperschaft-, Gewerbesteuer) zu belegen. Daher verlangt der Fiskus gem. §§ 140 f. AO die Ausstellung einer Steuerbilanz.

Grundlage der Steuerbilanz ist für Gewerbetreibende, die verpflichtet sind, Bücher zu führen und regelmäßig Abschlüsse zu machen die Handelsbilanz, wie sich aus § 5 Abs. 1 Satz 1 EStG ergibt (Maßgeblichkeit der Handelsbilanz). Abweichungen zwischen Handelsbilanz und Steuerbilanz ergeben sich aus unterschiedlichen Bilanzierungs- und Bewertungsvorschriften.

1.3 Arten

Zur Unterscheidung der wichtigsten Bilanzarten dienen insbesondere folgende Kriterien:

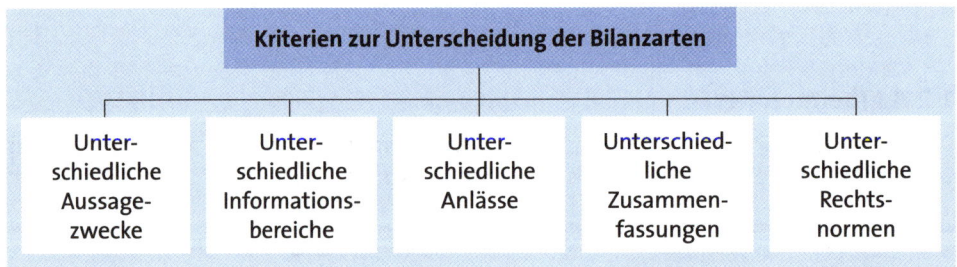

Kriterien zur Unterscheidung der Bilanzarten				
Unterschiedliche Aussagezwecke	Unterschiedliche Informationsbereiche	Unterschiedliche Anlässe	Unterschiedliche Zusammenfassungen	Unterschiedliche Rechtsnormen

1.3.1 Bilanzen unterschiedlicher Aussagezwecke

Als Bilanzen, die unterschiedlichen Aussagezwecken gerecht werden sollen, sind zu unterscheiden:

(1) **Erfolgsbilanzen**
Sie informieren über den Erfolg eines Unternehmens in einer bestimmten Periode. Dabei sind die handels- und steuerrechtlichen Bewertungsvorschriften zu beachten.

(2) **Statusbilanzen**
Sie sind mit den Erfolgsbilanzen eng verwandt. Da sie aber nur die am Stichtag vorhandenen Vermögensgegenstände und die Kapitallage zeigen wollen, sind weder Periodenabgrenzungen erforderlich noch bilanzrechtliche Höchstwertvorschriften zu beachten.

(3) **Liquiditätsbilanzen**
Sie sind Bilanzen, die unter den Gesichtspunkten „Grad der Liquidierbarkeit" und „Fälligkeit des Kapitals" erstellt werden.

(4) **Bewegungsbilanzen**
Sie sind Zeitraumrechnungen, die Mittelherkunft und Mittelverwendung gegenüberstellen, also die Bewegungen in den einzelnen Bilanzpositionen im Verlaufe einer Periode aufzeigen.

1.3.2 Bilanzen unterschiedlicher Informationsempfänger

Die Bilanzen unterschiedlicher Informationsempfänger können grundsätzlich in zwei Gruppen eingeteilt werden:

(1) **Interne Bilanzen**
Sie haben als Zielgruppe die Unternehmensleitung und werden erstellt, um ein genaues Bild über die Lage des Unternehmens zu erhalten und auf dieser Basis Dispositionen treffen zu können. Die Wertansätze in diesen Bilanzen sollen so realistisch wie möglich sein. Sie orientieren sich nicht an Vorschriften des Bilanzrechts.

(2) **Externe Bilanzen**
Anders ist es mit den externen Bilanzen, die sich an die verschiedenen Zielgruppen wenden. Sie sind im Allgemeinen nach den handels- und steuerrechtlichen Vorschriften zu erstellen. International tätige Unternehmen mit Sitz im Inland erstellen zunehmend ihre Bilanzen zusätzlich auf der Grundlage der Regeln der IFRS (International Financial Reporting Standards) bzw. der US-GAAP (Generally Accepted Accounting Principles). Seit dem 01.01.2005 müssen sämtliche kapitalmarktorientierte Unternehmen in Europa ihren Konzernabschluss nach den IFRS aufstellen (siehe hierzu § 315a HGB).

1.3.3 Bilanzen unterschiedlicher Anlässe

Die folgenden Bilanzen werden zu unterschiedlichen Anlässen erstellt:

(1) Periodenbilanzen

Periodenbilanzen sind laufende Bilanzen. Typisches Beispiel hierfür ist die Jahresbilanz, die zum Abschluss der gesetzlich fixierten (jährlichen) Rechnungsperiode erstellt wird. Denkbar sind aber auch interne Wochen-, Monats- oder Quartalsbilanzen.

(2) Sonderbilanzen

Den Periodenbilanzen stehen die Sonderbilanzen gegenüber, bei denen nicht der Ablauf einer Periode Erstellungsgrund ist, sondern irgendein sachlicher Anlass im Unternehmen. Hiernach sind vor allem zu unterscheiden:

▶ **Gründungsbilanzen**

Sie sind zu erstellen, wenn ein Unternehmen gegründet wird, d. h. neu entsteht.

▶ **Umwandlungsbilanzen**

Sie sind zu erstellen, wenn ein Unternehmen seine Rechtsform ändert.

▶ **Auseinandersetzungsbilanzen**

Sie sind zu erstellen, wenn Gesellschafter (z. B. durch Kündigung, Tod, Insolvenz) bei Personengesellschaften oder Gesellschaften mit beschränkter Haftung ausscheiden.

▶ **Fusionsbilanzen**

Sie sind zu erstellen, wenn mehrere rechtlich selbstständige Unternehmen zu einem Rechtsgebilde verschmolzen werden.

▶ **Sanierungsbilanzen**

Sie sind zu erstellen, wenn ein Unternehmen sich in finanziellen Schwierigkeiten befindet, die in einer Unterbilanz oder Überschuldungsbilanz erkennbar werden. Sanierungsmaßnahmen, die in einer Sanierungsbilanz darstellbar sind, können sein:

- Kapitalherabsetzung

- Minderung des Nennbetrages des Eigenkapitals

- Zuzahlung der Gesellschafter

- Zahlungsaufschub durch die Gläubiger

- Teilverzicht der Gläubiger.

▶ **Liquidationsbilanzen**

Sie sind zu erstellen, wenn ein Unternehmen freiwillig seine Tätigkeit beendet, d. h. aufgelöst wird.

▶ **Insolvenzbilanzen**

Sie sind zu erstellen, wenn ein Unternehmen aufgrund von Zahlungsunfähigkeit bzw. Überschuldung zwangsweise aufgelöst wird.

Zu den **„Sonderbilanzen"** siehe Kapitel H.

1.3.4 Bilanzen unterschiedlicher Zusammenfassung

Entsprechend der unterschiedlichen Art der Zusammenfassung können zwei Gruppen von Bilanzen unterschieden werden:

(1) **Einzelbilanzen**
    Sie werden von den einzelnen Unternehmen erstellt.

(2) **Konzernbilanzen**
    Sie sind von Unternehmen zu erstellen, die zwar rechtlich selbstständig sind, wirtschaftlich jedoch eine Einheit bilden.

1.3.5 Bilanzen unterschiedlicher Rechtsnormen

Bilanzen, denen unterschiedliche Rechtsnormen zu Grunde liegen, sind die Handels- und Steuerbilanzen.

Handelsbilanzen sind Bilanzen, die nach handelsrechtlichen Vorschriften erstellt werden. **Steuerbilanzen** richten sich grundsätzlich an der Handelsbilanz aus (§ 5 Abs. 1 Satz 1 EStG). Weichen die steuerlichen Vorschriften von den handelsrechtlichen ab, so haben erstere Vorrang.

1.3.5.1 Handelsbilanzen

Handelsbilanzen werden zur Information externer Interessengruppen erstellt:

- ► Kapitalgeber
- ► Gläubiger
- ► Arbeitnehmer
- ► Öffentlichkeit
- ► Kapitalmarkt.

Da nicht für jede dieser Interessengruppen eine gesonderte Bilanz erstellt werden kann, müssen die handelsrechtlichen Vorschriften zur Erstellung von Handelsbilanzen führen, die für alle genannten Gruppen verwendbar sind.

Die rechtlichen Grundlagen für die Erstellung von Handelsbilanzen finden sich in folgenden Gesetzen:

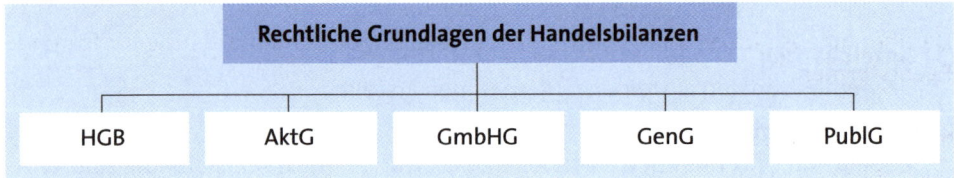

Handelsgesetzbuch

Das HGB enthält in den §§ 238 - 263 Rechnungslegungsvorschriften für alle Kaufleute und in den §§ 264 - 289a ergänzende Vorschriften für Kapitalgesellschaften und KapCo-Gesellschaften.

Die Vorschriften **für alle Kaufleute** betreffen

- Buchführung (§§ 238 f. HGB)
- Inventar und Inventur (§§ 240 f. HGB)
- Jahresabschluss (§§ 242 - 256 HGB)
- Aufbewahrung und Vorlage (§§ 257 - 261 HGB)
- Landesrecht (§ 263 HGB).

Beim **Jahresabschluss** sind zu unterscheiden

- allgemeine Vorschriften zur Aufstellung der Bilanz und der GuV-Rechnung (§§ 242 - 245 HGB)
- Ansatzvorschriften (§§ 246 - 251 HGB)
- Bewertungsvorschriften (§§ 252 - 256 HGB).

Sieht man von § 247 Abs. 1 HGB ab, wonach in der Bilanz das Anlage- und das Umlaufvermögen, das Eigenkapital, die Schulden sowie die Rechnungsabgrenzungsposten gesondert auszuweisen sind, so enthalten die allgemeinen Rechnungslegungsvorschriften keinerlei Regelung zur Gliederung der Bilanz bzw. der GuV. Einzelkaufleuten und Personengesellschaften bleibt insoweit nur die Möglichkeit, auf die Gliederungsvorschriften für Kapitalgesellschaften zurückzugreifen.

Für **Kapitalgesellschaften** enthält § 266 Abs. 2 f. HGB ein Gliederungsschema für die Bilanz und § 275 Abs. 2 f. HGB Gliederungsschemata für die GuV, wahlweise nach dem **Gesamtkosten-** oder **Umsatzkostenverfahren**. Ferner werden die allgemeinen Vorschriften zum Ansatz und zur Bewertung um detailliertere Regelungen ergänzt. Zu erwähnen sind insbesondere die Vorschriften zur Erläuterung der Bilanz und der GuV im Anhang (§§ 284 f. HGB) sowie zum Lagebericht. Näheres siehe in den Abschnitten B, C und D.

Der **Anhang** ist Teil des Jahresabschlusses. Die diesbezüglichen Vorschriften, die keineswegs auf die §§ 284 f. HGB beschränkt sind, dienen der besseren Information der Bilanzleser. Siehe hierzu Abschnitt D. 1.

Darüber hinaus gibt es im HGB noch **Sonderregelungen** zur Bilanzierung für folgende **Rechtsformen**:

- OHG (§ 120 HGB)
- KG (§§ 166 f. HGB)
- Stille Gesellschaft (§ 232 HGB)
- KapCo-Gesellschaften (§ 264c HGB)
- Konzern (§§ 290 ff. HGB)
- Genossenschaft (§§ 336 - 339 HGB).

Ferner enthält das HGB **ergänzende Vorschriften** für Unternehmen bestimmter **Geschäftszweige**. Es handelt sich hierbei um ergänzende Bilanzvorschriften für

- Kreditinstitute und Finanzdienstleistungsinstitute (§§ 340 - 340o HGB)
- Versicherungsunternehmen und Pensionsfonds (§§ 341 - 341p HGB).

Kreditinstitute, auch wenn sie nicht in der Rechtsform einer Kapitalgesellschaft betrieben werden, haben auf ihren Jahresabschluss die für große Kapitalgesellschaften geltenden Vorschriften anzuwenden und außerdem einen Lagebericht aufzustellen (§ 340a Abs. 1 HGB). Hierbei sind die Sondervorschriften der §§ 340b ff. HGB zu beachten.

Versicherungsunternehmen haben einen Jahresabschluss und einen Lagebericht nach den für große Kapitalgesellschaften geltenden Vorschriften in den ersten vier Monaten des Geschäftsjahres für das vergangene Geschäftsjahr aufzustellen und dem Abschlussprüfer zur Durchführung der Prüfung vorzulegen (§ 341a Abs. 1 HGB), wobei die sonstigen Bestimmungen des § 341a sowie der §§ 341b ff. HGB zu beachten sind.

Als „Fünfter Abschnitt" wurde mit den §§ 342, 342a HGB die Möglichkeit geschaffen, dass das Bundesministerium der Justiz ein privates Rechnungslegungsgremium sowie einen Rechnungslegungsbeirat berufen kann. Mit diesen Instrumenten sollen Entwicklungen von Rechnungslegungsgrundsätzen Rechnung getragen werden können.

Aktiengesetz

Das Aktiengesetz enthält nur wenige, den Besonderheiten der Aktiengesellschaft entsprechende Rechnungslegungsvorschriften. Sie betreffen

- den Ausweis des Grundkapitals, der gesetzlichen Rücklage und der Kapitalrücklage (§§ 150, 152 AktG)
- die Entwicklung des Bilanzgewinns/-verlusts aus der GuV (§ 158 AktG)
- zusätzliche Angaben im Anhang (§ 160 AktG).

GmbH-Gesetz

Gesellschaften mit beschränkter Haftung haben als Kapitalgesellschaften die Rechnungslegungsvorschriften der §§ 238 ff. und §§ 264 ff. HGB ebenso zu beachten wie Aktiengesellschaften. Sie haben damit

- die Bilanz und die GuV nach einem festen Schema zu gliedern
- einen Anhang und einen Lagebericht zu erstellen
- den Jahresabschluss mit Lagebericht durch einen Abschlussprüfer prüfen zu lassen – ausgenommen kleine GmbHs (§ 267 Abs. 1 HGB)
- eine Offenlegungspflicht (§§ 325 ff. HGB).

Die Vorschriften des HGB werden in den §§ 42 und 42a GmbHG um GmbH-spezifische Regelungen ergänzt.

Genossenschaftsgesetz

Genossenschaften müssen weitgehend nach den für Kapitalgesellschaften geltenden Bestimmungen Rechnung legen. Durch Sonderregelungen (§§ 336 - 339 HGB) werden jedoch Besonderheiten der Genossenschaften berücksichtigt.

Zusätzlich hierzu enthält § 33 GenG spezielle Vorschriften zur Buchführung, zur Gliederung des Jahresabschlusses und für den Fall der Überschuldung.

Publizitätsgesetz

Das PublG hat vor allem Bedeutung für Einzelkaufleute und Personengesellschaften, die nach § 1 PublG als Großunternehmen einzustufen sind. Kapitalgesellschaften, die die dort genannten Grenzen überschreiten, sind ohnehin nach §§ 264 ff. HGB – über die das PublG nicht hinausgeht – zur Rechnungslegung verpflichtet.

Die öffentliche Rechnungslegungspflicht setzt das Vorliegen von zwei der drei folgenden Größenmerkmale an drei aufeinander folgenden Abschlussstichtagen voraus:

- Bilanzsumme ist größer als 65 Mio €.

- Umsatz in den 12 Monaten vor dem Abschlussstichtag war größer als 130 Mio €.

- Im Durchschnitt der 12 Monate vor dem Abschlussstichtag waren mehr als 5.000 Arbeitnehmer beschäftigt.

1.3.5.2 Steuerbilanzen

Steuerbilanzen sind nach den Vorschriften des Steuerrechts abgewandelte Handelsbilanzen. Sie dienen nur einem Interessenkreis, dem **Fiskus**, als Grundlage für die Besteuerung.

Da die Vermögensteuer seit dem 01.01.1997 wegen der Verfassungswidrigkeit des Gesetzes (BStBl 1995 II S. 655) nicht mehr erhoben wird, entfallen seit diesem Zeitpunkt **Vermögensteuerbilanzen**.

Aufzustellen sind jedoch **Ertragsteuerbilanzen**.

Zwecke

Die Ertragsteuerbilanzen werden jährlich für die **Zwecke der Veranlagung zur Einkommen-, Körperschaft- und Gewerbesteuer** erstellt. Durch sie wird die Besteuerungsgrundlage der Unternehmen ermittelt.

Diese Grundlage bildet der Gewinn, der sich im Rahmen der steuerrechtlichen Vorschriften ergibt. Steuerrechtlich ist die Erfassung eines den tatsächlichen Verhältnissen entsprechenden Gewinns sicherzustellen. Dies ist ein fiskalischer Gesichtspunkt, der überdies in dem Grundsatz der Gleichmäßigkeit der Besteuerung der Steuerpflichtigen seine tiefere Grundlage hat.

Nach dem Willen des Steuergesetzgebers sind Gewinne in den Perioden zu versteuern, in denen sie entstanden sind. Gewinnverlagerungen sollen grundsätzlich nicht möglich sein. Die Bewertungsvorschriften enthalten deshalb Höchst- und Mindestgrenzen für die Bewertung von Wirtschaftsgütern.

In dem Maße jedoch, wie die Steuerbilanz auch der Verwirklichung wirtschafts- und konjunkturpolitischer Ziele zu dienen hat, wird von dem Grundsatz der Ermittlung eines exakten Periodengewinns abgegangen, und es werden allgemein oder nur bestimmten Steuerpflichtigen Gewinnverlagerungen gestattet.

Der allgemeine Grundsatz, dass in der Steuerbilanz keine Bildung von Reserven möglich sein soll, ist im Laufe der Jahre durch zahlreiche Sonderbestimmungen durchlöchert worden.

Rechtsgrundlagen

(1) **Abgabenordnung (AO)**

In der AO sind u. a. die Buchführungsvorschriften in den §§ 140 - 148 verankert. Bei Überschreiten bestimmter Betragsgrenzen schreibt § 141 AO jährliche Abschlüsse vor.

(2) **Handelsgesetzbuch (HGB)**

Die Pflichten zur Buchführung und zum Jahresabschluss nach §§ 238 ff. HGB sind nach § 140 AO auch für die Besteuerung zu erfüllen. Die Maßgeblichkeit der Handelsbilanz für die Steuerbilanz ergibt sich zudem aus § 5 Abs. 1 Satz 1 EStG, wonach das Betriebsvermögen nach den handelsrechtlichen GoB auszuweisen ist. Die §§ 238 - 256 HGB gelten überwiegend als kodifizierte GoB (Grundsätze ordnungsmäßiger Buchführung).

(3) **Einkommensteuergesetz (EStG)**

Im EStG sind für die Erstellung der Ertragsteuerbilanzen besonders die §§ 4 - 7i von Bedeutung:

- § 4 Abs. 1 EStG regelt als Grundnorm die Gewinnermittlung durch Betriebsvermögensvergleich.

- § 5 Abs. 1 Satz 1 EStG enthält für Gewerbetreibende, die aufgrund gesetzlicher Vorschriften verpflichtet sind Bücher zu führen, den Grundsatz der Maßgeblichkeit der Handelsbilanz für die Steuerbilanz. Auch in diesem Fall wird der Gewinn durch einen Betriebsvermögensvergleich ermittelt.

- § 6 EStG schreibt die Bewertung der einzelnen Wirtschaftsgüter nach Steuerrecht vor.

- §§ 7 - 7k EStG regeln die steuerlich zulässigen Abschreibungen.

(4) **Körperschaftsteuergesetz (KStG)**

Das KStG ist insofern Rechtsgrundlage für die Ertragsteuerbilanzen, als es in § 8 Abs. 1 Satz 1 auf die Vorschriften des EStG verweist.

(5) **Gewerbesteuergesetz (GewStG)**

Gemäß § 7 GewStG ermittelt sich der Gewerbeertrag auf der Grundlage von einkommen- oder körperschaftsteuerlichen Regeln, die ergänzt werden um Hinzurechnungs- und Kürzungsbestimmungen der §§ 8 f. GewStG.

Unter Hinzuziehung der allgemeinen handelsrechtlichen Rechnungslegungsvorschriften sind die das Bilanzsteuerrecht betreffenden Bestimmungen recht beachtlich. Dieser gesetzliche Rahmen bedarf dennoch der Ausfüllung durch die Grundsätze ordnungsmäßiger Buchführung und die Rechtsprechung. Das hat den Vorteil, dass das Bilanzsteuerrecht sich der wirtschaftlichen Weiterentwicklung laufend anpassen kann. Diesem Zweck dienen auch die §§ 342 und 342a HGB.

Auf der anderen Seite führt es wegen des Spielraumes, den Rechtsprechung und Finanzverwaltung bei der Auslegung der Steuergesetze haben, zu einer gewissen Uneinheitlichkeit und Unsicherheit bei den Bilanzierenden.

Im Zusammenhang mit der Erstellung des Jahresabschlusses interessiert uns ausschließlich die Ertragsteuerbilanz. Wenn im Folgenden von Steuerbilanzen gesprochen wird, sind deshalb immer Ertragsteuerbilanzen gemeint.

Eingeschränkte Maßgeblichkeit der Handelsbilanz

Der **Grundsatz der Maßgeblichkeit der Handelsbilanz für die Steuerbilanz** besagt, dass die Steuerbilanz aus der Handelsbilanz abzuleiten ist. Das ergibt sich aus § 5 Abs. 1 Satz 1 EStG, wonach bilanzierungspflichtige Gewerbetreibende den Gewinn für steuerliche Zwecke nach den handelsrechtlichen Grundsätzen ordnungsmäßiger Buchführung zu ermitteln haben.

Dabei sind die in § 5 Abs. 6 EStG genannten steuerrechtlichen Vorschriften zu beachten. Der Grundsatz der Maßgeblichkeit der Handelsbilanz für die Steuerbilanz bedeutet also, dass die aus dem kaufmännischen Ermessen sich ergebenden Bewertungsmöglichkeiten, die für die Handelsbilanz vorhanden sind, auf die Steuerbilanz und damit auf die Steuerveranlagung übertragen werden, soweit dem nicht **zwingende steuerrechtliche Vorschriften** entgegenstehen.

Die Maßgeblichkeit der Handelsbilanz ist dadurch **eingeschränkt**, dass handelsrechtliche Ansatzwahlrechte nach der Rechtsprechung des BFH (BStBl 1969 II S. 291) nicht für die Steuerbilanz gelten, sondern dort zu Aktivierungsgeboten bzw. Passivierungsverboten führen.

Der Hauptgrund für das **Auseinanderfallen** von Handels- und Steuerbilanz liegt darin, dass der handelsrechtliche Bewertungsspielraum häufig erheblich über den steuerrechtlichen hinausgeht. Unter fiskalischen Gesichtspunkten und zum Zwecke einer gleichmäßigen Besteuerung gibt es deshalb im Einkommensteuergesetz für die steuerliche Gewinnermittlung zum Teil **eigene Bewertungsvorschrift**en.

Soweit die Gewinnermittlung in der Handelsbilanz den steuerrechtlichen Vorschriften widerspricht, müssen die Ansätze der Handelsbilanz für die Zwecke der Besteuerung korrigiert werden.

Die Unternehmen sind gesetzlich nicht verpflichtet, eine gesonderte Steuerbilanz aufzustellen. Es genügt, steuerrechtliche Abweichungen von der Handelsbilanz in einer Nebenrechnung zu erfassen.

Maßgeblichkeit der Steuerbilanz

Die Steuerbilanz ist – wie gezeigt wurde – von der Handelsbilanz abhängig. In der Praxis ist es aber oft so, dass das Maßgeblichkeitsprinzip umgekehrt wird. Es werden insbesondere von Einzelkaufleuten und Personengesellschaften keine selbstständigen Handelsbilanzen erstellt, sondern man richtet sich bei der Bilanzierung vielfach danach, was die Finanzbehörden als steuerlich zulässig anerkennen.

Da in der Handelsbilanz grundsätzlich keine höheren Wertansätze erscheinen dürfen als in der Steuerbilanz, galt für die Inanspruchnahme von Steuervergünstigungen, dass die betreffenden Wertansätze auch in der Handelsbilanz erscheinen. Damit wurden steuerliche Vorschriften maßgeblich für die Handelsbilanz und verhinderten auch dort den Ausweis des tatsächlich in einem Wirtschaftsjahr erzielten Gewinns.

Die umgekehrte Maßgeblichkeit wurde mit Einführung des BilMoG (Bilanzrechtsmodernisierungsgesetz) durch Streichung von § 5 Abs. 1 Satz 2 EStG aufgehoben. Somit konnten alle handelsrechtlichen Öffnungsklauseln zur Berücksichtigung der steuerlichen Bilanzansätze entfallen. Im Sinne der Verbesserung des Informationscharakters des Jahresabschlusses ist die Aufhebung der umgekehrten Maßgeblichkeit damit ein zentraler Punkt der Bilanzrechtsreform.

Ertragsteuerbilanzen von Personengesellschaften

Die Besonderheit der Personengesellschaft (Mitunternehmerschaft) bringt es mit sich, dass neben der Steuerbilanz der Gesellschaft (Gesamthandsbilanz) oftmals noch Ergänzungsbilanzen oder Sonderbilanzen der Gesellschafter geführt werden müssen. Aus der Bezeichnung ergibt sich, dass es sich um Bilanzen von Gesellschaftern handelt, die die Bilanz der Gesellschaft **zur Gesamtbilanz ergänzen**. Danach sind folgende Steuerbilanzen von Personengesellschaften zu unterscheiden:

(1) **Gesamthandsbilanz (Steuerbilanz erster Stufe)**
Der Gewinn oder Verlust der Personengesellschaft ist durch Betriebsvermögensvergleich zu ermitteln. **Basis des Vermögensvergleichs** ist gem. § 5 Abs. 1 EStG die Handelsbilanz der Gesellschaft, aus der unter Beachtung der einkommensteuerlichen Bilanzierungsvorschriften die Steuerbilanz erster Stufe abgeleitet wird.

Zum (notwendigen) **Betriebsvermögen** gehören alle Wirtschaftsgüter, die zivilrechtlich oder wirtschaftlich i. S. von § 39 Abs. 2 Nr. 1 AO zum Gesellschaftsvermögen (**Gesamthandsvermögen**) gehören. Dies gilt auch bei teilweiser privater Nutzung, weil diese Wirtschaftsgüter in die Handelsbilanz aufzunehmen und somit entsprechend dem **Maßgeblichkeitsprinzip** lt. § 5 Abs. 1 Satz 1 EStG auch steuerlich als Betriebsvermögen anzusetzen sind.

Zu beachten ist, dass die Gesamtshandsbilanz (Steuerbilanz erster Stufe) **keine Mischbilanz** darstellt, d. h. dass sie nur solche Wirtschaftsgüter enthält, die der Gesellschaft zuzurechnen sind, **nicht** aber zum **Sonderbetriebsvermögen** eines Gesellschafters gehören.

(2) **Ergänzungsbilanzen**
Ergänzungsbilanzen dienen der **Berücksichtigung individueller Anschaffungskosten** eines Gesellschafters bzgl. des Gesellschaftsvermögens. Die Wertansätze der Steuerbilanz der Gesellschaft werden auf diesem Wege korrigiert und ergänzt. Bei der Ergänzungsbilanz handelt es sich **nicht um eine normale Bilanz**. Es werden keine Wirtschaftsgüter bilanziert, sondern die Differenz zwischen dem Kaufpreis für den Gesellschaftsanteil und dem übernommenen Eigenkapitalkonto. Diese ist für die künftige steuerliche Gewinnermittlung des Erwerbers sachgerecht den einzel-

nen Wirtschaftsgütern des Gesellschaftsvermögens zuzuordnen. Auf diese Weise gewinnt die Ergänzungsbilanz im Verhältnis zur Steuerbilanz der Gesellschaft den Charakter einer **Korrekturbilanz**. Sie führt zusammen mit den Ansätzen in der Steuerbilanz erster Stufe für das einzelne Wirtschaftsgut zum richtigen (Gesamt-) Wertansatz gem. § 6 Abs. 1 EStG oder zu dem Wert, für den sich der Gesellschafter im Rahmen eines Wahlrechts entschieden hat.

Die Aufstellung einer Ergänzungsbilanz ist immer dann notwendig, wenn ein Gesellschafter für den Erwerb oder die Erhaltung eines Kapitalanteils mehr oder weniger aufwendet, als ihm in der Gesamtbilanz der Personengesellschaft als Kapital ausgewiesen wird. Sie kommt vor allem in Betracht bei **Gründung** einer Personengesellschaft, bei **Eintritt** eines Gesellschafters, bei Gesellschafterwechsel oder **Änderung der Beteiligungsverhältnisse**, bei Zusammenschluss von Personengesellschaften. In den meisten Fällen wird der (neue) Gesellschafter mehr aufzuwenden haben, da ihm anteilig die stillen Reserven zuwachsen. Die Ergänzungsbilanz weist dann ein **Mehrkapital** des Gesellschafters gegenüber seinem Kapitalanteil in der Steuerbilanz der Gesellschaft aus. Auf der Passivseite erscheint der aufgewendete Mehrbetrag (Differenz zwischen Anschaffungskosten und Buchwert) als Ergänzungskapital, auf der Aktivseite wird er auf die einzelnen Wirtschaftsgüter aufgeteilt, für die er bezahlt wurde. Die **Zuordnung der einzelnen Mehr- oder Minderbeträge** zu den einzelnen Bilanzposten folgt den für die Steuerbilanz der Gesellschaft geltenden Grundsätzen, z. B. hinsichtlich Bewertung und Abschreibungsmethoden. Ergänzungsbilanzen sind so lange fortzuführen, wie die Mehr- oder Minderwerte vorhanden sind.

(3) **Sonderbilanzen**
Der Begriff „Sonderbilanzen" ist zweideutig. Einmal versteht man hierunter Bilanzen, die – im Gegensatz zur Jahresbilanz – nicht laufend und regelmäßig, sondern aus **besonderem Anlass** erstellt werden. Sonderbilanzen in diesem Sinne sind:

- Gründungsbilanzen
- Umwandlungsbilanzen
- Sanierungsbilanzen
- Auseinandersetzungsbilanzen
- Liquidationsbilanzen
- Vergleichsbilanzen
- Insolvenzbilanzen
- Überschuldungsbilanzen oder
- Liquiditätsbilanzen.

Daneben gibt es **Sonderbilanzen im Rahmen des Ertragsteuerrechts**. Um sie von den einmaligen oder unregelmäßigen Sonderbilanzen abzugrenzen, würde man sie besser als Sonderbetriebsbilanzen bezeichnen (so auch teilweise der BFH im Urteil vom 13.02.1996, VIII R 18/92; siehe hierzu nachstehend unter (4)). Damit würde deutlich gemacht, dass neben dem Betrieb der Personengesellschaft noch der Sonderbetrieb eines Gesellschafters (oder mehrerer Gesellschafter) besteht.

*„Bei dem Sonderbetrieb des Gesellschafters, der durch die Sonderbilanz repräsentiert wird, handelt es sich aber nicht um einen selbstständigen Betrieb oder Teilbetrieb. Vielmehr ist der Sonderbetrieb des Gesellschafters nach der Konzeption der Rechtsprechung des BFH nur ein **unselbstständiger Teil** der aus dem Betrieb der Gesellschaft und den Sonderbetrieben bestehenden **wirtschaftlichen Einheit"** (Knobbe-Keuk, S. 441).*

Dennoch sind die **Sonderbetriebsbilanzen** von der Gesellschaftsbilanz (siehe vorstehend unter (1)) **klar zu trennen**. Das ergibt sich schon aus dem Grundsatz der Klarheit nach § 243 Abs. 2 HGB, wonach der Jahresabschluss und damit die Bilanz klar und übersichtlich sein müssen. Ferner folgt dies aus § 238 Abs. 1 Satz 3 HGB, wonach sich die Geschäftsvorfälle aus der Buchführung verfolgen lassen müssen. Die klare Trennung zwischen Sonderbetriebsbilanzen und Gesellschaftsbilanz ist z. B. dann unumgänglich, wenn von den Gesellschaftern Schuldzinsen als **nachträgliche Betriebsausgaben** geltend gemacht werden, wie dies der BFH in seinem Urteil vom 13.02.1996, VIII R 18/92 der Fall war. Der VIII. Senat hat in diesem Zusammenhang **Mischbilanzen** als **unzureichend** abgelehnt.

Gegenstand der ertragsteuerrechtlichen Sonderbilanzen sind nach der BFH-Rechtsprechung Sonderbetriebsvermögen I und Sonderbetriebsvermögen II. Zum **Sonderbetriebsvermögen I** gehören die im Eigentum eines Gesellschafters stehenden Wirtschaftsgüter, die dem Betrieb der Personengesellschaft dienen oder bestimmt und geeignet sind, dem Betrieb der Personengesellschaft zu dienen. Hierzu rechnen insbesondere die dem Gesellschafter gehörenden Wirtschaftsgüter, die der Personengesellschaft (entgeltlich oder unentgeltlich) zur Nutzung überlassen sind. Zum **Sonderbetriebsvermögen II** gehören die Wirtschaftsgüter eines Gesellschafters, die unmittelbar zur Begründung oder Stärkung seiner Beteiligung an der Personengesellschaft eingesetzt werden (vgl. BFH vom 06.08.1985, BStBl 1986 II S. 17).

(4) Gesamtbilanz (Steuerbilanz zweiter Stufe)

Zur Ermittlung der steuerpflichtigen Einkünfte des Gesellschafters aus Gewerbebetrieb müssen der auf ihn entfallende, aus der Gesellschaftsbilanz abgeleitete Gewinnanteil und das Ergebnis einer etwaigen Sonder- und Ergänzungsbilanz zusammengefasst werden. Die Gesamtbilanz ergibt sich nun aus der gedanklichen Addition der Gesamthandsbilanz und der vorhandenen Sonder- und der Ergänzungsbilanzen.

Entscheidend für die steuerliche Gewinnermittlung ist jedoch, dass im Rahmen der einheitlichen und gesonderten Gewinnfeststellung aus der Summe aller Gesamthands-, Ergänzungs- und Sonder-GuV das steuerliche Ergebnis der Gesamtbilanz ermittelt wird.

2. Grundsätze ordnungsmäßiger Buchführung (GoB)

2.1 Pflicht zur Beachtung der GoB

Die Rechnungslegungsvorschriften sind bereits sehr umfangreich. Damit haben sich die GoB aber nicht erübrigt. Im Gesetz wird auf die Beachtung der GoB hingewiesen. So haben nach § 238 Abs. 1 HGB die Bücher des Kaufmanns den GoB zu entsprechen. Gemäß § 243 HGB ist der Jahresabschluss nach den GoB aufzustellen. Ferner sind beim Jahresabschluss der Kapitalgesellschaften lt. § 264 Abs. 2 HGB die GoB zu beachten.

2.2 Unterschiedliche Auffassungen zum Inhalt und zur Bestimmung der GoB

Der Inhalt der GoB ist trotz beachtlicher Versuche, Klarheit zu schaffen, nach wie vor umstritten. Die unterschiedlichen Ansichten beginnen schon bei der Frage, ob die GoB induktiv oder deduktiv ermittelt werden.

2.2.1 Induktive Ermittlung

Bei der induktiven Ermittlung ergeben sich die GoB nicht aus gesetzlichen Regelungen einzelner Tatbestände, sondern aus der **Anschauung und praktischer Übung ehrbarer Kaufleute**.

Diese Art der Ermittlung hat erhebliche Mängel:

(1) Die liberalistische Einstellung der Kaufleute führt *„zu einer weitgehenden Beschränkung von Umfang und sachlicher Klarheit der buchmäßigen Aufzeichnungen, mitunter sogar zu absichtlicher oder gedankenloser Vernachlässigung"*, wobei damit nicht zuletzt bezweckt wurde, *„ ... Dritten den Einblick in ihre Wirtschaftsverhältnisse – selbst auf Kosten der eigenen Übersicht – zu erschweren"* (Le Coutre).

(2) Es ist meist nicht klar nachweisbar, welche Grundsätze der Auffassung „ehrbarer Kaufleute" gerecht werden, vielmehr handelt es sich um nicht rational zu beweisende Werturteile (*Wöhe*).

(3) Bei Bilanzierungsproblemen, die *„aufgrund der wirtschaftlichen Entwicklung erstmalig auftreten"* (*Adler/Düring/Schmaltz*), erweist sich die induktive Methode ebenfalls als unpraktikabel.

(4) Sachbearbeiter, Steuerberater und Wirtschaftsprüfer haben meist ein wirtschaftswissenschaftliches Studium absolviert, sodass ihre Auffassungen vielfach nicht denen der reinen Praktiker entsprechen, sondern eine Übertragung der Betriebswirtschaftslehre in die Praxis darstellen (*Leffson*).

2.2.2 Deduktive Ermittlung

Es wird deshalb von der Gegenmeinung als notwendig angesehen, die Ermittlung der GoB deduktiv durchzuführen, d. h. **durch den Gesetzgeber und die Rechtsprechung** zu gestalten. Die Zielsetzungen des Jahresabschlusses müssen dabei maßgeblich sein.

Die Grundsätze, nach denen eine Buchführung ordnungsgemäß und sinnvoll geführt werden muss, können hiernach nur aus dem Sinn und den Aufgaben der Buchführung sowie ihres Abschlusses abgeleitet werden. Die Grundsätze sind daher (*Leffson*)

(1) aus den Zwecken, die mit Buchführung und Jahresabschluss erreicht werden sollen und

(2) aus dem jeweiligen, in Buchführung und Abschluss darzustellenden Sachverhalt abzuleiten, d. h. teleologisch und deduktiv.

Gesetzgeber und Rechtsprechung legen eigene Maßstäbe bei der Entwicklung der GoB fest. Die Gefahr ist hierbei, dass die praktische Übung außer Acht gelassen wird. Daher erscheint es zweckmäßig, die GoB sowohl mithilfe des induktiven als auch des deduktiven Verfahrens zu ermitteln.

In diesem Zusammenhang ist die Bildung eines privaten Rechnungslegungsgremiums gem. § 342 HGB sowie der Rechnungslegungsbeirat gem. § 342a HGB beachtlich. Beide Einrichtungen sind in der Lage, auch die GoB weiterzuentwickeln.

2.3 Wesen und Bedeutung der GoB

2.3.1 Allgemeingültigkeit der GoB

Diejenigen Autoren, die die GoB deduktiv aus Zielen und Zwecken der Buchführung abzuleiten suchen, übersehen – unter Vernachlässigung sprachlicher Genauigkeiten –, dass **Grundsätze** nicht ableitbar sind. Es handelt sich vielmehr um Sätze, aus denen sich andere Sätze ableiten lassen. Alle Wortbildungen mit „Grund" bringen das zum Ausdruck. Sie sind das Unterste, auf dem alles andere aufbaut. So sind Grundbegriffe die grundlegenden ersten Begriffe einer Wissenschaft. Grundrechte sind Rechte, auf denen alles sonstige Recht beruht. Grundsätze sind die Grundlage für alle übrigen Sätze.

Besonders deutlich wird das beim Grundsatz der Wirtschaftlichkeit. Er ist nicht auf die Buchführung beschränkt, sondern bestimmt generell das kaufmännische Handeln. Ähnlich ist es mit den Grundsätzen der Wahrheit und Klarheit. Das Gebot der Wahrheit beherrscht die Dokumentation schlechthin, nicht nur die Buchführung. Es gilt letztlich für jede Art von Information. Gleiches gilt für den Grundsatz der Klarheit. Er ist Voraussetzung für jeden Denkprozess und somit von einer Selbstverständlichkeit, dass sich eine „Ableitung" aus der Buchführung erübrigt. Wahrheit und Klarheit sind so gesehen **allgemein gültige Maßstäbe**. Entsprechendes gilt für den Grundsatz der Vorsicht. Er bestimmt weitgehend das menschliche Verhalten, um Schaden zu verhüten oder zu begrenzen. Die vorsichtige Bewertung im Rahmen des Jahresabschlusses ist nur ein Anwendungsfall unter vielen.

Im Gegensatz zu den allgemein gültigen Grundsätzen der Wahrheit, Klarheit, Vorsicht und Wirtschaftlichkeit sind die hieraus **abgeleiteten Sätze**, die als Leitsätze oder Prinzipien bezeichnet werden, **buchführungsspezifisch**, d. h. sie haben Gültigkeit nur für die Buchführung und den Jahresabschluss. Hierzu gehören das Anschaffungs-/Herstellungskostenprinzip sowie das Realisationsprinzip. Aus dem Grundsatz der Vorsicht leitet sich das Imparitätsprinzip ab (siehe ausführlicher zum Vorsichts-, Imparitäts- und Realisationsprinzip Abschnitt 4.2.4).

2.3.2 Sondercharakter der GoB

Die Unterscheidung zwischen Grundsätzen und abgeleiteten Sätzen ordnungsmäßiger Buchführung ergibt sich auch aus dem Gesetz. Die in zahlreichen Bestimmungen für z. T. recht unterschiedliche Sachverhalte immer wieder geforderte Beachtung der GoB setzt voraus, dass die GoB **allgemeine Gültigkeit** haben. Wenn z. B. in § 243 Abs. 1 HGB gefordert wird, dass der Jahresabschluss nach den Grundsätzen ordnungsmäßiger Buchführung aufzustellen ist, bedeutet das ohne Frage, dass u. a. das Realisationsprinzip und das Imparitätsprinzip zu beachten sind. Die genannten Prinzipien sind dagegen nicht brauchbar, wenn § 239 Abs. 4 und § 257 Abs. 3 HGB vorschreiben, dass moderne Buchführungsverfahren bzw. moderne Methoden der Belegaufbewahrung den GoB entsprechen müssen.

An diesem Beispiel zeigt sich, dass von Grundsätzen nur dann gesprochen werden kann, wenn sie auf formelle Buchführungsvorschriften ebenso passen wie auf materielle Bestimmungen der Bilanzierung. Diesem Erfordernis entsprechen lediglich die Grundsätze der Wahrheit, Klarheit, Vorsicht und Wirtschaftlichkeit. Dies verdeutlicht, dass die GoB von Gesetzes wegen einen Sondercharakter haben. Die generelle Anwendbarkeit schließt aus, dass sie mit den Prinzipien der Bilanzierung oder gar mit beliebigen Bilanzierungsregeln gleichgesetzt werden können. Erst diese klare Unterscheidung ermöglicht die Erkenntnis, dass es sich bei der vom Gesetz in den unterschiedlichsten Zusammenhängen vorgeschriebenen Beachtung der GoB um eine Generalnorm handelt, vergleichbar derjenigen des § 242 BGB.

2.3.3 Funktion der GoB

Damit kommt den GoB im Rahmen der Buchführung und des Jahresabschlusses eine **zentrale Bedeutung** zu. Das ergibt sich einmal aus dem Gesetz, das nicht nur für den Jahresabschluss die GoB als Maßstab setzt, sondern „generell" für alle Phasen der Rechnungslegung. Es folgt aber auch aus dem Wesen der Generalnorm. Diese stellt keine Lücke „intra legem" dar. Sie steht vielmehr hinter den gesetzlichen Normen und fängt die Tatbestände auf, die vom Gesetz nicht oder nicht hinreichend erfasst sind. Eine Generalklausel „umschließt" ein Rechtsgebiet (hier dasjenige der Rechnungslegung). Zeigen sich Lücken im Gesetz, z. B. infolge neuer Entwicklungen im wirtschaftlichen oder abrechnungstechnischen Bereich (z. B. EDV-Buchführung), so sind die am Rechtsverkehr Beteiligten nicht ohne Handhabe. Sie können auf die Generalklausel zurückgreifen.

Dass diese Generalnorm die vorher genannte Funktion zu erfüllen vermag, ist z. B. bei der Buchführung mithilfe der **Computer-Technik** deutlich geworden. Die Praxis war sich bewusst, dass auch bei diesem Verfahren die Grundsätze der Wahrheit und Klarheit (einschließlich Nachprüfbarkeit) zu beachten sind. Die Finanzverwaltung hat den organisatorischen Erfordernissen, die sich aus der neuen Buchführungstechnik ergaben, Rechnung getragen. Dank der GoB sind ohne gesetzliche Änderungen umwälzende Buchführungstechniken reibungslos eingeführt worden.

Bei einer Datenverarbeitungs-Buchführung sind, wie bei jeder anderen Buchführung, die GoB, insbesondere die **Ordnungsvorschriften** der §§ 238 f. und 257 HGB sowie die §§ 145 f. HGB **zu beachten**.

Diese ermöglichen wiederum den Zugriff und die Prüfung digitaler Unterlagen durch die Finanzverwaltung. Die in diesem Zusammenhang aufgestellten Grundsätze wurden im BMF-Schreiben vom 16.07.2001 – IV DZ – S 0316 – 136/01 (BStBl I S. 415 ff.) zusammengefasst.

2.4 Umfassende Geltung der GoB

Die GoB gelten nicht nur für die Buchführung im engeren Sinne. Unter Buchführung ist die gesamte Rechnungslegung zu verstehen, unter Bilanzrecht der spezielle Teil. Ferner gehört hierzu die Inventur als „Vorstufe" des Jahresabschlusses. Die GoB gelten deshalb für die Buchführung im engeren Sinne (§ 238 Abs. 1 HGB), die Inventur (indirekt § 241 HGB) und die Bilanzierung (§ 243 Abs. 1 HGB). Infolgedessen kann man unterscheiden:

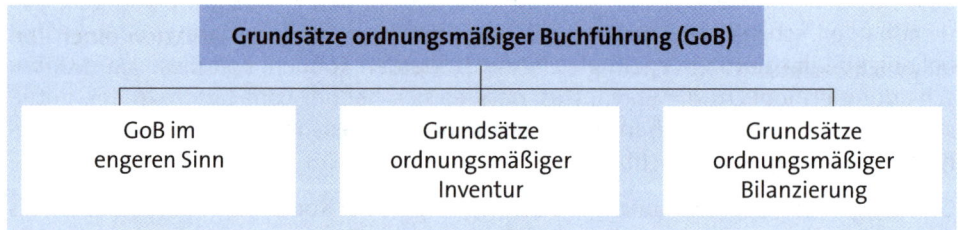

2.4.1 GoB im engeren Sinn

Bevor auf die GoB im engeren Sinn einzugehen ist, sollten das Wesen und die Einordnung der Buchführung kurz erläutert sowie der Kreis der Buchführungspflichtigen umrissen werden.

2.4.1.1 Buchführung

In der Buchführung erfolgt die Erfassung aller Vorgänge, die zu einer Veränderung von Vermögen und Kapital führen, sowie die periodische Zusammenstellung und sachliche Gliederung der Zahlen. Sie ist eine **Zeitraumrechnung**.

Die Buchführung ist ein Teilbereich des betrieblichen Rechnungswesens. Als weitere Bereiche werden üblicherweise genannt:

(1) Kurzfristige Erfolgsrechnung

Die kurzfristige Erfolgsrechnung – auch kurzfristige Betriebsergebnisrechnung genannt – bezieht sich bei der Ermittlung des Erfolges auf Zeiträume, die kleiner sind als die Rechnungsperiode eines Unternehmens, die in der Regel ein Jahr umfasst.

Vor allem monatlich oder quartalsweise sind kurzfristige Erfolgsrechnungen zu erstellen. Dabei sollen insbesondere die Ursachen für den positiven oder negativen Erfolg deutlich gemacht werden.

(2) Planungsrechnung

Sie versucht, das betriebliche Geschehen den Einwirkungen des Zufalls und der Ungewissheit zu entziehen. Die Planungsrechnung verkörpert ein rationales Handeln, indem sie die Tatbestände der Vergangenheit, Gegenwart und Zukunft, die sich aufgrund inner- und außerbetrieblicher Faktoren einstellen, berücksichtigt. Sie kann nicht auf die Daten des Rechnungswesens verzichten.

Zentrales Problem der Planungsrechnung ist das Problem der **Interpendanz**. Darunter ist die Schwierigkeit zu verstehen, im Rahmen der Gesamtplanung die einzelnen Teilplanungen so aufeinander abzustimmen, dass für das Unternehmen als Ganzes ein Optimum erzielt wird.

(3) Statistik

Die Statistik als weiterer Teilbereich des betrieblichen Rechnungswesens sammelt eine Vielzahl von Einzelerscheinungen, gruppiert sie nach bestimmten Merkmalen, analysiert Kosten und Ergebnisse in Form von Tabellen sowie grafischen Darstellungen. Sie bedient sich häufig statistisch-mathematischer Verfahren.

Die Statistik als analytisches Instrument hat besonders die **Funktion einer Vergleichsrechnung**.

Buchführungsrahmen

Grundlage und Ausgangspunkt der Buchführung ist der Kontenrahmen. Es gibt ihn als Gemeinschaftskontenrahmen (GKR) oder als Industriekontenrahmen (IKR).

Die Kontenklassen des GKR sind nach dem **Prozessgliederungsprinzip** aneinander gereiht, d. h. sie spiegeln den Prozess der Leistungserstellung und Leistungsverwertung wider. Dieses Prinzip bringt für den Arbeitsablauf des Rechnungswesens keine Vorteile mit sich. Es ist auch nicht den Gliederungsvorschriften des Jahresabschlusses angepasst.

Beim IKR ist die Geschäftsbuchhaltung dagegen nach dem – international mehr verbreiteten – **Abschlussgliederungsprinzip** gestaltet, wodurch es möglich wird, die Abschluss-, Prüfungs- und Revisionsarbeiten des Jahresabschlusses rationeller zu gestalten. Die Betriebsbuchhaltung im IKR ist – wie beim GKR – nach dem Prozessgliederungsprinzip aufgebaut.

	GKR	IKR
Kontenklasse 0	Anlagevermögen und langfristiges Kapital	Immaterielle Vermögensgegenstände und Sachanlagen
Kontenklasse 1	Finanz-, Umlaufvermögen und kurzfristige Verbindlichkeiten	Finanzanlagen
Kontenklasse 2	Neutrale Aufwendungen und Erträge	Umlaufvermögen und aktive Rechnungsabgrenzungsposten
Kontenklasse 3	Stoffe, Bestände	Eigenkapital und Rückstellungen
Kontenklasse 4	Kostenarten	Verbindlichkeiten und passive Rechnungsabgrenzungsposten
Kontenklasse 5	Kostenstellen	Erträge
Kontenklasse 6	Herstellungskosten	Betriebliche Aufwendungen
Kontenklasse 7	Bestände an halbfertigen und fertigen Erzeugnissen	Weitere Aufwendungen
Kontenklasse 8	Erträge	Ergebnisrechnungen
Kontenklasse 9	Abschluss	Kosten- und Leistungsrechnung

Buchführungspflicht

Nach **Handelsrecht** unterliegen alle im Handelsregister eingetragenen Betriebe der Buchführungspflicht, also alle Istkaufleute (§ 1 HGB), eingetragenen Kannkaufleute (§ 2 HGB) und Formkaufleute (§ 6 HGB).

Die Pflicht zur Buchführung folgt aus § 238 Abs. 1 HGB, die Pflicht zur Inventur aus § 241 HGB sowie die Pflicht zur Bilanzaufstellung und zum Jahresabschluss aus §§ 242 und 264 HGB. Daneben weisen die Spezialgesetze noch auf folgende Pflichten der Geschäftsführung bzw. des Vorstands hin:

- § 91 AktG (Pflicht zur Führung der Handelsbücher)
- § 41 GmbHG (Pflicht zur Buchführung und Bilanzaufstellung)
- § 33 GenG (Pflicht zur Buchführung und zum Jahresabschluss)
- § 5 PublG (Pflicht zur Aufstellung von Jahresabschluss/Lagebericht)
- § 155 InsO (Buchführungs- und Bilanzpflicht des Insolvenzverwalters).

Mit der Einfügung von § 241a HGB und 242 Abs. 4 HGB durch das BilMoG werden bestimmte Einzelkaufleute von der Buchführungs- und Bilanzierungspflicht befreit. Befreit sind danach Einzelkaufleute, die an Abschlussstichtagen von zwei aufeinanderfolgenden Geschäftsjahren jeweils nicht mehr als 500.000 € Umsatzerlöse **und** 50.000 € Jahresüberschuss erzielen.

Nach § 140 AO sind die handelsrechtlichen Buchführungs- und Bilanzpflichten auch im Interesse des **Steuerrechts** zu erfüllen.

Durch § 141 AO wird der Kreis derjenigen, die Bücher zu führen und aufgrund jährlicher Bestandsaufnahmen Abschlüsse zu machen haben, durch Überschreiten folgender Schwellenwerte abgegrenzt:

► Gesamtumsatz von mehr als 500.000 € oder

► selbstbewirtschaftete land- und forstwirtschaftliche Flächen mit einem Wirtschaftswert (§ 46 BewG) von mehr als 25.000 € oder

► Gewinn aus Gewerbebetrieb von mehr als 50.000 € im Wirtschaftsjahr oder

► Gewinn aus Land- und Forstwirtschaft von mehr als 50.000 € im Kalenderjahr.

Beginn und Ende der Buchführungspflicht

Sieht man von § 141 AO ab, so findet sich keine konkrete gesetzliche Regelung, die den **Beginn** der Buchführungspflicht festlegt. Nach § 240 Abs. 1 und § 242 Abs. 1 HGB hat der Kaufmann *„zu Beginn seines Handelsgewerbes"* ein Inventar und eine Bilanz zu erstellen. Hieraus ist zu folgern, dass der Kaufmann ab diesem Zeitpunkt auch zur Buchführung verpflichtet ist.

Bei Kapitalgesellschaften gehören die Gründung, Vorbereitung und Ingangsetzung schon zum Beginn des Gewerbebetriebs. Damit sind sie buchungspflichtig.

Von Kleingewerbetreibenden sowie Land- und Forstwirten ist die Buchführungspflicht nach § 141 Abs. 2 AO vom Beginn des Wirtschaftsjahres an zu erfüllen, das auf die Bekanntgabe der Mitteilung folgt, durch die die Finanzbehörde auf den Beginn dieser Verpflichtung hingewiesen hat. Die Buchführungspflicht endet mit dem Ablauf des Wirtschaftsjahres, das auf das Wirtschaftsjahr folgt, in dem die Finanzbehörde feststellt, dass die Voraussetzungen nach § 141 Abs. 1 AO nicht mehr vorliegen.

Sieht man vom Sonderfall des § 141 Abs. 2 Satz 2 AO ab, wo das Ende der Buchführungspflicht geregelt ist, wenn bestimmte Betragsgrenzen unterschritten werden, fehlen das Ende der Buchführungspflicht betreffende konkrete Bestimmungen. Aus § 242 HGB (= Beginn der Buchführungspflicht) ergibt sich der Umkehrschluss, dass die Buchführungspflicht immer dann endet, wenn der Kaufmann seine geschäftliche Tätigkeit einstellt. Voraussetzung ist allerdings, dass die Einstellung endgültig ist. Ruht der Gewerbebetrieb nur vorübergehend, so endet die Buchführungspflicht nicht. Im Falle der Betriebsaufgabe und Betriebsveräußerung sind alle hiermit zusammenhängenden Maßnahmen noch buchführungspflichtig. Im Falle der Insolvenz geht die Buchführungspflicht des Kaufmanns auf den Insolvenzverwalter über.

2.4.1.2 Grundsätze

Eine Buchführung ist **ordnungsmäßig**, wenn sie den Grundsätzen des Handelsrechts entspricht. Das ist der Fall, wenn die für die kaufmännische Buchführung erforderlichen Bücher geführt werden, die Bücher förmlich in Ordnung sind und der Inhalt sachlich richtig ist.

Man kann also zwischen einer materiellen (sachlichen) und einer formellen Ordnungsmäßigkeit unterscheiden:

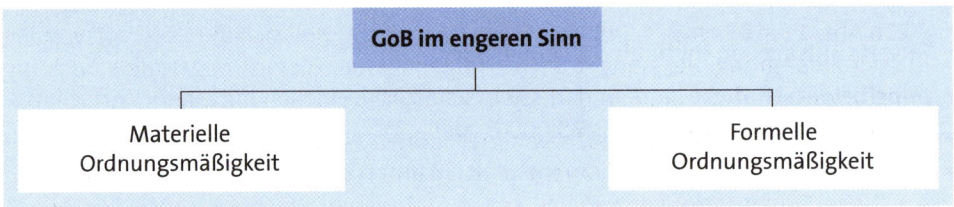

Materielle Ordnungsmäßigkeit

Die materielle Ordnungsmäßigkeit beinhaltet die Forderung nach Richtigkeit und Vollständigkeit der Aufzeichnungen (Grundsatz der **Wahrheit**).

Das bedeutet, dass

(1) Geschäftsvorfälle, die stattgefunden haben, aufzuzeichnen sind.

(2) Geschäftsvorfälle richtig aufzuzeichnen sind.

(3) Geschäftsvorfälle nicht aufgezeichnet werden dürfen, die nicht stattgefunden haben.

Dem tragen § 239 Abs. 2 HGB und § 146 Abs. 1 AO Rechnung. Danach müssen die Buchungen vollständig und richtig sein.

Formelle Ordnungsmäßigkeit

Die formelle Ordnungsmäßigkeit der Buchführung setzt Übersichtlichkeit und Nachprüfbarkeit voraus (Grundsatz der Klarheit). Dieser Grundsatz hat seinen Niederschlag
in folgenden Vorschriften gefunden:

▸ **§ 238 Abs. 1 HGB, § 145 Abs. 1 AO:** Die Bücher müssen so beschaffen sein, dass sich
ein sachverständiger Dritter innerhalb angemessener Zeit einen Überblick über die
Geschäftsvorfälle und über die Vermögenslage des Unternehmens verschaffen kann.

▸ **§ 239 Abs. 2 HGB, § 146 Abs. 1 AO:** Die Buchungen sind geordnet vorzunehmen.

▸ **§ 239 Abs. 1 HGB, § 146 Abs. 3 AO:** Danach sind die Buchungen und die sonst erforderlichen Aufzeichnungen in einer lebenden Sprache vorzunehmen. Werden Ab-
kürzungen, Ziffern, Buchstaben oder Symbole verwendet, muss im Einzelfall deren
Bedeutung eindeutig festliegen.

▸ **§ 239 Abs. 3 HGB, § 146 Abs. 4 AO:** Hiernach dürfen Buchungen oder Aufzeichnungen nicht in einer Weise verändert werden, dass der ursprüngliche Inhalt nicht mehr
feststellbar ist.

▶ **§ 239 Abs. 4 HGB, § 146 Abs. 5 AO:** Bücher und die sonst erforderlichen Aufzeichnungen können auch in der geordneten Ablage von Belegen bestehen oder auf Datenträgern geführt werden.

▶ **§ 238 Abs. 1 Satz 3 HGB, § 145 Abs. 1 AO:** Danach müssen sich die Geschäftsvorfälle in ihrer Entstehung und Abwicklung verfolgen lassen. Hieraus folgt: Keine Buchung ohne Beleg!

▶ **§ 257 HGB, § 147 AO:** Bücher, Inventare, Jahresabschlüsse und Lageberichte, Buchungsbelege, die zu ihrem Verständnis erforderlichen Arbeitsanweisungen und sonstigen Organisationsunterlagen sowie Unterlagen im Sinne von § 147 Abs. 1 Nr. 4a AO, die einer mit Mitteln der EDV abgegebenen Zollanmeldung beizufügen sind, sind 10 Jahre aufzubewahren. Handels- oder Geschäftsbriefe und sonstige Unterlagen, die für die Besteuerung von Bedeutung sind, sind 6 Jahre aufzubewahren.

Jeder Buchführung muss eine Systematik zu Grunde liegen. Der Betrieb konnte früher grundsätzlich wählen zwischen einfacher und doppelter Buchführung. Da aber nach § 242 Abs. 2 HGB neben der Bilanz auch eine GuV vorgeschrieben ist, die nur mithilfe der doppelten Buchführung erstellt werden kann, besteht kein Wahlrecht. Der Kaufmann ist vielmehr zur doppelten Buchführung verpflichtet.

Aufgabe 1 > Seite 417
Aufgabe 2 > Seite 417
Aufgabe 3 > Seite 417

2.4.2 Grundsätze ordnungsmäßiger Inventur

Bevor die Grundsätze ordnungsmäßiger Inventur behandelt werden, soll zunächst auf die Inventur selbst eingegangen werden.

2.4.2.1 Inventur

Mit der Inventur wird der tatsächliche Bestand des Vermögens und der Schulden eines Unternehmens für einen bestimmten Zeitpunkt mengen- und wertmäßig durch **körperliche Bestandsaufnahme** erfasst (§ 240 Abs. 1 f. i. V. mit § 241 HGB).

Die körperliche Bestandsaufnahme beim **Anlagevermögen** bereitet – besonders bei größeren Unternehmen – in der Praxis Schwierigkeiten. Deshalb kann der Bestand an Sachanlagevermögen aus einem Bestandsverzeichnis („Anlagenkartei") entnommen werden.

Wichtig für die Zulässigkeit dieses Verfahrens ist, dass das Bestandsverzeichnis alle **wesentlichen Informationen** enthält:

- genaue Bezeichnung des Anlagegutes
- Datum des Zugangs (Tag der Anschaffung oder Herstellung)
- Anschaffungs- bzw. Herstellungskosten
- Bilanzwert am Bilanzstichtag
- Tag des Abgangs.

Wird das Bestandsverzeichnis in Form einer Anlagenkartei geführt, so ist der Bilanzansatz aus der Summe der einzelnen Bilanzwerte der Anlagenkartei nachzuweisen. Einzelheiten siehe R 5.4 EStR.

Geringwertige Anlagegüter sind in voller Höhe als Betriebsausgaben absetzbar, wenn die Anschaffungs- oder Herstellungskosten (AK/HK) (ohne Umsatzsteuer) 150 € nicht übersteigen.

Wenn diese AK/HK 150 €, aber nicht 1.000 € übersteigen, dann ist ein Sammelposten zu bilden. Dieser Sammelposten ist im Jahr der Bildung und in den folgenden Jahren mit jeweils 20 % aufzulösen. Für die Abschreibung spielt es keine Rolle, ob ein Wirtschaftsgut aus dem Sammelposten ausscheidet oder nicht (§ 6 Abs. 2, 2a EStG). Seit 2010 besteht ein Wahlrecht, die Sofortabschreibung für geringwertige Wirtschaftsgüter bis 410 € oder die Poolabschreibung für alle Wirtschaftsgüter zwischen 150 € und 1.000 € anzuwenden.

Beim **immateriellen Anlagevermögen** sind die entsprechenden Kostenerfassungen Grundlage für den Ansatz in der Inventur.

Für die **Finanzanlagen** sind in der Inventur normalerweise die Depotauszüge ausschlaggebend.

Forderungen und Verbindlichkeiten werden durch Gegenüberstellung der Salden des Debitoren- und Kreditorenkontokorrents in einer Saldenliste erfasst.

Rechtliche Grundlagen

Die Inventur ist nicht direkt vorgeschrieben. Die Pflicht zur körperlichen Bestandsaufnahme ergibt sich indirekt aus § 240 Abs. 1 f. und § 241 HGB.

Nach § 240 Abs. 2 i. V. m. Abs. 1 HGB hat der Kaufmann für den Schluss eines jeden Geschäftsjahres seine Grundstücke, seine Forderungen und Schulden, den Betrag seines baren Geldes sowie seine sonstigen Vermögensgegenstände genau zu verzeichnen und dabei den Wert der einzelnen Vermögensgegenstände und Schulden anzugeben. Voraussetzung für die Aufstellung des **Inventars** ist die **Inventur** mit deren Hilfe die Buchwerte überprüft werden können.

Die Pflicht zur Inventaraufstellung beinhaltet somit die Pflicht zur Inventur. Inventur und Inventar sind so gesehen notwendige **Bestandteile des Jahresabschlusses**, weshalb Inventare ebenso wie Bücher, Bilanzen und GuV-Rechnungen 10 Jahre aufbewahrt werden müssen (§ 257 HGB).

Methoden

Die Inventur kann mittels verschiedener Methoden erfolgen, die – bis auf die Stichtagsinventur – in § 241 HGB geregelt sind.

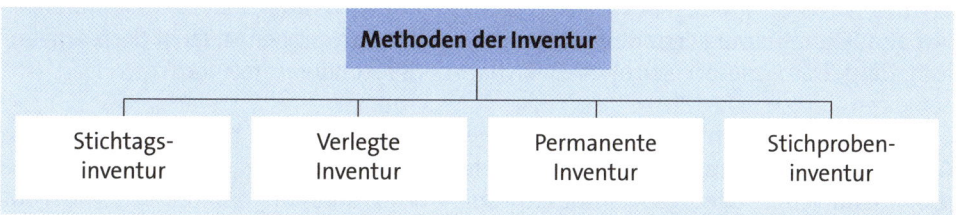

Die verschiedenen Methoden der Inventur beruhen grundsätzlich auf der körperlichen Ermittlung oder auf einer Kombination von körperlicher und buchmäßiger bzw. rechnerischer Ermittlung.

Stichtagsinventur

Bei der Stichtagsinventur muss die körperliche Bestandsaufnahme durch Zählen, Messen, Wiegen etc. nicht genau zum Bilanzstichtag erfolgen. Sie ist jedoch **zeitnah** durchzuführen, wobei man von einer Frist von 10 Tagen vor oder nach dem Bilanzstichtag ausgeht.

Bestandsveränderungen bis zum bzw. vom Bilanzstichtag an sind durch **Fortschreibung bzw. Rückrechnung** zu berücksichtigen. Es muss sichergestellt sein, dass die Bestandsveränderungen anhand von Belegen oder Aufzeichnungen ordnungsgemäß berücksichtigt werden.

Nur wenn die körperliche Bestandsaufnahme am Bilanzstichtag selbst erfolgt, kann ihr Ergebnis – unverändert durch buchmäßige Wertfortschreibung oder Wertrückrechnung – in das Inventar übernommen werden.

Die Stichtagsinventur hat wesentliche **Nachteile**:

(1) Störung des Betriebsablaufs, eventuell sogar Produktionsunterbrechung
(2) Aufnahmefehler bei Einsatz ungeschulten Personals
(3) hoher Arbeitsaufwand infolge hoher Lagerbestände.

Verlegte Inventur

Eine Inventur zum Bilanzstichtag ist nach § 241 Abs. 3 HGB auch dann nicht erforderlich, wenn eine körperliche Bestandsaufnahme für einen Tag innerhalb der letzten 3 Monate vor oder der beiden ersten Monate nach dem Schluss des Geschäftsjahres durchgeführt wurde bzw. wird.

In diesem Falle muss eine **wertmäßige Fortschreibung** bzw. **Rückrechnung** auf den Bilanzstichtag erfolgen.

Wichtig ist, dass – im Gegensatz zu der permanenten Inventur – hier das Inventar nicht auf den Bilanzstichtag erstellt wird, sondern das Datum seiner tatsächlichen Aufstellung trägt. Das Gesetz bezeichnet es deshalb als „besonderes Inventar".

Es ist dem Unternehmen freigestellt, die verlegte wie auch die permanente Inventur nur für bestimmte Vermögenswerte zu verwenden, während die restlichen Inventurgrößen durch die Stichtagsinventur ermittelt werden können.

Die verlegte Inventur bietet für die Unternehmen gewisse Erleichterungen. Wegen der **Nichtanwendbarkeit** in Sonderfällen siehe R 5.3 Abs. 3 EStR.

Permanente Inventur

Das Wesen der permanenten Inventur ist durch eine Zweiteilung des Aufnahmeaktes in eine **körperliche Bestandsaufnahme** und eine **buchmäßige Bestandsaufnahme** gekennzeichnet.

Von permanenter Inventur spricht man, wenn zu einem beliebigen Zeitpunkt des Geschäftsjahres eine körperliche Bestandsaufnahme und bis zum Bilanzstichtag eine **Fortschreibung** hinsichtlich Art, Menge und Wert der einzelnen Vermögensgegenstände erfolgt.

Das der Bilanz zu Grunde liegende Inventar wird bei der permanenten Inventur – im Gegensatz zu der Regelung bei der verlegten Inventur – für den Bilanzstichtag erstellt (§ 241 Abs. 2 HGB).

Voraussetzung für die praktische Durchführung und rechtliche Zulässigkeit der permanenten Inventur ist eine ordnungsgemäße **Lagerbuchführung**, die mithilfe der Lagerkartei fortlaufend die Zu- und Abgänge der Stoffe nach Art und Menge erfasst (H 5.3 EStR, Hinweis permanente Inventur).

Gegenstände, bei denen durch Schwund, Verdunsten, Verderb, leichte Zerbrechlichkeit oder ähnliche Vorgänge ins Gewicht fallende unkontrollierbare Abgänge eintreten, dürfen nicht mithilfe der permanenten Inventur erfasst werden, es sei denn, dass diese Abgänge sich mit Erfahrungssätzen zutreffend schätzen lassen. Ebenfalls unzulässig ist die permanente Inventur bei wertvollen Wirtschaftsgütern (R 5.3 Abs. 3 EStR).

Nicht anwendbar bzw. unzweckmäßig erscheint sie bei Vorräten, deren mengenmäßiger Abgang nach einzelnen Warenarten oder Artikeln aus organisatorischen Gründen nicht ermittelt werden kann, z. B. im Einzelhandel.

Die permanente Inventur – wie auch die verlegte Inventur – spielen für kurzfristige Bilanzen eine wesentliche Rolle, denn ein Unternehmen kann nicht am Ende eines jeden Monats oder Quartals eine körperliche Bestandsaufnahme zur Ermittlung der Ist-Werte vornehmen. Dies gilt in erster Linie für Tageswertbilanzen, die primär aus finanzwirtschaftlichen Erfordernissen erstellt werden.

Vorteile der permanenten Inventur sind:

(1) laufende Aufnahme während des Geschäftsjahres und während des Geschäftsbetriebes

(2) kein Abzug von notwendigem Personal aus anderen Abteilungen, das nicht die erforderliche Sachkenntnis besitzt

(3) Der Turnus und die Pläne der Aufnahme des Lagers sind nur einer zentralen Stelle bekannt (Überraschungsmoment).

(4) Die aus Kontrollabsichten resultierende Forderung nach häufiger Kontrolle der einzelnen Bestände lässt sich bei der permanenten Inventur leichter durchführen.

Stichprobeninventur

Die Stichprobeninventur darf angewendet werden, wenn sie den Grundsätzen ordnungsmäßiger Buchführung entspricht. Der Aussagewert des auf diese Weise aufgestellten Inventars muss dem eines aufgrund einer körperlichen Bestandsaufnahme aufgestellten Inventars entsprechen (§ 241 Abs. 1 HGB).

Die Stichprobeninventur ist eine Inventurmethode, bei der unter Anwendung der Stichproben-Theorie der Inventurwert eines Lagers in der Weise ermittelt wird, dass – vom Wert der entnommenen Stichproben ausgehend – durch **Hochrechnung auf den Wert des gesamten Lagers** geschlossen wird. Lediglich hochwertige Güter sollen vollständig aufgenommen und bewertet werden.

Ihrem Wesen nach stellt die Stichprobeninventur eine wertmäßige Aufnahme dar, denn es werden nicht Mengen, sondern Werte errechnet.

Im Gegensatz zur permanenten Inventur, bei der i. d. R. keine Verringerung des Arbeitsaufwandes, sondern lediglich eine zeitliche Verschiebung erfolgt, führt die Stichprobeninventur nach Einführung zu einer Verkleinerung des Arbeitsvolumens und stellt damit eine Rationalisierungsmaßnahme dar.

Besondere Bedeutung erlangt die Stichprobeninventur für die kurzfristige Erfolgsrechnung, denn sie ermöglicht, mit relativ geringer zeitlicher Beanspruchung die erforderlichen Ist-Werte zu ermitteln.

2.4.2.2 Grundsätze

Aus § 241 HGB ergibt sich, dass die dort genannten Inventurmethoden und damit die Inventur als solche den Grundsätzen ordnungsmäßiger Buchführung entsprechen müssen. Zu beachten sind insbesondere die Grundsätze der **Wahrheit, Vollständigkeit** und **Klarheit**. Ebenfalls zu beachten ist der Grundsatz der Wirtschaftlichkeit bzw. Wesentlichkeit.

(1) **Vollständigkeit und Richtigkeit**
Die Grundsätze der Vollständigkeit und Richtigkeit fordern, dass sämtliche Bestände aufzunehmen und mit den richtigen Werten im Inventar anzugeben sind. Diese Grundsätze sollen das Entstehen von „stillen Mengen-Reserven" verhindern.

(2) **Wirtschaftlichkeit bzw. Wesentlichkeit**
Richtigkeit und Vollständigkeit verlangen, dass alle Bestände grundsätzlich präzise zu erfassen sind, d. h. nicht nur überschlägig geschätzt werden sollen.

Hier kommt es jedoch auf das Maß des Zumutbaren an. So ist bei Kohlenvorräten auf der Halde eine Mengenabschätzung zulässig, die auf Abmessungen beruht.

Bestände an Betriebsstoffen sowie Betriebsmitteln können, sofern sie keinen erheblichen Teil des Vorratsvermögens darstellen, ebenfalls geschätzt werden.

(3) **Klarheit und Nachprüfbarkeit**
Im Inventar werden für die einzelnen Bestände Gegenstandsbezeichnungen verlangt, die es erlauben, die Gegenstände zu identifizieren.

Das Bestandsverzeichnis soll dazu dienen, die später nicht mehr mögliche Besichtigung der Vorräte zu ersetzen.

Aufgabe 4 > Seite 417
Aufgabe 5 > Seite 418
Aufgabe 6 > Seite 418

2.4.3 Grundsätze ordnungsmäßiger Bilanzierung

Nach § 243 Abs. 1 HGB ist der Jahresabschluss nach den GoB aufzustellen. Für die Bilanz als Teil des Jahresabschlusses sind somit die GoB maßgebend. Sie werden in ihrer speziellen Anwendung auf die Bilanz auch als Grundsätze ordnungsmäßiger Bilanzierung bezeichnet.

Bevor die Grundsätze ordnungsmäßiger Bilanzierung im Einzelnen erläutert werden, soll dargelegt werden, was als Bilanzierung anzusehen ist.

2.4.3.1 Bilanzierung

Unter Bilanzierung versteht man die Erstellung des Bilanzansatzes in formeller und materieller Sicht:

(1) **Formeller Bilanzansatz**
Er bezieht sich lediglich auf die Frage der Aktivierung und Passivierung, d. h. was in der Bilanz auszuweisen ist.

(2) **Materieller Bilanzansatz**
Bei ihm geht es um Fragen der Bewertung, d. h. mit welchem Betrag das einzelne zu aktivierende bzw. zu passivierende Wirtschaftsgut (nach Handels- bzw. Steuerrecht) in der Bilanz anzusetzen ist.

2.4.3.2 Grundsätze

Vier Grundsätze ordnungsmäßiger Bilanzierung können unterschieden werden:

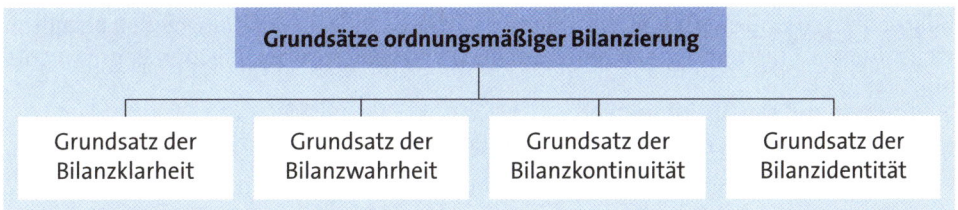

Grundsätze ordnungsmäßiger Bilanzierung

| Grundsatz der Bilanzklarheit | Grundsatz der Bilanzwahrheit | Grundsatz der Bilanzkontinuität | Grundsatz der Bilanzidentität |

Bilanzklarheit

Der Grundsatz der Bilanzklarheit ist in § 243 Abs. 2 HGB verankert. Er fordert, dass der Jahresabschluss klar und übersichtlich aufzustellen ist. Was darunter zu verstehen ist, ergibt sich in erster Linie aus den Gliederungsvorschriften der Bilanz und GuV in den §§ 266 und 275 HGB.

Es geht also in erster Linie um ein äußerlich einwandfreies Bilanzbild, das in seinen Grundzügen sofort eine auswertungsfähige Übersicht gewährt und auf diese Weise auch der Bilanzkritik zugänglich ist.

Neben den Gliederungsvorschriften sind noch folgende der **Bilanzklarheit** dienende Vorschriften zu nennen:

► das Saldierungsverbot des § 246 Abs. 2 HGB, wonach Aktiva und Passiva i. d. R. nicht miteinander verrechnet werden dürfen

► Angabe und Erläuterung der Vorjahresbeträge (§ 265 Abs. 2 HGB)

► Vermerk der Mitzugehörigkeit eines Bilanzpostens zu einem anderen Posten (§ 265 Abs. 3 HGB)

► Ergänzung der Bilanzgliederung beim Vorliegen mehrerer Geschäftszweige (§ 265 Abs. 4 HGB)

- Zulässigkeit einer weiteren Untergliederung der gesetzlichen Schemata und der Hinzufügung neuer Posten, soweit erforderlich (§ 265 Abs. 5 HGB)

- Änderung der Postengliederung und Postenbezeichnung, wenn wegen der Art der Geschäftstätigkeit des Unternehmens bestimmte Vermögensgegenstände und Schulden bzw. Aufwendungen und Erträge in dem auf den Normalfall abgestellten Gliederungsschema der §§ 266 und 275 HGB nicht berücksichtigt sind

- Zusammenfassung von Posten, weil jeder für sich unerheblich ist oder weil dadurch die Klarheit des Jahresabschlusses erhöht wird (§ 265 Abs. 7 HGB).

Ferner sind die §§ 268 und 272 HGB sowie die §§ 284 f. HGB (Angaben im Anhang) als der Klarheit dienende Bestimmungen zu erwähnen.

Bilanzwahrheit

Der Begriff der Bilanzwahrheit wird im Schrifttum mit Skepsis betrachtet. Er ist insofern verfehlt, als vom Gesetz keine wahre Bilanz vorgeschrieben wird, sondern eine Bilanz, die den GoB entspricht. Da jedoch u. a. der Grundsatz der Wahrheit zu beachten ist, ist meines Erachtens gegen den sprachlich ungenauen, aber üblichen Begriff nichts einzuwenden.

Im Gesetz hat der Grundsatz der Wahrheit – sieht man von § 154 AO, der die Kontenwahrheit vorschreibt, ab – direkt keinen Niederschlag gefunden. § 239 Abs. 2 HGB schreibt lediglich vor, dass die Buchungen **vollständig und richtig** vorgenommen werden müssen. Nach § 240 Abs. 1 f. HGB hat jeder Kaufmann zu Beginn seines Handelsgewerbes und für den Schluss eines jeden Geschäftsjahres seine Vermögensgegenstände in einem Inventar **genau** zu verzeichnen. Und nach § 246 Abs. 1 HGB hat der Jahresabschluss sämtliche Vermögensgegenstände, Schulden, Rechnungsabgrenzungsposten, Aufwendungen und Erträge zu enthalten. Im HGB wird also das Wort Wahrheit vermieden. Bei den genannten Formulierungen handelt es sich jedoch um **Umschreibungen** des Grundsatzes der Wahrheit. Sie machen zudem deutlich, dass die von Leffson an die Stelle der Wahrheit gesetzten Begriffe der Richtigkeit und Willkürfreiheit den Grundsatz der Wahrheit nicht auszufüllen vermögen.

Das Wahrheitspostulat beinhaltet nach den genannten Vorschriften,

(1) dass sämtliche Vermögenswerte in der Bilanz zu verzeichnen sind, d. h. die Bilanzwahrheit schließt auch die **Vollständigkeit** der Bilanz ein.

Hiernach verstoßen das Weglassen von Vermögensgegenständen, ebenso wie der Ansatz von fiktiven Posten, die Verrechnung aktivierungspflichtiger Ausgaben als Aufwand und falsche Rechnungsabgrenzung gegen die Forderung nach mengenmäßiger Wahrheit der Bilanz.

(2) Mit dem Grundsatz der Bilanzwahrheit verbindet sich aber auch die **Bewertung**, d. h. die wertmäßige Wahrheit der Bilanz.

Das Vorsichtsprinzip, das im Einzelnen noch erläutert wird, sowie die gesetzliche Bestimmung der Nicht-Aktivierungsfähigkeit bestimmter Vermögenswerte stehen dem Grundsatz der Bilanzwahrheit entgegen (siehe zum Vorsichtsprinzip Abschnitt B. 4.2.4.1).

Die Frage, ob eine Bilanz „wahr" ist, kann letztlich nur unter Beachtung der **Zwecksetzung der jeweiligen Bilanz** beantwortet werden. Eine absolute Postulierung des Grundsatzes der Bilanzwahrheit würde nämlich bedeuten, dass z. B. der nach handelsrechtlichen Bestimmungen aufgestellte Jahresabschluss als „unwahr" zu betrachten wäre, da diese Vorschriften die Legung von Reserven ermöglichen.

Einige Autoren sprechen deshalb von einer „relativen" Wahrheit, um einerseits zum Ausdruck zu bringen, dass die Wahrheit nie vollkommen sein kann, und zum anderen, dass gesetzliche Bestimmungen dem Bilanzierenden einen Ermessensspielraum einräumen oder ihm sogar einen Ausweis verbieten.

Bilanzkontinuität

Der Jahresabschluss muss trotz seiner zeitlich verspäteten Feststellung auch ein Instrument der Unternehmensleitung sein, wobei der Gewinn als Ausgangspunkt für künftige Dispositionen gilt.

Ein zutreffendes Bild von der Unternehmensentwicklung kann mithilfe des Jahresabschlusses aber nur gewonnen werden, wenn die einzelnen Abschlüsse untereinander vergleichbar sind. Dieser Voraussetzung dient der Grundsatz der Bilanzkontinuität.

Allgemein ergibt sich der **Bilanzierungsgrundsatz der Kontinuität** aus der Notwendigkeit, mehrere zeitlich aufeinander folgende Bilanzen zu vergleichen. Er bedeutet die gleichbleibende Anwendung bestimmter Regeln in Bezug auf Form und Inhalt der Bilanz.

Dementsprechend ist die Bilanzkontinuität unter formellen und materiellen Gesichtspunkten zu betrachten:

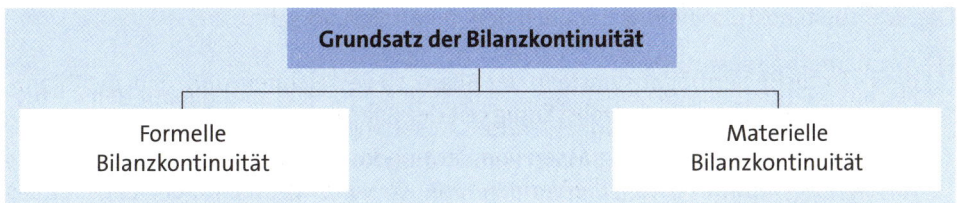

Formelle Bilanzkontinuität

Die formelle Bilanzkontinuität bezieht sich auf das äußere Bild des Jahresabschlusses. Sie umfasst insbesondere drei verschiedene Aspekte:

(1) **Aufstellung des Abschlusses nicht nur an einem bestimmten, sondern an einem gleichbleibenden Stichtag**
Insbesondere bei Saisonbetrieben wird die Vermögens- bzw. Kapitalkonstitution davon abhängen, ob der Bilanzstichtag vor, in oder nach der Saison liegt. Eine willkürliche Änderung des Stichtages nimmt den Bilanzen ihre Vergleichbarkeit.

(2) **Gleiche Gliederung in aufeinander folgenden Jahresabschlüssen**
Es ist zu fordern, dass das einmal gewählte Bilanzschema beibehalten wird. Das bedeutet, dass die Reihenfolge der Posten innerhalb der Bilanz konstant ist und darüber hinaus die einzelnen Posten stets innerhalb der gleichen Postengruppe erscheinen. Diese Forderung der Darstellungsstetigkeit beinhaltet weiter eine kontinuierliche Postenbenennung.

Für Kapitalgesellschaften ist die **Darstellungsstetigkeit** in § 265 Abs. 1 HGB festgelegt. Das Stetigkeitsgebot umfasst somit vor allem

- den **Aufbau** der Bilanz und Gewinn- und Verlustrechnung

- den **Inhalt** und die weitere Untergliederung der Einzelposten sowie

- die Darstellung von **Angaben** wahlweise entweder im Anhang oder in den beiden anderen Teilen des Jahresabschlusses.

(3) **Inhaltliche Stetigkeit der einzelnen Posten**
Eine einmal gewählte Zusammenfassung verschiedener Vermögenswerte in einem Posten sollte nicht ohne zwingenden Grund aufgegeben werden. Auf jeden Fall ist eine Veränderung ersichtlich zu machen.

Für Kapitalgesellschaften ergibt sich dies ebenfalls aus § 265 Abs. 1 i. V. mit Abs. 7 HGB.

Materielle Bilanzkontinuität

Die materielle Bilanzkontinuität umfasst die Anwendung gleicher Ansatz- und Bewertungsgrundsätze in der Bilanzfolge und die Wahrung des Wertzusammenhangs, die Wertfortführung in den Bilanzen. Man spricht deshalb auch von der „internen Bilanzstetigkeit".

Die materielle Bilanzkontinuität beinhaltet:

(1) **Ansatzmethodenstetigkeit**
Nach dem durch BilMoG eingefügten Abs. 3 in § 246 HGB sind die auf den vorhergehenden Jahresabschluss angewandten Ansatzmethoden beizubehalten. Gemäß der Regierungsbegründung erfordert eine transparente Rechnungslegung, auch bei Aktivierungs- und Passivierungswahlrechten, stetig zu verfahren. Vor dem Hintergrund der im Rahmen der Bilanzrechtsreform erfolgten Streichung vieler Ansatzwahlrechte kommt dem Grundsatz der Ansatzstetigkeit eher geringe Bedeutung zu.

(2) **Wertzusammenhang**
Wertzusammenhang bedeutet, dass der Wert der Bilanzposten in der Schlussbilanz des Vorjahres grundsätzlich nicht überschritten werden darf. Gemäß § 6 Abs. 1 Nr. 1 Satz 4 EStG ist allerdings eine Zuschreibung über den letzten Bilanzansatz hi-

naus geboten, sofern der Grund für eine frühere Abschreibung auf den niedrigeren Teilwert entfallen ist. Die fortgeführten Anschaffungs-/Herstellungskosten dürfen dabei nicht überschritten werden.

(3) **Bewertungsmethodenzusammenhang**

Der Bewertungsmethodenzusammenhang fordert, dass stets nur eine Bewertungsart zur Anwendung kommt. So darf z. B. bei der Vorratsbewertung nicht willkürlich von der Lifo- zur Fifo-Bewertungs-Methode übergegangen werden.

Dieser Grundsatz der Bewertungsstetigkeit ist in § 252 Abs. 1 Nr. 6 HGB vorgeschrieben. Danach sind die auf den vorhergehenden Jahresabschluss angewandten Bewertungsmethoden generell (auch bei Neuinvestitionen) beizubehalten. Eine Abweichung von der einmal gewählten Bewertungsmethode ist in begründeten Ausnahmefällen zulässig. Näheres hierzu siehe im Abschnitt B.4.2.6.

Bilanzidentität

Bilanzidentität ist die Gleichheit der Schlussbilanz eines Jahres und der Anfangsbilanz des folgenden Jahres. In beiden Bilanzen müssen demnach alle Positionen, Mengen und Werte völlig identisch sein.

Der Grundsatz der Bilanzidentität ist handelsrechtlich in § 252 Abs. 1 Nr. 1 HGB festgelegt. Er ergibt sich indirekt für die Steuerbilanz aus § 4 Abs. 1 Satz 1 EStG. Seine Einhaltung soll verhindern, dass durch Auseinandergehen der Positionen der Schlussbilanz eines Jahres und der Anfangsbilanz des folgenden Jahres Gewinne und damit Steuern manipuliert werden.

Darüber hinaus bewirkt der Bilanzenzusammenhang (= Bilanzidentität), dass unabsichtlich verlagerte Gewinne der Besteuerung nicht entgehen. Ist das Betriebsvermögen in einer Schlussbilanz zu niedrig angesetzt, so wird im folgenden Jahr (bzw. in den folgenden Jahren) der Unterschiedsbetrag zwischen den Betriebsvermögen (= Gewinn) entsprechend größer. Man spricht deshalb von der **Zweischneidigkeit der Bilanz**, die zur Erfassung des „Totalgewinns" eines Unternehmens führt.

Unterbrechungen der Bilanzidentität sind nur in Sonderfällen zulässig, z. B. DM-Eröffnungsbilanz, Bilanzierungsfehler.

Es sei darauf hingewiesen, dass in der Literatur die Bilanzidentität auch anders definiert wird; z. B. verwendet *Leffson* diesen Begriff für den Sachverhalt, den ich als formelle Bilanzkontinuität dargestellt habe.

Aufgabe 7 > Seite 418
Aufgabe 8 > Seite 419
Aufgabe 9 > Seite 419

2.4.3.3 Verstöße

Verstöße gegen die Grundsätze ordnungsmäßiger Bilanzierung gelten als Bilanzdelikte, die unter bestimmten Voraussetzungen (siehe §§ 283 - 283b StGB) strafbar sind.

Die häufigsten **Bilanzdelikte** sind:

- ► Bilanzfrisur
- ► Bilanzverschleierung
- ► Bilanzfälschung.

Bilanzfrisur

Eine Bilanzfrisur liegt dann vor, wenn die für die einzelnen Posten angesetzten Werte zwar der Bilanzwahrheit entsprechen, die Bezeichnung einzelner Posten jedoch nicht mit den realen Gegebenheiten übereinstimmt und damit als Täuschung anzusehen ist.

Beispiel

Ein einzelner Kraftwagen wird als „Fuhrpark" ausgewiesen. Dies hat zur Folge, dass – selbst wenn der effektive Wert richtig angegeben ist – der Bilanzleser stille Reserven vermuten wird.

Bilanzverschleierung

Eine Bilanzverschleierung liegt vor, wenn gegen das **Verrechnungsverbot** (§ 246 Abs. 2 HGB) verstoßen wird:

- ► Verbot der Saldierung von Forderungen und Verbindlichkeiten, soweit es sich nicht um gleichartige Forderungen und Verbindlichkeiten zwischen denselben Personen handelt (§ 387 BGB), deren Fälligkeitszeitpunkte nahe beieinander liegen. Diese Ausnahme gilt aber in keinem Falle für Forderungen und Verbindlichkeiten, die durch Wechsel, Schecks, Hypotheken und Grundschulden gesichert sind.
- ► Verbot der Saldierung von Grundstücksrechten und Grundstückslasten.

Die Saldierung von Bilanzposten führt zu einer Verkleinerung der Bilanzsumme, wodurch Fehlschlüsse aus der Bilanz gezogen werden können. Allerdings sind durch BilMoG Ausnahmen bei bestimmten Vermögensgegenständen, die in engem Zusammenhang mit langfristigen Verpflichtungen gehalten werden, eingeführt worden (§ 246 Abs. 2 Satz 2 HGB, Saldierungsgebot).

Bilanzfälschung

Die Bilanzfälschung bezieht sich vornehmlich auf drei Aspekte:

(1) **Falsche Bewertung**
Von Bilanzfälschung kann hier nur gesprochen werden, wenn es sich um Verstöße gegen Bewertungsvorschriften handelt. Die übliche Bildung von Reserven wird nicht als Bilanzfälschung zu betrachten sein.

(2) **Unterschlagene Bilanzposten**
Hier werden bewusst Vermögensteile weggelassen oder Verbindlichkeiten nicht aufgenommen.

(3) **Fiktive Bilanzposten**
Nicht vorhandene Vermögenswerte werden in die Bilanz aufgenommen.

Wird dem Bilanzierenden ein Wahlrecht eingeräumt, besteht also lediglich ein Bilanzierungsrecht, aber keine Bilanzierungspflicht, so liegt – wie auch verfahren wird – keine Bilanzfälschung vor.

Eine Bilanzfälschung ist demnach immer erst dann gegeben, wenn Sachverhalte vorsätzlich unwahr oder irreführend dargestellt werden mit dem Ziel, die Vermögens- und/oder Ertragslage zu verfälschen.

2.4.3.4 Bilanzkorrekturen

Bilanzkorrekturen, die wegen unzweckmäßiger oder falscher Werte erfolgen können, sind im Steuerrecht geregelt. Sie gehören nicht zu den GoB, hängen aber eng mit diesen zusammen, da die Korrekturen stets nur unter Beachtung dieser Grundsätze erfolgen dürfen und eine Ordnungsmäßigkeit der Bilanz erreichen wollen. Aus diesem Grunde werden sie an dieser Stelle behandelt.

Man unterscheidet folgende Bilanzkorrekturen:

► Bilanzänderung
► Bilanzberichtigung.

Bilanzänderung

Bei einer Bilanzänderung handelt es sich um den Austausch eines zulässigen Wertansatzes durch einen anderen zulässigen Wertansatz. Voraussetzung für eine Bilanzänderung sind somit **Bilanzierungs- und Bewertungswahlrechte**.

Vor Einreichung der Bilanz beim Finanzamt steht eine Änderung – wie in der Handelsbilanz – im Ermessen des Bilanzierenden.

Eine Änderung der Steuerbilanz ist zulässig, wenn sie im engen zeitlichen und sachlichen Zusammenhang mit einer Bilanzberichtigung z. B. durch eine steuerliche Prüfung steht. Die Auswirkungen der Bilanzänderung dürfen nicht über die der Bilanzberichtigung hinausgehen (vgl. § 4 Abs. 2 Satz 2 EStG).

Soweit Steuerpflichtige nach Handelsrecht zur Buchführung verpflichtet sind und tatsächlich bilanzieren, ist aufgrund des Maßgeblichkeitsprinzips der Handelsbilanz für die Steuerbilanz (vgl. § 5 Abs. 1 Satz 1 EStG) zu fordern, dass **zunächst die Handelsbilanz und in Angleichung daran dann die Steuerbilanz zu ändern ist**. Soweit die Aufstellung der Handelsbilanz besonderen Formvorschriften, z. B. nach Maßgabe des Aktiengesetzes unterliegt, ist Voraussetzung, dass zunächst die Handelsbilanz formgültig geändert wird. Es ist nicht zulässig, erst die Handelsbilanz des folgenden Jahres entsprechend anzugleichen.

Bilanzberichtigung

Von Bilanzberichtigung spricht man, wenn ein handelsrechtlich oder steuerrechtlich unrichtiger durch einen richtigen Wertansatz ersetzt wird.

Eine Bilanzberichtigung muss vorgenommen werden, wenn ein Bilanzansatz gegen zwingende Vorschriften des Handels- und Steuerrechts oder die GoB verstößt. Sie ist auch im Steuerrecht nicht von der Zustimmung des Finanzamtes abhängig.

Der BFH geht davon aus, dass ein Bilanzansatz nicht falsch sein kann, wenn der Kaufmann bei der Bilanzierung seine Kenntnisse von dem am Bilanzstichtag vorliegenden Sachverhalt pflichtgemäß und gewissenhaft verwendet. Nur die bis zur Bilanzerstellung erlangten Kenntnisse sind zu berücksichtigen.

Entgegen dem Wortlaut des § 4 Abs. 2 Satz 1 EStG **muss** eine unrichtige Bilanz berichtigt werden. Das gilt zumindest, solange eine Veranlagung noch nicht bestandskräftig ist. Nach Bestandskraft der Veranlagung ist eine Bilanzberichtigung nur insoweit möglich, als die Veranlagung nach den Vorschriften der §§ 172 ff. AO noch änderbar ist, z. B. bei Steuerbescheiden, die unter dem Vorbehalt der Nachprüfung stehen oder die wegen neuer Tatsachen oder Beweismittel geändert werden können.

Aufgabe 10 > Seite 420

3. Bilanztheorien

Bilanztheorien sind Auffassungen, die das Wesen, den Inhalt und die Aufgaben der Bilanzen darlegen. Ursprünglich waren sie reine Bewertungslehren, aber in zunehmendem Maße beschäftigen sie sich mit dem Inhalt und dem Zweck der Bilanz.

Die Bilanztheorien unterscheiden sich durch die verschiedenen Auffassungen vom **Wesen und Zweck der Bilanz** und den daraus gezogenen Folgerungen für die Bewertung und Gliederung der Bilanzposten sowie der Vollständigkeit der Kapitalerfassung und Ausweisung in allen prinzipiellen Phasen.

„Gemeinsam ist allen Bilanzauffassungen ihre primäre Ausrichtung auf die wissenschaftliche Erforschung des der Bilanz zu Grunde liegenden Zweckes sowie der zweckorientierten Bilanzwerte" (Münstermann).

Es gibt eine Vielzahl verschiedener Bilanztheorien, auf die hier nicht im Einzelnen eingegangen werden soll. Drei wichtige Gruppen von Bilanztheorien seien kurz dargestellt:

- statische Bilanztheorie
- dynamische Bilanztheorie
- organische Bilanztheorie.

3.1 Statische Bilanztheorie

Die Aufgabe der statischen Bilanztheorie besteht darin, für einen bestimmten Zeitpunkt, den **Bilanzstichtag**, den **Vermögens- und Schuldenstand zu ermitteln**. Dies geschieht durch Inventarisierung der zu diesem Stichtag vorhandenen Vermögensbestände und Schulden.

Das Reinvermögen des Unternehmens ergibt sich aus der Differenz von Bruttovermögen und Schulden. Der **Gewinn** bzw. Verlust des Geschäftsjahres wird durch den Vergleich des Reinvermögens am Ende der Abrechnungsperiode mit dem Reinvermögen zu Beginn der Periode ermittelt.

Da die Bilanz den Kapitalgebern Rechenschaft über die wirtschaftlichen Verhältnisse am Bilanzstichtag geben und außerdem ein Instrument zur ökonomischen Unternehmensführung sein soll, ist in erster Linie eine **genaue Gliederung der Bilanz erforderlich**. Aus diesem Grunde steht in der statischen Bilanztheorie die Gliederungslehre und nicht die Bewertungslehre im Mittelpunkt. Die verschiedenen Vermögens- und Kapitalteile sollen möglichst übersichtlich dargestellt werden, damit die Situation des Unternehmens klar ersichtlich ist. Zur Erhöhung der Einblicksmöglichkeit in die Verhältnisse des Unternehmens wird die indirekte Abschreibung verlangt.

Die **Bewertung** erfolgt mit dem Anschaffungswert. Ist aber der Tageswert niedriger als der Anschaffungswert, so gilt das Niederstwertprinzip.

Die Kapitalerhaltung ist infolge der Bewertung nur nominell gewährleistet. Bei Geldwertschwankungen kann die Substanz des Unternehmens nicht erhalten werden, wenn auch das Kapital rein geldziffernmäßig gleich bleibt. Dieser Einwand ist die Hauptkritik an der statischen Bilanztheorie.

Die statische Bilanztheorie lässt sich untergliedern in die ältere und die neuere statische Bilanztheorie.

3.1.1 Ältere statische Bilanztheorie

In ihrer ursprünglichen Form wurde die statische Bilanztheorie von Juristen entwickelt. Nach deren Auffassung ist die Bilanz das zusammengefasste Inventar. Bewertet wurde mit dem gemeinen Wert, dem Einzelveräußerungswert für alle im Unternehmen vorhandenen Vermögensteile.

Die Vertreter der älteren statischen Bilanzauffassung unter den Betriebswirtschaftlern (*Schär, Nicklisch, Osbahr*) sehen ebenfalls als Inhalt der Bilanz die **Vermögens- und Schuldbestände**. Darüber hinaus berücksichtigen sie die Aufwendungen und Erträge, wenn auch der Schwerpunkt weiterhin auf der Bilanz liegt.

Schär und *Nicklisch* wollen die GuV in die Bilanzrechnung einbeziehen und deren Inhalt von der Bilanz her interpretieren.

3.1.2 Neuere statische Bilanztheorie

Der bedeutendste Vertreter der neueren statischen Bilanztheorie ist *Le Coutre*, der in seiner Totalen Bilanz die statische Bilanzauffassung von ihrer Einseitigkeit befreit.

Er löst alle Positionen der Bilanz und GuV in Kapitalteile auf und deutet die Bilanz grundsätzlich als **Kapitalrechnung**. Das Schwergewicht liegt nicht mehr allein auf der Beständebilanz, sondern auch auf der Umsatzbilanz und der Aufwands- und Ertragsrechnung.

Die vier Aufgaben der Bilanz nach *Le Coutre*

- ► Wirtschaftsübersicht
- ► Wirtschaftsergebnisfeststellung
- ► Wirtschaftsüberwachung
- ► Rechenschaftslegung

können von einer einzigen Bilanz nicht erfüllt werden. Die Bilanz und die GuV reichen nicht aus. *Le Coutre* unterscheidet daher zwischen

- ► Beständebilanz
- ► Umsatzbilanz

► Leistungsbilanz

► Erfolgsbilanz.

Maßgeblicher Bilanzwert bei *Le Coutre* ist der Anschaffungswert. Er bezeichnet ihn als den natürlichen Rechnungswert der Bilanz und bevorzugt die indirekte Abschreibungsmethode, weil alle Vermögensteile zu Anschaffungswerten auf der Aktivseite unverändert stehen bleiben sollen.

Die **Bildung stiller Reserven** wird wegen Gefährdung des Grundsatzes der Bilanzklarheit und Bilanzwahrheit abgelehnt, weil dadurch Kapital außer Rechnung und außer Kontrolle gesetzt und die Rechenschaftspflicht nicht bewusst erfüllt wird.

Das unbedingte **Bruttoprinzip** wird bei allen Bilanzposten verlangt. *„Damit wird das Prinzip der Wahrheit und die Forderung nach getreuer Rechenschaftslegung erfüllt"* (*Le Coutre*).

3.2 Dynamische Bilanztheorie

Begründer der dynamischen Bilanztheorie ist *Schmalenbach*.

Bei der dynamischen Bilanztheorie liegt der **Schwerpunkt auf der GuV**, während die Bilanz nur ein Hilfsmittel ist. Zur Erklärung des Bilanzinhaltes geht *Schmalenbach* von der Totalerfolgsrechnung aus, einer reinen Einnahmen- und Ausgabenrechnung, bei der jeder Aufwand zu einer Ausgabe und jeder Ertrag zu einer Einnahme führt. Der Totalgewinn ergibt sich erst nach Einstellung der betrieblichen Tätigkeit.

Da eine Jahresbilanz aufgestellt werden muss, ist die gesamte Lebensdauer in Teilperioden zu zerlegen. *„So entsteht an Stelle der Totalrechnung die **periodische Erfolgsrechnung**"* (*Schmalenbach*). Natürlich sind noch nicht alle Geschäftsvorfälle bis zum Bilanzstichtag abgeschlossen, d. h. Ausgaben und Aufwand sowie Einnahmen und Ertrag fallen zeitlich auseinander.

Diese **schwebenden Geschäfte** erscheinen neben dem Kapital und den liquiden Mitteln in der Bilanz und bleiben solange darin, bis sie ausgelöst werden, *„während die Ausgaben und Einnahmen, die in der Rechnungsperiode zu Aufwand und Ertrag geführt haben, in der Verlust- und Gewinnrechnung erfasst werden"* (*Wöhe*).

„Das noch nicht Ausgelöste stellt noch vorhandene aktive Kräfte und passive Verpflichtungen dar. Die Bilanz ist mithin die Darstellung des Kräftespeichers der Unternehmung" (*Schmalenbach*).

Die dynamische Bilanz will keine Bestände in der Bilanz interpretieren, sondern die Bilanzposten ergeben sich aus noch nicht erfolgten Umsätzen. Die Bilanz beschreibt somit eine Bewegung.

Den Hauptzweck der Bilanz sieht *Schmalenbach* in der Ermittlung eines vergleichbaren Periodengewinns zur Kontrolle der Betriebsgebarung. Dieser Periodengewinn wird auch als Maßstab für die Wirtschaftlichkeit betrachtet. Der Periodenerfolg ergibt sich in der GuV-Rechnung als Differenz zwischen Ertrag und Aufwand.

Der **maßgebliche Bilanzwert** bei *Schmalenbach* ist der Anschaffungswert. Dieser Wertansatz ist jedoch bei Preisschwankungen problematisch. Verwendung findet dann anstelle des Anschaffungswertes der Zeitwert. Da dieser jedoch beim Anlagevermögen schwierig zu ermitteln ist, lässt Schmalenbach bei Zeitvergleichen den Anschaffungswert, vermindert um verbrauchsbedingte Abschreibungen, gelten.

Für die Bewertung des Umlaufvermögens schlägt Schmalenbach das Rechnen mit eisernen Beständen vor, d. h. betriebsnotwendigen Beständen, die stets mit Festpreisen angesetzt werden sollten.

Die wichtigsten **Bilanzgrundsätze** der dynamischen Bilanztheorie sind:

► Vergleichbarkeit

► Bilanzkontinuität

► genaue Periodenabgrenzung

► Gewinnkongruenz.

AKTIVA	Dynamische Bilanz	PASSIVA
1. Liquide Mittel	1. Kapital	
2. Ausgaben noch nicht Aufwand (Gekaufte Maschinen mit mehrjähriger Nutzungsdauer)	2. Aufwand noch nicht Ausgabe (Kreditoren, Rückstellungen)	
3. Ausgabe noch nicht Einnahme (Wertpapiere, Aktivdarlehen)	3. Einnahme noch nicht Ausgabe (Darlehen)	
4. Ertrag noch nicht Aufwand (selbsterstellte Maschinen, Werkzeuge)	4. Aufwand noch nicht Ertrag (rückständige Instandsetzung durch eigene Werkstatt)	
5. Ertrag noch nicht Einnahme (Forderungen, Fertigfabrikate)	5. Einnahme noch nicht Ertrag (Anzahlung von Kunden)	

3.3 Organische Bilanztheorie

Die von *Fritz Schmidt* entwickelte organische Bilanztheorie, die ihre Entstehung der Inflation von 1920 - 1924 verdankt, legt den **Schwerpunkt sowohl auf die Bilanz als auch auf die GuV**.

Schmidt benutzt den Ausdruck „organisch", weil das einzelne Unternehmen eine Zelle innerhalb der Volkswirtschaft darstellt und bei der bilanziellen Bewertung den organischen Gesamtzusammenhang in der Volkswirtschaft berücksichtigen soll.

Das einzelne Unternehmen unterliegt dem Einfluss der Wertschwankungen in der Gesamtwirtschaft. Ausgang seiner Überlegungen ist die Feststellung, dass das einzelne Unternehmen den Einfluss der Wertschwankungen beachten muss. Deshalb wird die organische Bilanztheorie vom **Grundsatz der substantiellen Kapitalerhaltung** beherrscht. Darunter wird die Erhaltung der betrieblichen Leistungsfähigkeit verstanden.

Zur Erreichung dieses Ziels ist es notwendig, alle Geldwertänderungen zu eliminieren. Erst dann lässt sich erkennen, wie viel Gewinn das Unternehmen erarbeitet hat.

Bei der Gewinnermittlung ist es deshalb erforderlich, die **echten Gewinne von den Scheingewinnen** und die **echten Verluste von den Scheinverlusten** zu trennen. Ein echter Gewinn liegt nur dann vor, wenn der Erlös einer Ware den Wiederbeschaffungspreis am Verkaufstage übersteigt. Ist dieser Wiederbeschaffungspreis höher als der Anschaffungspreis und legt man – wie im Handels- und Steuerrecht – den Anschaffungspreis der Gewinnermittlung zu Grunde, so ergibt die Differenz einen **Scheingewinn**. Gewinn ist also nur der Betrag, der über den Tagesbeschaffungswert hinaus erzielt wird.

Um den Ausweis von Scheingewinnen zu vermeiden, verlangt *Schmidt* die **Bewertung zu Tages- bzw. Wiederbeschaffungspreisen**. Die Differenz zwischen dem Tageswert und dem Anschaffungswert, also der Scheingewinn oder die Wertänderung am ruhenden Vermögen, muss in der Erfolgsrechnung ausgesondert werden. Dies erreicht man dadurch, dass man die Wertänderung am ruhenden Vermögen entweder direkt auf das Kapitalkonto oder auf ein Wertberichtigungskonto bucht. Dieses Wertberichtigungskonto bzw. dieses Konto „Wertänderung am ruhenden Vermögen" ist als ein Unterkonto des Kapitalkontos zu betrachten.

Die **Abschreibungen** ermittelt *Schmidt* auf der Grundlage der Tages- bzw. Wiederbeschaffungswerte. Der Zeitpunkt für die Feststellung dieses veränderlichen Wertes müsste der Zeitpunkt sein, in dem der Umsatz vollzogen wird. Dazu müsste die gesamte Periode in Einzelumsätze zerlegt und für jeden Einzelumsatz der Umsatztag, die entsprechende Abnutzungsmenge und der Tageswert ermittelt werden. Da dies jedoch praktisch nicht durchführbar ist, schlägt *Schmidt* die Anwendung einer Durchschnittsrechnung vor.

Bei den **Geldwerten** findet das Tageswertprinzip keine Verwendung. Sie werden zum Nominalwert bilanziert. *Schmidt:* „*Den Geldwerten eigen ist die Unverrückbarkeit ihres*

Nominalwertes". Er stellt weiterhin für die Geldwerte das Prinzip der Wertgleichheit auf, wonach die Geldgrößen der Aktiv- und der Passivseite gleich sein sollen. Dadurch geht er jedoch der Notwendigkeit einer wertmäßigen Korrektur der Nominalwerte in der Bilanz aus dem Wege (*Heinen*).

Die Frage der Behandlung von Reserven wird so gelöst, dass zwar offene Reserven erlaubt, stille Reserven aber unmöglich sind, weil sie dem Prinzip des Tageswertes vollkommen widersprechen.

3.4 Anmerkung zu den Bilanztheorien

Die geschilderten Bilanztheorien sind für die Praxis wenig hilfreich. Die **organische** Bilanztheorie ist nicht anwendbar, da das Gesetz vom Nominalwertprinzip ausgeht, Wiederbeschaffungskosten also nicht verrechnet werden dürfen. **Statische** und **dynamische** Bilanztheorie sind – jede für sich – nicht durchgängig zur Lösung auftretender Bilanzprobleme geeignet.

Maßgebend für die Aufstellung der Bilanz und der Gewinn- und Verlustrechnung ist nicht eine bestimmte Bilanzauffassung. Die Bilanzierung richtet sich vielmehr nach den **handelsrechtlichen und steuerrechtlichen Vorschriften**. Diese Erkenntnis hat offenbar auch den BFH bewogen, sich seit längerer Zeit – soweit ersichtlich – nicht mehr auf die eine oder andere Bilanztheorie zu stützen.

Lösung

1. Welche Wesensmerkmale weist die Bilanz auf?	S. 25
2. Was versteht man in der Betriebswirtschaftslehre unter einer Bilanz?	S. 25
3. Welche Informationen gibt die Bilanz grundsätzlich?	S. 25
4. Welche Informationen hat der Jahresabschluss nach § 264 Abs. 2 HGB zu liefern?	S. 25
5. Was ist unter dem Jahresabschluss zu verstehen und wo ist dieser Begriff im Gesetz umschrieben?	S. 25
6. Weshalb lassen sich nicht ohne weiteres allgemein gültige Aufgaben der Bilanz nennen?	S. 26
7. Beschreiben Sie die generelle Aufgabe, welche die Jahresbilanz erfüllen soll!	S. 26
8. Welche Teilaufgaben der Jahresbilanz lassen sich aus der generellen Aufgabe ableiten?	S. 26
9. Inwieweit wird die Bilanz ihrer Aufgabe, den Erfolg auszuweisen, tatsächlich gerecht?	S. 26
10. Erläutern Sie, welchen Zwecken der Kapitalausweis in der Bilanz dient und wo seine Grenzen liegen!	S. 27
11. Welche Aussagen soll der Vermögensausweis in der Bilanz ermöglichen?	S. 27
12. Inwieweit ermöglicht es die Bilanz, einen Ausweis über die Liquidität zu vermitteln?	S. 27
13. An welche Adressaten kann sich die Bilanz richten?	S. 28
14. Welche Gründe kann es geben, dass Kapitalgeber an der Kenntnis der Bilanz interessiert sind?	S. 28
15. Inwieweit kann der Kapitalmarkt daran interessiert sein, die Bilanz eines Unternehmens zu kennen?	S. 29
16. Weshalb sind Gläubiger an der Kenntnis der Bilanz ihrer Schuldner interessiert?	S. 29
17. Welche Gründe gibt es für Arbeitnehmer, sich für die Bilanz ihres Unternehmens zu interessieren?	S. 29 f.
18. Meinen Sie, dass auch die Öffentlichkeit ein Recht auf Kenntnis von Bilanzen besitzt? Begründen Sie die Antwort!	S. 30
19. Wozu nützt die Bilanz dem Fiskus?	S. 30
20. Nennen Sie Kriterien, nach denen Bilanzarten unterschieden werden können!	S. 30
21. Nennen und beschreiben Sie kurz, welche Bilanzen es entsprechend ihrer unterschiedlichen Aussagezwecke gibt!	S. 31

22. Beschreiben Sie die Bilanzen, die unterschiedlichen Informationsempfängern dienen sollen!	S. 31
23. Welche Bilanzen lassen sich nach den verschiedenen Anlässen ihrer Erstellung unterscheiden?	S. 32
24. Charakterisieren Sie kurz die einzelnen Sonderbilanzen!	S. 32
25. Welche Bilanzen unterschiedlicher Zusammenfassung gibt es?	S. 33
26. Beschreiben Sie, was unter Handelsbilanzen zu verstehen ist und an welche Adressaten diese sich wenden!	S. 33
27. In welchen Gesetzen finden sich rechtliche Grundlagen für die Handelsbilanzen?	S. 33 ff.
28. Welche Vorschriften enthält das HGB hinsichtlich der Bilanzerstellung?	S. 34
29. Geben Sie einen schematischen Überblick über die Rechnungslegungsvorschriften im 3. Buch des HGB!	S. 34 f.
30. Welche Unternehmen sind nach dem Publizitätsgesetz zur Rechnungslegung und Offenlegung verpflichtet?	S. 36
31. Was versteht man unter Steuerbilanzen und wer ist an ihnen interessiert?	S. 37
32. Für welche Zwecke werden Ertragsteuerbilanzen erstellt?	S. 37 f.
33. Nennen Sie Rechtsgrundlagen für die Ertragsteuerbilanzen!	S. 37 f.
34. Was versteht man unter dem Prinzip der Maßgeblichkeit der Handelsbilanz für die Steuerbilanz?	S. 39
35. Gibt es eine Umkehrung der Maßgeblichkeit, sodass die Steuerbilanz für die Handelsbilanz maßgeblich ist?	S. 39
36. Was versteht man unter Ergänzungsbilanzen?	S. 40 f.
37. Definieren Sie den Begriff „Sonderbilanzen"!	S. 40
38. Was bezeichnet man als Sonderbetriebsvermögen I oder II?	S. 40
39. Wie entsteht eine Gesamtbilanz bei Personengesellschaften?	S. 42
40. Beschreiben und beurteilen Sie die Eignung des induktiven und deduktiven Verfahrens zur Ermittlung der Grundsätze ordnungsmäßiger Buchführung!	S. 43 f.
41. Aus welchen Vorschriften des HGB ergibt sich die Pflicht zur Beachtung der Grundsätze ordnungsmäßiger Buchführung?	S. 45
42. Was ist unter den Grundsätzen ordnungsmäßiger Buchführung zu verstehen?	S. 44 ff.
43. Erläutern Sie das Wesen und die Funktion (Aufgabe) der GoB!	S. 44 ff.
44. Wo erfolgt im HGB die Kodifizierung der Grundsätze ordnungsmäßiger Buchführung?	S. 46
45. Was versteht man unter Buchführung?	S. 46

46. Aus welchen Teilgebieten besteht das betriebliche Rechnungswesen?	S. 47
47. Inwieweit gibt es in der betrieblichen Praxis Buchführungsrahmen?	S. 47
48. Beurteilen Sie die Eignung des GKR und IKR für den Jahresabschluss!	S. 47 f.
49. Nennen Sie den Kreis der Buchführungspflichtigen nach Handels- und Steuerrecht!	S. 48 f.
50. Was versteht man unter der materiellen Ordnungsmäßigkeit im Rahmen der Grundsätze ordnungsmäßiger Buchführung im engeren Sinn?	S. 50
51. Was besagt die formelle Ordnungsmäßigkeit? Nennen Sie Beispiele!	S. 50 f.
52. Begründen Sie, weshalb die Grundsätze ordnungsmäßiger Inventur zu den Grundsätzen ordnungsmäßiger Buchführung gerechnet werden müssen!	S. 51
53. Was versteht man unter Inventur?	S. 51
54. Wie kann die Inventur beim Sachanlagevermögen durchgeführt werden und welche Voraussetzungen müssen hierfür gegeben sein?	S. 52
55. Wie kann bei der Inventur mit geringwertigen Wirtschaftsgütern verfahren werden?	S. 52
56. Welche Grundlagen gibt es für die Inventur des immateriellen Anlagevermögens und der Finanzanlagen?	S. 52
57. Auf welche Weise erfolgt die Inventur von Forderungen und Verbindlichkeiten?	S. 52
58. Wo ist die Pflicht zur Inventur geregelt und welches ist der Kreis der Inventurpflichtigen?	S. 52
59. Welche rechtlichen Vorschriften gelten für das Inventar?	S. 52
60. Welche Methoden der Inventur gibt es?	S. 53
61. Wie erfolgt die Stichtagsinventur?	S. 53
62. Beurteilen Sie die Eignung der Stichtagsinventur!	S. 53
63. Beschreiben Sie die verlegte Inventur und beurteilen Sie deren Eignung in der betrieblichen Praxis!	S. 54
64. Erläutern Sie die Vorgehensweise bei der permanenten Inventur!	S. 54
65. Beurteilen Sie die Eignung der permanenten Inventur!	S. 54
66. Welcher Grundgedanke liegt der Stichprobeninventur zu Grunde?	S. 55
67. Nennen und erläutern Sie die Grundsätze ordnungsmäßiger Inventur!	S. 51 ff.
68. Geben Sie Beispiele für diese Grundsätze!	S. 51 ff.
69. Was versteht man unter Bilanzierung?	S. 57
70. Zählen Sie die Grundsätze ordnungsmäßiger Bilanzierung auf!	S. 57
71. Was versteht man unter dem Grundsatz der Bilanzklarheit?	S. 57 f.

72. Diskutieren Sie das Problem der Bilanzwahrheit und zeigen Sie, was der Grundsatz der Bilanzwahrheit aussagt!	S. 58 f.
73. Was bedeutet der Grundsatz der Bilanzkontinuität allgemein?	S. 59
74. Worauf bezieht sich die formelle Bilanzkontinuität. Nennen Sie Beispiele!	S. 59 f.
75. Was versteht man unter der materiellen Bilanzkontinuität und worin findet sie ihren Niederschlag?	S. 60 f.
76. Was versteht man unter der Bilanzidentität und weshalb wird sie gefordert?	S. 61
77. Zählen Sie die häufigsten Bilanzdelikte auf!	S. 62
78. Wann spricht man von Bilanzfrisur. Nennen Sie Beispiele!	S. 62
79. In welchen Fällen liegt eine Bilanzverschleierung vor?	S. 62
80. Auf welche Aspekte bezieht sich eine Bilanzfälschung vornehmlich?	S. 63
81. Weshalb können Bilanzkorrekturen grundsätzlich erfolgen?	S. 63
82. Was ist unter einer Bilanzänderung zu verstehen und in welchem Falle ist sie nach Handels- und Steuerrecht möglich?	S. 63 f.
83. Was ist eine Bilanzberichtigung und in welchen Fällen darf sie vorgenommen werden?	S. 64
84. Was sind Bilanztheorien und welche Entwicklungstendenzen weisen sie auf?	S. 65
85. Nennen Sie die drei Hauptgruppen der Bilanztheorien!	S. 65
86. Worin ist die Aufgabe der statischen Bilanztheorie zu sehen?	S. 65 f.
87. Was besagt die ältere statische Bilanztheorie?	S. 66
88. Worin unterscheidet sich die neuere statische Bilanztheorie von der älteren statischen Bilanztheorie?	S. 65 f.
89. Welche Merkmale kennzeichnen die „Totale Bilanz"?	S. 67 f.
90. Beschreiben Sie die grundlegenden Merkmale der dynamischen Bilanztheorie!	S. 67
91. Nennen Sie die wichtigsten Bilanzgrundsätze der dynamischen Bilanztheorie!	S. 67 f.
92. Welchen Aufbau hat die „Dynamische Bilanz"?	S. 68
93. Welche Gedanken liegen der organischen Bilanztheorie zu Grunde?	S. 69 f.

B. Bilanz

Nach § 242 Abs. 3 HGB bilden die Bilanz und die GuV-Rechnung den Jahresabschluss. Bei Kapitalgesellschaften und „Kapitalgesellschaften & Co." im Sinne von § 264a Abs. 1 HGB ist der Jahresabschluss um einen Anhang zu erweitern (§ 264 Abs. 1 HGB). Ferner haben sie einen Lagebericht aufzustellen. Nicht konzernrechnungslegungspflichtige kapitalmarktorientierte Kapitalgesellschaften müssen den Jahresabschluss um eine Kapitalflussrechnung und einen Eigenkapitalspiegel erweitern. Sie können den Jahresabschluss um eine Segmentberichterstattung ergänzen.

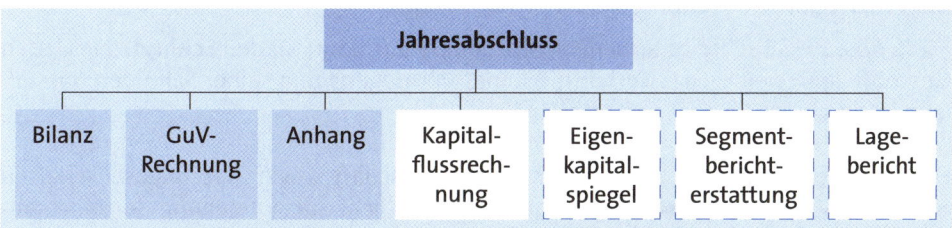

Diese Bestandteile des Jahresabschlusses sind Gegenstand der nachstehenden Ausführungen. Der umfangreichste Teil ist die Bilanz. Dies folgt schon aus den Ansatz- und Bewertungsvorschriften der §§ 246 ff. HGB, die ganz überwiegend die Aktiv- und Passivseite der Bilanz betreffen.

Neben den Ansatz- und Bewertungsvorschriften enthält das HGB noch allgemeine Vorschriften und Gliederungsvorschriften zur Bilanz.

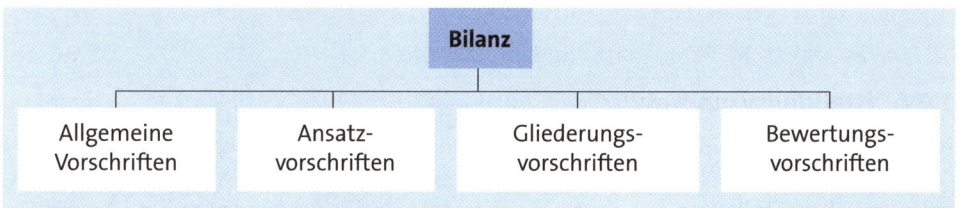

1. Allgemeine Vorschriften

1.1 Pflicht zur Aufstellung der Eröffnungsbilanz

§ 242 Abs. 1 HGB schreibt vor, dass jeder Kaufmann *„zu Beginn seines Handelsgewerbes"* eine Eröffnungsbilanz aufzustellen hat. Während die Buchführungspflicht für Kaufleute nach §§ 1 f. HGB und für Handelsgesellschaften nach § 6 HGB bereits mit den vorbereitenden Geschäften eintritt, entsteht nach § 242 Abs. 1 HGB die Verpflichtung zur Erstellung der Eröffnungsbilanz erst mit **Beginn des tatsächlichen Geschäftsbetriebs**. Dieser Zeitpunkt erscheint auch sinnvoll, da i. d. R. auch erst dann die für den Betrieb notwendigen geschäftlichen Aktiva und Passiva vorhanden sein dürften.

Kaufleute kraft Eintragung (Landwirte nach § 3 Abs. 2 HGB) und Aktiengesellschaften, Kommanditgesellschaften auf Aktien, Gesellschaften mit beschränkter Haftung sowie eingetragene Erwerbs- und Wirtschaftsgenossenschaften müssen die Eröffnungsbilanz bezogen auf den **Tag der Eintragung in das Handelsregister** erstellen.

Auf die Eröffnungsbilanz sind die für die Jahresbilanz geltenden Vorschriften entsprechend anzuwenden.

1.2 Pflicht zur Aufstellung der Abschlussbilanz

§ 242 Abs. 1 HGB schreibt ferner vor, dass jeder Kaufmann für den Schluss eines jeden Geschäftsjahres einen das Verhältnis seines Vermögens und seiner Schulden darstellenden Abschluss (Bilanz) aufzustellen hat.

Für die gesetzlichen Vertreter einer Kapitalgesellschaft sowie „Kapitalgesellschaften & Co." im Sinne von § 264a HGB ergibt sich die Pflicht zur Aufstellung der Jahresabschlussbilanz aus § 264 Abs. 1 Satz 1 i. V. m. § 242 Abs. 1 HGB. Danach haben sie neben der Bilanz eine GuV, einen Anhang und einen Lagebericht zu erstellen. Nur kleine Kapitalgesellschaften und „Kapitalgesellschaften & Co." (§ 267 Abs. 1 HGB) sind von der Aufstellung eines Lageberichts befreit (§ 264 Abs. 1 Satz 4 HGB).

Seit der Einführung des BilMoG müssen die gesetzlichen Vertreter von nicht konzernrechnungslegungspflichtigen kapitalmarktorientierten Kapitalgesellschaften den Jahresabschluss um eine Kapitalflussrechnung und einen Eigenkapitalspiegel erweitern. Sie können den Jahresabschluss um eine Segmentberichterstattung erweitern (§ 264 Abs. 1 Satz 2 HGB).

1.3 Aufstellungsgrundsatz

Nach § 243 Abs. 1 HGB hat die Bilanz den GoB zu entsprechen. Die Tatsache, dass der Gesetzgeber die GoB in Bezug auf den Jahresabschluss bzw. die Bilanz hervorhebt, zeigt, welchen Stellenwert er ihnen einräumt. Trotz der umfassenden und konkreten Rechnungslegungsvorschriften in §§ 238 ff. HGB kann auf die Beachtung der GoB nicht verzichtet werden, da bei weitem nicht alle Sachverhalte abschließend geregelt werden konnten und neue Bilanzfragen − wie schon in der Vergangenheit − anhand der GoB beantwortet werden können. Vgl. hierzu ausführlicher Abschnitt A.2.3.

Zu beachten sind insbesondere die Grundsätze der Wahrheit und Klarheit, wonach die Bilanz **klar und übersichtlich** sein muss. Bei Kapitalgesellschaften muss sie ein den tatsächlichen Verhältnissen entsprechendes Bild der Vermögens-, Finanz- und Ertragslage vermitteln (§ 264 Abs. 2 HGB).

1.4 Aufstellungsfristen

Ebenso wie das Inventar (§ 240 Abs. 2 HGB) ist der Jahresabschluss und damit auch die Bilanz von Einzelkaufleuten und Personengesellschaften nach § 243 Abs. 3 HGB „innerhalb der einem ordnungsmäßigen Geschäftsgang entsprechenden Zeit aufzustellen". Die in § 264 Abs. 1 HGB festgelegten Fristen von 3 bzw. 6 Monaten (siehe nachstehend) haben nur für Kapitalgesellschaften und Kapitalgesellschaften & Co. i. S. d. § 264a HGB Geltung. Für Einzelkaufleute und Personengesellschaften ist auf das BFH-Urteil vom 06.12.1983 (BStBl 1984 II S. 227, Az. V III R 110/79) zurückzugreifen, wonach der Jahresabschluss **innerhalb eines Jahres nach dem Bilanzstichtag** aufgestellt sein muss.

Die gesetzlichen Vertreter von Kapitalgesellschaften und Kapitalgesellschaften & Co. i. S. d. § 264a HGB haben den Jahresabschluss einschließlich Lagebericht mit Ausnahme der kleinen Gesellschaften in den ersten **3 Monaten** des Geschäftsjahres für das vergangene Geschäftsjahr aufzustellen. Diese Regelung ist klar und unmissverständlich. Die Regelung bezüglich der **kleinen Kapitalgesellschaften** macht deutlich, dass die Frist zur Bilanzaufstellung für diesen Personenkreis nicht generell auf 6 Monate gewährt wurde. Er darf den Jahresabschluss „auch später aufstellen, wenn dies einem ordnungsgemäßen Geschäftsgang entspricht" (§ 264 Abs. 1 Satz 4, 2. Halbsatz HGB). Laut Gesetz ist eine kürzere Frist als 6 Monate wünschenswert.

1.5 Sprache, Währungseinheit

Während für die Buchführung eine „lebende Sprache" vorgeschrieben ist, also auch eine ausländische Sprache in Betracht kommt, ist der Jahresabschluss bzw. die Bilanz in **deutscher Sprache** und in **Euro** aufzustellen (§ 244 HGB). Kapitalgesellschaften und die sog. „KapCo-Gesellschaften" müssen gem. § 284 Abs. 2 Nr. 2 HGB im Anhang die Grundlagen für die Umrechnung einzelner in ausländischer Währung lautender Bilanzposten in Euro angeben. Der Jahresabschluss ist vom Kaufmann unter Angabe des Datums zu unterzeichnen.

2. Ansatzvorschriften

Das HGB unterscheidet zwischen Ansatzvorschriften und Bewertungsvorschriften. Die Ansatzvorschriften regeln die **Bilanzierung dem Grunde nach**. Neben dem Gebot der Vollständigkeit in § 246 HGB stellen sie klar,

► welche Aufwendungen bzw. Vermögensgegenstände nicht aktiviert werden dürfen (§ 248 HGB)

► welche Rückstellungen gebildet werden müssen (§ 249 HGB)

► welche Rechnungsabgrenzungsposten ausgewiesen werden müssen bzw. dürfen (§ 250 HGB).

Bei den Ansatzvorschriften sind zu unterscheiden Ansatzgebote, Ansatzverbote sowie Ansatzwahlrechte zu unterscheiden.

2.1 Ansatzgebote

2.1.1 Das allgemeine Ansatzgebot nach § 246 Abs. 1 HGB

Nach § 246 Abs. 1 HGB hat der Jahresabschluss *„sämtliche Vermögensgegenstände, Schulden, Rechnungsabgrenzungsposten sowie Aufwendungen und Erträge zu enthalten"*. Die Bilanz hat danach sämtliche Vermögensgegenstände, Schulden und Rechnungsabgrenzungsposten auszuweisen. Somit stellt sich die Frage, was unter Vermögensgegenständen und Schulden im bilanziellen Sinne zu verstehen ist.

2.1.1.1 Wirtschaftliche Betrachtung

Will man bestimmen, ob ein Vermögensgegenstand vorliegt oder ob er dem Vermögen des Kaufmanns bzw. Gewerbetreibenden zuzurechnen ist, so ist nicht die zivilrechtliche, sondern die wirtschaftliche Betrachtung maßgebend.

Die wirtschaftliche Betrachtung folgt aus dem **Grundsatz der Wahrheit**. Von praktischer Bedeutung ist sie überall da, wo zivilrechtliche und wirtschaftliche Betrachtung voneinander abweichen. Derartige Abweichungen sind infolge der weitgehenden Lösung unseres Eigentumsrechts vom Schuldrecht bei körperlichen Gegenständen am augenfälligsten, weshalb das „wirtschaftliche Eigentum" als Ausdruck der wirtschaftlichen Betrachtungsweise im Schrifttum und in der Rechtsprechung im Vordergrund steht und im Gesetz (§ 246 Abs. 1 Satz 2 HGB, § 39 Abs. 2 AO) eine besondere Regelung erfahren hat.

2.1.1.2 Wirtschaftliches Eigentum

Bei körperlichen Gegenständen sind zivilrechtliches und wirtschaftliches Eigentum meist identisch. So gehören z. B. Gebäude und Maschinen, die im Eigentum eines Gewerbetreibenden stehen, i. d. R. auch zu seinem Vermögen (§ 39 Abs. 1 AO). Das muss jedoch nicht so sein. Werden die Maschinen beispielsweise unter Eigentumsvorbehalt verkauft, sind sie zwar Eigentum des Verkäufers, gehören aber nicht zu seinem Vermögen. Sie sind gemäß § 246 Abs. 1 Satz 2 HGB vielmehr in die Bilanz des Käufers aufzunehmen. Ähnlich ist es bei **Bauten auf fremden Grundstücken**. Sie sind nach §§ 93 f. BGB Eigentum des Grundstückseigentümers, vermögensmäßig aber dem Bauherrn zuzurechnen (§ 266 Abs. 2 A II 1 HGB).

Nach der BFH-Rechtsprechung und § 39 Abs. 2 Nr. 1 AO kommt eine vom bürgerlichen Recht abweichende Zurechnung unter dem Gesichtspunkt des wirtschaftlichen Eigentums in Betracht, wenn nach dem Gesamtbild der Verhältnisse ein anderer als der rechtliche Eigentümer die tatsächliche Herrschaft ausübt und den nach bürgerlichem Recht Berechtigten auf Dauer von der Einwirkung auf das Wirtschaftsgut auszuschließen vermag.

Für die Buchung und Bilanzierung von Abgängen bei Grundstücken kommt es danach nicht entscheidend auf den Zeitpunkt des rechtlichen Eigentumsübergangs, sondern vielmehr darauf an, ob das Grundstück wirtschaftlich noch dem Vermögen des Veräußerers oder schon dem Vermögen des Übernehmers zuzurechnen ist. So wird man beispielsweise bei dem Abschluss von Kaufverträgen im Allgemeinen eine Zugehörigkeit zum Vermögen des Käufers von dem Zeitpunkt an annehmen können, von dem ab der Käufer nach dem Willen der Vertragspartner wirtschaftlich über das Grundstück verfügen kann. Dies ist in der Regel der Fall, sobald Besitz, Gefahr, Nutzungen und Lasten auf den Käufer übergegangen sind.

Rollende oder schwimmende Vermögensgegenstände sind unter folgenden Voraussetzungen in der Bilanz des Käufers anzusetzen:

(1) Sie müssen hinreichend individualisiert, d. h. aus anderen Vermögensgegenständen gleicher Art erkennbar ausgesondert sein.

(2) Der Lieferant muss alles zur Geschäftserfüllung Erforderliche getan haben, dem Käufer vor allem die Verfügungsbefugnis übertragen haben.

(3) Die Gefahr muss bereits auf den Abnehmer übergegangen sein.

2.1.1.3 Wirtschaftliche Forderungen/Verbindlichkeiten

Neben den Fällen des wirtschaftlichen Eigentums zeigt sich die wirtschaftliche Betrachtung vor allem bei Forderungen und Verbindlichkeiten aus Lieferungen und Leistungen. Eine gesonderte Regelung – vergleichbar derjenigen zu Rückstellungen und Rechnungsabgrenzungsposten – hat der Gesetzgeber nicht für notwendig erachtet.

Zivilrechtlich entstehen Forderungen und Verbindlichkeiten mit Abschluss des Kaufvertrags, Werkvertrags usw. Eine Bilanzierung unterbleibt jedoch, solange der Vertrag von keiner Seite erfüllt ist, da der Vermögensstand auf beiden Seiten so lange unverändert bleibt. Erst **mit der Lieferung** oder Leistung tritt eine **Vermögensänderung** ein, die in den Büchern und in der Bilanz zu registrieren ist.

Voraussetzung für die Aktivierung einer Forderung ist, dass das Recht wirtschaftlich schon entstanden ist oder wenigstens die für seine Entstehung wesentlichen wirtschaftlichen Ursachen im abgelaufenen Geschäftsjahr gesetzt worden sind. Wirtschaftlich entstandene Forderungen sind grundsätzlich zu aktivieren. Das ergibt sich aus der Vorschrift des § 240 HGB, wonach der Kaufmann u. a. seine Forderungen im Inventar und damit in der Bilanz auszuweisen hat.

Für die buch- und bilanzmäßige Behandlung von Verbindlichkeiten gilt das zu den Forderungen Gesagte. Verbindlichkeiten aus Lieferungen und Leistungen sind danach zu passivieren, wenn sie wirtschaftlich entstanden sind. Maßgebend hierfür ist der Zeitpunkt der Lieferung bzw. Leistung. Auf den Zeitpunkt des Geschäftsabschlusses im zivilrechtlichen Sinne kommt es nicht an.

2.1.2 Das Ansatzgebot für Rückstellungen

Die wichtigste handelsrechtliche Ansatzvorschrift ist § 249 HGB. Sie führt diejenigen Rückstellungen auf, die zwecks Vollständigkeit des Jahresabschlusses (§ 246 HGB) gebildet werden müssen.

Nach § 249 Abs. 1 Satz 1 HGB sind Rückstellungen zu bilden für ungewisse Verbindlichkeiten und für drohende Verluste aus schwebenden Geschäften. Bei den erstgenannten Rückstellungen handelt es sich um die mit Abstand wichtigste Rückstellungsart, die auch steuerlich zu beachten ist. Von der Rechtsprechung des BFH und des FG sind denn auch die hiermit zusammenhängenden zahlreichen Einzelfragen erörtert worden, die in erster Linie darauf hinauslaufen, ob eine Rückstellung gebildet werden kann.

Nach der Rechtsprechung des BFH sind Rückstellungen für **ungewisse Verbindlichkeiten** nur zulässig, wenn folgende Voraussetzungen gegeben sind: Es müssen ungewisse Verbindlichkeiten oder sonstige wirtschaftliche Lasten vorliegen, die das steuerliche Ergebnis beeinträchtigen. Nach ständiger Rechtsprechung dürfen Rückstellungen auch für Verbindlichkeiten gebildet werden, die rechtlich noch nicht entstanden sind, wenn mit ihrem Entstehen ernstlich gerechnet werden muss und sie wirtschaftlich im abgelaufenen Geschäftsjahr verursacht, d. h. mit Ereignissen dieses Geschäftsjahres ursächlich verknüpft sind. Auch hier gilt also die für die Bilanzierung typische **wirtschaftliche Betrachtung**.

Die Rückstellungen für ungewisse Verbindlichkeiten, zu denen auch Verpflichtungen aus Pensionszusagen gehören, sind sehr zahlreich. Sie können unterteilt werden in

- ▶ Rückstellungen für Verpflichtungen aus abgeschlossenen Umsatzgeschäften
- ▶ Rückstellungen für sonstige privatrechtliche Verbindlichkeiten
- ▶ Rückstellungen für öffentlich-rechtliche Verpflichtungen.

In § 5 Abs. 3 f. EStG sind unter den dort genannten Voraussetzungen folgende Rückstellungen ausdrücklich vorgesehen:

- ▶ Rückstellungen wegen **Patent-, Urheber- oder ähnlicher Schutzrechte**
- ▶ Rückstellungen aus Anlass von **Dienstjubiläen**.

Außer den Rückstellungen für ungewisse Verbindlichkeiten und für drohende Verluste aus schwebenden Geschäften sind gemäß § 249 Abs. 1 Satz 2 Nr. 1 f. HGB Rückstellungen zu bilden für

- ▶ unterlassene Instandhaltung im Geschäftsjahr, sofern die Aufwendungen im folgenden Geschäftsjahr innerhalb von 3 Monaten nachgeholt werden
- ▶ Gewährleistungen, die ohne rechtliche Verpflichtung erbracht werden.

Es handelt sich um eine **Passivierungspflicht** aus der Erwägung, dass eine **tatsächliche Last** vorliegt, der sich das Unternehmen ohne Gefährdung seiner Existenz nicht entziehen kann. In der **Steuerbilanz** dürfen **Drohverlustrückstellungen** nicht gebildet werden (§ 5 Abs. 4a EStG).

Eine weitere Passivierungspflicht ergibt sich gem. § 274 Abs. 1 Satz 1 HGB (Rückstellung für latente Steuern).

2.1.3 Das Ansatzgebot für Rechnungsabgrenzungsposten

Die Rechnungsabgrenzungsposten gemäß § 250 HGB entsprechen ebenso wie die Rückstellungen dem Vollständigkeitsgebot des § 246 HGB. Durch sie werden Aufwendungen und Erträge dem Geschäftsjahr zugerechnet, durch das sie – wirtschaftlich betrachtet – verursacht sind. Abgegrenzt werden Ausgaben und Einnahmen, die ihrem wirtschaftlichen Gehalt nach Vorauszahlungen für bestimmte Leistungen sind, die erst im folgenden Geschäftsjahr erbracht werden.

Handels- und steuerrechtlich besteht Bilanzierungspflicht für Rechnungsabgrenzungsposten. Siehe hierzu ausführlicher Abschnitt B.3.4.

Die Bedingung, dass die Rechnungsabgrenzungsposten Aufwand oder Ertrag für eine bestimmte Zeit nach dem Bilanzstichtag sein müssen, ist nur dann erfüllt, wenn die Vorauszahlungen konkreten Leistungen des Folgejahres zugeordnet werden können. Ist dies nicht der Fall, so kommt der Ansatz von Rechnungsabgrenzungsposten nicht in Betracht. Typische Fälle der Rechnungsabgrenzungsposten liegen vor, wenn Versicherungsbeiträge, Miet- oder Pachtzinsen und ähnliche Aufwendungen für einen bestimmten **Zeitraum des Folgejahres** vorausgezahlt sind.

Das Vollständigkeitsgebot des § 246 Abs. 1 HGB gilt nicht absolut. Einschränkungen ergeben sich aufgrund von Ansatzverboten und Ansatzwahlrechten. Siehe hierzu die Abschnitte B.2.2 sowie B.2.3.

2.2 Ansatzverbote

2.2.1 Gründungs- und Kapitalbeschaffungskosten

Zu den Aufwendungen für Gründung und Eigenkapitalbeschaffung (§ 248 Abs. 1 f. Nr. 1 f. HGB) gehören vor allem Gerichts- und Notariatskosten, Maklergebühren, Kosten der Aktien und Prospekte, Provisionen sowie sonstige Vergütungen.

Das handelsrechtliche **Aktivierungsverbot** für Gründungs- und Eigenkapitalbeschaffungskosten, das nicht nur für Kapitalgesellschaften, sondern für alle Kaufleute gilt, ist **auch für die Steuerbilanz** zu beachten.

2.2.2 Aufwendungen für den Abschluss von Versicherungsverträgen

Ein weiteres **Aktivierungsverbot** sieht § 248 Abs. 1 Nr. 3 HGB vor. Demnach besteht für Aufwendungen für den Abschluss von Versicherungsverträgen ein Akivierungsverbot. Somit entfällt auch die Aktivierungsmöglichkeit für die Steuerbilanz.

2.2.3 Immaterielle Vermögensgegenstände des Anlagevermögens

Selbst geschaffene Marken, Drucktitel, Verlagsrechte, Kundenlisten oder vergleichbare immaterielle Vermögensgegenstände des Anlagevermögens, die nicht entgeltlich erworben worden sind, sind gemäß § 248 Abs. 2 Satz 2 HGB ebenfalls von einem Aktivierungsverbot betroffen. Alle anderen selbst geschaffenen immateriellen Vermögensgegenstände des Anlagevermögens können seit Einführung des BilMoG aktiviert werden. Der Grund für diese eingeschränkte Aufrechterhaltung des bisherigen Aktivierungsverbots besteht lt. Begründung zum Regierungsentwurf darin, dass eine Abgrenzung zum selbst geschaffenen Geschäfts- oder Firmenwert nicht zweifelsfrei möglich ist.

2.3 Ansatzwahlrechte

Die Vollständigkeit des Jahresabschlusses wird nicht nur durch Ansatzverbote, sondern auch durch Ansatzwahlrechte eingeschränkt.

Nach aktuellem Recht bestehen Ansatzwahlrechte nur noch in Form unentgeltlich erworbener immaterieller Vermögensgegenstände und aktivischer Abgrenzung des Damnums/Disagios.

▸ **Unentgeltlich erworbene immaterielle Vermögensgegenstände**
Vgl. hierzu unsere Ausführungen unter Abschnitt B.3.2.1.1

▸ **Aktivische Abgrenzung des Damnums/Disagios**
Wenn der Erfüllungsbetrag einer Verbindlichkeit **höher als der Ausgabebetrag** ist, so gestattet § 250 Abs. 3 HGB allen Kaufleuten, im Jahr der Kreditaufnahme den Differenzbetrag (Disagio bei Anleihen; Damnum bei Hypotheken und Grundschulden) unter den Rechnungsabgrenzungsposten zu aktivieren. Das Disagio bzw. Damnum ist planmäßig über die Laufzeit der Verbindlichkeit abzuschreiben.

▸ **Aktivische Abgrenzung latenter Steuern**
Nur für Kapitalgesellschaften räumt § 274 Abs. 1 HGB ein Aktivierungswahlrecht für eine sich aus aktiven und passiven latenten Steuern ergebende Differenz bei Steuerentlastung als aktive latente Steuern ein. Vgl. hierzu meine Ausführungen im Abschnitt B.3.12.

2.4 Notwendiges und gewillkürtes Betriebsvermögen in der Steuerbilanz

Das aus dem Grundsatz der Wahrheit folgende Vollständigkeitsgebot erfährt in der Steuerbilanz eine teilweise erhebliche Modifizierung insofern, als sich bei Einzelkaufleuten, Personengesellschaften und Freiberuflern der Bilanzansatz nicht auf notwendiges Betriebsvermögen beschränkt. Den Steuerpflichtigen wird darüber hinaus die Möglichkeit eingeräumt, in z. T. beachtlichem Maße gewillkürtes Betriebsvermögen auszuweisen. Bei gemischt genutzten Grundstücken kann unter bestimmten Voraussetzungen sogar notwendiges Privatvermögen bilanziert werden. Siehe hierzu Abschnitt B.2.4.3.

Die Rechtsprechung und die Finanzverwaltung unterscheiden:

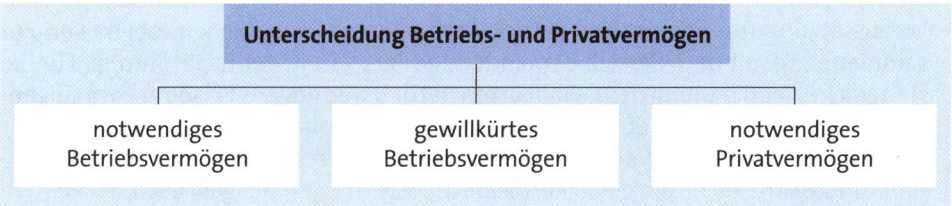

2.4.1 Notwendiges Betriebsvermögen

Zum notwendigen Betriebsvermögen gehören alle Wirtschaftsgüter, die **dem Betrieb unmittelbar und ausschließlich dienen**, weil sie entweder ihrer Art nach nur betrieblich genutzt werden können (geborenes Betriebsvermögen) oder – wenn private Nutzung daran möglich wäre – nach ihrer Zweckbestimmung, Widmung und ihrer tatsächlichen Verwendung dem Betrieb unmittelbar dienen. Zum notwendigen Betriebsvermögen gehören daher vor allem Betriebsgebäude, Maschinen, Roh-, Hilfs- und Betriebsstoffe sowie alle sonstigen die Grundlage eines Betriebes bildenden Produktionsmittel.

Entscheidend für notwendiges Betriebsvermögen ist also nicht der Gegenstand als solcher, sondern seine unmittelbare **sachliche oder rechtliche Beziehung zum Betrieb**. Vergleichbare Wirtschaftsgüter können daher bei einem Betrieb notwendiges Betriebsvermögen sein, bei einem anderen gewillkürtes Betriebsvermögen und bei einem dritten sogar notwendiges Privatvermögen.

Beispiel

Für ein Taxiunternehmen ist ein Auto, das lediglich betrieblich genutzt wird, notwendiges Betriebsvermögen.

2.4.2 Gewillkürtes Betriebsvermögen

Als gewillkürtes Betriebsvermögen kommen diejenigen Wirtschaftsgüter in Betracht, die ihrer Natur nach weder notwendiges Betriebsvermögen noch notwendiges Privatvermögen sind. Daneben müssen für die Behandlung als gewillkürtes Betriebsvermögen folgende Voraussetzungen (s. R 4.2 Abs. 1 EStR) gegeben sein:

▶ Die Wirtschaftsgüter müssen in einem gewissen objektiven Zusammenhang mit dem Betrieb stehen und ihn zu fördern bestimmt und geeignet sein. Gewillkürt bedeutet nicht willkürlich. In Grenzfällen hat der Unternehmer darzutun, welche Beziehung das Wirtschaftsgut zum Betrieb hat und welche vernünftigen wirtschaftlichen Überlegungen ihn veranlasst haben, das Wirtschaftsgut zum Betriebsvermögen zu ziehen.

▶ Voraussetzung für gewillkürtes Betriebsvermögen ist neben einem objektiven Zusammenhang mit dem Betrieb der eindeutige Ausweis in der Buchführung. Für die steuerliche Anerkennung des gewillkürten Betriebsvermögens ist somit – im Gegensatz zum notwendigen Betriebsvermögen – die buchmäßige Behandlung der Wirtschaftsgüter erheblich. Werden z. B. bestimmte Wirtschaftsgüter in der Buchführung und Bilanz nicht als gewillkürtes Betriebsvermögen ausgewiesen, so werden sie in der Steuerbilanz ebenso wie die hiermit zusammenhängenden Betriebsausgaben und Betriebseinnahmen nicht berücksichtigt.

2.4.3 Grundstücke als Betriebsvermögen

In der Praxis bereitet die Zuordnung von Grundstücken und Grundstücksteilen zum Betriebsvermögen erhebliche Schwierigkeiten. Die Finanzverwaltung hat deshalb in R 4.2 ff. EStR ausführliche Regelungen getroffen.

Beachtlich sind die besonderen steuerlichen Ansatzregeln für Gebäude und Gebäudeteile. Während bewegliche Wirtschaftsgüter entweder voll als Betriebsvermögen oder voll als Privatvermögen betrachtet werden, werden Gebäude und Gebäudeteile entsprechend ihrer Nutzung und Funktion steuerlich erfasst (R 4.2 Abs. 4 EStR). Dies kann bedeuten, dass unterschiedlich genutzte Gebäudeteile jeweils als besondere Wirtschaftsgüter zu qualifizieren sind.

2.4.3.1 Notwendiges Betriebsvermögen

Nach R 4.2 (1) EStR liegt notwendiges Betriebsvermögen vor, wenn folgende Voraussetzungen gegeben sind:

(1) **Eigenbetriebliche Nutzung**
Grundstücke oder Grundstücksteile werden eigenbetrieblich genutzt, wenn sie ausschließlich und **unmittelbar für Zwecke des eigenen Betriebes** genutzt werden. So wird z. B. ein bisher privates Grundstück, dessen **Bebauung** mit 30 zur Veräußerung bestimmten Eigentumswohnungen geplant ist, notwendiges Betriebsvermö-

gen eines Gewerbebetriebes, sobald mit der gewerblichen Betätigung objektiv erkennbar (z. B. Fertigung der Baupläne) begonnen wird (BFH-Urteil vom 09.02.1983, BStBl II S. 451, Az. IR 29/79).

(2) **Mindestwertgrenzen bei Grundstücksteilen**
Eigenbetrieblich genutzte Grundstücksteile brauchen dann nicht zum notwendigen Betriebsvermögen gerechnet zu werden, wenn sie von **untergeordneter Bedeutung** sind. Sie sind nach § 8 EStDV von untergeordneter Bedeutung, wenn der gemeine Wert des eigenbetrieblich genutzten Grundstücksteils entweder

▸ ein Fünftel des gemeinen Wertes des ganzen Grundstücks nicht übersteigt oder

▸ nicht mehr als 20.500 € beträgt.

Für die Wertermittlung ist der **gemeine Wert** maßgebend. Der gemeine Wert wird auf die Grundstücksteile in der Regel **nach dem Verhältnis der Nutzflächen** verteilt. Nur wenn eine solche Wertermittlung offensichtlich zu unangemessenen Ergebnissen führt, soll der Rauminhalt als Maßstab dienen.

Nach R 4.2 Abs. 8 EStR sind Aufwendungen für Grundstücksteile von untergeordneter Bedeutung, soweit sie betrieblich genutzt werden, als Betriebsausgaben abziehbar. Siehe hierzu ebenso § 4 Abs. 5 Satz 1 Nr. 6b EStG sowie R 7a EStR.

2.4.3.2 Gewillkürtes Betriebsvermögen

Grundstücke oder Grundstücksteile können nach R 4.2 Abs. 9 EStR als gewillkürtes Betriebsvermögen geführt werden, wenn sie

(1) nicht eigenbetrieblich genutzt werden.

(2) nicht eigenen Wohnzwecken dienen (eine Vermietung zu Wohnzwecken oder zur gewerblichen Nutzung an Dritte ist unschädlich).

(3) in einem objektiven Zusammenhang mit dem Betrieb stehen. Die Frage, wann ein solcher **objektiver Zusammenhang** anzunehmen ist, ist in der Praxis nicht leicht zu beantworten. R 4.2 Abs. 9 EStR bestimmt daher, dass ein bilanzierender Gewerbetreibender i. d. R. Grundstücke, die nicht zum notwendigen Privatvermögen gehören (z. B. Mietwohngrundstücke), als Betriebsvermögen behandeln kann. In Grenzfällen hat der Steuerpflichtige die Behandlung als gewillkürtes Betriebsvermögen hinreichend zu begründen.

(4) in der Buchführung und in der Bilanz eindeutig als gewillkürtes Betriebsvermögen ausgewiesen werden.

2.4.3.3 Vereinfachungsregelung nach R 4.2 Abs. 10 EStR

Gehören betrieblich genutzte Grundstücke und Grundstücksteile zum Betriebsvermögen, so folgt aus dem Umkehrschluss, dass privat genutzte Grundstücke bzw. Grundstücksteile dem Privatvermögen zuzurechnen sind (vgl. z. B. BFH-Urteil vom 06.06.1973, BStBl II S. 705, Az. IR 194/71). Sie sind infolgedessen nicht in den Betriebsvermögensvergleich einzubeziehen.

Von diesem Grundsatz kann aus Vereinfachungsgründen dann abgewichen werden, wenn das Grundstück bzw. Gebäude vor dem 01.01.1999 angeschafft wurde und zu mehr als 50 % die Voraussetzungen für die Behandlung als Betriebsvermögen erfüllt (R 4.2 Abs. 10 EStR).

2.4.4 Zugehörigkeit sonstiger Wirtschaftsgüter zum Betriebsvermögen

(1) **Abnutzbare Anlagegüter**
Bewegliche abnutzbare Anlagegüter können nur aktiviert werden, wenn sie zum notwendigen oder gewillkürten Betriebsvermögen gehören. Bei gemischter Nutzung können sie nur entweder in vollem Umfang Betriebsvermögen oder in vollem Umfang Privatvermögen sein. Bei mehr als 50 % eigenbetrieblicher Nutzung gehören sie zum notwendigen Betriebsvermögen. Bei mehr als 90 % privater Nutzung gehören sie in vollem Umfang zum Privatvermögen. Bei betrieblicher Nutzung zwischen 10 % und 50 % kann in vollem Umfang gewillkürtes Betriebsvermögen ausgewiesen werden (R 4.2 Abs. 1 Sätze 4 ff. EStR).

(2) **Beteiligungen**
Die Frage, ob Beteiligungen zum notwendigen oder gewillkürten Betriebsvermögen gehören, stellt sich insbesondere bei Freiberuflern, die in der Einbeziehung von Wirtschaftsgütern in den Betriebsvermögensvergleich weniger frei sind als Kaufleute. Bei Beteiligungen von Freiberuflern ist Voraussetzung für die Zurechnung zum Betriebsvermögen, dass sie nicht wesensfremd sind. So kann die Beteiligung eines in der Bundesrepublik ansässigen freiberuflichen Architekten an einer Bauträger-AG in der Schweiz und eine Darlehensforderung gegen diese Gesellschaft zum notwendigen Betriebsvermögen des Architekten gehören (BFH-Urteil vom 14.01.1982, BStBl II S. 345, Az. IVR 168/78). Siehe auch das BFH-Urteil vom 08.12.1993, BStBl 1994 II S. 296, Az. XI R 18/93.

(3) **Wertpapiere**
Wertpapiere sind beim **Bankier** normalerweise notwendiges Betriebsvermögen (BFH-Urteil vom 15.02.1966, BStBl III S. 274, Az. I 95/63), beim Fabrikanten i. d. R. gewillkürtes Betriebsvermögen. Beim Landwirt galten Wertpapiere früher als notwendiges Privatvermögen. Das FG Rheinland-Pfalz (Urteil vom 30.05.1963, EFG 1963 S. 499, Az. II X 256 257/61) hat jedoch entschieden, dass es der wirtschaftlichen Entwicklung (Förderung des Wertpapierkaufs) entspricht, dass auch Land- und Forstwirte Wertpapiere als gewillkürtes Betriebsvermögen haben können. Maßgebend für die Zugehörigkeit von Wertpapieren zum notwendigen Betriebsvermögen ist ebenso wie bei Grundstücken die **eigenbetriebliche Nutzung** der Wertpapiere (R 4.2 Abs. 1 EStR, Hinweis Wertpapiere).

(4) **Darlehensforderungen**

Die Frage, ob eine Forderung zum Betriebsvermögen gehört, stellt sich praktisch nur bei Darlehen. Eine Darlehensforderung – gleich aus welchen Mitteln das Darlehen gegeben wurde – zählt zum **notwendigen Betriebsvermögen**, wenn die Gewährung des Darlehens auf einem Vorgang beruht, der in den betrieblichen Bereich fällt. Siehe u. a. das BFH-Urteil vom 22.04.1980, BStBl 1980 II S. 571, Az. VIII R 236/77.

(5) **Schulden**

Schulden gehören zum Betriebsvermögen, wenn sie mit dem Betrieb im Zusammenhang stehen. Ein **Darlehen**, das zur Tilgung betrieblicher Steuerschulden aufgenommen wird, ist eine Betriebsschuld. Ebenso sind mit einem Betriebsgrundstück wirtschaftlich zusammenhängende Schulden, die beim Erwerb des Grundstücks übernommen oder mit deren Gegenwert Aufwendungen in das Grundstück bezahlt werden, notwendig passives Betriebsvermögen. Die Frage, ob eine Schuld zum Betriebsvermögen gehört oder eine Privatschuld darstellt, ist nach objektiven Gesichtspunkten zu beurteilen.

Soweit dies nicht möglich ist, gilt hinsichtlich der Abzugsfähigkeit von Schuldzinsen eines Unternehmers gemäß § 4 Abs. 4a EStG das „Überentnahmemodell". Danach sind Schuldzinsen, die z. B. für wechselnde Schuldsalden eines Kontokorrentkredites gezahlt werden, grundsätzlich nicht abzugsfähig, wenn sie auf Überentnahmen zurückzuführen sind. Eine solche ist dann gegeben, wenn die Entnahmen in einem Wirtschaftsjahr höher sind als die Summe aus Gewinn und Einlagen. Soweit die Entnahmen niedriger sind als diese Schuld, liegen Unterentnahmen vor. Gemäß § 4 Abs. 4a S. 4 EStG sind Schuldzinsen in Höhe von 6 % der Überentnahmen des Wirtschaftsjahres zuzüglich der Überentnahmen und abzüglich der Unterentnahmen aus vorangegangenen Wirtschaftsjahren nicht abzugsfähig, wenn sie niedriger sind als die um 2.050 € verminderten, tatsächlich gezahlten Zinsen. Sind aber die tatsächlich gezahlten Zinsen niedriger, sind nur diese dem Ergebnis hinzuzurechnen.

Beispiel

Ein Gewerbetreibender weist folgende Sachverhalte aus:

	Alternative I €	Alternative II €
Einlage	25.000	25.000
+ Gewinn	+ 5.000	+ 5.000
- Entnahme	- 60.000	- 60.000
Überentnahme	30.000	30.000
davon 6 %	1.800	1.800
tatsächlich gezahlte Kontokorrentzinsen im Wirtschaftsjahr	7.500	2.000
Freibetrag	- 2.050	- 2.050
verbleibende Kontokorrentzinsen	**5.450**	**- 50**

Die tatsächlich verbleibenden Kontokorrentzinsen der Alternative I in Höhe von 5.450 € sind höher als der „Überentnahme"-Zins. Der Betrag von 1.800 € ist dem Gewinn hinzuzurechnen. Die tatsächlich verbleibenden Kontokorrentzinsen der Alternative II in Höhe von - 50 € führen nicht zu einer Hinzurechnung von Zinsen.

Bei der Ermittlung der Überentnahmen des Wirtschaftsjahres wird der Saldo aus Über- und Unterentnahmen vorangegangener Wirtschaftsjahre berücksichtigt.

2.4.5 Betriebsvermögen bei Personengesellschaften

2.4.5.1 Betriebsvermögen der Gesellschaft

R 4.2 Abs. 2 EStR stellt klar, dass ein zum Gesamthandsvermögen der Mitunternehmer einer Personengesellschaft gehörendes Grundstück grundsätzlich notwendiges Betriebsvermögen der Gesellschaft ist.

Eine **Ausnahme** von diesem Grundsatz bildet der Fall, dass das zum Gesamthandsvermögen gehörende Grundstück bzw. Wirtschaftsgut ausschließlich oder fast ausschließlich der privaten Lebensführung eines, mehrerer oder aller Mitunternehmer dient. Das Wirtschaftsgut ist dann **Privatvermögen** der Gesellschafter (BFH-Urteil vom 06.06.1973, BStBl II S. 705, Az. IR 194/71 und BFH-Urteil vom 22.05.1975, BStBl II S. 804, Az. IV R 1973/71).

Gewährt eine Personengesellschaft einem Gesellschafter ein zinsloses und ungesichertes **Darlehen**, so gehört die Darlehensforderung nach Aussicht des BFH (Urteil vom 09.05.1996, BStBl 1996 II S. 642, IV R 94/93) ebenfalls zum notwendigen Privatvermögen der Gesellschaft mit der Folge, dass kein steuerlicher Verlust aus dem Darlehen geltend gemacht werden kann.

2.4.5.2 Sonderbetriebsvermögen der Gesellschafter

Wirtschaftsgüter, die nicht Gesamthandseigentum einer Personengesellschaft sind, sondern nur einem oder einigen Gesellschaftern gehören, aber dem Betrieb der Personengesellschaft ausschließlich und unmittelbar dienen, stellen Sonderbetriebsvermögen des Gesellschafters dar. Im Urteil vom 23.07.1975 (BStBl 1976 II S. 180, Az. IR 210/73), das sich mit der Behandlung eines Grundstücks als Sonderbetriebsvermögen eines Gesellschafters befasst, stellt der BFH heraus, dass er in seiner Rechtsprechung die Auffassung, der Gesellschafter einer Personengesellschaft stehe in jeder Hinsicht dem Einzelunternehmer gleich, verlassen habe. Es sei zwischen dem Betriebsvermögen der Gesellschaft einerseits und dem Sonderbetriebsvermögen des Gesellschafters andererseits zu unterscheiden.

Sonderbetriebsvermögen können nur Wirtschaftsgüter sein, die im **Eigentum eines Mitunternehmers** stehen (BFH-Urteil vom 12.11.1985, BStBl 1986 II, S. 55, Az. VIII R 286/81). So gehören Grundstücke und Grundstücksteile, die im Eigentum eines Gesellschafters stehen und an die Gesellschaft (GbR) zur betrieblichen Nutzung vermietet sind, zum notwendigen Sonderbetriebsvermögen dieses Gesellschafters (BFH-Urteil vom 02.12.1982, BStBl 1983 II S. 215, Az. IV R 72/79).

Wirtschaftsgüter, die zum Sonderbetriebsvermögen eines Gesellschafters gehören, werden mithilfe einer **Sonderbetriebsbilanz** in die steuerliche Gewinnermittlung der Mitunternehmerschaft einbezogen.

2.4.5.3 Gewillkürtes Sonderbetriebsvermögen

Für Personengesellschaften hat der BFH mit Urteil vom 23.07.1975 (BStBl 1976 II S. 80, Az. IR 210/73) entschieden, dass der einzelne Gesellschafter unabhängig von der Frage, ob das Betriebsvermögen der Gesellschaft (Gesellschaftsvermögen) gewillkürtes Betriebsvermögen enthalten dürfe, im Rahmen seines Sonderbetriebsvermögens gewillkürtes Betriebsvermögen bilden könne. Da bei einem Einzelunternehmen die Bildung gewillkürten Betriebsvermögens von der Voraussetzung abhängig ist, dass ein Wirtschaftsgut dazu bestimmt ist, dem Betrieb zu dienen, kann bei Personengesellschaften ein Wirtschaftsgut, das einem Gesellschafter gehört, im Hinblick darauf, dass der Gesellschafter selbst keinen eigenen Betrieb unterhält, nur dann gewillkürtes Betriebsvermögen sein, wenn es dazu bestimmt ist, dem **Betrieb der Personengesellschaft oder der Beteiligung des Gesellschafters** an der Personengesellschaft **zu dienen**.

Ein Wirtschaftsgut ist auch dann dazu bestimmt, dem Betrieb der Personengesellschaft zu dienen, wenn z. B. der Gesellschafter das Wirtschaftsgut zur Sicherung eines der Personengesellschaft von dritter Seite gewährten Kredits verpfändet oder der Gesellschafter das Wirtschaftsgut als Tauschobjekt zum Erwerb eines dann der Personengesellschaft zur eigenbetrieblichen Nutzung zu überlassenden Grundstücks verwenden will, oder wenn im Rahmen des noch nicht endgültig festgelegten Verwendungszwecks des Wirtschaftsguts u. a. ein solcher Einsatz als Tauschobjekt konkret in Betracht kommt.

Sind mehrere Mitunternehmer **gemeinschaftlich Eigentümer** eines Grundstücks, das nicht notwendiges Sonderbetriebsvermögen ist, kann jeder der Mitunternehmer für sich entscheiden, ob der ihm zustehende Grundstücksteil als gewillkürtes Sonder-Betriebsvermögen behandelt werden soll.

Aufgabe 11 > Seite 420
Aufgabe 12 > Seite 420
Aufgabe 13 > Seite 421
Aufgabe 14 > Seite 422

3. Gliederungsvorschriften

3.1 Allgemeines

Während die Ansatzvorschriften – unter Beachtung kaufmännischer Vorsicht – dem Grundsatz der Wahrheit dienen, tragen die Gliederungsvorschriften in erster Linie dem Grundsatz der **Klarheit** Rechnung.

Eine allgemeine Gliederungsvorschrift enthält § 247 HGB. Danach sind

- ▸ das Anlage- und Umlaufvermögen
- ▸ das Eigenkapital
- ▸ die Schulden sowie
- ▸ die Rechnungsabgrenzungsposten

gesondert auszuweisen und hinreichend aufzugliedern. In welcher Weise die Aufgliederung zu erfolgen hat, sagt diese Vorschrift nicht.

3.1.1 Mindestgliederung nach § 266 HGB

Für Einzelkaufleute und Personengesellschaften bleibt nur die Möglichkeit, auf die konkreten Gliederungsvorschriften für Kapitalgesellschaften zurückzugreifen. Das Bilanzgliederungsschema nach § 266 HGB und die Schemata für die Gliederung der GuV nach § 275 HGB sind nach herrschender Meinung Ausdruck der GoB, sodass sie auch von Nicht-Kapitalgesellschaften anzuwenden sind.

Die **Erleichterungen**, die § 266 Abs. 1 HGB vor allem für kleine Kapitalgesellschaften (s. § 267 Abs. 1 HGB) vorsieht, sind nur im Rahmen der Offenlegung von Bedeutung. Für die Rechnungslegung als solche (intern und gegenüber Gläubigern bzw. Kreditinstituten) stellen die **Gliederungsschemata** jedoch **Mindestanforderungen** dar (§ 265 Abs. 5 HGB).

Aus dieser Sicht sind auch die **allgemeinen Grundsätze** für die Gliederung gem. § 265 HGB zu beachten. Hierzu sei auf Abschnitt A.2.4.3.2 verwiesen.

Da das Bilanzschema des § 266 HGB vorwiegend auf die Vermögens- und Kapitalstruktur eines in der Rechtsform der Kapitalgesellschaft geführten Industrieunternehmens abstellt, müssen sowohl im Interesse der Klarheit und Übersichtlichkeit der Bilanz als auch zur Anpassung an individuelle Verhältnisse **Abweichungen von der Normalgliederung** zulässig sein.

Änderungen können

(1) durch den Gesetzgeber

(2) durch den Geschäftszweig (s. hierzu Abschnitt A.)

(3) durch freiwillige Erweiterungen

> ► durch Einfügung zusätzlicher Posten

> ► Aufteilung gesetzlich vorgeschriebener Posten oder Vermerke zu ausweispflichtigen Posten

erforderlich werden. In jedem Fall muss aber eine modifizierte Gliederung der kodifizierten gleichwertig sein.

Mindestgliederung bedeutet nicht, dass **Leerpositionen** angegeben werden müssen. Die Anpassung an den tatsächlichen Inhalt eines Vermögens- und Schuldpostens durch entsprechende Postenbezeichnung ist zulässig.

Wer als Mitglied des vertretungsberechtigten Organs oder des Aufsichtsrats einer Kapitalgesellschaft den Gliederungsvorschriften zuwiderhandelt, macht sich einer **Ordnungswidrigkeit** schuldig (§ 334 Abs. 1 HGB), die mit einer Geldbuße von bis zu 50.000 € geahndet werden kann.

3.1.2 Aufbauprinzipien

Für den Aufbau der Bilanzpositionen stehen im Wesentlichen drei Prinzipien zur Auswahl (Heinen):

(1) **Liquiditätsprinzip**
Beim Liquiditätsprinzip entspricht die Anordnung der Bilanzpositionen dem Grad ihrer Liquidierbarkeit auf der Aktivseite und ihrer Fälligkeit auf der Passivseite.

(2) **Ablaufgliederungsprinzip**
Beim Ablaufgliederungsprinzip richtet sich die Bilanzgliederung nach den natürlichen Umlaufstufen der Vermögenswerte (Geld-Lieferanten-Ware-Kunden-Geld), ergänzt durch das dafür erforderliche Kapital.

(3) **Gliederung nach Rechtsverhältnissen**
Bei der Gliederung nach Rechtsverhältnissen werden die Bilanzpositionen entsprechend ihrer Rechtsnatur zusammengestellt. Beispielsweise lassen sich Aktiva als Sachen und Rechte oder Mobilien und Immobilien sowie Passiva als Eigen- und Fremdkapital darstellen.

Den handelsrechtlichen Vorschriften liegt keines der genannten Gliederungsprinzipien konsequent zu Grunde, obwohl dem Liquiditätsausweis besondere Bedeutung zugemessen wird. So soll bei einigen Bilanzpositionen durch

(1) Angabe der Fristigkeit in Form der Restlaufzeit

(2) Angaben über gegebene Sicherheiten

(3) den besonderen Ausweis der Forderungen und Verbindlichkeiten an bzw. gegenüber verbundenen Unternehmen

ein genauerer Einblick in den Vermögensaufbau und die strukturelle Liquidität erzielt werden.

Eine **Liquiditätsbetrachtung** anhand der Bilanz besitzt nur wenig Aussagekraft. Die Bilanz ist statischer Natur. Eine Liquiditätsaussage erfordert dagegen eine dynamische Betrachtungsweise, wie sie in **Bewegungsbilanzen** und Kapitalflussrechnungen als Ergänzungsrechnungen zum Jahresabschluss zum Ausdruck kommt.

3.1.3 Formaler Aufbau

Der formale Aufbau des Bilanzschemas ist ausführlich in § 266 HGB festgelegt. Daneben finden sich zu den einzelnen Positionen der Jahresbilanz ergänzende Vorschriften in den §§ 265, 268, 272 ff. HGB.

Nach § 266 Abs. 2 f. HGB enthält die **Grobgliederung** der Bilanz die folgenden wesentlichen Positionen:

AKTIVA	PASSIVA
A. Anlagevermögen	A. Eigenkapital
I. Immaterielle Vermögensgegenstände	I. Gezeichnetes Kapital
II. Sachanlagen	II. Kapitalrücklage
III. Finanzanlagen	III. Gewinnrücklagen
	IV. Gewinnvortrag/Verlustvortrag
B. Umlaufvermögen	V. Jahresüberschuss/
I. Vorräte	Jahresfehlbetrag
II. Forderungen und sonstige	
Vermögensgegenstände	B. Rückstellungen
III. Wertpapiere	
IV. Kassenbestand,	C. Verbindlichkeiten
Bundesbankguthaben,	
Guthaben bei Kreditinstituten	D. Rechnungsabgrenzungsposten
und Schecks	
	E. Passive latente Steuern
C. Rechnungsabgrenzungsposten	
D. Aktive latente Steuern	
E. Aktiver Unterschiedsbetrag aus der Vermögensverrechnung	

Sieht man von den Rechnungsabgrenzungsposten und den latenten Steuern ab, so ist die Bilanz in folgende übergeordnete Posten oder auch Sammelposten gegliedert:

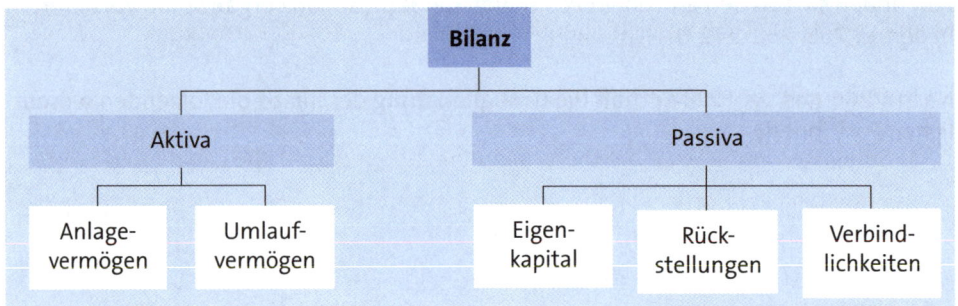

Nachstehend wird gezeigt, wie diese Sammelposten untergliedert sind. Dabei werden – soweit erforderlich – Fragen der Abgrenzung und steuerliche Besonderheiten erörtert.

Aktivseite der Bilanz

3.2 Anlagevermögen (A)

§ 247 Abs. 2 HGB definiert das Anlagevermögen als jene Vermögensgegenstände, die dazu bestimmt sind, dem Geschäftsbetrieb **dauernd** zu dienen.

Nach *Adler/Düring/Schmaltz* darf der Begriff „dauernd" in diesem Zusammenhang nicht rein vom Wort her als ein absoluter Zeitbegriff im Sinne von „immer" oder „für alle Zeiten" interpretiert werden. Eine „Daueranlage" im handelsrechtlichen Sinne liegt bereits vor, wenn es sich um Vermögensgegenstände handelt, die nicht für den kurzfristigen Umlaufprozess bestimmt sind und deren Veräußerung normalerweise nur dann in Betracht kommt, wenn sie dem Unternehmen nicht mehr genügen sowie durch neuzeitliche Vermögensgegenstände ersetzt werden sollen.

Die Zugehörigkeit zum Anlagevermögen ergibt sich also nicht aus der Natur eines Vermögensgegenstandes, sondern maßgebend ist allein die **Zweckbestimmung**.

Die Feststellung der Zweckbestimmung eines Wirtschaftsguts liegt im Wesentlichen auf tatsächlichem Gebiet. So sind z. B. **Musterhäuser** oder Vorführwagen aufgrund ihrer Funktion, das Produktionsprogramm dem Publikum vorzuführen, dem Anlagevermögen zuzuordnen. Sie dienen in dieser Funktion dem Herstellungsbetrieb als notwendige Betriebsmittel zur Auftragsbeschaffung und damit zur Produktion selbst.

Von den Vorführ- bzw. Mustergegenständen sind die Gegenstände abzugrenzen, die zwar in den Geschäfts- bzw. Ausstellungsräumen eines Unternehmens ausgestellt sind, um das Verkaufsprogramm des Unternehmens vorzuführen, die aber zur sofortigen Veräußerung und Lieferung an Abnehmer bereitstehen und ggf. sogleich durch entsprechende Gegenstände aus dem Vorratslager des Unternehmens ersetzt werden sollen. Diese Gegenstände sind der alsbaldigen Veräußerung gewidmet und damit dem Vorratsvermögen (Umlaufvermögen) zuzuordnen.

Nach § 266 Abs. 2 HGB bilden folgende Positionen das **Anlagevermögen**:

I. Immaterielle Vermögensgegenstände:

1. Selbst geschaffene gewerbliche Schutzrechte und ähnliche Rechte und Werte
2. entgeltlich erworbene Konzessionen, gewerbliche Schutzrechte und ähnliche Rechte und Werte sowie Lizenzen an solchen Rechten und Werten
3. Geschäfts- oder Firmenwert
4. geleistete Anzahlungen.

II. Sachanlagen:

1. Grundstücke, grundstücksgleiche Rechte und Bauten einschließlich der Bauten auf fremden Grundstücken
2. technische Anlagen und Maschinen
3. andere Anlagen, Betriebs- und Geschäftsausstattung
4. geleistete Anzahlungen und Anlagen im Bau.

III. Finanzanlagen:

1. Anteile an verbundenen Unternehmen
2. Ausleihungen an verbundene Unternehmen
3. Beteiligungen
4. Ausleihungen an Unternehmen, mit denen ein Beteiligungsverhältnis besteht
5. Wertpapiere des Anlagevermögens
6. sonstige Ausleihungen.

Ein wesentliches Kernstück des BilMoG ergibt sich aus der Neufassung des § 248 Abs. 2 HGB. Bisher galt für unentgeltlich erworbene, selbst geschaffene immaterielle Vermögensgegenstände des Anlagevermögens ein Aktivierungsverbot. Nunmehr besteht für selbst geschaffene Vermögensgegenstände des Anlagevermögens ein Aktivierungswahlrecht. Diese Vermögensgegenstände sind in einem neu geschaffenen Bilanzposten innerhalb des immateriellen Anlagevermögens auszuweisen.

3.2.1 Immaterielle Vermögensgegenstände (A I)

Eine Definition für immaterielle Vermögensgegenstände ist weder im Handels- noch im Steuerrecht verankert. Der große Senat hat in seinem Beschluss vom 03.02.1969 immaterielle Vermögensgegenstände wie folgt beschrieben:

- ► Rechte, Möglichkeiten, besondere Vorteile für den Betrieb
- ► zu deren Erlangung Aufwendungen gemacht werden
- ► die dem Betrieb über den Bilanzstichtag hinaus zugute kommen
- ► die einer besonderen Abgrenzung und Bewertung fähig sind und
- ► für die der Erwerber ein besonderes Entgelt ansetzen würde.

In der Praxis bereitet die **Abgrenzung** oft Schwierigkeiten. Ein Beispiel sind die Programme der elektronischen Datenverarbeitung. Die Frage, ob es sich um materielle oder immaterielle Wirtschaftsgüter handle, war umstritten. Die Rechtsprechung geht inzwischen von immateriellen Wirtschaftsgütern aus, gleichgültig, ob es sich um Individualprogramme oder problemorientierte Standardprogramme handelt. Bei Individualprogrammen will der Anwender das Wissen des Herstellers erwerben, das auf dem Datenträger lediglich festgehalten ist. Das Wesentliche des Programms ist für ihn jedoch nicht der Datenträger, sondern der Programminhalt, der auf dem Datenträger zum Ausdruck kommt. Solche Programme werden in der Literatur vielfach mit Patenten, Lizenzen und Fabrikationsverfahren verglichen (BFH-Urteil vom 05.10.1979, BStBl 1980 II S. 16).

3.2.1.1 Selbst geschaffene gewerbliche Schutzrechte und ähnliche Rechte und Werte

Immaterielle Vermögensgegenstände des Anlagevermögens durften vor BilMoG nur aktiviert werden, wenn diese entgeltlich erworben wurden. Entsprechend sah § 248 Abs. 2 HGB ausdrücklich ein Aktivierungsverbot für selbst geschaffene immaterielle Vermögensgegenstände des Anlagevermögens vor. Diese Vorschrift beruhte auf dem Gläubigerschutzgedanken, der selbst geschaffene immaterielle Vermögensgegenstände des Anlagevermögens stets als bestands- und bewertungsunsicher klassifiziert hat. Mit Beginn des sog. New-Economy-Zeitalters wuchs auch die Kritik am Aktivierungsverbot des § 248 Abs. 2 HGB a. F.

Gemäß der Gesetzesbegründung zum BilMoG trägt die Abschaffung des bisherigen Aktivierungsverbots dem in Deutschland voranschreitenden Wandel von einer Produktions- zu einer wissensbasierten Gesellschaft Rechnung. Das hat die Bundesregierung zum Anlass genommen, die immateriellen Vermögensgegenstände stärker als bislang in den Blickpunkt der Abschlussadressaten zu rücken. Durch das BilMoG wurde nunmehr ein Aktivierungswahlrecht für selbst geschaffene immaterielle Vermögensgegenstände des Anlagevermögens (§ 248 Abs. 2 HGB) eingeräumt. Insbesondere innovative mittelständische Unternehmen und Unternehmen, die erst am Beginn ihrer wirtschaftlichen Entwicklung stehen (sog. „Start-up's") sollen sich damit in ihrer Außendarstellung bilanziell verbessern können.

Die Aktivierung selbst geschaffener immaterieller Vermögensgegenstände ist bei Kapitalgesellschaften zum Gläubigerschutz an eine Ausschüttungssperre gekoppelt (§ 268 Abs. 8 HGB). Danach dürfen Gewinne nur ausgeschüttet werden, wenn die nach der Ausschüttung frei verfügbaren Rücklagen zuzüglich eines Gewinnvortrags und abzüglich eines Verlustvortrags dem Gesamtbetrag der Erträge des Unternehmens mindestens entsprechen.

Eine vollumfängliche Aktivierung selbst erstellter immaterieller Vermögensgegenstände des Anlagevermögens sieht § 248 Abs. 2 HGB jedoch nicht vor. So gilt für **Marken, Drucktitel, Verlagsrechte, Kundenlisten** sowie vergleichbare immaterielle Vermögensgegenstände des Anlagevermögens, **die nicht entgeltlich erworben** worden sind, ein explizites Ansatzverbot.

In der Steuerbilanz gilt unverändert das Aktivierungsverbot gemäß § 5 Abs. 2 EStG.

Mit der Neufassung des § 248 HGB durch das BilMoG sind in das Gliederungsschema des § 266 Abs. 2 HGB unter dem Posten immaterielle Vermögensgegenstände die neuen Posten – selbst geschaffene gewerbliche Schutzrechte und ähnliche Rechte und Werte – und – entgeltlich erworbene Konzessionen, gewerbliche Schutzrechte und ähnliche Rechte und Werte sowie Lizenzen an solchen Rechten und Werten – eingefügt worden, um die selbst erstellten immateriellen Vermögensgegenstände von den entgeltlich erworbenen immateriellen Vermögensgegenständen abzugrenzen.

3.2.1.2 Entgeltlich erworbene Konzessionen, gewerbliche Schutzrechte und ähnliche Rechte und Werte sowie Lizenzen an solchen Rechten und Werten (A I 2)

Diese Bilanzposition wird in der Praxis üblicherweise weiter untergliedert in:

(1) **Rechte,**
die für das Unternehmen einen gewissen Wert besitzen und dazu bestimmt sind, dauernd dem Geschäftsbetrieb des Unternehmens zu dienen:

► **gewerbliche Schutzrechte**

Beispiele

Konzessionen, Patente, Lizenzen, Marken-, Urheber- und Werksrechte, Gebrauchsmuster, Warenzeichen

▸ **ähnliche Rechte**

Beispiele

Zuteilungsquoten, Syndikatsrechte, Nutzungsrechte (Nießbrauch, Pacht- und Mietrechte), Brenn- und Braurechte

(2) **bestimmte immaterielle Wirtschaftsgüter**

Beispiele

Erfindungen, Rezepte, Geheimverfahren

3.2.1.3 Geschäfts- oder Firmenwert (A I 3)

Der bei dem **Kauf** eines Unternehmens oft in Erscheinung tretende Geschäftswert wird von der Betriebswirtschaftslehre als ein durch Kapitalisierung der voraussichtlichen Erträge berechneter **Mehrwert des Unternehmens** über die berechenbaren Aktiva abzüglich Passiva definiert. Diese Begriffsbestimmung geht davon aus, dass dem Veräußerer eines Unternehmens ein Entgelt für einen Geschäftswert nur dann gezahlt wird, wenn der Erwerber damit rechnen kann, dass er den Aufwand für diesen Mehrwert in absehbarer Zeit durch die zukünftigen Erträge des Unternehmens vergütet bekommt.

Von dieser Definition geht auch der BFH aus. Er erklärt den Geschäftswert als Mehrwert, den ein Unternehmen über die sonstigen aktivierten Wirtschaftsgüter – abzüglich der Schulden – hinaus hat und dessen Bedeutung darin liegt, dass aufgrund der in ihm enthaltenen Vorteile (Ruf der Firma, Kundenkreis, Absatzorganisation usw.) die **Erträge des Unternehmens höher** oder zumindest gesicherter erscheinen als bei einem anderen Unternehmen mit sonst gleichen Wirtschaftsgütern, bei dem jene Vorteile fehlen.

Gemäß dem überarbeiteten § 246 Abs. 1 Satz 4 HGB gilt der entgeltlich erworbene Geschäfts- oder Firmenwert als zeitlich begrenzt nutzbarer Vermögensgegenstand, der nach § 253 Abs. 3 HGB planmäßig über die Nutzungsdauer abzuschreiben ist. Während im Steuerrecht in § 7 Abs. 1 Satz 3 EStG die Nutzungsdauer mit 15 Jahren festgelegt ist, sind im Handelsrecht die Gründe, welche die Annahme einer betriebsgewöhnlichen Nutzungsdauer von mehr als fünf Jahren rechtfertigen, im Anhang anzugeben (§ 285 Nr. 13 HGB).

Im Steuerrecht werden geschäftswertähnliche Wirtschaftsgüter vom Geschäftswert abgegrenzt. Sie unterscheiden sich vom Geschäftswert dadurch, dass sie zwar Merkmale eines Geschäftswerts haben, ohne jedoch ein Sammelwirtschaftsgut wie der Geschäftswert zu sein. Vielmehr sind sie aufgrund ihrer abgrenzbaren Elemente durchaus geeignet, als Einzelwirtschaftsgüter bilanziert zu werden.

Aufgabe 15 > Seite 423

3.2.1.4 Geleistete Anzahlungen (A I 4)

Bei den geleisteten Anzahlungen muss es sich um solche für aktivierungspflichtige immaterielle Wirtschaftsgüter handeln. Durch die Aktivierung werden die Zahlungen erfolgsneutral behandelt. Planmäßige Abschreibungen kommen auf Anzahlungen nicht in Betracht. Dagegen sind außerplanmäßige Abschreibungen bei Leistungsstörungen vorzunehmen.

3.2.2 Sachanlagen (A II)

Im Gegensatz zu den immateriellen Vermögensgegenständen sind Sachanlagen **körperliche** Vermögensgegenstände, die bestimmt sind, dem Unternehmen dauernd, d. h. nachhaltig zu dienen. Nach § 266 Abs. 2 A II HGB gehören zu den Sachanlagen:

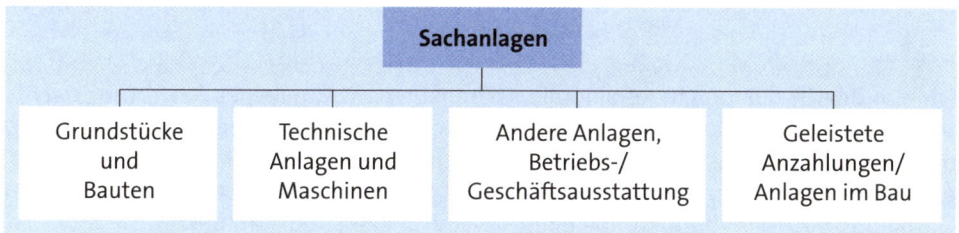

3.2.2.1 Grundstücke, grundstücksgleiche Rechte und Bauten einschließlich der Bauten auf fremden Grundstücken (A II 1)

Die Anlagenbuchführung erfordert eine **Aufteilung nach Grund und Boden und Gebäuden** schon aus der Überlegung, dass Gebäude zu den abnutzbaren Vermögensgegenständen gehören, der Grund und Boden dagegen nicht.

Die buchmäßige Unterscheidung zwischen Grund und Boden einerseits und Gebäuden andererseits setzt sich über die zivilrechtliche Regelung hinweg, wonach Gebäude wesentliche Bestandteile des Grund und Bodens sind. Für die kaufmännische Rechnungslegung ist die **wirtschaftliche Betrachtung** (s. Abschnitt B.2.1.1.1) maßgebend.

Grund und Boden und grundstücksgleiche Rechte

Die gesonderte Erfassung von Grund und Boden setzt bei bebauten Grundstücken, für die ein Gesamtkaufpreis entrichtet wurde, die Aufteilung der Anschaffungskosten voraus. Als Aufteilungsmaßstab kommt das Verhältnis der **Zeitwerte** in Betracht. Steuerlich gilt das Verhältnis der **Nutzflächen** (R 4.2 Abs. 6 EStR).

Für die Buchung und Bilanzierung von Grundstücken und grundstücksgleichen Rechten kommt es nicht unbedingt auf den Zeitpunkt des rechtlichen Eigentumsübergangs an. Entscheidend ist der **Übergang des wirtschaftlichen Eigentums**. Dieser erfolgt bei Grundstücken i. d. R. mit der Auflassung und der Inbesitznahme durch den Erwerber. Die Eintragung im Grundbuch, mit der das rechtliche Eigentum übergeht, erfolgt i. d. R. später.

Einen Sonderfall stellt das **Immobilien-Leasing** dar. Handelt es sich um Finanzierungs-Leasing, so erwirbt der Leasingnehmer wirtschaftliches Eigentum mit der Folge, dass er das Grundstück in der Buchführung erfassen und in der Bilanz ausweisen muss.

Zu den **grundstücksgleichen Rechten** gehören nur solche, die bürgerlich-rechtlich wie Grundstücke behandelt werden, wie das Erbbaurecht und das Dauerwohnrecht nach dem Wohnungseigentumsgesetz.

Gebäude

Für den **Begriff** des Gebäudes sind die Abgrenzungsmerkmale des Bewertungsrechts maßgebend. Ein Gebäude ist danach ein Bauwerk auf eigenem oder fremdem Grund und Boden, das Menschen oder Sachen durch räumliche Umschließung Schutz gegen äußere Einflüsse gewährt, den Aufenthalt von Menschen gestattet, fest mit dem Grund und Boden verbunden, von einiger Beständigkeit und standfest ist.

Auch die Einrichtungen in den jeweiligen Gebäuden wie Heizungs-, Beleuchtungs-, Lüftungsanlagen, Zuleitungen, Installationen und Rolltreppen rechnen zum Gebäude, wenn sie im wirtschaftlichen Verkehr als **unselbstständige Gegenstände** angesehen werden. Solche Wirtschaftsgüter dienen nicht primär der Fabrikation, sondern der Benutzung des Gebäudes und haben auch nur als Bestandteil eines Gebäudes Bedeutung.

Steuerlich rechnen zum Gebäude solche Bestandteile nicht, die nicht der Nutzung des Gebäudes selbst, sondern einem davon verschiedenen Zweck, nämlich unmittelbar einem in dem Gebäude ausgeübten Betriebe dienen (BStBl 1974 II S. 135). Abgrenzungskriterium ist somit die Art der Nutzung oder die Funktion. Hiernach gehören folgende **selbstständige** Vermögensgegenstände **nicht zum Gebäude**:

- ► Betriebsvorrichtungen (gehören zum beweglichen Anlagevermögen)
- ► betrieblich genutzte Gebäudeteile bei gemischt genutzten Gebäuden (normalerweise werden nur die betrieblich genutzten Gebäudeteile, die selbstständige Wirtschaftsgüter sind, in der Steuerbilanz ausgewiesen)

▶ Mietereinbauten, sofern sie bilanzmäßig dem Mieter zuzurechnen sind (s. BdF-Schreiben vom 15.01.1976, BStBl I S. 66).

Zu den Gebäuden gehören in erster Linie Verwaltungs- und Wirtschaftsgebäude, Ladenlokale, Bürohäuser oder auch – bei Handelsbetrieben – Lagerhallen und Ausstellungsräume, Fabrikationshallen, Reparaturwerkstätten u. Ä. Wenn in § 266 Abs. 2 A II 1 HGB von Bauten die Rede ist, so wird damit deutlich gemacht, dass noch andere selbstständige Grundstückseinrichtungen, die keine Gebäude sind, unter dieser Position auszuweisen sind wie z. B. Uferbefestigungen, Kanalbauten, Parkplätze, Straßen, Einfriedungen u. Ä.

Bauten auf fremden Grundstücken

Handelsrechtlich werden derartige Bauten **generell dem Erbauer zugerechnet**. Das gilt auch für den Regelfall, dass die Bauten wesentlicher Bestandteil des fremden Grundstücks sind.

Steuerrechtlich wird geprüft, ob durch das Nutzungsrecht am Grundstück (z. B. Pacht oder Nießbrauch) wirtschaftliches Eigentum am Gebäude entsteht. Wird das ausnahmsweise bejaht, so ist das Gebäude als solches beim wirtschaftlichen Eigentümer auszuweisen.

Mietereinbauten und -umbauten

Bei der Bilanzierung von Mietereinbauten ist das BMF-Schreiben (vom 15.01.1976, BStBl I 1976, 66) zu berücksichtigen (Mietereinbautenerlass). Danach können Mietereinbauten sein:

(1) **Scheinbestandteile**
Ein Scheinbestandteil entsteht, wenn durch die Baumaßnahmen des Mieters Sachen „zu einem vorübergehenden Zweck" in das Gebäude eingefügt werden (§ 95 BGB). In diesem Fall ist der Mieter rechtlicher und wirtschaftlicher Eigentümer des Scheinbestandteils, sodass er es in seiner Bilanz ausweisen muss. Dies können z. B. Raumteiler, nichttragende Wände, Laden- oder Gaststätteneinbauten oder auch Schaufensteranlagen sein.

(2) **Betriebsvorrichtungen**
Die Frage, ob durch die Aufwendungen des Mieters eine Betriebsvorrichtung des Mieters entsteht, ist nach den allgemeinen Grundsätzen zu entscheiden. Zu den Betriebsvorrichtungen rechnen insbesondere Maschinen und maschinelle Anlagen. Sie gehören zu den beweglichen Anlagegütern, auch wenn sie wesentliche Bestandteile eines Grundstücks sind. Der BFH hat als Betriebsvorrichtung im Einzelfall Fahrstühle, vollautomatische Hochregallager, Klimaanlagen, Parkplätze oder auch Silos angesehen.

(3) **Sonstige Mietereinbauten**
Aufwendungen des Mieters für Mietereinbauten, durch die weder ein Scheinbestandteil noch eine Betriebsvorrichtung entsteht, sind Aufwendungen für die Herstellung eines **materiellen Wirtschaftsguts** des Anlagevermögens, wenn der Mieter

entweder wirtschaftlicher Eigentümer der von ihm geschaffenen sonstigen Mietereinbauten ist oder die Mietereinbauten unmittelbar den besonderen betrieblichen oder beruflichen Zwecken des Mieters dienen und mit dem Gebäude nicht in einem einheitlichen Nutzungs- und Funktionszusammenhang stehen.

Der Mieter ist **wirtschaftlicher Eigentümer** eines sonstigen Mietereinbaues, wenn der mit Beendigung des Mietvertrags entstehende **Herausgabeanspruch** des Eigentümers zwar auch die durch den Einbau oder Umbau geschaffene Substanz umfasst, dieser Anspruch jedoch keine wirtschaftliche Bedeutung hat.

Ist der Mieter **nicht als wirtschaftlicher Eigentümer** des Mietereinbaus anzusehen, so sind die Einbauten dem Mieter als materielle Wirtschaftsgüter des Anlagevermögens zuzurechnen, wenn sie unmittelbar den besonderen betrieblichen oder beruflichen Zwecken des Mieters dienen und mit dem Gebäude nicht in einem einheitlichen Nutzungs- und Funktionszusammenhang stehen. Wie schon erwähnt, handelt es sich in diesem Fall um eine **Nutzungsmöglichkeit** des Mieters, die wie ein materielles Wirtschaftsgut zu bilanzieren ist.

Bauten bei Miteigentum

Miteigentum bedeutet, dass der Gegenstand des Eigentums in ideelle Anteile zerlegt ist. Jedem der Miteigentümer gehört ein quotenmäßig festgelegter Teil (z. B. ein Drittel, ein Viertel) des im gemeinsamen Eigentum stehenden Gegenstandes. Bei Grundstücken sind die Bruchteilsverhältnisse auch im Grundbuch festzuhalten.

Ebenso wie bei Mietereinbauten kommt die Buchung fremder Wirtschaftsgüter in Betracht, wenn der Bauherr **wirtschaftliches Eigentum** an den fremden Gebäudeanteilen hat oder wenn an ihnen ein Nutzungsrecht in Form eines sonstigen materiellen Wirtschaftsguts besteht.

3.2.2.2 Technische Anlagen und Maschinen (A II 2)

Hierunter sind alle Vermögensgegenstände auszuweisen, die keine Gebäude bzw. Bauten sind und ihrer Art nach unmittelbar dem betrieblichen Produktionsprozess dienen. Unerheblich ist dabei, ob es sich rechtlich um wesentliche Bestandteile eines Grundstücks handelt und ob die technischen Anlagen und Maschinen durch Einbau in fremde Grundstücke und Gebäude rechtlich Eigentum eines Dritten geworden sind (*Adler/Düring/Schmaltz*). Maßgebend ist auch hier die wirtschaftliche Zugehörigkeit.

Die Bezeichnung **„technische Anlagen"** erleichtert die Einordnung solcher Vermögensgegenstände, die zwar eindeutig zum Produktionsprozess gehören, jedoch keine Maschinen im eigentlichen Sinne sind. Damit sind alle unmittelbar der Produktion dienenden Betriebsvorrichtungen eindeutig diesem Posten und nicht dem Posten „andere Anlagen, Betriebs- und Geschäftsausstattung" zuzuordnen. Hierzu gehören: Raffinerien, Hochöfen, Ziegelöfen, Eisenbahn- und Hafenanlagen, Transportanlagen, Krane, Bagger, Umspannwerke, Kokereien, Kühltürme, Arbeitsbühnen, Krafterzeugungsanlagen, Silos, Tanks, Gasometer u. Ä.

Spezialersatz- und -reserveteile für Maschinen werden den Anlageposten zugeordnet, zu denen sie gehören. Allgemein verwendbare Reparaturmaterialien werden dagegen zusammen mit den Vorräten ausgewiesen.

Werkzeuge sind nach ihrer geplanten Verwendung zuzuordnen, soweit nicht ein Ausweis unter Vorräten erfolgt.

3.2.2.3 Andere Anlagen, Betriebs- und Geschäftsausstattung (A II 3)

Es handelt sich um einen **Sammelposten**, dem alle Vermögensgegenstände zuzuordnen sind, die nicht zu den vorher genannten Gruppen der Sachanlagen gehören.

Zu den „anderen Anlagen" zählen die nicht unmittelbar der Produktion dienenden Anlagen, z. B. allgemeine Transportanlagen wie Drahtseilbahnen, Gleisanlagen, Verteilungsanlagen (*Adler/Düring/Schmaltz*).

Unter „Betriebs- und Geschäftsausstattung" werden die verschiedensten Anlagegegenstände zusammengefasst, sofern sie nicht als Teil einer maschinellen Einrichtung (A II,2) anzusehen sind oder sofern sie nicht Betriebsmaterialien (B I, 1) sind, die einem sofortigen Verbrauch unterliegen.

Beispiele

Arbeitsgeräte, Werkstatt- und Büroeinrichtungen, Modelle, Fernsprech- und Rohrpostanlagen, Transportgeräte und Fahrzeuge aller Art, Einbauten in fremden Gebäuden.

Der Grundsatz der Bilanzklarheit bedingt u. U. eine Untergliederung in Betriebsausstattung, Geschäftsausstattung und Werkzeuge, wodurch die heterogenen Gegenstände dieser Bilanzposition zu gleichartigen Gruppen zusammengefasst werden können.

3.2.2.4 Geleistete Anzahlungen und Anlagen im Bau (A II 4)

Dieser Bilanzposten enthält sämtliche Aufwendungen, die zum Bilanzstichtag für unvollendete und damit noch nicht nutzbare Anlagegüter angefallen sind.

Eine ausweismäßige Trennung zwischen Eigen- und Fremdleistungen ist dabei nicht erforderlich. Anzahlungen auf Anlagen sind **Vorleistungen** des eigenen Unternehmens auf schwebende Geschäfte. Der Ausweis dieser finanziellen Mittel im Anlagevermögen lässt sich betriebswirtschaftlich damit begründen, dass mit der Anzahlung liquide Mittel aus dem Umlaufvermögen ausscheiden. Sie sind dauerhaft zweckbestimmt und haben damit **Anlagencharakter**.

Häufig kann zwischen im Bau befindlichen Anlagen und Anzahlungen auf Anlagen kaum unterschieden werden, weil die Anzahlungen meist den Teilrechnungen des Anlageerbauers entsprechen, sodass sie den Maßstab für den Wert der im Bau befindlichen Anlagen darstellen. Wo jedoch ein gesonderter Ausweis von Anzahlungen und Anlagen im Bau zweckmäßig erscheint, sollte er im Interesse der Bilanzklarheit auch erfolgen.

Abschreibungen dürfen normalerweise auf die im Bau befindlichen Anlagen nicht vorgenommen werden.

Nach Abschluss der Investition im laufenden Geschäftsjahr werden die auf dem Konto „Anlagen im Bau und Anzahlungen auf Anlagen" ausgewiesenen Beträge den entsprechenden **Anlagenkonten zugeordnet**. Diese Bewegung ist gem. § 268 Abs. 2 HGB in der horizontalen Gliederung des Anlagevermögens wiederzugeben.

3.2.3 Finanzanlagen (A III)

Für den gesonderten Ausweis des Finanzanlagevermögens lassen sich aus betriebswirtschaftlicher Sicht vor allem zwei Gründe anführen:

(1) Erträge aus Finanzanlagen unterscheiden sich im Hinblick auf die Erfolgsermittlung (Betriebserfolg/Finanzerfolg) wesentlich von Erträgen aus Sachanlagen.

(2) Abschreibungen auf Finanzanlagen sind anders zu beurteilen als Abschreibungen auf Sachanlagen.

Die Finanzanlagen gliedern sich nach § 266 Abs. 2 A III HGB wie folgt:

► Anteile an verbundenen Unternehmen

► Ausleihungen an verbundene Unternehmen

► Beteiligungen

► Ausleihungen an Unternehmen, mit denen ein Beteiligungsverhältnis besteht

► Wertpapiere des Anlagevermögens

► sonstige Ausleihungen.

3.2.3.1 Anteile an verbundenen Unternehmen (A III 1)

Bei **Anteilen** handelt es sich grundsätzlich um **Mitgliedschaftsrechte**, die Vermögensrechte (z. B. Anspruch auf Teilnahme am Gewinn) und Verwaltungsrechte (Mitsprache- und Informationsrechte) umfassen. Hierzu zählen verbriefte und unverbriefte gesellschafts-rechtliche Kapitalanteile an Kapital- oder Personengesellschaften. Entscheidend ist, ob die entsprechende Kapitaleinlage materiell einem Gesellschaftsrecht durch die Gewährung von Kontroll- und Mitspracherechten vergleichbar oder stark angenähert ist.

Der Begriff der **verbundenen Unternehmen** ist in § 271 Abs. 2 HGB (nur für Zwecke der Rechnungslegung) definiert. Die Auslegung der Bestimmung ist äußerst umstritten. Nach *Adler/Düring/Schmaltz* (§ 271 Tz. 63) sind verbundene Unternehmen solche Unternehmen, zwischen denen ein Mutter-/Tochterverhältnis besteht, sowie die Tochterunternehmen untereinander. Da auch Tochterunternehmen von Tochterunternehmen als Tochterunternehmen des Mutterunternehmens gelten, erstreckt sich der Kreis der verbundenen Unternehmen auf das oberste Mutterunternehmen und sämtliche seiner Tochterunternehmen.

Für den Begriff der verbundenen Unternehmen kommt es nicht darauf an, ob Konzernrechnungslegungspflicht besteht oder ob der Konzernabschluss eines übergeordneten Unternehmens befreiende Wirkung erhält, oder ob tatsächlich ein Konzernabschluss erstellt wird. Unerheblich ist ferner, ob ein Unternehmen in den Konsolidierungskreis einzuziehen wäre oder ob ggf. Einbeziehungswahlrecht oder -verbot bestünde.

Vielfach werden Anteile an verbundenen Unternehmen auch Beteiligungen sein. Der Ausweis unter den Anteilen an verbundenen Unternehmen geht dann vor (**Spezialvorschrift**).

3.2.3.2 Ausleihungen an verbundene Unternehmen (A III 2)

Ausleihungen sind **langfristige Finanz- und Kapitalforderungen**. Sie haben nur eine schuldrechtliche Grundlage, können in Wertpapieren verbrieft sein (Schuldverschreibungen, Anleihen), aber auch als Schuldscheindarlehen oder Hypothekenforderungen auftreten. Für den Ausweis unter den Finanzanlagen kommt es darauf an, ob die Ausleihungen dazu bestimmt sind, dem Betrieb langfristig zu dienen (§ 247 Abs. 2 HGB). Längerfristige Forderungen aus Lieferungen und Leistungen können nur dann zu den Ausleihungen gehören, wenn sie vertraglich in Ausleihungen umgewandelt wurden.

Ausleihungen gegenüber GmbH-Gesellschaftern, die verbundene Unternehmen sind, sind grundsätzlich nicht hier, sondern nach § 42 Abs. 3 GmbHG gesondert auszuweisen. Ihre Mitzugehörigkeit zu den Ausleihungen an verbundene Unternehmen ist in diesem Fall zu vermerken.

3.2.3.3 Beteiligungen (A III 3)

Hier sind Beteiligungen i. S. d. § 271 Abs. 1 HGB auszuweisen, soweit sie nicht Anteile an verbundenen Unternehmen darstellen.

Beteiligungen sind Anteile an anderen Unternehmen, die bestimmt sind, dem eigenen Geschäftsbetrieb durch Herstellung einer dauerhaften Verbindung zu jenen Unternehmen zu dienen (§ 271 Abs. 1 Satz 1 HGB). Entscheidend ist, dass mit der Beteiligung mehr verfolgt wird als eine Kapitalanlage gegen angemessene Verzinsung. Genossenschaftsanteile sind keine Beteiligung i. S. d. HGB (§ 271 Abs. 1 Satz 5 HGB).

Für die Zuordnung ist demnach die **Beteiligungsabsicht** notwendige und zugleich hinreichende Bedingung, die gegenüber äußeren Merkmalen den Vorzug hat, d. h. die Art der Verbriefung und auch die Höhe des Anteils sind für den Ausweis gleichgültig.

Zwar führt der Gesetzgeber in § 271 Abs. 1 Satz 3 HGB aus, dass im Zweifel ein 20 %iger Erwerb von Anteilen eines anderen Unternehmens als Beteiligung gilt, aber hierbei handelt es sich um eine **widerlegbare Vermutung** der Beteiligungsabsicht. Nach der allgemeinen Erfahrung kann jedoch damit gerechnet werden, dass die beteiligten Gesellschafter den ihnen aufgrund eines solchen Kapitalanteils zustehenden Einfluss (Sperrminorität) auch zur Durchsetzung ihrer wirtschaftlichen Interessen ausnutzen.

Eine Beteiligung kann also bereits vorliegen, wenn der Besitz an Kapitalanteilen weniger als 20 % beträgt, und sie muss nicht vorliegen, wenn er 20 % übersteigt.

Wird die Beteiligungsabsicht widerlegt, so sind Wertpapiere des **Anlagevermögens** unter A III 5 in der Bilanz (§ 266 Abs. 2 HGB) auszuweisen, falls sie den Charakter einer Daueranlage haben. Sind sie jedoch zur baldigen Weiterveräußerung bestimmt, dann müssen sie im **Umlaufvermögen** unter B III aufgeführt werden.

3.2.3.4 Ausleihungen an Unternehmen, mit denen ein Beteiligungsverhältnis besteht (A III 4)

Hierbei kann es sich sowohl um **Ausleihungen** (s. Abschnitt B.3.2.3.2) an das Unternehmen, das die Beteiligung hält, als auch an das Unternehmen, an dem die Beteiligung gehalten wird, handeln. Der Bilanzposten umfasst ausdrücklich **beide Seiten** eines Beteiligungsverhältnisses, um die unterschiedlichen Grade von Unternehmensverflechtungen aufzuzeigen (*Adler/Düring/Schmaltz*).

Sofern es sich um verbundene Unternehmen (s. Abschnitt B.3.2.3.1) handelt, sind die Ausleihungen unter A III 2 statt unter A III 4 in der Bilanz (§ 266 Abs. 2 HGB) auszuweisen.

Forderungen aus Lieferungen und Leistungen sind keine Ausleihungen, es sei denn, sie werden in (langfristige) Ausleihungen umgewandelt.

3.2.3.5 Wertpapiere des Anlagevermögens (A III 5)

Bei dieser Art der Finanzanlagen handelt es sich um Wertpapiere, die langfristig dem Geschäftsbetrieb des Unternehmens zu dienen bestimmt sind, ohne dass eine Beteiligungsabsicht an anderen Unternehmen besteht und ohne dass aufgrund besonderer Vorschriften ein gesonderter Ausweis erforderlich ist, wie z. B. bei eigenen Anteilen. Zu solchen Papieren gehören:

(1) **Festverzinsliche Wertpapiere**

Beispiele

Obligationen, Pfandbriefe, Anleihen des Bundes, der Länder, der Gemeinden und andere öffentliche Anleihen

(2) **Wertpapiere mit Gewinnbeteiligungsansprüchen**

Beispiele

Aktien, Kuxe

Bezugsrechte gehören nicht zu den selbstständig auszuweisenden Wertpapieren. Sie sind Bestandteil des Aktienstammrechts und mit diesem zu bilanzieren.

3.2.3.6 Sonstige Ausleihungen (A III 6)

Die nicht unter A III 2 oder A III 4 in der Bilanz (§ 266 Abs. 2 HGB) auszuweisenden Ausleihungen sind bei Zugehörigkeit zum Anlagevermögen den sonstigen Ausleihungen zuzuordnen (Sammelposten). Sonstige Ausleihungen sind somit sämtliche **langfristigen Finanz- und Kapitalforderungen**, die nicht gegenüber Beteiligungs- oder verbundenen Unternehmen bestehen, wie Rückdeckungsansprüche aus Lebensversicherungen im Zusammenhang mit Pensionsverpflichtungen gegenüber Mitarbeitern, GmbH-Anteile ohne Beteiligungscharakter. Ausleihungen an Gesellschafter gehören ebenfalls zu den sonstigen Ausleihungen.

Da die Mitgliedschaft in einer eingetragenen Genossenschaft nicht als Beteiligung gilt (§ 271 Abs. 1 Satz 5 HGB), sind hier auch **Genossenschaftsanteile** zu aktivieren.

3.2.4 Anlagenspiegel

Im Gegensatz zu den übrigen Bilanzpositionen ist beim Anlagevermögen eine horizontale Gliederung gesetzlich vorgeschrieben.

3.2.4.1 Schema

Gemäß § 268 Abs. 2 Satz 2 HGB, von dem kleine Kapitalgesellschaften (§ 267 Abs. 1 HGB) durch § 274a HGB befreit sind, sind ausgehend von den Anschaffungs- und Herstellungskosten (**Brutto-Anlagenspiegel**), die Zugänge, Abgänge, Umbuchungen und Zuschreibungen des Geschäftsjahres sowie die Abschreibungen in ihrer gesamten Höhe gesondert aufzuführen. Die Abschreibungen des Geschäftsjahres sind entweder in der Bilanz bei dem betreffenden Posten zu vermerken oder im Anhang anzugeben.

Die nachfolgende Abbildung zeigt die **Gestaltung des Anlagenspiegels** nach § 268 Abs. 2 HGB. Es wird empfohlen, die Informationen über die Geschäftsjahresabschreibung als nachrichtliche Zusatzspalte in den Anlagenspiegel mitaufzunehmen.

(1)	(2)	(3)	(4)	(5)	(6)	(7)	(8)
AK/HK	**Zugänge (AK/HK)**	**Abgänge (AK/HK)**	**Umbuchg. (AK/HK)**	**Abschr. (kum.)**	**(Abschr. Geschj.)**	**Zuschr. Geschj.**	**End- bestand**
100.000	20.000	10.000	0	80.000	(20.000)	0	30.000

Abb.: Anlagenspiegel

Ein Sonderproblem entsteht bei konsequenter Beachtung des Bruttoprinzips in Zusammenhang mit der **Sofortabschreibung von geringwertigen Anlagegütern**. Systemgerecht wäre es, abgeschriebene Anlagen grundsätzlich so lange im Anlagenspiegel zu führen, wie die Anlagen vorhanden sind. Im Falle der geringwertigen Anlagegüter würde dies eine Einzelabgangskontrolle verlangen. In Anbetracht des großen organisatorischen Aufwands, den eine solche Lösung für die betroffenen Unternehmen mit sich bringen würde, stellt die Begründung zu § 268 Abs. 2 HGB (BT-Drucksache 10/4268, S. 105) klar, dass bei geringwertigen Anlagegütern aus Vereinfachungsgründen **im Zugangsjahr gleichzeitig ein Abgang** unterstellt werden darf.

3.2.4.2 Erläuterung der Spalten

(1) **Gesamte Anschaffungs- oder Herstellungskosten**
In der ersten Spalte des Anlagenspiegels sind die gesamten historischen Anschaffungs- und Herstellungskosten der zu Beginn des Geschäftsjahres zum Anlagevermögen gehörenden Vermögensgegenstände auszuweisen. Der Umfang der AK/HK bestimmt sich nach § 255 HGB.

(2) **Zugänge**
Zugang ist jede tatsächliche **mengenmäßige Zunahme** von Gegenständen des Anlagevermögens. Betriebswirtschaftlich sind Zugänge grundsätzlich **Vermögensumschichtungen**, die im Gegensatz zu Zuschreibungen i. d. R. erfolgsneutral sind.

Der **Zugangszeitpunkt** richtet sich nach dem Erlangen der Verfügungsgewalt über den Vermögensgegenstand, nicht nach dem Zeitpunkt des Rechnungseingangs oder der Eintragung im Grundbuch.

Fraglich ist, ob eine **Umgliederung** vom Umlaufvermögen in das Anlagevermögen ein Zugang oder eine Umbuchung ist. Meines Erachtens handelt es sich um eine Umbuchung.

Nachträgliche Anschaffungs- oder Herstellungskosten sind als Zugänge zu behandeln.

(3) Abgänge

Abgänge sind eine **mengenmäßige Minderung** des Anlagevermögens, die sich durch Veräußerung, Ausbau oder aus sonstigem Grund (z. B. Verschrottung, Brand) ergibt. Eine wertmäßige Verminderung stellt keinen Abgang, sondern eine Abschreibung dar.

Die Aufstellung des Anlagenspiegels nach dem Bruttoprinzip bewirkt, dass die Abgänge nicht mehr mit dem Restwert zum Zeitpunkt des Abgangs, sondern **in Höhe der gesamten Anschaffungs- oder Herstellungskosten** zu zeigen sind. Der als Abgang zu zeigende Wert setzt sich somit aus dem Restbuchwert zum Abgangszeitpunkt und den entsprechenden kumulierten Abschreibungen zusammen.

(4) Umbuchungen

Umbuchungen zeigen weder Mengen- noch Wertänderungen des Anlagevermögens an, sondern kennzeichnen lediglich die **Umgruppierung** von Wirtschaftsgütern von einer Bilanzposition zur anderen innerhalb des Anlagevermögens. Sie treten vor allem auf bei dem Posten „Geleistete Anzahlungen und Anlagen im Bau" sowie bei den auf immaterielle Vermögensgegenstände geleisteten Anzahlungen.

Aufgrund des **Bruttoprinzips** sind die Umbuchungen ebenso wie die Zugänge mit den gesamten historischen Anschaffungs- oder Herstellungskosten auszuweisen.

(5) Kumulierte Abschreibungen

Die Abschreibungen erfassen alle wertmäßigen Verminderungen des Anlagevermögens (vgl. ausführlich Abschnitt B.4.3.2). Aufgrund des Bruttoprinzips sind bis zum Zeitpunkt des Ausscheidens eines Vermögensgegenstands aus dem Anlagevermögen alle Wertminderungen unter den kumulierten Abschreibungen auszuweisen.

(6) Abschreibungen des Geschäftsjahrs

Nach § 268 Abs. 2 Satz 3 HGB sind die Abschreibungen des Geschäftsjahrs **gesondert anzugeben**. Diese Angabe kann in der Bilanz oder im Anhang erfolgen.

Unabhängig davon wird im Schrifttum vorgeschlagen, für die Abschreibungen des Geschäftsjahres im Anlagenspiegel eine **zusätzliche Spalte** vorzusehen. Nach *Adler/Düring/Schmaltz* handelt es sich hierbei nicht um einen „Davon-Vermerk" zu den kumulierten Abschreibungen. Die beiden Spalten sind vielmehr getrennt zu sehen, wobei die Abschreibungen des Geschäftsjahres – in Übereinstimmung mit der GuV – auch die Abschreibungen auf die Abgänge sowie ggf. die Vollabschreibung auf die geringwertigen Vermögensgegenstände enthalten.

(7) Zuschreibungen

Zuschreibungen sind wertmäßige Erhöhungen des Anlagevermögens. Im Gegensatz zu den Abschreibungen sind im Anlagenspiegel nur die Zuschreibungen des Geschäftsjahres anzugeben.

Ihrem Charakter als Korrektur früherer Abschreibungen entsprechend ist eine **Verrechnung** mit den kumulierten Abschreibungen der Vorjahre vorzunehmen. Hierdurch wird vermieden, dass die Abschreibungen ggf. die Anschaffungs- oder Herstellungskosten überschreiten.

In Ausnahmefällen sind Zuschreibungen **Korrekturen der Anschaffungs- oder Herstellungskosten** (z. B. nachträgliche Erhöhung der Anschaffungskosten). Dann sind sie nicht mit den Abschreibungen zu verrechnen, sondern zu Beginn des nächsten Jahres in die Anschaffungs- oder Herstellungskosten umzubuchen (*Adler/Düring/Schmaltz*).

Aufgabe 16 > Seite 424
Aufgabe 17 > Seite 425

3.3 Umlaufvermögen (B)

Zum Umlaufvermögen rechnen im Sinne einer negativen Abgrenzung alle Vermögensteile, die nicht gem. § 247 Abs. 2 HGB zum Anlagevermögen gehören und keine Posten der Rechnungsabgrenzung sind.

Zur Abgrenzung des Umlaufvermögens vom Anlagevermögen hat das BMF in BStBl 1969 I S. 364 wie folgt Stellung genommen: **Ersatz- und Reserveteile** gehören – mit Ausnahme der Erstausstattung von Maschinen – grundsätzlich zum Umlaufvermögen. Entsprechendes gilt für Maschinenwerkzeuge wie Bohrer, Fräser, Sägeblätter u. a. Falls es sich nicht um zu den Anlagegütern gehörende Erstausstattung handelt, sind sie Umlaufvermögen. Vorräte an Schutzbekleidung für die Arbeitnehmer rechnen ebenfalls zum Umlaufvermögen. Ausnahmsweise gehören auch Gebäude zum Umlaufvermögen, wenn z. B. ein Architekt sie zwecks Weiterveräußerung errichtet.

Nach § 266 Abs. 2 HGB sind unter Umlaufvermögen folgende Posten auszuweisen:

B. Umlaufvermögen:
  I. Vorräte:
    1. Roh-, Hilfs- und Betriebsstoffe
    2. unfertige Erzeugnisse, unfertige Leistungen
    3. fertige Erzeugnisse und Waren
    4. geleistete Anzahlungen

  II. Forderungen und sonstige Vermögensgegenstände:
    1. Forderungen aus Lieferungen und Leistungen
    2. Forderungen gegen verbundene Unternehmen
    3. Forderungen gegen Unternehmen, mit denen ein Beteiligungsverhältnis besteht
    4. sonstige Vermögensgegenstände

  III. Wertpapiere:
    1. Anteile an verbundenen Unternehmen
    2. sonstige Wertpapiere

  IV. Kassenbestand, Bundesbankguthaben, Guthaben bei Kreditinstituten und Schecks

3.3.1 Vorräte (B I)

Die Vorräte gelten als Umlaufvermögen im engeren Sinne. Entsprechend den praktischen Bedürfnissen von Industrieunternehmen ist das Vorratsvermögen im handelsrechtlichen Gliederungsschema weiter unterteilt in:

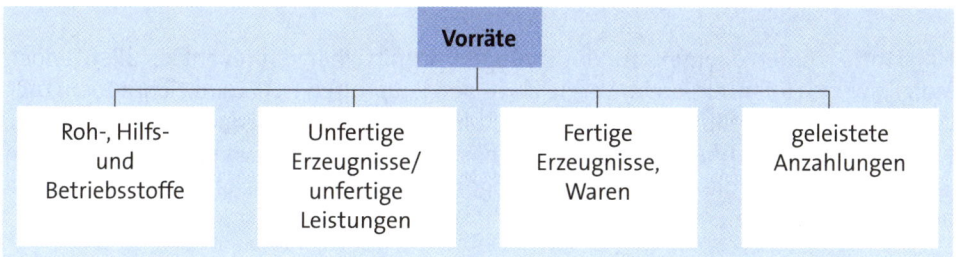

Mit dieser Aufteilung wird den speziellen Belangen anderer Unternehmen kaum Rechnung getragen. So ist hier beispielsweise für Handelsbetriebe fast nur die dritte Bilanzposition sinnvoll, während Dienstleistungsunternehmen praktisch nur Betriebsstoffe auszuweisen haben.

Außerdem kann die **Zuordnung der Vorräte** zu den angegebenen Gruppen bisweilen Schwierigkeiten bereiten. Insbesondere bei mehrstufigen Verarbeitungsunternehmen sind die Grenzen zwischen den fertigen und unfertigen Erzeugnissen fließend, wenn diese Unternehmen ihre Produkte in den verschiedenen Stadien der Fertigung oder der Gewinnung verkaufen. Ist in solchen Fällen lediglich eine willkürliche Aufteilung möglich, kann gegen einen zusammengefassten Ausweis der fertigen und unfertigen Erzeugnisse nichts eingewendet werden (*Adler/Düring/Schmaltz*).

Lediglich klarstellenden Charakter hat die Erweiterung um **„unfertige Leistungen"**, da diese bei Dienstleistungsunternehmen auch bisher schon auszuweisen waren.

Erhaltene Anzahlungen auf Vorräte können nach § 268 Abs. 5 Satz 2 HGB von den Vorräten offen in einer Vorspalte abgesetzt werden. Betriebswirtschaftlich sinnvoll erscheint eine derartige **Saldierung** nur insoweit, als die Anzahlungen auf die zum Stichtag bilanzierten Erzeugnisse entfallen.

Falls an den Vorräten **Eigentumsvorbehalte** (§ 449 BGB) bestehen oder die Lagerbestände evtl. zur Sicherung übereignet sind (§§ 929 f. BGB), bleiben diese Formen dinglicher Belastung für den Bilanzausweis unbeachtlich, solange sie nicht geltend gemacht werden. Denn für die Bilanzierung ist prinzipiell die wirtschaftliche und nicht die juristische Betrachtungsweise entscheidend (§ 246 Abs. 1 Satz 2 HGB).

3.3.1.1 Roh-, Hilfs- und Betriebsstoffe (B I 1)

Als **Rohstoffe** bezeichnet man alle Stoffe, die unmittelbar in das Fertigungsprodukt eingehen und dessen Hauptbestandteil bilden. Dabei können die Enderzeugnisse eines Unternehmens Rohstoffe des nachgeschalteten verarbeitenden Unternehmens sein, z. B. Tuch-/Bekleidungsindustrie, Blech-/Autoindustrie.

Hilfsstoffe werden ebenfalls für das Erzeugnis unmittelbar verbraucht, erfüllen jedoch lediglich eine Hilfsfunktion im Vergleich zu den Rohstoffen (z. B. Leim, Schrauben, Lack bei der Möbelherstellung; Holz dagegen Rohstoff). Verpackungsmaterialien (Kartons, Packpapier u. a.) rechnen i. d. R. zu den Hilfsstoffen, abgesehen von Leihverpackungen wie Brauereifässer, die zum Anlagevermögen gehören und dort oft als Sonderposten ausgewiesen werden.

Betriebsstoffe bilden selbst keinen Bestandteil des fertigen Erzeugnisses, sondern werden mittel- oder unmittelbar bei der Herstellung des Erzeugnisses verbraucht. Zu ihnen zählen Heizmaterialien, Schmiermittel, Kraftstoffe u. a. Unter Betriebsstoffe fallen auch die Bestände an noch nicht ausgegebenem Büromaterial, die Vorräte der Werksküche und die Bestände an Werbematerial (*Adler/Düring/Schmaltz*).

3.3.1.2 Unfertige Erzeugnisse, unfertige Leistungen (B I 2)

Zu den unfertigen Erzeugnissen rechnen all jene Vorräte, die noch nicht verkaufsfertige Produkte darstellen, durch deren Be- oder Verarbeitung im eigenen Unternehmen aber bereits Aufwendungen (z. B. Löhne) angefallen sind.

Abgrenzungskriterium zu den Rohstoffen ist, dass sie bereits in den Produktionsprozess eingegangen sind, ohne dass sie – wie fertige Erzeugnisse – das **Stadium der Verkaufsfähigkeit** erreicht haben. Technisch fertige Produkte, die zur Verkaufsfähigkeit z. B. noch einen Lagerungsprozess durchlaufen müssen, sind deshalb unter den unfertigen Erzeugnissen auszuweisen (Holz, Weine, Käse).

Leistungen, die bis zum Bilanzstichtag noch nicht abgeschlossen sind, sind als **„unfertige Leistungen"** ebenfalls unter B I 2 (§ 266 Abs. 2 HGB) auszuweisen. Dies folgt aus der für das Bilanzrecht maßgebenden wirtschaftlichen Betrachtungsweise. Forderungen können noch nicht ausgewiesen werden, da diese erst mit der Fertigstellung der Arbeiten entstehen (s. Abschnitt B.3.3.2.1). Deshalb muss der Bauunternehmer auch unfertige Bauten auf fremdem Grund und Boden unter B I 2 (§ 266 Abs. 2 HGB) ausweisen, obschon sie in das Eigentum des Grundstückseigentümers übergehen; *Adler/Düring/Schmaltz* halten in solchen Fällen allerdings eine Erläuterung im Anhang für erforderlich.

3.3.1.3 Fertige Erzeugnisse und Waren (B I 3)

Fertigerzeugnisse und Waren können gem. dem Gliederungsschema ohne zusätzliche Spezifikation zusammen ausgewiesen werden, da Fertigfabrikate letztlich Waren sind. Der Unterscheidung zwischen Fertigerzeugnissen und Waren kommt jedoch im Hinblick auf die unterschiedliche Bewertung Bedeutung zu. Für Fertigerzeugnisse bilden nämlich die Herstellungskosten, für Waren die Einstandspreise den Ausgangspunkt für den Wertansatz.

Als **Fertigerzeugnisse** werden nur die versandfertigen Vorräte bezeichnet, die im eigenen Unternehmen be- oder verarbeitet wurden. Betriebsfremde Vermögenswerte sind nicht hier, sondern unter den „Sonstigen Vermögensgegenständen" (B II 4, § 266 Abs. 2 HGB) anzuführen.

Unter **Waren** sind Handelsartikel fremder Herkunft zu verstehen, die ohne wesentliche Weiterverarbeitung wiederveräußert werden.

Wurden Waren in **Kommission** gegeben, so sind sie unter Waren und nicht unter Debitoren als Forderungen auszuweisen. Analog dürfen in Kommission genommene Waren nicht aktiviert werden.

Bilanzierungsprobleme tauchen ferner bei gekauften, aber noch nicht angelieferten unbezahlten Waren sowie bei **unterwegs befindlichen Waren** auf. Grundsätzlich entscheidet hier der Eingang/Ausgang bzw. das Verschaffen der Verfügungsmacht über den Zeitpunkt der Bilanzierung. Im Augenblick des Gefahrenüberganges (§ 446 BGB) können diese Waren jedoch bereits beim Käufer unter entsprechender Passivierung der Zahlungsverpflichtung aktiviert werden.

Unter B I 3 (§ 266 Abs. 2 HGB) sind auch bestellte und zur Ablieferung am Abschlussstichtag **bereitgestellte Waren** auszuweisen. Ein Ausweis als Forderungen kommt erst dann in Betracht, wenn der Lieferer alles von seiner Seite Erforderliche getan hat. Hierzu gehört die Versendung mit der Folge, dass die Gefahr auf den Abnehmer übergeht.

In **Montage** befindliche Lieferungen können vor Abschluss der Montage ebenfalls nicht als Forderungen ausgewiesen werden. Sie gehören unter B I 2 (§ 266 Abs. 2 HGB).

Nicht unter dieser Position auszuweisen sind **fertige Leistungen**. Im Gegensatz zu unfertigen Leistungen stellen sie **Forderungen** dar (vgl. Abschnitt B.3.3.2.1), die unter B II 1 (§ 266 Abs. 2 HGB) ausgewiesen werden.

3.3.1.4 Geleistete Anzahlungen (B I 4)

Dieser Posten enthält nur Anzahlungen auf Vorräte. Zahlungen für noch nicht gelieferte Vorräte sind bis zum Zeitpunkt des Gefahrenübergangs als Anzahlungen, danach als Vorräte auszuweisen. Anzahlungen auf Dienstleistungen gehören auch zu den geleisteten Anzahlungen auf Vorräte, sofern sie im Zusammenhang mit der Beschaffung der Vorräte stehen und somit zu den Anschaffungsnebenkosten der Roh-, Hilfs- und Betriebsstoffe rechnen. Anzahlungen auf nicht mit der Beschaffung zusammenhängende Dienstleistungen, z. B. auf Beratungsleistungen, sind nicht hier, sondern unter B II 4 „Sonstige Vermögensgegenstände" (§ 266 Abs. 2 HGB) zu erfassen.

3.3.2 Forderungen und sonstige Vermögensgegenstände (B II)

3.3.2.1 Forderungen aus Lieferungen und Leistungen (B II 1)

Begriff

Forderungen aus Lieferungen und Leistungen beruhen auf Kaufverträgen, Werkverträgen und Dienstleistungsverträgen. Sie verkörpern den **Gegenwert für die erbrachte Lieferung** oder Leistung. So ist der Käufer nach § 433 Abs. 2 BGB verpflichtet, dem Verkäufer den vereinbarten Kaufpreis zu zahlen. Die Forderung tritt in diesem Fall (zunächst) an die Stelle des verkauften Gegenstandes. Sie ist Ausdruck einer Vermögensumformung: An die Stelle eines Fertigerzeugnisses bzw. einer Ware tritt ein Anspruch auf Geld. Die bloße Anwartschaft auf einen Geldanspruch genügt nicht.

Mit dieser Vermögensumformung finden die einzelnen Umsatz- bzw. Leistungsprozesse des Betriebes ihren Abschluss – entweder mit Gewinn oder mit Verlust. Es handelt sich somit um eine **erfolgswirksame** Vermögensumformung, nicht um einen erfolgsneutralen Aktivtausch, weshalb den Forderungen aus Lieferungen und Leistungen in der Steuerbilanz besondere Bedeutung zukommt.

Von den aktiven Posten der **Rechnungsabgrenzung** unterscheiden sich die Forderungen aus Lieferungen und Leistungen dadurch, dass sie

- auf einer Vorleistung beruhen, während die Zahlung noch aussteht. Bei Rechnungsabgrenzungsposten ist es umgekehrt: Sie sind Vorauszahlungen, während die Lieferung oder Leistung noch aussteht. Siehe hierzu Abschnitt B.3.4.

- Gewinne (Verluste) realisieren, während die Posten der Rechnungsabgrenzung den Gewinn nur korrigieren.

Von **Anzahlungen** unterscheiden sich die Warenforderungen durch den Vertragspartner. Bei Anzahlungen ist Vertragspartner der Lieferant, bei Warenforderungen der Kunde.

Entstehungszeitpunkt

Eine Forderung aus Lieferungen und Leistungen entsteht nicht mit Abschluss des Lieferungsgeschäfts. Gebucht wird erst die sich hieraus ergebende Vermögensänderung. Die buchungspflichtige Forderung entsteht somit im Zeitpunkt des Vermögensübergangs auf den Erwerber, d. h. in dem Zeitpunkt, in dem die **Leistung bzw. Lieferung bewirkt** ist.

Die Entstehung der buchungspflichtigen Forderung fällt also mit dem Realisationszeitpunkt zusammen.

Ein **Kaufvertrag** ist seitens des Verkäufers im Allgemeinen mit der Übergabe der Sache erfüllt. In der Regel darf der Verkäufer erst zu diesem Zeitpunkt den Anspruch auf die Gegenleistung mit der Folge der Gewinnrealisierung aktivieren. Die Gewinnrealisierung erfolgt jedoch auch dann, wenn dem Käufer ein **Rücktrittsrecht** zusteht. Das Risiko des Verkäufers kann nach Ansicht des BFH durch eine Rückstellung berücksichtigt werden.

Freiberufler, die ihren Gewinn nach § 4 Abs. 1 EStG ermitteln, sind verpflichtet, ihre Forderungen im **Zeitpunkt der erbrachten Leistung** zu aktivieren.

Ausweis

Die Forderungen aus Lieferungen und Leistungen, zu denen auch Wechselforderungen gehören, sind zu bereinigen um

(1) Rabatte

(2) Umsatzprämien

(3) sonstige Preisnachlässe.

Verkaufsprovisionen mindern dagegen den Forderungsbetrag nicht, sondern gehören als Verbindlichkeiten unter die Passiva.

Lieferungs- und Leistungsforderungen können – insbesondere im Außenhandelsgeschäft – sehr **langfristig** sein. Sobald eine Restlaufzeit von mehr als einem Jahr zwischen dem Bilanzstichtag und dem voraussichtlichen Eingang der Forderung zu erwarten ist, bedürfen diese Forderungen nach § 268 Abs. 4 HGB, von dem kleine Kapitalgesellschaften durch § 274a Nr. 2 HGB befreit sind, eines gesonderten Vermerks. Dadurch soll dem Wunsch nach einem verbesserten Liquiditätsausweis entsprochen werden.

In der Regel verlieren Forderungen aus Handelsgeschäften ihren ursprünglichen Charakter, wenn sie längere Zeit gestundet werden. Die Frage der „längeren Stundung" ist nach branchenüblichen Zahlungskonditionen zu beantworten. Verbindet sich im Einzelfall tatsächlich mit dem Umsatzgeschäft ein Kreditgeschäft, dann sollten solche Forderungen in sonstige Ausleihungen (A III 6, § 266 Abs. 2 HGB) oder in sonstige Vermögensgegenstände (B II 4, § 266 Abs. 2 HGB) eingestellt werden.

Forderungen gegen verbundene Unternehmen und Unternehmen, mit denen ein Beteiligungsverhältnis besteht, sind unter B II 2 f. (§ 266 Abs. 2 HGB) gesondert auszuweisen. Gleiches gilt für Wechselforderungen.

Saldierungsverbot

Gemäß § 246 Abs. 2 HGB dürfen Forderungen nicht mit Verbindlichkeiten verrechnet werden (Aufrechnungsverbot). Diese Vorschrift ist so zu verstehen, dass Forderungen und Verbindlichkeiten verschiedener Geschäftspartner oder ungleicher Art nicht saldiert werden dürfen. Sind jedoch Schuldner und Gläubiger die gleiche Person und handelt es sich um **gleichartige Forderungen und Verbindlichkeiten** (z. B. aus Lieferungen und Leistungen), so ist eine Aufrechnung zulässig, wenn nicht gar geboten, da hierdurch die Bilanz übersichtlicher wird.

3.3.2.2 Forderungen gegen verbundene Unternehmen (B II 2)

Hier sind – unabhängig von ihrer Entstehungsursache – **alle dem Umlaufvermögen zurechenbaren Forderungen gegen verbundene Unternehmen** (s. Abschnitt B.3.2.3.1) auszuweisen. Daher kommen sowohl Forderungen aus Lieferungen und Leistungen (unter Vermerk ihrer Mitzugehörigkeit zu B II 1, § 266 Abs. 2 HGB) als auch Forderungen aus z. B. kurzfristigen Darlehen, Gewinnausschüttungen u. Ä. in Betracht. Der Ausweis unter diesem Posten hat grundsätzlich Vorrang. Voraussetzung ist, dass es sich am Abschlussstichtag um ein verbundenes Unternehmen handelt.

Nach *Adler/Düring/Schmaltz* können auch an verbundene Unternehmen geleistete Anzahlungen unter dieser Position ausgewiesen werden.

3.3.2.3 Forderungen gegen Unternehmen, mit denen ein Beteiligungsverhältnis besteht (B II 3)

Entsprechend den Ausführungen unter Abschnitt B.3.3.2.2 sind hier **alle zum Umlaufvermögen gehörenden Forderungen** gegen Unternehmen zu erfassen, mit denen ein Beteiligungsverhältnis besteht. Wegen der Auslegung des „Beteiligungsverhältnisses" s. Abschnitt B.3.2.3.4. Der Ausweis unter diesem Posten hat Vorrang. Ist der Schuldner jedoch zugleich ein verbundenes Unternehmen, so hat der Ausweis unter B II 2 (§ 266 Abs. 2 HGB) zu erfolgen.

In beiden Fällen ist § 268 Abs. 4 HGB zu beachten, wonach Forderungen mit einer **Restlaufzeit** von mehr als einem Jahr gesondert zu vermerken sind.

3.3.2.4 Sonstige Vermögensgegenstände (B II 4)

Dieser Bilanzposten nimmt alle Vermögensgegenstände des Umlaufvermögens auf, die keinem anderen Posten zuzuordnen sind (**Sammelposten**), soweit es sich nicht um Forderungen gegen verbundene Unternehmen oder gegen Unternehmen handelt, mit denen ein Beteiligungsverhältnis besteht.

Sonstige Vermögensgegenstände sind kurzfristige Darlehen an Arbeitnehmer, Vorschüsse, Kautionen, Steuererstattungsansprüche, Zinsansprüche, Anzahlungen, die nicht das Anlagevermögen oder die Vorräte betreffen, z. B. Anzahlungen für noch nicht zu erbringende Werbe- und Beratungsleistungen Ansprüche auf Investitionszulagen, Ersatzforderungen aus Bürgschaftsübernahmen oder Garantien, Guthaben bei Bausparkassen.

Größere unter den „sonstigen Vermögensgegenständen" ausgewiesene Beträge für Vermögensgegenstände, die rechtlich erst nach dem Abschlussstichtag entstehen, sind **im Anhang zu erläutern** (§ 268 Abs. 4 Satz 2 HGB).

Forderungen an einen GmbH-Gesellschafter sind nach § 42 Abs. 3 GmbHG gesondert zu vermerken.

3.3.3 Wertpapiere (B III)

Wertpapiere sind Urkunden, in denen ein **privates Recht** derart verbrieft ist, dass der **Besitz der Urkunde** erforderlich ist, um das Recht auszuüben. Nicht zu den Wertpapieren gehören die reinen Legitimationspapiere, z. B. Sparkassenbücher oder Depotscheine.

Ob Wertpapiere zum Anlagevermögen oder zum Umlaufvermögen gehören, richtet sich nach ihrer Zweckbestimmung. Handelt es sich bei dem Wertpapierbesitz um eine Beteiligung (z. B. von mehr als 20 % am Grund- oder Stammkapital; s. § 271 Abs. 1 HGB), so rechnet er immer zum Anlagevermögen.

3.3.3.1 Anteile an verbundenen Unternehmen (B III 1)

Bei den Anteilen muss es sich, wie aus der Überschrift B III (§ 266 Abs. 2 HGB) „Wertpapiere" ersichtlich, um **Wertpapiere** handeln, die nicht zum Anlagevermögen gehören, d. h. die nur zu vorübergehenden Zwecken gehalten werden. Damit können hier grundsätzlich nur Aktien eines verbundenen Unternehmens (s. Abschnitt B.3.2.3.1) eingeordnet werden, da alle anderen Anteile nicht in Wertpapieren verbrieft sind.

Fraglich ist, wo dem Umlaufvermögen zuzuordnende **Anteile an einer herrschenden oder mit Mehrheit an der Gesellschaft beteiligten GmbH** auszuweisen sind, da es sich hierbei nicht um Wertpapiere handelt. Nach *Adler/Düring/Schmaltz* sollte in diesen Fällen trotz der fehlenden Wertpapiereigenschaft der GmbH-Anteile wegen der Einheitlichkeit der Vorgehensweise die Eingliederung unter B III 1 (§ 266 Abs. 2 HGB) erfolgen.

3.3.3.2 Sonstige Wertpapiere (B III 2)

Dies sind alle Wertpapiere, die nicht zum Anlagevermögen und nicht zu B III 1 (§ 266 Abs. 2 HGB) gehören. Auch Schatzwechsel des Bundes, der Länder und der Bundesbahn sowie Privatdiskonte, kurzfristige Geldanlagen und Finanzwechsel sind sonstige Wertpapiere.

3.3.4 Kassenbestand, Bundesbankguthaben, Guthaben bei Kreditinstituten und Schecks (B IV)

Dieser Posten ist auch in großen und mittelgroßen Kapitalgesellschaften nicht aufzugliedern. Guthaben und Verbindlichkeiten bei demselben Kreditinstitut dürfen nur dann saldiert werden, wenn sie gleiche Fristigkeit und gleiche Konditionen haben.

Zum **Kassenbestand** gehören alle Bestände an Geld, ausländischen Geldsorten und Wertmarken, z. B. Gebühren-, Briefmarken und nicht verbrauchte Wertmarken für Frankotypmaschinen. Bundesbankguthaben sind auch die Guthaben bei Landeszentralbanken. Alle Forderungen gegenüber inländischen und ausländischen Banken und Sparkassen aus dem laufenden Geschäftsverkehr sind Guthaben bei Kreditinstituten. Das sind Kontokorrentguthaben, Festgelder, zu Gunsten Dritter vorläufig gesperrte oder sicherungsübereignete Konten, Bankguthaben aus erhaltenen Anzahlungen, Guthaben bei Bausparkassen.

3.4 Rechnungsabgrenzungsposten (C)

3.4.1 Wesen der Rechnungsabgrenzung

Sinn und Zweck der Rechnungsabgrenzung ist die **zutreffende Ermittlung des Periodengewinns**, indem Aufwendungen und Erträge dem Wirtschaftsjahr zugerechnet werden, durch das sie – wirtschaftlich betrachtet – verursacht sind. Die Rechnungsabgrenzungsposten unterscheiden sich insoweit nicht von anderen Bilanzposten. Hat z. B. eine Maschine 10.000 € gekostet und ist sie bei einer Lebensdauer von 10 Jahren erst 2 Jahre in Betrieb, so ist – bei linearer Abschreibung – der Buchwert von 8.000 € nichts anderes als ein Posten zur Abgrenzung des Aufwandes. Ähnlich ist es z. B. bei Rückstellungen auf der Passivseite der Bilanz. Hier erfolgt der Zahlungsvorgang später, die Verbindlichkeit ist jedoch im laufenden Geschäftsjahr entstanden.

Wenn dennoch die Rechnungsabgrenzungsposten im handelsrechtlichen Bilanzschema eigens aufgeführt sind, so muss es sich um solche Posten handeln, die anderen Bilanzpositionen nicht zugeordnet werden können. Hieraus folgt, dass die Posten der Rechnungsabgrenzung im Interesse der Bilanzklarheit zu Gunsten der übrigen Bilanzpositionen möglichst eingeschränkt werden müssen. So dürfen z. B. Forderungen oder Anzahlungen nicht unter Posten der aktiven Rechnungsabgrenzung, Verbindlichkeiten und Rückstellungen nicht als passive Rechnungsabgrenzung ausgewiesen werden. Der Gesetzgeber hat dem durch Beschränkung der Rechnungsabgrenzung auf **transitorische Posten** im engeren Sinne Rechnung getragen.

3.4.2 Begrenzung der Rechnungsabgrenzungsposten auf Vorauszahlungen

Will man bezüglich der Rechnungsabgrenzungsposten Klarheit gewinnen, so muss man sich das wirtschaftliche Geschehen eines Unternehmens vor Augen führen. Es besteht in der Leistungserstellung und der Leistungsverwertung am Markt. Bei der Leistungsverwertung sind zwei Vorgänge zu unterscheiden:

► die Lieferung oder sonstige Leistung durch das Unternehmen
► die Zahlung durch den Leistungsempfänger.

Sieht man von den hier nicht interessierenden Bargeschäften ab, so werden die Geschäfte im Allgemeinen in der Weise abgewickelt, dass zuerst die Leistung erbracht und **danach die Rechnung** bezahlt wird (erst die Ware, dann das Geld!). In Ausnahmefällen bzw. in bestimmten Branchen ist es jedoch umgekehrt: zuerst wird gezahlt und danach erfolgt die Leistung. Es ist also zu unterscheiden zwischen

► Vorleistung (Regel) und
► Vorauszahlung (Ausnahme).

Vorleistungen schließen einen Rechnungsabgrenzungsposten grundsätzlich aus, da an die Stelle der erbrachten Leistung Forderungen/Verbindlichkeiten treten. Sind also Vorleistungen (erst Leistung, später Zahlung) – auch in der Form von abgrenzbaren Teilleistungen – *„in Wahrheit Forderungen und Verbindlichkeiten"* (s. *Kropff*, Aktiengesetz, Düsseldorf 1965 S. 237), so können Vorauszahlungen (erst Zahlung, später Leistung) nur als **Rechnungsabgrenzungsposten** in der Bilanz erscheinen. Ein typisches Beispiel hierfür ist das Disagio, das beim Darlehensnehmer aktiv abgegrenzt werden kann und als Aufwand auf die Laufzeit des Darlehens zu verteilen ist (vgl. § 250 Abs. 3 HGB).

3.4.3 Zeitbezogenheit der Vorauszahlungen

Neben dem Zahlungsvorgang vor dem Bilanzstichtag verlangt das Gesetz noch – anders als bei Anzahlungen – Erfolgswirksamkeit (Aufwand oder Ertrag) „für eine bestimmte Zeit nach diesem Tag". Typische Fälle sind **Vorauszahlungen für Miete, Pacht,** Versicherungsprämien, Beiträge u. Ä. Die Vorauszahlung kann sich auch auf einen längeren Zeitraum beziehen.

3.4.4 Pflicht zur Rechnungsabgrenzung

Liegen die Voraussetzungen für eine aktive oder passive Rechnungsabgrenzung nach § 250 Abs. 1 f. HGB vor, so besteht eine Pflicht zum Ausweis unter den vorgesehenen Posten (auf der Aktivseite unter C, auf der Passivseite unter D).

Andererseits sind jedoch die Grundsätze der Wesentlichkeit und Wirtschaftlichkeit zu beachten. So hat der BFH darauf hingewiesen, dass die Rechnungsabgrenzung im

Interesse der Vereinfachung des Rechnungswesens nicht überspannt werden soll. Im Urteil vom 02.06.1960 (HFR 1961 S. 73, IV 114/58) führt der BFH aus, dass dem vorsichtigen Kaufmann ein **gewisser Spielraum** überlassen bleiben muss, ob und in welchem Umfang er von einer aktiven Rechnungsabgrenzung für bestimmte, vor allem kleinere Ausgaben Gebrauch machen will.

3.4.5 Disagio

Gemäß § 250 Abs. 3 HGB **kann** ein **Disagio** aktiv abgegrenzt werden. Steuerlich besteht in diesem Fall Aktivierungspflicht. Der Betrag ist nach § 268 Abs. 6 HGB gesondert auszuweisen oder im Anhang anzugeben. Kleine Kapitalgesellschaften sind von dieser Ausweispflicht durch § 274a Nr. 4 HGB befreit.

3.4.6 Auflösung der Rechnungsabgrenzungsposten

Die Rechnungsabgrenzungsposten sind in späteren Rechnungsperioden insoweit aufzulösen, als Aufwand oder Ertrag entstanden ist. Ist z. B. die Mietvorauszahlung für die ersten 6 Monate des Folgejahres aktiv abgegrenzt, so ist der Rechnungsabgrenzungsposten mit der Buchung:

> Mietaufwand
> an Rechnungsabgrenzungsposten

aufzulösen. Bei Vorauszahlungen für mehrere Jahre ist der Rechnungsabgrenzungsposten **zeitanteilig** aufzulösen. Kapitalanteilig erfolgt die Auflösung bei langfristigen Darlehen.

Eine Teilwertabschreibung wird vom BFH mit der Begründung abgelehnt, bei den Rechnungsabgrenzungsposten handle es sich nicht um Wirtschaftsgüter, für die demzufolge kein Teilwert bestehe.

Ein aktiviertes Disagio für ein **Darlehen**, das anlässlich der Betriebsaufgabe vorzeitig **zurückgezahlt** wird, ist zu Lasten des laufenden Gewinns gewinnmindernd aufzulösen.

3.5 Aktive latente Steuern (D)

Vgl. hierzu unsere Ausführungen Passive latente Steuern unter B.3.12.

3.6 Aktiver Unterschiedsbetrag aus der Vermögensverrechnung (E)

Vermögensgegenstände, die ausschließlich der Erfüllung von Schulden aus Altersversorgungsverpflichtungen oder vergleichbaren langfristig fälligen Verpflichtungen dienen und dem Zugriff aller übrigen Gläubiger entzogen sind, sind gemäß § 246 Abs. 2 Satz 2 HGB mit diesen Schulden zu saldieren. Diese Ausnahme vom allgemeinen Saldierungsverbot gemäß § 246 Abs. 2 Satz 1 HGB soll einen Ausweis von Verbindlichkeiten gegenüber Mitarbeitern (z. B. Pensionsrückstellung) vermeiden, die das Unternehmen wirtschaftlich nicht mehr belasten.

Die zu verrechnenden Vermögensgegenstände (Planvermögen, z. B. Rückdeckungsversicherungen) sind mit dem beizulegenden Zeitwert zu bewerten (§ 253 Abs. 1 Satz 4 HGB). Eine Bewertung von Planvermögen über die Anschaffungskosten hinaus führt zu einem Unterschiedsbetrag, der bei Kapitalgesellschaften und Personenhandelsgesellschaften i. S. d. § 264a HGB der Ausschüttungssperre unterliegt (§ 268 Abs. 8 Satz 3 HGB). Der Unterschiedsbetrag ist gemäß § 246 Abs. 2 Satz 3 HGB als gesonderter Posten zu aktivieren.

3.7 Erweiterungen der Aktivseite

§ 265 Abs. 5 HGB sieht die Möglichkeit freiwilliger Erweiterung des Mindestgliederungsschemas vor. Daneben gibt es folgende, die Aktivseite betreffende **gesetzlich festgelegte Erweiterungen**:

(1) **Anlagenspiegel nach § 268 Abs. 2 HGB**
    Siehe hierzu Abschnitt B.3.2.4.

(2) **Eingeforderte, noch nicht eingezahlte Einlagen (§ 272 Abs. 1 Satz 3 HGB)**
    Die eingeforderten und noch nicht eingezahlten Einlagen auf das gezeichnete Kapital sind unter den Forderungen gesondert auszuweisen. Der Ausweis sollte vor den „sonstigen Vermögensgegenständen" (B II 4) erfolgen.

(3) **Ausleihungen und Forderungen gegenüber GmbH-Gesellschaftern (§ 42 Abs. 3 GmbHG) und gegenüber Gesellschaftern von Gesellschaften im Sinne des § 264a HGB**
    Der Ausweis sollte zwischen Ausleihungen an verbundene Unternehmen (A III 2) und Beteiligungen (A III 3) bzw. zwischen Forderungen gegen verbundene Unternehmen (B II 2) und Forderungen gegen Unternehmen, mit denen ein Beteiligungsverhältnis besteht (B II 3), erfolgen.

(4) **Eingeforderte Nachschüsse (§ 42 Abs. 2 GmbHG)**
    Bei den von den Gesellschaftern der GmbH geforderten Nachschüssen handelt es sich um Forderungen, die gesondert auszuweisen sind, und zwar vor den sonstigen Vermögensgegenständen (B II 4).

(5) **Nicht durch Eigenkapital gedeckter Fehlbetrag (§ 268 Abs. 3 HGB)**
    Eine etwaige rechnerische Differenz zwischen Aktivposten und Passivposten, die nicht mit dem Bilanzverlust zu verwechseln ist, ist auf der **Aktivseite am Schluss der Bilanz** auszuweisen (§ 268 Abs. 3 HGB). Nach den Grundsätzen ordnungsmäßiger Rechnungslegung ist die Entwicklung dieses Postens unter Angabe des gezeichneten Kapitals zu erläutern. Da bei einem nicht durch Eigenkapital gedeckten Fehlbetrag ein Insolvenzverfahren folgen könnte, sollte auf freiwilliger Basis im Anhang dargelegt werden, aus welchen Gründen keine Überschuldung im Sinne des Insolvenzrechts vorliegt.

Aufgabe 18 > Seite 426

Passivseite der Bilanz

Die Passivseite der Bilanz enthält das Kapital des Unternehmens. Dargestellt wird die Herkunft der Kapitalwerte, die das Gesamtkapital des Unternehmens ausmachen.

§ 266 Abs. 3 HGB unterteilt die **Passiva** in

- Eigenkapital
- Rückstellungen
- Verbindlichkeiten
- Rechnungsabgrenzungsposten
- passive latente Steuern.

Abschreibungen erfolgen nur aktivisch (direkt). **Steuerliche Sonderabschreibungen** können bei Kapitalgesellschaften nach dem Wegfall der umgekehrten Maßgeblichkeit durch BilMoG nicht mehr als Wertberichtigungsposten in den **Sonderposten mit Rücklageanteil** eingestellt werden. Diese Bilanzposition ist entfallen.

Denkbar ist aber weiterhin, dass ein „Sonderposten für Investitionszuschüsse zum Anlagevermögen" gem. § 265 Abs. 5 Satz 2 HGB für noch nicht ertragswirksam vereinnahmte Zuschüsse passiviert wird. Es empfiehlt sich für einen derartigen Posten der Ausweis vor den Rückstellungen.

3.8 Eigenkapital (A)

Das bilanzielle oder rechnerische Eigenkapital umfasst den aus der Bilanz zu ermittelnden **Saldo zwischen Vermögen und Schulden**. Nach § 266 Abs. 3 HGB wird das Eigenkapital in einer besonderen Abschlussgruppe (A) zusammengefasst.

Nach § 264c HGB ist § 266 Abs. 3 Buchstabe A HGB für offene Handelsgesellschaften und Kommanditgesellschaften im Sinne des § 264a HGB mit der Maßgabe anzuwenden, dass als Eigenkapital die folgenden Posten gesondert auszuweisen sind:

I. Kapitalanteile

II. Rücklagen

III. Gewinnvortrag/Verlustvortrag

IV. Jahresüberschuss/Jahresfehlbetrag.

3.8.1 Gezeichnetes Kapital (A I)

3.8.1.1 Grundkapital/Stammkapital

Durch die Bezeichnung wird zum Ausdruck gebracht, dass es sich nicht um das tatsächlich eingezahlte Kapital handeln muss. Das gezeichnete Kapital ist vielmehr das Kapital, auf das die Haftung der Gesellschafter für die Verbindlichkeiten der Kapitalgesellschaft gegenüber den Gläubigern beschränkt ist.

Als gezeichnetes Kapital ist bei der Aktiengesellschaft das **Grundkapital** und bei der GmbH das Stammkapital auszuweisen. Der Mindestnennbetrag des Grundkapitals beträgt 50.000 € (§ 7 AktG), der Mindestbetrag des Stammkapitals beträgt 25.000 € (12.500 € Mindesteinzahlung; § 5 Abs. 1 GmbHG).

Bei Aktien ist ein Mindestnennbetrag von 1 € vorgeschrieben, wenn keine Stückaktien angegeben werden. **Geschäftsanteile** müssen auf volle Euro lauten und in ihrer Summe mit dem Stammkapital übereinstimmen.

Der Ausweis des gezeichneten Kapitals bestimmt sich nach der Höhe der am Bilanzstichtag gültigen **Handelsregistereintragung**. Die Maßgeblichkeit der Handelsregistereintragung ergibt sich aus der Tatsache, dass die rechtliche Wirksamkeit der Kapitalveränderung mit der Eintragung verbunden ist.

Steuerlich werden die durch die gesellschaftsrechtlichen Einlagen bewirkten Vermögenszurechnungen **erfolgsneutral** behandelt (§ 8 Abs. 1 KStG i. V. mit § 4 Abs. 1 EStG), da sie nicht unter den steuerrechtlichen Einkommensbegriff fallen. Hierzu gehören die Leistungen auf den Nennbetrag des Kapitals und auf das Aufgeld.

3.8.1.2 Ausweis der ausstehenden Einlagen

Nach der Neufassung des § 272 Abs. 1 Satz 3 HGB ist hier noch die **Nettomethode** zulässig. Danach müssen die **noch nicht eingeforderten ausstehenden Einlagen** von dem gezeichneten Kapital offen auf der Passivseite abgesetzt werden. Der verbleibende Betrag ist als „eingefordertes Kapital" in der Hauptspalte auszuweisen, und es ist außerdem der eingeforderte, aber noch nicht eingezahlte Betrag unter den Forderungen gesondert aufzuführen und entsprechend zu bezeichnen.

Beispiel

Eine GmbH verfügt über ein gezeichnetes Kapital von 100 T€, wovon 60 T€ bereits eingezahlt worden sind. Von den ausstehenden Einlagen i. H. v. 40 T€ sind 10 T€ eingefordert.

AKTIVA		Bilanz		PASSIVA
		Euro		Euro
B. Umlaufvermögen			A. Eigenkapital	
II. Forderungen und sonstige Vermögensgegenstände			I. Gezeichnetes Kapital	100.000
4. Eingeforderte			- nicht eingeforderte	
ausstehende Einlage		10.000	ausstehende Einlagen	- 30.000
			eingefordertes Kapital	70.000
Bank		60.000		
		70.000		70.000

3.8.1.3 Konstante und variable Kapitalkonten

Das **Grund- oder Stammkapital** ist im Prinzip **konstant**. Ausnahmen sind Kapitaländerungen aufgrund von Hauptversammlungs- oder Gesellschafterbeschlüssen über eine Kapitalerhöhung oder Kapitalherabsetzung.

Einzelunternehmen und **Personengesellschaften** zeichnen sich dagegen durch **variable Eigenkapitalkonten** aus. Wesentliches Kennzeichen eines variablen Kapitalkontos ist seine jährliche Bestandsänderung, da Gewinngutschriften, Verlustbelastungen sowie Einlagen und Entnahmen im Laufe des Geschäftsjahres am Ende der Abrechnungsperiode über das Eigenkapitalkonto abgeschlossen werden. Zusätzlich zu diesem variablen Eigenkapitalkonto wird für die einzelnen Gesellschafter i. d. R. ein festes Eigenkapitalkonto geführt, das als Kapitalkonto I im Gegensatz zum variablen Kapitalkonto II bezeichnet wird. Zur Abgrenzung des variablen Kapitalkontos II vom **Darlehenskonto** s. BFH-Urteil v. 27.06.1996, BStBl II 1997, S. 36, IV R 80/95.

Für offene Handels- und Kommanditgesellschaften im Sinne des § 264a HGB sind anstelle des Postens „Gezeichnetes Kapital" die Kapitalanteile der persönlich haftenden Gesellschafter und Kommanditisten auszuweisen. Sie dürfen innerhalb ihrer Gruppe auch zusammengefasst ausgewiesen werden (§ 264c Abs. 2 Satz 2 HGB). Der auf den Kapitalanteil eines Gesellschafters für das Geschäftsjahr entfallende Verlust ist von dem Kapitalanteil abzuschreiben. Soweit der Verlust den Kapitalanteil übersteigt, ist er auf der Aktivseite unter der Bezeichnung „Einzahlungsverpflichtung persönlich haftender Gesellschafter/Kommanditist" unter den Forderungen gesondert auszuweisen, soweit eine Zahlungsverpflichtung besteht. Besteht keine Zahlungsverpflichtung, so ist der Betrag als „nicht durch Vermögenseinlagen gedeckter Verlustanteil persönlich haftender Gesellschafter/Kommanditist" zu bezeichnen und auszuweisen. Da das Gliederungsschema des § 264c Abs. 2 auch die Posten „Gewinnvortrag/Verlustvortrag" sowie „Jahresüberschuss/Jahresfehlbetrag" enthält, hat sich in der Praxis anstelle der Verlustverrechnung die Nutzung dieser Posten bewährt. Gewinne dürfen unter diesen Posten allerdings nur ausgewiesen werden, wenn soweit ein Gewinnentnahmerecht besteht. Anderenfalls sind Gewinne als Verbindlichkeiten gegenüber Gesellschaftern auszuweisen.

Einen Überblick über die verschiedenen Eigenkapitalarten in Abhängigkeit von der Rechtsform gewährt das folgende Schema (*Coenenberg*):

Rechtsform	Eigenkapital	
	konstant	**variabel**
Einzelfirma		Kapitalkonto des Einzelkaufmannes[1]
OHG		Kapitalkonten der OHG-Gesellschafter mit den jeweiligen Einlagen [1], [2]
KG	Kapitalkonto(en) mit der Einlage des/der Kommanditisten	Kapitalkonto(en) mit der Einlage des (der) jeweiligen Komplementärs[1], [2]
Stille Gesellschaft	Einlage des/der stillen Gesellschafter(s)	Kapitalkonto mit der Einlage des Firmeninhabers[1]
Genossenschaft		Geschäftsguthaben der Genossen, Reservefonds
GmbH	Stammkapital	Rücklagen Nachschüsse Gewinn- und Verlust(-Vortrag)
AG	Grundkapital	Rücklagen Gewinn- und Verlust(-Vortrag)
KGaA	Grundkapital	Einlage des Komplementärs Rücklagen Gewinn- und Verlust(-Vortrag)

[1] Dem Kapitalkonto kann ein Privatkonto vorgeschaltet werden, das die Veränderungen des Kapitals aufgrund von Entnahmen und Einlagen während des Geschäftsjahres aufnimmt. Das Privatkonto ist über das Kapitalkonto abzuschließen.

[2] Es ist möglich, konstante Kapitalkonten (Kapitalkonto I) mit einem vorgeschalteten (variablen) Sonderkonto (Kapitalkonto II) zu führen.

Wie sich aus der Übersicht ergibt, werden **offene Rücklagen nur bei Kapitalgesellschaften** mit konstantem Ausweis des Nominalkapitals gebildet. Eine Ausnahme bildet die Möglichkeit für offene Handelsgesellschaften und Kommanditgesellschaften im Sinne des § 264a HGB, wonach nur und ausschließlich Rücklagen auszuweisen sind, die aufgrund einer gesellschaftsrechtlichen Vereinbarung gebildet worden sind (§ 264c Abs. 2 Satz 8 HGB). Die Hauptunterteilung der offenen Rücklagen erfolgt nach § 266 Abs. 3 HGB unter Übernahme der Übung aus dem anglo-amerikanischen Rechtskreis.

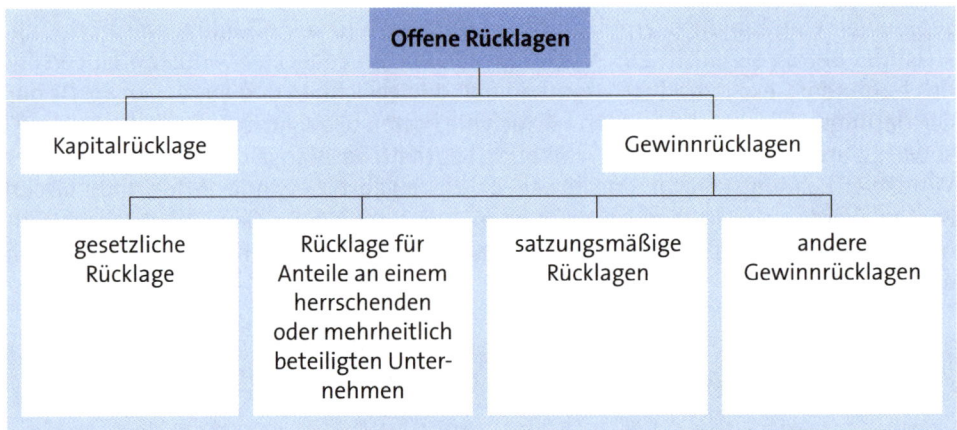

3.8.2 Kapitalrücklage (A II)

In die Kapitalrücklage, die gem. § 270 Abs. 1 Satz 1 HGB bereits bei Aufstellung der Bilanz gebildet bzw. aufgelöst werden muss, sind nach § 272 Abs. 2 HGB folgende Beträge einzustellen:

(1) Beträge, die bei der Ausgabe von Anteilen einschließlich von Bezugsanteilen über den Nennbetrag hinaus erzielt werden (**Aufgeld**).

(2) Beträge, die bei der Ausgabe von Schuldverschreibungen für Wandlungsrechte und Optionsrechte zum Erwerb von Anteilen erzielt werden (§ 272 Abs. 2 Nr. 2 HGB). Der Hauptfall dürfte hier die **Wandelschuldverschreibung** betreffen. Sie gewährt ihren Inhabern neben den Gläubigeransprüchen auf Zinsen und Rückzahlung des Nennbetrages ein zusätzliches Umtausch- oder Bezugsrecht auf Anteile.

(3) Beträge von **Zuzahlungen**, die Gesellschafter gegen Gewährung eines Vorzugs für ihre Anteile leisten (vgl. § 272 Abs. 2 Nr. 3 HGB). Bei der AG ist insbesondere die Ausgabe von Vorzugsaktien nach § 11 AktG zu erfassen.

(4) Beträge von **anderen Zuzahlungen**, die Gesellschafter in das Eigenkapital leisten (vgl. § 272 Abs. 2 Nr. 4 HGB).

Bei der Kapitalrücklage handelt es sich somit im Wesentlichen um **Mehrbeträge**, die dem Unternehmen bei Ausgabe von Anteilen, Wandelschuldverschreibungen und Vorzugsaktien **von außen zugeführt** werden.

3.8.3 Gewinnrücklagen (A III)

Nach § 272 Abs. 3 HGB dürfen als Gewinnrücklagen nur Beträge ausgewiesen werden, die im Geschäftsjahr oder in einem früheren Geschäftsjahr **aus dem Ergebnis** gebildet worden sind. Im Gegensatz zu den Kapitalrücklagen werden die Gewinnrücklagen also nicht aus von außen zufließenden Beträgen, sondern **aus dem Jahresüberschuss** gebildet. § 266 Abs. 3 HGB sieht folgende Gewinnrücklagen vor:

3.8.3.1 Gesetzliche Rücklage (A III 1)

Der Bilanzposten gesetzliche Rücklage kann **nur bei der AG oder KGaA** auftreten, da nur das Aktiengesetz gem. § 150 Abs. 1 AktG die Bildung einer solchen Rücklage vorsieht. In diese Rücklage sind 5 % des um einen Verlustvortrag aus dem Vorjahr geminderten Jahresüberschusses einzustellen, bis die gesetzliche Rücklage und die Kapitalrücklage (vgl. § 272 Abs. 2 Nr. 1 - 3 HGB) zusammen 10 % oder den in der Satzung bestimmten höheren Teil des Grundkapitals erreichen (vgl. § 150 Abs. 2 AktG).

3.8.3.2 Rücklage für Anteile an einem herrschenden oder mehrheitlich beteiligten Unternehmen (A III 2)

§ 272 Abs. 4 HGB regelt für die AG und auch für die GmbH die Bildung und Höhe der Rücklage für Anteile an einem herrschenden oder mehrheitlich beteiligten Unternehmen. Es handelt sich um einen **korrespondierenden Posten** zu den Anteilen unter B III 2 der Aktivseite (s. Abschnitt B.3.3.3.2).

Zweck der Rücklage ist eine **Ausschüttungssperre**. Mit der Rücklage soll sichergestellt werden, dass der Erwerb derartiger Anteile nicht zur Rückzahlung von Grund- oder Stammkapital oder solcher offener Rücklagen führt, für die satzungsmäßige Bindungen gelten. Aus diesem Grunde darf die Rücklage nur **aufgelöst** werden, soweit die Anteile ausgegeben, veräußert oder eingezogen werden. Ein weiterer Auflösungsgrund ist die Anwendung des Niederstwertprinzips auf die aktivierten Anteile (§ 253 Abs. 3 HGB).

Die Rücklage, die bereits bei der Aufstellung der Bilanz vorzunehmen ist, darf **aus Rücklagen** gebildet werden, soweit diese frei verfügbar sind. Die Bildung ist ferner möglich zu Lasten des Jahresüberschusses und des Gewinnvortrags (Wahlrecht).

Die **Höhe** der Rücklage bestimmt sich ausschließlich nach der Bewertung der Anteile auf der Aktivseite der Bilanz (z. B. Anschaffungskosten). Erfolgte der Zugang der eigenen Anteile unentgeltlich, entfällt die Rücklagenbildung.

Zum Ausweis von eigenen Anteilen an Komplementärgesellschaften im Sinne von § 264c HGB vgl. Abschnitt B.3.2.3.1.

3.8.3.3 Satzungsmäßige Rücklagen (A III 3)

Satzungsmäßige Rücklagen umfassen jene Gewinnrücklagen, zu deren Bildung eine Gesellschaft aufgrund ihres Gesellschaftsvertrags, ihrer Satzung oder ihres Statuts verpflichtet ist. Sofern sich die Satzungsbestimmungen jedoch auf die gesetzliche Rücklage nach § 150 AktG beziehen, sind auch die Beträge, die 10 % des gezeichneten Kapitals übersteigen, Bestandteil der gesetzlichen Rücklage und zählen damit nicht zu den satzungsmäßigen Rücklagen.

Satzungsmäßige Rücklagen können **zweckgebunden** sein, wenn die Rücklagendotierung aufgrund einer Zweckbestimmung vorgenommen wird. Ihre Bildung kann aber auch **zweckfrei** erfolgen, wenn ein bestimmter Betrag ohne Auflagen den satzungsmäßigen Rücklagen zugeführt wird. Als Beispiel für zweckgebundene Rücklagen sind die Rücklagen „für die Erhaltung, Erneuerung von Anlagen, Rationalisierung oder Werbefeldzüge" zu nennen.

3.8.3.4 Andere Gewinnrücklagen (A III 4)

„Andere Gewinnrücklagen" beinhalten als Restgröße all jene Gewinnrücklagen, die nicht gesondert in anderen Rücklagekomponenten zu erfassen sind. Sie resultieren aus dem Recht der entsprechenden Gewinnverwendungsorgane, i. d. R. zumindest Teile des Jahresüberschusses nach freiem Ermessen den Rücklagen zuzuführen.

In die anderen Gewinnrücklagen darf auch der Eigenkapitalanteil einer nur bei der steuerlichen Gewinnermittlung gebildeten Rücklage, die sich handelsbilanzmäßig nicht als Sonderposten mit Rücklageanteil darstellt, eingestellt werden.

In die anderen Gewinnrücklagen kann auch der **Eigenkapitalanteil von Wertaufholungen** bei Vermögensgegenständen des Anlage- und Umlaufvermögens eingestellt werden. Der **Ausweis** der beiden Rücklagen unter „anderen Rücklagen" ist in § 58 Abs. 2a AktG und § 29 Abs. 4 GmbHG geregelt. Sie sind entweder in der Bilanz gesondert auszuweisen oder im Anhang anzugeben. Wird der Ausweis in der Bilanz gewählt, kann der Angabepflicht durch einen Vermerk entsprochen werden.

3.8.3.5 Darstellung der Rücklagenbewegung

Gemäß § 152 Abs. 2 AktG sind in der Bilanz oder im Anhang zu dem Posten „Kapitalrücklage" der Betrag, der während des Geschäftsjahres eingestellt wurde, und der Betrag, der für das Geschäftsjahr entnommen wurde, gesondert anzugeben. Da gem. § 270 Abs. 1 Satz 1 HGB **Einstellungen in die Kapitalrücklage und Auflösungen** der Kapitalrücklage bereits bei der Aufstellung der Bilanz vorzunehmen sind, ist über diese Angaben somit lückenlos die **Entwicklung** der Kapitalrücklage von dem Betrag lt. Schlussbilanz für das vorhergegangene Geschäftsjahr zum Ansatz in der Schlussbilanz des lfd. Geschäftsjahrs möglich.

Aus § 158 Abs. 1 Satz 1 Nr. 2 AktG ergibt sich, dass Entnahmen aus der Kapitalrücklage auch in der Gewinn- und Verlustrechnung nach dem Posten „Jahresüberschuss/Jahresfehlbetrag" auszuweisen sind.

§ 152 Abs. 3 AktG bestimmt zu den Gewinnrücklagen, dass jeweils gesondert in der Bilanz oder im Anhang zu jedem Posten die Beträge anzugeben sind, die die Hauptversammlung aus dem Bilanzgewinn des Vorjahrs eingestellt hat, die aus dem Jahresüberschuss des Geschäftsjahrs eingestellt werden und die Beträge, die für das Geschäftsjahr entnommen werden. Auch insoweit lässt sich also lückenlos für jeden einzelnen Posten der Gewinnrücklagen die Entwicklung von dem Ansatz in der Schlussbilanz des vorhergehenden Geschäftsjahres zu dem Ansatz in der Schlussbilanz für das laufende Geschäftsjahr verfolgen.

Im Interesse der Klarheit und Übersichtlichkeit wird zur Darstellung der Entwicklung der Rücklagen ein **Rücklagenspiegel** empfohlen.

Rücklagenspiegel

	Kapital-rücklage	Gewinnrücklagen				Bilanz-gewinn
		Gesetz-liche Rücklage	Rücklage für Anteile an einem herr-schenden oder mehrheitlich beteiligten Unternehmen	Satzungs-mäßige Rücklagen	Andere Gewinn-rücklagen	
	€	€	€	€	€	€
Vortrag zum 31.12.VJ	xxx	xxx	xxx	xxx	xxx	xxx
Einstellung durch die Hauptversammlung aus dem Bilanzgewinn des VJ	xxx	xxx	xxx	xxx	xxx	
Gewinn-/ Verlustvortrag						xxx
Jahresüber-schuss/ -fehlbetrag						xxx
Entnahmen	- xxx	- xxx	- xxx	- xxx	- xxx	-
Einstellungen	xxx	xxx	xxx	xxx	xxx	xxx
						xxx
Stand am 31.12. des lfd. Jahres	xxx	xxx	xxx	xxx	xxx	xxx

3.8.4 Sonstige Eigenkapitalposten

Außer dem gezeichneten Kapital und den offenen Rücklagen (Kapitalrücklage und Gewinnrücklagen) sind unter „Eigenkapital" noch der **Gewinnvortrag/Verlustvortrag** und der **Jahresüberschuss/Jahresfehlbetrag** auszuweisen.

Voraussetzung für den Ansatz dieser Posten ist, dass noch keine Ergebnisverwendung erfolgt ist. Das ergibt sich als Umkehrschluss aus § 268 Abs. 1 i. V. mit § 266 Abs. 3 HGB. Das Gesetz geht danach von der **Bilanzaufstellung vor Verwendung des Jahresergebnisses** als Regelfall aus.

3.8.4.1 Gewinnvortrag/Verlustvortrag (A IV)

Der **Gewinnvortrag** ergibt sich aus der Beschlussfassung der Hauptversammlung oder Gesellschafterversammlung über die Verwendung des Bilanzgewinns des **Vorjahres** (§ 174 Abs. 2 Nr. 4 AktG, § 29 Abs. 2 GmbHG). Der **Verlustvortrag** stellt den Bilanzverlust des Vorjahres dar.

3.8.4.2 Jahresüberschuss/Jahresfehlbetrag (A V)

Der Jahresüberschuss/-betrag in der Bilanz entspricht dem Posten Nr. 20 (Nr. 19) in der GuV-Rechnung unter der Voraussetzung, dass die Bilanz vor **Verwendung des Jahresergebnisses** aufgestellt wurde.

In betriebswirtschaftlicher Sicht zeigt der Jahresüberschuss/-betrag das im abgelaufenen Geschäftsjahr entstandene **Ergebnis**. Ermittelt wird dieses Ergebnis in der GuV-Rechnung durch **Saldierung** der Erträge und Aufwendungen, in der Bilanz durch Vergleich des Vermögens am Bilanzstichtag mit dem Vermögen am vorhergehenden Stichtag (**Vermögensvergleich**).

Die Bedeutung des Jahresüberschusses/-betrags ist in erster Linie darin zu sehen, dass er den **Ausgangspunkt der Ergebnisverwendung** bildet. Bei der GmbH dient der Jahresüberschuss als Grundlage für die Verteilung des Bilanzgewinns (§ 29 Abs. 1 GmbHG). Der Jahresfehlbetrag wird herangezogen, wenn die Gesellschafter entstandene Fehlbeträge aufzubringen haben.

3.8.4.3 Bilanzgewinn/Bilanzverlust (nach Ergebnisverwendung)

Die Bilanz darf nach § 268 Abs. 1 HGB auch unter Berücksichtigung der vollständigen oder teilweisen **Verwendung des Jahresergebnisses** aufgestellt werden. Bei **vollständiger Ergebnisverwendung** (z. B. Ausgleich eines Verlustvortrags durch einen Jahresüberschuss) entfällt der Posten Jahresüberschuss/Jahresfehlbetrag in der Bilanz. Bei teilweiser Ergebnisverwendung würde der Posten nur den noch nicht verwendeten Teil des Jahresergebnisses ausweisen und somit unzutreffend sein. In diesem Fall muss der Jahresüberschuss/-betrag durch einen anderen Posten ersetzt werden, der die teilweise Ergebnisverwendung berücksichtigt.

Dem trägt § 268 Abs. 1 Satz 2 HGB Rechnung. Wird die Bilanz unter Berücksichtigung der teilweisen Verwendung des Jahresergebnisses aufgestellt, so tritt an die Stelle der Posten „Jahresüberschuss/Jahresfehlbetrag" und „Gewinnvortrag/Verlustvortrag" der Posten „Bilanzgewinn/Bilanzverlust". Dieser Posten ergibt sich aus folgender Rechnung:

Jahresüberschuss/Jahresfehlbetrag
+/- Gewinnvortrag/Verlustvortrag aus dem Vorjahr
+/- Ergebnisverwendung
Bilanzgewinn/Bilanzverlust

Der Bilanzgewinn wird unter A IV als **Teil des Eigenkapitals** ausgewiesen.

Aktiengesellschaften müssen nach § 158 Abs. 1 AktG die **Ergebnisverwendung im Einzelnen darlegen**, und zwar im Anschluss an den Posten „Jahresüberschuss/Jahresfehlbetrag" in der GuV. Dieser Posten (Nr. 20 bzw. Nr. 19) ist in Fortführung der Nummerierung um folgende Posten zu ergänzen:

1. Gewinnvortrag/Verlustvortrag aus dem Vorjahr

2. Entnahmen aus der Kapitalrücklage

3. Entnahmen aus Gewinnrücklagen

    a) aus der gesetzlichen Rücklage

    b) aus der Rücklage für Anteile an einem herrschenden oder mehrheitlich beteiligten Unternehmen

    c) aus satzungsmäßigen Rücklagen

    d) aus anderen Gewinnrücklagen

4. Einstellungen in Gewinnrücklagen

    a) in die gesetzliche Rücklage

    b) in die Rücklage für Anteile an einem herrschenden oder mehrheitlich beteiligten Unternehmen

    c) in satzungsmäßige Rücklagen

    d) in andere Gewinnrücklagen

    5. Bilanzgewinn/Bilanzverlust
    Die Angaben können auch im Anhang gemacht werden.

Für die **GmbH** besteht eine derartige Regelung nicht. Es dürfte jedoch zweckmäßig sein, die Ergebnisverwendung freiwillig im Anhang darzulegen.

Die Aufstellung der Bilanz unter Berücksichtigung der **teilweisen Ergebnisverwendung** kommt dann in Betracht, wenn **gesetzliche oder satzungsmäßige Verpflichtungen oder Ermächtigungen** zur Einstellung in Gewinnrücklagen bzw. zur Auflösung von

Gewinn- oder Kapitalrücklagen bestehen. Bei der GmbH richtet sich die Verwendung des Jahresergebnisses in erster Linie nach den gesellschaftsvertraglichen Regelungen.

3.9 Rückstellungen (B)

Die Rückstellungen sind nach § 266 Abs. 3 HGB zu untergliedern in

(1) Rückstellungen für Pensionen und ähnliche Verpflichtungen

(2) Steuerrückstellungen

(3) sonstige Rückstellungen.

Entsprechend ihrer Bedeutung sind die **Pensionsrückstellungen** herausgehoben. Der Hervorhebung der **Steuerrückstellungen** entspricht der bei den sonstigen Verbindlichkeiten (C 8) anzuführende Vermerk „davon aus Steuern".

Kleine Kapitalgesellschaften (§ 267 Abs. 1 HGB) brauchen die Rückstellungen nicht zu untergliedern (§ 266 Abs. 1 Satz 3 HGB).

3.9.1 Rückstellungen für Pensionen und ähnliche Verpflichtungen (B 1)

Im Verhältnis zu den übrigen Rückstellungen nehmen die Pensionsrückstellungen immer mehr an Bedeutung zu. Bei größeren Betrieben bilden sie heute regelmäßig den größten Rückstellungsposten. § 266 Abs. 3 HGB trägt dem Rechnung.

Die handelsrechtliche Passivierungspflicht für **Pensionszusagen nach dem 31.12.1986** zieht trotz der Formulierung „darf" in § 6a EStG eine **steuerliche Passivierungspflicht** nach sich. Der Ausweis ungewisser Verbindlichkeiten entspricht dem Grundsatz der Wahrheit, der gem. § 5 Abs. 1 Satz 1 EStG auch für die Steuerbilanz gilt.

Abweichend von der Handelsbilanz können Pensionsrückstellungen in der Steuerbilanz nur gebildet werden, wenn folgende **Voraussetzungen** erfüllt sind:

(1) Es muss eine rechtsverbindliche Pensionszusage vorliegen (§ 6a Abs. 1 Nr. 1 EStG). Eine **rechtsverbindliche Pensionsverpflichtung** ist z. B. gegeben, wenn sie auf Einzelvertrag, Gesamtzusage (Pensionsordnung), Betriebsvereinbarung, Tarifvertrag oder Besoldungsordnung beruht.

(2) Nach § 6a Abs. 1 Nr. 2 EStG darf die Pensionszusage keine Pensionsleistungen in Abhängigkeit von künftigen gewinnabhängigen Bezügen vorsehen und **keinen Vorbehalt** enthalten, dass die Pensionsanwartschaft oder die Pensionsleistung gemindert oder entzogen werden kann, oder ein solcher Vorbehalt sich nur auf Tatbestände erstreckt, bei deren Vorliegen nach allgemeinen Rechtsgrundsätzen unter Beachtung billigen Ermessens eine Minderung oder ein Entzug der Pensionsanwartschaft oder der Pensionsleistung zulässig ist.

(3) Für die Pensionszusage ist **Schriftform** vorgeschrieben (§ 6a Abs. 1 Nr. 3 EStG). Hierfür kommt jede schriftliche Festlegung in Betracht, aus der sich der Pensionsanspruch nach Art und Höhe ergibt, z. B. Einzelvertrag, Gesamtzusage (Pensionsordnung), Betriebsvereinbarung, Tarifvertrag, Gerichtsurteil.

Näheres s. R 6a EStR.

Zu den **ähnlichen Verpflichtungen** i. S. d. Artikels 28 EGHGB zählen den unmittelbaren und mittelbaren Zusagen vergleichbare Versorgungsverpflichtungen, die an einen Versorgungsfall anknüpfen, jedoch qualitativ und quantitativ anders als diese gestaltet sind. Artikel 28 Abs. 1 EGHGB wurde durch BilMoG nicht verändert. Deshalb bleibt es bei den Passivierungswahlrechten der sogenannten Altzusagen (vor dem 01.01.1987) und den mittelbaren Verpflichtungen sowie den diesen ähnlichen Verpflichtungen.

3.9.2 Steuerrückstellungen (B 2)

Hier sind alle ungewissen Verbindlichkeiten aus Steuern auszuweisen, für die die Gesellschaft selbst **Steuerschuldnerin** ist. Ist die Gesellschaft nicht selbst Steuerschuldnerin, sondern haftet sie allenfalls für die Steuerverbindlichkeit, so hat der Ausweis unter sonstigen Rückstellungen oder unter sonstigen Verbindlichkeiten zu erfolgen.

Bei den **laufend veranlagten Steuern** (z. B. Körperschaftsteuer, Gewerbesteuer) sind von den sich voraussichtlich ergebenden Steuerschulden die Vorauszahlungen abzuziehen. Der Restbetrag ist bis zum Erlass eines Steuerbescheids als Rückstellung auszuweisen. Ist der Steuerbescheid ergangen, ist der Betrag – ggf. unter erfolgswirksamer Berücksichtigung eines Differenzbetrages – den sonstigen Verbindlichkeiten (C 8) zuzuordnen.

Erwartete Risiken aus künftigen steuerlichen Außenprüfungen sind in die Steuerrückstellungen einzubeziehen. Bei den für solche Risiken zurückgestellten Beträgen handelt es sich nicht um latente Steuerverpflichtungen. Steuerlich ist eine Rückstellung für zu erwartende Steuernachzahlungen aus künftigen Betriebsprüfungen **nicht zulässig**, da die Verpflichtung nicht hinreichend konkretisiert ist (BFH-Urteil vom 13.01.1966, BStBl 1966 III S. 189, IV 51/62).

Anzumerken ist ferner, dass **Personensteuern** (Einkommensteuer, Körperschaftsteuer, Kirchensteuer, Erbschaftsteuer) **steuerlich nicht abzugsfähig** sind. Das gilt auch für die Gewerbesteuer, die gem. § 4 Abs. 5b EStG keine Betriebsausgabe ist.

Passive latente Steuern sind nicht hier, sondern als gesonderte Position (E) zu passivieren.

3.9.3 Sonstige Rückstellungen (B 3)

Alle nicht unter B 1. und 2. fallenden passivierungspflichtigen Rückstellungen sind **sonstige Rückstellungen**. Dazu zählen Rückstellungen für Abschlusskosten, Prozesskosten, gesetzliche oder vertragliche Garantieverpflichtungen, Wechselobligo, für die Inanspruchnahme aus Bürgschaften und andere Eventualverbindlichkeiten, für den Ausgleichsanspruch des Handelsvertreters (§ 89b HGB), die Wiederherstellung des ursprünglichen Zustandes gepachteter Anlagen, für Rabatte und Boni des abgelaufenen Geschäftsjahres, für drohende Verluste aus schwebenden Einkaufs- und Verkaufsgeschäften, für Aufwendungen zu im Geschäftsjahr unterlassenen Instandhaltungsarbeiten und für Abraumbeseitigung und sonstige ungewisse Verbindlichkeiten gem. § 249 HGB. Wegen Einzelheiten siehe Abschnitte B.2.1.2 und 2.3.2.

In der **Steuerbilanz** dürfen für **drohende Verluste aus schwebenden Geschäften** keine Rückstellungen gebildet werden (§ 5 Abs. 4a EStG).

Aufgabe 19 > Seite 426
Aufgabe 20 > Seite 427
Aufgabe 21 > Seite 427
Aufgabe 22 > Seite 428
Aufgabe 23 > Seite 428

3.10 Verbindlichkeiten (C)

Alle Verbindlichkeiten werden gem. § 266 Abs. 3 HGB in einer Postengruppe wie folgt zusammengefasst:

C. Verbindlichkeiten:

1. Anleihen,
   davon konvertibel
2. Verbindlichkeiten gegenüber Kreditinstituten
3. erhaltene Anzahlungen auf Bestellungen
4. Verbindlichkeiten aus Lieferungen und Leistungen
5. Verbindlichkeiten aus der Annahme gezogener Wechsel und der Ausstellung eigener Wechsel
6. Verbindlichkeiten gegenüber verbundenen Unternehmen
7. Verbindlichkeiten gegenüber Unternehmen, mit denen ein Beteiligungsverhältnis besteht
8. sonstige Verbindlichkeiten,
   davon aus Steuern,
   davon im Rahmen der sozialen Sicherheit.

Kleine Kapitalgesellschaften und kleine Kapitalgesellschaften & Co. (§ 267 Abs. 1 HGB) können die Verbindlichkeiten ohne Untergliederung, d. h. in einem Posten ausweisen (§ 266 Abs. 1 Satz 3 HGB).

Der Einblick in die **Liquiditätslage** soll durch **Vermerke** der Restlaufzeiten bis zu einem Jahr (§ 268 Abs. 5 Satz 1 HGB) sowie von mehr als 5 Jahren (§ 285 Nr. 1a HGB) erreicht werden. Die Vermerke sind bei jedem gesondert auszuweisenden Posten in der Bilanz anzubringen oder im **Anhang** zu machen. Kleine Kapitalgesellschaften sind von der Vorschrift des § 268 Abs. 5 HGB befreit (§ 274a Nr. 3 HGB).

Verbindlichkeiten gegenüber **GmbH-Gesellschaftern** oder Gesellschaftern von Kapitalgesellschaften & Co. sind nach § 42 Abs. 3 GmbHG als solche gesondert auszuweisen oder im Anhang anzugeben.

Nach § 268 Abs. 5 Satz 3 HGB müssen solche unter den Verbindlichkeiten ausgewiesenen Beträge im Anhang erläutert werden, die erst nach dem Abschlussstichtag rechtlich entstehen (antizipative Rechnungsabgrenzungsposten) und einen größeren Umfang haben.

3.10.1 Anleihen (C 1)

Hierunter fallen alle Schuldverpflichtungen, sofern sie am **öffentlichen Kapitalmarkt** aufgenommen wurden. Hierzu zählen **Schuldverschreibungen** (verbriefte Anleihen), **Wandelobligationen** (mit Umtauschrecht), **Optionsanleihen** (Bezugsrecht auf Aktien einer AG) und **Gewinnschuldverschreibunge**n (fester Zins und Gewinnanspruch). Schuldscheindarlehen gehören nicht zu den Anleihen, sondern zu den Verbindlichkeiten gegenüber Kreditinstituten bzw. zu den sonstigen Verbindlichkeiten.

Bei **Wandel- und Optionsanleihen** ist unter diesem Posten nur der Erfüllungsbetrag auszuweisen. Ein bei ihrer Begebung erzieltes Aufgeld für das Recht auf Aktienbezug ist nach § 272 Abs. 2 Nr. 2 HGB in die Kapitalrücklage einzustellen.

Die Anleihen sind um den **Vermerk „davon konvertibel"** zu ergänzen. Konvertible Anleihen sind solche, die dem Inhaber ein **Umtausch- oder Bezugsrecht** auf Anteile der Gesellschaft gewähren, insbesondere Wandelschuldverschreibungen.

Auszuweisen sind die noch **nicht fälligen Beträge**. Die bereits fälligen Beträge gehören zu den „sonstigen Verbindlichkeiten".

3.10.2 Verbindlichkeiten gegenüber Kreditinstituten (C 2)

Alle Verbindlichkeiten gegenüber Kreditinstituten sind hier auszuweisen, unabhängig von ihrer Gesamt- oder Restlaufzeit. An Kreditinstitute gegebene Schuldverschreibungen zählen ebenso hierzu wie Verbindlichkeiten gegenüber Bausparkassen. Zinsverbindlichkeiten gegenüber Kreditinstituten sind hier ebenfalls auszuweisen, auch wenn sie von diesen noch nicht belastet wurden.

3.10.3 Erhaltene Anzahlungen auf Bestellungen (C 3)

Anzahlungen auf Bestellungen setzen voraus, dass ein Vertragspartner Zahlungen **aufgrund abgeschlossener Lieferungs- oder Leistungsverträge** getätigt hat, für die die Lieferung oder Leistung noch aussteht. Liegen diese Voraussetzungen nicht vor, so ist die Zahlung ein unter sonstigen Verbindlichkeiten auszuweisendes Darlehen.

Anzahlungen **auf Bestellungen** liegen nur vor, wenn sie sich auf Lieferungen oder Leistungen beziehen, die zu Umsatzerlösen führen. Sind die Anzahlungen auf andere Geschäftsvorfälle gerichtet, z. B. auf den Erwerb eines zum Anlagevermögen gehörenden Grundstücks, so ist ein Ausweis unter den „sonstigen Verbindlichkeiten" vorzunehmen.

Erhaltene Anzahlungen auf Vorräte einschließlich der unfertigen Erzeugnisse, unfertigen Leistungen, Fertigerzeugnisse und Waren **können** gem. § 268 Abs. 5 HGB bis zur Höhe des Wertes der zu diesen Anzahlungen aktivierten Vorräte **offen von dem Posten Vorräte** auf der Aktivseite der Bilanz **abgesetzt werden**.

Für den Ausweis der **Umsatzsteuer auf erhaltene Anzahlungen**, die nach § 13 Abs. 1 Nr. 1a UStG entsteht, kommt nach Wegfall des bisherigen § 250 Abs. 1 Satz 2 HGB nur noch die Nettomethode in Betracht:

Danach wird die erhaltene Anzahlung netto und die Umsatzsteuer unter den sonstigen Verbindlichkeiten ausgewiesen.

Beispiel

Bank	11.900 €
an erhaltene Anzahlungen	10.000 €
an sonstige Verbindlichkeiten	1.900 €

In der Steuerbilanz ergeben sich durch die Aufhebung des § 250 Abs. 1 Satz 2 HGB keine Auswirkungen. So sieht § 5 Abs. 5 Satz 2 EStG stets eine Pflicht zur Bildung eines Rechnungsabgrenzungspostens vor, wenn Zölle, Verbrauchsteuern oder Umsatzsteuern als Aufwand verrechnet wurden. Folglich kommt es dadurch zwangsläufig aber zu einer Abweichung zwischen Handels- und Steuerbilanz.

3.10.4 Verbindlichkeiten aus Lieferungen und Leistungen (C 4)

Hierzu zählen alle Verpflichtungen aus normalem Geschäftsverkehr mit Lieferanten. Im Gegensatz zu den „Forderungen aus Lieferungen und Leistungen" (siehe Abschnitt B.3.3.2.1) ist allerdings nicht die Einschränkung zu machen, dass die Verbindlichkeiten aus Lieferungen und Leistungen in unmittelbarem Zusammenhang mit dem Produktionsprozess stehen müssen. **Unabhängig von der Entstehungsursache** sind unter C 4 alle Verbindlichkeiten aufgrund von Lieferungen und Leistungen einschließlich Miete und Pacht auszuweisen. **Langfristige Stundungen** ändern den Charakter der Verbindlichkeiten grundsätzlich nicht (außer bei Umwandlung in eine Darlehensschuld).

Bestehen die Verbindlichkeiten aus Lieferungen und Leistungen gegenüber verbundenen Unternehmen, so ist ein Ausweis unter Position C 6 zwingend.

3.10.5 Verbindlichkeiten aus der Annahme gezogener Wechsel und der Ausstellung eigener Wechsel (C 5)

Hierzu zählen als Schuldwechsel **gezogene Wechsel** oder **eigene Wechsel** unabhängig davon, ob es sich um Waren- oder Finanzwechsel handelt.

Zu den Wechseln gehören nicht die sog. **Kautions-, Sicherungs- oder Depotwechsel,** die bei einer Bank, einem Auftraggeber oder einem Treuhänder hinterlegt sind mit der Maßgabe, den Wechsel nur in Verkehr zu bringen, wenn die hinterlegende Gesellschaft ihren Verpflichtungen nicht nachkommt. Derartige Wechsel sind auch nicht nach § 251 HGB unter der Bilanz zu vermerken, da sie kein Haftungsverhältnis begründen und vor der Weiterbegebung keine wechselmäßige Verbindlichkeit auslösen.

Beruhen die Wechsel auf Lieferungen oder Leistungen an das Unternehmen, so können sie auch unter C 4 (**Verbindlichkeiten aus Lieferungen und Leistungen**) ausgewiesen werden, wenn die Mitzugehörigkeit zu C 5 vermerkt wird.

Werden gezogene Wechsel oder eigene Wechsel **gegenüber verbundenen Unternehmen** oder gegenüber Unternehmen, mit denen ein Beteiligungsverhältnis besteht, weitergegeben, müssen sie grundsätzlich unter den Sonderposten C 6 oder 7 ausgewiesen werden. Der Ausweis der Wechselverbindlichkeit unter diesen Posten entfällt jedoch, wenn das verbundene bzw. Beteiligungsunternehmen das Akzept oder den Wechsel an einen Dritten weitergegeben hat, der nicht verbundenes Unternehmen ist. Bei wirtschaftlicher Betrachtung besteht dann keine Verbindlichkeit gegenüber dem verbundenen Unternehmen mehr.

3.10.6 Verbindlichkeiten gegenüber verbundenen Unternehmen (C 6)

Es handelt sich z. B. gegenüber Verbindlichkeiten aus Lieferungen und Leistungen um einen **Sonderposten**, der Vorrang hat. Sind die Gläubiger verbundene Unternehmen (s. Abschnitt B.3.2.3.1), so ist der Ausweis der Verbindlichkeiten unter C 6 zwingend, **unabhängig von ihrer Entstehungsursache**. Hierzu zählen Verbindlichkeiten vor allem aus dem Waren-, Leistungs- und Finanzverkehr sowie aus dem Beteiligungsverkehr (z. B. noch nicht abgeführte Dividende).

Bei möglichen Überschneidungen mit anderen Bilanzposten ist die Zugehörigkeit zu vermerken.

3.10.7 Verbindlichkeiten gegenüber Unternehmen, mit denen ein Beteiligungsverhältnis besteht (C 7)

Hier sind Verbindlichkeiten auszuweisen, sofern die Gläubiger Unternehmen sind, mit denen ein Beteiligungsverhältnis besteht (s. hierzu Abschnitt B.3.2.3.4). Handelt es sich um Verbindlichkeiten gegenüber verbundenen Unternehmen, so erfolgt der Ausweis unter C 6 statt unter C 7.

3.10.8 Sonstige Verbindlichkeiten (C 8)

Die sonstigen Verbindlichkeiten bilden einen **Sammelposten**. Hierunter werden alle Schulden erfasst, die keinem anderen Posten der Verbindlichkeiten zugeordnet werden können. Hierzu zählen neben den Verbindlichkeiten gegenüber den Sozialversicherungsträgern, Finanzbehörden und Mitarbeitern auch antizipative Abgrenzungsposten.

Die Verbindlichkeiten sind solche aus Löhnen, Gehältern, Mieten, Pachten, Provisionsverpflichtungen, fällige Vereins- und Verbandsbeiträge, Kapitaleinzahlungsverpflichtungen gegenüber anderen Gesellschaften, Aufsichtsrats-, Beirats- und Gutachtergebühren, Zinsen, soweit diese nicht Verbindlichkeiten gegenüber Kreditinstituten sind, und Hypotheken-, Grund- und Rentenschulden sowie sonstige Darlehen, soweit es sich nicht um solche bei Kreditinstituten oder verbundenen Unternehmen handelt. Hierher gehören auch Verbindlichkeiten aus dem Erwerb von Finanzanlagen, aus Schadensersatzansprüchen und Aufwandsersatzansprüchen Dritter, aus fälligen Tilgungsraten für Anleihen und Darlehen und noch nicht gezahlten Dividenden und Abfindungen an Handelsvertreter.

Verbindlichkeiten **aus Steuern** sind die aus Steuern vom Einkommen und vom Ertrag, Umsatzsteuer, Grunderwerbsteuer, Lohnsteuer, Kapitalertragsteuer usw.

Verbindlichkeiten im **Rahmen der sozialen Sicherheit** sind alle aufgrund gesetzlicher Vorschriften, vertraglicher Vereinbarungen und freiwillig gegenüber tätigen und ausgeschiedenen Mitarbeitern bestehenden Verbindlichkeiten aus noch abzuführenden Beiträgen an die Renten-, Kranken- und Arbeitslosenversicherung, Beiträge zur Insolvenzversicherung, festgesetzte, aber noch nicht überwiesene Beiträge an die Berufsgenossenschaft sowie an Zusatzkassen für Saison-Kurzarbeitergeld, Urlaubsabgeltung usw. einschließlich der Beitragsnachforderungen aufgrund von Betriebsprüfungen, Verbindlichkeiten zu Unterstützungszwecken wie die Übernahme von Arzt-, Kur- und Krankenhauskosten.

3.10.9 Verbindlichkeitenspiegel

Für die Vorsortierung nach Restlaufzeiten und Art und Form der Sicherheiten empfiehlt sich die Aufstellung eines **Verbindlichkeitenspiegels**.

Art der Verbindlichkeit	Gesamt-betrag	davon mit einer Restlaufzeit von			Sicherheiten	
		bis zu 1 Jahr	1 - 5 Jahre	über 5 Jahre	Betrag	Art und Form
1. Anleihen						
2. gegenüber Kreditinstituten						
3. erhaltene Anzahlungen auf Bestellungen						
4. aus Lieferungen und Leistungen						
5. aus Wechseln						
6. gegenüber verbundenen Unternehmen usw.						

3.11 Rechnungsabgrenzungsposten (D)

Gemäß § 250 Abs. 2 HGB sind auf der Passivseite als Rechnungsabgrenzungsposten auszuweisen Einnahmen vor dem Abschlussstichtag, so weit sie Ertrag für eine bestimmte Zeit nach diesem Tag darstellen. Es besteht danach Passivierungspflicht für alle Kaufleute. Die Ausführungen zu den aktiven Rechnungsabgrenzungsposten (s. Abschnitt B.3.4) gelten entsprechend.

3.12 Passive latente Steuern (E)

Die Neufassung des § 274 HGB verpflichtet große und mittelgroße Kapitalgesellschaften, die sich aus abweichenden Wertansätzen in der Handels- bzw. Steuerbilanz ergebenden Steuerbelastungen als passive latente Steuer auszuweisen. Damit folgt das HGB dem international gebräuchlichen bilanzorientierten Konzept (temporary-Konzept). Als berücksichtigungspflichtige Differenzen gelten auch sogenannte quasi-permanente Differenzen, deren Realisierung unternehmerischer Dispositionen bedarf.

Gründe für passive latente Steuern können sein:

► Aktivierung selbst erstellter immaterieller Vermögensgegenstände des Anlagevermögens in der Handelsbilanz gem. § 248 Abs. 2 HGB. In der Steuerbilanz besteht ein Aktivierungsverbot gem. § 5 Abs. 2 EStG.

► Freiwillige Aktivierung der Kosten der allgemeinen Verwaltung gem. § 255 Abs. 2 HGB und Nichtaktivierung dieser Kosten in der Steuerbilanz gem. R 6.3 (4) EStR.

► Verrechnung erhöhter steuerlicher Absetzungen oder Sonderabschreibungen nach §§ 7c, 7d, 7h, 7i, 7k, 7g, 7f EStG, die handelsrechtlich nicht zulässig sind.

► Bildung von Sonderposten mit Rücklageanteil in der Steuerbilanz gem. § 6b, R 6.6 (4), die handelsrechtlich nicht erlaubt sind.

In diesen Fällen würde am Bilanzstichtag ein steuerpflichtiger Ertrag entstehen, wenn zum handelsrechtlichen Buchwert das Wirtschaftsgut aus dem Vermögen ausscheiden würde.

Ebenso können aufgrund von abweichenden Wertansätzen in der Handels- bzw. Steuerbilanz Steuerentlastungen enstehen.

Gründe für aktive latente Steuern können sein:

► Freiwillige Aktivierung der Kosten der allgemeinen Verwaltung gem. R 6.3. (4) EStR in der Steuerbilanz, nicht jedoch in der Handelsbilanz.

► Aufgrund von Bewertungsregeln (Zinssatz) in der Steuerbilanz niedriger ausgewiesene Rückstellungen als in der Handelsbilanz. Dies wird i. d. R. auf Pensionsrückstellungen zutreffen.

In diesen Fällen würde am Bilanzstichtag ein steuerwirksamer Aufwand entstehen, wenn zum handelsrechtlichen Buchwert das Wirtschaftsgut bzw. die Verpflichtung aus dem Vermögen ausscheiden würde.

Neu wurde in § 274 Abs. 1 HGB aufgenommen, dass steuerliche Verlustvorträge bei der Berechnung aktiver latenter Steuern in Höhe der innerhalb der nächsten fünf Jahre zu erwartenden Verlustverrechnung zu berücksichtigen sind.

Während passive latente Steuern bilanzierungspflichtig sind, besteht für aktive latente Steuern ein Bilanzierungswahlrecht. Möglich ist die Verrechnung von aktiven mit passiven Latenzen. Sofern es zu einem Passivüberhang kommt, ist dieser auszuweisen. Wenn es aber zu einem Aktivüberhang kommt, besteht für diesen Betrag wiederum ein Bilanzierungswahlrecht.

Beispiel

aktive Latenzen	50	aktive Latenzen	140
passive Latenzen	110	passive Latenzen	80
Gesamtdifferenz	**60**	Gesamtdifferenz	**60**
Alternative 1		**Alternative 1**	
passive latente Steuern	60	weder aktive noch passive latente Steuern werden bilanziert	
Alternative 2		**Alternative 2**	
aktive latente Steuern	50	aktive latente Steuern	60
passive latente Steuern	110		
		Alternative 3	
		aktive latente Steuern	140
		passive latente Steuern	80

Sowohl die aktiven als auch die passiven latenten Steuern werden als Sonderposten eigener Art eingestuft und jeweils als die letzten Positionen auf der Aktiv- bzw. Passivseite bilanziert.

Sofern sich ein Aktivüberhang ergibt, besteht für Kapitalgesellschaften nach § 268 Abs. 8 HGB eine Ausschüttungssperre, soweit der Betrag die frei verfügbaren Rücklagen übersteigt. Nach § 285 Nr. 28 HGB ist im Anhang der ausschüttungsgesperrte Betrag unter Angabe des Grundes darzustellen.

3.13 Sonderposten der Passivseite

(1) **Rücklage für eingeforderte Nachschüsse (§ 42 Abs. 2 GmbHG)**
Der nachzuschießende Betrag ist gem. § 42 Abs. 2 Satz 2 GmbHG auf der Aktivseite der Bilanz als „eingeforderte Nachschüsse" gesondert auszuweisen, soweit mit der Zahlung gerechnet werden kann. Ein entsprechender Betrag ist auf der Passivseite **in der „Kapitalrücklage" gesondert auszuweisen**.

(2) **Rücklage für den Eigenkapitalanteil von Wertaufholungen und von nicht in der Handelsbilanz ausgewiesenen steuerfreien Rücklagen**
Nach § 58 Abs. 2a AktG und § 29 Abs. 4 GmbHG kann der Eigenkapitalanteil von Wertaufholungen nach § 253 Abs. 5 Satz 1 HGB sowie von nur in der Steuerbilanz gebildeten steuerfreien Rücklagen in eine unter den anderen Gewinnrücklagen gesondert auszuweisende Rücklage eingestellt werden. Zulässig ist auch ein Davon-Vermerk.

(3) **Bilanzgewinn/-verlust**
Wird die Bilanz nach teilweiser Ergebnisverwendung aufgestellt, sind die Posten „Gewinnvortrag/Verlustvortrag" und „Jahresüberschuss/Jahresfehlbetrag" durch den Posten „Bilanzgewinn/Bilanzverlust" zu ersetzen (§ 268 Abs. 1 Satz 2 HGB). Siehe hierzu Abschnitt B.3.6.4.3.

(4) **Sonderposten mit Rücklageanteil**
Nach dem Wegfall der so genannten umgekehrten Maßgeblichkeit dürfen Sonderposten mit Rücklagenanteil in der Handelsbilanz **nicht mehr** ausgewiesen werden. Dagegen können die bisher hier ausgewiesenen Rücklagen in der Steuerbilanz weiterhin gebildet werden. Insoweit ergibt sich eine **Abweichung von Handels- und Steuerbilanz**.

Voraussetzung für die Ausübung steuerlicher Wahlrechte ist gem. § 5 Abs. 1 Satz 2 EStG aber, dass die Wirtschaftsgüter, die nicht mit dem handelsrechtlich maßgebenden Wert in der steuerlichen Gewinnermittlung ausgewiesen werden, in besondere, laufend zu führende Verzeichnisse aufgenommen werden. In den Verzeichnissen sind der Tag der Anschaffung oder Herstellung, die Anschaffungs- oder Herstellungskosten, die Vorschrift des ausgeübten steuerlichen Wahlrechts und die vorgenommenen Abschreibungen nachzuweisen.

Zu den wichtigsten steuerlichen Wahlrechten gehören in diesem Zusammenhang:

► Übertragung stiller Reserven nach § 6b EStG

► Übertragung stiller Reserven bei Ersatzbeschaffung nach R 6.6 EStR

► erfolgsneutrale Behandlung von Zuschüssen nach R 6.5 EStR

► Investitionsabzug nach § 7g EStG.

Die für die **Praxis wichtigsten Wahlrechte** werden nachstehend kurz erläutert.

► **Ersatzbeschaffung nach R 6.6 EStR**
Scheidet ein Wirtschaftsgut infolge **höherer Gewalt** oder infolge oder zur Vermeidung eines **behördlichen Eingriffs** gegen Entschädigung aus dem Betriebsvermögen aus und wird im Laufe desselben Jahres ein **Ersatzwirtschaftsgut** angeschafft oder hergestellt, so kann im Rahmen der Gewinnermittlung für die drei ersten Einkunftsarten (§ 2 Abs. 1 EStG) die stille Reserve, die beim Ausscheiden versteuert werden müsste, auf das Ersatzwirtschaftsgut übertragen werden.

Ist eine Ersatzbeschaffung im selben Jahr allerdings nicht möglich, so kann eine Rücklage für Ersatzbeschaffung gebildet und auf das später beschaffte Ersatzwirtschaftsgut noch übertragen werden, sofern es bei beweglichen Wirtschaftsgütern bis zum Schluss des auf die Bildung der Rücklage für Ersatzbeschaffung folgenden Wirtschaftsjahres oder bei Grundstücken und Gebäuden bis zum Schluss des zweiten Wirtschaftsjahres angeschafft, hergestellt oder bestellt ist (R 6.6 Abs. 4 EStR).

► **Übertragung stiller Reserven nach § 6b EStG**

Bei vielen Wirtschaftsgütern entstehen, z. B. durch Sonderabschreibungen, stille Reserven, die bei einer Veräußerung dieser Wirtschaftsgüter versteuert werden müssten. Um den Unternehmen die Möglichkeit zu geben, sich regional und produktionstechnisch anzupassen, besteht nach § 6b EStG die Möglichkeit, die aufgedeckten stillen Reserven ganz oder teilweise auf bestimmte andere Wirtschaftsgüter (Reinvestitionsgüter) zu übertragen und damit eine Steuerstundung herbeizuführen. Diese Möglichkeit ist bei einer Veräußerung von Grund und Boden, Aufwuchs auf Grund und Boden mit dem dazugehörigen Boden, wenn der Aufwuchs zu einem land- und forstwirtschaftlichen Betriebsvermögen gehört oder bei Gebäuden gegeben.

Ist eine sofortige Übertragung nicht möglich, so kann zunächst eine steuerfreie Rücklage gebildet werden. Diese Rücklage ist spätestens nach vier Jahren u. U. erst nach sechs Jahren auf ein bestimmtes Wirtschaftsgut zu übertragen oder gewinnmindernd aufzulösen. In diesem Fall ist der aufgelöste Betrag für jedes volle Wirtschaftsjahr, in dem die Rücklage bestanden hat um 6 % des aufgelösten Rücklagebetrages zu erhöhen.

Für Personenunternehmen gilt 6b Abs. 10 EStG. Danach dürfen kleine und mittlere Personengesellschaften innerhalb von 2 Jahren steuerfrei Gewinne aus der Veräußerung von Beteiligungen an Kapitalgesellschaften bis zur Höhe von 500.000 € auf die Anschaffungskosten anderer Beteiligungen, Gebäude und abnutzbarer, beweglicher Wirtschaftsgüter übertragen.

► **Investitionsabzug und Sonderabschreibungen nach § 7g EStG**

Gemäß § 7g Abs. 5 EStG können unter den Voraussetzungen des § 7g Abs. 6 EStG bei beweglichen Wirtschaftsgütern des Anlagevermögens im Jahr der Anschaffung und in den folgenden vier Jahren neben den Abschreibungen nach § 7 Abs. 1 oder Abs. 2 EStG Sonderabschreibungen bis zu insgesamt 20 % der Anschaffungs- und Herstellungskosten in Anspruch genommen werden. Dabei darf das Unternehmen bestimmte Grenzwerte nicht überschreiten. Diese wurden durch das Gesetz zur Umsetzung steuerrechtlicher Regelungen des Maßnahmepakets „Beschäftigungssicherung durch Wachstumsstärkung" (BGBl. 2008 I S. 2896) für zwei Jahre angehoben:

		grundsätzlich	**2009 und 2010**
bilanzierende Gewerbetreibende und Selbstständige	Betriebsvermögen	235.000 €	335.000 €
Einnahme-Überschuss-Rechner	Gewinn	100.000 €	200.000 €
bilanzierende Land- und Forstwirte	Wirtschaftswert	125.000 €	175.000 €

Die höheren Grenzen gelten grundsätzlich für Anschaffungen in den Jahren 2009 und 2010. Sollte der Gewinn für ein abweichendes Wirtschaftsjahr ermittelt werden, gelten die neuen Grenzen in den Wirtschaftsjahren, die nach dem 31.12.2008 und vor dem 01.01.2011 enden (§ 52 Abs. 23 Satz 5 EStG).

Die Förderung kann in Anspruch genommen werden, wenn die Größenmerkmale bei der Geltendmachung des Investitionsabzugsbetrages im Jahr des Abzugs und bei Berücksichtigung der Sonderabschreibung im Jahr, das der Anschaffung des Wirtschaftsgutes vorangeht, nicht überschritten werden (§ 7g Abs. 1 Satz 2 Nr. 1, Abs. 6 Nr. 1 EStG).

Betriebe, die im Jahr 2008 zwar die alten, nicht aber die neuen Grenzen überschritten haben, können Sonderabschreibungen für 2009 angeschaffte Wirtschaftsgüter geltend machen.

Des Weiteren gilt die Verbleibensfrist von einem Jahr in einer inländischen Betriebsstätte und die ausschließlich oder fast ausschließlich betriebliche Nutzung des Wirtschaftsgutes.

Investitionsabzugsbeträge dürfen bis zu 40 % der voraussichtlichen Anschaffungs- oder Herstellungskosten eines beweglichen Wirtschaftsgutes des Anlagevermögens außerbilanziell Gewinn mindernd berücksichtigt werden (§ 7g Abs. Satz 1 EStG). Der Investitionsabzugsbetrag ist auch möglich, wenn gebrauchte Wirtschaftsgüter erworben werden sollen.

Sofern die Investition nicht oder nur teilweise realisiert wird, ist der Investitionsabzugsbetrag für das Jahr entsprechend zu stornieren, in dem er steuerlich geltend gemacht wurde. Dies gilt auch dann, wenn die betreffenden Steuerbescheide bereits bestandskräftig sind.

(4) Ausgleichsposten für aktivierte eigene Anteile
Gemäß § 264c Abs. 4 HGB sind die Anteile an Komplementärgesellschaften von Gesellschaftern im Sinne von § 264a HGB mit der Maßgabe auf der Aktivseite unter den Posten A. III. 1. oder A. III. 3 auszuweisen, dass für diese Anteile in Höhe des aktivierten Betrages nach dem Posten „Eigenkapital" ein Sonderposten zu bilden ist.

Aufgabe 24 > Seite 428

Lösung

1. Aus welchen Teilen besteht der Jahresabschluss nach Handels- und Steuerrecht?	S. 75
2. Woraus besteht der Jahresabschluss bei Kapitalgesellschaften?	S. 75
3. Welche Vorschriften zur Aufstellung der Eröffnungsbilanz enthält das HGB?	S. 75 f.
4. Wie sind die allgemeinen Rechnungslegungsvorschriften im HGB gegliedert?	S. 75 f.
5. Nennen Sie den allgemeinen Grundsatz für die Aufstellung der Bilanz!	S. 76
6. Kann die Buchführung in einer ausländischen Sprache erfolgen?	S. 77
7. Kann der Jahresabschluss in einer fremden Währung aufgestellt werden?	S. 77
8. Was versteht das Gesetz unter Ansatzvorschriften?	S. 77
9. Was besagt das Vollständigkeitsgebot nach § 246 HGB?	S. 78
10. Was besagt die wirtschaftliche Betrachtung im Bilanzrecht?	S. 78
11. Nennen Sie Fälle von wirtschaftlichem Eigentum!	S. 78 f.
12. Wann müssen rollende oder schwimmende Vermögensgegenstände aktiviert werden?	S. 79
13. Welcher Unterschied besteht zwischen zivilrechtlichen Forderungen und bilanzierungsfähigen Forderungen?	S. 79
14. Welche HGB-Vorschrift enthält ein generelles Ansatzgebot für Rückstellungen?	S. 80
15. Nennen Sie die gesetzlich geregelten Ansatzverbote!	S. 81 f.
16. Was versteht man unter Gründungs- und Kapitalbeschaffungskosten?	S. 81 f.
17. Unter welchen Voraussetzungen dürfen bzw. müssen immaterielle Vermögensgegenstände aktiviert werden?	S. 82
18. Welche Voraussetzungen müssen für den Ausweis von gewillkürtem Betriebsvermögen vorliegen?	S. 83 f.
19. Wann liegt notwendiges Betriebsvermögen vor?	S. 83
20. Unter welchen Voraussetzungen sind Grundstücke als notwendiges Betriebsvermögen in der Steuerbilanz auszuweisen?	S. 83 ff.
21. Nennen Sie die Voraussetzungen für den Ausweis von gewillkürtem Betriebsvermögen bei Grundstücken!	S. 84 ff.
22. Was besagt die Vereinfachungsregelung nach R 4.2 Abs. 10 EStR beim Ausweis von Grundstücken als Betriebsvermögen?	S. 84
23. Wann rechnen gemischtgenutzte Wirtschaftsgüter (außer Grundstücken) zum Betriebsvermögen?	S. 84

24. Aus welchen Bestandteilen setzt sich das Betriebsvermögen bei Personengesellschaften zusammen?	S. 88 ff.
25. Was versteht man unter dem Sonderbetriebsvermögen der Gesellschafter?	S. 89
26. Gibt es auch gewillkürtes Sonderbetriebsvermögen von Personengesellschaftern?	S. 89 f.
27. Welche Bedeutung haben die Gliederungsvorschriften der §§ 266 und 275 HGB für Einzelkaufleute und Personengesellschaften?	S. 90 ff
28. Inwieweit sind Abweichungen von den handelsrechtlichen Gliederungsschemata zulässig?	S. 91
29. Nennen Sie die Prinzipien für den Aufbau der Bilanzpositionen!	S. 92
30. Welche übergeordnete Positionen enthält die Bilanz?	S. 93
31. Nennen Sie die gesetzliche Definition des Anlagevermögens!	S. 94
32. Wann dient ein Vermögensgegenstand dauernd dem Geschäftsbetrieb?	S. 94
33. Gehören die Software-Programme bei EDV zu den immateriellen Vermögensgegenständen?	S. 96
34. Nennen Sie Vermögensgegenstände, die zur Bilanzposition entgeltlich erworbene „Konzessionen, gewerbliche Schutzrechte und ähnliche Rechte" zu zählen sind!	S. 97 f.
35. Definieren Sie den Geschäfts- oder Firmenwert!	S. 98 f.
36. Können geleistete Anzahlungen auf immaterielle Wirtschaftsgüter planmäßig abgeschrieben werden?	S. 99
37. Nennen Sie die Untergruppen des Sachanlagevermögens!	S. 99
38. Sind Grund und Boden und Gebäude buchmäßig gesondert zu behandeln, und wenn ja, aus welchen Gründen?	S. 100
39. Definieren Sie den Begriff „Gebäude"!	S. 100
40. Welche Gebäudeteile werden in der Steuerbilanz als selbstständige Wirtschaftsgüter behandelt?	S. 100 f.
41. Wie werden Bauten auf fremden Grundstücken in der Handels- und Steuerbilanz behandelt?	S. 101
42. Welche Möglichkeiten der Bilanzierung bestehen nach der BFH-Rechtsprechung bei Mietereinbauten?	S. 101 f.
43. Was versteht man unter Miteigentum?	S. 102
44. Wie werden Bauten bei Miteigentum bilanziert?	S. 102
45. Grenzen Sie technische Anlagen und Maschinen von anderen Anlagen ab!	S. 102 f.
46. Nennen Sie den Unterschied zwischen geleisteten Anzahlungen und Anlagen im Bau unter Position A II 4!	S. 103 f.

47. Nennen Sie Gründe, weshalb die Finanzanlagen von den Sachanlagen getrennt ausgewiesen werden!	S. 104
48. Was versteht man unter verbundenen Unternehmen?	S. 104
49. Definieren Sie den Begriff „Anteile"!	S. 104
50. Was versteht man unter Ausleihungen?	S. 105
51. Unter welcher Position sind Ausleihungen an verbundenen Unternehmen auszuweisen?	S. 105
52. Welche Voraussetzungen müssen für eine Beteiligung vorliegen?	S. 105 f.
53. Nennen Sie Beispiele für Wertpapiere des Anlagevermögens!	S. 107
54. Was versteht man unter den sonstigen Ausleihungen?	S. 107
55. Was besagt der Begriff „Brutto-Anlagenspiegel"?	S. 108
56. Definieren Sie den Begriff „Zugänge" im Anlagenspiegel!	S. 108
57. Nennen Sie typische Fälle von Umbuchungen!	S. 109
58. Was versteht man unter kumulierten Abschreibungen?	S. 109
59. Sind die Abschreibungen des Geschäftsjahres Bestandteil des Anlagenspiegels?	S. 109
60. Wo erfolgt ihr Ausweis?	S. 109
61. Nennen Sie den Unterschied zwischen Zuschreibungen und Zugängen!	S. 109
62. Gehören Ersatz- und Reserveteile zum Anlage- oder Umlaufvermögen?	S. 110
63. Aus welcher gesetzlichen Regelung ergibt sich die Abgrenzung des Umlaufvermögens vom Anlagevermögen?	S. 110
64. Welche Vermögensgruppen gehören zum Vorratsvermögen?	S. 111
65. Unter welchen Voraussetzungen können erhaltene Anzahlungen auf Vorräte mit den Vorräten saldiert werden?	S. 111
66. Welche Unterschiede bestehen zwischen Rohstoffen, Hilfsstoffen und Betriebsstoffen?	S. 112
67. Grenzen Sie die unfertigen Erzeugnisse von den Rohstoffen ab!	S. 112
68. Unter welcher Position sind unfertige Bauten auf fremdem Grund und Boden auszuweisen?	S. 112
69. Welche Voraussetzungen müssen für den Ausweis von Fertigerzeugnissen vorliegen?	S. 113
70. Sind bereitgestellte Waren unter „Fertige Erzeugnisse und Waren" oder unter „Forderungen" auszuweisen?	S. 113
71. Welche Bilanzpositionen weisen geleistete oder erhaltene Anzahlungen aus?	S. 114

72. Definieren Sie die Position „Forderungen aus Lieferungen und Leistungen"!	S. 114
73. Grenzen Sie Forderungen aus Lieferungen und Leistungen von Rechnungsabgrenzungsposten und Anzahlungen ab!	S. 114
74. Zu welchem Zeitpunkt entstehen Forderungen aus Lieferungen und Leistungen?	S. 115
75. Unter welchen Voraussetzungen ist die Saldierung von Forderungen mit Verbindlichkeiten zulässig?	S. 116
76. Sind unter der Position „Forderungen gegen verbundene Unternehmen" auch Forderungen aus Lieferungen und Leistungen auszuweisen?	S. 116
77. Nennen Sie sonstige Vermögensgegenstände, die nicht unter Forderungen auszuweisen sind!	S. 117
78. Definieren Sie den Begriff „Wertpapiere"!	S. 117
79. Welche Bilanzpositionen gehören zu den Wertpapieren des Umlaufvermögens?	S. 117
80. Erläutern Sie das Wesen der Rechnungsabgrenzungsposten!	S. 118
81. Welche Voraussetzungen müssen für den Ausweis von Rechnungsabgrenzungsposten gegeben sein?	S. 119
82. Was versteht man unter der Zeitbezogenheit der Rechnungsabgrenzungsposten?	S. 119
83. Nach welchen Gesichtspunkten sind die Rechnungsabgrenzungsposten aufzulösen?	S. 120
84. Nennen Sie Sonderposten der Aktivseite der Bilanz, die im Bilanzschema des § 266 HGB nicht aufgeführt sind!	S. 121
85. Wo ist der nicht durch Eigenkapital gedeckte Fehlbetrag in der Bilanz auszuweisen?	S. 121
86. Definieren Sie den Begriff „Eigenkapital"!	S. 122
87. Nennen Sie Aktivposten der Bilanz, die das Eigenkapital beeinflussen!	S. 122
88. Was versteht man unter gezeichnetem Kapital? Wonach richtet sich die Höhe des Ausweises?	S. 123
89. Was sind ausstehende Einlagen? Welchen alternativen Ausweis sieht das Gesetz vor?	S. 124
90. Personengesellschaften kennen variable Kapitalkonten. Wie werden bei Gesellschaften i.S. § 264c HGB diese ausgewiesen?	S. 124 f.
91. Welche Arten von offenen Rücklagen sieht § 266 Abs. 3 HGB vor?	S. 126
92. Welche Beträge sind in die Kapitalrücklage einzustellen?	S. 126
93. Nennen Sie den Unterschied zwischen der Kapitalrücklage und den Gewinnrücklagen!	S. 126 f.

94. Welchem Zweck dient die Rücklage für Anteile an einem herrschen- den oder mehrheitlich beteiligten Unternehmen?	S. 127
95. Welche Eigenkapitalanteile werden in den anderen Gewinnrückla- gen (Position A III 4) ausgewiesen?	S. 128
96. Wie ist die Rücklagenbewegung während eines Geschäftsjahres am zweckmäßigsten darzustellen?	S. 128 f.
97. Welche Kapitalposten sieht das Bilanzschema neben dem gezeich- neten Kapital, der Kapitalrücklage und den Gewinnrücklagen vor?	S. 130
98. Unter welcher Voraussetzung wird ein Bilanzgewinn/Bilanzverlust ausgewiesen?	S. 130 f.
99. Der Bilanzgewinn/Bilanzverlust ergibt sich unter Berücksichtigung der Verwendung des Jahresergebnisses. Nach welcher Vorschrift müssen Aktiengesellschaften die Ergebnisverwendung darlegen?	S. 131
100. Erläutern Sie die Übergangsregelung für Pensionsrückstellungen nach Art. 28 EGHGB!	S. 132
101. Welche Rückstellungen sind gesondert auszuweisen?	S. 132
102. Unter welchen Voraussetzungen können bzw. müssen Pensionsrückstellungen nach Steuerrecht gebildet werden?	S. 132
103. Definieren Sie den Begriff „Anleihen"!	S. 135
104. Welche Voraussetzungen müssen für den Ausweis der Position „Erhaltene Anzahlungen auf Bestellungen" gegeben sein?	S. 136
105. Können Verbindlichkeiten aus Warenlieferungen und Leistungen unter „Verbindlichkeiten gegenüber verbundenen Unternehmen" ausgewiesen werden?	S. 137
106. Nennen Sie typische Beispiele für die Bilanzposition „Sonstige Verbindlichkeiten"!	S. 138 f.
107. Nennen Sie gesondert auszuweisende Verbindlichkeiten im Rahmen der sozialen Sicherheit!	S. 138 f.
108. Worauf beruhen Rückstellungen für latente Steuern?	S. 140
109. Wie wird die Bemessungsgrundlage für die Steuerabgrenzung nach § 274 Abs. 1 HGB ermittelt?	S. 140
110. Wo sind Rückstellungen für latente Steuern auszuweisen?	S. 141
111. Nennen Sie Sonderposten auf der Passivseite der Bilanz, die im Bilanzschema nicht vorgesehen sind!	S. 141 f.

4. Bewertungsvorschriften

Nach Erläuterung der **Gliederungsvorschriften** (Kapitel 3.) stellt sich die Frage, mit welchem Wert die den einzelnen Bilanzposten zuzuordnenden Aktiva und Passiva anzusetzen sind. Eine Antwort hierauf geben die Bewertungsbestimmungen der §§ 252 - 256a HGB.

4.1 Bewertungszweck

Wenn § 5 Abs. 1 Satz 1 EStG den Ansatz des Betriebsvermögens nach den handelsrechtlichen GoB fordert, gilt das für die Bilanzierung nahezu uneingeschränkt. Für die Bewertung gilt die Maßgeblichkeit der Handelsbilanz für die Steuerbilanz dagegen nur mit Einschränkungen. Denn die Bewertungsvorschriften des EStG weichen von denen des HGB zum Teil erheblich ab. Der Grund hierfür ist in den **unterschiedlichen Bewertungszwecken** in der Handels- und Steuerbilanz zu suchen.

4.1.1 Bewertungszweck in der Handelsbilanz

4.1.1.1 Gläubigerschutz

Der Hauptzweck der Handelsbilanz besteht darin, die Gläubiger eines Unternehmens (Lieferanten, Darlehensgläubiger, Banken u. a.) vor Verlusten zu schützen. Dies kommt in den Bewertungsvorschriften zum Ausdruck, die verhindern, dass die Vermögenslage des Unternehmens besser dargestellt wird als sie ist. Dieser Zweck der Handelsbilanz wird zum einen durch den **Grundsatz der Vorsicht** und zum anderen durch die Höchstwertvorschriften erreicht.

Der Grundsatz der Vorsicht kommt u. a. in den **Aktivierungsverboten** gemäß § 248 HGB zum Ausdruck. Aus dem Hauptzweck der Handelsbilanz, dem Gläubigerschutz, erklärt es sich ferner, dass das Handelsrecht in erster Linie Bewertungsgrenzen nach oben setzt, die nicht überschritten werden dürfen.

Folgenden Aufwendungen dürfen gem. § 248 Abs. 1 HGB nicht aktiviert werden:

(1) Aufwendungen für die Gründung eines Unternehmens (Nr. 1)

(2) Aufwendungen für die Beschaffung des Eigenkapitals (Nr. 2)

(3) Aufwendungen für den Abschluss von Versicherungsverträgen (Nr. 3).

4.1.1.2 Berücksichtigung der Interessen der Kapitalgeber

Im Gegensatz zur jetzigen Regelung waren in der Handelsbilanz gemäß § 133 AktG 1937 einer Bewertung nach unten (Unterbewertung der Aktiva bzw. Überbewertung der Passiva) keine Grenzen gesetzt. Den Unternehmen war damit die Möglichkeit gegeben, stille Reserven zu bilden. Soweit die Lage des Betriebes dies bedingte, war hiergegen nichts einzuwenden.

Stille Reserven dienen dazu, ein Unternehmen krisenfest zu machen. Ein ausreichendes Kapitalpolster ist heute wichtiger denn je. Schwierige Situationen infolge verstärkter Konkurrenz, Rationalisierungsmaßnahmen sowie Produktionsumstellungen können nur gemeistert werden, wenn genügend Kapitalreserven vorhanden sind. Dies kommt vor allem auch den Kapitalgebern (Aktionären bzw. Anteilseignern) zugute, da auf diese Weise Unternehmenszusammenbrüche z. T. vermieden werden können.

Wird jedoch die Bildung stiller Reserven zu weit getrieben, so werden hierdurch vor allem bei Kapitalgesellschaften die Interessen der Kapitalgeber beeinträchtigt, da ihnen dann die ihnen zustehenden Gewinne vorenthalten werden. Es war deshalb eines der Ziele der großen Aktienrechtsreform 1965, einen gewissen **Interessenausgleich** zwischen den Gläubigern (Gläubigerschutz) und Aktionären dadurch herbeizuführen, dass die Bildung stiller Reserven in der Bilanz der AG zum Teil eingeschränkt wurde.

Das Bilanzrichtlinien-Gesetz ist dem weitgehend gefolgt. Den Interessen der Kapitalgeber ist insbesondere durch das **Wertaufholungsgebot** gemäß § 280 HGB verstärkt Rechnung getragen worden. Unterlaufen wurde dieser Zweck des Gesetzes jedoch teilweise durch steuerliche Bewertungsfreiheiten, die gemäß § 254 und § 247 Abs. 3 HGB auch in der Handelsbilanz zulässig waren. Hinzu kamen Bewertungswahlrechte (Abschreibungswahlrechte, Wahlrechte bei Berechnung der Herstellungskosten), die die Bildung stiller Reserven ermöglichen.

Mit dem Bilanzrechtsmodernisierungsgesetz (BilMoG) wurden die Interessen der Kapitalgeber weiter gestärkt. So wurde der Grundsatz der umgekehrten Maßgeblichkeit aufgehoben und die bisher bestehenden Abschreibungs- und Bewertungsregeln in § 253 Abs. 3 ff. HGB a. F. in erheblichem Umfang gestrichen und im Übrigen eingeschränkt. Auch das bisher bestehende Passivierungswahlrecht in § 249 HGB für Aufwandsrückstellungen wurde gestrichen, so wie die Bewertungsvorschrift für Rückstellungen in § 253 HGB grundlegend umgestaltet wurden.

4.1.2 Bewertungszweck in der Steuerbilanz

Der Bewertungszweck der Steuerbilanz ist mit dem der Handelsbilanz nicht identisch. Das erklärt sich aus der Tatsache, dass der Hauptzweck der Steuerbilanz ein anderer ist als der der Handelsbilanz. Die Steuerbilanz ist die Besteuerungsgrundlage für die Einkommen- bzw. Körperschaftsteuer. Sie dient in erster Linie der Gewinnermittlung und zwar der **Ermittlung eines möglichst zutreffenden Periodengewinns**.

Die Grundtendenz des Gesetzes, in der Steuerbilanz einen möglichst zutreffenden Gewinn auszuweisen, findet dort ihre Grenze, wo andere vom Gesetzgeber gewollte Zwecke entgegenstehen. Der richtigen Gewinnermittlung stehen u. a. entgegen: **Sonderbewertungen** mit wirtschaftspolitischem Ziel (z. B. § 6b EStG) und Vereinfachungsgesichtspunkte, wie sie in der Bewertungsfreiheit für geringwertige Wirtschaftsgüter nach § 6 Abs. 2a EStG oder in der Gruppen- bzw. Festbewertung nach § 240 Abs. 3 f. HGB oder in dem Urteil des BFH vom 15.11.1960 (BStBl 1961 III S. 48, I 189/60 U) zum Ausdruck kommen. Der BFH führt hier aus, dass die richtige Erfolgsabgrenzung im Interesse der Vereinfachung des Rechnungswesens nicht überspannt werden darf.

Trotz der genannten Einschränkungen weist die Steuerbilanz gegenüber der Handelsbilanz wegen der abweichenden Zwecksetzung eine erhebliche **Eigenständigkeit** auf.
Hierauf wird bei Erläuterung der Bewertungsvorschriften hingewiesen.

4.2 Allgemeine Bewertungsgrundsätze

§ 252 HGB stellt den Vorschriften über die Wertansätze der Vermögensgegenstände
und Schulden allgemeine Bewertungsgrundsätze voran. Sie entsprechen weitgehend
den anerkannten Regeln ordnungsmäßiger Buchführung.

4.2.1 Bilanzidentität

Die Bilanzidentität, im älteren Schrifttum als formelle Bilanzkontinuität, im Steuerrecht vielfach als Bilanzenzusammenhang bezeichnet, besagt, dass die Schlussbilanz
des Vorjahres und die **Eröffnungsbilanz** des nächsten Geschäftsjahres in ihrem Zahlen-
werk identisch sein müssen (siehe Abschnitt A.2.4.3.2).

Obschon in § 252 Abs. 1 Nr. 1 HGB die Bilanzidentität nur auf die Übereinstimmung
der Wertansätze beschränkt ist, müssen auch die Bilanzposten in ihrem Umfang und
ihrer Zusammensetzung identisch sein (Identität des Bilanzinhalts). Das folgt nach *Ad-
ler/Düring/Schmaltz* zwingend aus der Wertidentität, die nicht gewahrt wäre, wenn
einzelne Bilanzposten in der Eröffnungsbilanz weggelassen oder hinzugefügt würden.

Im Steuerrecht ist gemäß § 4 Abs. 2 Satz 1 EStG dem **Grundsatz des Bilanzenzusam-
menhangs** der **Vorrang** vor der Ermittlung des zutreffenden Gewinns für die einzelnen
Wirtschaftsjahre und damit auch für die einzelnen Veranlagungszeiträume zu geben.
Dies bedeutet, dass die Schlussbilanz, die einer Veranlagung zu Grunde gelegt wurde,
welche nicht mehr aufgehoben oder geändert werden kann, grundsätzlich auch dann
für die Ermittlung des steuerlichen Gewinns des folgenden Wirtschaftsjahrs maßgebend bleibt, wenn sie unrichtig ist.

Darüber hinaus darf in einem engen zeitlichen und sachlichen Zusammenhang mit
einer Bilanzberichtigung, z. B. durch eine steuerliche Außenprüfung, eine Bilanzänderung vorgenommen werden. Die Auswirkung der Bilanzänderung darf nicht über die
der Bilanzberichtigung hinausgehen (§ 4 Abs. 2 Satz 2 EStG).

4.2.2 Grundsatz der Unternehmensfortführung

Nach § 252 Abs. 1 Nr. 2 HGB ist bei der Bewertung von der Fortführung der Unternehmenstätigkeit auszugehen (**Going-Concern-Prinzip**), sofern dem nicht tatsächliche oder rechtliche Gegebenheiten entgegenstehen. Im Fall der Unternehmensfortführung sind die Vermögensgegenstände und Schulden nach den Bestimmungen der
§§ 253 - 256a HGB zu bewerten.

Fortführung der Unternehmenstätigkeit bedeutet, dass das Unternehmen bei vernünftiger kaufmännischer Beurteilung seine gewerbliche Tätigkeit für einen **überseh-baren Zeitraum** wird fortsetzen können. Maßgebend für die Beurteilung sind die Verhältnisse am Bilanzstichtag.

Der Fortführung der Unternehmenstätigkeit **entgegenstehende tatsächliche Gegebenheiten** sind in erster Linie wirtschaftliche Schwierigkeiten, die voraussichtlich zur Geschäftseinstellung führen. Als **rechtliche Gegebenheiten**, die der Unternehmensfortführung entgegenstehen, kommen die Eröffnung des Insolvenzverfahrens, ein beantragter Abwicklungsvergleich oder gesetzliche bzw. satzungsmäßige Vorschriften in Betracht.

Liegen der Unternehmensfortführung entgegenstehende tatsächliche oder rechtliche Gegebenheiten vor, so ist die **Bewertung** abweichend von den §§ 253 - 256a HGB nach **Veräußerungsgesichtspunkten** vorzunehmen. Je nach dem, ob eine Einzelveräußerung oder eine Gesamtveräußerung durchgeführt wird, sind die zu erzielenden Veräußerungserlöse vorsichtig zu schätzen.

4.2.3 Grundsatz der Einzelbewertung und der Stichtagsbewertung

Nach § 252 Abs. 1 Nr. 3 HGB sind die Vermögensgegenstände und Schulden zum Abschlussstichtag einzeln zu bewerten. Die Vorschrift enthält damit zwei voneinander unabhängige Grundsätze:

- den Grundsatz der Einzelbewertung
- den Grundsatz der Bewertung nach den Verhältnissen am Bilanzstichtag.

4.2.3.1 Grundsatz der Einzelbewertung

Das Prinzip der Einzelbewertung ergibt sich außer aus § 252 Abs. 1 Nr. 3 HGB aus § 240 Abs. 1 HGB, wonach der Kaufmann *„den Wert der einzelnen Vermögensgegenstände und Schulden anzugeben hat"*, und aus § 6 EStG, der Vorschriften *„für die Bewertung der einzelnen Wirtschaftsgüter"* enthält. Entsprechendes ist § 253 HGB zu entnehmen.

Im Gegensatz zur Gesamtbewertung des Betriebsvermögens ist eine **Gruppenbewertung** möglich (§ 240 Abs. 4 HGB, R 6.8 Abs. 4 EStR).

Das Problem der Bewertungseinheit

Die Einzelbewertung setzt eine Bewertungseinheit voraus. Nach § 253 Abs. 1 HGB sind Vermögensgegenstände und Schulden, nach § 6 EStG Wirtschaftsgüter Objekt der Bewertung. Damit stellt sich die Frage nach dem Wirtschaftsgut. Die Fragestellung ist bei der Bewertung jedoch eine andere als bei der Bilanzierung. Während es bei der Bilanzierung darum geht, ob im Einzelfall ein Wirtschaftsgut vorliegt, steht bei der Bewertung zur Diskussion, was bei einer Vielzahl von Gegenständen **Objekt der**

Bewertung ist. Beschränkt sich die Frage der Bilanzierungsfähigkeit im Wesentlichen auf Rechnungsabgrenzungsposten und Rückstellungen, so stellt sich die Frage der Bewertungsfähigkeit (Bewertungseinheit) in erster Linie beim abnutzbaren Anlagevermögen, also bei Bilanzpositionen, deren Gegenständlichkeit keinen Zweifel daran aufkommen lässt, ob bilanziert werden darf.

Um die Problematik deutlich zu machen, muss man sich moderne Produktionsstätten und Dienstleistungsbetriebe vor Augen führen. Wesentliches Merkmal ist ihre hohe technische Ausstattung, die in dafür eigens geschaffenen Betriebsgebäuden oder -anlagen installiert ist. Die moderne Produktionsstätte setzt sich zusammen aus Grund und Boden, Gebäuden, Maschinen und maschinellen Anlagen, sonstigen Betriebsvorrichtungen und der Betriebs- und Geschäftsausstattung. Die einzelnen Gegenstände sind vielfach so miteinander verbunden, dass sie zumindest rechnerisch eine Einheit bilden. Sind sie damit auch eine Bewertungseinheit?

Das Gebäude als Bewertungseinheit

Zu obiger Frage hat der Große Senat des BFH mit Beschluss vom 26.11.1973 (BStBl 1974 II S. 132, GrS 5/71) Stellung genommen. Er geht davon aus, dass das **Gebäude eine Bewertungseinheit** ist, und zwar mit folgender Begründung:

- Nach § 7 Abs. 4 EStG ist Abschreibungsgegenstand das Gebäude selbst. Das Gebäude ist somit nach dem Willen des Gesetzgebers eine Bewertungseinheit.
- Für den Begriff des Gebäudes als Bewertungseinheit ist der einheitliche Nutzungs- und Funktionszusammenhang entscheidend.
- Zu der Bewertungseinheit „Gebäude" gehören alle Gebäudebestandteile, „die in einem einheitlichen Nutzungs- und Funktionszusammenhang des Gebäudes als solchem stehen".
- Fahrstuhlanlagen, Heizungsanlagen sowie Be- und Entlüftungseinrichtungen, die nur der Nutzung des Gebäudes dienen, sind danach unselbstständige Bestandteile des Gebäudes, die mit diesem zu aktivieren und abzuschreiben sind.

Die vom Großen Senat des BFH herausgestellte Regel, dass das Gebäude als Ganzes eine Bewertungseinheit ist, ist nicht ohne Ausnahme. Eine Ausnahme bilden z. B. **gemischt genutzte Gebäude**. Sie werden – von Sonderfällen abgesehen – nicht als Einheit bilanziert, sondern in betrieblich und privat genutzte Teile gespalten.

Eine weitere Ausnahme von dem Grundsatz, dass das Gebäude als Ganzes eine Bewertungseinheit ist, sind **Mietereinbauten und Mieterumbauten**. Das folgt aus § 240 HGB, wonach der Kaufmann nur „seine ... Vermögensgegenstände" in der Bilanz ausweisen darf. Auf das Verhältnis Mieter/Vermieter angewandt, bedeutet das, dass der Vermieter Vermögensgegenstände, die dem Mieter zuzurechnen sind (s. Abschnitt B.3.2.2.1), nicht in seiner Bilanz ansetzen darf; sie sind vielmehr in der Bilanz des Mieters zu aktivieren (BFH-Urteil vom 15.10.1996, BBK F. 17 S. 3013, VIII R 44/94).

Betriebsvorrichtungen gehören nicht zu den Gebäudebestandteilen, sondern zum beweglichen Anlagevermögen. In der Praxis stellt sich deshalb immer wieder die Frage, ob bestimmte Anlagen oder Einrichtungen zum Grundstück/Gebäude gehören, oder ob es sich um Betriebsvorrichtungen und damit um selbstständige Wirtschaftsgüter handelt. Zur Abgrenzung s. BStBl 1992 I S. 342.

Schwierig ist die Abgrenzung, wenn eine Anlage oder Einrichtung eine **Doppelfunktion** hat, d. h. wenn sie sowohl dem Gebäude als auch dem Betrieb dient. Als Beispiel seien Fahrstühle zur Personenbeförderung in einem Kaufhaus sowie in Bank- oder Versicherungsgebäuden genannt. Hier ist die Hauptfunktion entscheidend. Diese ist bei Personenaufzügen in Kaufhäusern m. E. betrieblicher Art, da sie in erster Linie dem Transport der Kunden dienen. Personenaufzüge in Bank- und sonstigen Verwaltungsgebäuden dienen dagegen in erster Linie der Gebäudenutzung und erst in zweiter Linie dem Betriebsablauf.

Die Bewertungseinheit beim beweglichen Anlagevermögen

Die Feststellung, dass die unterste Grenze der Bewertungseinheit die Funktionseinheit ist, gilt auch für das bewegliche Anlagevermögen.

Es ist davon auszugehen, dass **Maschinen bzw. maschinelle Anlagen** jeweils eine Funktions- und damit eine Bewertungseinheit bilden. Hieraus folgt, dass Teile einer Maschine keine selbstständige Bewertungseinheit sein können. Sie stehen mit der Maschine in einem einheitlichen Nutzungs- und Funktionszusammenhang und sind mit dieser zu aktivieren und abzuschreiben.

Die Tatsache, dass Teile einer Maschine anderweitig verwendbar sind, ist in diesem Zusammenhang unerheblich. Solange sie nur in Verbindung mit einer Maschine oder maschinellen Anlage genutzt werden können, sind sie unselbstständige Maschinenteile.

Auch bei der **Betriebs- und Geschäftsausstattung** ist unterste Grenze der Bewertungseinheit die Funktionseinheit. Das sei an Gerüsten und Verschalungen deutlich gemacht. Die einzelnen Gerüst- und Schalungsteile sind keine Funktionseinheit. Die Aufgabe, bestimmte Bauarbeiten zu ermöglichen, kann nur das Gerüst, d. h. die Zusammenfügung der einzelnen Gerüstteile, erfüllen. Dabei ist es ohne Bedeutung, ob die Teile genormt sind oder nicht. Denn ungenormte Gerüstteile kann man zwar zweckentfremden. Benutzt man sie jedoch für ihren eigentlichen Zweck, so handelt es sich um unselbstständige Teile des Gerüsts, in dessen alleinigem Funktionszusammenhang sie stehen.

Ausnahmen vom Prinzip der Einzelbewertung

Der Grundsatz der Einzelbewertung gilt nicht uneingeschränkt. Aus Gründen der **Vereinfachung** werden folgende Ausnahmen zugelassen:

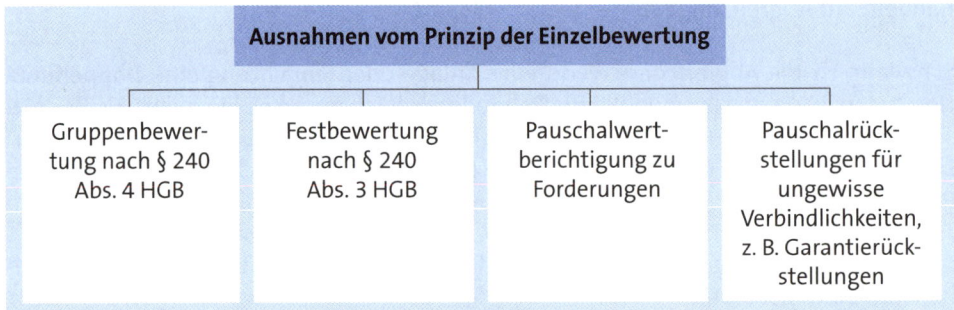

Ausnahmen vom Prinzip der Einzelbewertung			
Gruppenbewertung nach § 240 Abs. 4 HGB	Festbewertung nach § 240 Abs. 3 HGB	Pauschalwertberichtigung zu Forderungen	Pauschalrückstellungen für ungewisse Verbindlichkeiten, z. B. Garantierückstellungen

4.2.3.2 Pflicht zur Bildung von Bewertungseinheiten

Mit der Neufassung des § 254 HGB sind Vermögensgegenstände, Schulden, schwebende Geschäfte oder mit hoher Wahrscheinlichkeit erwartete Transaktionen, die zum Ausgleich gegenläufiger Wertänderungen oder Zahlungsströme aus dem Eintritt vergleichbarer Risiken mit Finanzinstrumenten zusammenzufassen (Bewertungseinheit). Für den Zeitraum, in dem die gegenläufigen Wertänderungen oder Zahlungsströme sich ausgleichen, sind der Einzelbewertungsgrundsatz, das Imparitäts- und Realisationsprinzip (§ 252 Abs. 1 Nr. 3 f. HGB), das Anschaffungskostenprinzip (§ 253 Abs. 1 Satz 1 HGB) und die Vorschriften zur Bildung von Rückstellungen (§ 249 Abs. 1 HGB) und zur Währungsumrechnung (§ 256a HGB), nicht anzuwenden.

Als Finanzinstrumente im Sinne des § 254 HGB gelten auch Warentermingeschäfte. Im Steuerrecht besteht mit § 5 Abs. 1a EStG eine ähnliche Vorschrift.

Bilanztechnisch lässt der Gesetzgeber es offen, ob das Unternehmen eine Bewertungseinheit nach der Einfrierungs- oder der Durchbuchungsmethode bilanziert.

Die **Einfrierungsmethode** bedeutet, dass die Wertänderungen aus dem Grundgeschäft und dem Sicherungsgeschäft sowohl in der Bilanz als auch in der Gewinn- und Verlustrechnung unberücksichtigt bleiben.

Bei der **Durchbuchungsmethode** werden die Wertänderungen von Grund- und Sicherungsgeschäft vollständig ergebniswirksam erfasst (IFRS-Methode).

4.2.3.3 Stichtagsbewertung

Die Stichtagsbewertung besagt, dass die Vermögensgegenstände und Schulden nach den Verhältnissen zu bewerten sind, die am Bilanzstichtag vorlagen. Alle Ereignisse positiver oder negativer Art, die vor diesem Zeitpunkt liegen, sind zu berücksichtigen, alle späteren Ereignisse bleiben grundsätzlich unberücksichtigt.

Ereignisse nach dem Bilanzstichtag können bzw. müssen insoweit berücksichtigt werden, als sie die Verhältnisse am Bilanzstichtag erhellen (**werterhellende Ereignisse**). So spricht z. B. die Insolvenz eines Kunden kurz nach dem Bilanzstichtag dafür, dass die gegen ihn bestehende Forderung bereits am Bilanzstichtag zweifelhaft bzw. uneinbringlich war. Näheres zur Wertaufhellung siehe in Abschnitt B.4.2.4.2.

4.2.4 Vorsichtige Bewertung und Verlustantizipation

Nach § 252 Abs. 1 Nr. 4 HGB sind bei der Bewertung

- ▸ der Grundsatz der Vorsicht (allgemein)
- ▸ das Imparitätsprinzip (speziell) und
- ▸ das Realisationsprinzip

zu beachten.

4.2.4.1 Grundsatz der Vorsicht

Der Grundsatz der Vorsicht wird im Schrifttum allgemein als **einer der wichtigsten Grundsätze ordnungsmäßiger Buchführung** bezeichnet. Das ist trotz Aufnahme dieses Grundsatzes in das Gesetz (§ 252 Abs. 1 Nr. 4 HGB) schon deshalb verwunderlich, weil sich *„im Schrifttum weder eine Definition noch eine genaue inhaltliche Umschreibung"* findet, er somit an einer zu großen Unbestimmtheit leidet (*Leffson*). Eine dominierende Rolle kann dem Grundsatz der Vorsicht aber auch deshalb nicht zufallen, weil er in der laufenden Buchführung und bei Aufstellung des Jahresabschlusses nahezu ohne Bedeutung ist. Und selbst im Rahmen der Bewertung ist der Grundsatz der Vorsicht nicht allein maßgebend. Soll er nicht in Willkür ausarten, so muss er an den Grundsatz der Wahrheit gekoppelt sein.

*„Das Problem der Vorsicht taucht nicht auf, soweit nur gewogen, gezählt, gemessen und gerechnet wird; dagegen benötigt man das Vorsichtsprinzip, sobald Schätzungen … erforderlich werden. … Je mehr wir uns vom Kernstück der genau berechenbaren Zahlen entfernen, desto größer wird die **Unsicherheit** sowie die Möglichkeit des Irrtums, und desto schwieriger werden die notwendigen Schätzungen"* (*Leffson*).

*„Hier greift als **Entscheidungsrichtlinie die Maxime der Vorsicht** ein und gebietet, die Chancen streng zu beurteilen und die Risiken reichlich zu berücksichtigen, im Zweifel also Aktiven und Erträge eher tiefer, Verbindlichkeiten und Aufwendungen eher höher anzusetzen"* (*Käfer*).

Nach § 252 Abs. 1 Nr. 4 HGB sind namentlich *„**alle vorhersehbaren Risiken und Verluste**, die bis zum Abschlussstichtag entstanden sind, zu berücksichtigen, selbst wenn diese erst zwischen dem Abschlussstichtag und dem Tag der Aufstellung des Jahresabschlusses bekannt geworden sind.“*

Beispiel

Wenn § 252 Abs. 1 Nr. 4 HGB die Berücksichtigung aller bis zum Bilanzstichtag entstandenen Risiken und Verluste vorschreibt, so handelt es sich keineswegs immer um Vorsicht. Ist z. B. ein Großkunde vor dem Bilanzstichtag insolvent geworden und stellt sich bis zur Aufstellung des Jahresabschlusses heraus, dass die Insolvenzquote 40 % beträgt, so besteht hinsichtlich des Wertansatzes der Forderung keine Unsicherheit. Es handelt sich in diesem Fall genau genommen nicht um Bewertung, sondern um einen der Realität entsprechenden wahrheitsgetreuen Ansatz. Für eine vorsichtige Bewertung ist infolge der (erfolgten) Wertaufhellung kein Raum.

Wandelt man das Beispiel dahingehend ab, dass der Großkunde unmittelbar nach dem Bilanzstichtag insolvent wird, so ist keine annähernd genaue Wertaufhellung möglich, es sei denn, bis zur Bilanzaufstellung wäre der Insolvenzverwalter in der Lage, die voraussichtliche Insolvenzquote anzugeben. Ist dies nicht der Fall, so kann der zu erwartende Forderungseingang eventuell unter Zuhilfenahme statistischer Zahlen geschätzt werden. Wenn derartige Zahlen nicht vorhanden sind, bleibt nur eine sehr **vorsichtige Schätzung**, die der hohen Unsicherheit, im Extremfall einem *„völligen Nichtwissen“* (*Leffson*), hinreichend Rechnung trägt.

In der Mitte zwischen den Extremen – absolute Wertaufhellung und äußerste Wertunsicherheit – bewegt sich die Mehrzahl der Fälle, in denen eine annähernde Wertaufhellung möglich ist, sei es durch **Wahrscheinlichkeitsrechnungen** (s. hierzu ausführlich *Leffson*) oder durch **Erfahrungswerte**. So kann z. B. die Höhe von Provisionsrückstellungen anhand der vom Unternehmer getätigten Umsätze ziemlich genau ermittelt werden. Ähnliches gilt für Pensionsrückstellungen aufgrund versicherungsmathematischer Berechnungen. Bei Garantierückstellungen muss man sich, sofern es sich um langjährige Produktionen handelt, auf Erfahrungswerte stützen. Bei Neuproduktionen ist die voraussichtliche Inanspruchnahme der größeren Unsicherheit entsprechend vorsichtig zu schätzen. Erfahrungswerte spielen auch bei Abschreibungen eine erhebliche Rolle (z. B. amtliche AfA-Tabellen). Soweit bei Neuproduktionen abnutzbarer Anlagegüter derartige Werte noch nicht vorliegen, muss die Nutzungsdauer mit einem Unsicherheitsabschlag geschätzt werden.

4.2.4.2 Imparitätsprinzip

Verlustantizipation

Das Imparitätsprinzip wird allgemein mit kaufmännischer Vorsicht begründet. Hieraus folgt, dass nach diesem Prinzip nur die unrealisierten Verluste ausgewiesen werden, die mit erheblichen **Unsicherheiten** belastet sind. Denn kaufmännische Vorsicht und Vorsicht überhaupt kommt – wie unter Abschnitt B.4.2.4.1 ausgeführt – nur bei Unsicherheit in Betracht. Bei sicheren Erwartungen ist dagegen für Vorsicht kein Raum.

Dem entsprechen auch – zumindest im Ergebnis – die Auffassungen im Schrifttum. Sie beschränken das **Imparitätsprinzip** im Wesentlichen auf den Ausweis nichtrealisierter Verluste aus schwebenden Geschäften sowie auf das Niederstwertprinzip. In diesen Fällen ist die Unsicherheit von besonderer Art insofern, als der niedrigere Wert auf Markteinflüsse (Preisbewegungen, Nachfrageänderungen u. a.), d. h. auf außerbetriebliche Faktoren, zurückzuführen ist.

Schwebende Geschäfte, die noch von keiner Seite erfüllt sind, werden in der Regel buchhalterisch noch nicht erfasst, da man davon ausgeht, dass sich Leistung und Gegenleistung ausgleichen. Stellt sich jedoch heraus, dass infolge geänderter Marktverhältnisse dieser Ausgleich nicht mehr gegeben ist, so sind hieraus auch buch- und bilanzmäßig die Konsequenzen zu ziehen. Ein drohender Verlust aus schwebenden Geschäften ist nach § 249 Abs. 1 Satz 1 HGB als Rückstellung zu passivieren. Da der Verlust noch nicht realisiert ist, handelt es sich um eine **Verlustantizipation**. – In der Steuerbilanz ist eine Drohverlustrückstellung nicht zulässig (§ 5 Abs. 4a EStG).

Ein weiterer Fall des Imparitätsprinzips ist das in den handels- und steuerrechtlichen Vorschriften niedergelegte **Niederstwertprinzip**. Nach § 253 Abs. 2 f. HGB sind die Vermögensgegenstände am Bilanzstichtag mit dem unter dem Buchwert liegenden Wert anzusetzen, wenn nach dem Börsen-/Marktpreis oder sonstigen Preisvergleichen die Wertminderung offensichtlich ist. § 6 Abs. 1 Nr. 1 Satz 2 EStG schreibt dementsprechend den Ansatz des Teilwerts vor, falls dieser aufgrund einer **voraussichtlich dauernden Wertminderung** niedriger ist als der Buchwert. Da der niedrigere Wert am Bilanzstichtag weder durch Lieferungen oder Leistungen noch durch Tausch realisiert ist, werden nicht realisierte Verluste ausgewiesen (Verlustantizipation).

Wertaufhellungstheorie

Bei der Verlustantizipation sind auch diejenigen Risiken zu berücksichtigen, die erst zwischen Bilanzstichtag und Bilanzaufstellung bekannt geworden sind. Die von der Rechtsprechung entwickelte **Wertaufhellungstheorie** hat in § 252 Abs. 1 Nr. 4 HGB ihren Niederschlag gefunden.

Die Wertaufhellungstheorie hat für die Bewertung aller Wirtschaftsgüter, insbesondere aber für die **Wertberichtigung** von Forderungen und die Rückstellung für **Wechselobligo** Bedeutung. Sie unterscheidet zwischen wertaufhellenden und wertbeeinflussenden Tatsachen.

Wertaufhellende Umstände sind auf jeden Fall zu berücksichtigen. Dies bedeutet keine Abweichung vom Stichtagsprinzip, die nach dem Gesetz auch nicht zulässig wäre. Die Wertaufhellungstheorie beruht gerade im Gegenteil auf der Überlegung, dass die **Verhältnisse am Stichtag so zutreffend wie möglich erfasst werden sollen**. Der Kaufmann hat daher bei Bilanzaufstellung alle diejenigen Umstände zu berücksichtigen, die nach den Grundsätzen ordnungsmäßiger Buchführung unter Beachtung der steuerlichen Vorschriften für die Verhältnisse am Bilanzstichtag von Bedeutung sind, auch wenn diese Umstände am Bilanzstichtag noch nicht eingetreten oder bekannt waren.

4.2.4.3 Realisationsprinzip

Nach *Adler/Düring/Schmaltz* ist *„als **zentraler Niederschlag des Vorsichtsgrundsatzes**"* das Realisationsprinzip anzusehen, aus dem auch das Prinzip der Bewertung zu Anschaffungs- oder Herstellungskosten folgt. Danach sind nur Gewinne auszuweisen, die am Abschlussstichtag realisiert sind.

Die Gewinnverwirklichung vollzieht sich grundsätzlich nur, wenn die volle Leistung erbracht ist. Eine Teilleistung genügt im Allgemeinen nicht. Wann die volle Leistung erbracht ist, hängt nicht von zivilrechtlichen, sondern ausschließlich von wirtschaftlichen Fakten ab. Nach § 3 Abs. 1 UStG ist eine Lieferung dann erfolgt, wenn der Lieferant dem Abnehmer die **Verfügungsmacht verschafft** hat (so auch das BFH-Urteil vom 09.02.1972, BStBl II 1963 S. 563, IR 23/69). Da es jedoch Fälle gibt, in denen die Leistung vollzogen ist, ohne dass der Abnehmer die volle Verfügungsmacht erlangt hat (z. B. Verkauf unter Eigentumsvorbehalt), ist eine Leistung dann als erbracht anzusehen, wenn z. B. der Verkäufer „das seinerseits Erforderliche" zur Erfüllung des Kaufvertrags getan hat. Beim Handkauf geschieht das durch Übergabe der Ware, beim Versendungskauf durch Aushändigung der Gegenstände an den Spediteur oder Frachtführer, beim Grundstückskauf durch Einräumung des Eigenbesitzes und Auflassung.

Die Regel, dass Gewinne bei Lieferung von Sachgütern im Zeitpunkt der Lieferung, bei Leistungen durch Bewirkung der Leistung als realisiert anzusehen sind, ist nicht ohne Ausnahme. Soweit eine Lieferung oder Leistung in **selbstständige Teilleistungen** zerlegt ist, die gesondert abgerechnet werden, wird der Ertrag jeder Teillieferung oder -leistung gesondert erfasst. Beispiele hierfür sind Vermietung/Verpachtung, Versicherungen, Darlehen, Dienstleistungen, aber auch Bauten, die sich über mehrere Wirtschaftsjahre erstrecken.

Darüber hinaus wird bei **langfristiger Fertigung** eine **Teilgewinnrealisierung** für zulässig gehalten, wenn die Abrechnung des Auftrages erst nach Abschluss der langfristigen Fertigung zu einer nicht unerheblichen Beeinträchtigung des Einblicks in die Ertragslage der Unternehmung führen würde. Wegen der weiteren Voraussetzungen siehe *Adler/Düring/Schmaltz*.

4.2.5 Grundsatz der Periodenabgrenzung

Nach § 252 Abs. 1 Nr. 5 HGB sind Aufwendungen und Erträge des Geschäftsjahres unabhängig von den Zeitpunkten der entsprechenden Zahlungen im Jahresabschluss zu berücksichtigen. Typische Fälle der Periodenabgrenzung sind Abschreibungen, Rückstellungen und Rechnungsabgrenzungsposten.

Maßgebend für die Zurechnung von Aufwendungen und Erträgen zu einem bestimmten Geschäftsjahr ist das **Verursachungsprinzip**. Aufwendungen sind dem Geschäftsjahr zuzuordnen, in dem die zugehörige Leistung erbracht wurde. Es gibt jedoch auch Aufwendungen, die ohne direkte Leistung einem Geschäftsjahr zugeordnet werden (z. B. Gebühren, Abgaben, Schadensersatz).

Ebenso wie von den anderen Bewertungsgrundsätzen kann von dem Grundsatz der Periodenabgrenzung in **begründeten Ausnahmefällen** abgewichen werden (§ 252 Abs. 2 HGB).

4.2.6 Grundsatz der Bewertungsstetigkeit

Nach § 252 Abs. 1 Nr. 6 HGB sind die auf den vorhergehenden Jahresabschluss angewandten Bewertungsmethoden beizubehalten. Dieses Prinzip der Bewertungsstetigkeit ist aus dem angelsächsischen Recht übernommen. Es dient vor allem der Vergleichbarkeit der Jahresabschlüsse.

Die vorgeschriebene Bewertungsstetigkeit kommt nur dann in Betracht, wenn – handelsrechtlich und steuerrechtlich – **Methodenwahlrechte** bestehen. Werden z. B. die Vermögensgegenstände des abnutzbaren Anlagevermögens ausnahmslos linear abgeschrieben, folgt daraus die Notwendigkeit der linearen Abschreibungen auch auf die Zugänge der folgenden Geschäftsjahre. Wird das Vorratsvermögen mit **Durchschnittswerten** bewertet, ist diese Methode auch für die folgenden Abschlussstichtage beizubehalten. Wird auf die Verrechnung bestimmter Aufwendungen als Herstellungskosten zulässigerweise verzichtet, ist an dieser Verfahrensweise auch für künftige Geschäftsjahre festzuhalten.

Fraglich ist, in welcher Weise steuerliche Bewertungswahlrechte einzuordnen sind. Hier dürfte zu unterscheiden sein zwischen solchen **Bewertungswahlrechten**, die mit handelsrechtlichen Bewertungswahlrechten in Einklang stehen, z. B. Wahl zwischen linearer und degressiver Abschreibungsmethode bei abnutzbaren Anlagegütern. Insoweit dürfte das Prinzip der Bewertungsstetigkeit eingreifen. Andere Bewertungswahlrechte, z. B. Übertragung von Veräußerungsgewinnen nach § 6b EStG, erhöhte Absetzungen oder Sonderabschreibungen nach Maßgabe der verschiedensten Vorschriften, stehen jedoch zweifelsfrei mit den handelsrechtlichen Vorschriften nicht in Einklang, sodass hier der Grundsatz der Bewertungsstetigkeit nicht zur Anwendung kommt.

Umstritten ist, ob die Bewertungsstetigkeit im engeren oder weiteren Sinne auszulegen ist. Bewertungsstetigkeit im engeren Sinne bedeutet, dass nur der einzelne Vermögensgegenstand während der Dauer der Betriebszugehörigkeit nach der gleichen

Methode zu bewerten ist. Bewertungsstetigkeit im weiteren Sinne besagt dagegen, dass alle **gleichartigen Vermögensgegenstände** nach der Methode zu bewerten sind, für die sich das Unternehmen entschieden hat, d. h. die Zugänge gleichartiger Vermögensgegenstände müssen nach der gleichen Methode bewertet werden wie die funktionsgleichen Vorgänger. M. E. entspricht nur die letztgenannte Auffassung dem Sinn und Zweck des § 252 Abs. 1 Nr. 6 HGB (**Vergleichbarkeit** der Jahresabschlüsse).

Das Prinzip der Bewertungsstetigkeit kann nur insoweit Geltung beanspruchen, als der Jahresabschluss nicht unrichtig wird. Führt die angewandte Bewertungsmethode im konkreten Einzelfall zu einem unzulässigen Wert, darf dieser nicht angesetzt oder beibehalten werden. Dies führt regelmäßig dazu, dass in diesem konkreten Fall nicht weiter nach der bisherigen Methode bewertet werden kann. Diese im Interesse einer zutreffenden Bewertung notwendigen **Bewertungsabweichungen** stellen keine Verletzung des Stetigkeitsgebotes dar und sind deswegen auch kein Anwendungsfall des § 252 Abs. 2 HGB.

Beispiel

Ein Kaufmann bewertet in Übereinstimmung mit § 256 HGB das Vorratsvermögen nach der Lifo-Methode. Dies führt zum Schluss des Geschäftsjahres bei einer bestimmten Warengruppe zu einem über dem Marktpreis liegenden Wertansatz. Anzusetzen ist gem. § 253 Abs. 4 Satz 1 HGB der niedrigere Marktpreis. In diesem Fall kann deswegen nicht an der gem. § 256 HGB grundsätzlich zulässigen Lifo-Methode festgehalten werden.

Begründete **Ausnahmefälle**, die zur Abweichung von der stetigen Bewertungsmethode nach § 252 Abs. 2 HGB berechtigen, sind z. B. Gesetzesänderungen oder Änderung der Rechtsprechung, Kapazitäts- und Bestandsveränderungen, Produktions- und Sortimentsumstellungen u. a.

4.3 Bewertung des Anlagevermögens

4.3.1 Wertansätze des Anlagevermögens

Nach § 253 Abs. 1 Satz 1 HGB sind die Wertansätze der Vermögensgegenstände die Anschaffungs- oder Herstellungskosten. Obschon es sich beim Ansatz zu Anschaffungs-/Herstellungskosten nicht um Bewertung, sondern um Dokumentation handelt (*Leffson*), wird nachstehend dem allgemeinen Sprachgebrauch (und dem des Gesetzes) gefolgt.

4.3.1.1 Anschaffungskosten

Nach der Legaldefinition des § 255 Abs. 1 HGB sind Anschaffungskosten die Aufwendungen, die geleistet werden, um einen Vermögensgegenstand zu erwerben und ihn in einen betriebsbereiten Zustand zu versetzen, soweit sie dem Vermögensgegenstand einzeln zugeordnet werden können. Zu den Anschaffungskosten gehören auch die Nebenkosten sowie die nachträglichen Anschaffungskosten. Anschaffungspreisminderungen sind abzusetzen.

Die **Komponenten der Anschaffungskosten** sind danach:

- der Anschaffungspreis
- Aufwendungen zur Herbeiführung der Betriebsbereitschaft
- die Anschaffungsnebenkosten
- die nachträglichen Anschaffungskosten
- die Anschaffungspreisminderungen.

Die gesetzliche Definition des § 255 Abs. 1 HGB entspricht weitgehend der Handhabung in der Steuerbilanz.

Komponenten der Anschaffungskosten

(1) **Anschaffungspreis**

Dieser ergibt sich aus dem Rechnungsbetrag unter Abzug der gesondert aufgeführten Belastung wie Transportkosten usw.

Bei **zinsloser** Stundung des Kaufpreises auf längere Zeit ist der abgezinste Kaufpreis (Barwert) als Anschaffungskosten anzusehen. Der im Kaufpreis enthaltene Zinsanteil ist abzugsfähiger Aufwand für die Zeit der Stundung. Leistet der Stpfl. als Entgelt für das angeschaffte Wirtschaftsgut eine Leibrente, dann gilt der Rentenbarwert (Kapitalwert) als Anschaffungskosten.

Ist der Kaufpreis in ausländischer **Währung** zu erbringen, so ist er für die Ermittlung der Anschaffungskosten in EUR umzurechnen. Maßgebend ist der **Devisenkassenkurs** im Zeitpunkt der Anschaffung.

Beim **Finanzierungs-Leasing** wird der Leasing-Nehmer in der Regel wirtschaftlicher Eigentümer. In diesem Fall ist der Leasing-Gegenstand beim Leasing-Nehmer nicht mit der Summe der Leasing-Raten, sondern nur mit den Anschaffungskosten zu buchen.

Echte Anschaffungskosten sind nur in Höhe des Betrages zu bejahen, der bei Barzahlungserwerb des Wirtschaftsgutes zu entrichten ist. Für gewöhnlich wird das der Preis sein, zu dem der Leasing-Geber das Wirtschaftsgut erworben hat. Sollte dieser nicht feststellbar sein, bleibt in der Regel nichts anderes übrig, als aus der Summe der Leasing-Raten einen abgezinsten Barwert zu errechnen.

Beim Tausch gilt steuerlich der gemeine Wert des hingegebenen Wirtschaftsgutes als Anschaffungspreis, nicht der Buchwert. Handelsrechtlich s. Abschnitt B.4.3.1.1.

(2) **Aufwendungen zur Herbeiführung der Betriebsbereitschaft**
Diese Aufwendungen wurden früher zu den Anschaffungsnebenkosten gerechnet. Nach § 255 Abs. 1 HGB ist zwischen beiden Kostenarten zu unterscheiden. Damit will der Gesetzgeber offenbar die Ermittlung der Anschaffungskosten erleichtern. In Betracht kommen

- Transportkosten (soweit sie den Vermögensgegenständen, wie z. B. Vorräten, Maschinen, einzeln zurechenbar sind). Siehe hierzu ausführlich das BFH-Urteil vom 14.11.1985, BStBl II 1986 S. 60, IV R 170/83.

- Fundamentierungskosten bei der Anschaffung von Maschinen und Betriebsvorrichtungen, zu denen u. U. auch Abbruchkosten gehören.

- Montagekosten, sofern die Lieferung des Vermögensgegenstandes als Hauptsache anzusehen ist, sowie damit zusammenhängende Gerüstbauten.

(3) **Anschaffungsnebenkosten**
Nach der Systematik des § 255 Abs. 1 HGB bleiben als Anschaffungsnebenkosten nur die Aufwendungen übrig, die nicht unmittelbar der Herbeiführung der Betriebsbereitschaft dienen, wie z. B.

- Provisionen, Kommissionsgebühren

- Versicherungen (außer Transport und Montage)

- Gerichts-, Notariats- und Registrierkosten

- mit der Anschaffung unmittelbar zusammenhängende Steuern (z. B. nichtabziehbare Vorsteuern)

- Abfindungen

- in Ausnahmefällen auch Prozesskosten.

Soweit die im Rechnungsbetrag ausgewiesene **Umsatzsteuer** (Mehrwertsteuer) nach § 15 UStG abziehbar ist, gehört sie nach § 9b EStG nicht zu den Anschaffungsnebenkosten. Dagegen sind die **nichtabziehbaren Vorsteuern** zu aktivieren, sofern es sich nicht um kleine Beträge handelt, die nach der Vereinfachungsregelung von § 9b Abs. 1 Satz 2 EStG als sofort abzugsfähige Betriebsausgaben behandelt werden können.

Finanzierungskosten in Form von Fremdkapitalzinsen gehören nicht zu den Anschaffungsnebenkosten. Der Wert der angeschafften Gegenstände erfährt dadurch, dass das Unternehmen den Kaufpreis nicht selbst aufbringt, sondern Fremdmittel in Anspruch nimmt, keine Erhöhung. Ebenso sind Verzugszinsen und ähnliche Kosten keine Anschaffungsnebenkosten (*Adler/Düring/Schmaltz*, § 255 Tz. 35). Dienen Kredite jedoch dazu, die Anschaffung von Neuanlagen mit längerer Bauzeit durch Anzahlungen oder Vorauszahlungen zu finanzieren, so erhöhen die Zinsen nach *Adler/Düring/Schmaltz* die Anschaffungskosten.

(4) **Nachträgliche Anschaffungskosten**
Die Anschaffungskosten einschließlich der Kosten zur Herbeiführung der Betriebsbereitschaft und der Nebenkosten entstehen i. d. R. im Zeitpunkt der Anschaffung. Bestimmte Nebenkosten können aber auch schon vor diesem Zeitpunkt entstehen, z. B. Notariatskosten. Andererseits können Anschaffungskosten auch nach dem

Zeitpunkt des Erwerbs anfallen, z. B. nachträglich erhobene Grunderwerbsteuer. Denkbar ist auch eine nachträgliche Erhöhung des Kaufpreises, z. B. im Prozesswege.

(5) **Beschränkung der Anschaffungskosten auf Einzelkosten**
Nach § 255 Abs. 2 HGB müssen Gemeinkosten bei der Berechnung der Herstellungskosten in bestimmtem Umfang eingerechnet werden. Demgegenüber schreibt § 255 Abs. 1 Satz 1 HGB vor, dass Anschaffungskosten nur in Betracht kommen, *„soweit sie dem Vermögensgegenstand einzeln zugeordnet werden können."* Das Gesetz hat damit der Handhabung in der Praxis, insbesondere in der Steuerbilanz Rechnung getragen aus der Erwägung, dass die Zuordnung der Anschaffungsgemeinkosten zu den einzelnen Vermögensgegenständen kaum möglich ist.

(6) **Anschaffungspreisminderungen**
Zu den Anschaffungspreisminderungen i. S. d. § 255 Abs. 1 Satz 3 HGB, die von den Anschaffungskosten abzusetzen sind, gehören Rabatte, Skonti und Boni. Bei den Skonti war es früher wegen ihres „Zinscharakters" handelsrechtlich strittig, ob eine Pflicht bestand, die Anschaffungskosten um die Skonti zu mindern. Heute werden sowohl handels- als auch steuerrechtlich die Skonti allgemein als Anschaffungspreisminderungen angesehen.

Anschaffungskosten beim Tausch

Handelsrechtlich werden **drei Methoden** für zulässig erachtet:

▶ **Buchwertfortführung**
Der eingetauschte Gegenstand kann mit dem Betrag angesetzt werden, mit dem der hingegebene Gegenstand zuletzt hätte bilanziert werden können.

▶ **Gewinnrealisierung**
In diesem Fall wird der eingetauschte Gegenstand zum Zeitwert des hingegebenen, jedoch höchstens zum vorsichtig geschätzten Zeitwert des eingetauschten Gegenstandes ausgewiesen.

▶ **Ergebnisneutrale Behandlung**
Prinzipiell wird von der Buchwertfortführung ausgegangen. Eine höhere Bewertung wird jedoch insoweit gewährt, als sie zur Neutralisierung der mit dem Tausch verbundenen zusätzlichen Ertragssteuerbelastung erforderlich ist.

Steuerrechtlich ist die **Gewinnrealisierung** immer zwingend. Es tritt Gewinnrealisierung als Differenz zwischen Buchwert und gemeinem Wert des hingegebenen Wirtschaftsguts ein.

Anschaffungskosten bei Zulagen und Zuschüssen

Bei nicht rückzahlbaren Zuschüssen (Investitionszuschüssen) und Zulagen bestehen grundsätzlich zwei Möglichkeiten der Bilanzierung:

(1) Die Vermögensgegenstände werden mit den **vollen Anschaffungskosten** aktiviert und die Zulagen/Zuschüsse werden als Betriebseinnahmen behandelt.

(2) Die **Anschaffungskosten** werden um die Zuschüsse **gemindert**, d. h. die Zuschüsse werden erfolgsneutral behandelt.

Handelsrechtlich werden die Anschaffungskosten i. d. R. um Zulagen bzw. Zuschüsse gemindert. **Steuerrechtlich** besteht ein Wahlrecht.

Anschaffungskosten bei unentgeltlichem Erwerb

In der älteren handelsrechtlichen Literatur wurde die Meinung vertreten, bei unentgeltlichem Erwerb bestehe mangels Anschaffungskosten ein Aktivierungsverbot. Demgegenüber mehren sich in der neueren Literatur die Stimmen, dass für unentgeltlich erworbene Vermögensgegenstände nicht nur ein Aktivierungswahlrecht besteht, sondern eine Aktivierungspflicht aus der Überlegung, dass der Kaufmann nach den Inventarvorschriften (§ 240 HGB) seine Vermögensgegenstände vollständig aufzuzeichnen hat und unabhängig davon, ob Anschaffungskosten vorliegen, „deren Wert angeben muss".

Der handelsrechtlichen Aktivierungspflicht entspricht die **steuerliche Regelung** in § 6 Abs. 4 EStG: Bei einzelnen Wirtschaftsgütern, die unentgeltlich in das Betriebsvermögen eines anderen Steuerpflichtigen übertragen werden, gilt der gemeine Wert für das aufnehmende Betriebsvermögen als Anschaffungskosten

Anschaffungskosten bei Ersatzbeschaffungen

Bei Übertragung stiller Reserven nach § 6b EStG werden die Anschaffungskosten der Reinvestitionsgüter als Bemessungsgrundlage für die AfA gem. § 6b Abs. 6 EStG entsprechend gekürzt. Gleiches gilt bei Übertragung stiller Reserven.

Aufgabe 25 > Seite 429

4.3.1.2 Herstellungskosten

Im Gegensatz zu den Anschaffungskosten sind die Herstellungskosten in mancherlei Hinsicht umstritten. Das hängt in erster Linie mit dem viel kritisierten Verfahren der Zuschlagskalkulation zusammen. Die Bildung von Zuschlagsätzen zur Verteilung der nicht direkt zurechenbaren Gemeinkosten auf die einzelnen Erzeugnisse wird von der Betriebswirtschaftslehre überwiegend für willkürlich und damit für falsch gehalten, weshalb man für eine Bewertung zu Teilkosten plädiert. Im Bereich des Bilanzsteuerrechts beginnen die Schwierigkeiten – trotz der ausführlichen Regelung in § 255 Abs. 2 HGB – bereits mit dem Begriff und dem Beginn der Herstellung.

Begriff der Herstellungskosten

Nach der Legaldefinition des § 255 Abs. 2 HGB sind *„Herstellungskosten … die Aufwendungen, die durch den Verbrauch von Gütern und die Inanspruchnahme von Diensten für die Herstellung eines Vermögensgegenstandes, seine Erweiterung oder für eine über seinen ursprünglichen Zustand hinausgehende wesentliche Verbesserung entstehen"*.

Man kann zwischen einem weiteren und einem engeren Herstellungskostenbegriff unterscheiden. Der **weitere** Herstellungskostenbegriff wird vom BFH vertreten. Nach Meinung des Großen Senats (Beschluss vom 12.06.1978, BStBl II 1978 S. 620, 624, Gr S 1/77) gehören zu den Herstellungskosten auch solche Kosten, *„die zwangsläufig im Zusammenhang mit der Herstellung des Wirtschaftsgutes anfallen"*. Im Streitfall waren das der Restwert und die Abbruchkosten bei Gebäudeabbruch und Neubau. Weitere Beispiele sind Abstandszahlungen, die der Erwerber eines Grundstücks an Mieter oder Pächter des Grundstücks für vorzeitige Räumung zwecks Errichtung eines Gebäudes zahlt.

Der **engere** Herstellungskostenbegriff wird in der Literatur vertreten, u. a. aus der Erkenntnis (vgl. Körner, BB 1984 S. 1205/1207 f.), dass der weite Begriff, wie er in den genannten Entscheidungen des BFH zum Ausdruck kommt, uferlos wird. Danach gehören zu den Herstellungskosten nur diejenigen Kosten, die dem Erzeugnis unmittelbar zugeordnet werden können und die angemessen sind.

Vorgelagerte Herstellungskosten

So wie es Herstellungskosten gibt, die nach der Fertigstellung anfallen (nachträgliche Herstellungskosten), gibt es auch Herstellungskosten, die dem Beginn der Herstellung vorausgehen (vorgelagerte Herstellungskosten).

Als Beispiel seien die **Planungskosten** genannt. Aufwendungen für die Bauplanung sind auch dann als Herstellungskosten des Gebäudes zu aktivieren, wenn zum Bilanzstichtag mit den eigentlichen Bauarbeiten noch nicht begonnen worden ist. Denn ein Bauwerk kann ohne sorgfältige Vorplanung nicht errichtet werden. Planung und Errichtung gehen regelmäßig nahtlos und fließend ineinander über und bilden so einen einheitlichen Vorgang. Zwischen den fertigen Bauplänen und dem Gebäude, das nach ihnen errichtet werden soll, besteht somit ein derart enger, unmittelbarer Zusammenhang, dass spätestens zum Zeitpunkt der Fertigstellung der Baupläne das Gebäude „greifbar" geworden ist. Wird ein Gebäude allerdings nicht nach den ursprünglichen, sondern nach erneut angefertigten Bauplänen errichtet, so hängt es von den Umständen des Einzelfalles ab, wie die Aufwendungen für die nicht verwirklichten Baupläne handels- und steuerrechtlich zu behandeln sind.

Merkmale zur Abgrenzung der Herstellungskosten

Wie schon erwähnt, sind Kosten im Zusammenhang mit der Herstellung eines Vermögensgegenstandes/Wirtschaftsgutes nur dann Herstellungskosten, wenn sie dem Erzeugnis unmittelbar zugeordnet werden können. Hinzu tritt noch das Erfordernis der Angemessenheit.

(1) **Unmittelbarkeit der Kostenzuordnung**

Ein typisches Beispiel dafür, dass die Unmittelbarkeit der Kostenzuordnung ein Abgrenzungsmerkmal der Herstellungskosten ist, sind die **Forschungs- und Entwicklungskosten**. Sie sind handelsrechtlich nur aktivierbar, wenn sie auftragsgebunden sind. Die sonstigen Entwicklungs-, Versuchs- und Konstruktionskosten werden dagegen im Allgemeinen nicht als aktivierbar angesehen mit der Begründung, dass sie einem einzelnen Kostenträger in der Regel nicht zurechenbar sind und schon gar nicht der laufenden Produktion. Steuerrechtlich wird entsprechend verfahren, weil die Forschungs- und Entwicklungskosten (*Wöhe*) *„nicht in einem unmittelbaren Zusammenhang mit der laufenden Herstellung"* stehen.

Zur Aktivierung von Entwicklungskosten bei selbstgeschaffenen immateriellen Vermögensgegenständen des Anlagevermögens vgl. meine Ausführungen unter Abschnitt B.3.2.1.1.

Entsprechendes gilt für die **Finanzierungskosten**. So bestimmt § 255 Abs. 3 Satz 1 HGB, dass Zinsen für Fremdkapital nicht zu den Herstellungskosten gehören. Der Grund liegt in der mangelnden Zurechenbarkeit. Ist eine unmittelbare Zuordnung jedoch möglich, so dürfen nach § 255 Abs. 3 Satz 2 HGB Fremdkapitalzinsen den Herstellungskosten zugerechnet werden.

(2) **Angemessenheit der Kosteneinrechnung**

Das Angemessenheitsprinzip folgt aus § 255 Abs. 2 Satz 2 HGB, wonach angemessene Teile der notwendigen Materialgemeinkosten, der notwendigen Fertigungsgemeinkosten und des Wertverzehrs des Anlagevermögens in die Herstellungskosten eingerechnet werden müssen.

Einbeziehung der Gemeinkosten

Nach § 255 Abs. 2 Satz 2 HGB müssen bei der Berechnung der Herstellungskosten auch die Gemeinkosten einschließlich dem Wertverzehr des Anlagevermögens eingerechnet werden. Nach § 255 Abs. 2 Satz 3 HGB brauchen Kosten der allgemeinen Verwaltung nicht eingerechnet zu werden.

Der Ansatz der Herstellungskosten zu **Vollkosten** statt zu Teilkosten schließt nicht aus, dass man dem einzelnen Unternehmen beim Ansatz der Kosten einen gewissen Spielraum zugesteht. *Adler/Düring/Schmaltz* vertreten die Auffassung, dass bei Berechnung der Herstellungskosten von

► den tatsächlich angefallenen Kosten

► den Kosten auf Basis einer Normalbeschäftigung

► den Kosten auf Basis einer optimalen Beschäftigung

► den Kosten des innerhalb eines Unternehmens oder Konzerns am kostengünstigsten arbeitenden Betriebes

► den Kosten des nach dem jeweiligen Stand der Technik kostengünstigsten Betriebes

ausgegangen werden kann. Nur wenn man im einzelnen Fall dem Angemessenheitsprinzip nicht gerecht wird, sind Korrekturen vorzunehmen.

Kalkulationsschema

Zur Ermittlung der handelsrechtlichen und steuerlichen Herstellungskosten dient das folgende Kalkulationsschema:

	Fertigungsmaterial
+	Materialgemeinkosten
+	Fertigungslöhne
+	Fertigungsgemeinkosten
+	Sonderkosten der Fertigung
=	Herstellungskosten
+	Verwaltungskosten
+	Vertriebskosten
=	Selbstkosten
+	Gewinnzuschlag
=	Verkaufspreis

(1) Fertigungsmaterial

Hierzu rechnen die unmittelbar für die unfertigen und fertigen Erzeugnisse verbrauchten Roh-, Hilfs- und Betriebsstoffe, sofern der Verbrauch den zu aktivierenden Produkten zurechenbar ist. Auch selbst hergestellte Halb- und Teilerzeugnisse, die in die Produktion eingehen, gehören hierher.

Verpackungskosten werden nur dann zu den Herstellungskosten gerechnet,wenn eine bestimmte Verpackung erforderlich ist, um ein Erzeugnis verkaufsfähig zu machen – Innenverpackung (BFH vom 03.03.1978, BStBl II 1978 S. 413, III R 46/76).

(2) Materialgemeinkosten

Materialgemeinkosten sind die Kosten der Einkaufsabteilung, Warenannahme, Material- und Rechnungsprüfung, Lagerung und Materialverwaltung. Sie werden den Materialien üblicherweise erst zugeschlagen, wenn diese in den Produktionsprozess eingehen, und zwar durch einen prozentualen Zuschlag auf das Fertigungsmaterial, teilweise auch in Form unterschiedlicher Zuschläge auf einzelne Stoffkosten.

(3) Fertigungslöhne

Die Fertigungslöhne umfassen die bei der Fertigung anfallenden Bruttolöhne und -Gehälter, soweit sie den unfertigen und fertigen Erzeugnissen unmittelbar zugerechnet werden können. Neben den laufenden Löhnen und Gehältern gehören alle Zuschläge für Sonderleistungen im Rahmen der Fertigung und die gesetzlichen, tariflichen sowie vertraglichen Nebenleistungen zu den Fertigungslöhnen.

(4) Fertigungsgemeinkosten

Während die Abgrenzung und Verrechnung der Materialgemeinkosten in der Praxis keine besonderen Schwierigkeiten bereitet, ist die richtige Aufteilung der Fertigungsgemeinkosten auf die Kostenträger recht problematisch. Die rechentechnische Seite wird in der Regel mithilfe der **Zuschlagskalkulation** gelöst, indem Zuschlagsätze gebildet werden, die das Verhältnis von Fertigungslöhnen (oder einer anderen Bezugsgröße) und Fertigungsgemeinkosten in einem Prozentsatz angeben. Anhand dieses Zuschlagsatzes werden die Fertigungsgemeinkosten den Kostenträgern zugeschlagen.

Sieht man von den Bedenken ab, die von betriebswirtschaftlicher Seite gegen die Zuschlagskalkulation vorgebracht werden, so besteht die eigentliche Schwierigkeit darin, die Fertigungsgemeinkosten von anderen Kosten abzugrenzen. Besonders wichtig ist hierbei die Abgrenzung der allgemeinen Verwaltungskosten und der Vertriebskosten, die nicht zu den Herstellungskosten gehören, von den Fertigungsgemeinkosten.

Die EStR geben für die **Abgrenzung** zwischen den Fertigungsgemeinkosten und Verwaltungs- und Vertriebskosten einige Anhaltspunkte. Danach rechnen zu den Fertigungsgemeinkosten die Aufwendungen für folgende Kostenstellen:

- Lagerhaltung, Transport und Prüfung des Fertigungsmaterials
- Werkzeuglager
- Vorbereitung und Kontrolle der Fertigung
- Betriebsleitung, Raumkosten, Sachversicherungen
- Unfallstationen und Unfallverhütungeinrichtungen der Fertigungsstätten
- Lohnbüro, soweit in ihm die Löhne und Gehälter der in der Fertigung tätigen Arbeitnehmer abgerechnet werden.

Zu den **Fertigungsgemeinkosten** gehören insbesondere:

- der Wertverzehr des Anlagevermögens, sofern er der Fertigung der Erzeugnisse gedient hat
- Aufwendungen für die betriebliche Altersversorgung mit dem auf die Fertigung entfallenden Anteil (keine Aktivierungspflicht)
- Grundsteuer, Kraftfahrzeugsteuer
- Zinsen für Fremdkapital, sofern der Kredit zwecks Herstellung eines Wirtschaftsgutes aufgenommen wurde (§ 255 Abs. 3 HGB); steuerliches Wahlrecht
- Kosten für saisonbedingte Stilllegung
- Kosten der allgemeinen Verwaltung gehören, sofern sie auf die Fertigung entfallen, zu den Herstellungskosten; es besteht steuerlich jedoch keine Aktivierungspflicht.

Nicht zu den Fertigungsgemeinkosten rechnen

- Kosten mangelnder Kapazitätsausnutzung (nicht saisonbedingt)
- Zinsen für Fremdkapital, wenn der Kredit nicht in unmittelbarem Zusammenhang mit der Herstellung eines Wirtschaftsgutes aufgenommen wurde
- Steuern vom Einkommen und Vermögen; hinsichtlich der Gewerbeertragsteuer besteht steuerlich ein Wahlrecht.

(5) **Sonderkosten der Fertigung**

Außer den Fertigungsstoffkosten und Fertigungslöhnen können noch Fertigungskosten für Modelle, Sonderwerkzeuge und Vorrichtungen entstehen (Sonderkosten). Es kann sich hierbei sowohl um Einzelkosten als auch um Gemeinkosten handeln.

(6) **Nettokalkulation (ohne Vorsteuer)**

Die abziehbaren Vorsteuern stellen keine Kosten dar, sondern – dem Nettoprinzip der Mehrwertsteuer entsprechend – durchlaufende Posten. Nicht abziehbare Vorsteuerbeträge gehen dagegen weiterhin in die Herstellungskosten ein (§ 9b Abs. 1 EStG). Soweit es sich hierbei jedoch um kleinere Beträge handelt, können sie als sofort abzugsfähige Betriebsausgaben behandelt werden (§ 9b Abs. 1 Satz 2 EStG).

Aufgabe 26 > Seite 429
Aufgabe 27 > Seite 430
Aufgabe 28 > Seite 430

Abgrenzung des Herstellungsaufwands vom Erhaltungsaufwand

Herstellungsaufwand liegt nach § 255 Abs. 2 Satz 1 HGB vor, wenn durch die Maßnahme der Vermögensgegenstand erweitert oder über seinen bisherigen Zustand hinaus wesentlich verbessert wird. Diese gesetzliche Definition entspricht der BFH-Rechtsprechung. Danach ist Herstellungsaufwand anzunehmen, wenn das Wirtschaftsgut durch die Aufwendungen

- in seiner Wesensart verändert oder
- in seiner Substanz vermehrt wird.

Erhaltungsaufwand liegt dagegen dann vor, wenn durch die Aufwendungen (z. B. Reparaturen) das Wirtschaftsgut

- in seiner Wesensart unverändert bleibt
- in seiner Substanz nicht vermehrt wird und
- in ordnungsmäßigem Zustand erhalten werden soll, sodass die Aufwendungen in ungefähr gleicher Höhe regelmäßig wiederkehren.

Nachträgliche Herstellungskosten bei Gebäuden

Der BFH hat in der Grundsatzentscheidung vom 09.05.1995 (BBK F. 17 S. 1625, IX R 116/92) zu der Frage Stellung genommen, wann bei der Instandhaltung und Modernisierung von **Gebäuden** eine **wesentliche Verbesserung** i. S. d. § 255 Abs. 2 Satz 1 HGB und somit (nachträglicher) Herstellungsaufwand vorliegt. Hiernach führen Aufwendungen für die Instandsetzung und Modernisierung eines Gebäudes, die nicht bereits als sog. anschaffungsnaher Herstellungsaufwand zu beurteilen sind, nur dann zu (nachträglichen) Herstellungskosten infolge einer wesentlichen Verbesserung (§ 255 Abs. 2 HGB), wenn die Maßnahmen in ihrer Gesamtheit über die zeitgemäße substanzerhaltende Bestandteilserneuerung hinaus den **Gebrauchswert des Hauses insgesamt deutlich erhöhen**.

Herstellungskosten liegen nicht allein schon deshalb vor, weil Aufwendungen, die für sich genommen als Erhaltungsaufwand zu beurteilen sind, in ungewöhnlicher Höhe zusammengeballt in einem Veranlagungszeitraum anfallen. Instandsetzungs- und Modernisierungsmaßnahmen, die nicht über die zeitgemäße substanzerhaltende Erneuerung hinausgehen, sind in die Beurteilung, ob der Gebrauchswert erhöht wird, nur dann einzubeziehen, wenn sie mit anderen, zu Herstellungskosten führenden Maßnahmen bautechnisch ineinandergreifen. Eine deutliche Erhöhung des Gebrauchswerts kann in einer **deutlichen Verlängerung der tatsächlichen Gesamtnutzungsdauer** des Gebäudes begründet sein. Ein deutlicher Anstieg der erzielbaren Miete kann nur insoweit Hinweiszeichen für einen deutlich gesteigerten Gebrauchswert sein, als er auf den zu Herstellungskosten führenden Maßnahmen beruht.

Nach § 255 Abs. 2 Satz 1 HGB führen auch **Erweiterungen** eines Wirtschaftsgutes/ Vermögensgegenstandes zu (nachträglichen) Herstellungskosten. Wird die nutzbare Fläche eines Gebäudes durch Baumaßnahmen vergrößert, handelt es sich nach Auffassung des BFH (Urteil vom 09.05.1995 – IX R 88/90) um Erweiterungen i. S. d. § 255 Abs. 2 Satz 1 HGB. Aufwendungen hierfür sind **stets Herstellungskosten**, auch wenn die Erweiterung nur geringfügig ist. Greifen solche Erweiterungen mit Modernisierungs- und Instandsetzungsmaßnahmen bautechnisch ineinander, so sind die Aufwendungen nach Meinung des BFH nicht in Herstellungs- und Erhaltungsaufwendungen aufzuteilen, sondern einheitlich als Herstellungskosten zu beurteilen.

4.3.2 Planmäßige Abschreibungen

Die betriebliche Leistungserstellung bringt es mit sich, dass die abnutzbaren Wirtschaftsgüter des Anlagevermögens einem allmählichen **Wertverzehr** unterliegen. § 253 Abs. 3 HGB bestimmt daher, dass die Anschaffungs- oder Herstellungskosten der Anlagegegenstände um Abschreibungen zu mindern sind. Ähnlich lautet die Bestimmung des § 6 Abs. 1 Nr. 1 EStG. Danach sind die Anschaffungs- oder Herstellungskosten der abnutzbaren Anlagegüter um Absetzungen für Abnutzung zu mindern. Ist der Teilwert niedriger, so kommt neben den Absetzungen für Abnutzung (AfA) noch eine Teilwertabschreibung in Betracht.

Obwohl die Begriffe „Absetzung für Abnutzung" und „Abschreibung" (im handelsrechtlichen Sinne) weitgehend übereinstimmen, unterscheiden sie sich hinsichtlich des Inhalts zum Teil beträchtlich. Das ergibt sich aus den unterschiedlichen Bilanzzwecken. Während § 253 Abs. 3 Satz 1 HGB planmäßige Abschreibungen fordert, dem Kaufmann also einen Ermessensspielraum gewährt, engt die ausführliche Regelung des § 7 EStG das Wahlrecht des Steuerpflichtigen hinsichtlich der Höhe der AfA und der AfA-Methoden erheblich ein. Bei den Gebäude-AfA wird diese Tendenz besonders deutlich: Die betriebsgewöhnliche Nutzungsdauer ist gesetzlich weitgehend festgelegt. Die AfA-Methoden sind ebenfalls vorgeschrieben.

Im Folgenden wird aus Vereinfachungsgründen die AfA auch als Abschreibung bezeichnet, sofern sich hieraus keine Missverständnisse ergeben.

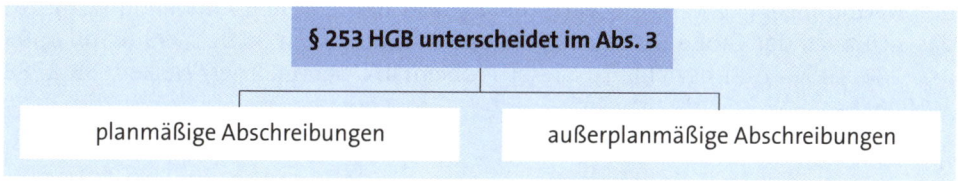

4.3.2.1 Wesen und Aufgaben der planmäßigen Anlagenabschreibung

In der Bilanz bezweckt die Abschreibung eine im Rahmen der Bewertungsvorschriften richtige Darstellung der Vermögenslage, indem sie eingetretene Wertminderungen der Anlagegegenstände bei deren Wertansatz berücksichtigt. Im Hinblick auf die Ertragslage soll die Abschreibung die Anschaffungs- und Herstellungskosten der Anlagen unter dem Gesichtspunkt einer periodengerechten Aufwandserfassung (§ 252 Abs. 1 Nr. 5 HGB) auf die Jahre der Nutzung der Anlage verteilen (*Adler/Düring/Schmaltz*).

Kostenverteilung

Die Steuerlehre beruft sich auf § 7 Abs. 1 Satz 1 EStG, wonach bei abnutzbaren Anlagegütern jeweils für ein Jahr der Teil der Anschaffungs- oder Herstellungskosten abzusetzen ist, der bei gleichmäßiger Verteilung dieser Kosten auf die Gesamtdauer der Verwendung oder Nutzung auf ein Jahr entfällt. Die AfA pro Jahr braucht nicht dem tatsächlichen Wertverzehr der Periode zu entsprechen. Sie hat somit nach § 7 Abs. 1 EStG die Aufgabe, die Ausgaben für die Anschaffung der Anlagegüter auf deren Nutzungsdauer zu verteilen. Diese Auffassung lässt den Gesichtspunkt der **Bewertung in den Hintergrund** treten. Entscheidend ist die möglichst gleichmäßige Verteilung der Kosten.

Richtig ist an der **Kostenverteilungstheorie**, dass die AfA mit der tatsächlichen Abnutzung eines Wirtschaftsguts während einer Abrechnungsperiode nicht übereinzustimmen braucht, sofern sie größer ist als der Wertverzehr. Der Steuerpflichtige hat mit anderen Worten einen im Schätzungsrahmen liegenden **Bewertungsspielraum nach**

unten. Anders ist es dagegen, wenn die AfA zu gering bemessen ist, weil z. B. der wirtschaftlichen Abnutzung nicht hinreichend Rechnung getragen wurde. In diesem Fall ist eine Wertkorrektur, d. h. eine Abschreibung nach § 7 Abs. 1 letzter Satz EStG erforderlich.

Die Kostenverteilungstheorie führt konsequenterweise dazu, dass **bei unentgeltlichem Erwerb** mangels Anschaffungskosten keine AfA verrechnet werden kann. Der BFH vertritt im Urteil vom 28.05.1979 (BStBl II 1979 S. 624, IR 66/76) die Meinung, dass Absetzungen für Substanzverringerung (AfS) nur zulässig sind, wenn tatsächliche oder fiktive Anschaffungskosten im Sinne des Einkommensteuerrechts gegeben sind. Gleiches gilt für AfA.

Diese Auffassung steht m. E. im Gegensatz zu dem das Ertragsteuerrecht beherrschenden **Nettoprinzip** (= Zwang zur Verrechnung aller betrieblichen Aufwendungen), auf das sich auch der Große Senat des BFH mit Beschluss vom 30.01.1995 (BStBl 1995 II S. 281, GrS 4/92) bezieht. Zu dieser Problematik siehe Körner/Weiken, BB 1988 S. 1006 ff.

Substanzerhaltung

Gegen die vom BFH vertretene Meinung, AfA bzw. AfS bei unentgeltlichem Erwerb (vgl. hierzu R 7.3 Abs. 1 und 3 EStR) zu versagen, wird von der Betriebswirtschaftslehre vorgebracht, dass sie zur Substanzversteuerung führe. Damit widerspreche sie dem Zweck der Abschreibung, die betriebliche Substanz zu erhalten. Die Hauptfunktion der Abschreibung besteht nach dieser Auffassung darin, das im Anlagevermögen investierte Kapital über den Preis der abgesetzten Güter wieder in Geldkapital umzuwandeln, das dann wieder der Finanzierung von Ersatz- und Neuinvestitionen dienen soll. Aus den genannten Gründen fordert die Betriebswirtschaftslehre auch die AfA von Wiederbeschaffungskosten, sofern diese höher sind als die Anschaffungskosten.

4.3.2.2 Planmäßig abzuschreibende Anlagegüter

Planmäßig abzuschreiben sind Vermögensgegenstände, *„deren Nutzung zeitlich begrenzt ist"* (§ 253 Abs. 3 Satz 1 HGB). Steuerrechtlich handelt es sich hierbei um abnutzbare Wirtschaftsgüter. Hierunter fallen in erster Linie Verschleißanlagen. Abzuschreiben sind jedoch auch Grundstücke, die ausgebeutet werden, sowie **Nutzungsrechte** an Gebäuden, die durch Baumaßnahmen des Nutzungsberechtigten an den Gebäuden entstanden sind.

Obschon § 7 EStG von der Verwendung oder Nutzung durch den Steuerpflichtigen ausgeht, ist eine Abnutzung auch durch bloßen Zeitablauf möglich, weshalb R 7.4 Abs. 1 Satz 1 EStR für den Beginn der AfA nicht mehr – im Gegensatz zur früheren Regelung – auf den Zeitpunkt der Ingebrauchnahme, sondern auf den Zeitpunkt der Anschaffung oder Herstellung abstellt. Wesentlich ist, dass die Entwertung des Wirtschaftsgutes mit dem Zeitablauf zusammenhängt und nicht auf plötzlichen oder zufälligen Ereignissen beruht. Der durch Nutzung oder bloßen Zeitablauf bedingte Wertverzehr kann sowohl technischer als auch wirtschaftlicher Natur sein. Bei der schnellen technischen Entwicklung gewinnt die wirtschaftliche Abnutzung (z. B. technische Überholung von Maschinen) immer größere Bedeutung.

Zu den **abnutzbaren Wirtschaftsgütern** gehören Gebäude, Maschinen, Betriebs- und Geschäftsausstattung, Fahrzeuge, Werkzeuge, immaterielle Wirtschaftsgüter (z. B. Patente, Lizenzen, Wettbewerbsverbote, Lieferungsrechte), der Praxiswert eines Freiberuflers, der Geschäfts- oder Firmenwert, Abfindungszahlungen, zeitlich begrenzte Rechte sowie – mit Einschränkungen – Gemälde und sonstige Kunstwerke.

4.3.2.3 Abschreibungsberechtigter

Zur Abschreibung/AfA berechtigt ist derjenige, der die Abnutzung des Anlagegutes wirtschaftlich trägt. In der Regel ist das der bürgerlich-rechtliche Eigentümer, weil dieser gleichzeitig der wirtschaftliche Eigentümer zu sein pflegt. Fallen zivilrechtliches und wirtschaftliches Eigentum ausnahmsweise auseinander, so ist der **wirtschaftliche Eigentümer** zur Abschreibung/AfA berechtigt.

Beispiel

Ein Gebäude wurde verkauft. Die Voraussetzungen für die Eigentumsübertragung sind bis auf die Grundbucheintragung erfüllt, die sich aus irgendwelchen Gründen verzögert. Ist der Käufer schon im Besitz des Gebäudes und sind sämtliche Nutzungen und Lasten auf ihn übergegangen, so ist er zwar noch nicht zivilrechtlicher Eigentümer. Er gilt aber bereits als wirtschaftlicher Eigentümer, dem infolgedessen auch die AfA zusteht.

Wie sich aus dem Beispiel ergibt, ist wirtschaftlicher Eigentümer derjenige, der die tatsächliche Verfügungsbefugnis hat (§ 39 Abs. 2 AO). Legt man diesen Maßstab bei Pacht, Miete und Nießbrauch an, so ist bei normaler Vertragsgestaltung davon auszugehen, dass der zivilrechtliche Eigentümer (Vermieter, Verpächter) auch wirtschaftlicher Eigentümer ist. Bei Bauten auf fremden Grundstücken ist der Pächter des Grundstücks abschreibungsberechtigt, sofern ihm das Gebäude wirtschaftlich zuzurechnen ist.

Im Falle des **Finanzierungs-Leasing** vertritt der BFH (Urteil vom 26.01.1970, BStBl II 1970 S. 264, IV R 144/66) die Ansicht, dass der Leasing-Nehmer wirtschaftlicher Eigentümer und damit AfA-berechtigt ist.

Hat ein Steuerpflichtiger Herstellungskosten für ein im **Miteigentum** stehendes Wirtschaftsgut getragen und darf er das Wirtschaftsgut für seine betrieblichen Zwecke ohne

Entgelt nutzen, so kann er diese Herstellungskosten als eigenen Aufwand durch AfA als Betriebsausgaben abziehen (BFH-Urteil vom 30.01.1995, BStBl 1995 II S. 281, GrS 4/92).

4.3.2.4 Beginn der Abschreibung/AfA

Nach § 253 Abs. 3 HGB muss der **Abschreibungsplan** die Anschaffungs- oder Herstellungskosten auf die Geschäftsjahre verteilen, in denen der Vermögensgegenstand voraussichtlich genutzt werden kann. Die tatsächliche Nutzung ist somit nicht entscheidend, sondern die voraussichtliche Nutzungsdauer. Diese – und damit die Abschreibung – beginnt mit der Lieferung bzw. Fertigstellung der Vermögensgegenstände. Es bestehen jedoch keine Bedenken, mit der Abschreibung erst im Zeitpunkt der Ingebrauchnahme zu beginnen.

Im **Zugangsjahr** sind die Vermögensgegenstände zeitanteilig abzuschreiben (pro rata temporis).

Für den **Beginn** der steuerlichen AfA ist ebenfalls der Zeitpunkt der Lieferung bzw. Fertigstellung maßgebend (R 7.4 Abs. 1 EStR). Diese Regelung dürfte in der Mehrzahl aller Fälle der Vorschrift von § 7 Abs. 1 EStG entsprechen. Das schließt jedoch nicht aus, dass in Einzelfällen mit der AfA erst ab Ingebrauchnahme begonnen wird.

Nach ständiger Rechtsprechung darf eine von einem Steuerpflichtigen bewusst unterlassene Absetzung für Abnutzung bzw. Substanzverringerung nicht in späteren Jahren **nachgeholt** werden (BFH vom 21.02.1967, BStBl III 1967 S. 386, VI R 295/66). Anders ist es, wenn sich herausstellt, dass die ursprünglich angesetzte Absetzung zu gering war oder wenn die AfA irrtümlich unterlassen wurde. In diesem Fall ist eine auf die restliche Nutzungsdauer verteilte gleichmäßige Nachholung der AfA bzw. AfS möglich (BFH-Urteil v. 29.10.1965, BStBl III 1966 S. 88, VI 64/65 U).

4.3.2.5 Bemessungsgrundlage der Abschreibung/AfA

Anschaffungs- oder Herstellungskosten

Nach § 253 Abs. 3 HGB und § 7 EStG sind Bemessungsgrundlage für die Abschreibung bzw. die AfA normalerweise die Anschaffungs- oder Herstellungskosten, ausnahmsweise die lt. Gesetz an deren Stelle tretenden Werte. So bestimmt z.B. § 6b Abs. 6 EStG, dass der bei der Übertragung stiller Reserven auf ein Wirtschaftsgut verbleibende Betrag für die AfA/AfS als Anschaffungs- oder Herstellungskosten dieses Wirtschaftsgutes gilt.

Beispiel

Die Anschaffungskosten eines Gebäudes betragen 1.000.000 €. Nach § 6b Abs. 1 EStG werden hierauf 200.000 € stille Reserven aus der Veräußerung von Grund und Boden übertragen. Die verbleibenden 800.000 € gelten dann als Bemessungsgrundlage für die AfA nach § 7 Abs. 4 EStG.

Entsprechendes gilt, wenn im Zeitpunkt der Anschaffung bzw. Herstellung bereits eine Teilwertabschreibung bzw. eine Absetzung für außergewöhnliche Abnutzung erforderlich ist. Dennoch bleiben in diesen Fällen die Anschaffungs- oder Herstellungskosten zumindest indirekt die Bemessungsgrundlage.

Bei unbeweglichen Wirtschaftsgütern kann steuerlich aus Vereinfachungsgründen von der **Herstellung eines anderen (neuen) unbeweglichen Wirtschaftsguts** ausgegangen werden, wenn der angefallene Herstellungsaufwand einschließlich Eigenleistungen bei überschlägiger Berechnung den Verkehrswert des bisherigen Wirtschaftsguts übersteigt.

Fiktive Anschaffungskosten

Bei fehlenden Anschaffungs- oder Herstellungskosten, d. h. bei unentgeltlichem Erwerb, kann keine AfA vorgenommen werden, eine Folge, die sich bei Zuschüssen teilweise ergibt, wenn der Steuerpflichtige den Zuschuss erfolgsneutral behandelt.

Der BFH beschränkt die Konsequenz, dass ohne Anschaffungs- oder Herstellungskosten keine AfS bzw. AfA möglich sind, im Urteil vom 28.05.1979 (BStBl II 1979 S. 624, IR 66/76) auf die Fälle, in denen keine tatsächlichen oder fiktiven Anschaffungs- oder Herstellungskosten vorliegen. Soweit also **fiktive Anschaffungskosten** gegeben sind, können AfA vorgenommen werden.

Fiktive Anschaffungskosten sieht § 6 EStG vor. Nach § 6 Abs. 3 EStG ist bei unentgeltlicher Übertragung eines Betriebs, Teilbetriebs oder eines Mitunternehmeranteils an einem Betrieb der Rechtsnachfolger an die Steuerbilanzwerte des Rechtsvorgängers gebunden, d. h. diese Werte sind beim abnutzbaren Anlagevermögen Bemessungsgrundlage für die AfA. Nach § 6 Abs. 4 EStG gilt bei unentgeltlicher Übertragung einzelner Wirtschaftsgüter von einem Betriebsvermögen in das Betriebsvermögen eines anderen Steuerpflichtigen sein gemeiner Wert als Anschaffungskosten.

Als fiktive Anschaffungs-/Herstellungskosten sind auch die Werte anzusehen, die § 6 Abs. 1 Nr. 5 EStG für Einlagen vorsieht. In der Regel ist das der Teilwert. Bei innerhalb der letzten drei Jahre angeschafften oder hergestellten Wirtschaftsgütern sind das die zum privaten Erwerb aufgewendeten Kosten.

Berücksichtigung des Restwertes

Nach *Adler/Düring/Schmaltz* braucht nur der Teil der Anschaffungs- oder Herstellungskosten abgeschrieben zu werden, der tatsächlich Aufwand wird. Grundsätzlich schmälert daher ein am Ende der Nutzungsdauer verbleibender Restwert die Bemessungsgrundlage.

Demgegenüber lässt der BFH nur in **Ausnahmefällen** die Minderung der AfA-Bemessungsgrundlage durch einen Schrottwert zu. Nur wenn, wie im Allgemeinen bei Gegenständen von großem Gewicht oder bei Gegenständen aus wertvollem Material,

z. B. bei Schiffen, ein Schrottwert zu erwarten ist, der im Vergleich zu den Anschaffungs- oder Herstellungskosten erheblich ins Gewicht fällt, ist dieser bei der Verteilung der Anschaffungs- oder Herstellungskosten auf die betriebsgewöhnliche Nutzungsdauer in der Weise zu berücksichtigen, dass lediglich der Unterschied zwischen den Anschaffungs- oder Herstellungskosten und dem Schrottwert verteilt wird (BFH vom 07.12.1967, BStBl 1968 II S. 268, GrS 1/67).

Der Entscheidung des BFH, dass ein Restwert nur ausnahmsweise zu berücksichtigen ist, ist zuzustimmen. Die Anlagenrechnung würde durch eine generelle Berücksichtigung des Restwerts zusätzlich erschwert.

4.3.2.6 Voraussichtliche (betriebsgewöhnliche) Nutzungsdauer

Die voraussichtliche bzw. betriebsgewöhnliche Nutzungsdauer bestimmt die Höhe der jährlichen Abschreibungen/AfA, ausgedrückt in einem Prozentsatz.

Technische und wirtschaftliche Nutzungsdauer

Abschreibungsursachen sind recht zahlreich. Die wichtigsten Ursachen sind die technische und wirtschaftliche Abnutzung. Dementsprechend wird zwischen technischer und wirtschaftlicher Nutzungsdauer unterschieden. Die **technische** Nutzungsdauer einer Anlage ist beendet, wenn sie keine betrieblich nutzbare technische Leistung mehr zu erbringen vermag.

Die **wirtschaftliche** Nutzungsdauer ist häufig geringer als die technische. Selbst wenn eine Anlage technisch noch einsetzbar ist, kann sie oft nach betriebswirtschaftlichen Gesichtspunkten (z. B. Kostenvergleich) oder aus Marktgründen (z. B. Mode- und Geschmackswandel) nicht mehr genutzt werden.

Betriebsgewöhnliche Nutzungsdauer

Entscheidend ist die individuelle betriebliche Nutzungsdauer oder betriebsgewöhnliche Nutzungsdauer (§ 7 Abs. 1 EStG). Diese Nutzungsdauer ist nicht notwendigerweise mit der wirtschaftlichen oder technischen Nutzungsdauer identisch. Sie wird allerdings durch die technische Nutzungsdauer auf jeden Fall begrenzt. Endet aber die wirtschaftliche Nutzungsdauer voraussichtlich früher, so ist grundsätzlich diese maßgebend.

Betriebsgewöhnliche Nutzungsdauer eines Wirtschaftsgutes ist die **Dauer der Nutzung** im Betrieb **unter betriebsgewöhnlichen Verhältnissen**, d. h. unter Verhältnissen, unter denen das betreffende Wirtschaftsgut im Allgemeinen benutzt zu werden pflegt. Sonderverhältnisse des Betriebs, in dem das Wirtschaftsgut benutzt wird, werden für die Bemessung der betriebsgewöhnlichen Nutzungsdauer nicht berücksichtigt. Sind derartige Sonderverhältnisse nachhaltig und länger gegeben (z. B. Zweischichtenbetrieb in einer Branche, die im Allgemeinen nur einschichtig produziert) so kommt entweder eine außergewöhnliche AfA nach § 7 Abs. 1 letzter Satz EStG in Betracht, oder die betriebsgewöhnliche Nutzungsdauer wird für den betreffenden Zeitabschnitt niedriger angesetzt. Dies führt zu einer (vorübergehenden) Erhöhung des AfA-Satzes. Eine nur kurzfristige außergewöhnliche Benutzung des Anlagegutes bleibt unberücksichtigt.

Für bestimmte Wirtschaftsgüter ist die Nutzungsdauer in § 7 EStG festgesetzt. Nach § 7 Abs. 1 Satz 3 EStG beträgt die Nutzungsdauer für den Geschäfts- oder Firmenwert 15 Jahre. Sie ist für die Steuerbilanz bindend. Für Gebäude ist die Nutzungsdauer im § 7 Abs. 4 EStG festgelegt.

Schätzung der betriebsgewöhnlichen Nutzungsdauer

Wie sich aus den vorstehenden Ausführungen ergibt, ist die Schätzung der betriebsgewöhnlichen Nutzungsdauer mit erheblichen **Unsicherheitsfaktoren** belastet. Der Kaufmann bzw. Steuerpflichtige hat hierbei einen beträchtlichen **Beurteilungsspielraum**. Je höher die Unsicherheit ist, umso vorsichtiger muss geschätzt werden.

Das Wesen der Schätzung bedingt, dass Ungenauigkeiten in Kauf genommen werden. Nur wenn nachhaltige Umstände erkennbar werden, die bei der Schätzung der betriebsgewöhnlichen Nutzungsdauer nicht berücksichtigt werden konnten, ist eine Änderung der bisherigen Schätzung zulässig und sogar geboten.

Soweit betriebliche Erfahrungswerte vorliegen, sind diese heranzuziehen. Das Gleiche gilt für die von der Finanzverwaltung in Zusammenarbeit mit den Wirtschaftsverbänden herausgegebenen **amtlichen AfA-Tabellen**. Im Allgemeinen wird die dort angegebene Nutzungsdauer der Abschreibung zu Grunde zu legen sein, wenn nicht im Einzelfall Umstände vorliegen, die eine **Abweichung** rechtfertigen. So hat der BFH im Urteil vom 26.07.1991 (BStBl 1992 II S. 1000, VI R 82/89) die in der AfA-Tabelle für allgemein verwendbare abnutzbare Anlagegüter angegebene Nutzungsdauer für Personenkraftwagen von 4 Jahren als unzutreffend bezeichnet. Seiner Ansicht nach entspricht eine Nutzungsdauer von 8 Jahren bei Personenkraftwagen den tatsächlichen Gegebenheiten. Die Finanzverwaltung geht derzeit noch für Pkw und Kombifahrzeuge von einer regelmäßig sechsjährigen (bei hoher Fahrtleistung geringeren) Nutzungsdauer aus.

4.3.2.7 Abschreibungsmethoden

Nach § 253 Abs. 3 HGB muss der Abschreibungsplan die Anschaffungs- oder Herstellungskosten auf die voraussichtliche Nutzungsdauer verteilen. Nach welcher Methode abzuschreiben ist, ist im Gesetz jedoch nicht vorgeschrieben.

Die gewählte Methode muss zu einer betriebswirtschaftlich sinnvollen, d. h. nicht willkürlichen Verteilung der Anschaffungs- oder Herstellungskosten führen. Entscheidet sich der Kaufmann für eine Methode, so ist diese unter gleichbleibenden Umständen beizubehalten (siehe Abschnitt B.4.2.6). Eine Änderung der Abschreibungsmethode ist im Anhang anzugeben und zu begründen (§ 284 Abs. 2 Nr. 3 HGB).

Im Gegensatz zum Handelsrecht schreibt das **Steuerrecht** die AfA-Methoden entweder zwingend vor oder enthält bestimmte Wahlrechte. § 7 EStG nennt als planmäßige Abschreibungen folgende Verfahren:

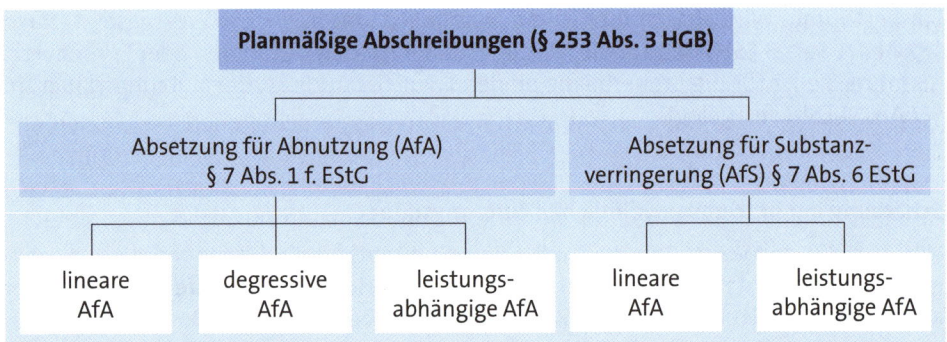

Lineare Abschreibung

Bei der linearen Abschreibung werden die Basiswerte (Anschaffungskosten) – als solche können alle unter Abschnitt B.4.3.2.5 besprochenen Wertansätze Verwendung finden – eines Wirtschaftsgutes **gleichmäßig** auf die einzelnen Jahre der betriebsgewöhnlichen Nutzungsdauer verteilt.

Die lineare Abschreibung soll zu einer **gleichmäßigen Aufwandsbelastung** führen, wobei man von der Voraussetzung ausgeht, dass die Gebrauchsfähigkeit eines Anlagegutes während der Nutzungsdauer konstant bleibt. Eine gleichmäßige Aufwandsverteilung kann jedoch nur dann erreicht werden, wenn keine oder aber gleichmäßige jährliche Reparaturen anfallen.

Das Verfahren, dessen Vorteil in der rechnerisch **einfachen Handhabung** liegt, macht sich also von der Vorstellung frei, dass die Abschreibungsquote den effektiven Verschleiß treffen müsse und unterstellt eine konstante Gebrauchsfähigkeit während der Nutzungsdauer.

Das Einkommensteuergesetz geht von der linearen AfA als **Normalfall** aus (§ 7 Abs. 1 Satz 1 EStG). Die degressive AfA (§ 7 Abs. 2 EStG) wird demgegenüber vom Gesetzgeber vielfach als eine Quasi-Steuervergünstigung angesehen. Das zeigt sich z. B. darin, dass bei beweglichen abnutzbaren Anlagegütern der Übergang von der degressiven AfA zur linearen AfA zulässig ist, nicht jedoch umgekehrt (§ 7 Abs. 3 EStG).

Die geometrisch-degressive Abschreibung wird im Steuerrecht in § 7 Abs. 2 EStG beschränkt: Demnach können nur Wirtschaftsgüter nach der geometrisch-degressiven Methode abgeschrieben werden, sofern sie nach dem 31.12.2008 und vor dem 01.01.2011 angeschafft wurden.

Neben der linearen AfA sind Absetzungen für außergewöhnliche technische oder wirtschaftliche Abnutzung zulässig (§ 7 Abs. 1 Satz 4 EStG).

Degressive Abschreibung

Die degressive Abschreibung gehört zu den **ungleichmäßigen Abschreibungsverfahren**. Sie verteilt den Basiswert (Anschaffungskosten) so über die einzelnen Wirtschaftsperioden, dass die ersten Jahre der voraussichtlichen Nutzungsdauer stärker mit Abschreibungsaufwand belastet werden als die letzten.

Dieses Verfahren wird damit begründet, dass im Laufe der Zeit die Gebrauchsfähigkeit (Leistungseffekt) nachlässt oder aber erhöhte Reparaturen entstehen. Den hohen Abschreibungen zu Beginn entsprechen niedrige Reparaturkosten, und den niedrigen Abschreibungen am Schluss der Lebensdauer entsprechen hohe Reparaturkosten, sodass eine gleichmäßige Verteilung der gesamten unmittelbaren Aufwendungen erreicht wird. Insoweit ist ein Vergleich mit der linearen Abschreibung möglich.

Es lassen sich **zwei Formen degressiver Abschreibung** unterscheiden:

(1) **Geometrisch-degressive Abschreibung**
Bei der geometrisch-degressiven Abschreibung wird mit einem konstanten Prozentsatz vom sinkenden Restbuchwert abgeschrieben. Deshalb bezeichnet man diese Abschreibungsmethode auch als **Buchwertabschreibung**.

Die Abschreibungsraten verringern sich hierbei von Jahr zu Jahr. Sie führen aber niemals zu einem Restbuchwert von Null. Zur Vermeidung dieses Restwertproblems darf der Steuerpflichtige von der degressiven zur linearen AfA übergehen (nicht aber umgekehrt). Dieser Übergang empfiehlt sich sogar aus der Überlegung, dass der degressive AfA-Betrag in einem bestimmten Jahr unter den AfA-Betrag sinkt, der sich nach § 7 Abs. 3 Satz 2 EStG ergibt, wenn man zur linearen AfA übergeht.

(2) **Arithmetisch-degressive Abschreibung**
Als weiteres degressives Abschreibungsverfahren kommt prinzipiell die arithmetisch-degressive Abschreibung mit ihren verschiedenen Formen in Betracht. Bei dieser Methode werden die Abschreibungssätze stets auf die Anschaffungs- oder Herstellungskosten bezogen. Am Ende der Nutzungsdauer ergibt sich daher ein Restwert von Null.

▸ Bei der **digitalen** Abschreibung werden die jährlichen Abschreibungsprozentsätze aus einem Quotienten ermittelt. Im Zähler dieses Quotienten steht in der ersten Abschreibungsperiode die Gesamtnutzungsdauer des betreffenden Wirtschaftsgutes, in den folgenden Jahren die jeweilige Restnutzungsdauer zu Beginn der Abschreibungsperiode. Den Nenner erhält man aus der Addition der einzelnen Jahre der betriebsgewöhnlichen Nutzungsdauer.

Nutzungsdauer: 4 Jahre
Ermittlung des Nenners: 1 + 2 + 3 + 4 = 10
Es errechnen sich somit folgende Abschreibungssätze:

Periode	Abschreibungssatz
1	$^4/_{10} = 40\,\%$
2	$^3/_{10} = 30\,\%$
3	$^2/_{10} = 20\,\%$
4	$^1/_{10} = 10\,\%$

Die Differenz zwischen zwei aufeinander folgenden Abschreibungsbeträgen (Degressionsbetrag) ist bei der digitalen Abschreibung mit der letzten Abschreibungsrate identisch. Im Beispiel beträgt dieser Wert $^1/_{10} = 10\,\%$.

- Die Abschreibung in **fallenden Staffelsätzen** ist dadurch charakterisiert, dass die gesamte Abschreibungsdauer in verschiedene zeitliche Abschnitte (Staffeln) unterteilt wird, für die fallende Abschreibungssätze gelten. Während der einzelnen Periode einer Staffel wird jeweils der gleiche Abschreibungssatz angewendet.

  Eine Möglichkeit der degressiven Abschreibung in fallenden Staffelsätzen kommt beispielsweise bei der degressiven Gebäudeabschreibung gem. § 7 Abs. 5 EStG zur Anwendung.

Steuerlich wird die Inanspruchnahme degressiver Abschreibung gem. § 7 Abs. 2 f. sowie § 7a Abs. 4 EStG **eingeschränkt**:

- grundsätzliche Beschränkung der Anwendung auf bewegliche Wirtschaftsgüter des Anlagevermögens (Ausnahme: degressive Gebäude-AfA)
- Verbot der Vornahme von Absetzungen für außergewöhnliche technische oder wirtschaftliche Abnutzung bei Wirtschaftsgütern, die degressiv abgeschrieben werden
- Möglichkeit des Übergangs von der degressiven auf die lineare Abschreibung, nicht aber umgekehrt
- kein Wechsel zwischen den verschiedenen degressiven Abschreibungsverfahren
- neben Sonderabschreibungen kommt keine degressive, sondern nur lineare AfA in Betracht
- Begrenzung der Höhe des anzuwendenden Abschreibungssatzes: Nach § 7 Abs. 2 Satz 3 EStG darf in den Jahren 2009 und 2010 Prozentsatz höchstens das Zweieinhalbfache des linearen AfA-Satzes betragen und 25 % nicht übersteigen.

Progressive Abschreibung

Die handelsrechtlich erlaubte progressive Abschreibung wird im Einkommensteuergesetz nicht erwähnt. Sie zählt ebenfalls zu den **ungleichmäßigen Abschreibungsmethoden**. Im Gegensatz zum degressiven Verfahren wachsen hier die Abschreibungsbeträge von Periode zu Periode. Folglich sind die ersten Jahre geringer, die späteren Jahre stärker belastet.

Dem Verfahren kommt – abgesehen von Sonderfällen – kaum praktische Bedeutung zu. Beispielsweise sind hier solche Unternehmen zu nennen, die eine gewisse Anlaufzeit bis zur vollen Ertragsfähigkeit benötigen (neu angelegte Obstplantagen, Verkehrsbetriebe).

Abschreibung nach Leistungseinheiten

Maßgebend für den jährlichen Abschreibungsbetrag ist der Umfang der Beanspruchung unabhängig vom Zeitablauf. Er wird durch Schätzung der voraussichtlichen Leistung des Wirtschaftsgutes errechnet und in Leistungseinheiten ausgedrückt.

Als Leistungsnachweis kann beispielsweise bei Kraftfahrzeugen der Kilometerzähler oder bei bestimmten Maschinen ein Zählwerk dienen.

Beispiel

Ein Mercedes (60.000 €), Nutzungsdauer 4 Jahre, fährt erfahrungsgemäß etwa 250.000 km. Den Fahrkilometern eines Jahres entsprechend bemisst sich die AfA wie folgt:

$$\text{AfA-Betrag je Leistungseinheit} \quad = \quad \frac{60.000\ €}{250.000\ \text{km}} \quad = \quad 0,24\ €/\text{km}$$

	Jahres-km		AfA €
1. Jahr	75.000	· 0,24	18.000
2. Jahr	100.000	· 0,24	24.000
3. Jahr	25.000	· 0,24	6.000
4. Jahr	50.000	· 0,24	12.000
	250.000		60.000

Diese Abschreibungsmethode kommt der technischen Abnutzung am nächsten. Sie hat jedoch den Nachteil, dass sie die wirtschaftliche Abnutzung (Veraltern) unberücksichtigt lässt.

In der Steuerbilanz kann diese Abschreibungsmethode auf bewegliche Anlagegüter angewandt werden, wenn sie wirtschaftlich gerechtfertigt ist und der Nachweis für den auf das einzelne Jahr entfallenden Umfang der Leistung erbracht wird (§ 7 Abs. 1 Satz 6 EStG).

Absetzung für Substanzverringerung

Bei Unternehmen, die dem Verbrauch der Substanz unterliegen (Bergbau, Steinbruch, Kies- oder Sandgruben etc.), können die Abschreibungsbeträge nach dem Verhältnis von geförderter Substanz zu vorhandener Substanz ermittelt werden.

Das Steuerrecht gestattet diese spezifische Form der **Leistungsabrechnung** ausdrücklich in § 7 Abs. 6 EStG neben der linearen Methode.

4.3.2.8 Abschreibungen aus Vereinfachungsgründen

Bei diesen Abschreibungen handelt es sich nicht um planmäßige Abschreibungen. Sie ersetzen jedoch – aus Vereinfachungsgründen – die planmäßigen Abschreibungen, weshalb sie an dieser Stelle kurz erläutert werden. Als Vereinfachungs-Abschreibungen sind zu nennen:

► die Vollabschreibung geringwertiger Wirtschaftsgüter

► die Vollabschreibung von Ersatzbeschaffungen bei Festwerten.

Vollabschreibung geringwertiger Wirtschaftsgüter

Überschreitet die AfA-Bemessungsgrundlage für ein abnutzbares Anlagegut nicht 150 € („geringwertiges Wirtschaftsgut"), so müssen die Anschaffungs- oder Herstellungskosten nach § 6 Abs. 2 EStG in voller Höhe als Betriebsausgaben abgesetzt werden. Ab 2010 besteht ein Wahlrecht, die Sofortabschreibung für geringwertige Wirtschaftsgüter bis 410 € oder die Poolabschreibung für alle Wirtschaftsgüter zwischen 150 € und 1.000 € anzuwenden. Daneben müssen noch folgende Voraussetzungen gegeben sein:

► Es muss ein Anschaffungsvorgang oder eine Einlage vorliegen.

► Das Wirtschaftsgut muss einer selbstständigen Nutzung fähig sein.

(1) Anschaffung/Einlage

Der BFH hat mit Urteil vom 19.01.1984 (BStBl II S. 312, IV R 224/80) entschieden, dass die Bewertungsfreiheit gemäß § 6 Abs. 2 EStG außer für angeschaffte Wirtschaftsgüter auch für in das Betriebsvermögen eingelegte Wirtschaftsgüter beansprucht werden kann. Dies gilt auch für Einlagen bei Eröffnung eines Betriebes.

Die Bewertungsfreiheit nach § 6 Abs. 2 EStG kann auch dann gewährt werden, wenn die im betriebsnotwendigen Umfang beschafften Anlagegüter zunächst auf Lager (als Vorrat) genommen werden. Es bestehen auch keine Bedenken, Anzahlungen oder Teilherstellungen auf geringwertige Wirtschaftsgüter entsprechend zu behandeln. Die in einem Kalenderjahr als Betriebsausgaben abgesetzten Anzahlungsbeträge oder Teilherstellungskosten dürfen jedoch mit den restlichen Anschaffungs- oder Herstellungskosten, vermindert um die darin enthaltenen Vorsteuerbeträge, im nächstfolgenden Kalenderjahr den Betrag von 150 € für das einzelne Wirtschaftsgut nicht übersteigen.

(2) **Selbstständige Nutzungsfähigkeit**

Nach § 6 Abs. 2 Satz 2 EStG ist ein Wirtschaftsgut nicht selbstständig nutzungs-fähig, wenn es nach seiner betrieblichen Zweckbestimmung nur zusammen mit anderen Wirtschaftsgütern des Anlagevermögens genutzt werden kann und die in den Nutzungszusammenhang eingefügten Wirtschaftsgüter technisch aufeinan-der abgestimmt sind. Die Vorschrift setzt nicht nur voraus, dass das geringwertige Wirtschaftsgut nutzungsfähig ist. Hinzukommen muss eine gewisse Selbststän-digkeit der Nutzung, die i. d. R. nicht gegeben ist, wenn der betreffende Gegen-stand in einen anderen Nutzungs- oder Funktionszusammenhang gestellt ist, d. h. eine dienende Funktion hat.

(3) **Sammelposten**

Bei geringwertigen Wirtschaftsgütern mit Anschaffungskosten von mehr als 150 € bis zu 1.000 € mit festgelegter pauschaler Nutzungsdauer werden Zugänge eines Jahres zusammengefasst und anschließend der Jahreszugangsbetrag einheitlich über 5 Jahre zu 20 % abgeschrieben (sog. Poolbewertung). Die Jahresbeträge bleiben damit auch bei nachträglichen Entnahmen bzw. Veräußerungen oder bei Verlust der Wirtschaftsgüter unverändert (§ 6 Abs. 2a HGB). Zum Wahlrecht für geringwertige Wirtschaftsgüter bis 410 € vgl. oben.

Vollabschreibung der Ersatzbeschaffungen bei Festwerten

Die Festbewertung (vgl. § 240 Abs. 3 HGB) stellt ein besonderes Bewertungsverfahren dar. Ihr liegt die Fiktion zu Grunde, dass sich bei den in einem Festwert zusammen-gefassten Vermögensgegenständen im Zeitablauf **Zugänge** einerseits und **Abgänge sowie planmäßige Abschreibungen** oder Verbrauch andererseits in etwa **ausgleichen**.

Das Festwertverfahren ist insbesondere beim beweglichen Sachanlagevermögen ent-wickelt und angewandt worden. Es dient in erster Linie der Vereinfachung der Inventur und der Bewertung. Während bei der Einzelbewertung des abnutzbaren Anlagevermö-gens die Anschaffungs- oder Herstellungskosten jeweils um entsprechende Abschrei-bungen gemindert werden, werden bei der Festbewertung die Ersatzbeschaffungen (Zugänge) sogleich als Aufwand verrechnet, d. h. sie werden im Jahr des Zugangs voll abgeschrieben. Auf den Festwert selbst erfolgt dagegen keine Abschreibung.

4.3.3 Außerplanmäßige Abschreibungen

Nach § 253 Abs. 3 Satz 3 HGB sind außerplanmäßige Abschreibungen bei allen Vermö-gensgegenständen des Anlagevermögens vorzunehmen, denen am Abschlussstichtag ein niedrigerer Wert dauerhaft beizulegen ist.

Handelsrechtliches Niederstwertprinzip

§ 253 Abs. 3 Satz 3 HGB bringt das aus dem Grundsatz der Vorsicht abgeleitete **Nie-derstwertprinzip** zum Ausdruck. Hiernach muss eine außerplanmäßige Abschreibung vorgenommen werden, um den Vermögensgegenstand bei dauernder Wertminderung mit dem niedrigeren Wert anzusetzen, der ihm am Abschlussstichtag beizulegen ist.

Die Frage ist, wie der niedrigere **beizulegende Wert** beim Anlagevermögen festzustellen bzw. aus welchem Wert er abzuleiten ist. Eine Regelung, wie dieser Wert zu ermitteln ist, enthält das Gesetz nicht. Aus § 253 Abs. 4 Satz 1 HGB ergibt sich lediglich, dass der niedrigere Börsen- oder Marktpreis – soweit vorhanden – den beizulegenden Wert verkörpert. Dieser Anhaltspunkt ist jedoch wenig hilfreich, da beim Sachanlagevermögen als Hauptanwendungsfall der außerplanmäßigen Anlagenabschreibungen keine Börsen- oder Marktpreise vorliegen.

Es ist davon auszugehen, dass der niedrigere beizulegende Wert kein bestimmter Wert ist, sondern der Wert, der zur Verhütung eines zu hohen Bilanzansatzes am sinnvollsten ist (*Adler/Düring/Schmalz*). Es können verschiedene Hilfswerte herangezogen werden, wie z. B. der Wiederbeschaffungswert zum Abschlussstichtag, der Einzelveräußerungswert oder auch der Ertragswert.

Absetzungen für außergewöhnliche Abnutzung

Die Absetzung für außergewöhnliche Abnutzung unterscheidet sich von der AfA dadurch, dass entweder die Abnutzung plötzlich, d. h. unabhängig von der Verwendung oder vom Zeitablauf erfolgt oder die Nutzungsdauer wesentlich herabgesetzt wird.

Im Gegensatz zur Teilwertabschreibung kann die Absetzung für außergewöhnliche Abnutzung nicht nur von Steuerpflichtigen in Anspruch genommen werden, die ihren Gewinn nach § 4 Abs. 1 bzw. § 5 EStG ermitteln, sondern auch von Überschussrechnern (§ 4 Abs. 3 EStG) sowie von Steuerpflichtigen mit Einkünften aus Vermietung und Verpachtung.

Je nach den Umständen, die diese erhöhte Abschreibung begründen, ist auch das Verfahren, nach dem sie durchgeführt wird. So kann sie in der Weise erfolgen, dass die betriebsgewöhnliche Nutzungsdauer durch das Ereignis nachhaltig bedeutend herabgesetzt wird. Dann drückt sich die Abschreibung wegen außergewöhnlicher Abnutzung in einem **erhöhten Abschreibungssatz** aus. Das gilt für erhöhten innerbetrieblichen Verschleiß ebenso wie für eine zu erwartende technische oder wirtschaftliche Überalterung, die so stark ist, dass sie die betriebsgewöhnliche Nutzungsdauer bestimmt.

Bei Umständen, die zu einem sofortigen technischen oder wirtschaftlichen Vollverschleiß des Wirtschaftsgutes führen, erfolgt die Abschreibung wegen außergewöhnlicher Abnutzung durch eine **Einmalabschreibung** des vor diesem Umstand vorhandenen Buchwerts auf den Schrottwert.

In der Praxis wird die Möglichkeit der Absetzung für außergewöhnliche Abnutzung nach § 7 Abs. 1 Satz 4 EStG häufig zu Gunsten der Teilwertabschreibung übersehen. Demgegenüber ist zu betonen, dass die Absetzung für außergewöhnliche Abnutzung **Vorrang** vor der Teilwertabschreibung hat. Das ergibt sich eindeutig aus § 6 Abs. 1 Nr. 1 EStG. Eine Teilwertabschreibung ist danach erst dann zulässig, wenn alle Abschreibungsmöglichkeiten nach § 7 EStG ausgeschöpft sind.

Bei nachhaltiger Wertminderung besteht eine **Pflicht** zur Absetzung für außergewöhnliche Abnutzung (AfaA).

Die AfaA gem. § 7 Abs. 1 Satz 4 EStG gilt – ebenso wie die Leistungs-AfA – **nur im Rahmen der linearen AfA** des § 7 EStG. Schreibt man also schon degressiv ab, so ist eine AfaA nicht zulässig. Es besteht allerdings die Möglichkeit, von der degressiven zur linearen Methode überzuwechseln und dann die AfA vorzunehmen.

Steuerliche Teilwertabschreibung

Die Teilwertabschreibung unterscheidet sich von den laufenden Abschreibungen nach § 7 EStG dadurch, dass sie nicht den durch den Produktionsablauf bedingten Wertverzehr erfassen will, sondern **Wertminderungen** Rechnung trägt, die von § 7 EStG nicht berücksichtigt werden. Das gilt auch bezüglich der Absetzungen für außergewöhnliche technische oder wirtschaftliche Abnutzung nach § 7 Abs. 1 Satz 4 EStG.

Die Absetzung für gewöhnliche und außergewöhnliche Abnutzung hat mit der Teilwertabschreibung eines gemein: In beiden Fällen soll einer Wertminderung des abnutzbaren Anlageguts vorab Rechnung getragen werden. Der Unterschied besteht jedoch darin, dass die Ursache für die Wertminderung bei der AfA bzw. AfaA eine andere ist als bei der Teilwertabschreibung. Bei der AfA erfolgt die Wertminderung infolge Abnutzung. Bei der Teilwertabschreibung beruht die Wertminderung nicht auf der Abnutzung, sondern auf **Markteinflüssen**. Die Teilwertabschreibung ist daher unabhängig davon, ob ein Wirtschaftsgut abnutzbar ist oder nicht.

(1) **Gründe für eine Teilwertabschreibung**

Nach der Rechtsprechung des BFH kommen für eine Teilwertabschreibung bei Sachanlagen insbesondere folgende Gründe in Betracht:

- ► Fehlmaßnahmen
- ► Schnellbaukosten
- ► Sinken der Marktpreise
- ► nachhaltig sinkende Rentabilität.

(2) **Begriff des Teilwerts**

Teilwert ist nach § 6 Abs. 1 Nr. 1 Satz 3 EStG der Betrag, den ein Erwerber des ganzen Betriebes im Rahmen des Gesamtkaufpreises für das einzelne Wirtschaftsgut ansetzen würde unter der Voraussetzung, dass der Erwerber den Betrieb fortführt. Diese gesetzliche Definition, die von einem fiktiven Käufer des Gesamtbetriebes ausgeht, macht den Teilwert äußerst problematisch. Er ist denn auch in der Literatur häufig Gegenstand der Kritik gewesen, die teilweise sogar die ersatzlose Streichung der Teilwertbestimmungen forderte. Diese Auffassung geht zu weit. Wie bereits erwähnt, fordert der Grundsatz der Vorsicht die Berücksichtigung von Wertminderungen, die auf Preissenkungen u. Ä. zurückzuführen sind. Die gesetzliche Definition – so problematisch sie sein mag – gibt immerhin **Anhaltspunkte**, wie der Teilwert zu bestimmen ist.

Wichtig ist die Feststellung, dass bei der Bestimmung des Teilwerts nicht von der Veräußerung des einzelnen Wirtschaftsguts auszugehen ist, sondern von der Veräußerung eines ganzen Betriebes, der fortgeführt werden soll, was bedeutet, dass sich der Teilwert im Allgemeinen nicht mit dem Einzelveräußerungspreis deckt (BFH vom 08.10.1957, BStBl III S. 442, I 86/57 U). Der Teilwert stellt nämlich im Rahmen eines organischen Betriebes einen sog. **Funktionswert** dar, der sich aus der Funktion ergibt, die das einzelne Wirtschaftsgut im Betrieb erfüllt.

(3) **Ableitung des Teilwerts aus den Wiederbeschaffungskosten**
Da man zwecks Ermittlung des Teilwerts einzelner Wirtschaftsgüter nicht erst den fiktiven Gesamtkaufpreis des Betriebes ermitteln kann, hilft sich die Praxis auf andere Weise. Finanzverwaltung und Rechtsprechung gehen im Allgemeinen von der Vermutung aus, dass der Teilwert gleich den Anschaffungs- oder Herstellungskosten abzüglich AfA ist. Der BFH hat diese Auffassung im Urteil vom 09.10.1969 (BStBl 1970 II S. 205, IV 166/64) für den Fall des Betriebserwerbs dahingehend präzisiert, dass von den Wiederbeschaffungskosten auszugehen ist, wenn diese inzwischen erheblich gestiegen sind.

Gleiches gilt sicherlich – und nicht nur für den Fall des Betriebserwerbs –, wenn die Wiederbeschaffungskosten gesunken sind. Sind die Preise unverändert geblieben, so sind die ursprünglichen Anschaffungskosten zugleich die Wiederbeschaffungskosten.

Als Teilwert sind folgende Werte denkbar:

- die **Wiederbeschaffungskosten** als Höchstwert. Sie kommen bei nichtabnutzbaren Wirtschaftsgütern und bei neu angeschafften abnutzbaren Anlagegütern in Betracht.

- der **Reproduktions-Altwert**, das sind die Wiederbeschaffungskosten abzüglich AfA und AfaA. Dies ist der Teilwert für die nicht mehr neuen abnutzbaren Anlagegüter. Er kann aufgrund außergewöhnlicher wirtschaftlicher oder technischer Abnutzung gleich dem Schrottwert sein. Umgekehrt kann er infolge der wichtigen Funktion, die das betreffende Wirtschaftsgut (z. B. Spezialmaschine) für den Betrieb erfüllt, den Wiederbeschaffungskosten sehr nahe kommen.

Aufgabe 29 > Seite 431
Aufgabe 30 > Seite 431
Aufgabe 31 > Seite 431
Aufgabe 32 > Seite 431
Aufgabe 33 > Seite 432
Aufgabe 34 > Seite 432
Aufgabe 35 > Seite 432
Aufgabe 36 > Seite 433
Aufgabe 37 > Seite 433

4.4 Bewertung des Umlaufvermögens

Bei der Bewertung des Umlaufvermögens ist entsprechend der Bilanzgliederung zu unterscheiden zwischen

- ► Vorratsvermögen
- ► Forderungen
- ► Wertpapieren.

4.4.1 Bewertung des Vorratsvermögens

Als Vorratsvermögen werden die auf Lager befindlichen, für den Produktionsprozess oder den Absatz bestimmten Waren und Stoffe bezeichnet.

Die Abgrenzung der einzelnen Gruppen des Vorratsvermögens ist bei mehrstufigen Fertigungsbetrieben flüssig. Das gilt insbesondere für die Unterscheidung von unfertigen und fertigen Erzeugnissen. Beispielsweise werden in der chemischen Industrie bestimmte Produkte sowohl zum Verkauf als Endprodukt als auch für die weitere Produktion als Grundstoff verwendet.

4.4.1.1 Ansatz zu Anschaffungs-/Herstellungskosten

Allgemeines

Handelsrechtlich sind Vorräte grundsätzlich zu Anschaffungs- oder Herstellungskosten (siehe Abschnitte B.4.3.1.1/4.3.1.2) zu bewerten (§ 253 Abs. 1 HGB).

Steuerrechtlich erfolgt die Bewertung der Wirtschaftsgüter des Umlaufvermögens nach den gleichen Grundsätzen, die für das nicht abnutzbare Anlagevermögen gelten, d. h. die obere Grenze stellen die Anschaffungs-/Herstellungskosten dar, die in keinem Fall überschritten werden dürfen.

Ist der Teilwert niedriger, so darf er angesetzt werden, muss es aber nicht. Dieses Wahlrecht hat jedoch keine praktische Bedeutung, da die niedrigeren Wertansätze der Handelsbilanz stets dann für die Steuerbilanz maßgeblich sind, wenn keine zwingenden steuerrechtlichen Vorschriften andere Wertansätze verlangen.

Für die Bewertung der **bezogenen Vorräte** lässt der Begriff der Anschaffungskosten keinen Bewertungsspielraum zu. Es gilt das Fixwertprinzip, d. h. es muss zu den Anschaffungskosten bilanziert werden.

Eine Abweichung von den Anschaffungs-/Herstellungskosten kann sich jedoch durch das strenge Niederstwertprinzip ergeben. Siehe hierzu nachstehend Abschnitt B.4.4.1.3.

Die Anschaffungskosten werden durch **Rabatte, Skonti** und **Boni** gemindert.

Einfluss auf die Bewertung der Gegenstände des Vorratsvermögens haben nur Boni, die am Bilanzstichtag tatsächlich zugeflossen sind oder auf die der Abnehmer wegen der vertraglichen Vereinbarungen mit dem Lieferanten einen Rechtsanspruch hat. Wird der Bonus freiwillig gewährt, ist der Lieferant also keine Verpflichtung zur Gewährung eines Bonus eingegangen, so sind die Anschaffungskosten des betreffenden Gegenstands nicht zu mindern, da in diesem Fall nicht feststeht, ob der Abnehmer den Bonus erhält. Ein Abschlag von den Anschaffungskosten kommt bei freiwilliger Bonusgewährung nur in Betracht, wenn der Bonus am Bilanzstichtag bereits vereinnahmt ist.

Retrograde Ermittlung der Anschaffungskosten

Einzelhandelsgeschäften mit sehr umfangreichen Warenlagern (Waren- und Kaufhäuser, Eisenwarengeschäfte, Papier- und Schreibwarengeschäfte usw.) würde die Aufnahme ihrer Warenvorräte und ihre Bewertung unter Ermittlung der Einkaufspreise, auch wenn die Waren zu Gruppen gleichartiger und einigermaßen gleichwertiger Waren zusammengefasst würden, zeitliche Schwierigkeiten bereiten.

In der Praxis nimmt man deshalb für die Ermittlung der Anschaffungskosten vielfach nicht die Einkaufs-, sondern die Verkaufspreise als Ausgangspunkt und nimmt von den Verkaufspreisen zur schätzungsweisen Ermittlung des Einstandspreises entsprechende **Rohgewinnabschläge** vor (Verkaufswertverfahren).

Die Schwierigkeit bei der Anwendung des Verkaufswertverfahrens besteht indessen darin, den richtigen Rohgewinnabschlag zu ermitteln. Darum macht der BFH die Anwendung des Verkaufswertverfahrens im Urteil vom 29.11.1960 (BStBl 1961 III S. 154, I 137/59 U) davon abhängig, dass sich die Rohgewinnabschläge ohne beachtliche Schätzungsfehler feststellen lassen.

4.4.1.2 Bewertungsvereinfachungsverfahren

In § 240 Abs. 3 f. sowie in § 256 Satz 1 HGB sind folgende Bewertungsvereinfachungsverfahren zugelassen:

► Festbewertung

► Durchschnittsbewertung

► Verbrauchsfolgeverfahren.

Diese Verfahren sind in erster Linie für das Vorratsvermögen vorgesehen.

Festbewertung für Roh-, Hilfs- und Betriebsstoffe

Nach § 240 Abs. 3 HGB können Anlagegüter sowie Roh-, Hilfs- und Betriebsstoffe, wenn sie regelmäßig ersetzt werden und ihr Gesamtwert für das Unternehmen von nachrangiger Bedeutung ist, mit einer gleichbleibenden Menge und einem gleichbleibenden Wert angesetzt werden. Weitere Voraussetzung ist, dass der im **Festwert** erfasste Bestand in seiner Größe, seinem Wert und seiner Zusammensetzung nur geringen Änderungen unterliegt.

Die Festbewertung, die unter den genannten Voraussetzungen auch steuerlich zulässig ist, dient der Vereinfachung. Gleichzeitig wirkt sie in Bezug auf **Preissteigerungen ausgleichend**. Dass diese Wirkung in der Regel zwangsläufig mit dem Vereinfachungszweck gekoppelt ist, dürfte dem Ansatz eines Festwerts nicht entgegenstehen. Denn bei steigenden Preisen wird ebenso wie bei der Lifo-Methode der Neuzugang mit den erhöhten Wiederbeschaffungspreisen als Materialeinsatz verrechnet.

An **jedem dritten Bilanzstichtag** muss in der Regel eine **Bestandsaufnahme** erfolgen, um festzustellen, ob der Ansatz des bisherigen Werts und der bisherigen Menge noch gerechtfertigt ist. Übersteigt der für diesen Bilanzstichtag ermittelte Wert den bisherigen Festwert um mehr als 10 %, so ist der ermittelte Wert als neuer Festwert maßgebend. Der bisherige Festwert ist so lange um die Anschaffungs- oder Herstellungskosten der im Festwert erfassten und nach dem Bilanzstichtag des vorangegangenen Wirtschaftsjahrs angeschafften oder hergestellten Wirtschaftsgüter aufzustocken, bis der neue Festwert erreicht ist. Ist der ermittelte Wert niedriger als der bisherige Festwert, so kann der Steuerpflichtige den ermittelten Wert als neuen Festwert ansetzen. Handelsrechtlich sind bei Mindermengen immer Anpassungen erforderlich. Übersteigt der ermittelte Wert den bisherigen Festwert um nicht mehr als 10 %, so kann der bisherige Festwert beibehalten werden. Siehe im einzelnen das BMF-Schreiben vom 08.03.1993.

Für unfertige Erzeugnisse, fertige Erzeugnisse und Waren darf kein Festwert angesetzt werden.

Durchschnittsbewertung des Vorratsvermögens

Nach § 240 Abs. 4 HGB können gleichartige Vermögensgegenstände des Vorratsvermögens jeweils zu einer Gruppe zusammengefasst und mit dem gewogenen Durchschnittswert angesetzt werden.

Bei dieser Art der Bewertung wird aus dem Anfangsbestand und den Zugängen einer Periode ein Durchschnittspreis gebildet, mit dem der Verbrauch und der Endbestand der Periode bewertet werden.

Zwei Möglichkeiten der Durchschnittspreisermittlung sind zu unterscheiden:

▸ die permanente Durchschnittsbewertung

▸ die periodische Durchschnittsbewertung.

(1) **Permanente Durchschnittsbewertung**
   Bei der permanenten Bewertung wird der Durchschnittspreis nach jedem Zugang ermittelt:

Beispiel

		Stück (Menge)	Preis pro Einheit	Wert in €	ø Wert pro Einheit
Anfangsbestand	01.01.	100	6	600	
+ Zugang	15.01.	50	8	400	
Bestand		150		1.000	6,67
- Abgang	01.02.	80	6,67	534	
Bestand		70		466	6,67
+ Zugang	15.02.	50	5	250	
Bestand		120		716	5,97
+ Zugang	18.02.	40	7	280	
Bestand		160		996	6,23
- Abgang	01.03.	60	6,23		
- Abgang	05.03.	60	6,23	747	
Bestand		40		249	6,23
+ Zugang	01.04.	120	4	480	
Bestand		160		729	4,56
- Abgang	15.04.	100	4,56	456	
Endbestand		60		273	4,55

Es ergibt sich also für den Endbestand ein Durchschnittspreis pro Einheit von 4,55 €, obwohl zum Teil viel höhere Einzelpreise vorkommen.

(2) **Periodische Durchschnittsbewertung**

Bei der periodischen Bewertung wird unter Berücksichtigung aller Zugänge einer Periode nur einmal am Ende der Periode der Durchschnittspreis ermittelt. Sie ist deshalb praktikabler als die permanente Durchschnittsbewertung.

		Stück (Menge)	Preis pro Einheit	Wert in €
Anfangsbestand	01.01.	100	6	600
+ Zugang	15.01.	50	8	400
+ Zugang	15.02.	50	5	250
+ Zugang	18.02.	40	7	280
+ Zugang	01.04.	120	4	480
Buchbestand		360		2.010
ø Preis pro Einheit			5,58	
Endbestand		60	5,58	335
Verbrauch		300	5,58	1.675

Im Gegensatz zur permanenten Bewertung, bei der sich für den Endbestand ein Wert von 4,55 € pro Einheit (insgesamt 273 €) ergibt, beträgt dieser nach der Perioden-Bewertung 5,58 € pro Einheit (insgesamt 335 €).

Der Vergleich der beiden Bewertungsverfahren zeigt, dass die permanente Durchschnittsbewertung „zeitnaher" ist und damit am ehesten den tatsächlichen Anschaffungskosten entspricht.

Verbrauchsfolgeverfahren

Nach § 256 Satz 1 HGB kann zur Ermittlung der Anschaffungs-/Herstellungskosten gleichartiger Gegenstände des Vorratsvermögens unterstellt werden, „dass die zuerst oder dass die zuletzt angeschafften oder hergestellten Vermögensgegenstände zuerst verbraucht oder veräußert worden sind".

Die Vereinfachung liegt in der Verwendung bestimmter **Verbrauchsfiktionen**, die insbesondere in Zeiten schwankender Preise eine erhebliche Bedeutung für die Substanzerhaltung der Unternehmen gewinnen, da sie in großem Umfang die Legung von Reserven ermöglichen. Einzige Bedingung ist, dass das gewählte Verfahren den GoB entspricht, d. h. – am Zweck des Jahresabschlusses gemessen – im Rahmen des Vertretbaren liegt.

Im Einzelnen sind folgende Fiktionen zulässig:

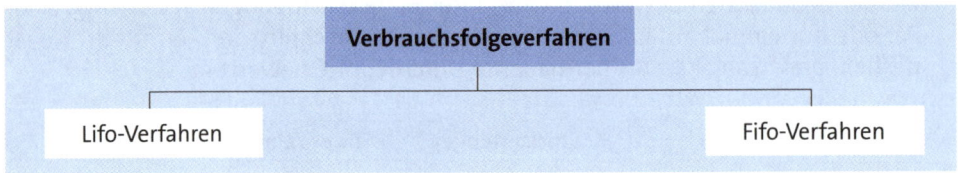

Lifo-Verfahren

Beim Lifo-Verfahren wird unterstellt, dass stets die zuletzt beschafften Gegenstände zuerst wieder verbraucht oder veräußert werden (last in – first out).

Diese Methode bezweckt, außer einer vereinfachten Feststellung der Anschaffungs-/ Herstellungskosten, den Materialverbrauch im Rahmen des Anschaffungswertprinzips, d. h. zu möglichst gegenwartsnahen Preisen abzurechnen.

In der Literatur werden **zwei Formen des Lifo-Verfahrens** unterschieden.

(1) **Permanentes Lifo**

Beim permanenten Lifo wird der Materialverbrauch fortlaufend während des ganzen Jahres erfasst und nach der Methode „last in – first out" bewertet.

Hierbei besteht der Grundsatz, dass jeder Abgang bei einer Position durch die zuvor erfolgten Zugänge gedeckt wird. Dies setzt voraus, dass alle Zugänge unter Angabe von Menge, Preis und Wert und ebenso alle Abgänge chronologisch aufgeführt werden. Dies sei an einem Beispiel erläutert:

Beispiel

		Stück (Menge)	Preis pro Einheit	Wert in €
Anfangsbestand	01.01.	100	6	600
+ Zugang	15.01.	50	8	400
Bestand		150		1.000
- Abgang	01.02.	80	50 · 8 / 30 · 6	580
Bestand		70		420
+ Zugang	15.02.	50	9	450
Bestand		120		870
- Abgang	01.03.	30	9	270
Bestand		90		600
- Abgang	15.03.	30	20 · 9 / 10 · 6	240
Bestand		60		360

Da eine wesentliche Voraussetzung der Verbrauchsfolgeverfahren in der Beachtung des strengen Niederstwertprinzips liegt, erwächst beim permanenten Lifo ein Vorteil dadurch, dass sich durch die Fortschreibung nur ein Wert ergibt, der mit dem Tagespreis verglichen werden muss.

Nachteilig wirkt sich hierbei aus, dass durch Bestandsschwankungen während der Periode die Bewertungsreserven aufgelöst werden. Die Folge davon ist, dass der Materialaufwand insoweit nicht zu gegenwartsnahen Kosten verrechnet und der Einblick in die tatsächliche Ertragslage erschwert wird.

(2) **Perioden-Lifo**
Das Perioden-Lifo (end of the period lifo-method) ist das allgemein übliche Verfahren. Es wird lediglich der Endbestand mengenmäßig mit dem Anfangsbestand verglichen.

Die Bewertung hängt davon ab, ob der Endbestand mengenmäßig gleich, kleiner oder größer ist als der Bestand zum Jahresanfang:

▶ Sind **Anfangs- und Endbestand gleich groß**, so ist der Bilanzansatz des Vorjahres zu übernehmen, sofern nicht das Niederstwertprinzip eingreift.

Beispiel

		Stück (Menge)	Preis pro Einheit	Wert in €
Anfangsbestand	01.01.	100	6	600
+ Zugänge	15.01.	50	8	400
+ Zugänge	15.02.	50	9	450
Buchbestand		200		1.450
Endbestand	31.12.	100	6	600
Verbrauch		100	$50 \cdot 9$ / $50 \cdot 8$	850

Der Endbestand wird folglich mit 6 € bewertet. Liegt der Tageswert (Börsen- oder Marktpreis) jedoch unter diesem Wert, z. B. 5 €, so ist dieser Wert anzusetzen.

▸ Liegt der **Endbestand über dem Anfangsbestand**, so wird zunächst derjenige Teil des Endbestandes, der dem Anfangsbestand entspricht, mit dem Einstandspreis des Vorjahres bewertet. Erst der Mehrbestand wird mit dem Preis des ersten Zugangs und, wenn dieser nicht ausreicht, mit den jeweils folgenden Zugängen angesetzt.

Beispiel

		Stück (Menge)	Preis pro Einheit	Wert in €
Anfangsbestand	01.01.	100	6	600
+ Zugänge	15.01.	50	8	400
+ Zugänge	15.02.	50	9	450
Buchbestand		200		1.450
Endbestand		160	100 · 6 / 50 · 8 / 10 · 9	1.090
Verbrauch		40	9	360

▸ Ist der **Endbestand kleiner als der Anfangsbestand**, so besteht in erster Linie die Möglichkeit, der Bewertung des verringerten Bestandes den gleichen Stückpreis zu Grunde zu legen, mit dem der Vorjahresbestand bewertet worden war.

Beispiel

		Stück (Menge)	Preis pro Einheit	Wert in €
Anfangsbestand	01.01.	100	6	600
+ Zugänge	15.01.	50	8	400
+ Zugänge	15.02.	50	9	450
Buchbestand		200		1.450
Endbestand		60	6	360
Verbrauch		140	50 · 9 / 50 · 8 / 40 · 6	1.090

Die vorstehenden Ausführungen haben gezeigt, dass innerhalb der Lifo-Methode sowohl für die Berechnung eines Mehr- als auch eines Minderbestandes verschiedene Methoden möglich sind, wobei sich erhebliche Unterschiede in der technischen Durchführung ergeben. Die periodische Lifo-Methode ist einfacher zu handhaben als die permanente Lifo-Methode, da hier nur die Zugänge chronologisch mit Menge und Preis, nicht aber der Verbrauch erfasst werden müssen.

Welche der vorgenannten Verfahrenstechniken des Lifo-Verfahrens auch gewählt wird, immer sind die üblichen Überlegungen zum Bilanzstichtag im Hinblick auf die **Einhaltung des strengen Niederstwertprinzips** (§ 253 Abs. 3 HGB) anzustellen. Nachdem mithilfe der Lifo-Methode die Anschaffungskosten ermittelt worden sind, muss ein Vergleich mit dem Tagespreis am Bilanzstichtag stattfinden. Nur wenn der Börsen- oder Marktpreis höher ist, kann der nach dem Lifo-Verfahren ermittelte Wert angesetzt werden.

(3) **Steuerliche Zulässigkeit der Lifo-Methode**
§ 6 Abs. 1 Nr. 2 EStG schreibt vor, dass das am Bilanzstichtag vorhandene Vorratsvermögen, soweit nicht ein niedrigerer Teilwert in Betracht kommt, mit seinen tatsächlichen Anschaffungs- oder Herstellungskosten zu bewerten ist. Beim Lifo-Verfahren wird aber der am Bilanzstichtag vorhandene Bestand nicht mit seinen tatsächlichen Kosten bewertet, weshalb diese Bewertungsmethode bis 1989 unzulässig war, es sei denn, die Verbrauchsfolge entsprach im Einzelfall tatsächlich dem Lifo-Prinzip.

Seit 1990 können Steuerpflichtige, die den Gewinn nach § 5 EStG ermitteln, das **Lifo-Verfahren** auf gleichartige Wirtschaftsgüter des Vorratsvermögens unabhängig von der tatsächlichen Verbrauchsfolge anwenden, soweit

▶ dies den handelsrechtlichen GoB entspricht

▶ die Lifo-Verbrauchsfolge auch der Handelsbilanz zu Grunde gelegt wird.

Geht ein Steuerpflichtiger zur Bewertung nach § 6 Abs. 1 Nr. 2a EStG (Lifo-Verfahren) über, stellt sich die Frage, zu welchem Zeitpunkt der zum maßgebenden Stichtag vorhandene Bestand als angeschafft/hergestellt anzusehen ist. Nach § 6 Abs. 1 Nr. 2a Satz 2 EStG gilt der **Vorratsbestand zum Schluss des Wirtschaftsjahres**, das dem der erstmaligen Anwendung des Lifo-Verfahrens vorangeht, mit seinem Bilanzansatz als **erster Zugang des neuen Wirtschaftsjahres**.

(4) **Betriebswirtschaftliche Aspekte**
In Zeiten steigender Preise führt die Lifo-Methode i. d. R. dazu, die am teuersten, weil zuletzt angeschafften oder hergestellten Gegenstände so zu behandeln, als ob sie zuerst wieder verbraucht oder veräußert worden wären. Bei tendenziell sinkenden Preisen ist die Lifo-Bewertung nicht möglich, da sich grundsätzlich ein Verstoß gegen das Niederstwertprinzip ergibt.

Die Lifo-Methode konserviert sozusagen bei steigender Preistendenz die niedrigen Einstandswerte früherer Jahre, was zur Legung von Reserven führt und damit die Substanzerhaltung in den Beständen eher gewährleistet.

Liegt der Endbestand jedoch unter dem Anfangsbestand, so lösen sich die Bewertungsreserven automatisch im entsprechenden Umfang auf. Eine solche dosierte Auflösung wird dann erwünscht sein, wenn das ordentliche Jahresergebnis nicht dem erwarteten entspricht und deshalb eine Verbesserung angestrebt wird. In einem solchen Fall braucht nur die Beschaffung vorübergehend gedrosselt zu werden. Hierbei besteht die große Gefahr, dass die Ergebnisverbesserung zu Lasten der Substanz erfolgt.

Ein Wechsel zu einer anderen Bewertungsmethode ist handelsrechtlich nur unter der Voraussetzung des § 252 Abs. 2 HGB möglich. Siehe hierzu Abschnitt B.4.2.6. Steuerrechtlich kann von der Lifo-Methode in den folgenden Jahren nur mit Zustimmung des Finanzamts abgewichen werden (§ 6 Abs. 1 Nr. 2a Satz 3 EStG).

Fifo-Verfahren

Das in § 256 Satz 1 HGB ausdrücklich zugelassene Fifo-Verfahren (first in – first out) geht von der Annahme aus, dass die **zuerst angeschafften oder hergestellten Gegenstände** zuerst verbraucht oder veräußert worden sind, d. h. dass die am Bilanzstichtag vorhandenen Mengen demgemäß aus den letzten Einkäufen stammen.

Die praktische Anwendung des Verfahrens ist im Gegensatz zur Lifo-Methode, bei der erhebliche technische Probleme auftreten können, relativ einfach.

Voraussetzung ist eine fortlaufende Aufzeichnung zumindest aller Zugänge. Zur Bestimmung des wertmäßigen Endbestandes genügt es, von den jeweils letzten Eingangsrechnungen so lange zurückzurechnen, bis der mengenmäßige Bestand durch entsprechende Einkäufe gedeckt ist.

Beispiel

		Stück (Menge)	Preis pro Einheit	Wert in €
Anfangsbestand	01.01.	100	6	600
+ Zugänge	15.01.	50	8	400
+ Zugänge	15.02.	50	9	450
Buchbestand		200		1.450
Endbestand	31.12.	60	50 x 9 / 10 x 8	530
Verbrauch		140		920

Wurden innerhalb des Bilanzierungszeitraumes keine Einkäufe getätigt, so ist der Endbestand zu den Preisen des Anfangsbestandes anzusetzen.

Beispiel

	Stück (Menge)	Preis pro Einheit	Wert in €
Buchbestand	100	6	600
Endbestand	60	6	360
Verbrauch	40		240

Bei variierender Preistendenz ist zu prüfen, ob eine Minderung des Wertansatzes aufgrund des Niederstwertprinzips erforderlich ist. Dies wird bei ausschließlich sinkenden, nicht dagegen bei konstant steigenden Preisen der Fall sein. Bei sinkenden Preisen führt die Fifo-Methode zu einer niedrigeren Bewertung und trägt für diesen Ausnahmefall dem Vorsichtsprinzip Rechnung.

Zusammenstellung der unterschiedlichen Wertansätze

Die abschließende Zusammenstellung der unterschiedlichen Wertansätze soll veranschaulichen, in welchem Umfang Möglichkeiten der Legung von Reserven gegeben sind.

Beispiel

Methode	Wertansatz des Endbestandes pro Einheit (in €)
I. Durchschnittsbewertung	
1. Permanente Bewertung	4,55
2. Perioden-Bewertung	5,58
II. Lifo-Methode	
1. Permanentes Lifo	6,00
2. Perioden-Lifo	
a) Endbestand = Anfangsbestand	6,00
b) Endbestand größer als Anfangsbestand	6,81
c) Endbestand kleiner als Anfangsbestand	6,00
III. Fifo-Methode	8,83

Die Wertansätze können – wie die Beispiele zeigen – beachtlich schwanken. Die maximale Differenz liegt zwischen 4,00 € und 8,83 €. Bilanzpolitische Aktionen dieser Art erfahren jedoch Einschränkungen infolge des strengen Niederstwertprinzips und der Vorschriften des Steuerrechts (siehe Abschnitt B.4.4.1.2 unter (3)).

4.4.1.3 Abschreibungen auf den niedrigeren Wert

Bei Darstellung der Verbrauchsfolgeverfahren wurde wiederholt darauf hingewiesen, dass das Niederstwertprinzip zu beachten ist. Das gilt sowohl nach Handels- als auch nach Steuerrecht.

Handelsrechtliches Niederstwertprinzip

Liegt der Börsen- oder Marktpreis am Abschlussstichtag unter den Anschaffungs-/ Herstellungskosten, so muss der niedrigere Wert angesetzt werden (§ 253 Abs. 4 Satz 1 HGB).

Börsenpreis ist der an einer amtlich anerkannten Börse festgestellte Preis für die an der betreffenden Börse zum Handel zugelassenen Wertpapiere und Waren. **Marktpreis** ist derjenige Preis, der an einem bestimmten Handelsplatz für Waren einer bestimmten Gattung von durchschnittlicher Art und Güte zu einem bestimmten Zeitpunkt oder Zeitabschnitt im Durchschnitt gewährt wird.

Ist ein Börsen- oder Marktpreis nicht festzustellen und übersteigen die Anschaffungs-/ Herstellungskosten den Wert, der den Gegenständen am Abschlussstichtag beizulegen ist, so ist dieser Wert anzusetzen (§ 253 Abs. 4 Satz 2 HGB). In beiden Fällen handelt es sich um den Zeitwert.

Bei **Roh-, Hilfs- und Betriebsstoffen** ist der Zeitwert grundsätzlich aus dem mutmaßlichen Wiederbeschaffungspreis abzuleiten.

Für **Handelswaren**, unfertige und fertige Erzeugnisse ist der Zeitwert zu ermitteln durch Vergleich der Wiederbeschaffungskosten am Stichtag mit dem mutmaßlichen Realisierungswert. Zur Ableitung des **Realisierungswertes** ist vom Marktpreis am Absatzmarkt ein Abschlag für noch anfallende Aufwendungen zu machen.

Aufgabe 38 > Seite 433
Aufgabe 39 > Seite 433
Aufgabe 40 > Seite 434
Aufgabe 41 > Seite 434

Steuerliche Teilwertabschreibungen

Bei der Prüfung, ob Handelswaren sowie Fertigerzeugnisse mit dem niedrigeren Wert gem. § 253 Abs. 4 Satz 2 HGB anzusetzen sind, sind sowohl die Wiederbeschaffungskosten als auch die Verkaufspreise heranzuziehen (siehe Abschnitt B.4.4.1.3). Diese Auffassung wird von der BFH-Rechtsprechung geteilt.

Gründe für eine Teilwertabschreibung aufgrund einer voraussichtlich dauernden Wertminderung sind danach

▸ das Sinken der Wiederbeschaffungskosten

▸ das Sinken der Verkaufspreise.

(1) Sinken der Wiederbeschaffungskosten

Die Wiederbeschaffungskosten, d. h. die Einstandspreise, müssen nachhaltig gesunken sein. Ob dies der Fall ist, kann anhand von Börsen- und Marktpreisen ohne Schwierigkeiten festgestellt werden. Bei Waren, die nicht börsen- oder marktgängig sind, ist ein wichtiger Anhaltspunkt für die Nachhaltigkeit des Sinkens der Wiederbeschaffungskosten, dass *„entweder das allgemeine Preisniveau für Waren der betreffenden Art gesunken ist oder wenigstens die Preise für einzelne wichtige Bestandteile des für eine Ware maßgebenden Preisspiegels, z. B. bei Herstellungskosten die Löhne oder Rohstoffe, gefallen sind"* (BFH vom 13.03.1964, BStBl III S. 426, IV 236/63 S). Bei **modischen Waren** hält der BFH Marktpreise bzw. Wiederbeschaffungskosten, die der Teilwertabschreibung zu Grunde gelegt werden könnten, nicht für gegeben.

Vorübergehende Wertschwankungen sind nicht zu berücksichtigen. Bei Waren mit sinkender Preistendenz, z. B. bei Importwaren, können Teilwertabschläge vom Preis am Bilanzstichtag vorgenommen werden. Überhaupt ist bei Waren mit stark schwankenden Preisen die Preisentwicklung an den Märkten in den letzten vier bis sechs Wochen vor und nach dem Bilanzstichtag zu berücksichtigen (BFH vom 17.07.1956, BStBl III S. 379, I 292/55 U; vgl. auch § 253 Abs. 3 Satz 3 HGB).

(2) Sinken der Verkaufspreise

Auch bei unveränderten Wiederbeschaffungskosten kann eine Teilwertabschreibung bei den Vorräten notwendig werden, wenn die Verkaufspreise sinken, weil die Ware veraltet (unmodern) ist, weil ein hohes Marktangebot auf die Preise drückt oder weil die Ware beschädigt oder verschmutzt ist. Die wichtigsten Gründe für eine Teilwertabschreibung sind das Sinken des Preisniveaus und das Veralten der Waren (BFH vom 13.10.1976, BStBl 1977 II S. 540, I R 79/74).

Fraglich ist, ob eine Teilwertabschreibung erst möglich ist, wenn der am Bilanzstichtag erzielbare Verkaufspreis nicht mehr die Selbstkosten deckt, oder ob der niedrigere Teilwert schon dann angesetzt werden kann, wenn der Verkaufspreis die Selbstkosten zuzüglich Unternehmergewinn nicht mehr deckt.

Beispiel

1. Fall:	Selbstkosten der Ware	1.000 €
	Unternehmergewinn	150 €
	Kalkulierter Preis	1.150 €
	Tatsächlich zu erzielender Preis	1.050 €

2. Fall:	Selbstkosten der Ware	1.000 €
	Unternehmergewinn	150 €
	Kalkulierter Preis	1.150 €
	Tatsächlich zu erzielender Preis	900 €

Nach der Entscheidung des BFH im Urteil vom 05.05.1966 (BStBl 1966 III S. 370, IV 252/60) ist eine **Teilwertabschreibung** bereits zulässig, wenn der tatsächlich zu erzielende **Verkaufspreis unter dem kalkulierten Preis** (Selbstkosten plus Unternehmergewinn) liegt (Fall 1).

Im Urteil vom 27.10.1983 (BStBl 1984 II S. 35, IV R 143/80) hat der BFH seine Auffassung wie folgt bestätigt: Preisherabsetzungen im Einzelhandel führen zu einem Teilwertabschlag bei den Anschaffungskosten, wenn der ursprünglich kalkulierte Verkaufsaufschlag der betroffenen Waren nur die betrieblichen Aufwendungen und einen durchschnittlichen Unternehmergewinn abdeckt oder dahinter zurückbleibt.

(3) **Nachweis des niedrigeren Teilwerts**
Der Kaufmann muss die von ihm erwarteten Preisherabsetzungen grundsätzlich durch Aufzeichnungen über tatsächlich eingetretene Ermäßigungen belegen. Aus ihnen müssen sich auch die übrigen für den Teilwertabschlag maßgebenden Einzelheiten ergeben. Der Nachweis hat sich auf objektiv feststellbare Tatsachen zu beziehen. Hinweise auf die allgemein verschlechterte Wirtschaftslage genügen nicht. Ungewissheiten aufgrund unzureichender Aufzeichnungen gehen zu Lasten des Steuerpflichtigen (BFH vom 27.10.1983, BStBl II 1984 S. 35, IV R 143/80).

(4) **Ausnahmen vom Niederstwertprinzip**
Der BdF vertritt in R 6.8 Abs. 1 Satz 3 EStR die Auffassung, dass Wirtschaftsgüter des Vorratsvermögens, die keinen Börsen- oder Marktpreis haben, auch bei der Gewinnermittlung nach § 5 EStG mit den Anschaffungs- oder Herstellungskosten oder mit einem zwischen den Anschaffungs- oder Herstellungskosten und dem niedrigeren Teilwert liegenden Wert (Zwischenwert) angesetzt werden können, wenn und soweit nach vorsichtiger Beurteilung aller Umstände damit gerechnet werden kann, dass bei einer späteren Veräußerung der angesetzte Wert zuzüglich der Veräußerungskosten zu erlösen ist.

Aufgabe 42 > Seite 435

4.4.2 Bewertung der Forderungen

4.4.2.1 Ansatz zum Nennwert

Nach § 253 Abs. 1 HGB sind die Forderungen mit den Anschaffungskosten anzusetzen. Demgegenüber sind die Verbindlichkeiten zu ihrem Erfüllungsbetrag anzusetzen.

Die Regelung ist angesichts der Tatsache, dass Forderungen aus Lieferungen und Leistungen nicht angeschafft werden, sondern **durch Vermögensumformung** (Ware bzw. Fertigprodukt wird zur Forderung) **originär entstehen**, unverständlich. Der Gesetzgeber hätte analog zur Regelung bei Verbindlichkeiten den Ansatz zum Nennwert vorschreiben müssen.

Dass Kundenforderungen grundsätzlich mit dem **Nennwert** zu bewerten sind, hat der BFH im Urteil vom 23.11.1967 (DB 1968 S. 510, IV 123/63) entschieden. Danach entspricht der *„Ansatz von Kundenforderungen zum Nennwert ... den Grundsätzen ordnungsmäßiger Bilanzierung. Nur zweifelhafte Forderungen sind mit ihrem wahrscheinlichen Wert anzusetzen. Ließe man die Anschaffungs- oder Herstellungskosten der veräußerten Wirtschaftsgüter maßgebend sein, so würde die Gewinnverwirklichung bis zu der Zeit hinausgeschoben, in der die Warenforderungen eingehen. Dies würde nicht nur der Verkehrsauffassung, sondern auch den handelsrechtlichen Vorschriften und den für das Steuerrecht maßgebenden Grundsätzen ordnungsmäßiger Buchführung widersprechen."*

Bemerkenswert ist, dass der BFH in der obigen Entscheidung offenbar davon ausgeht, dass Forderungen keine Anschaffungs- oder Herstellungskosten haben, folglich die Vorschriften des § 6 Abs. 1 Nr. 2 EStG nicht zur Anwendung kommen können. Aktiviert wird der volle Rechnungsbetrag einschließlich Nebenkosten und Umsatzsteuer. Denn die Forderung gegen den Kunden besteht in Höhe der Rechnungssumme.

4.4.2.2 Abschreibung auf den niedrigeren Wert

Übersteigt der Nennbetrag den Wert, der den Forderungen am Abschlussstichtag beizulegen ist, so ist nach § 253 Abs. 4 Satz 2 HGB auf diesen niedrigeren Wert abzuschreiben. Dem handelsrechtlichen **Niederstwertprinzip** entspricht die steuerliche Abschreibung auf den niedrigeren **Teilwert**.

Die Abschreibung von Forderungen auf den niedrigeren Wert bezeichnet man als **Wertberichtigung**.

Man unterscheidet zwischen:

► Einzelwertberichtigungen und
► Pauschalwertberichtigungen.

Die Einzelwertberichtigung ist grundsätzlich vorzuziehen, da sie der tatsächlichen Vermögenslage (§ 264 Abs. 2 HGB) mehr entspricht.

Gründe für eine Wertberichtigung

Als wichtigste Gründe für eine Wertberichtigung sind zu nennen:

► **Unverzinslichkeit:** Langfristige Forderungen, die unverzinslich sind oder für die ein marktunüblicher Zinsfuß vereinbart ist, sind mit dem abgezinsten Wert anzusetzen.

► **Kursrückgang:** Forderungen in fremder Währung müssen bei einem sinkenden Kurs mit dem niedrigeren Tageskurs ausgewiesen werden.

► **Zweifelhafte Forderungen** sind mit ihrem mutmaßlichen Wert anzusetzen. Als zweifelhafte (dubiose) Forderungen bezeichnet man in bestimmter Höhe gefährdete Forderungen (z. B. durch Schadensersatz, Minderung, verminderte Zahlungsfähigkeit des Kunden).

► **Uneinbringlichkeit:** Uneinbringliche Forderungen sind abzuschreiben. Man spricht in diesem Fall nicht von Wertberichtigung, sondern von Ausbuchung. Als uneinbringlich gilt eine Forderung dann, wenn objektive Anzeichen für einen endgültigen Verlust sprechen (z. B. Insolvenzverfahren).

Anforderungen an eine Einzelwertberichtigung

Die Einzelwertberichtigung muss möglichst genau sein, d. h. sie muss der voraussichtlichen Wertminderung der Forderung entsprechen. Dabei kommt dem Schätzungsermessen des Kaufmanns besondere Bedeutung zu, weil er die Verhältnisse seines Betriebs am besten kennt. Die Schätzung des Kaufmanns muss jedoch objektiv durch die Verhältnisse seines Betriebes gestützt sein.

Bei der Ermittlung des Teilwerts einer Kundenforderung (§ 6 Abs. 1 Nr. 1 Satz 3 EStG) hat der Kaufmann alle am Bilanzstichtag vorliegenden, für die Bewertung maßgebenden Umstände zu berücksichtigen, soweit sie ihm bei Aufstellung der Bilanz bekannt sind. Hat der Kaufmann aber die Forderung aufgrund seiner allgemeinen Einschätzung des Schuldners (also ohne besondere Vorgänge anzuführen) unter dem Nennbetrag bewertet, ohne einen solchen Teilwert schon bei Aufstellung der Bilanz im Einzelnen begründen und ohne die am Bilanzstichtag vorliegenden Umstände bezeichnen zu können, so kann er diese Bewertung auch nach Aufstellung der Bilanz damit rechtfertigen, dass der tatsächliche Ablauf ein nachträglicher Beweis für die Richtigkeit seiner Schätzungen sei. In der Regel wird der Kaufmann dann darzulegen haben, dass die nachteiligen Umstände nicht erst nach dem Bilanzstichtag eintraten (BFH vom 03.07.1962, BStBl III 1962 S. 388, 258/60 U).

Eine betriebliche Forderung darf der Kaufmann solange nicht als wertlos abschreiben, solange er in der Bilanz eine betriebliche Verbindlichkeit gegenüber seinem Schuldner passiviert hat.

Pauschalwertberichtigung

Das Prinzip der Einzelbewertung würde gerade bei den Forderungen einen hohen Arbeitsaufwand bedingen. Jede einzelne Forderung müsste einer Bonitätsprüfung unterzogen werden. Nach den GoB (Grundsatz der Wirtschaftlichkeit) ist deshalb die Pauschalwertberichtigung zulässig, deren Höhe sich nach den durchschnittlichen tatsächlichen Forderungsausfällen der vergangenen Jahre richtet. Auch die Finanzverwaltung erkennt die pauschale Wertberichtigung unter bestimmten Voraussetzungen als steuerlich zulässig an.

(1) **Verfahren**

In der Praxis wird überwiegend ein **gemischtes Verfahren** angewandt, wonach die zweifelhaften Forderungen einzeln bewertet werden, während von den übrigen Forderungen pauschale Abschläge vorgenommen werden. Die pauschale Wertberichtigung erfolgt in einem zu schätzenden Prozentsatz von der Gesamtsumme der Warenforderungen (einschließlich Wechsel) abzüglich der einzeln wertberichtigten Forderungen.

Beispiel

Warenforderungen gesamt	250.000 €
davon einzeln wertberichtigt	40.000 €
Pauschalwertberichtigung von	210.000 €
Pauschalwertberichtigung bei angenommenen 1 %	2.100 €

(2) **Bemessungsgrundlage**

Fraglich ist, ob Pauschalwertberichtigungen vom Bruttobetrag (einschließlich Umsatzsteuer) oder vom Nettobetrag zu berechnen sind. Die Oberfinanzdirektion Düsseldorf unterscheidet nach der Art des Risikos. Soll die Wertberichtigung das Ausfallrisiko abdecken, so ist vom Nettobetrag auszugehen. Soweit jedoch Zinsverluste beim Überziehen von Zahlungszielen sowie Mahn- und Beitreibungskosten abgedeckt werden sollen, ist der Bruttobetrag Bemessungsgrundlage (Verfügung vom 12.07.1971 S 1471 A, DB 1971 S. 1387).

(3) **Pauschsatz**

Bei Festsetzung des Pauschsatzes sind folgende Faktoren zu berücksichtigen:

▸ **Ausfallrisiko:** Die Schätzung der Höhe des Ausfallwagnisses muss sich auf die künftige Entwicklung beziehen. Die betrieblichen Erfahrungen der Vergangenheit bieten jedoch einen wertvollen Anhaltspunkt, sofern sich die Verhältnisse nicht wesentlich geändert haben.

▸ **Skonti** und **sonstige Erlösschmälerungen:** Diese stehen nämlich in wirtschaftlichem Zusammenhang mit der einzelnen Lieferung.

▸ **Zinsverlust:** Dabei ist der handelsübliche Zinssatz anzuwenden, nach dem am Stichtag beim An- und Verkauf unverzinslicher Forderungen abgezinst worden wäre.

▶ **Einziehungsrisiko**: Dazu gehören sämtliche über die allgemeinen Aufwendungen für die Verwaltung der Forderungen hinausgehenden Kosten für Mahnungen, gerichtliche Verfolgung und Zwangsvollstreckung sowie ggf. anfallende Inkassospesen und Inkassoprovisionen.

Der einmal auf der Grundlage der Betriebserfahrungen ermittelte Prozentsatz für die Pauschalwertberichtigung darf nicht willkürlich, d. h. nicht ohne eine vernünftige Begründung geändert werden.

4.4.3 Bewertung der Wertpapiere

Wertpapiere sind gemäß § 253 Abs. 1 HGB mit den **Anschaffungskosten** anzusetzen. Da bei einer Vielzahl von Wertpapieren und häufigen Zu- und Abgängen die Einzelbewertung zu Anschaffungskosten sehr schwierig ist, ist unter bestimmten Voraussetzungen die **Durchschnittsbewertung** zulässig.

4.4.3.1 Einzel- und Durchschnittsbewertung

Nach dem BFH-Urteil vom 15.02.1966 (BStBl III 1966 S. 274 I 95/63) bestehen für den Ansatz von Wertpapieren zwei Möglichkeiten:

(1) Soweit ein **Identitätsnachweis** (der durch Wertpapiernummernverzeichnisse geführt wird) möglich ist, gilt das tatsächlich verkaufte Wertpapier als veräußert (Einzelbewertung).

(2) Kann der Identitätsnachweis nicht geführt werden, so gilt die **Durchschnittsbewertung**.

Vereinfachungen sehen gleichlautende Ländererlasse vor (BStBl I 1968 S. 986).

Die Durchschnittsbewertung von Wertpapieren kommt nur bei steigenden Preisen in Betracht. Bei fallenden Preisen tritt an die Stelle der Durchschnittsbewertung – zumindest beim Vermögensvergleich nach § 5 EStG – die Bewertung zum niedrigeren Teilwert.

4.4.3.2 Teilwertabschreibung

Sind die Anschaffungskosten (Einzel- oder Durchschnittswerte) von Wertpapieren höher als der Börsenkurs, so ist der niedrigere Börsenpreis anzusetzen (§ 253 Abs. 4 Satz 1 HGB). In diesem Fall sind steuerlich Abschreibungen auf den niedrigeren Teilwert vorzunehmen.

Der Teilwert entspricht dem Betrag, der sich ergibt, wenn die Anschaffungskosten in demselben Verhältnis gemindert werden, in dem der „eigentliche" Kaufpreis zu dem gesunkenen Börsenkurs steht. Die Maklergebühren können in solchen Fällen nicht ohne weiteres in vollem Umfang abgeschrieben werden. Denn Maklergebühren können bei Ermittlung des Teilwerts nicht ausgeschaltet werden. Bei Bewertung eigener Anteile ist ebenfalls das Niederstwertprinzip zu beachten.

4.4.4 Bewertung der Rechnungsabgrenzungsposten

Aus der Bilanzgliederung des § 266 HGB sowie aus § 246 Abs. 1 und § 247 Abs. 1 HGB kann man folgern, dass die Rechnungsabgrenzungsposten nicht zu den Vermögensgegenständen gehören, da sie sonst nicht getrennt aufgeführt würden. In diesem Sinne äußern sich *Adler/Düring/Schmaltz*. Sie halten es nicht für erforderlich, dass bei aktiven Rechnungsabgrenzungsposten ein greifbarer Vermögenswert vorliegt. Hieraus ergibt sich, dass die Bewertungsvorschriften des § 253 HGB auf Rechnungsabgrenzungsposten nicht anwendbar sind.

Aus der gleichen Erwägung – Nichtvorliegen eines Wirtschaftsguts – hat der BFH mit Urteil vom 20.11.1969 (BStBl II 1970 S. 209, IV R 3/69) eine Teilwertabschreibung auf einen Rechnungsabgrenzungsposten abgelehnt.

Meines Erachtens ist dem entgegenzuhalten, dass Rechnungsabgrenzungsposten als Vorauszahlungen (§ 250 HGB) ebenso wie Anzahlungen Vermögensgegenstände darstellen, für die demzufolge auch die allgemeinen Bewertungsvorschriften gelten müssten.

Eine spezielle Abschreibungs-Vorschrift enthält § 250 Abs. 3 HGB bezüglich des Disagios bzw. Damnums. Wird dieses aktiviert (Wahlrecht), so ist es über die Laufzeit der Verbindlichkeit abzuschreiben. Für die Steuerbilanz besteht dagegen Ansatzpflicht (Hinweis Damnum zu R 6.10 EStR).

Aufgabe 43 > Seite 436
Aufgabe 44 > Seite 436
Aufgabe 45 > Seite 436
Aufgabe 46 > Seite 437

4.5 Bewertung der Passiva

§ 253 Abs. 1 f. 2 HGB enthält auch Bewertungsvorschriften für die **Passiva**. Danach sind anzusetzen

► Verbindlichkeiten zu ihrem Erfüllungsbetrag

► Rentenverpflichtungen, für die eine Gegenleistung nicht mehr zu erwarten ist, zu ihrem Erfüllungsbetrag

► Rückstellungen in Höhe des Erfüllungsbetrages, der nach vernünftiger kaufmännischer Beurteilung notwendig ist.

In den Fällen, in denen die Restlaufzeit mehr als ein Jahr beträgt, sind die dargestellten Rentenverpflichtungen und Rückstellungen mit dem ihrer Restlaufzeit entsprechenden durchschnittlichen Marktzins der vergangenen sieben Geschäftsjahre abzuzinsen. Der entsprechende Zinssatz wird von der Deutschen Bundesbank ermittelt und bekannt gegeben.

Bei unverzinslichen und niedrig verzinslichen Verbindlichkeiten ist eine generelle Abzinsung weiterhin unzulässig.

4.5.1 Wertansatz des Eigenkapitals

Wenn § 272 Abs. 1 Satz 2 HGB nur den Wertansatz des gezeichneten Kapitals vorschreibt, so erklärt sich das aus der Tatsache, dass sich bei den sonstigen Eigenkapitalposten keine Bewertungsprobleme ergeben. So handelt es sich bei den Rücklagen um Posten der Gewinnverwendung, die keiner Bewertung zugänglich sind. Entsprechendes gilt für Gewinn- und Verlustvorträge.

Die Vorschrift des § 272 Abs. 1 Satz 2 HGB – Ansatz des gezeichneten Kapitals zum Nennbetrag – dient der Kapitalerhaltung: Da ein Wertansatz mit einem niedrigeren Wert als zum Nennbetrag nicht zulässig ist, kann sich insoweit kein Bilanzgewinn ergeben. Es wird somit verhindert, dass Teile des Grund- oder Stammkapitals an die Gesellschafter ausgeschüttet werden (Vermögensbindung).

Dem Ansatz zum Nennbetrag entspricht die in § 272 Abs. 1 Satz 3 HGB vorgeschriebene Behandlung ausstehender Einlagen auf das Kapital. Bei dem vorgeschriebenen passivischem Ausweis, d. h. bei offener Absetzung der nicht eingeforderten Einlagen in der Vorspalte (Nettoausweis) ergibt sich das „Eingeforderte Kapital" (§ 272 Abs. 1 Satz 3 HGB) als Saldo des zum Nennbetrag angesetzten gezeichneten Kapitals und der noch nicht eingeforderten ausstehenden Einlagen, die ebenfalls mit dem Nennbetrag anzusetzen sind.

Zum **Ausweis** des gezeichneten Kapitals siehe Abschnitt B.3.6.1. Für den **Ansatz** des gezeichneten Kapitals ist der Nennbetrag am Abschlussstichtag maßgebend. Dies ist insbesondere für Kapitalveränderungen von Bedeutung. Da Kapitalerhöhungen und -herabsetzungen grundsätzlich erst mit der Eintragung ins Handelsregister wirksam werden, ergibt sich der Nennbetrag in der Regel aus der Registereintragung am Abschlussstichtag.

4.5.2 Wertansatz bei Rückstellungen

Bei Rückstellungen besteht die eigentliche Problematik nicht im Wertansatz, sondern darin, ob im Einzelfall eine Rückstellung zulässig ist (siehe Abschnitt B.2.1.2). Wird die Rückstellungsfähigkeit bzw. -pflicht bejaht, so stellt sich jedoch zusätzlich die Frage, in welcher **Höhe** die Rückstellung zu bilden ist. Denn im Gegensatz zu Verbindlichkeiten sind Rückstellungen der Höhe nach unbestimmt.

Wie schon erwähnt, sind nach § 253 Abs. 1 HGB Rückstellungen nur in Höhe des Erfüllungsbetrages anzusetzen, der nach vernünftiger kaufmännischer Beurteilung notwendig ist. Als vernünftiger Bewertungsmaßstab kann nur diejenige Beurteilung gelten, die in sich logisch ist und sachlich objektiv begründet werden kann, eine Beurteilung also, zu der auch ein Dritter unter sonst gleichen Umständen gelangen würde.

Nach § 253 Abs. 2 HGB müssen Rückstellungen mit einer Restlaufzeit von mehr als einem Jahr abgezinst werden. Wegen der Besonderheiten bei Pensionsrückstellungen siehe nachstehend.

Steuerrechtlich sind Rückstellungen für Verpflichtungen, die sich auf einen Zeitraum von mehr als 12 Monaten erstrecken, mit einem Zinssatz von 5,5 % abzuzinsen (§ 6 Abs. 1 Nr. 3a, e EStG).

Soweit **Passivierungspflicht** besteht, ist die Rückstellung so zu bemessen, dass das zu erwartende Risiko abgedeckt wird. Steht z. B. dem Grunde nach eine Verpflichtung fest, dürfen Abweichungen zwischen der Höhe der Rückstellung und der späteren tatsächlichen Verpflichtung ihre Ursache lediglich in der einer Schätzung naturgemäß anhaftenden Unsicherheit haben. Dem Kaufmann steht insoweit **kein Dispositionsrecht** zu.

Die Schätzung der Rückstellungshöhe hängt jeweils von der Art der Rückstellung ab (siehe nachstehend). Es kann sich um eine **Grobschätzung** handeln, wie z. B. bei Rekultivierungsrückstellungen. Es können jedoch auch exaktere Berechnungsmethoden zur Anwendung kommen, wie z. B. bei Pensionsrückstellungen. Ferner können Einzel- und Pauschalrückstellungen (z. B. für Garantieleistungen) unterschieden werden.

Wertansatz der Pensionsrückstellungen

Für Pensionsrückstellungen sind gewisse Bewertungsmethoden anerkannt, die alle auf versicherungsmathematischen Grundlagen beruhen. Als Wertansatz kommen für Pensionsverpflichtungen der Barwert, für Anwartschaften der Gegenwartswert oder der Teilwert infrage.

Wertbestimmend ist hierbei der Zinsfuß. Nach § 253 Abs. 2 Satz 2 dürfen Rückstellungen für Altersvorsorgeverpflichtungen pauschal mit dem durchschnittlichen Marktzinssatz abgezinst werden, der sich bei einer angenommenen Restlaufzeit von 15 Jahren ergibt. Ferner sind die biologischen Wahrscheinlichkeiten aufgrund statistischer Untersuchungen, Sterbenswahrscheinlichkeiten, das Invaliditätsrisiko, eine eventuelle Zusage zur Zahlung von Witwengeld mit in die Berechnung einzubeziehen.

Auch versicherungsmathematische Näherungsverfahren können als zulässig angesehen werden, sofern diese nicht zu einer Überdotierung führen.

Nach **§ 6a Abs. 3 EStG** ist die Pensionsrückstellung so zu bemessen, als ob die Pensionszusage bereits zu Beginn des Wirtschaftsjahrs gegeben worden wäre, in dem das Dienstverhältnis begonnen hat, frühestens mit dem versicherungstechnischen Alter

28 des Berechtigten. Als Beginn des Dienstverhältnisses ist grundsätzlich der tatsächliche Dienstantritt im Rahmen des bestehenden Dienstverhältnisses anzusehen.

Bei der Berechnung des Teilwerts der Pensionsverpflichtung ist nach § 6a Abs. 3 Satz 3 EStG ein **Rechnungszinsfuß von 6 %** zu Grunde zu legen. Ein höherer oder niedrigerer Rechnungszinsfuß ist nicht zulässig. Dies gilt auch für die Pensionsverpflichtungen, bei denen bisher zulässigerweise ein anderer Rechnungszinsfuß als 6 % zu Grunde gelegt worden ist.

Zur Verrechnungspflicht von Altersversorgungsverpflichtungen mit bestimmten Vermögensgegenständen (Planvermögen) vgl. meine Ausführungen unter Abschnitt B.3.6.

Wertansatz sonstiger Rückstellungen

Bei den übrigen Rückstellungen, die nach § 249 Abs. 1 f. HGB gebildet werden müssen (siehe Abschnitt B.2.1.2 und 2.3.2), fehlen handelsrechtlich konkrete Vorschriften über die Rückstellungshöhe. Maßstab bleibt damit die „vernünftige kaufmännische Beurteilung" des Erfüllungsbetrages.

Durch diesen Maßstab soll der **Schätzungsrahmen** für die Höhe der Rückstellung objektiviert werden. Als vernünftig kann eine Beurteilung nur angesehen werden, die in sich schlüssig und nachvollziehbar ist. Dennoch bleibt dem Bilanzierenden im Hinblick auf die Bemessung der Rückstellung ein erheblicher Spielraum. Der Begriff Erfüllungsbetrag umfasst sowohl Geldleistungs- als auch Sachleistungs- oder Sachwertverpflichtungen. Darüber hinaus stellt die Verwendung dieses Begriffs ausdrücklich klar, dass bei der Rückstellungsbewertung – unter Einschränkung des Stichtagsprinzips – künftige Preis- und Kostensteigerungen zu berücksichtigen sind.

Gemäß § 6 Abs. 1 Nr. 3a EStG werden Grundsätze vorgegeben, nach denen die Rückstellungen in der Steuerbilanz zu bewerten sind.

Danach sind Rückstellungen für Sachleistungsverpflichtungen mit den Einzelkosten und den angemessenen Teilen der notwendigen Gemeinkosten zu bewerten (§ 6 Abs. 1 Nr. 3b EStG).

Zu den nicht notwendigen Gemeinkosten gehören neutrale und außerordentliche Kosten, die im Abrechnungszeitraum angefallen sind. Des Weiteren (§ 6 Abs. 1 Nr. 3a EStG) sind bei der Wertfindung der Rückstellung auch künftige Vorteile gegenzurechnen, die mit der Erfüllung der Verpflichtung voraussichtlich verbunden sind. Hierin kommt der Kompensationsgedanke, den der BFH im so genannten „Apotheker-Urteil" (BFH v. 29.04.1999, BStBl II 1999, 681, IV R 14/98) äußerte. Problematisch wäre wohl die Bewertung von immateriellen Vorteilen wie Kundenzufriedenheit, erwartete Umsatz- und Gewinnsteigerungen o. Ä.

Anhaltspunkte für eine vernünftige kaufmännische Beurteilung – auch in der Handelsbilanz – sind nach wie vor die folgenden Stellungnahmen der Steuerrechtsprechung und Finanzverwaltung zu der Frage, in welcher Höhe Rückstellungen im Einzelfall notwendig sind.

(1) **Rückstellung für drohende Verluste aus schwebenden Verträgen**

Nach dem Beschluss des Großen Senats des BFH vom 23.06.1997 – GrS 2/93 (BBK Fach 17 S. 3017) ist Gegenstand der **Drohverlustrückstellung** nicht eine einzelne Verpflichtung aus dem schwebenden Vertrag, sondern das voraussichtliche negative Ergebnis (der „Verlust") aus diesem Geschäft. Da die Rückstellung einen **„Verpflichtungsüberschuss"** (Saldo) aus dem gegenseitigen Vertrag abbilden soll, müssen **Aufwendungen und Erträge**, die sich aus den wechselseitigen Forderungen und Verbindlichkeiten ergeben, notwendig **miteinander saldiert** werden. § 249 Abs. 1 Satz 1 HGB enthält insoweit eine Ausnahme vom Saldierungsverbot nach § 246 Abs. 2 HGB.

Steuerrechtlich dürfen Rückstellungen für drohende Verluste aus schwebenden Geschäften gemäß § 5 Abs. 4a HGB **nicht** gebildet werden.

(2) **Rückstellung für Garantieverpflichtungen**

Die Höhe der Rückstellung bemisst sich in der Regel nach der **durchschnittlichen Inanspruchnahme** in Prozenten vom Umsatz in der Vergangenheit. Ein eventuelles Rückgriffsrecht auf den Vorlieferer ist zu berücksichtigen. Die Vergangenheit gilt aber nur als Maßstab für die Zukunft. Die neu gewonnenen Erkenntnisse zwischen Bilanzstichtag und Bilanzaufstellung sind zu berücksichtigen, sofern sie die Verhältnisse am Bilanzstichtag klären.

Für die Bemessung der Rückstellungen sind die **Preisverhältnisse am Bilanzstichtag** maßgebend. Bei mehrjähriger Garantiefrist nimmt die Höhe der Rückstellungen für die garantiebelasteten Umsätze im Laufe des Garantiezeitraums ab. Mit dieser Maßgabe sind die Rückstellungen für jedes noch in der Garantiezeit liegende Leistungsjahr am jeweiligen Bilanzstichtag neu zu berechnen.

Einheitliche Richtsätze für die Bemessung von Garantieverpflichtungen können nicht aufgestellt werden. Ob und in welcher Höhe Rückstellungen für Garantieverpflichtungen zugelassen werden können, muss im Hinblick auf die außerordentlich unterschiedlichen Verhältnisse bei den einzelnen Betrieben jeweils im Einzelfall geprüft werden.

(3) **Provisionsverpflichtungen**

Die Höhe der nach der BFH-Rechtsprechung zulässigen Rückstellung für Provisionsverpflichtungen lässt sich regelmäßig ohne besondere Schwierigkeiten berechnen. Als Berechnungsgrundlage dienen die provisionspflichtigen Rechnungsbeträge der Geschäfte, die vom Unternehmer ausgeführt, bei denen die Zahlungen der Kunden noch nicht eingegangen und für die Provisionszahlungen an die Handelsvertreter noch nicht geleistet sind.

(4) **Rückstellung für Wechselobligo**

Bei der Pauschalrückstellung für das Wechselobligo ist der maßgebliche Vomhundertsatz in der Regel nach den betrieblichen Erfahrungen der vorangegangenen Wirtschaftsjahre zu ermitteln. Die Höhe der Pauschalrückstellung ergibt sich aus der Anwendung dieses Vomhundertsatzes auf den Nennbetrag der bis zum Bilanzstichtag weitergegebenen Kundenwechsel, für die das Pauschalverfahren angewendet wird. Sind alle weitergegebenen Kundenwechsel, für die eine Pauschalrückstellung gebildet werden soll, im Zeitpunkt der Bilanzaufstellung eingelöst worden, so scheidet die Bildung einer Pauschalrückstellung aus.

(5) **Rückstellung für Jahresabschlusskosten u. Ä.**

Die Rückstellung, die für die Kosten des Jahresabschlusses und (bzw. oder) für die Kosten der Erstellung von Betriebssteuererklärungen gebildet wird, ist mit dem Betrag des Honorars eines mit diesen Arbeiten beauftragten Dritten oder mit den durch den Abschluss bzw. durch die Erstellung der Steuererklärungen veranlassten betriebsinternen Einzelkosten zu bewerten.

4.5.3 Wertansatz der Verbindlichkeiten

Nach § 253 Abs. 1 HGB sind die Verbindlichkeiten zu ihrem Erfüllungsbetrag anzusetzen und ggf. abzuzinsen. Steuerrechtlich sind Verbindlichkeiten mit einem Zinssatz von 5,5 vom Hundert abzuziehen, soweit deren Laufzeit mehr als 12 Monate beträgt (§ 6 Abs. 1 Nr. 3 EStG).

Ansatz zum Erfüllungsbetrag

Der Erfüllungsbetrag gilt ohne Rücksicht auf den Entstehungsgrund, die Sicherheit und Fälligkeit für alle Verbindlichkeiten. Der Ansatz zum Erfüllungsbetrag ist auch nicht von einem vorherigen Geldzufluss (z. B. Darlehen) abhängig. Unter Erfüllungsbetrag ist vielmehr der Betrag zu verstehen, der zum Ausgleich der Verbindlichkeit (z. B. aus Lieferungen und Leistungen) aufgebracht werden muss.

Maßgebend ist der Betrag, der bei normaler Abwicklung der Verbindlichkeit zu zahlen ist. Hängen Zu- oder Abschläge von bestimmten vereinbarten Voraussetzungen ab, so sind **Zuschläge** erst dann zu berücksichtigen, wenn mit dem Eintritt der Voraussetzungen nach vernünftiger kaufmännischer Beurteilung zu rechnen ist. **Abschläge** dürfen dagegen erst dann berücksichtigt werden, wenn diese vereinbarten Voraussetzungen vorliegen (Imparitätsprinzip).

Ist der Erfüllungsbetrag am Abschlussstichtag noch nicht bekannt, z. B. weil die Rechnung noch nicht ausgestellt wurde (im Baugewerbe häufig), so ist der Betrag vorsichtig zu schätzen. In solchen Fällen kommt m. E. der Ausweis einer Rückstellung in Betracht.

Ist der Erfüllungsbetrag höher als der Ausgabebetrag, so darf der Unterschiedsbetrag als **Disagio** oder Damnum bei den aktiven Rechnungsabgrenzungsposten – jedoch getrennt von den übrigen Positionen – ausgewiesen werden. Es kann aber auch eine sofortige Abschreibung erfolgen (§ 250 Abs. 3 HGB). Für die Steuerbilanz besteht dagegen Ansatzpflicht (Hinweis Damnum zu H 6.10 EStR).

Der Erfüllungsbetrag ist auch dann anzusetzen, wenn Verbindlichkeiten überverzinst sind. Das Gleiche gilt für unverzinsliche oder niedrig verzinsliche Verbindlichkeiten. Im Gegensatz zu unverzinslichen Forderungen ist eine **Abzinsung** der unverzinslichen oder niedrig verzinslichen Verbindlichkeiten **nicht zulässig**. Steuerrechtlich sind Rückstellungen gemäß § 6 Abs. 1 Nr. 3 EStG mit einem Zinssatz von 5,5 vom Hundert abzuzinsen, soweit diese mehr als 12 Monate reichen.

Abschließend sei darauf hingewiesen, dass gemäß § 240 Abs. 4 HGB gleichartige oder annähernd gleichwertige Schulden als Gruppe zusammengefasst und mit dem gewogenen **Durchschnittswert** angesetzt werden können. Die Voraussetzungen dürften nur in bestimmten Branchen vorliegen.

Wertansatz spezieller Verbindlichkeiten

(1) **Währungsverbindlichkeiten**
Kurzfristige Valutaverbindlichkeiten aus dem laufenden Geschäftsverkehr werden in der Praxis häufig in Währungskontokorrenten verbucht und die Bestände zum Abschlussstichtag zum Devisenkassamittelkurs (§ 256a HGB) in Euro umgerechnet. Es sind Bedenken gegen dieses Verfahren im Schrifttum erhoben worden, da auch noch nicht realisierte Kursgewinne vereinnahmt würden. Das ist richtig, aber aufgrund von § 256a Satz 2 HGB ausdrücklich aus Praktikabilitätserwägungen erlaubt.

Mittel- und langfristige Valutaverbindlichkeiten sind grundsätzlich mit dem **Devisenkassamittelkurs** im Zeitpunkt ihrer Erstverbuchung einzubuchen. Die Folgebewertung zum Bilanzstichtag steht unter dem Vorbehalt des Anschaffungskostenprinzips (§ 253 Abs. 1 Satz 1 HGB) sowie des Realisations- und des Imparitätsprinzips (§ 252 Abs. 1 Nr. 4 Halbsatz 2 HGB). Danach dürfen Umrechnungen zum Bilanzstichtag nicht zum Ausweis nicht realisierter Gewinne führen. Es müssen jedoch voraussichtlich dauernde Wertminderungen aus der nachhaltigen Verschlechterung des Umrechnungskurses durch eine Wertberichtigung berücksichtigt werden.

(2) **Wechselverbindlichkeiten**
Wechselverbindlichkeiten sind stets mit dem Betrag in der Bilanz auszuweisen, der der Wechselsumme entspricht. Dies ist der Erfüllungsbetrag nach § 253 Abs. 1 HGB. Der Diskontbetrag kann nach § 250 Abs. 3 HGB (nicht nach § 250 Abs. 1 HGB) aktivisch abgegrenzt werden. Steuerrechtlich besteht keine Abgrenzungspflicht.

(3) **Erhaltene Anzahlungen auf Bestellungen**
Sie sind mit dem Betrag anzusetzen, der dem Unternehmen zugeflossen ist. Sind die Anzahlungen verzinslich und werden die Zinsen im Rahmen der Auftragsabrechnung verrechnet, so sind die aufgelaufenen Zinsen in die erhaltenen Anzahlungen einzubeziehen. Stehen dagegen dem Unternehmen unverzinsliche Anzahlungen für Zwischengeldanlagen zur Verfügung, so können die Zinserträge vereinnahmt werden.

(4) **Rentenverpflichtungen**
Rentenverpflichtungen sind nach § 253 Abs. 2 Satz 3 HGB mit dem beizulegenden Zeitwert anzusetzen, sofern für sie eine Gegenleistung nicht mehr zu erwarten ist. Der Zeitwert ermittelt sich unter Berücksichtigung der Abzinsung mit dem durch-

schnittlichen Marktzinssatz, der der Restlaufzeit entspricht. Diese darf mit 15 Jahren angenommen werden (§ 253 Abs. 2 Satz 3 HGB). Unter **Renten** sind für eine bestimmte Dauer periodisch wiederkehrende gleichmäßige Leistungen in Geld, Geldeswert oder vertretbaren Sachen aufgrund eines einheitlichen Rentenstammrechts zu verstehen. Sie beruhen, wie im Fall der laufenden Pensionszahlungen, überwiegend auf vorangegangenen Leistungen der Rentenempfänger. Die Gegenleistung ist jedoch nicht Voraussetzung.

Eine Gegenleistung ist insbesondere in folgenden Fällen nicht mehr zu erwarten:

- Eintritt des Versorgungsfalls und sofortiger Zahlungsbeginn (Ansatz zum abgezinsten Erfüllungsbetrag)
- Ausscheiden aus dem Unternehmen mit Anwartschaft (Ansatz zum abgezinsten Anwartschaftserfüllungsbetrag)
- die Gegenleistung (z. B. Übereignung eines Grundstücks gegen Leib- oder Zeitrente) ist bereits erbracht (Ansatz zum abgezinsten Erfüllungsbetrag)
- Entstehen der Rentenverpflichtung ohne Gegenleistung, z. B. bei Schadensersatz (Ansatz zum abgezinsten Erfüllungsbetrag).

Der **Barwert** von Rentenverpflichtungen ist nach finanzmathematischen Verfahren zu errechnen. Die Obergrenze des möglichen Zinssatzes entspricht grundsätzlich dem durchschnittlichen Marktzins der letzten 15 Jahre. In der Steuerbilanz sind gem. § 6a Abs. 3 Satz 3 EStG ein Rechnungszinsfuß von 6 % und die anerkannten versicherungsmathematischen Regeln anzuwenden.

Zuschreibung auf den höheren Wert

Nach § 6 Abs. 1 Nr. 3 EStG sind Verbindlichkeiten unter sinngemäßer Anwendung der Bewertungsvorschriften für das Umlaufvermögen anzusetzen. Hieraus folgt, dass anstelle der Abschreibung auf den niederen Teilwert eine „Zuschreibung" auf den höheren Teilwert tritt. Bei den Verbindlichkeiten wird aus dem Niederstwertprinzip ein **Höchstwertprinzip**. Für den Wertansatz kommen somit in Betracht:

- der Rückzahlungsbetrag oder
- der höhere Teilwert.

War eine Verbindlichkeit in der Vorjahresbilanz (z. B. durch Sinken des Euro-Kurswertes) mit dem höheren Teilwert ausgewiesen und ist der Teilwert inzwischen (durch Ansteigen des Euro-Kurswertes) gesunken, so kann der Wertansatz entsprechend herabgesetzt (= „abgeschrieben") werden. Die Untergrenze ist jedoch der „Anschaffungswert", er darf nicht unterschritten werden. In diesen Fällen kann auch ein Zwischenwert angesetzt werden. Zu beachten ist aber, dass Verbindlichkeiten mit einem Zinssatz von 5,5 % abzuzinsen sind, wenn deren Laufzeit am Bilanzstichtag mehr als 12 Monate beträgt.

Obwohl in § 253 HGB keine § 6 Abs. 1 Nr. 3 EStG entsprechende Vorschrift enthalten ist, gilt für Verbindlichkeiten in der **Handelsbilanz** ebenfalls das Höchstwertprinzip.

Sind die Gründe für einen höheren Wertansatz entfallen, muss eine stichtagsbezogene Neubewertung erfolgen (vgl. Abschnitt B.4.5.3. (1)).

Lösung

	Lösung
1. Welchem Zweck dienen die handelsrechtlichen Bewertungsvorschriften?	S. 150
2. Welchem vorrangigen Ziel dienen die steuerrechtlichen Bewertungsvorschriften?	S. 151
3. Was versteht man unter Eigenständigkeit der Steuerbilanz?	S. 151
4. Was besagt der Grundsatz des Bilanzenzusammenhangs?	S. 152
5. In welcher Bestimmung ist der Grundsatz der Unternehmensfortführung (going-concern-Prinzip) geregelt? Was besagt dieser Grundsatz?	S. 152 f.
6. Was spricht für den Grundsatz der Einzelbewertung?	S. 153
7. In welchem Umfang werden Gebäude als Bewertungseinheit behandelt? Welche Gebäudeteile werden selbstständig bewertet?	S. 154
8. Welche Ausnahmen gibt es vom Prinzip der Einzelbewertung?	S. 156
9. Was versteht man unter Verlustantizipation? In welcher Vorschrift ist sie geregelt?	S. 157
10. Welche Bedeutung hat der Grundsatz der Vorsicht in der Handels- und Steuerbilanz?	S. 157 f.
11. Legen Sie den Unterschied dar zwischen dem Imparitätsprinzip und dem Realisationsprinzip!	S. 159 f.
12. Die Wertaufhellungstheorie hat in den handelsrechtlichen Rechnungslegungsvorschriften ihren Niederschlag gefunden. Wo ist sie geregelt und was besagt sie?	S. 159 f.
13. Wo ist der Grundsatz der Periodenabgrenzung geregelt? Nennen Sie Fälle, in denen von diesem Grundsatz abgewichen werden kann!	S. 161
14. Was versteht man unter dem Grundsatz der Bewertungsstetigkeit? Welchen Zielen dient er?	S. 161 f.
15. Unter welchen Voraussetzungen kann vom Grundsatz der Bewertungsstetigkeit abgewichen werden?	S. 161 f.
16. In welchen handelsrechtlichen Vorschriften ist die Bewertung des Anlagevermögens geregelt?	S. 162
17. Nennen Sie die Wertansätze des Anlagevermögens!	S. 162 f.
18. Wo sind die Anschaffungskosten gesetzlich definiert? Aus welchen Komponenten bestehen die Anschaffungskosten?	S. 163
19. Nennen Sie bei Anschaffung einer Maschine die Aufwendungen zur Herbeiführung der Betriebsbereitschaft!	S. 164
20. Was versteht man unter Anschaffungsnebenkosten? Welche Aufwendungen gehören hierzu?	S. 164
21. Gehören Finanzierungskosten zu den Anschaffungsnebenkosten? Nennen Sie die typischen Anschaffungspreisminderungen!	S. 164

22. Welche Anschaffungskosten sind beim Tausch von Wirtschaftsgütern zu aktivieren? Gibt es Wahlrechte?	S. 165
23. Gehören Zulagen und Zuschüsse zu den Anschaffungskosten? Wie kann bilanziert werden?	S. 166
24. Können beim unentgeltlichen Erwerb von Vermögensgegenständen Anschaffungskosten angesetzt werden?	S. 166
25. In welcher handelsrechtlichen Vorschrift sind die Herstellungskosten definiert?	S. 167
26. Was versteht man unter vorgelagerten Herstellungskosten? Nennen Sie Beispiele!	S. 167
27. Sind Gemeinkosten in die Herstellungskosten einzubeziehen?	S. 168
28. Was versteht man bei Ermittlung der Herstellungskosten unter der Unmittelbarkeit der Kostenzuordnung?	S. 168
29. Welches Kalkulationsschema wird der Ermittlung der Herstellungskosten allgemein zu Grunde gelegt?	S. 169
30. Was versteht man unter Fertigungsgemeinkosten? Welche Aufwendungen rechnen hierzu?	S. 169 f.
31. Unter welchen Voraussetzungen ist Herstellungsaufwand gegeben? Grenzen Sie ihn ab vom Erhaltungsaufwand!	S. 171
32. Bezeichnen Sie das Wesen und die Aufgaben der planmäßigen Anlagenabschreibung!	S. 172 f.
33. Dient die planmäßige Abschreibung neben der Kostenverteilung auch der Substanzerhaltung?	S. 173 f.
34. Welche Vermögensgegenstände kommen für eine planmäßige Abschreibung in Betracht?	S. 174 f.
35. Ist der zivilrechtliche oder wirtschaftliche Eigentümer zur Abschreibung berechtigt?	S. 175 f.
36. Ab welchem Zeitpunkt können Vermögensgegenstände handelsrechtlich und steuerrechtlich abgeschrieben werden?	S. 176
37. Nennen Sie die in Betracht kommenden Bemessungsgrundlagen für die Abschreibung bzw. AfA!	S. 176 f.
38. Kann der Restwert eines Vermögensgegenstandes bei der Bemessung der Abschreibung berücksichtigt werden?	S. 177 f.
39. Welche Faktoren bestimmen die voraussichtliche (betriebsgewöhnliche) Nutzungsdauer?	S. 178 f.
40. Nennen Sie die nach Handels- und Steuerrecht in Betracht kommenden Abschreibungsmethoden!	S. 180
41. Welcher wesentliche Unterschied besteht zwischen der geometrisch-degressiven Abschreibung und der arithmetisch-degressiven Abschreibung?	S. 181

42. Nennen Sie ein typisches Beispiel für eine Abschreibung nach Leistungseinheiten!	S. 183
43. Das Gesetz lässt in bestimmten Fällen eine Vollabschreibung zu, und zwar aus Vereinfachungsgründen. Welche Fälle kommen in Betracht?	S. 184
44. Welche Voraussetzungen müssen für die Vollabschreibung geringwertiger Wirtschaftsgüter vorliegen?	S. 184
45. Wann kommen bei abnutzbaren Anlagegütern außerplanmäßige Abschreibungen in Betracht?	S. 185
46. Müssen bei Wertminderungen des Anlagevermögens außerplanmäßige Abschreibungen vorgenommen werden oder besteht ein Wahlrecht?	S. 185 f.
47. Wie unterscheidet sich die Absetzung für außergewöhnliche Abnutzung von der AfA?	S. 186
48. Nennen Sie Gründe für die steuerliche Teilwertabschreibung!	S. 187
49. In welcher Bestimmung ist der steuerliche Teilwert definiert? Woraus wird er abgeleitet?	S. 187
50. Sind bei Teilwertabschreibungen auf Beteiligungen Besonderheiten zu beachten?	S. 187 f.
51. Welche Unterschiede bestehen zwischen der Bewertung des Anlagevermögens und des Umlaufvermögens?	S. 189
52. In welchen Fällen und auf welche Weise werden die Anschaffungskosten beim Vorratsvermögen nach der retrograden Methode ermittelt?	S. 190
53. Nennen Sie Vereinfachungsverfahren bei der Bewertung des Vorratsvermögens! In welchen Vorschriften sind sie geregelt?	S. 190
54. Wie unterscheidet sich die periodische Durchschnittsbewertung beim Vorratsvermögen von der permanenten Durchschnittsbewertung?	S. 192 f.
55. In welcher Bestimmung ist die Bewertung des Vorratsvermögens nach der Verbrauchsfolge geregelt? Nennen Sie die zulässigen Verbrauchsfolgeverfahren!	S. 193
56. Welches Verbrauchsfolgeverfahren ist unabhängig von der tatsächlichen Verbrauchsfolge steuerlich zulässig?	S. 197
57. Welche Vergleichswerte sind bei Anwendung des handelsrechtlichen Niederstwertprinzips maßgeblich?	S. 197
58. Was ist unter Börsenpreis und Marktpreis im Sinne des § 253 Abs. 4 HGB zu verstehen?	S. 200
59. Unter welchen Voraussetzungen ist die steuerliche Teilwertabschreibung beim Vorratsvermögen zulässig?	S. 200 f.

60. Welche Abschreibungswahlrechte kommen für das Umlaufvermögen in Betracht?	S. 202
61. Sind Forderungen mit den Anschaffungskosten oder mit dem Nennwert in der Bilanz anzusetzen?	S. 203
62. Nennen Sie Gründe für eine Wertberichtigung von Forderungen!	S. 204
63. Welche Anforderungen sind an eine Einzelwertberichtigung von Forderungen zu stellen?	S. 204
64. Wie ist bei der Pauschalwertberichtigung von Forderungen zu verfahren? Welche Faktoren sind bei Festsetzung des Pauschsatzes zu berücksichtigen?	S. 205
65. Unter welchen Bedingungen ist eine Durchschnittsbewertung bei Wertpapieren zulässig?	S. 206
66. Sind Maklergebühren in die Teilwertabschreibung von Wertpapieren einzubeziehen?	S. 206 f.
67. Sind die allgemeinen Bewertungsvorschriften auf Rechnungsabgrenzungsposten anzuwenden?	S. 207
68. In welcher handelsrechtlichen Bestimmung ist die Bewertung der Passiva geregelt? Gibt es spezielle Regelung für den Wertansatz des gezeichneten Kapitals?	S. 207 f.
69. Nach welchem Maßstab sind Rückstellungen zu bewerten? Gibt es eine gesetzliche Regelung?	S. 208 f.
70. Welcher Zinsfuß ist der Berechnung von Pensionsrückstellungen zu Grunde zu legen?	S. 209 f.
71. Wie ist die Höhe der Rückstellung für drohende Verluste aus schwebenden Verträgen zu berechnen?	S. 211
72. Welche Gesichtspunkte sind bei Berechnung der Höhe von Rückstellungen für Wechselobligo zu berücksichtigen?	S. 211 f.
73. Verbindlichkeiten sind mit dem Erfüllungsbetrag anzusetzen. Was versteht man unter Erfüllungsbetrag?	S. 212
74. Sind Währungsverbindlichkeiten mit dem Stichtagskurs oder dem Briefkurs anzusetzen?	S. 213
75. Unter welcher Voraussetzung sind Rentenverpflichtungen mit dem Barwert anzusetzen?	S. 213 f.
76. Bei Verbindlichkeiten gilt das Höchstwertprinzip. Aus welcher steuerrechtlichen Bestimmung ist dieses Höchstwertprinzip abgeleitet?	S. 214 f.
77. Welche Auswirkungen hat das Höchstwertprinzip für den Ansatz von Verbindlichkeiten in der Handelsbilanz?	S. 214 f.

C. Gewinn- und Verlustrechnung

Nach § 242 Abs. 2 HGB hat der Kaufmann für den Schluss eines jeden Geschäftsjahres die in diesem Geschäftsjahr angefallenen Aufwendungen und Erträge gegenüberzustellen (Gewinn- und Verlustrechnung). Bilanz und Gewinn- und Verlustrechnung (GuV) bilden nach § 242 Abs. 3 HGB zusammen den Jahresabschluss. Bei Kapitalgesellschaften gehört noch der Anhang dazu. Beachtlich ist, dass Einzelkaufleute i. S. d. § 241a HGB keinen Jahresabschluss aufstellen müssen. Das sind solche Einzelkaufleute, die an den Abschlussstichtagen von zwei aufeinander folgenden Geschäftsjahren nicht mehr als 500.000 € Umsatzerlöse **und** 50.000 € Jahresüberschuss aufweisen. Das gilt im Fall von Neugründungen bereits, wenn am ersten Abschlussstichtag die genannten Werte nicht überschritten werden. Die **Bilanz** erfüllt in erster Linie die Funktionen einer **Vermögensrechnung**. Sie zeigt, wie sich das Vermögen am Bilanzstichtag zusammensetzt und in welcher Form Ansprüche auf dieses Vermögen bestehen. Man spricht in diesem Fall von einer Bestandsrechnung oder einer Zeitpunktrechnung. Bei der GuV handelt es sich dagegen um eine Zeitraumrechnung. Sie gibt eine Zusammenfassung und übersichtliche Darstellung der ökonomischen Vorgänge, die während der Abrechnungsperiode stattgefunden haben.

Der **Erfolg** wird als Saldo zwischen den in einer bestimmten Periode angefallenen Aufwendungen und Erträgen ermittelt. **Steuerrechtlich** spricht man in diesem Zusammenhang vom **Nettoprinzip**, das allen Einkunftsarten zu Grunde liegt. Nach diesem Prinzip werden die Betriebsausgaben nach § 4 Abs. 4 EStG von den steuerpflichtigen Einnahmen abgezogen. Maßgebend für den Abzug ist die betriebliche Veranlassung, wogegen es bei den im handelsrechtlichen Gliederungsschema (§ 275 HGB) genannten Aufwendungen primär auf die Abgrenzung der betreffenden Posten ankommt.

Durch die Gegenüberstellung der zeitraumbezogenen Elementarfaktoren wird die Erfolgsziffer nicht mehr nur summarisch ausgewiesen wie in der Bilanz, sondern es werden auch die verschiedenen Quellen des Gewinnes bzw. des Verlustes aufgedeckt.

1. Gliederungsschemata des § 275 HGB als Mindestgliederung

Inwieweit die Erfolgskomponenten tatsächlich deutlich werden, hängt weitgehend von Art und Tiefe der Gliederung der Aufwendungen und Erträge in der GuV ab.

§ 275 HGB enthält entsprechende Schemata. Diese Gliederung muss als **Mindestgliederung** verstanden werden, die auch für Nicht-Kapitalgesellschaften Geltung hat. Zwar ist für Nicht-Kapitalgesellschaften kein Gliederungsschema vorgeschrieben. Abs. 2 § 243 HGB fordert jedoch einen klaren und übersichtlichen Jahresabschluss und damit eine **hinreichend gegliederte GuV**, wie sie in § 275 HGB festgelegt ist.

Darüber hinaus empfiehlt es sich, die Sammelposten der **sonstigen betrieblichen Aufwendungen und Erträge** (Nr. 4 und 8 der GuV nach § 275 Abs. 2 HGB) in einer Vorspalte oder in den Erläuterungen aufzugliedern und mindestens die Aufwendungen und Erträge beispielsweise aus

- Anlageabgängen
- Zuschreibungen zu Gegenständen des Anlagevermögens
- Auflösung von Rückstellungen
- Bildung/Auflösung von Einzel- und Pauschalwertberichtigungen zu Forderungen, die aktivisch vorzunehmen sind sowie Abschreibungen auf Forderungen, soweit sie den für das Unternehmen üblichen Rahmen nicht überschreiten (die darüber hinausgehenden Forderungsabschreibungen gehören hingegen in den Posten Nr. 7b)

gesondert auszuweisen. Im Übrigen sollten alle **periodenfremden Aufwendungen und Erträge**, soweit sie von Bedeutung sind, in den Erläuterungen angegeben werden.

2. Aufbauprinzipien

Für die Gestaltung der GuV bieten sich verschiedene Möglichkeiten an:

- Kontoform oder Staffelform
- Gesamtkostenverfahren oder Umsatzkostenverfahren
- Brutto- oder Nettoprinzip
- Erfolgsspaltung.

2.1 Kontoform oder Staffelform

Die formale Darstellung der GuV kann grundsätzlich in

(1) kontenförmiger oder

(2) staffelförmiger

Anordnung der Aufwendungen und Erträge erfolgen. Der Gesetzgeber hat für **Kapitalgesellschaften** in § 275 Abs. 1 HGB die allgemein als übersichtlicher und aussagefähiger bezeichnete **Staffelform zwingend** vorgeschrieben, sodass das Gliederungsschema in Kontoform nur noch für Nicht-Kapitalgesellschaften verwendet werden darf.

Die Staffelform unterscheidet sich von der Kontoform dadurch, dass sie nicht – wie diese – eine getrennte Gegenüberstellung von Aufwendungen und Erträgen anstrebt, sondern vielmehr durch eine als sinnvoll angesehene Gruppierung von Aufwendungen und Erträgen zu aussagefähigen **Zwischenergebnissen** zu gelangen versucht.

So zeigen beim Gesamtkostenverfahren nach § 275 Abs. 2 HGB

- die Posten 1 - 5 das Rohergebnis
- Posten 14 das Ergebnis der gewöhnlichen Geschäftstätigkeit
- Posten 17 das außerordentliche Ergebnis und
- Posten 20 den Jahresüberschuss/Jahresfehlbetrag.

2.2 Gesamtkostenverfahren oder Umsatzkostenverfahren

Nach § 275 Abs. 1 HGB ist die GuV in Staffelform nach dem Gesamtkostenverfahren oder nach dem Umsatzkostenverfahren aufzustellen. Diese beiden Verfahren stehen gleichberechtigt nebeneinander. Bei Entscheidung für das Gesamtkostenverfahren ist das sich aus § 275 Abs. 2 HGB, bei Entscheidung für das Umsatzkostenverfahren das sich aus § 275 Abs. 3 HGB ergebende Gliederungsschema zu verwenden.

2.2.1 Gegenüberstellung der Verfahren

Die Unterschiede der Verfahren werden aus der Gegenüberstellung der zu Anfang auszuweisenden Einzelposten deutlich.

Gesamtkostenverfahren	Umsatzkostenverfahren
1. Umsatzerlöse	1. Umsatzerlöse
2. Erhöhung oder Verminderung des Bestandes an fertigen und unfertigen Erzeugnissen	2. Herstellungskosten der zur Erzielung der Umsatzerlöse erbrachten Leistungen
3. andere aktivierte Eigenleistungen	3. Bruttoergebnis vom Umsatz
4. sonstige betriebliche Erträge	4. Vertriebskosten
5. Materialaufwand	5. allgemeine Verwaltungskosten
6. Personalaufwand	6. sonstige betriebliche Erträge
7. Abschreibungen	7. sonstige betriebliche Aufwendungen
8. sonstige betriebliche Aufwendungen	

Das **Gesamtkostenverfahren** gliedert den Aufwand nach Aufwandsarten. Es zeigt damit die **Aufwandsstruktur** des Geschäftsjahres und weist den Aufwand unabhängig davon aus, ob die im Geschäftsjahr hergestellten Produkte oder erbrachten Leistungen am Markt abgesetzt worden sind oder nicht. Diese Gliederung der GuV ist **leistungsbezogen** und bedarf deshalb des Postens „Bestandsveränderungen".

Beim **Umsatzkostenverfahren** werden den Umsatzerlösen die Herstellungskosten der im Geschäftsjahr verkauften Produkte oder Leistungen gegenübergestellt, und zwar unabhängig davon, in welchem Geschäftsjahr die Herstellungskosten angefallen sind. Die nach diesem Verfahren aufgestellte GuV ist somit **umsatzbezogen**. Im Gegensatz zum Gesamtkostenverfahren ist der **Aufwand** nicht nach Aufwandsarten, sondern **nach den Funktionsbereichen** Herstellung, Vertrieb und allgemeine Verwaltung gegliedert.

2.2.2 Pro und Contra

Der Vorteil des Gesamtkostenverfahrens wird darin gesehen, dass dem Bilanzleser der Gesamtaufwand des Jahres in der Aufgliederung der Arten gezeigt wird. Es sei im Regelfall weniger aufwendig als das Umsatzkostenverfahren und stelle geringere Anforderungen an die Buchführung. Dabei ergibt sich eine **größere Aussagefähigkeit des Umsatzkostenverfahrens** dadurch, dass gem. § 285 Nr. 8 HGB **zusätzliche Angaben im Anhang** zu machen sind.

Andererseits zwingt das Umsatzkostenverfahren durch die Gliederung nach den Bereichen Herstellung, Vertrieb und allgemeine Verwaltung zur Kostenschlüsselung, woraus sich Abgrenzungsprobleme ergeben.

Die Entscheidung für das eine oder andere Verfahren hängt u. a. davon ab, an welchen **Adressatenkreis** sich der Jahresabschluss richtet, welche GuV-Form sich am einfachsten aus dem **internen Rechnungswesen** ableiten lässt oder welches Verfahren das Mutterunternehmen dem Konzernabschluss zu Grunde legt.

2.3 Brutto- oder Nettoprinzip

Für die inhaltliche Ausgestaltung kommen zwei Alternativen in Betracht:

(1) Bruttorechnung

(2) Nettorechnung.

2.3.1 Bruttoprinzip

In der **Brutto**rechnung werden sämtliche Aufwands- und Ertragspositionen – wenn auch von den Konten als Summe übernommen – aufgezeigt, während bei der Nettorechnung die einzelnen Posten teilweise aufgerechnet und saldiert zum Ausweis kommen.

Den Gliederungsschemata der GuV nach § 275 HGB liegt – wie sich aus dem gesamten Aufbau der Gliederung ableiten lässt – das Bruttoprinzip zu Grunde. Die konsequente Einhaltung dieses Prinzips zusammen mit dem Saldierungsverbot von Aufwendungen und Erträgen gem. § 246 Abs. 2 HGB erhöht gegenüber dem Nettoverfahren den Aussagewert der Erfolgsrechnung und entspricht damit in besonderem Maße dem Grundsatz der Klarheit.

Nicht betroffen vom Saldierungsverbot sind In-Sich-Saldierungen wie z. B. gesetzlich vorgeschriebene Verrechnungen von Preisnachlässen mit den Umsatzerlösen (§ 277 Abs. 1 HGB).

Das Bruttoprinzip ist für große Kapitalgesellschaften vorgeschrieben.

2.3.2 Nettoprinzip

Kleine und mittelgroße Kapitalgesellschaften dürfen verschiedene GuV-Positionen unter der Bezeichnung **„Rohergebnis"** zu einem Posten zusammenfassen (§ 276 HGB). Es handelt sich hierbei um ein Nettoprinzip im rein formalen Sinne, das vom Nettoprinzip im steuerrechtlichen Sinne (vgl. Abschnitt C vor 1.) zu unterscheiden ist.

Bei Anwendung des **Gesamtkostenverfahrens** werden nach § 276 HGB zusammengefasst:

1. Umsatzerlöse
2. Erhöhung oder Verminderung des Bestands an fertigen und unfertigen Erzeugnissen
3. andere aktivierte Eigenleistungen
4. sonstige betriebliche Erträge
5. Materialaufwand

= **Rohergebnis**

Bei Abrechnung nach dem **Umsatzkostenverfahren** dürfen nach § 276 HGB zusammengefasst werden:

1. Umsatzerlöse
2. Herstellungskosten der zur Erzielung der Umsatzerlöse erbrachten Leistungen
3. Bruttoergebnis vom Umsatz
4. sonstige betriebliche Erträge

= **Rohergebnis**

Die Erleichterung nach § 276 HGB betrifft nur den Ausweis im Jahresabschluss. Ein dem Bruttoprinzip entsprechendes tiefgegliedertes Kontenwerk wird dadurch jedoch nicht entbehrlich, weil anders die nach § 264 Abs. 2 HGB geforderte Abbildung der Ertragslage nicht möglich ist.

2.4 Erfolgsspaltung

§ 275 Abs. 2 HGB sieht eine Erfolgsaufspaltung vor in

  Betriebsergebnis (nach Position 8)
+ Finanzergebnis
= Ergebnis der gewöhnlichen Geschäftstätigkeit (Position 14)
+ außerordentliches Ergebnis (Position 17)
- Steuern (Position 18/19)

= **Gesamtergebnis (Position 20)**

Das **außerordentliche Ergebnis** muss besonders ausgewiesen werden. Periodenfremde Aufwendungen und Erträge fallen nicht mehr darunter.

Ob ein Ertrag oder Aufwand betriebsfremd ist, ist nicht entscheidend. Alleiniges Abgrenzungskriterium ist, ob die Aufwendungen und Erträge aus der **gewöhnlichen** (ordentlichen) Geschäftstätigkeit stammen, oder ob sie **außerordentlich**, d. h. aufgrund ungewöhnlicher Ereignisse entstanden sind, mit deren Wiederholung nicht zu rechnen ist.

3. Gliederung

3.1 Allgemeine Gliederungsgrundsätze

Die allgemeinen Gliederungsgrundsätze des § 265 HGB gelten nicht nur für die Bilanz, sondern auch für die GuV.

Nach § 265 Abs. 1 Satz 1 HGB ist die Form der Darstellung, insbesondere die Gliederung der aufeinander folgenden GuV beizubehalten. Etwas anderes gilt nur dann, wenn wegen besonderer Umstände Abweichungen erforderlich sind, auf die im Anhang begründend hinzuweisen ist.

Der Vermerk der Vorjahreszahlen ist nach § 265 Abs. 2 HGB allgemein vorgeschrieben. Ergeben sich in späteren Jahren Änderungen derart, dass die Vergleichbarkeit bei einzelnen GuV-Positionen nicht mehr gegeben ist, ist dies im Anhang anzugeben und zu erläutern.

Ist ein Unternehmen in mehreren Geschäftszweigen tätig, ist die GuV unter Verwendung der Schemata für einen Geschäftszweig aufzustellen und, soweit der Sache nach notwendig, um die Gliederung für die anderen Geschäftszweige zu ergänzen (§ 265 Abs. 4 HGB). Die Ergänzung ist im Anhang anzugeben und zu begründen.

Den Unternehmen steht es frei, die nach § 275 HGB auszuweisenden GuV-Positionen **weiter zu untergliedern**. Neue Positionen dürfen hinzugefügt werden, wenn ihr Inhalt nicht von einer vorgeschriebenen Position gedeckt wird (§ 265 Abs. 5 HGB).

Es wird zugelassen, Gliederung und Bezeichnung der GuV-Positionen zu ändern, wenn dies wegen Besonderheiten der Kapitalgesellschaft zur Aufstellung eines klaren und übersichtlichen Jahresabschlusses erforderlich ist (§ 265 Abs. 6 HGB). Dies kann z. B. bei Reedereien, Energieversorgungsunternehmen, Bergbauunternehmen und Leasingunternehmen erforderlich oder zumindest sinnvoll sein.

3.2 Gliederungsschema nach dem Gesamtkostenverfahren (GKV)

Bei Anwendung des **Gesamtkostenverfahrens** sind nach § 275 Abs. 2 HGB auszuweisen:

1. Umsatzerlöse

2. Erhöhung oder Verminderung des Bestands an fertigen und unfertigen Erzeugnissen

3. andere aktivierte Eigenleistungen

4. sonstige betriebliche Erträge

5. Materialaufwand:
   a) Aufwendungen für Roh-, Hilfs- und Betriebsstoffe und für bezogene Waren
   b) Aufwendungen für bezogene Leistungen

6. Personalaufwand:
   a) Löhne und Gehälter
   b) soziale Abgaben und Aufwendungen für Altersversorgung und für Unterstützung, davon für Altersversorgung

7. Abschreibungen:
   a) auf immaterielle Vermögensgegenstände des Anlagevermögens und Sachanlagen
   b) auf Vermögensgegenstände des Umlaufvermögens, soweit diese die in der Kapitalgesellschaft üblichen Abschreibungen überschreiten

8. sonstige betriebliche Aufwendungen

9. Erträge aus Beteiligungen, davon aus verbundenen Unternehmen

10. Erträge aus anderen Wertpapieren und Ausleihungen des Finanzanlagevermögens, davon aus verbundenen Unternehmen

11. sonstige Zinsen und ähnliche Erträge, davon aus verbundenen Unternehmen

12. Abschreibungen auf Finanzanlagen und auf Wertpapiere des Umlaufvermögens

13. Zinsen und ähnliche Aufwendungen, davon an verbundene Unternehmen

14. **Ergebnis der gewöhnlichen Geschäftstätigkeit**

15. außerordentliche Erträge

16. außerordentliche Aufwendungen

17. **außerordentliches Ergebnis**

18. Steuern vom Einkommen und vom Ertrag

19. sonstige Steuern

20. **Jahresüberschuss/Jahresfehlbetrag.**

3.3 Gliederungsschema nach dem Umsatzkostenverfahren (UKV)

Bei Anwendung des Umsatzkostenverfahrens sind gem. § 275 Abs. 3 HGB auszuweisen:

1. Umsatzerlöse
2. Herstellungskosten der zur Erzielung der Umsatzerlöse erbrachten Leistungen
3. Bruttoergebnis vom Umsatz
4. Vertriebskosten
5. allgemeine Verwaltungskosten
6. sonstige betriebliche Erträge
7. sonstige betriebliche Aufwendungen
8. Erträge aus Beteiligungen, davon aus verbundenen Unternehmen
9. Erträge aus anderen Wertpapieren und Ausleihungen des Finanzanlagevermögens, davon aus verbundenen Unternehmen
10. sonstige Zinsen und ähnliche Erträge, davon aus verbundenen Unternehmen
11. Abschreibungen auf Finanzanlagen und auf Wertpapiere des Umlaufvermögens
12. Zinsen und ähnliche Aufwendungen, davon an verbundene Unternehmen
13. **Ergebnis der gewöhnlichen Geschäftstätigkeit**
14. außerordentliche Erträge
15. außerordentliche Aufwendungen
16. **außerordentliches Ergebnis**
17. Steuern vom Einkommen und vom Ertrag
18. sonstige Steuern
19. **Jahresüberschuss/Jahresfehlbetrag.**

4. Inhalt der Positionen des GKV-Schemas

4.1 Umsatzerlöse (Nr. 1)

Erlöse aus **Dienstleistungen** und aus dem **Verkauf** und der **Vermietung und Verpachtung** im Rahmen der **gewöhnlichen Geschäftstätigkeit** sind Umsatzerlöse (§ 277 Abs. 1 HGB). Bei Wohnungsunternehmen sind Mieterträge deshalb ebenfalls Umsatzerlöse, während sie bei Industrie- und Handelsunternehmen als „sonstige betriebliche Erträge" unter Position 4 auszuweisen sind. Unter Umsatzerlösen sind auch Leasingeinnahmen einer Leasinggesellschaft, Erlöse aus Schrottverkäufen, aus Verkäufen von Roh-, Hilfs- und Betriebsstoffen und Lizenzerträge auszuweisen. Nicht zu den Umsatzerlösen gehören die Erlöse aus der Veräußerung von Vermögensgegenständen des Anlagevermögens (Ausweis unter den sonstigen betrieblichen Erträgen).

Preisnachlässe sowie zurückgewährte Entgelte sind bei der Ermittlung der Umsatzerlöse direkt von den Bruttoerlösen abzusetzen (§ 277 Abs. 1 HGB). Zu den Preisnachlässen gehören Barzahlungsnachlässe, Mengennachlässe und Sondernachlässe. Unter zurückgewährte Entgelte fallen alle Gutschriften an Abnehmer für Mängelrügen, Gewichts- und Preisdifferenzen, ferner Gutschriften für zunächst berechnete oder in den Preisen enthaltene Fracht- und Verpackungskosten.

Die Umsatzsteuer ist kein Erlösbestandteil (durchlaufender Posten).

4.2 Erhöhung oder Verminderung des Bestands an fertigen und unfertigen Erzeugnissen (Nr. 2)

Die betriebliche Leistung schlägt sich nicht nur in den Umsatzerlösen, sondern bei Herstellungsbetrieben auch in den Beständen der fertigen und unfertigen Erzeugnisse nieder. Aus diesem Grunde sind auszuweisen die Erhöhung oder Verminderung des Bestandes an fertigen und unfertigen Erzeugnissen.

Bei einer **Bestandsminderung** an fertigen und unfertigen Erzeugnissen muss von den Umsätzen ein entsprechender Betrag abgesetzt werden, da dieser Teilbetrag den Gegenwert für in früheren Perioden produzierte Fabrikate darstellt und deshalb nicht den Aufwendungen der gegenwärtigen Abrechnungsperiode gegenübergestellt werden kann.

Analog zu diesen Ausführungen sind **Bestandsmehrungen** den Erlösen zuzurechnen. Hier handelt es sich um Betriebsleistungen, für die zwar Aufwendungen aktiviert wurden, die aber noch nicht Umsatz geworden sind.

Bestandsveränderungen ergeben sich aus der Differenz zwischen dem Bestand am Anfang des Geschäftsjahres und dem Bestand am Ende des Geschäftsjahres. Sie berücksichtigen mengen- und wertmäßige Veränderungen (§ 277 Abs. 2 HGB). Wertmäßige Veränderungen, die die im Unternehmen üblichen Veränderungen überschreiten, sind unter den „Abschreibungen auf Gegenstände des Umlaufvermögens" auszuweisen. Zuschreibungen nach außergewöhnlichen Abschreibungen führen zu Bestandsmehrungen. Unübliche Abschreibungen gehören unter GuV-Position Nr. 7b, wenn der Betrag von der Höhe her wesentlich ist.

4.3 Andere aktivierte Eigenleistungen (Nr. 3)

Der Ansatz dieser Position ist ebenfalls — wie die Berücksichtigung der Bestandsänderungen — bilanztechnischer Natur. Denn die bei der Erstellung von Eigenleistungen angefallenen Aufwendungen, z. B. Löhne, Material, sind in den Aufwandspositionen der Erfolgsrechnung enthalten, sodass es eines weiteren Ausgleichspostens bedarf, um die betriebliche Gesamtleistung nicht zu niedrig auszuweisen.

Eigenleistungen dieser Art betreffen im Wesentlichen selbst erstellte Anlagen und Werkzeuge, aktivierte Großreparaturen sowie sonstige Anlauf-, Entwicklungs- und Versuchskosten, soweit sie aktivierbar sind.

4.4 Sonstige betriebliche Erträge (Nr. 4)

§ 275 Abs. 2 HGB sieht unter Nr. 4 den Ausweis sonstiger betrieblicher Erträge und unter Nr. 15 den Ausweis außerordentlicher Erträge vor. Gemäß § 277 Abs. 4 Satz 1 HGB sind unter dem Posten „außerordentliche Erträge" die Erträge auszuweisen, die außerhalb der gewöhnlichen Geschäftstätigkeit der Kapitalgesellschaft anfallen. Demgegenüber sind die sonstigen betrieblichen Erträge Bestandteil des Ergebnisses der **gewöhnlichen Geschäftstätigkeit.**

Der gewöhnlichen Geschäftstätigkeit sind u. a. zuzurechnen Erträge aus dem Abgang von Vermögensgegenständen des Anlagevermögens, Zuschreibungen zu derartigen Vermögensgegenständen, Eingänge aus abgeschriebenen Forderungen sowie die Auflösung von Rückstellungen.

Hier werden also ausgewiesen:

- alle Erträge aus der gewöhnlichen Geschäftstätigkeit, soweit sie nicht in den vorhergehenden Posten enthalten sind oder als Erträge aus Beteiligungen, Erträge aus anderen Wertpapieren und Ausleihungen des Finanzanlagevermögens oder als sonstige Zinsen und ähnliche Erträge auszuweisen sind

- periodenfremde Erträge, die innerhalb der gewöhnlichen Geschäftstätigkeit anfallen (§ 277 Abs. 4 HGB)

- Erträge aus dem Verkauf von Finanzanlagen und Wertpapieren sowie Erträge aus Zuschreibungen zu solchen Posten, soweit sie nicht zur besseren Trennung von Betriebs- und Finanzergebnis unter den Positionen 9 bis 11 ausgewiesen werden.

4.5 Materialaufwand (Nr. 5)

4.5.1 Aufwendungen für Roh-, Hilfs- und Betriebsstoffe und für bezogene Waren

Unabhängig davon, ob sie für den Fertigungs-, Verwaltungs- oder Vertriebsbereich anfallen, werden hier alle Aufwendungen für Roh-, Hilfs-, Betriebsstoffe und Waren ausgewiesen. Dazu gehören auch Reinigungsmaterial, Brenn- und Treibstoffe, Heizmaterial, Reparaturstoffe, Abwertungen aufgrund des Niederstwertprinzips und Inventurdifferenzen. Außerdem werden hier die Einkäufe zu Festwertpositionen und auch die Anpassungen des Festwerts ausgewiesen.

Hierher gehören insbesondere der Materialaufwand der Fertigung und die Einstandswerte der verkauften Handelswaren einschließlich der entsprechenden Bestandsveränderungen.

Abschreibungen auf Bestände der Roh-, Hilfs-, Betriebsstoffe und Waren, die das übliche Maß überschreiten, werden unter der Position 7b) ausgewiesen, sonst hier unter Position 5.

Einkäufe zum Festwert bei Posten des Anlagevermögens und Anpassungen dieses Festwertes sollten einheitlich unter Position Nr. 8, sonstige betriebliche Aufwendungen, bilanziert werden.

Materialaufwand und bezogene Leistungen des Verwaltungs- und Vertriebsbereichs können auch als „Sonstige betriebliche Aufwendungen" unter Position Nr. 8 ausgewiesen werden.

Handelsbetriebe weisen hier grundsätzlich nur Aufwendungen für bezogene Waren aus. Verpackungs- und Büromaterial werden unter der Position 8 „Sonstige betriebliche Aufwendungen" erfasst.

4.5.2 Aufwendungen für bezogene Leistungen

Die Position zeigt Aufwendungen für die Lohnbe- und -verarbeitung durch Fremde, Aufwand für Leiharbeitskräfte, Strom- und Energieaufwendungen, Fremdreparaturen, Lizenzaufwand für die Fertigung. Hier sind grundsätzlich produktionsbezogene Fremdleistungen zu erfassen. Rechts- und Beratungskosten, Telefongebühren u. Ä. sind „Sonstige betriebliche Aufwendungen" unter Position Nr. 8.

4.6 Personalaufwand (Nr. 6)

4.6.1 Löhne und Gehälter

Position 6a umfasst die Bruttobeträge sämtlicher Löhne und Gehälter für Arbeiter, Angestellte sowie Mitglieder des Vorstandes bzw. der Geschäftsleitung, soweit sie während des Geschäftsjahres angefallen sind, ganz gleich für welche Arbeit, in welcher Form und unter welcher Bezeichnung sie geleistet wurden.

Beispiele

(1) **Laufende Vergütungen**
   für Arbeiter, Angestellte und Vorstandsmitglieder/Geschäftsführer.

(2) **Nebenbezüge**
   - ▸ wie Trennungs- und Aufwandsentschädigungen
   - ▸ Gratifikationen
   - ▸ Urlaubslöhne
   - ▸ Überstundenentlohnung
   - ▸ Wohnungsentschädigungen
   - ▸ Dienstalterprämie
   - ▸ von der Gesellschaft freiwillig übernommene Beiträge der Belegschaftsmitglieder an gesetzliche soziale Versicherungen
   - ▸ von der Gesellschaft getragene Zuschüsse zu Versicherungen, die zur Befreiung von der gesetzlichen Pflichtversicherung abgeschlossen worden sind
   - ▸ Jubiläumszahlungen sowie Erfolgsbeteiligungen, soweit sie vertraglich, aufgrund von Tarifen oder aufgrund ständiger Übung des Betriebes gezahlt werden.

(3) **Sachwertbezüge**
   wie Deputate, Gegenwert mietfreier Dienstwohnungen, Benutzung eines Dienstwagens u. dgl. zu privaten Zwecken.

4.6.2 Soziale Abgaben und Aufwendungen für Altersversorgung und für Unterstützung – davon für Altersversorgung

Soziale Abgaben sind die Arbeitgeberanteile zur Renten-, Kranken- und Arbeitslosenversicherung, Berufsgenossenschaftsbeiträge und Beiträge zur Insolvenzversicherung für Versorgungszusagen an Arbeitnehmer. Auch die Schwerbehindertenabgabe ist hier einzuordnen.

Als Aufwendungen für Unterstützung kommen beispielsweise folgende Aufwendungen für tätige und nicht mehr tätige Betriebsangehörige sowie deren Hinterbliebene in Betracht: Krankheits- und Unfallunterstützungen, übernommene Kur- und Arztkosten, Erholungsbeihilfen, Heirats- und Geburtsbeihilfen, ähnliche lohnsteuerfreie Zuwendungen.

Zu den gesondert auszuweisenden **Aufwendungen für Altersversorgung** gehören:

- Pensionszahlungen mit oder ohne Rechtsanspruch, soweit sie nicht zu Lasten von Pensionsrückstellungen geleistet werden

- Zuführungen zu Pensionsrückstellungen, einschließlich des Zinsanteils für bereits angesammelte Rückstellungen

- Zuweisungen zu anderen Versorgungseinrichtungen (Unterstützungs- und Pensionskassen) sowie von der Gesellschaft übernommene Zahlungen für die künftige Altersversorgung ihrer Mitarbeiter (z. B. Lebensversicherungsprämien), wenn diese einen unmittelbaren Anspruch erwerben.

4.7 Abschreibungen (Nr. 7)

4.7.1 Abschreibungen auf immaterielle Vermögensgegenstände des Anlagevermögens und Sachanlagen

Der Posten umfasst alle für das laufende Jahr vorgenommenen Abschreibungen auf die genannten Bilanzposten, gleichgültig, aus welchem Grund die Abschreibungen vorgenommen worden sind.

Bei den Abschreibungen auf die immateriellen Vermögensgegenstände des Anlagevermögens und die Sachanlagen sind zunächst die planmäßigen Abschreibungen auszuweisen. Weiter werden die außerplanmäßigen Abschreibungen gem. § 253 Abs. 3 Satz 3 HGB zu berücksichtigen sein, die jedoch gem. § 277 Abs. 3 Satz 1 HGB entweder innerhalb der GuV gesondert auszuweisen oder aber im Anhang anzugeben sind. Bei Ausweis in der GuV wird eine entsprechende Untergliederung des Postens in Betracht kommen. Abschreibungen auf Finanzanlagen gehören unter GuV-Position Nr. 12.

Auch die Sofortabschreibung **geringwertiger Wirtschaftsgüter** ist hier zu erfassen, obwohl diese im Anlagespiegel (§ 268 Abs. 2 HGB) nicht als Abschreibung, sondern als Abgang behandelt wird.

4.7.2 Abschreibungen auf Vermögensgegenstände des Umlaufvermögens, soweit diese die in der Kapitalgesellschaft üblichen Abschreibungen überschreiten

Hier werden nur jene Abschreibungsbeträge ausgewiesen, die **über das übliche Maß** hinausgehen und bei denen der gesonderte Ausweis für die Beurteilung der Vermögens- und Ertragslage erforderlich ist. Das ist z. B. der Fall, wenn die Forderung gegenüber einem Großkunden zweifelhaft wird.

Schwierig ist die Bestimmung, wann Abschreibungen unüblich sind, d. h. wann sie die **Üblichkeit** überschreiten. Die üblichen Abschreibungen werden dort überschritten, wo von den bisherigen Abschreibungsmethoden mit der Folge wesentlich höherer Abschreibungen abgewichen wird oder ungewöhnliche, seltene Abschreibungen vorliegen.

Übliche Abschreibungen sind zu erfassen:

- auf unfertige und fertige Erzeugnisse unter GuV-Position Nr. 2
- auf Vorräte und Handelswaren unter GuV-Position Nr. 5
- auf Forderungen unter GuV-Position Nr. 8
- auf Finanzanlagen und Wertpapiere des Umlaufvermögens unter GuV-Position Nr. 12.

4.8 Sonstige betriebliche Aufwendungen (Nr. 8)

Entsprechend dem Posten Nr. 4 (sonstige betriebliche Erträge) handelt es sich um einen Sammelposten für alle betrieblichen Aufwendungen, die nicht unter anderen Aufwandsposten auszuweisen sind. Das Wort „betrieblich" macht deutlich, dass Aufwendungen, die außerhalb der gewöhnlichen Geschäftstätigkeit angefallen sind, nicht hier, sondern unter Nr. 16 (außerordentliche Aufwendungen) auszuweisen sind.

Miet-, Pflege- und Instandhaltungskosten für die Betriebs- und Geschäftsausstattung sowie kleine Werkzeuge und Kleingeräte können hier ausgewiesen werden, wenn sie nicht im Materialverbrauch erfasst werden sollen.

Zu den sonstigen betrieblichen Aufwendungen gehören

- **Verluste aus dem Abgang von** Gegenständen des **Anlagevermögens**
- Verluste aus dem Abgang von Gegenständen des **Umlaufvermögens** (außer Vorräte und Pauschalwertberichtigungen)
- **Zuführungen zu Rückstellungen**
- Reisekosten
- Porti
- Telefonkosten

- Telexkosten
- Messekosten
- Rechts- und Beratungskosten
- Mieten
- Vertreterkosten
- Versicherungsbeiträge
- Bewirtungskosten
- Beiträge
- Gebühren
- Ausgangsfrachten
- Abschreibungen auf Forderungen, soweit sie den üblichen Rahmen nicht überschreiten
- anfallende Bußgelder
- Sondereinzelkosten der Fertigung, soweit sie nicht den Materialkosten zugeordnet werden
- Sondereinzelkosten des Vertriebs
- Buchführungs-, Abschluss- und Prüfungskosten
- Verpackungsmaterial im Vertriebsbereich, wenn es nicht zum Materialaufwand zählt.

Im steuerlichen Bereich ergibt sich ein **zusätzliches Abgrenzungsproblem** gem. § 4 Abs. 4 EStG. Danach sind Betriebsausgaben Aufwendungen, die durch den Betrieb veranlasst sind. Ist diese Voraussetzung nicht erfüllt, kommt ein den Gewinn mindernder Betriebsausgabenabzug nicht in Betracht. Die Rechtsprechung zur Abgrenzung der **betrieblich veranlassten Aufwendungen** von den privaten Aufwendungen ist unübersehbar. Folgendes Beispiel mag die Problematik verdeutlichen:

Aufwendungen für die Teilnahme an einer **Auslandsgruppenreise** zu Informationszwecken sind **keine Betriebsausgaben** oder Werbungskosten, wenn

a) sie nicht objektiv durch den Betrieb (Beruf) des Steuerpflichtigen veranlasst sind, insbesondere wenn mit der Reise programmgemäß auch ein allgemein-touristisches Interesse befriedigt wird, das nicht von untergeordneter Bedeutung ist,

b) außerhalb des Gruppenprogramms mit der Gruppenreise ein Privataufenthalt verbunden wird, dem im Rahmen der Gesamtreise mehr als nur untergeordnete Bedeutung zukommt. Ist die Gesamtreise als nicht betrieblich (beruflich) veranlasst zu beurteilen, sind einzelne abgrenzbare Aufwendungen, die ausschließlich betrieblich (beruflich) veranlasst sind, als Betriebsausgaben (Werbungskosten) abziehbar (BFH-Beschl. v. 27.11.1978, BStBl 1979 II S. 213 GrS 8/77).

4.9 Erträge aus Beteiligungen – davon aus verbundenen Unternehmen (Nr. 9)

Hierzu gehören

- Dividenden (bei AG und GmbH)
- Gewinnanteile (bei OHG, KG und stillen Gesellschaften sowie Parten-Reedereien)
- in sonstiger Weise ausgeschüttete Gewinne.

Die Beträge sind stets brutto anzugeben. Einbehaltene **Kapitalertragsteuer** ist unter Nr. 18 GuV einzustellen, es sei denn, dass sie später erstattet wird. **Verdeckte Gewinnausschüttungen** auf Beteiligungen stellen auch Beteiligungserträge dar.

Nicht zu den Beteiligungserträgen rechnen die Buchgewinne aus einer Veräußerung von Beteiligungen und von Bezugsrechtserlösen. Sie sind als sonstige betriebliche Erträge unter Nr. 4 auszuweisen.

Zinsen auf beteiligungsähnliche Darlehen gehören unter Nr. 10, da solche Darlehen in der Bilanz in der Regel nicht unter Beteiligungen aufzuführen sind.

Erträge aus **verbundenen Unternehmen** i. S. d. § 271 Abs. 2 HGB sind gesondert auszuweisen.

4.10 Erträge aus anderen Wertpapieren und Ausleihungen des Finanzanlagevermögens – davon aus verbundenen Unternehmen (Nr. 10)

Der Posten enthält die Bruttobeträge der **Zinsen**, **Dividenden** und anderer **Erträge aus Finanzanlagen**, soweit sie nicht Beteiligungserträge darstellen. Da Genossenschaftsanteile nach § 271 Abs. 1 HGB nicht zu den Beteiligungen zählen, können Erträge daraus hier oder unter der folgenden Position 11 ausgewiesen werden.

Dagegen sind **Buchgewinne** aus Wertaufholungen (§ 253 Abs. 5 HGB) und aus der Veräußerung von anderen Wertpapieren und Ausleihungen des Finanzanlagevermögens nicht hier, sondern unter Nr. 4 (sonstige betriebliche Erträge) auszuweisen.

Erträge aus **Wertpapieren des Umlaufvermögens** und der **Verzinsung kurzfristiger Forderungen** fallen unter den GuV-Posten Nr. 11.

4.11 Sonstige Zinsen und ähnliche Erträge – davon aus verbundenen Unternehmen (Nr. 11)

Für den Ausweis unter Nr. 11 kommen in Betracht:

(1) **Zinserträge**
- Zinsen für Einlagen bei Kreditinstituten und für Forderungen an Dritte (Bankguthaben, Darlehen und Hypotheken – soweit nicht Finanzanlagen, Wechselforderungen, andere Außenstände)
- Zinsen und Dividenden auf Wertpapiere des Umlaufvermögens
- Aufzinsungsbeträge für unverzinsliche oder geringverzinsliche Darlehen, soweit diese nicht zu den Finanzanlagen gehören, sowie für Forderungen aus Lieferungen und Leistungen einschließlich echter Leasingforderungen.

(2) **Zinsähnliche Erträge**
z. B. Erträge aus einem Agio, Disagio oder Damnum, Kreditprovisionen, Erträge für Kreditgarantien, Teilzahlungszuschläge.

Die Verwirklichung des **Bruttoprinzips**, das u. a. im Saldierungsverbot nach § 246 Abs. 2 HGB zum Ausdruck kommt, verlangt auch hier den getrennten und vollständigen Ausweis der Zinserträge von den Zinsaufwendungen.

Kreditbearbeitungsgebühren, Spesen, Mahnkosten und ähnliche Gebühren im Zusammenhang mit Krediten sind als sonstige betriebliche Erträge unter Nr. 4 GuV auszuweisen. Lieferantenskonti führen nicht zu Zinserträgen, sondern sind als Anschaffungspreisminderung zu behandeln.

4.12 Abschreibungen auf Finanzanlagen und auf Wertpapiere des Umlaufvermögens (Nr. 12)

Unter diese Position gehören **alle Abschreibungen** auf die in § 266 Abs. 2 HGB genannten Finanzanlagen und Wertpapiere des Umlaufvermögens, d. h. auf

- Anteile an verbundenen Unternehmen (A III 1 und B III 1)
- Ausleihungen an verbundene Unternehmen (A III 2)
- Beteiligungen (A III 3)
- Ausleihungen an Unternehmen, mit denen ein Beteiligungsverhältnis besteht (A III 4)
- Wertpapiere (A III 5 und B III 3)
- sonstige Ausleihungen (A III 6)
- eigene Anteile (B III 2).

Es kommen sowohl **Pflichtabschreibungen** als auch Abschreibungen in Betracht, für die ein **Wahlrecht** besteht. Unerheblich ist, aus welchem Anlass die Abschreibungen erfolgen.

Außerplanmäßige Abschreibungen nach § 253 Abs. 3 Satz 3 HGB sind gesondert auszuweisen oder im Anhang anzugeben (§ 277 Abs. 3 HGB).

Soweit diese Abschreibungen das Umlaufvermögen betreffen und den üblichen Rahmen überschreiten, sind sie unter den Abschreibungen auf Vermögensgegenstände des Umlaufvermögens zu erfassen (Position Nr. 7b).

Buchverluste aus dem Abgang von Finanzanlagen und Wertpapieren des Umlaufvermögens sind nach herrschender Meinung unter Nr. 12 auszuweisen. Möglich ist aber auch der Ausweis unter Nr. 8.

4.13 Zinsen und ähnliche Aufwendungen – davon an verbundene Unternehmen (Nr. 13)

Hier sind alle **Zinsaufwendungen** und ähnliche Aufwendungen auszuweisen, gleichgültig, ob sie auf lang-, mittel- oder kurzfristige Verbindlichkeiten entfallen. **Saldierungen** mit Zinserträgen sind **nicht zulässig** (§ 246 Abs. 2 HGB).

Zu den Zinsen und ähnlichen Aufwendungen zählen Zinsen für Kredite aller Art einschließlich Hypothekenzinsen, Diskontbeträge für Wechsel, Kreditprovisionen, Kreditbereitstellungsgebühren, Überziehungsprovisionen, Abschreibungen auf Disagio, Umsatzprovisionen der Banken.

Bankspesen, Provisionen für die Kreditbeschaffung und andere Gebühren des Zahlungsverkehrs gehören zu Position Nr. 8.

4.14 Ergebnis der gewöhnlichen Geschäftstätigkeit (Nr. 14)

Der Posten stellt die **Zwischensumme** aus allen vorhergehenden Ertrags- und Aufwandsposten dar. Durch ein entsprechendes Vorzeichen (+, -) ist klarzustellen, ob der Saldo **positiv oder negativ** ist. Besser ist eine alternative Bezeichnung, wie z. B. „Überschuss aus der gewöhnlichen Geschäftstätigkeit" oder „Fehlbetrag aus der gewöhnlichen Geschäftstätigkeit".

Unbefriedigend ist, dass in dem Ergebnis der gewöhnlichen Geschäftstätigkeit eine Reihe von (ungenannten) **periodenfremden Posten** enthalten ist. Eine diesbezügliche Klarstellung ergibt sich insofern, als diese Posten im Anhang zu erläutern sind, soweit sie betragsmäßig für die Beurteilung der Ertragslage von Bedeutung sind (§ 277 Abs. 4 Satz 3 HGB).

4.15 Außerordentliche Erträge (Nr. 15)

Hierunter sind nach § 277 Abs. 4 Satz 1 HGB solche Erträge auszuweisen, *„die außerhalb der gewöhnlichen Geschäftstätigkeit der Kapitalgesellschaft anfallen"*. Diese Definition gilt auch für Nicht-Kapitalgesellschaften.

Demnach sind nur Erträge, die

- ungewöhnlich in der Art sind
- selten vorkommen und
- einige materielle Bedeutung haben

als **außerordentliche Erträge** auszuweisen. In Betracht kommen z. B.

- Gewinne aus Betriebs- oder Teilbetriebsveräußerungen
- Erträge aus dem positiven Ausgang eines für das Unternehmen existenziellen Prozesses
- Erträge aus Forderungsverzicht (Sanierungsgewinne)
- einmalige Zuschüsse der öffentlichen Hand.

Nach § 277 Abs. 4 HGB sind die genannten Erträge im Anhang zu erläutern, soweit sie nicht von untergeordneter Bedeutung sind. Kleine Kapitalgesellschaften sind nach § 276 Satz 2 HGB von dieser Pflicht befreit.

4.16 Außerordentliche Aufwendungen (Nr. 16)

Unter dieser Position sind Aufwendungen auszuweisen, *„die außerhalb der gewöhnlichen Geschäftstätigkeit ... anfallen"* (§ 277 Abs. 4 Satz 1 HGB). In Betracht kommen nach:

- Verluste aus der Veräußerung ganzer Betriebe, wesentlicher Betriebsteile oder von bedeutenden Beteiligungen
- außerplanmäßige Abschreibungen aus Anlass eines außergewöhnlichen Ereignisses (z. B. Stilllegung von Betriebsteilen, Zerstörung von Betrieben durch Katastrophen)
- außergewöhnliche Schadensfälle aufgrund von Unterschlagungen, Betrug u. Ä.
- Aufwendungen bei negativem Ausgang eines für die Existenz des Unternehmens entscheidenden Prozesses
- Entlassungsentschädigungen bei Massenentlassungen.

Nach § 277 Abs. 4 besteht für diese außerordentlichen Aufwendungen Erläuterungspflicht im Anhang. Kleine Kapitalgesellschaften sind nach § 276 Satz 2 HGB von dieser Pflicht befreit.

4.17 Außerordentliches Ergebnis (Nr. 17)

Das außerordentliche Ergebnis ist der Saldo aus den unter Nr. 15 und Nr. 16 ausgewiesenen außerordentlichen Erträgen und Aufwendungen. Wie bei Nr. 14 (Ergebnis der gewöhnlichen Geschäftstätigkeit) ist auch hier deutlich zu machen, ob ein Fehlbetrag oder Überschuss vorliegt.

4.18 Steuern vom Einkommen und vom Ertrag (Nr. 18)

Unter diesen Posten fallen die Körperschaftsteuer, die Gewerbesteuer und die Kapitalertragsteuer. Zur Kapitalertragsteuer rechnen hier nur solche Beträge, die das Unternehmen schuldet. Entsprechende Kapitalerträge wie erhaltene Dividenden sind bei der jeweiligen GuV-Position brutto auszuweisen. Die auf Ausschüttungen der Unternehmung basierende Kapitalertragsteuer, die sie für Rechnung der Anteilseigner abführt, gehört zum ausgeschütteten Gewinn und damit nicht unter diese Position.

Unter Position Nr. 18 sind auch latente Steuern (§ 274 Abs. 2 Satz 3 HGB) auszuweisen. Damit gibt es innerhalb des G+V-Postens einen eigenen Posten (zumindest „Davon-Vermerk") für die latenten Steuern, der als „latenter Steueraufwand" bzw. „latenter Steuerbetrag" zu bezeichnen ist. In der G+V sind Aufwand und Ertrag saldiert auszuweisen.

Steuererstattungen und Steuernachzahlungen auf o. a. Steuern gehören ebenfalls unter diese Position. **Begründung:** Da das Ergebnis aus der gewöhnlichen Geschäftstätigkeit (Position Nr. 14) in den Vorjahren nicht durch die Steuerzahlung gemindert wurde, darf die Erstattung diesen Posten auch nicht erhöhen. Da es sich hier nicht um einen Ertrag, sondern um eine Korrektur des Aufwandes handelt, liegt auch kein Verstoß gegen das Saldierungsverbot nach § 246 Abs. 2 HGB vor.

Die Auflösung der Rückstellungen zu Steuern vom Einkommen und vom Ertrag ist ebenfalls in diese Position einzustellen.

Voraussetzung für die Zuordnung ist immer, dass die Gesellschaft auch Steuerschuldner ist. Schuldner der Kapitalertragsteuer ist nach § 44 EStG grundsätzlich der Gläubiger der Kapitalerträge. Ist ein Unternehmen Gläubiger der Kapitalerträge, ist es damit auch Steuerschuldner. Steueranrechnungsbeträge sind hier ebenfalls zu erfassen.

Die handelsrechtliche Gewinn- und Verlustrechnung (§ 275 Abs. 2 HGB) rechnet die **Personensteuern** nicht zum privaten Bereich des Kaufmanns, weshalb sie unter Nr. 18/19 als Aufwand erscheinen. Hiervon abweichend bestimmt §12 Nr. 3 EStG bzw. § 10 Nr. 2 KStG, dass die Steuern vom Einkommen und sonstige Personensteuern nicht abzugsfähig sind.

Steuerlich abzugsfähig bleiben hiernach die **Betriebssteuern** wie Grundsteuer, Kraftfahrzeugsteuer.

Nichtabzugsfähig und für Zwecke der Steuerbilanz daher dem **handelsrechtlichen** Gewinn hinzuzusetzen sind:

- Kapitalertragsteuer
- Körperschaftsteuer
- Gewerbesteuer seit 2008.

4.19 Sonstige Steuern (Nr. 19)

Hier werden alle übrigen erfolgswirksamen Steuern ausgewiesen wie ausländische Ertragsteuern, z. B. auf Gewinne ausländischer Betriebstätten, Bier-, Branntwein-, Kfz-Versicherung-, Mineralölsteuer, Erbschaft- und Schenkungsteuer, Grundsteuer, vom Arbeitgeber zu zahlende pauschale Lohnsteuer. Umsatzsteuer wird nur dann als sonstige Steuer ausgewiesen, wenn sie ergebniswirksam ist.

Steuererstattungen werden hier verrechnet, sofern die früheren Steuerzahlungen nicht unter den sonstigen betrieblichen Aufwendungen ausgewiesen wurden.

Die Position 19 nimmt auch jeweils die Auflösung der entsprechenden Steuerrückstellungen sowie Steuernachzahlungen auf.

4.20 Jahresüberschuss/Jahresfehlbetrag (Nr. 20)

Hierbei handelt es sich um die Schlussposition der GuV-Rechnung, wenn die Ergebnisverwendung – im Gegensatz zu § 158 Abs. 1 AktG – nicht in der GuV dargestellt wird. Nach § 158 Abs. 1 AktG ist die **GuV der Aktiengesellschaft** in Fortführung der Nummerierung um die folgenden Posten zu ergänzen:

1. Gewinnvortrag/Verlustvortrag aus dem Vorjahr
2. Entnahmen aus der Kapitalrücklage
3. Entnahmen aus Gewinnrücklagen
   a) aus der gesetzlichen Rücklage
   b) aus der Rücklage für Anteile an einem herrschenden oder mehrheitlich beteiligten Unternehmen
   c) aus satzungsmäßigen Rücklagen
   d) aus anderen Gewinnrücklagen

4. Einstellungen in Gewinnrücklagen

   a) in die gesetzliche Rücklage

   b) in die Rücklage für Anteile an einem herrschenden oder mehrheitlich beteiligten Unternehmen

   c) in satzungsmäßige Rücklagen

   d) in andere Gewinnrücklagen

5. Bilanzgewinn/Bilanzverlust

Die Angaben können allerdings auch im Anhang gemacht werden.

Gemäß § 264c Abs. 3 HGB dürfen Gesellschaften im Sinne des § 264a HGB zur besseren Vergleichbarkeit des Jahresergebnisses mit dem einer Kapitalgesellschaft unterhalb der Position „Jahresüberschuss/Jahresfehlbetrag" einen den Steuersatz der Komplementärgesellschaft entsprechenden Steueraufwand der Gesellschafter zeigen.

5. Inhalt abweichender Positionen des UKV-Schemas

Abweichend von der Gliederung in § 275 Abs. 2 HGB für das Gesamtkostenverfahren enthält die Gliederung in Abs. 3 für das Umsatzkostenverfahren nicht die nachstehenden Posten:

2. Erhöhung oder Verminderung des Bestands an fertigen und unfertigen Erzeugnissen

3. andere aktivierte Eigenleistungen

5. Materialaufwand

6. Personalaufwand

7. Abschreibungen.

An deren Stelle sind gem. § 275 Abs. 3 HGB auszuweisen:

2. Herstellungskosten der zur Erzielung der Umsatzerlöse erbrachten Leistungen

3. Bruttoergebnis vom Umsatz

4. Vertriebskosten

5. allgemeine Verwaltungskosten.

Die übrigen Posten sind in beiden Schemata gleichermaßen vorgesehen. Mangels entgegenstehender, ausdrücklicher gesetzlicher Regelungen ist insoweit grundsätzlich von einer identischen Bedeutung der verwendeten Begriffe auszugehen. Änderungen ergeben sich lediglich noch (vgl. hierzu die Abschnitte B.5.5 und B.5.6) bei

7. sonstige betriebliche Aufwendungen

11. Abschreibungen auf Finanzanlagen und auf Wertpapiere des Umlaufvermögens.

5.1 Herstellungskosten der zur Erzielung der Umsatzerlöse erbrachten Leistungen (Nr. 2)

Das UKV-Schema des § 275 Abs. 3 HGB stellt, wie aus den oben genannten Nr. 2 - 5 zu ersehen ist, ab auf

▶ den Herstellungsbereich

▶ den allgemeinen Verwaltungsbereich und

▶ den Vertriebsbereich.

Die Gliederung nach den genannten Bereichen macht es erforderlich, die verschiedenen in Betracht kommenden Aufwandsarten diesen Bereichen **zuzuordnen** und dabei, soweit Position Nr. 2 betroffen ist, das Kriterium „Umsatz" zu beachten. Die Zuordnung wird z. T. über Schlüsselungen und Umlagen erfolgen, wobei eine ausgebaute Betriebsabrechnung hilfreich, u. U. sogar Voraussetzung ist. Lassen sich die allgemeinen Verwaltungskosten und die Vertriebskosten ohne Betriebsabrechnung je für sich ermitteln, so können die Herstellungskosten der Nr. 2 auch als Saldo der in Betracht kommenden Aufwendungen und der Posten Nr. 4, 5 und 7 festgestellt werden.

Dem Zweck der Gliederungsposition Nr. 2 entsprechend sind alle Herstellungskosten, d. h. **Vollkosten** auszuweisen, und zwar unabhängig davon, wie Bewertungswahlrechte in der Bilanz ausgeübt werden und ob die Aufwendungen aktivierbar sind oder nicht. Soweit mit Teilkosten bewertete Erzeugnisse zum Verkauf gelangen, sind die „fehlenden" Kosten – unter Einfügung eines Ausgleichspostens in die sonstigen betrieblichen Erträge – in den Posten Nr. 2 einzustellen.

Alle Produkte, die innerhalb eines Geschäftsjahres **erzeugt und abgesetzt** werden, gehen mit den vollen Herstellungskosten in den Posten Nr. 2 ein. Werden Produkte veräußert, die bei Beginn des Geschäftsjahres bereits vorhanden waren, so sind sie mit den Werten, mit denen sie aktiviert waren, zuzüglich der bis zur Veräußerung noch angefallenen Kosten unter Nr. 2 auszuweisen.

Die Kosten derjenigen Produkte, die zwar im Geschäftsjahr erzeugt, aber noch nicht abgesetzt sind, gehören nicht unter Position Nr. 2, sondern sind in der Bilanz zu aktivieren. Sind nur Teile der Herstellungskosten in der Bilanz angesetzt (Teilkosten), so stellt sich die Frage, ob die nicht aktivierten Kosten in den Posten Nr. 2 einbezogen werden können oder ob sie unter Posten Nr. 7 (sonstige betriebliche Aufwendungen) auszuweisen sind. *Adler/Düring/Schmaltz* plädieren mit überzeugenden Gründen für eine Einbeziehung in Posten Nr. 2.

Die Gliederung der GuV geht von einem produzierenden Unternehmen aus. Werden Dienstleistungen erbracht oder wird ausschließlich Handel betrieben, werden entsprechende Anpassungen bei den Bezeichnungen der Einzelposten erforderlich sein. Bei Erbringung von Dienstleistungen sind die für Herstellungsbetriebe geltenden Grundsätze uneingeschränkt maßgebend. Bei Handelsunternehmen treten an die Stelle der Herstellungskosten die Anschaffungskosten der für die Erzielung der Umsatzerlöse eingesetzten Waren.

5.2 Bruttoergebnis vom Umsatz (Nr. 3)

Der Posten stellt einen **Saldo** aus Nr. 1 und Nr. 2 dar. In der Regel wird es sich um einen Erlösüberschuss handeln. Liegt jedoch (ausnahmsweise) ein Aufwandsüberschuss vor, so ist dies unter dem Gesichtspunkt der Klarheit deutlich zu machen.

Aus dem Bruttoergebnis vom Umsatz lassen sich im Periodenvergleich wichtige Kenngrößen bezüglich der Entwicklung der Produktivität ableiten.

5.3 Vertriebskosten (Nr. 4)

Unter diesem Posten sind alle während des abgelaufenen Geschäftsjahres entstandenen Vertriebskosten auszuweisen, die dem Vertriebsbereich direkt oder über Schlüsselungen zuzurechnen sind. Da Vertriebskosten nicht aktivierbar und damit nicht umsatz-, sondern **periodenbezogen** sind, sind auch bereits angefallene Vertriebskosten für Produkte, die erst im kommenden Geschäftsjahr abgesetzt werden, unter Nr. 4 auszuweisen.

Als den einzelnen Produkten direkt zurechenbare **Vertriebseinzelkosten** kommen insbesondere Verpackungskosten, Transportkosten und Provisionen in Betracht. Zu den Vertriebs**gemeinkosten** rechnen die Personalkosten der Verkaufs-, Werbe- und Marketingabteilungen, die Kosten der Marktforschung, Werbung und Absatzförderung, Messe- und Ausstellungskosten, Reisekosten, Kosten der Auslieferungsläger, des Fuhrparks, die anteiligen Abschreibungen und Materialkosten sowie ein angemessener Teil der Verwaltungskosten.

5.4 Allgemeine Verwaltungskosten (Nr. 5)

Auszuweisen sind alle im Geschäftsjahr angefallenen diesbezüglichen Aufwendungen, soweit sie nicht als Herstellungskosten aktiviert werden. Zu den allgemeinen Verwaltungskosten zählen die Kosten der Stellen Geschäftsführung, Rechnungswesen, Personalwesen, Betriebswirtschaft und Planung, Steuer- und Rechtsabteilung, Telefonzentrale, EDV-Abteilung, Ausbildungswesen.

Beim Gesamtkostenverfahren wird ein erheblicher Teil dieser allgemeinen Verwaltungskosten unter der Position „sonstige betriebliche Aufwendungen" ausgewiesen. Da das UKV-Schema ebenfalls diesen Posten (Nr. 7) aufweist, ist beim Umsatzkostenverfahren eine Abgrenzung des Postens Nr. 5 vom Posten Nr. 7 erforderlich. Im Zweifel geht der Ausweis unter Nr. 5 vor. Die einmal gewählte Abgrenzung sollte nach dem Gebot der Darstellungsstetigkeit beibehalten werden.

5.5 Sonstige betriebliche Aufwendungen (Nr. 7)

Dieser Posten nimmt – im Gegensatz zu Nr. 8 beim Gesamtkostenverfahren – nur jene betrieblichen Aufwendungen auf, die nicht den Herstellungskosten, den Vertriebskosten und den Verwaltungskosten zugeordnet werden können, nämlich

- Verluste aus dem Abgang von Gegenständen des Anlagevermögens und des Umlaufvermögens
- Zuführungen zu Rückstellungen.

5.6 Abschreibungen auf Finanzanlagen und auf Wertpapiere des Umlaufvermögens (Nr. 11)

Der Inhalt weicht von dem der entsprechenden Position Nr. 12 des Gesamtkostenverfahrens ab, wenn das übliche Maß überschreitende Abschreibungen auf Wertpapiere des Umlaufvermögens vorliegen, die im Falle des Gesamtkostenverfahrens unter der Position 7b „Abschreibungen auf Vermögensgegenstände des Umlaufvermögens, soweit diese die in der Kapitalgesellschaft üblichen Abschreibungen überschreiten", erfasst werden.

Aufgabe 47 > Seite 437
Aufgabe 48 > Seite 438
Aufgabe 49 > Seite 438

Lösung

1. Die Bilanz ist eine Vermögensrechnung. Als was kann demgegenüber die GuV bezeichnet werden?	S. 221
2. Das Gliederungsschema des § 275 HGB wird als Mindestgliederung aufgefasst. Welche Konsequenzen ergeben sich hieraus für Nichtkapitalgesellschaften?	S. 221
3. Nennen Sie die Aufbauprinzipien der GuV nach § 275 HGB!	S. 222
4. Welche Vorteile hat die Darstellung der GuV in Staffelform?	S. 222
5. In welchen Positionen unterscheiden sich das Gesamtkostenverfahren und das Umsatzkostenverfahren?	S. 223
6. Was versteht man bei der GuV unter Bruttoprinzip?	S. 224
7. Welche Unternehmen können bei Darstellung der GuV das Nettoprinzip anwenden?	S. 224 f.
8. Was versteht man im Rahmen der GuV unter Erfolgsspaltung?	S. 225 f.
9. Nennen Sie bei Aufstellung der GuV zu beachtende allgemeine Gliederungsgrundsätze!	S. 226
10. Wie und wo sind die Umsatzerlöse im HGB definiert?	S. 228
11. Ist die Umsatzsteuer ein Erlösbestandteil?	S. 228 f.
12. Welche Bedeutung hat die Position „Andere aktivierte Eigenleistungen" in der GuV?	S. 229
13. Warum werden Bestandsveränderungen in die GuV einbezogen?	S. 229
14. Wie sind die sonstigen betrieblichen Erträge von den außerordentlichen Erträgen abzugrenzen?	S. 229 f.
15. In welche Positionen wird der Materialaufwand beim Gesamtkostenverfahren unterteilt?	S. 230 f.
16. Nennen Sie typische Nebenbezüge, die unter Löhnen und Gehältern auszuweisen sind!	S. 231
17. Die Aufwendungen für Altersversorgung sind im Gesamtkostenverfahren gesondert anzugeben. Welche Aufwendungen gehören hierzu?	S. 232
18. Personensteuern sind in der Steuerbilanz nicht abzugsfähig. Nennen Sie die in Betracht kommenden Steuern!	S. 239
19. Nach welcher Vorschrift ist – im Anschluss an den Jahresüberschuss – die Ergebnisverwendung zusätzlich darzustellen?	S. 240
20. Ist die Sofortabschreibung geringwertiger Wirtschaftsgüter auch unter Nr. 7 des GKV-Schemas auszuweisen?	S. 232
21. Wie sind die sonstigen betrieblichen Aufwendungen von den außerordentlichen Aufwendungen abzugrenzen?	S. 238

22. Welches zusätzliche steuerliche Abgrenzungsproblem ergibt sich bei den betrieblichen Aufwendungen?	S. 234
23. Nennen Sie Erträge aus Beteiligungen!	S. 235
24. Welche Zinserträge gehören zu den sonstigen Zinsen nach Nr. 11 des GKV-Schemas?	S. 236
25. Nennen Sie Finanzanlagen, auf die Abschreibungen nach Nr. 12 des GKV-Schemas in Betracht kommen!	S. 236
26. In welcher Vorschrift des HGB sind die typischen Merkmale der außerordentlichen Erträge und Aufwendungen genannt?	S. 238
27. Sind die Herstellungskosten nach Nr. 2 des UKV-Schemas zu Vollkosten oder zu Teilkosten anzusetzen?	S. 242
28. Welche Kosten zählen zu den Vertriebskosten nach Nr. 4 des UKV-Schemas?	S. 243

D. Anhang und Lagebericht

Nach § 264 Abs. 1 Satz 1 HGB ist bei Kapitalgesellschaften der Anhang Bestandteil des Jahresabschlusses. Zusätzlich zum Jahresabschluss haben Kapitalgesellschaften einen Lagebericht zu erstellen. Kleine Kapitalgesellschaften (§ 267 HGB) sind nach § 264 Abs. 1 Satz 4 HGB von der Aufstellung eines Lageberichts befreit.

Nach § 264a HGB werden Kapitalgesellschaften und Co., bei denen keine natürlichen Personen persönlich haftender Gesellschafter sind, den Kapitalgesellschaften gleichgestellt. Das heißt, dass Kapitalgesellschaften und Co. im Sinne des § 264a HGB auch einen Anhang und Lagebericht zu erstellen haben, soweit sie nicht nach der Vorschrift des § 264b HGB von der Verpflichtung einen Jahresabschluss und einen Lagebericht aufzustellen, befreit sind.

Kapitalmarktorientierte Kapitalgesellschaften, die nicht zur Aufstellung eines Konzernabschlusses verpflichtet sind, müssen außerdem eine Kapitalflussrechnung und einen Eigenkapitalspiegel erstellen.

1. Anhang

1.1 Überblick

Die Vorschriften über den Anhang in §§ 284 - 288 HGB enthalten keine abschließende Auflistung der erforderlichen Angaben. In Einzelvorschriften werden zusätzliche Angaben gefordert. Sie setzen sich danach wie folgt zusammen:

▸ Angaben zu Einzelposten der Bilanz und der GuV, die in Einzelvorschriften vorgeschrieben sind **oder** aufgrund von Einzelregelungen zu machen sind, weil sie in Ausübung eines Wahlrechtes nicht in der Bilanz oder GuV gemacht wurden (§ 284 Abs. 1 HGB)

▸ Angaben zu Bilanzierungs- und Bewertungswahlrechten sowie bestimmten Bewertungsmaßstäben gem. § 284 Abs. 2 HGB

▸ sonstige Pflichtangaben gem. § 285 HGB

▸ zusätzliche Angaben gem. §§ 58, 152, 158, 160, 240, 261 AktG, § 42 GmbHG, § 28 EGHGB.

Man kann unterscheiden:

▸ **Pflichtangaben**, die in jedem Jahresabschluss zu machen sind, und zwar Erläuterungen, Angaben, Darstellungen, Aufgliederungen, Ausweise und Begründungen zur Bilanz und GuV, zu einzelnen ihrer Posten, zu ihrem Inhalt, zu den angewandten Bewertungs- und Abschreibungsmethoden sowie zu den Durchbrechungen der Ausweis- und Bewertungsstetigkeit

▸ **Wahlpflichtangaben**, die wahlweise im Anhang statt in der Bilanz/GuV gemacht werden

- **Zusätzliche Angaben**, die notwendigerweise zu machen sind, um ein den tatsächlichen Verhältnissen entsprechendes Bild der Vermögens-, Finanz- und Ertragslage nach § 264 Abs. 2 HGB zu vermitteln

- **Freiwillige Angaben**, um den Adressaten des Jahresabschlusses zusätzliche Informationen zu vermitteln

1.2 Funktionen des Anhangs

Der Jahresabschluss hat gem. § 264 Abs. 2 HGB unter Beachtung der GoB ein den tatsächlichen Verhältnissen entsprechendes Bild der Vermögens-, Finanz- und Ertragslage der Gesellschaft zu vermitteln. Dazu hat der Anhang beizutragen. Er dient der Erläuterung der Bilanz und der Gewinn- und Verlustrechnung und soll den Adressaten der Rechnungslegung helfen, die Zahlen des Jahresabschlusses besser zu beurteilen. Der Anhang dient somit in erster Linie der Informationsvermittlung. Daneben erfüllt er noch andere Aufgaben. *Adler/Düring/Schmaltz* unterscheiden folgende Funktionen:

- **Informationsfunktion:** Sie wird durch die Interpretation der in Bilanz und GuV enthaltenen Posten, z. B. durch die Angabe von Bilanzierungs- und Bewertungsmethoden erfüllt. Der Anhang hat so gesehen auch eine Ergänzungsfunktion, indem er den Informationsgehalt des Jahresabschlusses vertieft.

- **Entlastungsfunktion:** Das HGB räumt zahlreiche Ausweis-Wahlrechte (entweder in der Bilanz bzw. der GuV oder im Anhang) ein. Durch Konzentration der wesentlichen Angaben in der Bilanz und GuV unter Verlagerung der anderen Angaben in den Anhang werden Bilanz und GuV entlastet. Deren Aussagefähigkeit wird dadurch erhöht.

- **Erläuterungsfunktion:** Die Angaben im Anhang beschränken sich in einigen Fällen nicht nur auf reine Daten und Fakten. So sind z. B. Veränderungen gegenüber dem Vorjahr in ihrem Einfluss auf die Vermögens-, Finanz- und Ertragslage darzustellen.

- **Korrekturfunktion:** Sind gemäß § 264 Abs. 2 Satz 2 HGB zusätzliche Angaben zur Vermittlung eines zutreffenden Bildes von der Lage des Unternehmens erforderlich, so kann von einer Korrekturfunktion gesprochen werden, die trotz korrekter Angaben in der Bilanz und GuV dem Ziel dient, einer sonst unzureichenden oder gar irreführenden Informationsvermittlung abzuhelfen.

1.3 Allgemeine Berichtsgrundsätze

1.3.1 Materielle Anforderungen

Für den Anhang sind ebenso wie für die Bilanz und die GuV die Grundsätze ordnungsmäßiger Buchführung zu beachten (§ 264 Abs. 2 HGB).

- **Wahrheitsgemäße Angaben**
  Für die Angaben im Anhang besteht unbedingte Wahrheitspflicht. Angaben, die der Wahrheit nicht entsprechen, sind nicht geeignet, ein den tatsächlichen Verhältnissen entsprechendes Bild von der Lage des Unternehmens zu verschaffen. Der Grundsatz der Wahrheit fordert auch die Vollständigkeit der vorgeschriebenen Angaben.

► **Klare und übersichtliche Angaben**

Nach § 243 Abs. 2 HGB muss der Jahresabschluss klar und übersichtlich sein. Diese Vorschrift, die Ausdruck des Grundsatzes der Klarheit ist, gilt auch für den Anhang. Die Angaben müssen so abgefasst sein, dass der interessierte Leser sie verstehen kann. Sie müssen zudem eindeutig sein.

Auf den Anhang nicht anzuwenden sind die allgemeinen Gliederungsgrundsätze des § 265 HGB. So ist es im Allgemeinen nicht erforderlich, die Vergleichszahlen des Vorjahres im Anhang anzugeben.

► **Beschränkung auf wesentliche Sachverhalte**

Ein genereller Vorbehalt, dass im Anhang Angaben nur über wesentliche Sachverhalte zu machen sind, kann dem Gesetzeswortlaut nicht entnommen werden. Der Vorbehalt ergibt sich jedoch aus den GoB, zu denen auch der Grundsatz der Wesentlichkeit gehört. Er kommt dann zur Anwendung, wenn das Gesetz im Einzelfall einen Wesentlichkeitsvorbehalt nicht vorsieht.

Ob ein Sachverhalt wesentlich oder unwesentlich ist, kann nicht allgemein bzw. schematisierend bestimmt werden. Die Beurteilung kann immer nur für den Einzelfall und im Hinblick darauf vorgenommen werden, ob die fragliche Angabe für eine vollständige und klare Darstellung des Jahresabschlusses von Bedeutung ist.

1.3.2 Gliederung des Anhangs

Das HGB sieht für den Anhang keine besondere Form vor. Er ist deshalb als solcher zu bezeichnen und vom Lagebericht abzugrenzen.

Der Anhang muss klar und übersichtlich sein. Eine unzusammenhängende Auflistung der Angaben in der Reihenfolge der gesetzlichen Vorschriften dürfte einer übersichtlichen Darstellung nicht genügen, da die gesetzlichen Vorschriften nicht in der logischen Systematik von Bilanz und GuV geordnet sind. Die Angaben sind vielmehr nach sachlichen Gesichtspunkten einzuteilen und zu gruppieren.

Bestimmte Schemata zur Gliederung des Anhangs sind nicht vorgeschrieben. Hat sich die Gesellschaft für ein Gliederungsschema entschieden, so ist sie zwar nicht unbedingt an das gewählte Schema gebunden. Es wird aber beizubehalten sein, wenn es sich als zweckmäßig erwiesen hat (eingeschränkte Darstellungsstetigkeit).

1.4 Angaben im Anhang nach § 284 HGB

Im Anhang sind nach § 284 Abs. 1 f. HGB die folgenden Angaben zu machen:

► alle Angaben, die zu einzelnen Posten der Bilanz oder der Gewinn- und Verlustrechnung vorgeschrieben sind oder die im Anhang deshalb zu machen sind, weil sie in Ausübung des Wahlrechts nicht in die Bilanz oder in die Gewinn- und Verlustrechnung aufgenommen wurden (§ 284 Abs. 1 HGB). Siehe auch vorstehend Abschnitt D.1.1.

► die bei der Erstellung der Bilanz und der Gewinn- und Verlustrechnung angewendeten **Bilanzierungs- und Bewertungsmethoden**.

► die **Verfahren der Währungsumrechnung**, z. B. zum historischen Kurs (Kurs im Zeitpunkt der Anschaffung eines Vermögensgegenstandes oder im Zeitpunkt der Entstehung einer Verpflichtung), zum Durchschnittskurs des Geschäftsjahres oder zum Kurs zum Bilanzstichtag.

► **Abweichungen** von bisher angewendeten Bilanzierungs- und Bewertungsmethoden innerhalb der Wahlrechte.

Beispiel

„Im Geschäftsjahr 03 wurden erstmalig die allgemeinen Verwaltungskosten als Herstellungskosten aktiviert."

Die Abweichungen sind zu begründen und hinsichtlich ihres Einflusses auf die Vermögens-, Finanz- und Ertragslage gesondert darzustellen (§ 284 Abs. 2 Nr. 3 HGB).

► Angaben über die Einbeziehung von **Zinsen für Fremdkapital** in die Herstellungskosten.

Beispiel

„Die Herstellungskosten enthalten Zinsen für Fremdkapital".

Die Angabe der Höhe der aktivierten Fremdkapitalzinsen ist nicht erforderlich.

► Bei einer Bewertung nach dem Durchschnittswertverfahren (§ 240 Abs. 4 HGB) oder dem Verbrauchsfolgeverfahren (§ 256 Satz 1 HGB) müssen die Unterschiedsbeträge pauschal für die jeweilige Gruppe im Anhang ausgewiesen werden, wenn der Wert in der Bilanz wesentlich von dem Börsen- oder Marktpreis abweicht. Voraussetzungen: Der Unterschiedsbetrag muss erheblich sein. Es muss ein Börsen- oder Marktpreis vorliegen. Kleine Kapitalgesellschaften (§ 267 Abs. 1 HGB) sind von den Angaben befreit (§ 288 HGB).

1.5 Sonstige wesentliche Pflichtangaben nach § 285 HGB

§ 285 HGB enthält einen Katalog sonstiger Pflichtangaben, von denen die wichtigsten nachstehend aufgeführt sind:

► der Gesamtbetrag der **Verbindlichkeiten** mit einer Restlaufzeit von mehr als 5 Jahren und der Gesamtbetrag der durch Pfandrechte oder ähnliche Rechte gesicherten Verbindlichkeiten (§ 258 Nr. 1 HGB)

- Art und Zweck sowie Risiken und Vorteile von nicht in der Bilanz enthaltenen Geschäften, soweit dies für die Beurteilung der Finanzlage notwendig ist (§ 285 Nr. 3 HGB)

- bei Geschäften mit nahe stehenden Personen und Unternehmen sind zumindest die wesentlichen, nicht zu marktüblichen Bedingungen zu Stande gekommenen Geschäfte (§ 285 Nr. 21 HGB) anzugeben

- gesonderte Angabe der Haftungsverhältnisse unter Angabe der Gründe für die Einschätzung des Risikos aus der Inanspruchnahme (§ 285 Nr. 27 HGB)

- Erläuterung der aktiven und passiven latenten Steuern (§ 285 Nr. 29 HGB)

- Gründe für die Annahme einer betrieblichen Nutzungsdauer von mehr als fünf Jahren bei der Abschreibung des Goodwill (§ 285 Nr. 13 HGB)

- Angabe des Gesamtbetrags der Forschungs- und Entwicklungskosten des Geschäftsjahres und der davon auf selbst geschaffene immaterielle Vermögensgegenstände des Anlagevermögens entfallender Betrag (§ 285 Nr. 22 HGB)

- Angabe der Beträge und Arten von gebildeten Bewertungseinheiten zur Absicherung welcher Risiken sowie der Höhe der Risiken, Angaben zur Effektivität und besondere Erläuterung antizipativer Hedges (§ 285 Nr. 23 HGB)

- Angabe der Verfahren und grundlegenden Annahmen der Berechnung von Pensionsrückstellungen (§ 285 Nr. 24 HGB)

- Angabe der Anschaffungskosten und beizulegender Zeitwert der verrechneten Vermögensgegenstände des Deckungsvermögens sowie der Erfüllungsbetrag der verrechneten Schulden und der verrechneten Aufwendungen und Erträge (§ 285 Nr. 25 HGB)

- Angabe des Gesamtbetrags der Ausschüttungssperre des § 268 Abs. 8 HGB, angegliedert in die ausschüttungsgesperrten Einzelbeträge (§ 285 Nr. 28 HGB).

Für mittelgroße und insbesondere kleine Kapitalgesellschaften gelten bestimmte Erleichterungen (§ 288 HGB).

Aufgabe 50 > Seite 439
Aufgabe 51 > Seite 439

2. Lagebericht

Nach § 264 Abs. 1 Satz 1 HGB haben die gesetzlichen Vertreter einer Kapitalgesellschaft neben dem Jahresabschluss (Bilanz, GuV, Anhang) einen Lagebericht gem. § 289 HGB zu erstellen. Kleine Kapitalgesellschaften (§ 267 Abs. 1 HGB) sind von der Erstellung eines Lageberichts befreit (§ 264 Abs. 1 Satz 3 HGB).

Gemäß § 264a HGB werden die Kapitalgesellschaften und Co., bei denen keine natürliche Person persönlich haftender Gesellschafter ist, den Kapitalgesellschaften gleichgestellt. Das heißt, dass Kapitalgesellschaften und Co. im Sinne des § 264a HGB auch einen Anhang und Lagebericht zu erstellen haben, soweit sie nicht nach der Vorschrift des § 264b HGB von der Verpflichtung einen Jahresabschluss und einen Lagebericht aufzustellen, befreit sind.

2.1 Funktion und Zweck des Lageberichts

Lagebericht und Anhang dienen beide der Erläuterung, haben aber unterschiedliche Funktionen. Während der Anhang wesentlicher Bestandteil des Jahresabschlusses ist und somit in dessen Informationsfunktion eingebunden wird, kommt dem Lagebericht die ergänzende Aufgabe zu, losgelöst von den einzelnen Posten des Jahresabschlusses das **Gesamtbild** des Unternehmens darzustellen.

Der Lagebericht hat die Aufgabe den Geschäftsverlauf einschließlich des Geschäftsergebnisses und die Lage der Gesellschaft so darzustellen, dass ein den tatsächlichen Verhältnissen entsprechendes Bild vermittelt wird. Die Adressaten des Jahresabschlusses (Gesellschafter, Gläubiger, Arbeitnehmer) sollen Erläuterungen erhalten, die die Aussagen des Jahresabschlusses ergänzen und eine Gesamtwürdigung der Angaben vor dem Hintergrund der Darstellung der Gesamtlage des Unternehmens ermöglichen (**Komplementärfunktion**). Darüber hinaus sollen die interessierten Leser des Jahresabschlusses in die Lage versetzt werden, die tatsächliche Unternehmensentwicklung im abgelaufenen Geschäftsjahr einzuschätzen und Anhaltspunkte für die voraussichtliche Entwicklung der Gesellschaft in der Zukunft zu erhalten.

2.2 Allgemeine Berichtsgrundsätze

2.2.1 Materielle Anforderungen

Ebenso wie beim Anhang sind bei Aufstellung des Lageberichts die Grundsätze ordnungsmäßiger Buchführung zu beachten:

▶ **Wahrheitsgemäße und vollständige Berichterstattung**
Für den Lagebericht besteht ebenso wie für den Jahresabschluss die **Pflicht zur Wahrheit**. Alle Angaben, die gemacht werden, müssen zutreffend sein. Nur auf diese Weise kann ein den tatsächlichen Verhältnissen entsprechendes Bild von der Lage der Gesellschaft vermittelt werden. Wahre Tatsachen dürfen somit nicht verfälscht oder unterdrückt werden, um einen günstigeren Eindruck von der Lage des Unternehmens zu vermitteln.

Die Berichterstattung muss ferner **vollständig** sein. Der Lagebericht ist nicht bereits dann vollständig, wenn alle in § 289 HGB genannten Berichtsgegenstände angesprochen werden. Die Lageberichterstattung ist erst dann vollständig, wenn alle Angaben enthalten sind, die für die zu vermittelnde Gesamtbeurteilung der wirtschaftlichen Lage und des Geschäftsverlaufs (aus der Sicht der Geschäftsleitung) von Bedeutung sind.

▶ **Gebot der Klarheit und Verständlichkeit**

Die Berichterstattung muss ferner **klar und verständlich** sein. Der Grundsatz der Klarheit gilt für jede Form der Informationsvermittlung und somit auch für den Lagebericht. Nur wenn die Angaben und Erläuterungen eindeutig sind und nicht zu unterschiedlichen Interpretationen Anlass geben, können sich die Adressaten ein umfassendes Bild von der derzeitigen Lage und der voraussichtlichen Entwicklung des Unternehmens machen.

▶ **Einschränkung der Berichtspflicht durch den Grundsatz der Wesentlichkeit**

Der Grundsatz der Wesentlichkeit (materiality) ist auch bei Aufstellung des Lageberichts zu beachten. Die Geschäftsleitung hat nach pflichtgemäßer Beurteilung über den Umfang der Berichterstattung zu entscheiden. Für die Beurteilung, über welche Sachverhalte im Lagebericht zu berichten ist **(Beurteilungsspielraum)**, sind die Informationsinteressen Dritter zu berücksichtigen einschließlich der Einschätzung durch die Öffentlichkeit. Mit entscheidend sind die Besonderheiten der Branche, denen das Unternehmen angehört sowie die eigene Lage des Unternehmens. Ist die Gesamtsituation der Gesellschaft schwierig oder gar als kritisch zu bezeichnen, wird die Lageberichterstattung bezüglich der Risiken der künftigen Entwicklung insoweit deutlicher ausfallen müssen.

2.2.2 Form und Gliederung des Lageberichts

Da das HGB keine Vorschriften über die Form oder den Inhalt des Lageberichts im Einzelnen enthält, steht den gesetzlichen Vertretern der mittelgroßen und großen Kapitalgesellschaft ein **Ermessensspielraum** bei Gestaltung des Lageberichts zu. Die formale Gestaltung des Lageberichts muss sich ebenso wie für den Anhang an den allgemeinen Grundsätzen der Rechenschaftslegung orientieren, auch wenn der Lagebericht als solcher nicht Teil des Jahresabschlusses ist. Er ist somit übersichtlich und nach sachlichen Gesichtspunkten zu gliedern und hat die Informationen so darzustellen, dass sie der Aufnahmefähigkeit der Bilanzadressaten angepasst sind. Die Berichterstattung muss präzise sein und darf nicht allgemein bleiben oder reklameartig erfolgen.

Die Form der Darstellung ist beizubehalten, soweit nicht in Ausnahmefällen wegen besonderer Umstände Abweichungen erforderlich sind. Denn nur durch die Wahrung der Stetigkeit kann die Vergleichbarkeit mit der Darstellung des Vorjahres gewahrt werden. Werden die Vorjahreszahlen nicht genannt (keine Pflicht), kann es empfehlenswert sein, bei verbaler Berichterstattung Vergleiche zu Vorjahresangaben in anderer Weise darzustellen.

Aus dem Gesetzestext lassen sich folgende Hauptgliederungspunkte ableiten:

a) Geschäftsverlauf mit Geschäftsergebnis und Lage der Gesellschaft (Analyse unter Bezugnahme auf finanzielle Leistungsindikatoren)

b) voraussichtliche Entwicklung der Gesellschaft mit ihren wesentlichen Chancen und Risiken (Prognosebericht)

c) Vorgänge nach Schluss des Geschäftsjahres (Nachtragsbericht)

d) Angaben zu Risiken über Finanzinstrumente (Risikobericht)

e) Bericht über Forschung und Entwicklung

f) Zweigniederlassung.

2.3 Berichterstattung nach § 289 Abs. 1 HGB

2.3.1 Darstellung des Geschäftsverlaufs, Geschäftsergebnis und Lage der Gesellschaft

Dieser Teil des Lageberichts soll den **Geschäftsverlauf** einschließlich des Geschäftsergebnisses und die Lage der Gesellschaft so darstellen, dass ein den tatsächlichen Verhältnissen entsprechendes Bild vermittelt wird. Bei der Darstellung des Geschäftsverlaufs handelt es sich daher um einen im Wesentlichen vergangenheitsorientierten zeitraumbezogenen Bericht. Die **Lagedarstellung** baut auf den Berichten über den Geschäftsverlauf auf, die damit die Grundlage für die Beurteilung der Gesellschaft liefern. Die Ausführungen hierzu können z. B. wie folgt gegliedert werden (IDW RS HFA 1, DRS 15):

Darstellung des Geschäftsverlaufs:

► Entwicklung von Branche und Gesamtwirtschaft

► Umsatz- und Auftragsabwicklung

► Produktion

► Beschaffung

► Investitionen

► Finanzierungsmaßnahmen bzw. Vorhaben

► Personal- und Sozialbereich

► Umweltschutz

► wichtige Vorgänge des Geschäftsjahres.

Darstellung der Lage:

▶ Vermögenslage

▶ Finanzlage

▶ Ertragslage

▶ besondere Darstellungsformen zur Entwicklung und Lage des Unternehmens.

Bedeutet die Darstellung des Geschäftsverlaufs die Erläuterung des historischen Ablaufs im Geschäftsjahr, so verfolgt die Darstellung der Lage das Ziel, die dargestellten Ereignisse und Entwicklungen in ihrer Bedeutung für das Unternehmen zu werten und in den Gesamtzusammenhang der unternehmerischen Tätigkeit zu stellen. Der Bericht zur Lage ist somit notwendig dynamisch (*Adler/Düring/Schmaltz*).

Durch das Bilanzrechtsreformgesetz (BilReG) wurde die Bezugnahme auf das **Geschäftsergebnis** sowie die **Analyse des Geschäftsverlaufs** und der **Lage der Gesellschaft** neu eingeführt. Hierbei soll die Analyse ausgewogen und umfassend, d. h. dem Umfang und der Komplexität der Geschäftstätigkeit der berichtenden Gesellschaft entsprechend, erfolgen.

In die vorzunehmende Analyse sind die bedeutsamsten finanziellen Leistungsindikatoren einzubeziehen und unter Bezugnahme auf die im Jahresabschluss ausgewiesenen Beträge und Ausgaben zu erläutern. Unter finanziellen Leistungsindikatoren sind Kennzahlen (z. B. Rentabilitäts- und Finanzierungskennzahlen, Kennzahlen zur Kapitalstruktur) zu verstehen, die ansonsten auch für die Abschlussanalyse verwendet werden (z. B. Eigenkapitalquote, ROI, Working Capital).

Zur Analyse des **Geschäftsergebnisses** ist es erforderlich ausgehend vom Jahresüberschuss/Jahresfehlbetrag eine Zerlegung in Betriebs-, Finanz-, Steuerergebnis vorzunehmen (IDW RH HFA 1.007). Hierbei sind die wesentlichen wirtschaftlichen Einflussfaktoren (z. B. Umsatzsteigerungen oder Kosteneinsparungen) sowie deren Einfluss auf die Ergebnisentwicklung anzugeben (*Adler/Düring/Schmaltz*).

Aus der Regierungsbegründung zum BilReG ist die in § 289 Abs. 1 Satz 3 HGB geforderte **Bezugnahme der Analyse auf die im Jahresabschluss ausgewiesenen Beträge und Angaben** einerseits insofern als Einschränkung der Erläuterungspflichten zu verstehen, soweit damit Wiederholungen von Angaben im Jahresabschluss und im Lagebericht vermieden werden sollen. **Große Kapitalgesellschaften** im Sinne des § 267 Abs. 3 HGB haben auch **nicht finanzielle Leistungsindikatoren** in die Analyse einzubeziehen, soweit sie für die Geschäftstätigkeit des Unternehmens von Bedeutung und für das Verständnis seines Geschäftsverlaufs und seiner Lage erforderlich sind (z. B. Arbeitnehmer, Umwelt, Kundenkreis, Produktqualität).

2.3.2 Darstellung der voraussichtlichen Entwicklung der Gesellschaft mit ihren wesentlichen Chancen und Risiken (Prognosebericht)

Diese Vorschrift ist durch das KonTraG (Gesetz zur Kontrolle und Transparenz im Unternehmensbereich) eingeführt und mit dem BilReG erweitert worden. Beabsichtigt ist, mit einer verbesserten Rechenschaftslegung der Kapitalgesellschaften, die bestehende Erwartungslücke der Adressaten zu mindern (IDW Sonderrundschreiben vom 28.11.1996) und die Risikosituation der Kapitalgesellschaft bewusst zu machen. Deshalb ist die **voraussichtliche Entwicklung** der Kapitalgesellschaft mit ihren wesentlichen **Chancen und Risiken** sowie unter Angabe der zu Grunde liegenden **Annahmen** zu beurteilen und zu erläutern **(Prognosebericht)**.

Im Prognosebericht hat die Geschäftsleitung ihre Erwartungen über die voraussichtliche Entwicklung der Gesellschaft mit ihren wesentlichen Chancen und Risiken zu erläutern. Die Darstellung der Erwartungen hat sich auf die wirtschaftlichen Rahmenbedingungen, die Branchenaussichten und auf positive und negative Entwicklungstrends sowie deren wesentlichen Einflussfaktoren zu beziehen (DRS 15). Bei der Darstellung der Risiken kommen also solche Darstellungen über bestehende oder drohende Risiken in Frage, die eine negative Abweichung der möglichen Planergebnisse bedeuten. Hierzu gehört insbesondere die Darstellung der Risiken, die den Fortbestand der Gesellschaft gefährden (IDW RS HFA 13.1.3). Infrage kommen erhebliche dauerhafte Verluste, drohender Kreditentzug, Kürzung von Kreditlinien, Wegfall von Absatzmärkten. Ist der Fortbestand gefährdet oder nicht mehr gesichert, ist darauf deutlich und unter Nennung der Anhaltspunkte hinzuweisen (IDW RS HFA 13.1.3). Anhaltspunkte für berichtspflichtige Risiken können sich aus einem beim Unternehmen eingerichteten **Risikofrüherkennungssystem** ergeben.

Als Prognosezeitraum sind mindestens die beiden dem Bilanzstichtag folgenden Geschäftsjahre zu Grunde zu legen.

Sind in Ausnahmefällen keine wesentlichen Chancen und Risiken der künftigen Entwicklung für die Geschäftsleitung erkennbar, ist nach Sinn und Zweck der Vorschrift darauf im Lagebericht durch so genannte **Negativerklärung** einzugehen (*Adler/Düring/Schmaltz*).

2.4 Besondere Angaben nach § 289 Abs. 2 HGB

Nach § 289 Abs. 2 HGB soll der Lagebericht auch eingehen auf

- ▸ Vorgänge von besonderer Bedeutung, die nach dem Schluss des Geschäftsjahres eingetreten sind
- ▸ Risikomanagementziele und -methoden sowie Preisänderungs-, Ausfall- und Liquiditätsrisiken und Zahlungsstromschwankungen, die aus dem Einsatz von Finanzinstrumenten resultieren
- ▸ den Bereich Forschung und Entwicklung
- ▸ bestehende Zweigniederlassungen der Gesellschaft.

2.4.1 Vorgänge von besonderer Bedeutung, die nach dem Schluss des Geschäftsjahres eingetreten sind (Nachtragsbericht)

Zweck des gemäß § 289 Abs. 2 Nr. 1 HGB zu erstattenden Berichts ist die Information über die geschäftliche Entwicklung seit dem Ende des vorangegangenen Geschäftsjahres. Dies folgt aus der Funktion des Lageberichts, die Lage der Gesellschaft insgesamt und damit auch losgelöst von dem durch die jeweiligen Bilanzstichtage begrenzten Zeitabschnitt zu sehen.

Der Berichtsteil muss sich auf Vorgänge von besonderer Bedeutung beschränken. Dazu gehören alle Ereignisse, die für die Einschätzung der Existenzfähigkeit, d. h. der Zukunftsaussichten des Unternehmens von Bedeutung sind. Hierzu gehört z. B. die Veränderung von Rahmenbedingungen für die Geschäftstätigkeit (z. B. Gesetzgebung, gesamtwirtschaftliche Entwicklungen). Hierzu rechnen ferner das Sinken der Verkaufspreise oder das Ansteigen der Einstandspreise.

Der Berichtspflicht unterliegen nur Vorgänge von besonderer Bedeutung, die nach dem Schluss des Geschäftsjahres eingetreten sind. Gemeint sind alle im nachfolgenden Geschäftsjahr eingetretenen besonderen Ereignisse, die bis zur Aufstellung des Jahresabschlusses und Lageberichts bekannt werden. Darüber hinaus sind besonders wichtige Vorgänge, die bis zur Feststellung auftreten, zu berücksichtigen.

2.4.2 Angaben zu Risiken über Finanzinstrumente (Risikobericht)

Soweit dies für die Beurteilung der Lage oder der voraussichtlichen Entwicklung von Bedeutung ist, soll der Lagebericht gemäß § 289 Abs. 2 Nr. 2 HGB bei Einsatz von Finanzinstrumenten auch eingehen auf

a) die Risikomanagementziele und -methoden (Nr. 2a)

b) die Preisänderungs-, Ausfall- und Liquiditätsrisiken sowie die Risiken aus Zahlungsstromschwankungen (Nr. 2b).

Eine handelsrechtliche Definition zum Begriff Finanzinstrument gibt es bislang noch nicht.

Nach IDW RH HFA 1.005 fallen unter den Begriff der Finanzinstrumente z. B. Wertpapiere, Geldmarktinstrumente, Devisen oder Rechnungseinheiten sowie Derivate, aber auch Finanzanlagen, Forderungen und Verbindlichkeiten im Sinne von § 266 Abs. 2 f. HGB. Gemäß § 289 Abs. 2 Nr. 2a HGB ist auf die Risikomanagementziele und -methoden, die im Rahmen der Bilanzierung von Sicherungsgesellschaften erfasst werden, einzugehen. Hierzu sind Angaben über die Risikobereitschaft und deren Absicherung durch den Einsatz von Finanzinstrumenten zu erläutern. Beim Preisänderungsrisiko ist über Währungs-, Zins- und Marktrisiken zu berichten. Das Ausfallrisiko bezieht sich auf die Bonität des Vertragspartners während das Liquiditätsrisiko die Wahrscheinlichkeiten der termingerechten Beschaffung von liquiden Mitteln des Unternehmens betreffen. Unter den Zahlungsstromschwankungen ist die Volatilität von Zahlungseingängen zu bewerten.

2.4.3 Bereich Forschung und Entwicklung

Nach § 289 Abs. 2 Nr. 3 HGB soll der Lagebericht auch auf den Bereich Forschung und Entwicklung eingehen. Die Darstellung entsprechender Aktivitäten gehört nur für solche Kapitalgesellschaften zum notwendigen Berichtsinhalt, die selbst einen Forschungs- und Entwicklungsbereich unterhalten oder die sich bei ihren Aktivitäten dritter Unternehmen oder Institutionen bedienen.

Art und Umfang der Darstellung sind nicht festgelegt. Im Allgemeinen wird über das **Volumen** der Aufwendungen für Forschung und Entwicklung, die **Steigerung bzw. Ermäßigung** der Aufwendungen gegenüber dem Vorjahr, die Anzahl der in diesen Bereichen Beschäftigten und den Umfang sowie den Einsatz öffentlicher Mittel zur Forschungsförderung berichtet. Die Kapitalgesellschaft ist nicht verpflichtet, konkrete Forschungsergebnisse oder Entwicklungsvorhaben im Einzelnen anzugeben und über besondere Forschungszielsetzungen zu berichten, sofern die daraus gewonnenen Erkenntnisse von einem Mitbewerber zum Nachteil der Gesellschaft ausgenutzt werden können.

2.4.4 Bestehende Zweigniederlassungen der Gesellschaft

Wichtig dürfte insbesondere die Angabe sein, wann und wo neue Niederlassungen eröffnet wurden, da dies für die Beurteilung der Lage der Gesellschaft von besonderer Bedeutung ist. Dementsprechend muss auch über die Schließung von Zweigniederlassungen berichtet werden.

Aufgabe 52 > Seite 439

2.4.5 Spezielle Angaben für bestimmte Gesellschaften

Mit Einführung des Transparenzrichtlinie-Umsetzungsgesetz (TUG) vom 05.01.2007 wurde der sog. **Bilanzeid** im HGB für nach dem 31.12.2006 beginnende Geschäfsjahre eingeführt. Danach haben die gesetzlichen Vertreter einer börsennotierten Kapitalgesellschaft zu versichern, dass nach bestem Wissen im Lagebericht der Geschäftsverlauf einschließlich des Geschäftsergebnisses und die Lage der Gesellschaft so dargestellt sind, dass ein den tatsächlichen Verhältnissen entsprechendes Bild vermittelt wird, und dass die wesentlichen Chancen und Risiken im Sinne des § 289 Abs. 1 Satz 4 HGB beschrieben sind. Der Bilanzeid nach TUG ist eine Anlehnung an den US-amerikanischen Sarbanes-Oxley Act zur Gewährleistung effektiver Kontrolle der Rechnungslegung, Sicherung des Vertrauens der Anleger und Steigerung von Markteffizienz und Anlegerschutz durch erhöhte Transparenz.

Durch das Vorstandsvergütungs-Offenlegungsgesetz (VorstOG) vom 03.08.2005 ist mit § 289 Abs. 2 Nr. 5 HGB der sog. **Vergütungsbericht** eingefügt worden. Danach müssen börsennotierte Aktiengesellschaften im Lagebericht die Grundzüge ihres Vergütungssystems erläutern. Zu den Grundzügen des Vergütungssystems gehören gem. Empfehlung der EU-Kommission vom 14.12.2004 ein Überblick über die Vergütungspolitik und die Gestaltung der Organverträge (z. B. Dauer, Kündigungsfristen, Regelung und Leistung bei vorzeitigem Ausscheiden). Weiterhin soll auf die Form der Vergütung (Geldleistung oder Sachbezüge) sowie der Struktur (fix oder variabel) und die Höhe der Vergütung eingegangen werden.

Die Regelung orientiert sich am deutschen **Corporate-Governance-Kodex** mit dem Ziel mehr Transparenz gegenüber den Aktionären zu schaffen.

Neu eingefügt wurde der § 289 Abs. 4 HGB durch das Übernahmerichtlinie-Umsetzungsgesetz vom 08.07.2006. Danach müssen börsennotierte Unternehmen künftig ihre Kapital- und Kontrollstrukturen einschließlich bestimmter Übernahmehindernisse im Lagebericht offen legen. Dadurch sollen potenzielle Bieter sich ein besseres Bild von der Gesellschaft machen und etwaige Übernahmehindernisse erkennen können.

Das Bilanzrechtsmodernisierungsgesetz (BilMoG) hat mit Einführung des § 289 Abs. 5 HGB kapitalmarktorientierte Kapitalgesellschaften verpflichtet, im Lagebericht die wesentlichen Merkmale des internen Kontroll- und Risikomanagements im Hinblick auf den Rechnungslegungsprozess zu beschreiben.

Mit dem BilMoG ist § 289a HGB eingeführt worden. Danach müssen börsennotierte oder kapitalmarktorientierte Aktiengesellschaften eine Erklärung zur Unternehmensführung im Lagebericht gesondert aufnehmen. Die Erklärung kann auch im Internet auf der Homepage des Unternehmens erfolgen.

Gemäß § 289a HGB sind in die Erklärung aufzunehmen:

- ▸ die Erklärung gemäß § 161 des Aktiengesetzes

- ▸ relevante Angaben zu Unternehmensführungspraktiken, die über die gesetzlichen Anforderungen hinaus angewandt werden, nebst Hinweis, wo sie offensichtlich zugänglich sind

- ▸ eine Beschreibung der Arbeitsweise von Vorstand und Aufsichtsrat sowie der Zusammensetzung und Arbeitsweise von deren Ausschüssen.

Lösung

1. Der Anhang ist bei Kapitalgesellschaften Bestandteil des Jahresabschlusses. Welche Funktionen hat er?	S. 248
2. Welche allgemeinen Berichtsgrundsätze sind beim Anhang zu beachten?	S. 248 f.
3. Enthält das Gesetz ein Gliederungsschema für den Anhang?	S. 249
4. Beim Anhang ist u. a. der Grundsatz der Wesentlichkeit zu beachten. Was besagt dieser Grundsatz?	S. 249
5. Nennen Sie die wichtigsten Pflichtangaben im Anhang nach § 285 HGB!	S. 250 f.
6. Welche Erleichterungen bezüglich des Anhangs bestehen für kleine Kapitalgesellschaften?	S. 250
7. Sind Abweichungen von den bisher angewendeten Bilanzierungs- und Bewertungsmethoden im Anhang anzugeben? Nennen Sie die entsprechende Vorschrift!	S. 250 f.
8. Welche Funktion hat der Lagebericht?	S. 252
9. Nennen Sie allgemeine Berichtsgrundsätze für den Lagebericht!	S. 252 f.
10. Inwieweit weicht die Darstellung der Lage der Gesellschaft von der Darstellung des Geschäftsverlaufs ab?	S. 254 f.
11. Worin besteht die Differenzierung zwischen der Berichtspflicht nach § 289 Abs. 1, Satz 4 und § 289 Abs. 2 Nr. 2 HGB?	S. 256 f.
12. Nennen Sie im Lagebericht anzugebende Vorgänge von besonderer Bedeutung, die nach dem Schluss des Geschäftsjahres eingetreten sind!	S. 257
13. Müssen bei der Darstellung der Kapitalgesellschaft im Lagebericht detaillierte Berechnungen oder Analysen beigebracht werden?	S. 255
14. Was ist bei der Darstellung des Geschäftsverlaufs, Geschäftsergebnisses und der Lage der Gesellschaft zu beachten?	S. 255
15. Was ist unter dem Begriff Risikobericht zu verstehen?	S. 257
16. Was ist im Lagebericht unter dem Begriff Bilanzeid zu verstehen?	S. 258

E. Bilanzpolitik

Bilanzpolitische Maßnahmen dienen der bewussten, interessenausgerichteten Beeinflussung des Jahresabschlusses. Der Bilanzierende ist nicht in jedem Fall an die Zahlen aus Buchhaltung und Inventar gebunden. Der Gesetzgeber räumt im Handelsrecht zahlreiche Bewertungs- und Darstellungswahlrechte ein. Die bilanzpolitischen Aktivitäten müssen jedoch in jedem Fall rechtlich zulässig sein. Andernfalls kommt es zu einer Bilanzfälschung.

1. Ziele

Die wesentlichen Ziele der Bilanzpolitik sind:

► Gestaltung der Bilanzstruktur

► Gestaltung des Ergebnisses.

Bilanzpolitische Maßnahmen beziehen sich demnach auf Bilanzierungs- (= Ausweis-) oder Bewertungsvorschriften. Ihre Gestaltung hängt im konkreten Fall vom Zweck ab, der mit der Aufstellung der Bilanz verfolgt wird. Mögliche Ziele der Beeinflussung sind beispielsweise:

► die Ertragsteuerbelastung langfristig so niedrig wie möglich zu halten

► die Finanzierungsstruktur so weit wie möglich zu verbessern

► die Abstimmung der Information auf den Adressatenkreis, um entweder der Konkurrenz den **Einblick** soweit wie möglich zu **erschweren** oder durch offene Information das **Erscheinungsbild** des Unternehmens **in das gewünschte Licht** zu rücken.

Zum Adressatenkreis zählen die Kunden und die Lieferanten, die Kreditinstitute, die Mitbewerber, die Mitarbeiter, die Finanzbehörden und die interessierte Öffentlichkeit, z. B. die Leser des Wirtschaftsteils der Tageszeitungen und der Branchenjournale.

1.1 Gestaltung der Bilanzstruktur

Die Bilanzstruktur ist so zu gestalten, dass ihr **Aussagewert** i. S. d. Unternehmens liegt. Dabei gilt es, drei Gesichtspunkte zu beachten:

(1) Struktur der Kapitalseite zum Zwecke der Information über die Kapitalverhältnisse **(Finanzierungsaspekt)**

(2) Struktur der Vermögensseite zum Zwecke der Information über die Vermögensverhältnisse **(Investitionsaspekt)**

(3) Struktur der Kapital- und Vermögensseite zum Zwecke der Information über die Liquidität **(Liquiditätsaspekt)**.

Diese Gesichtspunkte werden oftmals unter Beachtung von Finanzierungsregeln gestaltet, die bestimmte Relationen obiger Positionen zueinander fordern, wenn ein Unternehmen als gesund betrachtet werden soll. Die Anwendung solcher Regeln führt im Allgemeinen nur zu bedingt brauchbaren Aussagen. Sie haben aber dann Bedeutung für die Bilanzpolitik, wenn das betreffende Unternehmen anhand dieser Regeln beurteilt wird.

1.2 Gestaltung des Ergebnisses

Die Gestaltung des Ergebnisses als Ziel der Bilanzpolitik umfasst:

- Erfolgsregulierung
- Kapitalerhaltung.

1.2.1 Erfolgsregulierung

Die Erfolgsregulierung bezweckt eine Beeinflussung sowohl des in der Entstehung begriffenen Erfolges als auch des entstandenen Erfolges.

Unter Erfolg wird entweder der Gewinn (positiver Erfolg) oder der Verlust (negativer Erfolg) verstanden.

Die Erfolgsregulierung bezieht sich auf:

- Erfolgserzielung
- Erfolgsausweis
- Erfolgsverwendung.

1.2.1.1 Erfolgserzielung

Um die Erfolgserzielung regulieren zu können, ist eine genaue Kenntnis der Erfolgsquellen notwendig.

Mithilfe des Rechnungswesens muss der Erfolg auf Produkte und Produktgruppen, auf Außen- und Innenerfolge aufgeschlüsselt werden. Die Bilanz selbst ist hier keine Hilfe. Entscheidend sind die in der Buchführung aufgezeichneten Geschäftsvorfälle. Sie schaffen die Basis für eine bewusste Gestaltung des Jahresabschlusses im Rahmen der gesetzlichen Vorschriften und ermöglichen dem Bilanzierenden, den Spielraum seiner Entscheidungen anhand von Planbilanzen auszuschöpfen.

Voraussetzungen für eine wirkungsvolle Erfolgsplanung sind insbesondere eine

- sorgfältige Absatzplanung
- gute Arbeitsvorbereitung und Fertigungsplanung
- gut ausgebaute Kostenrechnung.

1.2.1.2 Erfolgsausweis

Die Erfolgsausweispolitik erfolgt auf der Grundlage der Möglichkeiten zur Bilanzierung und Bewertung. Dabei wird vor dem Bilanzstichtag von dem in der Entstehung begriffenen Erfolg oder nach dem Bilanzstichtag z. B. von dem vorläufigen Erfolg in der Hauptabschlussübersicht ausgegangen. Die Überlegungen lassen sich in sechs Schritte einteilen:

(1) Festlegung des vorläufigen nominalen Gewinns

(2) Schätzung der realen Gewinnhöhe unter Berücksichtigung der Substanzerhaltung

(3) Feststellung vorhandener stiller Reserven

(4) Prüfen der Möglichkeiten zur Legung zusätzlicher bzw. Auflösung vorhandener stiller Reserven

(5) Planung des Abschreibungspotenzials, bzw. Auflösungspotenzials in künftigen Jahresabschlüssen

(6) Verteilung des vorläufigen offenen Gewinns auf Steuern, Ausschüttung und Zuführung zu den Rücklagen.

Übergeordnetes Ziel ist die Glättung des Ergebnisses, indem in Jahren mit hohem Gewinn stille Reserven gebildet werden, die in Jahren mit niedrigerem Gewinn wieder aufgelöst werden können.

1.2.1.3 Erfolgsverwendung

Die Verwendung der Gewinne kann auf unterschiedliche Art erfolgen. Dabei ist die zweckmäßige Gestaltung der Rücklagen nach Art und Umfang zur Realisierung betrieblicher Zielsetzungen eines der bedeutsamsten Instrumente der Bilanzpolitik.

Der ausschüttungsfähige Gewinn kann in Form von Dividenden an die Aktionäre und in Form der Erfolgsbeteiligung an Gewinnanteilberechtigte verteilt werden.

Die Höhe der Dividenden hängt davon ab, ob eine Politik der Dividendenstabilisierung oder eine Politik der variablen, vom jeweiligen Geschäftsablauf abhängigen Dividendenzahlung verfolgt wird. Ebenso ist die Form der Dividende, ob Dividende oder Shareholder Value sowie deren Auszahlungstermin, von wesentlicher Bedeutung für die Liquidität des Unternehmens.

Ansprüche auf Erfolgsbeteiligung an dem Gewinnteil, der für das Unternehmen verfügbar ist, können Arbeitnehmer, Geschäftsführung und Kapitalgeber anmelden. Dabei lassen sich verschiedene Dringlichkeitsstufen und Rangfolgen der einzelnen Ansprüche aufstellen.

Gewinnbeteiligung sollte allerdings nur in Fällen echter Gewinnperioden möglich sein und dabei im Einzelnen primär dem Verursachungsprinzip folgen. Stattdessen ist in der Praxis meist ein Ausgleich von zeit- und leistungsbezogenen Gesichtspunkten (Dienstalter und Bezüge) festzustellen.

1.2.2 Kapitalerhaltung

Das Problem der Kapitalerhaltung stellt sich für die Bilanzpolitik deshalb, weil sich durch

▸ Geldwertschwankungen

▸ Preisveränderungen

▸ Nachfrage- und Bedarfswandlungen

die tatsächlichen Werte der Güter verändern.

Unter der Kapital- oder Substanzerhaltung kann Verschiedenes verstanden werden (*Mellerowicz*, Unternehmenspolitik):

(1) **Materielle Kapitalerhaltung**
Sie bezweckt die Erhaltung einer bestimmten, ursprünglich vorhandenen Güter-
menge oder Produktionskapazität. Der Kapitalerhaltung liegt eine starre Auffassung zu Grunde, welche die wirtschaftliche Dynamik, die damit zusammenhängenden Veränderungen in der Gesamtwirtschaft sowie die sich daraus ergebenden
Einflüsse auf das einzelne Unternehmen nicht berücksichtigt, sondern sich auf eine
einmal erreichte Unternehmenssituation bezieht.

(2) **Reale Kapitalerhaltung**
Sie strebt eine geldziffernmäßige Erhaltung der Substanz in Einheiten gleicher
Kaufkraft an. Bei laufender Geldentwertung werden Korrekturen über einen Index
empfohlen. Da die inflatorische Entwicklung jedoch nicht in jedem Unternehmen
gleichmäßig verläuft, ist die Aufstellung eines allgemein gültigen Indexes problematisch.

(3) **Relative Kapitalerhaltung**
Sie will die gesamte Unternehmenssubstanz gemäß den durchschnittlichen Veränderungen der Gesamtwirtschaft erhalten. Die dafür erforderlichen Beträge können
nicht als Gewinn ausgewiesen werden. Als Wertberichtigungsposten werden sie
auf einem besonderen Vermögenswertänderungskonto vor einem solchen Ausweis bewahrt.

(4) **Leistungsäquivalente Kapitalerhaltung**
Sie soll unter Berücksichtigung der laufenden Bedarfsveränderungen und struktu-
rellen Umwälzungen auf allen Märkten eine äquivalente Unternehmensleistung
erhalten.

Die Substanz des Unternehmens, ausgedrückt in seiner Produktionsleistung, muss
unter Berücksichtigung der allgemeinen und branchenmäßigen wirtschaftlichen
Entwicklung am jeweils neuesten Stand der Technik gemessen werden. Es kommt
also letztlich auf die Erhaltung der Marktstellung an. Der zur Erhaltung notwendige betriebliche Aufwand kann kein Gewinn sein. Eine qualitative und mengenmäßige Ausweitung der Kapazität muss aus dem laufenden Umsatzertrag finanziert
werden.

(5) **Nominelle Kapitalerhaltung**

Handels- und Steuerbilanz verfolgen das Ziel der nominellen Kapitalerhaltung, die auf rein geldziffernmäßige Erhaltung des Kapitals abstellt. Bei steigenden Preisen reichen die an der Bewertung des Aufwands zu Anschaffungspreisen orientierten Erlöse nicht aus, um eine Wiederbeschaffung verbrauchter Güter in der ursprünglichen Menge zu ermöglichen.

2. Mittel

Die Mittel der Bilanzpolitik können formeller oder materieller Art sein.

2.1 Formelle Mittel

Als formelle Mittel der Bilanzpolitik eignen sich besonders:

- Zeitpunkt des Bilanzstichtages
- Zeitpunkt der Bilanzvorlage
- äußeres Bild des es.

2.1.1 Zeitpunkt des Bilanzstichtages

Die Festlegung des Zeitpunktes des Bilanzstichtages ist – vor allem bei Saisonbetrieben – ein Mittel zur Beeinflussung des Bilanz-, insbesondere des Liquiditätsbildes. In der Wahl dieses Zeitpunktes ist das Unternehmen relativ frei (vgl. § 4a EStG). Nur bezüglich der Häufigkeit der Aufstellung des Jahresabschlusses äußert sich das Handelsrecht. Gemäß § 240 Abs. 2 HGB darf die Dauer eines Geschäftsjahres zwölf Monate nicht überschreiten.

Da sich die Einkommensteuer nach dem Einkommen bemisst, das der Gewerbetreibende innerhalb eines Kalenderjahres (nicht Wirtschaftsjahres) bezogen hat (vgl. § 2 Abs. 7 EStG bzw. § 7 Abs. 3 KStG), kann die Wahl des Abschlussstichtages für die Steuerbelastungen des Unternehmens durchaus bedeutungsvoll sein. Die Vorteile beziehen sich vor allem auf die damit verbundene Gewinnverlagerung.

Insgesamt gesehen hat die Wahl des Zeitpunktes als bilanzpolitische Maßnahme jedoch eine geringe Bedeutung.

Die Wirkung einer solchen Änderung äußert sich meist nur in einmaligen bilanzpolitischen Vorteilen. Wegen einmaliger Vorteile wird jedoch kaum eine Änderung angestrebt werden. Die Vorteile müssten dann schon eine langfristige Wirkung haben.

Ein willkürlicher und mehrfacher Wechsel des Zeitpunktes für den Bilanzstichtag gilt generell als unstatthaft. Darüber hinaus darf die Umstellung auf ein vom Kalenderjahr abweichendes Wirtschaftsjahr nur im Einvernehmen mit dem Finanzamt vorgenommen werden (§ 4a Abs. 1 Nr. 2 Satz 2 EStG).

2.1.2 Zeitpunkt der Bilanzvorlage

Durch die Wahl des Zeitpunktes der Bilanzvorlage soll der Jahresabschluss nachträglich beeinflusst werden. Wenn das Hinauszögern des Zeitpunktes aber dazu dient, beispielsweise die für die Dividenden benötigten Mittel länger im Unternehmen zurückzuhalten, dann hat dies finanzpolitische Gründe.

Die Aufstellung des Jahresabschlusses muss innerhalb der einem ordnungsmäßigen Geschäftsgang entsprechenden Zeit erfolgt sein (§ 243 Abs. 3 HGB). Mittelgroße und große Kapitalgesellschaften müssen den Jahresabschluss und den Lagebericht in den ersten drei Monaten nach dem Bilanzstichtag aufstellen. Kleinen Kapitalgesellschaften ist eine Frist von 6 Monaten eingeräumt, wenn dies einem ordnungsmäßigen Geschäftsgang entspricht (§ 264 Abs. 1 HGB). Die Frist von 6 Monaten sollte auch von Einzelkaufleuten und Personengesellschaften eingehalten werden.

Neben diesen handelsrechtlichen Vorschriften begrenzen die Steuererklärungsfristen ein absichtliches Hinausschieben der Bilanzerstellung. Grundsätzlich läuft die steuerliche Frist zum 31.05. des Folgejahres ab.

Der bilanzpolitische Effekt dieser formellen Maßnahme besteht darin, dass durch eine relativ späte Bilanzaufstellung Tatsachen verwertet werden, die nach dem Bilanzstichtag eintreten, aber die Verhältnisse am Bilanzstichtag aufhellen und deshalb grundsätzlich in der Handels- und Steuerbilanz berücksichtigt werden müssen (Prinzip der Wertaufhellung; § 252 Abs. 1 Nr. 4 HGB).

2.1.3 Äußeres Bild des Jahresabschlusses

Die Gestaltung des **äußeren Bildes** des Jahresabschlusses kommt in seinem formellen Aufbau zum Ausdruck.

Das HGB schreibt für die Bilanz der Kapitalgesellschaften eine Mindestgliederung vor (§ 266 HGB). Der Bilanzierende darf über die Mindestvorschriften hinausgehen, sofern dies in seinem eigenen oder im Interesse der Öffentlichkeit liegt. Näheres siehe § 265 HGB.

Auch die Gewinn- und Verlustrechnung ist einer Mindestgliederung unterworfen. Ihre Aufstellung darf bei Kapitalgesellschaften nur in Staffelform erfolgen (§ 275 HGB). Eine weitergehende Untergliederung ist erlaubt.

Anhang und Lagebericht ergänzen die Bilanz und die GuV. Sie dienen der Information der Kapitalgeber und anderer öffentlicher Interessenten über den Jahresabschluss im Einzelnen und über das Unternehmen im Gesamten.

Für die **Gliederung der Bilanz** sieht das HGB die **folgenden Wahlrechte** vor:

- § 265 Abs. 5: erweiterte Bilanzgliederung
- § 265 Abs. 7: Zusammenfassung von Bilanzposten
- § 265 Abs. 8: Posten, die keinen Betrag ausweisen, brauchen nicht aufgeführt zu werden, es sei denn, dass im Vorjahr unter diesen Posten ein Betrag ausgewiesen wurde.
- § 266 Abs. 1: größenabhängige Erleichterungen bei der Bilanzaufstellung
- § 268 Abs. 1: Ausweis bei vollständiger oder bei teilweiser Verwendung des Jahresergebnisses
- § 268 Abs. 7: Angabe der jeweiligen Haftungsverhältnisse bei Kapitalgesellschaften unter der Bilanz oder im Anhang. Bei Einzelunternehmen und Personengesellschaften ist die Angabe in einem Betrag möglich (§ 251 HGB).

Wahlrechte nach HGB für die **Gliederung der Gewinn- und Verlustrechnung**:

- § 265 Abs. 5: erweiterte Gliederung der Gewinn- und Verlustrechnung
- § 265 Abs. 7: Zusammenfassung von GuV-Posten
- § 265 Abs. 8: Posten, die keinen Betrag ausweisen, brauchen nicht aufgeführt zu werden, es sei denn, dass im Vorjahr unter diesen Posten ein Betrag ausgewiesen wurde.
- § 275 Abs. 1: Aufstellung der GuV-Rechnung nach dem Gesamtkosten- oder nach dem Umsatzkostenverfahren
- § 276: größenabhängige Erleichterungen bei der Aufstellung der GuV-Rechnung

Weiter sieht das HGB **Wahlrechte** für die Angaben im **Anhang** vor:

- § 288: größenabhängige Erleichterungen für kleine und mittelgroße Kapitalgesellschaften
- § 326: Bei der Offenlegung braucht der Anhang kleiner Kapitalgesellschaften die die GuV-Rechnung betreffenden Angaben nicht zu enthalten.
- § 327 Nr. 2: Mittelgroße Kapitalgesellschaften dürfen den Anhang ohne die Angaben nach § 285 Nr. 2, 5 und 8 Buchstabe a, Nr. 12 HGB zum Handelsregister einreichen.

Daneben bestehen **Wahlrechte** bei der **Zuordnung zu verschiedenen Teilen des Abschlusses**:

- § 265 Abs. 3: Vermerk bei den Bilanzposten oder im Anhang beim Ausweis von Vermögensgegenständen oder Schulden, die unter mehrere Bilanzposten fallen
- § 268 Abs. 1: Tritt bei teilweiser Verwendung des Jahresergebnisses an die Stelle der Posten „Jahresüberschuss/Jahresfehlbetrag" und „Gewinnvortrag/Verlustvortrag" der Posten „Bilanzgewinn/Bilanzverlust", so ist der in den Posten „Bilanzgewinn/Bilanzverlust" einzubeziehende Gewinn- oder Verlustvortrag in der Bilanz oder im Anhang gesondert anzugeben.

- § 268 Abs. 2 Satz 1 und 2: Die Entwicklung der einzelnen Posten des Anlagevermögens (Anlagenspiegel) ist in der Bilanz oder im Anhang darzustellen.

- § 268 Abs. 2 Satz 3: Die Abschreibungen des Geschäftsjahres sind in der Bilanz oder im Anhang in einer der Bilanz entsprechenden Aufgliederung anzugeben.

- § 268 Abs. 6: Ein nach § 250 Abs. 3 in den Rechnungsabgrenzungsposten aufgenommener Disagio-Betrag ist in der Bilanz gesondert auszuweisen oder im Anhang anzugeben.

- § 268 Abs. 7: Haftungsverhältnisse nach § 251 HGB sind unter der Bilanz oder im Anhang anzugeben.

- § 277 Abs. 3: Außerplanmäßige Abschreibungen nach § 253 Abs. 2 Satz 3 sowie Abschreibungen nach § 253 Abs. 3 Satz 3 sind jeweils gesondert in der GuV-Rechnung auszuweisen oder im Anhang anzugeben.

- § 285 Nr. 2: Verbindlichkeiten mit einer Restlaufzeit von mehr als 5 Jahren und durch Pfandrechte und ähnliche Rechte gesicherte Verbindlichkeiten sind in der vorgeschriebenen Gliederung im Anhang anzugeben, sofern sich diese Angaben nicht aus der Bilanz ergeben.

- § 327 Nr. 1: Mittelgroße Kapitalgesellschaften dürfen die Bilanz in der für kleine Kapitalgesellschaften gekürzten Form beim Betreiber des elektronischen Bundesanzeigers einreichen, müssen dann jedoch die in § 327 Nr. 1 genannten Posten in der Bilanz oder im Anhang zusätzlich gesondert angeben.

Jedes Unternehmen wird entsprechend seiner individuellen Vermögens-, Finanz- und Ertragslage eine Optimierung anstreben zwischen den Extremen der „Beschränkung der Information auf das zulässige Mindestmaß" und „Offenlegung über die gesetzlichen Vorschriften hinaus im Dienst der Firmenwerbung". Die Beschränkung kann unter Ausnutzung der zahlreichen Wahlrechte durch eine geschickte Verteilung der Informationen auf die Bilanz bzw. GuV und den Anhang erreicht werden. Grundsätzlich gilt, je weniger „Davon-Vermerke" und je weniger Unterposten die Bilanz enthält, desto übersichtlicher ist ihre Gliederung bei gleichzeitig eingeschränkter Information. Der externe Bilanzleser unterzieht sich dann unter Umständen nicht mehr der Mühe, die detaillierten Erläuterungen im Anhang nachzulesen. Gleichzeitig wird so die Erfassung solcher Daten in zentralen Datenbanken erschwert, die der Bilanzleser nicht unbedingt erfahren soll.

Die Anwendung des Umsatzkostenverfahrens bei der GuV-Rechnung erschwert die Vergleichbarkeit mit Konkurrenzunternehmen. Bei allen freiwilligen Zusatzinformationen im Jahresabschluss muss daran gedacht werden, dass deren Fehlen in Folgejahren Anlass zu Spekulationen bieten wird.

2.2 Materielle Mittel

Materielle Mittel der Bilanzpolitik können sein:

- Maßnahmen vor dem Bilanzstichtag
- Maßnahmen nach dem Bilanzstichtag.

2.2.1 Maßnahmen vor dem Bilanzstichtag

Solche Maßnahmen werden während des laufenden Geschäftsjahres getroffen. Sie haben nur dann Erfolg, wenn über die Vorgänge im Unternehmen und ihre rechnungsmäßigen Auswirkungen genaue Kenntnis herrscht. Sorgfältige Analysen interner Zwischenbilanzen bieten hier wertvolle Entscheidungshilfen.

Die Maßnahmen vor dem Stichtag zielen zum einen auf eine mittelbare Beeinflussung des Erfolges durch Vermögens- und Kapitalumschichtungen ab, zum anderen bezwecken sie eine unmittelbare Einflussnahme auf den Erfolg durch Regulierung der Aufwendungen und Erträge. Konkret äußern sie sich in der Gestaltung bestimmter Sachverhalte vor dem Bilanzstichtag, um bei Erstellung der Bilanz überhaupt erst Bewertungswahlrechte wahrnehmen zu können. Es ist aber beachtlich, dass ggf. die Pflicht zur Passivierung latenter Steuern das gewünschte Ergebnis verhindert.

Mittel einer Bilanzpolitik sind:

(1) **Verlagerung von Investitionen/Desinvestitionen hinsichtlich Art und Zeitpunkt**

Beispiel

Gewinne aus der Veräußerung bestimmter Wirtschaftsgüter (§ 6b Abs. 1 Satz 1 EStG) können vorläufig neutralisiert werden.

(2) **Formen betrieblicher Altersversorgung**
Pensionsverpflichtungen zählen zu den ungewissen Verbindlichkeiten, für die gem. § 249 Abs. 1 HGB Pensionsrückstellungen zu bilden sind (**Passivierungspflicht**). Das gilt trotz der Formulierung („darf") in § 6a EStG auch für die Steuerbilanz. Lediglich für sog. Altzusagen (vor dem 01.01.1987) gilt noch das **Passivierungswahlrecht**.

Liegen die Voraussetzungen für eine Rückstellungsbildung vor, so **kann** bei **Altzusagen** die Pensionsrückstellung in voller Höhe des sich nach § 6a Abs. 3 Nr. 1 f. EStG ergebenden versicherungsmathematischen Wertes gebildet werden. Sie ist so zu bemessen, als ob die Pensionszusage bereits zu Beginn des Wirtschaftsjahres gegeben worden wäre, in dem das Dienstverhältnis begonnen hat, frühestens bei einem Berechtigten mit dem versicherungsmathematischen Alter von 30 Jahren.

(3) **Einlagen oder Entnahmen des Unternehmers**
Bedeutungsvoll kann hier die Behandlung von Wirtschaftsgütern (gilt nicht für Kapitalgesellschaften) als **gewillkürtes Betriebsvermögen** werden, da die für sie anfallenden Aufwendungen bzw. Erträge den steuerpflichtigen Gewinn beeinflussen. Das Steuerrecht schränkt die bilanzpolitischen Möglichkeiten jedoch erheblich ein.

Die Bewertung der **Entnahmen** muss zwingend mit dem Teilwert erfolgen, um zu verhindern, dass durch eine Entnahme stille Rücklagen der Besteuerung entgehen.

Auch die **Einlagen** sind – abgesehen von zwei Sonderfällen – grundsätzlich mit dem Teilwert anzusetzen:

► Wirtschaftsgüter, die **innerhalb der letzten drei Jahre** vor dem Zeitpunkt ihrer betrieblichen Zuführung angeschafft oder hergestellt worden sind, dürfen höchstens zu Anschaffungs- bzw. Herstellungskosten angesetzt werden (§ 6 Abs. 1 Nr. 5 EStG). Diese Vorschrift soll verhindern, dass bei steigenden Preisen entnommen und nach dem Preisanstieg zum höheren Zeitwert wieder eingelegt wird, um anschließend zu verkaufen oder zu verarbeiten. Auf diese Weise bleiben alle Wertsteigerungen steuerfrei.

► **Wesentliche** private **Beteiligungen** an Kapitalgesellschaften dürfen ebenfalls höchstens zu den Anschaffungskosten angesetzt werden. Hierdurch soll bezweckt werden, dass die Veräußerung einer derartigen Beteiligung, die nach § 17 EStG steuerpflichtig ist, nicht durch eine Einlage zum Teilwert im betrieblichen Bereich mit einem Gewinn von Null erfolgen kann.

2.2.2 Maßnahmen nach dem Bilanzstichtag

Von Bedeutung sind auch die Möglichkeiten, die sich der Bilanzpolitik nach dem Bilanzstichtag bieten:

► Bildung stiller Reserven

► Auflösung stiller Reserven.

Allerdings führen die Regeln zur Berücksichtigung latenter Steuern zur Einschränkung von bilanzpolitischen Maßnahmen.

2.2.2.1 Bildung stiller Reserven

Unter stillen Reserven sollen die Kapitalreserven verstanden werden, die ihre Entstehung einer positiven Wertdifferenz zwischen Tagesbeschaffungswert und Buchwert verdanken, wobei für nicht aktivierte Güter der Buchwert mit Null angenommen wird.

Als stille Reserven können bilanzpolitisch unterschieden werden:

► stille Ermessensreserven

► stille Schätzreserven.

Auf zwei weitere Arten stiller Reserven, die nicht bilanzpolitisch nutzbar sind, wird unter 3. hingewiesen.

Stille Ermessensreserven

Für die Bildung stiller Ermessensreserven bieten sich an:

- Bilanzierungswahlrechte
- Bewertungswahlrechte
- Methodenwahlrechte.

Bilanzierungswahlrechte

Das HGB regelt Bilanzierungs- bzw. **Ansatzwahlrechte** in folgenden Vorschriften:

- § 249 Abs. 1 Satz 1 i. V. m. Art. 28 EGHGB: Nichtansatz von Pensionsrückstellungen für sog. Altzusagen und mittelbare und unmittelbare oder mittelbare ähnliche Verpflichtungen
- § 250 Abs. 3: Einstellung eines Disagio in den aktiven Rechnungsabgrenzungsposten
- § 274 Abs. 1: Aktivierung latenter Steueransprüche als Sonderposten eigener Art.

Die genannten Ansatzwahlrechte bieten die Möglichkeit, das ausgewiesene Jahresergebnis zu beeinflussen.

Die Wertansätze in der Handelsbilanz sind maßgeblich für die Steuerbilanz (§ 5 Abs. 1 EStG). Die Steuerbilanz wird aus der Handelsbilanz abgeleitet. Damit gelten die handelsrechtlichen Grundsätze ordnungsmäßiger Buchführung, Bilanzierung und Bewertung auch für die Steuerbilanz, es sei denn, zwingende steuerrechtliche Sondervorschriften, z.B. hinsichtlich der Abschreibungen oder der Ermittlung der Herstellungskosten, bestimmen etwas anderes. Das gilt auch für den Erfolgsausweis (z. B. Betriebsausgaben für Werbegeschenke § 4 Abs. 5 Nr. 1 EStG).

Grundsätzlich führen **handelsrechtliche Aktivierungswahlrechte** zu einem **steuerlichen Aktivierungsgebot**. Beispiel: Disagio – Aktivierungswahlrecht nach § 250 Abs. 3 HGB. Aktivierungsgebot nach § 5 Abs. 5 EStG, H 6.10 EStH.

Bewertungswahlrechte

Das HGB schreibt vor, mit welchem Wert die einzelnen Vermögensgegenstände anzusetzen sind. Dieses Prinzip des festen Wertes wird jedoch durchbrochen. Aus Gründen der kaufmännischen Vorsicht, die es erforderlich macht, künftige Risiken in angemessenem Umfang zu berücksichtigen, überlässt der Gesetzgeber dem Bilanzierenden durch Gewährung von Bewertungswahlrechten einen Bewertungsspielraum.

Bewertungswahlrechte werden ferner aus **Vereinfachungsgründen** gewährt.

(1) Bildung stiller Reserven mithilfe handelsrechtlicher Bewertungswahlrechte

Das HGB räumt in folgenden Vorschriften Bewertungswahlrechte ein:

- ▶ § 240 Abs. 3 Satz 1 i. V. m. § 256 Satz 2: Ansatz eines Festwertes bei Sachanlagen sowie Roh-, Hilfs- und Betriebsstoffen bei Vorliegen der besonderen gesetzlichen Voraussetzungen

- ▶ § 240 Abs. 4 i. V. m. § 256 Satz 2: Gruppenbewertung mit dem gewogenen Durchschnittswert für Vorratsvermögen und andere gleichartige oder annähernd gleichwertige bewegliche Vermögensgegenstände

- ▶ § 253 Abs. 3 Satz 1 und 2: Bemessung der planmäßigen Abschreibungen

- ▶ § 253 Abs. 3 Satz 4: Abschreibungen auf Finanzanlagen bei voraussichtlich nicht dauernder Wertminderung

- ▶ § 255 Abs. 2 und 3: Bemessung der Herstellungskosten, insbesondere hinsichtlich der Einbeziehung von Verwaltungskosten (Abs. 2 Satz 3) oder von Fremdkapitalzinsen (Abs. 3 Satz 2)

- ▶ § 255 Abs. 4 Satz 2 und 3: Abschreibung eines aktivierten Geschäfts- oder Firmenwertes

- ▶ § 256 Satz 1: Anwendung bestimmter Verbrauchsfolgeverfahren zur Bewertung des Vorratsvermögens.

(2) Bildung stiller Reserven mithilfe steuerrechtlicher Bewertungswahlrechte

Auch das Steuerrecht gewährt ausdrücklich Abwertungswahlrechte, obgleich der Bewertungsspielraum aus Gründen einer gleichmäßigen Besteuerung im Vergleich zu den handelsrechtlichen Möglichkeiten Einschränkungen erfährt. Im Einzelnen sind zu nennen:

- ▶ Niedrigerer Teilwert für Wirtschaftsgüter des Anlage- und Umlaufvermögens

- ▶ (§ 6 Abs. 1 Nr. 1 Satz 2 und Nr. 2 Satz 2 EStG); die Kannvorschriften werden jedoch teilweise zu Mussvorschriften (§ 5 Abs. 1 EStG i. V. m. § 253 Abs. 2 f. HGB)

- ▶ Übertragung von Veräußerungsgewinnen nach § 6b EStG

- ▶ Rücklage für Ersatzbeschaffung nach R 6.6 EStR

- ▶ erhöhte Absetzungen bzw. Sonderabschreibungen nach §§ 7a - 7k EStG.

Werden stille Reserven durch Abwertungswahlrechte gebildet, führen sie bis zu ihrer Auflösung zu einer Gewinnverlagerung und einer entsprechenden Steuerstundung. Aufwertungswahlrechte werden dagegen bilanzpolitisch in der Regel zur bewussten Auflösung stiller Reserven beansprucht, die ansonsten durch Veräußerung, Entnahme, höhere Gewalt u. Ä. erfolgt. Derartige Gewinn erhöhende Maßnahmen werden vorwiegend zur Egalisierung des Gewinns wahrgenommen.

Methodenwahlrechte

Die Bildung stiller Reserven mithilfe der Methodenwahlrechte betrifft vor allem:

(1) **Wahl der Abschreibungsmethode**

Die in § 253 Abs. 2 HGB geforderte Übereinstimmung der Abschreibungsmethode mit den Grundsätzen ordnungsmäßiger Buchführung wird in der Literatur hauptsächlich im Hinblick auf die Zulässigkeit der degressiven Abschreibung diskutiert.

Steuerlich darf der Abschreibungssatz bei degressiver Abschreibung 2009 und 2010 nicht das Zweieinhalbfache des bei Anwendung der linearen Abschreibung in Betracht kommenden Prozentsatzes und nicht 25 % überschreiten (§ 7 Abs. 2 Satz 2 EStG). In der Handelsbilanz sind dagegen auch höhere Abschreibungssätze (z. B. das Dreieinhalbfache) nicht abzulehnen. Allerdings ist ein Abschreibungsprozentsatz von wesentlich mehr als 30 % gemäß § 284 Abs. 2 Nr. 3 HGB besonders zu begründen. Die degressive Abschreibung wird allgemein unter der Bedingung anerkannt, dass sie den wirtschaftlichen Gegebenheiten Rechnung trägt, d. h. dass sie außer dem tatsächlichen Nutzungsverlauf auch steigende Reparaturkosten und die technisch-wirtschaftliche Überholung berücksichtigt.

Nach den Vorschriften des EStG dürfen folgende Abschreibungsmethoden zur Anwendung kommen:

▶ AfA in gleichen Jahresbeträgen (linear) nach § 7 Abs. 1 und 4 EStG

▶ AfA in fallenden Jahresbeträgen (degressiv) nach § 7 Abs. 2 Satz 1und Abs. 5 EStG. Die Möglichkeit zur Verrechnung einer degressiven AfA besteht nach derzeitiger Rechtslage für alle Wirtschaftsgüter, die 2009 und 2010 angeschafft oder hergestellt werden.

▶ AfA nach Maßgabe der Leistung nach § 7 Abs. 1 Satz 5 EStG

▶ Absetzung für Substanzverringerung nach § 7 Abs. 6 EStG

Eine stille Reserve aufgrund der Abschreibungsmethodenwahlrechte wird dadurch gebildet, dass eine Methode gewählt wird, die zu Wertansätzen in der Bilanz führt, die unter denen liegt, die mithilfe der dem tatsächlichen Nutzungsverlauf entsprechenden Abschreibungsmethode erreicht werden würde. Dabei gilt die Voraussetzung, dass bei den Methoden der gleiche Nutzungszeitraum zu Grunde gelegt wird.

Dem bilanzpolitischen Instrumentarium der Wahl der Abschreibungsmethode kommt gerade bei Gegenständen des Anlagevermögens wegen der Vielzahl von Wahlrechten große praktische Bedeutung zu. Zu beachten ist jedoch, dass ein **Wechsel** der Abschreibungsmethoden steuerlich nur beschränkt möglich ist, nämlich von linearer zu leistungsabhängiger Abschreibung und umgekehrt, sowie von der geometrisch-degressiven zur linearen und zur leistungsabhängigen Abschreibung.

(2) Wahl der Bewertungsmethode

Grundsätzlich ist handels- und steuerrechtlich die Einzelbewertung die maßgebliche Bewertungsmethode. Unter gewissen Voraussetzungen sind jedoch im Interesse einer möglichst einfachen und zweckmäßigen Wertermittlung auch andere Wertansätze erlaubt. Zur Anwendung kommen vor allem die Gruppen- und Festbewertung, retrograde Bewertung, Durchschnittsbewertung und andere Formen der Sammelbewertung, wie in Abschnitt B.4.3 beschrieben.

Eine stille Reserve aufgrund der Bewertungsmethodenwahlrechte entsteht, wenn die gewählte Bewertungsmethode zu Wertansätzen führt, die unter dem Wert liegen, der sich aus dem strengen Niederstwertprinzip ergibt.

Auch die Bewertungsvereinfachungsverfahren

- ► Gruppenbewertung (§ 240 Abs. 4 HGB)
- ► Bewertung nach Verbrauchsfolgefiktion (§ 256 HGB)
- ► Festwertverfahren (§ 240 Abs. 3 HGB)

räumen – richtig eingesetzt – einen gewissen Bewertungsspielraum ein.

Stille Schätzreserven

Anders als beim Kassenbestand, bei den Verbindlichkeiten und beim gezeichneten Kapital können beim Anlagevermögen und bei den Vorräten nicht immer die Werte der Buchhaltung in den Jahresabschluss übernommen werden. Bei Vermögensgegenständen des Finanzanlagevermögens gibt es das Abschreibungswahlrecht des § 253 Abs. 3 Satz 4 HGB auch in den Fällen, in denen die Wertminderung nicht von Dauer ist.

Grundsätzlich lassen sich vier Arten von Schätzreserven unterscheiden:

- ► unterschätzte Nutzungsdauer
- ► überschätzter Tageswert
- ► überschätzter Forderungsausfall
- ► überschätzte Rückstellungen.

Bezogen auf die Entstehungsursache bilden Schätzreserven eine Mischform zwischen Zwangsreserven und Ermessensreserven (siehe hierzu unter 3. Grenzen).

Eine Schätzungswillkür wird eingeschränkt durch das Prinzip der Vorsicht (§ 252 Abs. 1 Nr. 4 HGB). Insbesondere die Wertansätze des Umlaufvermögens sollen nicht optimistisch, sondern mit Chancen und Risiken wohl abwägender kaufmännischer Vorsicht gefunden werden. Das gilt auch für die Bewertung der Rückstellungen.

Berücksichtigung des Gebots der Stetigkeit

Das Stetigkeitsgebot (§ 252 Abs. 1 Nr. 6 HGB) gilt nur für die handelsrechtlichen Bewertungsmethoden.

Das Stetigkeitsgebot greift außerdem nicht bei

- ▶ Änderungen der Nutzungsdauer, z. B. infolge technischen Fortschritts
- ▶ Änderung des Abschreibungsverlaufs wegen geänderter Nutzungsart
- ▶ außerplanmäßigen Abschreibungen aufgrund des Niederstwert- und Einzelbewertungsprinzips.

2.2.2.2 Auflösung stiller Reserven

Stille Reserven lösen sich stets wieder auf. Man unterscheidet

- ▶ die beabsichtigte Auflösung
- ▶ die automatische Auflösung.

Beabsichtigte Auflösung

Die beabsichtigte Auflösung der stillen Reserven durch Zuschreibung erfolgt durch Bewertungsakt und zwar umgekehrt wie bei ihrer Bildung durch Höherbewertung von Aktiva und Niedrigerbewertung von Passiva. Sie geht aus vom Vorjahreswert bzw. von dem Wert, der sich aufgrund der bisher angewandten Bewertungsmaßstäbe in dieser Periode ergeben hätte.

Da die Zuschreibung nur bis zur Höhe der fortgeführten Anschaffungskosten erfolgen kann, ist eine **Auflösung der Zwangsreserven** durch Zuschreibung aufgrund des Höchstwertprinzips ausgeschlossen.

Bei den **Bewertungsreserven** aufgrund von Bewertungswahlrechten (s. Abschnitt E.2.2.2.1) sieht § 253 Abs. 5 HGB die **Notwendigkeit der Zuschreibung** auf den ursprünglichen höheren Wert, auch wenn die Gründe dafür nicht mehr bestehen.

Die Auflösung von Bewertungsreserven durch **Bewertungsmethodenwechsel** dürfte nur begrenzt in Betracht kommen, da dem das Gebot der Bewertungsstetigkeit nach § 252 Abs. 1 Nr. 6 HGB entgegensteht.

Die Neufestsetzung eines längeren als des dem Abschreibungsplan zu Grunde liegenden Nutzungszeitraums von abnutzbaren Anlagegütern führt zu einer teilweisen Auflösung der bisher gebildeten Schätzreserve. Sie muss jedoch im Hinblick auf § 252 Abs. 1 Nr. 4 HGB (vorsichtige Bewertung) hinreichend begründet werden. Im Falle von Zuschreibungen, die nicht ausdrücklich gesetzlich geregelt sind, gelten die Grundsätze ordnungsmäßiger Buchführung.

Aus § 253 Abs. 5 Satz 1 HGB ergibt sich eine Pflicht zur Wertaufholung bei Wegfall der Gründe für außerplanmäßige Abschreibungen. Ob aus bilanzpolitischen Gesichtspunkten eine Zuschreibung notwendig ist, ist vor allem unter Berücksichtigung des Stetigkeitsgebots zu prüfen. Danach ist bei **zwingenden** Abschreibungsgründen (§ 253

Abs. 3 Satz 3 und Satz 4) eine Zuschreibung nicht möglich. Fallen diese Gründe weg, ist eine Zuschreibung vorzunehmen. Das gilt ausnahmsweise nicht bei einem entgeltlich erworbenen Firmenwert (§ 253 Abs. 5 HGB). Abweichungen von Bilanzierungs- und Bewertungsmethoden müssen im Anhang angegeben und begründet und mit ihrem Einfluss auf die Vermögens-, Finanz- und Ertragslage gesondert dargestellt werden (§ 284 Abs. 2 Nr. 3 HGB).

Automatische Auflösung

Die automatische Auflösung von stillen Reserven ergibt sich bei:

(1) **Verkauf oder Auflösung des Reserveträgers**

Aufgrund ihrer Bindung an den Reserveträger werden alle stillen Reserveformen – also Zwangs-, Schätz- und Wahlrechtsreserven – bei seinem Verkauf aufgelöst. Jedoch ist der Verkauf von Reserveträgern, die nicht verkehrsfähig sind, beschränkt auf den Fall des Verkaufs des gesamten Unternehmens.

Das Gleiche bewirkt die teilweise oder völlige Auflösung einer Rückstellung, wodurch die an sie gebundene Schätzreserve entsprechend mit aufgelöst wird.

(2) **Bezugswertänderung**

Die Auflösung der stillen Reserven durch Bezugswertänderung erfolgt durch Minderung des Tagesbeschaffungswertes bei Aktivposten und Erhöhung des Tagesbeschaffungswertes bei Passivposten. Sie kann sich grundsätzlich auf alle Formen der stillen Reserven erstrecken, jedoch wird zuerst die erzwungene Bewertungsreserve erfasst.

(3) **Abschreibungsverlauf**

Die durch den Abschreibungsverlauf bedingte Auflösung stiller Reserven ist dadurch begründet, dass sich erstens mit steigender Abnutzung auch der Wert des Reserveträgers verringert und zweitens, dass aufgrund des Kongruenzprinzips die Summe der Periodenaufwendungen nicht größer als die Gesamtaufwendungen sein darf. So führt die Bildung von Wahlrechts- und Schätzreserven zu einer Aufwandsvorverlagerung mit der Folge, dass zum Zeitpunkt des tatsächlichen Aufwandsanfalls dieser nicht mehr oder nur noch teilweise verrechnet wird und dadurch in späteren Perioden ein größerer Erfolg ausgewiesen wird als er der Periodenleistung entspricht.

3. Grenzen

Der Bilanzpolitik sind dann Grenzen gesetzt, wenn der Bilanzierung eindeutige und genaue Vorschriften zu Grunde liegen.

Wird die Bilanzpolitik als etwas **Gestaltendes** angesehen, das rechtskonform zu sein hat, dann fallen die beiden übrigen Arten der stillen Reserven, nämlich

- die stillen Zwangsreserven und
- die stillen Willkürreserven

nicht unter die Bilanzpolitik.

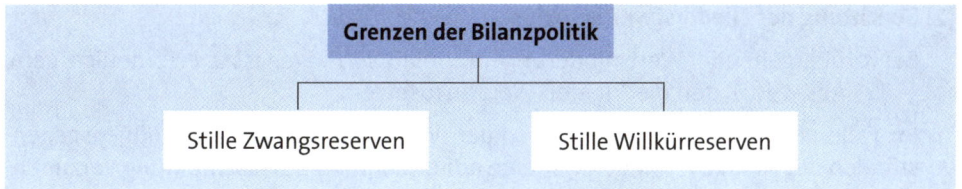

3.1 Stille Zwangsreserven

Die stillen Zwangsreserven entstehen durch Bilanzierungsverbote und Bewertungs-vorschriften.

3.1.1 Bilanzierungsverbote

Die Bestimmungen des HGB enthalten folgende Bilanzierungsverbote:

(1) Forschungsleistungen des Unternehmens dürfen nach § 255 Abs. 2 Satz 4 HGB nicht bilanziert werden.

(2) Ein Aktivierungsverbot besteht für selbst geschaffene Marken, Drucktitel, Verlags-rechte, Kundenlisten und vergleichbare immaterielle Vermögensgegenstände des Anlagevermögens (§ 248 Abs. 2 HGB).

(3) Der originäre Firmenwert darf im Gegensatz zu dem derivativen Firmenwert gem. § 255 Abs. 4 HGB nicht aktiviert werden.

(4) Aufwendungen für die Gründung und Kapitalbeschaffung dürfen nach § 248 Abs. 1 HGB nicht aktiviert werden. Vielmehr sind diese Werte im Jahr der Entstehung als Aufwand zu behandeln.

Die handelsrechtlichen Bilanzierungsverbote sind auch in der Steuerbilanz zu beachten.

3.1.2 Bewertungsvorschriften

Neben den Bilanzierungsverboten können auch die Bewertungsvorschriften zu Zwangsreserven führen, indem sie zu einer Unterbewertung der Aktiva bzw. Überbe-wertung der Passiva führen. Folgende Möglichkeiten sind gegeben:

(1) **Ansatz zu Anschaffungs- und Herstellungskosten**

Die Bestimmungen des § 253 Abs. 1 i. V. m. § 255 Abs. 1 f. HGB ermöglichen die Entste-hung erzwungener Bewertungsreserven, da für Vermögensgegenstände höchstens die Anschaffungs- oder Herstellungskosten anzusetzen sind. Das gilt steuerrecht-lich ebenfalls. Zwangsreserven entstehen insbesondere häufig bei Grundstücken und Beteiligungen, deren Tageswert höher ist als die Anschaffungskosten. Verbind-lichkeiten sind zu ihrem höheren Rückzahlungsbetrag zu passivieren.

(2) **Beachtung des Niederstwertprinzips**

Bei vorübergehender Wertminderung im Umlaufvermögen ist es erforderlich, gem. § 253 Abs. 4 HGB den niedrigeren Wert anzusetzen.

Im Falle einer voraussichtlich dauernden Wertminderung bei Vermögensgegenständen des Anlagevermögens ist eine außerplanmäßige Abschreibung vorzunehmen (§ 253 Abs. 3 Satz 3 HGB).

Bei Gewinnermittlung nach § 5 EStG besteht wegen des Maßgeblichkeitsprinzips die Verpflichtung für die steuerliche Gewinnermittlung, den niedrigeren Teilwert anzusetzen.

3.2 Stille Willkürreserven

Willkürreserven ergeben sich, wenn der richtige Wert im Sinne der Bewertungsvorschriften willkürlich unterschritten wird, wenn Bilanzpositionen weggelassen oder Anlagezugänge als Aufwand verbucht werden. Sie entstehen durch ein bewusstes Unterschreiten des Niederstwertes.

4. Windowdressing

4.1 Definition

Beim **Windowdressing** handelt es sich um bilanzpolitische Maßnahmen, die ausschließlich der **optischen Gestaltung** des Bilanzbildes dienen und **nicht der dauerhaften Verbesserung** der Bilanzstruktur. Anders als bei den traditionellen Maßnahmen der Bilanzpolitik handelt es sich um Maßnahmen im Grenzbereich des Zulässigen. Der Blick in die tatsächliche Vermögens-, Finanz- und Ertragslage wird verstellt. Windowdressing bedeutet, dass die Bilanz in einem überarbeiteten Kleid zur Schau gestellt wird („Kleider machen Leute"). „Windowdressing" wird auch mit „Bilanzkosmetik" ins Deutsche übersetzt.

4.1.1 Maßnahmen, die nach dem Bilanzstichtag wieder eliminiert werden

Die Maßnahmen des Windowdressing müssen bei der Aufstellung des nächsten Jahresabschlusses modifiziert oder rückgängig gemacht werden können. Es darf also kein Beibehaltungsgebot vorliegen. Das trifft zu auf:

▸ Rückzahlung eines Kredits kurz vor dem Bilanzstichtag, um diesen unmittelbar nach dem Bilanzstichtag wieder aufzunehmen

▸ Aufnahme eines Kredits kurz vor dem Bilanzstichtag, nur um den Liquiditätsausweis zu verbessern, und Rückzahlung zu Beginn des folgenden Geschäftsjahrs

Beispiel

$$\frac{15.000 \text{ € liquide Mittel}}{60.000 \text{ € kurzfristiges Fremdkapital}} = 25 \text{ \% } \textbf{Liquidität } 1. \text{ Grades}$$

Nach Aufnahme eines Kredits von 100.000 €:

$$\frac{115.000 \text{ € liquide Mittel}}{160.000 \text{ € kurzfristiges Fremdkapital}} = 72 \text{ \% } \textbf{Liquidität } 1. \text{ Grades}$$

- ▶ vorübergehende Kapitaleinlagen von Gesellschaftern
- ▶ Übertragung von Wirtschaftsgütern an Dritte mit dem Vorbehalt der späteren Rückübertragung (unechtes Pensionsgeschäft § 340b Abs. 5 HGB)
- ▶ Verkauf von Vorräten kurz vor dem Stichtag an verbundene Unternehmen und entsprechender Rückkauf im Folgejahr
- ▶ Kauf bzw. Verkauf auf Probe. Der Kauf ist im Zweifel unter der aufschiebenden Bedingung der Billigung geschlossen (§ 454 Abs. 1 Satz 2 BGB).

4.1.2 Maßnahmen, deren Wirkung von Dauer ist

Weil sie i. d. R. eher langfristig wirken, zählen zu den traditionellen Maßnahmen und deshalb nicht zum Windowdressing z. B.:

- ▶ Sale-and-lease-back von Wirtschaftsgütern
- ▶ Ausgliederung von Forschungsarbeiten auf Tochtergesellschaften wegen des Aktivierungsverbots der entsprechenden Kosten im eigenen Unternehmen, um sie später käuflich zu erwerben und zu aktivieren
- ▶ Vorziehen von Anschaffungen oder der Abnahme eines im Bau befindlichen Gebäudes, um Abschreibungen noch im Abschlussjahr geltend machen zu können.

4.2 Gründe

Immer öfter setzen die Unternehmensleitungen Maßnahmen des Windowdressing ein, wenn die traditionellen Instrumente der Jahresabschlusspolitik nicht ausreichen. Das gilt insbesondere bei wirtschaftlichen Extremlagen, vor allem in Krisensituationen des Unternehmens. Investoren lieben möglichst kontinuierliche Gewinnzahlen. In den meisten Fällen geht es deshalb auch beim Windowdressing wieder darum, die im Zeitablauf schwankenden Jahresergebnisse zu glätten **(Income smoothing)**. Spitzen nach oben und nach unten werden gekappt. Bei guter Ertragslage werden Reserven gebildet **(Cookie jar reserves)**, die in wirtschaftlich nicht so guten Jahren wieder aufgelöst werden. So ergibt sich das Bild eines dauerhaft erfolgreichen und kontinuierlich wachsenden Unternehmens.

Insbesondere börsennotierte Unternehmen stehen unter dem immensen Druck, die angekündigten Umsatz- und Gewinnwerte zu erreichen. Die Börsenkurse brechen ein, wenn die von den Analysten der Banken und der Presse vorausgeschätzten Umsätze oder Gewinne auch nur um geringe Beträge verfehlt werden. Ebenso sind Investoren über Unternehmen frustriert, die immer wieder zu niedrige Gewinnschätzungen mitteilen. Da bietet es sich an, Reserven zu bilden für das kommende Jahr, für das man den Mund eventuell zu voll genommen haben könnte.

Lösung

	Lösung
1. Was versteht man unter Bilanzpolitik?	S. 261
2. Worin sind die Grenzen der Bilanzpolitik zu sehen?	S. 261
3. Welches sind die wichtigsten Ziele der Bilanzpolitik?	S. 261
4. Welche Gesichtspunkte sind bei der Gestaltung der Bilanzstruktur zu beachten?	S. 261 f.
5. Welchem Zweck dient die Erfolgsregulierung?	S. 262
6. Worauf kann sich die Erfolgsregulierung beziehen?	S. 262
7. Welche Kenntnis ist notwendig, um die Erfolgserzielung regulieren zu können?	S. 262
8. Worauf basiert die Politik des Erfolgsausweises?	S. 263
9. Welche Überlegungen sind im Rahmen der Gestaltung der Erfolgsverwendung anzustellen?	S. 263
10. Weshalb stellt sich für die Bilanzpolitik das Problem der Kapitalerhaltung?	S. 264
11. Nennen Sie die möglichen Arten der Kapitalerhaltung!	S. 264 f.
12. Was bezweckt die materielle Kapitalerhaltung?	S. 264
13. Welches Ziel wird mit der realen Kapitalerhaltung verfolgt?	S. 264
14. Erläutern Sie, was unter der relativen Kapitalerhaltung zu verstehen ist!	S. 264
15. Welcher Gedanke liegt der leistungsäquivalenten Kapitalerhaltung zu Grunde?	S. 264
16. Wie nennt man die Art der Kapitalerhaltung, die in der Handels- und Steuerbilanz ihren Niederschlag findet?	S. 265
17. Welcher Art können die Mittel der Bilanzpolitik grundsätzlich sein?	S. 265
18. Auf welche Maßnahmen beziehen sich die formellen Mittel der Bilanzpolitik?	S. 265
19. Welche Regelungen hinsichtlich des Zeitpunktes des Bilanzstichtages enthalten Handels- und Steuerrecht?	S. 265
20. Inwieweit ist der Zeitpunkt der Bilanzvorlage im Handels- und Steuerrecht fixiert?	S. 265
21. Inwieweit ist das äußere Bild des Jahresabschlusses in die formellen Mittel der Bilanzpolitik einbeziehbar?	S. 266
22. Auf welche Maßnahmen beziehen sich die materiellen Mittel der Bilanzpolitik?	S. 268
23. Nennen Sie Beispiele für bilanzpolitische Maßnahmen, die vor dem Bilanzstichtag ergriffen werden können!	S. 269
24. Auf welche Tatbestände beziehen sich die bilanzpolitischen Maßnahmen nach dem Bilanzstichtag?	S. 270

F. Konzernrechnungslegung

1. Pflicht zur Konzernrechnungslegung

1.1 Allgemeines

Die Rechnungslegungsvorschriften des HGB enthalten keine Definition des Begriffs „Konzern". Dagegen erläutert das AktG, was unter „abhängigen" und „herrschenden Unternehmen" (§ 17 AktG) und unter „Konzern und Konzernunternehmen" (§ 18 AktG) zu verstehen ist. Die Tatbestände, die eine Verpflichtung zur Aufstellung von Konzernabschlüssen und Konzernlageberichten begründen, sind in § 290 HGB angeführt.

Kapitalgesellschaften oder diesen nach § 264a HGB gleichgestellte Gesellschaften mit Sitz im Inland (Mutterunternehmen) sind zur Aufstellung eines konsolidierten Jahresabschlusses verpflichtet, sofern sie bei einem anderen Unternehmen einen unmittel- oder mittelbaren **beherrschenden Einfluss** ausüben können (§ 290 Abs. 1 HGB).

Ein beherrschender Einfluss eines Mutterunternehmens besteht stets, wenn:

- ihm die **Mehrheit der Stimmrechte** zusteht (§ 290 Abs. 2 Nr. 1 HGB)
- ihm als **Gesellschafter das Recht** zusteht, die Mehrheit der Mitglieder des die Finanz- und Geschäftspolitik bestimmenden Verwaltungs-, Leitungs- oder Aufsichtsorgans zu bestellen oder abzuberufen (§ 290 Abs. 2 Nr. 2 HGB) oder
- ihm aufgrund eines Beherrschungsvertrages oder aufgrund von Satzungsbestimmungen zusteht, die Finanz- und Geschäftspolitik auszuüben (§ 290 Abs. 2 Nr. 3 HGB)
- es bei wirtschaftlicher Betrachtung die Mehrheit der Risiken und Chancen einer sog. Zweckgesellschaft trägt (§ 290 Abs. 2 Nr. 4 HGB).

Die Konzernrechnungslegungspflicht konnte vor Einführung des BilMoG entweder durch das **Konzept der einheitlichen Leitung** (§ 290 Abs. 1 HGB a. F.) oder durch das **Control-Konzept** (§ 290 Abs. 2 HGB a. F.) begründet werden. Mit Einführung des BilMoG wird ein Mutter-Tochter-Verhältnis allein dadurch begründet, dass ein beherrschender Einfluss möglich ist. Zur Typisierung der Beherrschungsmöglichkeiten werden im wesentlichen die drei Tatbestände des Control-Konzepts übernommen und durch die Konsolidierungspflicht von sog. Zweckgesellschaften ergänzt.

Nichtkapitalgesellschaften mit Sitz im Inland sind zur Aufstellung eines Konzernabschlusses verpflichtet, wenn sie die einheitliche Leitung ausüben und bestimmte Größenordnungsmerkmale überschritten sind (§ 11 Abs. 1 PublG).

Unternehmen, die zur Konzernrechnungslegung verpflichtet sind, werden im HGB Mutterunternehmen genannt. Unternehmen, die in den Konzernabschluss einzubeziehen sind, heißen im HGB Tochterunternehmen (§ 290 Abs. 1 HGB). Ein Tochterunternehmen kann gleichzeitig ein Mutterunternehmen sein, das auf seiner Stufe zur Konzernrechnungslegung verpflichtet ist. Dieses Unternehmen erstellt einen Teilkonzernabschluss und einen Teilkonzernlagebericht.

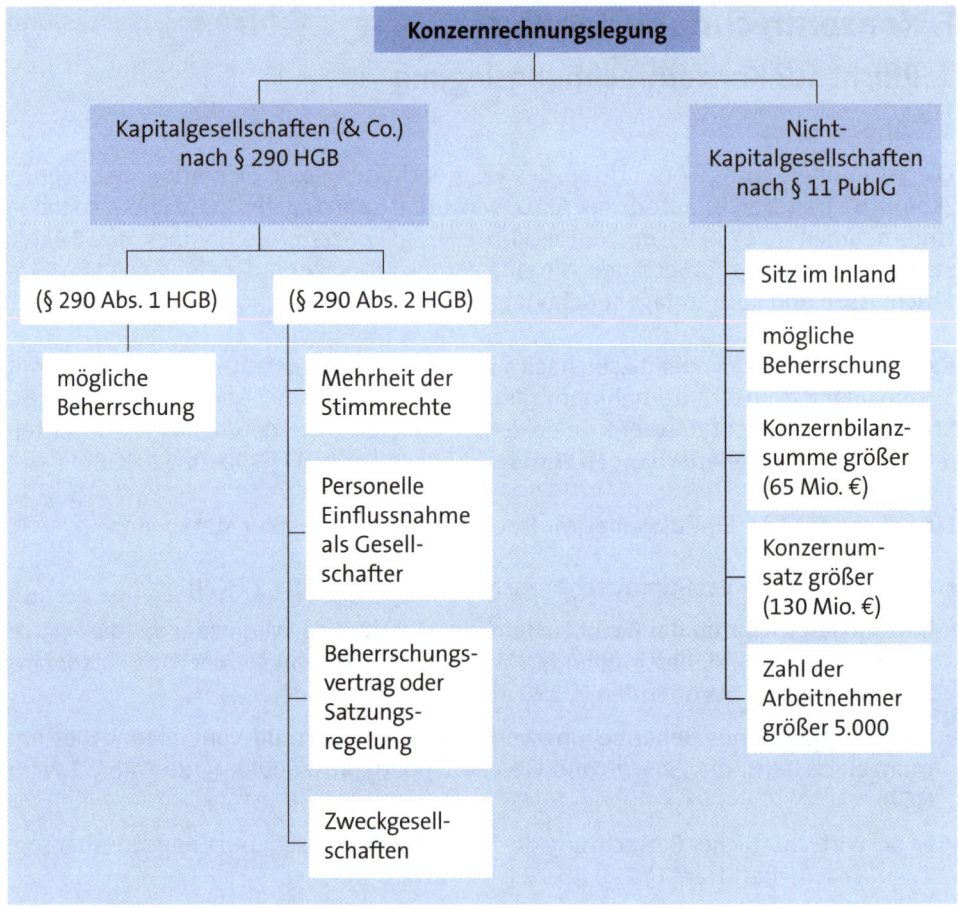

1.2 Aufstellungspflicht

Die Konzernrechnungslegungspflichten des HGB betreffen ausschließlich den **Unterordnungskonzern**. Ein Mutterunternehmen ist nur dann zur Aufstellung eines Konzernabschlusses verpflichtet, wenn es in der Rechtsform einer Kapitalgesellschaft oder „& Co." geführt wird. Die in § 290 HGB genannten Einflussnahme- und Beherrschungsmöglichkeiten grenzen den Konsolidierungskreis ab.

Alle Tochtergesellschaften müssen ohne Rücksicht auf ihren Sitz in den Konzernabschluss einbezogen werden (§ 294 Abs. 1 HGB), d. h. es sind **Weltabschlüsse** zu erstellen.

Aus § 296 HGB ergibt sich, unter welchen Voraussetzungen auf die Einbeziehung eines Tochterunternehmens verzichtet werden kann (Einbeziehungswahlrecht).

1.3 Befreiung von der Pflicht zur Aufstellung eines Konzernabschlusses und eines Konzernlageberichtes

1.3.1 Befreiende Konzernabschlüsse

Von der Verpflichtung zur Aufstellung eines Konzernabschlusses und eines Konzernlageberichtes sind Mutterunternehmen befreit, wenn die folgenden Voraussetzungen kumulativ erfüllt sind (§ 291 Abs. 1 f. HGB):

► Das den befreienden Konzernabschluss und -lagebericht aufstellende Mutterunternehmen hat seinen Sitz in einem Mitgliedsstaat der Europäischen Union oder in einem anderen Vertragsstaat des Abkommens über den Europäischen Wirtschaftsraum.

► Das Mutterunternehmen ist als Kapitalgesellschaft oder wäre, wenn es eine Kapitalgesellschaft wäre, zur Aufstellung eines Konzernabschlusses unter Einbeziehung des zu befreienden Mutterunternehmens verpflichtet. Die befreiende Wirkung kann sowohl von dem Konzernabschluss der Konzernspitze als auch von dem eines jeden übergeordneten Mutterunternehmens ausgehen.

► Der befreiende Konzernabschluss und der Konzernlagebericht müssen den Bestimmungen der EG-Richtlinien entsprechen und von einem nach den EG-Richtlinien zugelassenen Abschlussprüfer geprüft und mit dem Bestätigungsvermerk in deutscher Sprache offen gelegt werden.

► Im Anhang des Jahresabschlusses des befreiten Mutterunternehmens muss auf die Befreiung hingewiesen werden. Dabei sind der Name und der Sitz des den befreienden Konzernabschluss und Konzernlagebericht aufstellenden Mutterunternehmens anzugeben (§ 291 Abs. 2 Nr. 3 HGB), sowie die vom deutschen Recht abweichend angewandten Bilanzierungs-, Bewertungs- und Konsolidierungsmethoden zu erläutern.

► Wenn das Mutterunternehmen ein kapitalmarktorientiertes Unternehmen ist (§ 291 Abs. 3 Nr. 1 HGB).

► Minderheitsgesellschafter mit mehr als 10 % (AG) bzw. 20 % (GmbH) Geschäftsanteilen haben bis spätestens 6 Monate vor Ablauf des Geschäftsjahres keinen Antrag auf Erstattung eines Konzernabschlusses gestellt (§ 291 Abs. 3 Nr. 2 HGB).

Befreiende Konzernabschlüsse können von jedem „Mutter-"Unternehmen unabhängig von seiner Rechtsform aufgestellt werden.

1.3.2 Größenabhängige Befreiungen

„Kleine Konzerne" sind von der Verpflichtung zur Konzernrechnungslegung befreit (§ 293 Abs. 1 HGB). Ein Mutterunternehmen ist grundsätzlich von der Pflicht zur Aufstellung eines Konzernabschlusses befreit, wenn am Abschlussstichtag des Jahres- bzw. Konzernabschlusses und am vorhergehenden Abschlussstichtag mindestens zwei der drei folgenden Merkmale nicht zutreffen. Dabei können wahlweise zu Grunde gelegt werden

▸ die summierten Jahresabschlüsse des Mutterunternehmens und der in den Konzernabschluss einzubeziehenden Tochterunternehmen (Bruttomethode) oder

▸ der konsolidierte Abschluss dieser Unternehmen (Nettomethode).

Ein **Mutterunternehmen** ist zur Aufstellung eines Konzernabschlusses verpflichtet, wenn die folgenden Größenordnungsmerkmale überschritten wurden:

Rechtsform des Mutterunternehmens	Kapitalgesellschaft und „& Co."		Nicht-Kapitalgesellschaft
Regelung der Größenordnungskriterien	§ 293 HGB		§ 11 Abs. 1 PublG
Ermittlungsmethode	brutto	netto	netto
Bilanzsumme	23,1 Mio. €	19,25 Mio. €	65 Mio. €
Umsatzerlöse	46,2 Mio. €	38,50 Mio. €	130 Mio. €
Anzahl Arbeitnehmer	250	250	5.000
Erstmalige Aufstellungspflicht bei Überschreiten von zwei Größenordnungsmerkmalen	an zwei aufeinander folgenden Abschlussstichtagen		an drei aufeinander folgenden Abschlussstichtagen

2. Konsolidierungskreis

2.1 Konsolidierungsgebot

Generell können in den Konzernabschluss nach den Vorschriften der Vollkonsolidierung nur Mutter- und Tochterunternehmen einbezogen werden. Nach § 294 HGB sind dann aber auch das Mutterunternehmen und **alle** seine Tochterunternehmen, die ihrerseits wieder Mutterunternehmen sein können, ohne Rücksicht auf ihren Sitz einzubeziehen. Nach dem HGB sind also „Weltabschlüsse" vorzulegen.

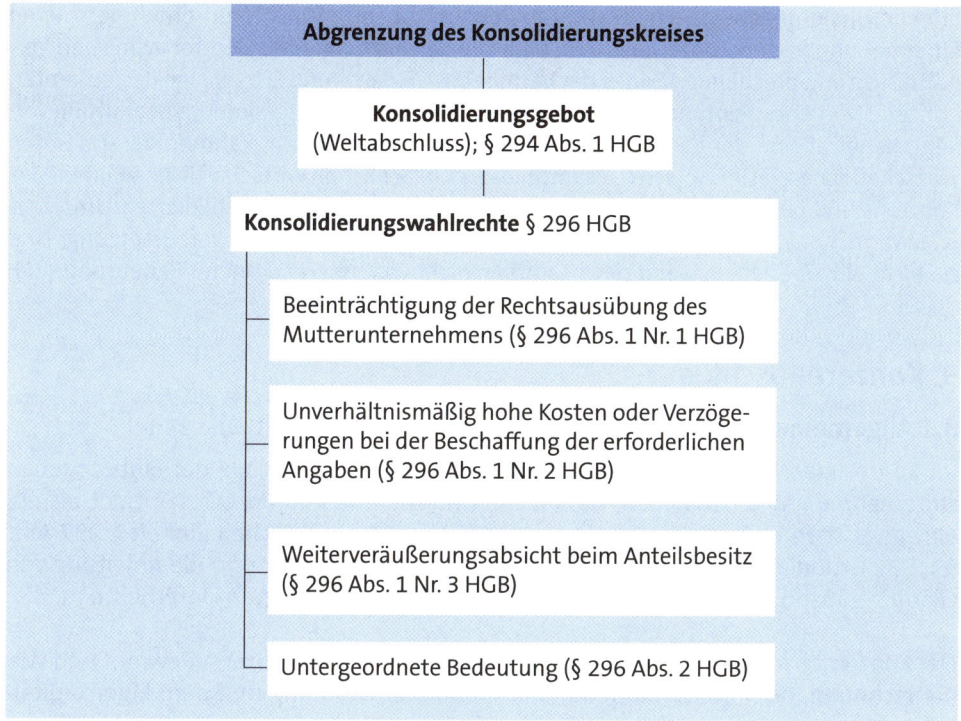

Im Konzernabschluss sind besondere Angaben erforderlich, wenn sich die Zusammensetzung der einbezogenen Unternehmen im Laufe des Geschäftsjahres wesentlich geändert hat, um die aufeinanderfolgenden Konzernabschlüsse sinnvoll vergleichen zu können (§ 294 Abs. 2 HGB).

2.2 Konsolidierungswahlrechte

Ein Tochterunternehmen braucht nicht in den Konzernabschluss einbezogen zu werden, wenn erhebliche und andauernde **Beschränkungen** vorliegen, die die Ausübung der Rechte des Mutterunternehmens in Bezug auf das Vermögen oder die Geschäftsführung des Tochterunternehmens **nachhaltig beeinträchtigen** (§ 296 Abs. 1 Nr. 1 HGB).

Sind die für die Aufstellung des Konzernabschlusses erforderlichen Angaben

▸ nicht ohne unverhältnismäßig **hohe Kosten oder Verzögerungen** zu erhalten (§ 296 Abs. 1 Nr. 2 HGB) oder

▸ werden die Anteile des Tochterunternehmens ausschließlich zum **Zwecke der Weiterveräußerung** gehalten (§ 296 Abs. 1 Nr. 3 HGB)

müssen diese Tochterunternehmen ebenfalls nicht in den Konzernabschluss einbezogen werden.

Ein Konsolidierungswahlrecht besteht außerdem für solche Tochterunternehmen, deren Einbeziehung in den Konzernabschluss für die Vermittlung eines den tatsächlichen Verhältnissen entsprechenden Bildes der Vermögens-, Finanz- und Ertragslage des gesamten Konzerns von **untergeordneter Bedeutung** ist. Wann eine untergeordnete Bedeutung vorliegt, hängt ab von der Bedeutung des Tochterunternehmens im Rahmen der gesamten wirtschaftlichen Tätigkeit, dem Gesamtbild der tatsächlichen wirtschaftlichen Einheit des Konzerns und bestimmten Eckwerten, wie weniger als 5 % des konsolidierten Umsatzes oder Vermögens. Entsprechen mehrere Tochterunternehmen dieser Voraussetzung, sind sie nicht einzubeziehen, wenn sie zusammen nicht von untergeordneter Bedeutung sind.

3. Konzernabschluss

3.1 Allgemeine Anforderungen (Konsolidierungsgrundsätze)

Im Konzernabschluss ist die Vermögens-, Finanz- und Ertragslage der einbezogenen Unternehmen so darzustellen, dass diese Unternehmen in ihrer Gesamtheit als ein einziges Unternehmen dargestellt werden (Fiktion der rechtlichen Einheit § 297 Abs. 3 HGB). Grundlage für die Gewinnverteilung, die Besteuerung und die Ableitung von Gläubigeransprüchen bleiben die Einzelabschlüsse der beteiligten Unternehmen.

Der Konzernabschluss setzt sich aus der Konzernbilanz, der Konzern-Gewinn- und Verlustrechnung, dem Konzernanhang der Kapitalflussrechnung und dem Eigenkapitalspiegel zusammen, die eine Einheit bilden. Er kann um eine Segmentberichterstattung erweitert werden. Es bestehen keine handelsrechtlichen Regelungen zur Ausgestaltung dieser Rechnungen. Insofern ist DRS 2 für die Kapitalflussrechnung bzw. DRS 3 für die Segmentberichterstattung anzuwenden. Der Konzernabschluss wird ergänzt durch den Konzernlagebericht. Grundsätzlich gelten für den Konzernabschluss die Vorschriften für den Jahresabschluss und den Lagebericht für die Kapitalgesellschaften (§ 298 HGB). Die §§ 297 - 299 HGB enthalten zusätzliche Vorschriften bezüglich des Inhalts, der anzuwendenden Vorschriften und Erleichterungen und des Stichtags für die Aufstellung. Allgemeine Konsolidierungsgrundsätze und das Vollständigkeitsgebot ergeben sich aus § 300 HGB.

In § 297 Abs. 3 Satz 2 HGB wird der **Grundsatz der Stetigkeit** hervorgehoben. Danach sind die auf den vorhergehenden Konzernabschluss angewandten Konsolidierungsmethoden beizubehalten. Abweichungen sind nur in Ausnahmefällen zulässig und im Konzernanhang anzugeben und zu begründen. Der Grundsatz der Stetigkeit gilt auch für die Form der Darstellung sowie die Bilanzierungs- und Bewertungsmethoden (§ 298 HGB).

Gemäß § 298 HGB dürfen bei der Anwendung des Bilanzformblattes die **Vorräte in einem Posten zusammengefasst** werden, wenn deren Aufgliederung wegen besonderer Umstände mit einem unverhältnismäßig hohen Aufwand verbunden wäre. Der **Konzernanhang** und der Anhang des Mutterunternehmens dürfen zusammengefasst werden.

Der Konzernabschluss ist auf den Stichtag des Jahresabschlusses des Mutterunternehmens aufzustellen (§ 299 Abs. 1 HGB).

3.2 Bilanzansatz und Bewertung

Die Einzelabschlüsse des Mutterunternehmens und aller Tochterunternehmen sind im Konzernabschluss zusammenzufassen (§ 300 Abs. 1 Satz 1 HGB). Die Vermögensgegenstände, Schulden, Rechnungsabgrenzungsposten, Aufwendungen und Erträge der einbezogenen Unternehmen sind unabhängig von der Berücksichtigung in den Jahresabschlüssen dieser Unternehmen aufzunehmen, sofern nicht nach dem für das Mutterunternehmen geltenden Recht ein Bilanzierungswahlrecht oder -verbot besteht (§ 300 Abs. 2 Satz 1 HGB).

Die dem Mutterunternehmen gehörenden Anteile an den Tochterunternehmen fallen formal nicht unter das Vollständigkeitsgebot. Soweit sie nach dem Recht des Mutterunternehmens bilanzierungsfähig sind und spezielle Konzernrechnungslegungsvorschriften nichts anderes bestimmen, treten an ihre Stelle die Vermögensgegenstände, Schulden und Rechnungsabgrenzungsposten der Tochterunternehmen (§ 300 Abs. 1 Satz 2 HGB). Für die Beurteilung der Vollständigkeit (§ 300 Abs. 2 Satz 1 HGB) ist das Recht des Mutterunternehmens maßgebend.

Die in den Konzernabschluss übernommenen Vermögensgegenstände und Schulden sind **einheitlich zu bewerten.** Maßgeblich sind die Bewertungsmethoden, die auf den Jahresabschluss des Mutterunternehmens anwendbar sind (§ 308 Abs. 1 HGB). Dabei kommt es nicht darauf an, dass sie im Jahresabschluss des Mutterunternehmens auch tatsächlich angewandt werden. So können Bewertungswahlrechte bei den Tochterunternehmen unabhängig von der Ausübung bei dem Mutterunternehmen ausgeübt werden, sofern sie bei dem Mutterunternehmen zulässig sind (§ 308 Abs. 1 Satz 2 HGB). Einheitliche Bewertung bedeutet jedoch, dass innerhalb der zulässigen Bewertungsmethoden alle in den Konzernabschluss einbezogenen Unternehmen für Zwecke des Konzernabschlusses die gleichen Bewertungsgrundsätze und -methoden zu Grunde legen müssen.

Wurden die in den Konzernabschluss aufzunehmenden Vermögensgegenstände und Schulden in den Einzelabschlüssen der Tochterunternehmen nach anderen Methoden bewertet, muss eine **Bewertungsanpassung** an die konzerneinheitlichen Methoden erfolgen (§ 308 Abs. 2 Satz 1 HGB). Die Werte in dieser **„sog. Handelsbilanz II"** sind für die Konzernabschlüsse der Folgejahre fortzuführen.

3.3 Organisatorische Maßnahmen

Zur Erfüllung der Anforderungen an den Konzernabschluss müssen für alle beteiligten Unternehmen einheitlich festgelegt werden:

- ► Kontenpläne
- ► Bewertungsmethoden
- ► Recheneinheiten bei Einbeziehung ausländischer Unternehmen
- ► Bilanzstichtag.

4. Fremdwährungsumrechnung von Jahresabschlüssen ausländischer Tochterunternehmen

Die Konsolidierung der Jahresabschlüsse von ausländischen Tochterunternehmen setzt die vorherige Umrechnung der Fremdwährungsbeträge in Euro voraus. Angesichts einer bislang fehlenden gesetzlichen Regelung wurde die Währungsumrechnung von deutschen Unternehmen in der Vergangenheit sehr unterschiedlich praktiziert (WP-Handbuch 2006, Band I).

Mit der Einfügung des § 308a HGB durch das BilMoG wurde die Umrechnung von Fremdwährungsabschlüssen gesetzlich kodifiziert. Danach sind alle Bilanzposten mit Ausnahme des Eigenkapitals, das zum historischen Kurs in Euro umzurechnen ist, zum **Devisenkassamittelkurs am Abschlussstichtag** in Euro umzurechnen.

Die Posten der Gewinn- und Verlustrechnung sind zum Durchschnittskurs in Euro umzurechnen. Eine sich hierbei ergebende Umrechnungsdifferenz ist innerhalb des Konzerneigenkapitals nach den Rücklagen unter dem Posten „Eigenkapitaldifferenz aus Währungsumrechnung" auszuweisen.

5. Grundzüge der Konsolidierung

5.1 Konzernbilanz und Konzern-Gewinn- und Verlustrechnung

5.1.1 Konzernbilanz

Die Konsolidierung muss sicherstellen, dass es aufgrund der Kapitalverflechtungen nicht zu Doppelverrechnungen kommt. Für die **Kapitalkonsolidierung** ist die sog. echte **angelsächsische Methode** vorgeschrieben. Diese Methode wird auch „Methode der erfolgswirksamen Erstkonsolidierung" genannt. Dabei werden die Buchwerte an den in den Konzernabschluss einzubeziehenden Unternehmen jeweils mit dem anteiligen Eigenkapital der Tochterunternehmen verrechnet. Das zu konsolidierende Eigenkapital der Tochterunternehmen muss mit dem **Zeitwert** (Neubewertungsmethode – § 301 Abs. 1 HGB) in den Konzernabschluss eingehen.

Die Konsolidierung konzerninterner Ausleihungen, Forderungen, Verbindlichkeiten und Rechnungsabgrenzungsposten (**Schuldenkonsolidierung**) ist in § 303 HGB geregelt. Die Posten sind nach der Einheitstheorie bei der Aufstellung des Konzernabschlusses wegzulassen. Dies gilt auch für die Haftungsverhältnisse.

Vermögensgegenstände aus Lieferungen und Leistungen zwischen den Unternehmen sind, wenn sie sich am Stichtag für die Konzernbilanz noch im Besitz des zu konsolidierenden Unternehmens befinden, unter dem Aspekt der rechtlichen Einheit zu bewerten (§ 304 HGB – **Zwischenergebniseliminierung**).

Bei der Konsolidierung **assoziierter Unternehmen** und bei der **Quotenkonsolidierung** handelt es sich um Sonderfälle der Konsolidierung.

Assoziierte Unternehmen sind solche, die nicht in den Konzernabschluss einbezogen würden, wenn nicht auf deren Geschäfts- und Finanzpolitik ein nach § 271 Abs. 1 HGB einbezogenes Unternehmen einen maßgeblichen Einfluss ausüben würde (§ 311 Abs. 1 HGB). Ein maßgeblicher Einfluss wird widerlegbar vermutet, wenn die Beteiligung mindestens ein Fünftel der Stimmrechte einräumt. Die Einbeziehung erfolgt nach der **Equity-Methode**.

5.1.2 Konzern-Gewinn- und Verlustrechnung

Im Rahmen der Aufstellung der Konzern-Gewinn- und Verlustrechnung erfolgt eine **Aufwands- und Ertragskonsolidierung** (§ 305 HGB). Die Einheitstheorie erfordert die Eliminierung der konzerninternen Erfolgsvorgänge. Neben der Aufstellung nach dem Gesamtkostenverfahren (§ 275 Abs. 2 HGB) ist die Anwendung des Umsatzkostenverfahrens (§ 275 Abs. 3 HGB) zulässig.

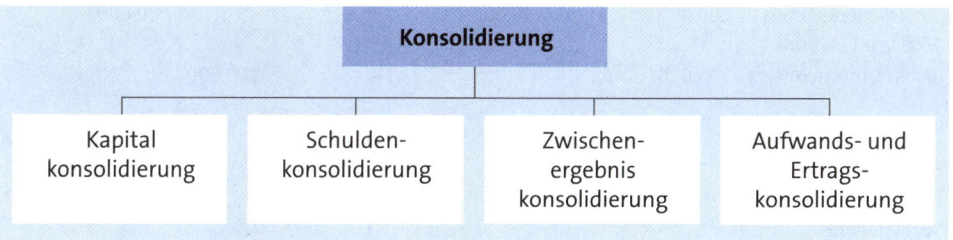

5.2 Kapitalkonsolidierung (Vollkonsolidierung)

Der Grundsatz der Vollkonsolidierung gilt für die Konzernbilanz und für die Konzern-Gewinn- und Verlustrechnung. Im Konzernabschluss werden die Jahresabschlüsse des Mutterunternehmens mit denen der Tochterunternehmen mit Ausnahme des Anhangs zusammengefasst. An die Stelle der dem Mutterunternehmen unmittelbar oder mittelbar gehörenden Anteile an den Tochterunternehmen treten deren Vermögensgegenstände und Schulden, soweit sie nach dem Recht am Sitz des Mutterunternehmens bilanzierungsfähig sind. Die den Unternehmen zuzurechnenden Vermögenswerte und Schulden sind vollständig zu übernehmen, soweit nach dem Recht am Sitz des Mutterunternehmens Bilanzierungsfähigkeit gegeben ist (Vollständigkeitsgebot, § 300 HGB). Die Kapitalkonsolidierung erfolgt nach der sog. echten angelsächsischen Methode **(Erwerbsmethode/purchase method)**. Diese muss nach der Neubewertungsmethode vorgenommen werden.

5.2.1 Neubewertungsmethode

Während bei der bislang zulässigen Buchwertmethode die Aufdeckung und Zuordnung der stillen Reserven im Zuge der Konsolidierung erfolgt, ordnet die Neubewertungsmethode diese Reserven bereits in einer Handelsbilanz II des Tochterunternehmens den entsprechenden Positionen zu. Diese **Zeitwerte** werden aus der Handelsbilanz II in den Konzernabschluss übernommen (§ 301 Abs. 1 HGB).

Die Erstkonsolidierung bei Anwendung der Neubewertungsmethode und unterstellter Beteiligung des Mutterunternehmens A von 100 % an dem Tochterunternehmen B wird in folgendem Beispiel dargestellt:

Beispiel

Bilanzposten	MU-A		TU-B		Kapitalkonsolidierung		Konzernbilanz	
Neubewertungsmethode Erstkonsolidierung 100 % Beteiligung	Aktiva €	Passiva €	Aktiva €	Passiva €	S €	H €	Aktiva €	Passiva €
Geschäfts- oder Firmenwert					20.000		20.000	
Verschiedene Aktiva	600.000		230.000				830.000	
Anteile an verbundenen Unternehmen	100.000					100.000	0	
Gezeichnetes Kapital		300.000		50.000	50.000			300.000
Rücklagen		100.000		20.000	20.000			100.000
Jahresüberschuss		50.000		4.000				54.000
Verschiedene Passiva		250.000		146.000				396.000
Neubewertungsdifferenz				10.000	10.000			
Summe	700.000	700.000	230.000	230.000	100.000	100.000	850.000	850.000

Die mit den Anschaffungskosten bezahlten stillen Reserven von angenommenen 10.000 € für abnutzbare Vermögensgegenstände werden bereits in der Bilanz des Tochterunternehmens B aufgestockt. In Höhe der stillen Reserven entsteht eine Neubewertungsdifferenz, die auf der Passivseite des Tochterunternehmens B in Höhe von 10.000 € ausgewiesen ist. Bei der Kapitalkonsolidierung erfolgt zunächst die Verrechnung des Beteiligungsbuchwertes (100.000 €) in Höhe des auf die Anteile entfallenden Betrages des Eigenkapitals (50.000 € + 20.000 € + 10.000 €) nach Auflösung der stillen Reserven. Bei dem nicht aufteilbaren Unterschiedsbetrag wird angenommen, dass es sich hierbei um einen Geschäfts- oder Firmenwert handelt, der als solcher ausgewiesen wird. Die Konzernbilanz ergibt sich dann wieder durch zeilenweise Quersaldierung.

Bei der Folgekonsolidierung sind die bei der Erstkonsolidierung entstandenen Unterschiedsbeträge fortzuschreiben. Im angeführten Beispiel sind dies die aufgedeckten stillen Reserven in den verschiedenen Aktiva aus der Neubewertung sowie der Geschäfts- oder Firmenwert.

Bilanzposten	MU-A		TU-B		Kapitalkon-solidierung		ergebnis-wirksame Folgekonsoli-dierung		Konzernbilanz	
Neubewertungs-methode Folgekonsolidie-rung 100 % Beteiligung	Aktiva €	Passiva €	Aktiva €	Passiva €	S €	H €	S €	S €	Aktiva €	Passiva €
Geschäfts- oder Firmenwert					20.000			5.000	15.000	
Verschiedene Aktiva	650.000		209.000		0			0	859.000	
Anteile an ver-bundenen Unternehmen	100.000					100.000			0	
Gezeichnetes Kapital		300.000		50.000	50.000					300.000
Rücklagen		150.000		24.000	20.000		6.000			154.000
Jahresüberschuss		20.000		2.000						16.000
Verschiedene Passiva		280.000		124.000						404.000
Neubewertungs-differenz				9.000	10.000			1.000		
Summe	750.000	750.000	209.000	209.000	100.000	100.000	6.000	6.000	874.000	874.000

Grundsätzlich teilen die aufgelösten stillen Reserven in der Neubewertungsbilanz des Tochterunternehmens B das Schicksal derjenigen Posten, bei denen sie aufgelöst wurden. Im Beispiel sollen die neu bewerteten stillen Reserven in den verschiedenen Aktiva mit 9.000 € die Restnutzungsdauer einer Maschine von 9 Jahren betreffen, sodass die stillen Reserven aus der Neubewertung des Vorjahres in Höhe von 10.000 € eine Neubewertungsdifferenz von nur noch 9.000 € ausmachen. Die Verfahrensweise der Kapitalkonsolidierung entspricht der der Erstkonsolidierung. Der in der ergebniswirksamen Folgekonsolidierung ausgewiesene Betrag von 1.000 € entspricht den Abschreibungen auf die Maschine mit einer verbleibenden Restnutzungsdauer von 9 Jahren.

Bei der Erstkonsolidierung hatte sich ein verbleibender Unterschiedsbetrag in Höhe von 20.000 € ergeben. Dieser war entsprechend § 301 Abs. 3 HGB als Geschäfts- oder Firmenwert auszuweisen. Im Beispiel wird der Geschäfts- oder Firmenwert planmäßig über vier Jahre durch Abschreibungen getilgt. Somit sind ergebniswirksam 5.000 € in der Folgekonsolidierung zu berücksichtigen. Insgesamt wird das Konzernergebnis um 6.000 € durch die Folgekonsolidierung vermindert. Die Konzernbilanz ergibt sich wieder durch zeilenweise Quersaldierung.

5.2.2 Anteile von Minderheiten am Kapital des Tochterunternehmens

In den Konzernabschluss sind für nicht dem Mutterunternehmen gehörende Anteile an in den Konzernabschluss einbezogenen Tochterunternehmen ein Ausgleichsposten für die Anteile der anderen Gesellschafter in Höhe ihres Anteils am Eigenkapital unter entsprechender Bezeichnung innerhalb des Eigenkapitals auszuweisen (§ 307 Abs. 1 HGB).

Die Konsolidierung bei Anwendung der Neubewertungsmethode und unterstellter Beteiligung des Mutterunternehmens A von 80 % an dem Tochterunternehmen B wird unter Vernachlässigung der erfolgswirksamen Folgekonsolidierungsbuchungen in folgendem Beispiel dargestellt.

Beispiel

Bilanzposten	MU-A		TU-B		Kapitalkonsolidierung		Konzernbilanz	
Neubewertungsmethode 80 % Beteiligung	Aktiva €	Passiva €	Aktiva €	Passiva €	S €	H €	Aktiva €	Passiva €
Geschäfts- oder Firmenwert					16.000		16.000	
Verschiedene Aktiva	600.000		230.000				830.000	
Anteile an verbundenen Unternehmen	80.000					80.000	0	
Gezeichnetes Kapital		300.000		50.000	50.000			300.000
Rücklagen		100.000		20.000	20.000			100.000
Anteile anderer Gesellschafter						16.800		16.800
Jahresüberschuss		50.000		4.000	800			53.200
Verschiedene Passiva		230.000		146.000				376.000
Neubewertungsdifferenz					10.000	10.000		0
Summe	680.000	680.000	230.000	230.000	96.800	96.800	846.000	846.000

Die mit den Anschaffungskosten bezahlten stillen Reserven von angenommenen 8.000 € für abnutzbare Vermögensgegenstände sind in der Bilanz des Tochterunternehmens B mit 10.000 € (100 %) aufzustocken. In Höhe der stillen Reserven des Tochterunternehmens B entsteht eine Neubewertungsdifferenz, die auf der Passivseite des Tochterunternehmens B in Höhe von 10.000 € ausgewiesen ist.

Bei der Kapitalkonsolidierung erfolgt zunächst die Verrechnung des Beteiligungsbuchwertes (80.000 €) in Höhe des auf die Anteile entfallenden Betrages des Eigenkapitals (40.000 € (50.000 € · 0,8) + 16.000 € (20.000 € · 0,8) + 8.000 € (10.000 € · 0,8). Von der Neubewertungsdifferenz entfallen nur 80 % auf das Mutterunternehmen A. Die Anteile anderer Gesellschafter in Höhe von 16.800 € ergeben sich also aus der Konsolidierung des gezeichneten Kapitals (10.000 € (50.000 € · 0,2) + 4.000 € (20.000 € · 0,2)

+ 2.000 € (10.000 · 0,2) + 800 € (4.000 € · 0,2). Bei dem nichtaufteilbaren Unterschiedsbetrag wird angenommen, dass es sich hierbei um einen Geschäfts- oder Firmenwert handelt, der als solcher ausgewiesen wird. Die Konzernbilanz ergibt sich dann wieder durch zeilenweise Quersaldierung.

5.3 Quotenkonsolidierung

5.3.1 Anwendungsbereich

Die Quotenkonsolidierung ist bei der Konsolidierung von **Gemeinschaftsunternehmen** zulässig. Gemeinschaftsunternehmen liegen bei einer wirtschaftlichen Zusammenarbeit zwischen zwei oder mehreren voneinander unabhängigen Unternehmen vor. Dabei wird ein rechtlich selbstständiges Unternehmen gegründet oder erworben, um Aufgaben im gemeinsamen Interesse der **Gesellschaftsunternehmen** auszuführen. Diese Gemeinschaftsunternehmen werden auch unter den Bezeichnungen „Partnerunternehmen", „joint venture" oder „jointly owned company" gegründet. Ein Gemeinschaftsunternehmen ist durch die beiden folgenden Merkmale gekennzeichnet:

(1) gemeinsame Führung durch die Gesellschaftsunternehmen

(2) Unabhängigkeit der Gesellschaftsunternehmen untereinander; mindestens ein Gesellschaftsunternehmen gehört nicht zum Konsolidierungskreis.

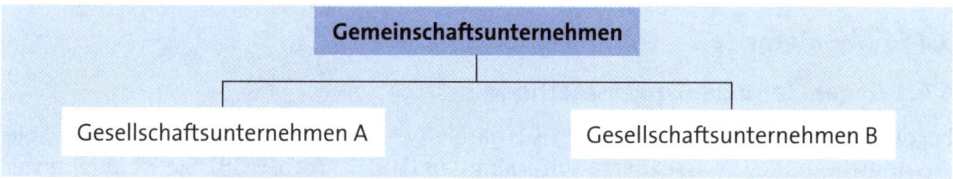

Ein Gemeinschaftsunternehmen darf nach § 310 Abs. 1 HGB entsprechend den Anteilen am Kapital, den Quoten, die dem Gesellschaftsunternehmen gehören, in den Konzernabschluss einbezogen werden. Dabei handelt es sich nicht um ein Konsolidierungswahlrecht, nach dem das Unternehmen von einer erforderlichen Vollkonsolidierung abweichen könnte. Die Quotenkonsolidierung ersetzt lediglich die sonst erforderliche Konsolidierung nach der Equity-Methode (§ 312 HGB). Ist das Gemeinschaftsunternehmen auch Tochterunternehmen i. S. d. § 290 HGB, muss es im Rahmen der Vollkonsolidierung in den Konzernabschluss einbezogen werden.

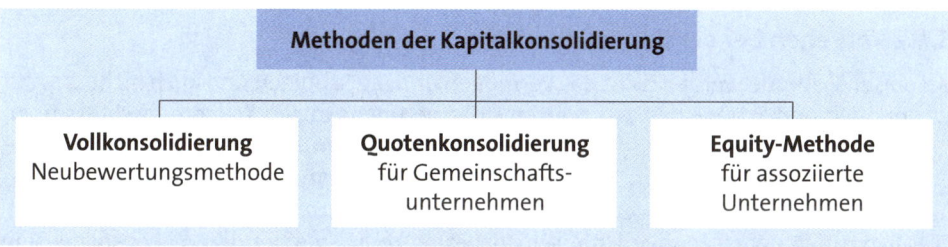

5.3.2 Anteilmäßige Konsolidierung

Die Konsolidierung erfolgt entsprechend den Anteilen am Kapital. Auf den Anteil der Stimmrechte kommt es nicht an. Nach § 271 Abs. 1 Satz 4 HGB i. V. m. § 16 Abs. 2 und 4 AktG gelten alle unmittelbaren und über abhängige Unternehmen mittelbaren Anteile als dem Gemeinschaftsunternehmen gehörende Anteile. Alle Aktiva und Passiva des Gemeinschaftsunternehmens sind in Höhe der Anteilsquote in den Konzernabschluss einzubeziehen. Die Quote ist ein Prozentsatz des Nennbetrags der dem Gesellschaftsunternehmen gehörenden bzw. ihm zuzurechnenden Anteile an dem Gemeinschaftsunternehmen von dessen gezeichnetem Kapital abzüglich der eigenen Anteile des Gemeinschaftsunternehmens.

Die Aufwendungen und Erträge des Gemeinschaftsunternehmens werden in der Konzern-Erfolgsrechnung ebenfalls nur anteilmäßig (quotal) erfasst. Konzerninterne Beziehungen sind in Höhe des Konzernanteils herauszunehmen. Beziehungen, die aus dem Einzelabschluss des Gemeinschaftsunternehmens in den Summenabschluss des Gesellschaftsunternehmens eingehen, werden dagegen vollständig eliminiert.

Auf die anteilmäßige Konsolidierung sind die §§ 297 - 301, §§ 303 - 306, 308, 308a, 309 entsprechend anzuwenden (§ 310 Abs. 2 HGB). Die §§ 302 und 307 HGB sind nicht anzuwenden.

Aufgabe 53 > Seite 439

5.4 Equity-Methode

5.4.1 Gegenstand der Equity-Methode

Bei der Equity-Methode nach § 312 HGB handelt es sich um eine vereinfachte Konsolidierungsmethode für **assoziierte Unternehmen** (§ 311 Abs. 1 HGB). Sie ist auch unter den Bezeichnungen „kleine Konsolidierung", „Ersatzkonsolidierung", „partielle Konsolidierung", „one-line-consolidation" und „kapitalkonsolidierungsähnliches Verfahren" anzutreffen. Außer für assoziierte Unternehmen **ist** die Equity-Methode dann **anzuwenden**, wenn ein Gemeinschaftsunternehmen nicht auf der Grundlage der Quotenkonsolidierung in den Konzernabschluss einbezogen wird. Die Equity-Methode **darf** auf Konzernunternehmen angewendet werden, die wegen eines Konsolidierungswahlrechts (§ 296 HGB) nicht im Rahmen der Vollkonsolidierung in den Konzernabschluss einbezogen werden.

5.4.2 Vorgehen bei der Konsolidierung

Bei dieser Methode werden nicht das Vermögen und die Schulden und auch nicht die Aufwendungen und Erträge des assoziierten Unternehmens in den Konzernabschluss übernommen. Dagegen wird entsprechend der Vollkonsolidierung nach § 301 HGB bei der Erstkonsolidierung der Unterschiedsbetrag zwischen den Anschaffungskosten der Beteiligung und dem anteiligen Eigenkapitalposten des assoziierten Unternehmens errechnet. Dieser positive oder negative Unterschiedsbetrag muss wie bei der Vollkonsolidierung den stillen Reserven oder den zu hohen Buchwerten der einzelnen Bilanzpositionen oder dem Geschäfts- oder Firmenwert des assoziierten Unternehmens zugeordnet werden.

Der Beteiligungswert wird in den Folgejahren entsprechend der Entwicklung des anteiligen bilanziellen Eigenkapitals des assoziierten Unternehmens fortgeschrieben. Dies geschieht in der Weise, dass der anteilige Jahresüberschuss bzw. Jahresfehlbetrag jährlich erfolgswirksam dem Beteiligungswert hinzugeschrieben bzw. davon abgesetzt wird. Gewinnausschüttungen mindern den Wertansatz, Verlustübernahmen erhöhen ihn erfolgsneutral, da sie nicht die Konzern-Gewinn- und Verlustrechnung berühren.

Die bei der Erstkonsolidierung ermittelten stillen Reserven und der dabei zu Stande gekommene Goodwill oder Badwill können in der Konzernbilanz unterschiedlich behandelt werden. Die Beteiligung an einem assoziierten Unternehmen ist mit dem Buchwert anzusetzen (§ 312 Abs. 1 Satz 1 HGB).

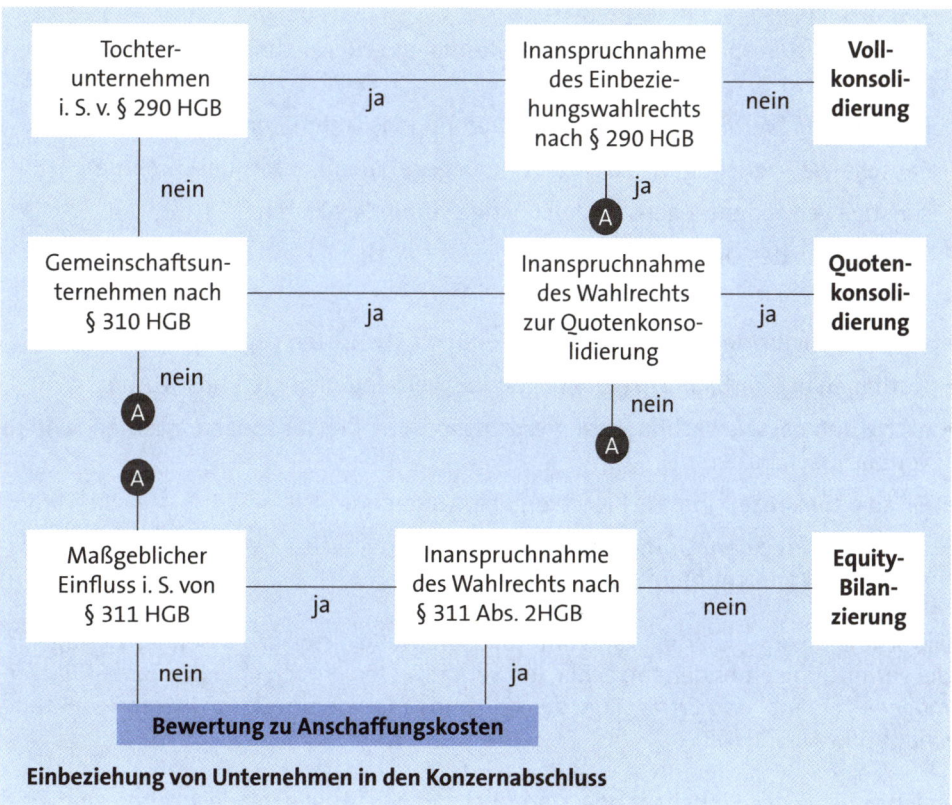

Einbeziehung von Unternehmen in den Konzernabschluss

5.5 Schuldenkonsolidierung

5.5.1 Umfang der Konsolidierung

Als rechtliche Einheit kann der Konzern keine Forderungen und Verbindlichkeiten gegenüber sich selbst haben. Ausleihungen und andere Forderungen, Rückstellungen und Verbindlichkeiten zwischen den in den Konzernabschluss einbezogenen Unternehmen sowie entsprechende Rechnungsabgrenzungsposten sind deshalb gem. § 303 Abs. 1 HGB wegzulassen. Aus diesem Grunde sind bei der Konsolidierung die folgenden Positionen des gesetzlichen Gliederungsschemas der Bilanz zu konsolidieren:

- ausstehende Einlagen auf das gezeichnete Kapital, soweit eingefordert
- geleistete Anzahlungen/erhaltene Anzahlungen
- Ausleihungen an verbundene Unternehmen
- Wertpapiere des Anlagevermögens
- Forderungen/Verbindlichkeiten aus Lieferungen und Leistungen, Verbindlichkeiten aus Wechseln
- Forderungen/Verbindlichkeiten gegen verbundene Unternehmen
- Pauschalwertberichtigung zu Forderungen gegenüber Konzernunternehmen
- sonstige Vermögensgegenstände/sonstige Verbindlichkeiten
- Wertpapiere des Umlaufvermögens
- Schecks
- Rückstellungen, denen keine entsprechenden Aktivposten gegenüberstehen
- Guthaben bei/Verbindlichkeiten gegenüber verbundenen Kreditinstituten
- aktive und passive Rechnungsabgrenzungsposten, die auf konzerninternen Schuldverhältnissen basieren
- Disagio für konzerninterne Kreditvergabe, außerdem
- Bilanzvermerke dem Grunde und der Höhe nach, soweit sie den Rechtsverkehr zwischen den Konzernunternehmen betreffen.

Die Schuldenkonsolidierung kann unterbleiben, wenn die wegzulassenden Beträge für die Vermittlung eines den tatsächlichen Verhältnissen entsprechenden Bildes der Vermögens-, Finanz- und Ertragslage des Konzerns nur von untergeordneter Bedeutung sind (§ 303 Abs. 2 HGB).

Entsprechend der Einheitsfiktion sind auch die Eventualverbindlichkeiten und Haftungsverhältnisse gegeneinander aufzurechnen, soweit sie nicht konzernfremde Unternehmen betreffen.

5.5.2 Vorgehen bei der Konsolidierung

Die oben angeführten Posten sind **wegzulassen**, wenn sie auf innerkonzernlichen Rechtsbeziehungen beruhen. Buchtechnisch erscheint der jeweilige Betrag der Forderung bzw. Verbindlichkeit mit gegensätzlichem Vorzeichen in der Summenbilanz und hebt sich damit auf. Die Saldierung ist **erfolgsneutral** und führt zu einer Verkürzung der Konzernbilanz.

In den meisten Fällen werden die konzerninternen Forderungen und Verbindlichkeiten sich in gleicher Höhe gegenüberstehen. **Aufrechnungsdifferenzen** können sich z. B. ergeben, weil

▸ bei Fremdwährungsforderungen und -verbindlichkeiten von unterschiedlichen Kursen ausgegangen wird

▸ einer Rückstellung kein entsprechender Aktivposten gegenübersteht

▸ Verbindlichkeiten mit ihrem Rückzahlungsbetrag passiviert (§ 253 Abs. 1 Satz 2 HGB) und Forderungen mit ihren Anschaffungskosten aktiviert werden (§ 253 Abs. 1 Satz 1 HGB).

Sind die Forderungen kleiner als die Verbindlichkeiten, kommt es zu einer passiven, umgekehrt zu einer aktiven Aufrechnungsdifferenz.

Da § 303 Abs. 1 HGB die vollständige Eliminierung der konzerninternen Forderungen und Verbindlichkeiten fordert, sind die Differenzbeträge bei der Erstkonsolidierung **ergebniswirksam** in die Konzern-Gewinn- und Verlustrechnung zu übernehmen. In den Folgejahren ist eine Periodenabgrenzung vorzunehmen. Nur der Teil der entstandenen Differenz ist jeweils erfolgswirksam im Konzernabschluss zu verrechnen, der die im Konzerngeschäftsjahr in den Einzelabschlüssen zu hoch oder zu niedrig angesetzten Aufwendungen und Erträge betrifft.

Der jeweilige Bestand der Aufrechnungsdifferenz am Ende des Vorjahres wird erfolgsneutral behandelt. Die aus Vorjahren übernommenen Differenzen können innerhalb des Gewinn- oder Verlustvortrages ausgewiesen, mit den Gewinnrücklagen verrechnet oder im Rahmen der Ergebnisverwendung gesondert ausgewiesen werden.

Wysocki/Wohlgemuth schlagen einen Konzernabschluss spezifischen Sonderposten vor, da alle Positionen des Eigenkapitals einen eindeutig abgegrenzten Inhalt besitzen. Da die Problematik der Periodenabgrenzung die gleiche ist wie bei der Zwischenergebniseliminierung, vgl. zur Ermittlung und Verrechnung auch unter Abschnitt F.5.7.2.3.

Aufgabe 54 > Seite 441

5.6 Erfolgskonsolidierung

5.6.1 Gegenstand der Erfolgskonsolidierung

Im Konzernabschluss ist die Vermögens-, Finanz- und Ertragslage der einbezogenen Unternehmen so darzustellen, als ob diese Unternehmen insgesamt ein einziges Unternehmen wären (§ 297 Abs. 3 Satz 1 HGB).

Entsprechend dieser Fiktion der rechtlichen Einheit des Konzerns sind auch alle Auswirkungen auf das Konzernergebnis, die sich aus Lieferungen und Leistungen zwischen den Konzernunternehmen ergeben, zu eliminieren.

Entsprechend der Art der konzerninternen Lieferung oder Leistung muss die Eliminierung nur in der Konzern-Gewinn- und Verlustrechnung oder auch in der Konzernbilanz erfolgen.

Die Konsolidierung kann unterbleiben, wenn die zu konsolidierenden Beträge für die Vermittlung eines den tatsächlichen Verhältnissen entsprechenden Bildes der Vermögens-, Finanz- und Ertragslage des Konzerns nur von untergeordneter Bedeutung sind (§ 304 Abs. 2 und § 305 Abs. 2 HGB).

5.6.2 Eliminierung konzerninterner Zwischenergebnisse

5.6.2.1 Umfang der Eliminierung

In die Konzernbilanz zu übernehmende Vermögensgegenstände, die ganz oder teilweise aus Lieferungen oder Leistungen zwischen in den Konzernabschluss einbezogenen Unternehmen stammen, sind in der Konzernbilanz mit einem Betrag anzusetzen, zu dem sie in der auf den Stichtag des Konzernabschlusses aufgestellten Jahresbilanz dieses Unternehmens angesetzt werden könnten, wenn die in den Konzernabschluss einbezogenen Unternehmen auch rechtlich ein einziges Unternehmen bilden würden (§ 304 Abs. 1 HGB). Der Ansatz muss zu Konzern-Anschaffungs- oder -Herstellungskosten erfolgen. Zwischenergebnisse können zu Zwischengewinnen und zu Zwischenverlusten führen.

Für den Konzernabschluss gelten die gleichen Bewertungswahlrechte wie für den Einzelabschluss (§ 298 Abs. 1 i. V. m. §§ 253 und 255 HGB). Demnach sind die Vermögensgegenstände nach § 255 Abs. 2 HGB mindestens zu Einzelkosten zu bewerten. Es gilt das Prinzip der Einzelbewertung. Über die in der Einzelbilanz maximal aktivierungsfähigen handelsrechtlichen Herstellungskosten hinaus sind solche Kosten zusätzlich zu berücksichtigen, die in der Einzelbilanz nicht aktivierungsfähig sind, vom Konzernstandpunkt aus jedoch als **Herstellungskostenmehrungen** zu berücksichtigen sind. Dabei handelt es sich meist um Transportkosten einschließlich der Transportversicherungen, die für das liefernde Unternehmen Vertriebskosten sind. Zu den Konzern-Herstellungskosten zählen auch die im Rahmen der Erstkonsolidierung verursachten und in den Folgekonsolidierungen vorgenommenen anteiligen Abschreibungen auf aufgedeckte stille Reserven.

Das Gesetz regelt nicht, welche Preis-/Kostenbestandteile bei dem liefernden Unternehmen zu den eigenen Mindest-Anschaffungs- oder -Herstellungskosten zu rechnen sind. Zwingend vorgeschrieben ist jedoch die Eliminierung von Gewinnaufschlägen.

Aus der Fiktion der rechtlichen Einheit des Konzerns können sich außerdem **Herstellungskostenminderungen** ergeben, wenn z. B. Lizenzgebühren, die an einbezogene Konzernunternehmen gezahlt wurden, im Einzelabschluss als Sondereinzelkosten der Fertigung aktiviert wurden. Auch Miet- und Leasingzahlungen zwischen Konzernunternehmen führen zu Herstellungskostenminderungen.

Muss im Zuge der Konsolidierung eine Werterhöhung auf den Konzernmindestwert vorgenommen werden, kommt es zu einem Zwischenverlust.

5.6.2.2 Ermittlung der Zwischenergebnisse

Innerhalb der Erfolgskonsolidierung sind die Zwischenergebniskonsolidierung und die Aufwands- und Ertragskonsolidierung zu unterscheiden. Im Rahmen der Zwischenergebniskonsolidierung (§ 304 HGB) werden konzerninterne Gewinne und Verluste eliminiert, indem der Wertansatz der in die Konzernbilanz aufzunehmenden Vermögensgegenstände aus konzerninternen Lieferungen um die intern entstandenen Gewinne oder Verluste korrigiert werden.

Analog der periodenübergreifenden Verrechnung von Aufrechnungsdifferenzen bei der Schuldenkonsolidierung wird das Konzernergebnis durch Veränderungen der Bestände beeinflusst. Grundsätzlich können also Zwischenergebnisse nur bei solchen Vermögensgegenständen vorhanden sein, die bei einem Konzernunternehmen zur Bilanzierung geführt haben. Nimmt ein Konzernunternehmen ein Darlehen für 8 % auf und gibt diesen Kredit einem anderen in die Konsolidierung einbezogenen Konzernunternehmen für 9 % weiter, führt dies nicht zu einer Zwischenergebniseliminierung, sondern zu einer erfolgsneutralen Aufwands- und Ertragskonsolidierung (§ 305 HGB) durch die additive Verrechnung konzerninterner Aufwendungen und Erträge.

Ausgangspunkt der Ermittlung der Zwischenergebnisse sind die nach konzerneinheitlichen Bewertungsgrundsätzen (§ 308 HGB) zu aktivierenden Anschaffungs- oder Herstellungskosten des einbezogenen Konzernlieferunternehmens. Hiervon abzusetzen sind Herstellungskostenminderungen, also die aus der Sicht des Konzernlieferunternehmens aktivierungspflichtigen, aus Konzernsicht aber nicht aktivierungsfähigen Herstellungskosten (z. B. Lizenzgebühren an ein in die Konsolidierung einbezogenes Konzernunternehmen). Hinzuzurechnen sind Herstellungskostenmehrungen, also aus der Sicht des Konzernlieferunternehmens nicht aktivierungsfähige, aus Konzernsicht aber aktivierungspflichtige Kostenbestandteile (z. B. konzerninterne Transportkosten, soweit sie unter fremden Dritten ebenfalls angefallen wären). Weiterhin zuzurechnen sind die dem Konzernempfängerunternehmen entstandenen weiteren Herstellungskosten auf der nächsten Produktionsstufe. Die Summe des Ausgangswerts und der Hinzu- bzw. Abrechnungen ergibt die Konzernanschaffungs- oder Herstellungskosten, die dem Buchwert des bilanzierten Vermögensgegenstandes des Konzernempfängerunternehmens gegenüberzustellen sind, um somit das Zwischenergebnis zu erhalten.

Ist der Buchwert des bilanzierten Vermögensgegenstandes bei dem Konzernempfänge-runternehmen höher als die Konzernanschaffungs- oder Herstellungskosten, handelt es sich um einen eliminierungspflichtigen Zwischengewinn, ist der Buchwert niedriger, so handelt es sich um einen eliminierungspflichtigen Zwischenverlust.

Bilanzpolitisch lässt sich der eliminierungspflichtige Zwischengewinn bzw. Zwischen-verlust durch die Bandbreite der zulässigen Definition der Konzernherstellungskosten beeinflussen. Gemäß § 298 Abs. 1 HGB gelten die Definitionen über die Anschaffungs- und Herstellungskosten (§ 255 HGB) auch für den Konzernabschluss. Danach ergibt sich die Untergrenze der Konzernherstellungskosten durch die Einbeziehung der Ma-terialeinzelkosten, Fertigungseinzelkosten und Sonderkosten der Fertigung. Die Ober-grenze der Konzernherstellungskosten bildet die Inanspruchnahme des Aktivierungs-wahlrechtes bezüglich der Einbeziehung von angemessenen Teilen der notwendigen Material- und Fertigungsgemeinkosten, des durch die Fertigung veranlassten Wertver-zehrs des Anlagevermögens, die Kosten der allgemeinen Verwaltung, Aufwendung für soziale Einrichtungen des Betriebs, freiwillige soziale Leistungen und Aufwendungen für betriebliche Altersversorgung. Vertriebskosten dürfen nicht aktiviert werden. Zin-sen für Fremdkapital können angesetzt werden, soweit sie in den Zeitraum der Her-stellung entfallen.

Beispiel

	Euro
Konzerneinheitliche Anschaffungs- oder Herstellungskosten des Konzernlieferungsunternehmens	1.000
abzüglich Herstellungskostenminderungen (z. B. Lizenzabgaben an andere Konzernunternehmen)	- 100
zuzüglich Herstellungskostenmehrungen (z. B. bestimmte Transportkosten innerhalb von Konzernunternehmen)	+ 200
zuzüglich beim Konzernempfängerunternehmen entstandene akti-vierungspflichtige Anschaffungsnebenkosten oder Herstellungskosten der nächsten Produktions- oder Veredelungsstufe	+ 300
Konzernanschaffungs- oder Herstellungskosten	**1.400**
Buchwert des bilanzierten Vermögensgegenstandes beim Konzern-empfängerunternehmen	1.550
eliminierungspflichtiges Zwischenergebnis	**150**

5.6.2.3 Verrechnung der Zwischenergebnisse

Wie bei der Verrechnung der Zwischenergebnisse zu verfahren ist, ist dem § 304 HGB nicht zu entnehmen. Der Einheitstheorie folgend müsste jeder Geschäftsvorfall da-raufhin geprüft werden, wie er bei einem rechtlich einheitlichen Unternehmen zur erfassen gewesen wäre. Die individuelle Ermittlung der Zwischenergebnisse für jede einzelne Lieferung oder Leistung wird in der Praxis nur bei einem geringen innerkonzernlichen Geschäftsverkehr möglich sein. Bei umfangreichen Lieferungen und Leistungen muss sie durch eine pauschale Ermittlung ersetzt werden (vgl. *v. Wysocki/Wohlgemuth*). Häufig findet das Bruttogewinnverfahren bei der Ermittlung von Zwischenergebnissen Anwendung. Hierbei werden die Anschaffungs- oder Herstellungskosten des Konzernempfängerunternehmens um die durchschnittliche Bruttohandelsspanne des Konzernlieferunternehmens gekürzt (zu Einzelheiten der pauschalen Ermittlung von Zwischenergebnissen vgl. *Busse v. Colbe/Ordelheide*).

Bei der Verrechnung der Zwischenergebnisse ist konsolidierungstechnisch zwischen einer **erfolgswirksamen** und einer **erfolgsneutralen Zwischenergebniseliminierung** zu unterscheiden.

Die Zwischenergebniseliminierung darf den Konzern nur insoweit erfolgswirksam berühren, als Zwischenergebnisse auch in den Einzelabschlüssen erfolgswirksam enthalten sind. Dies können also nur Zwischenergebnisse sein, die im abgelaufenen Geschäftsjahr neu entstanden sind. Zwischengewinne, die bereits in Vorjahren eliminiert wurden, müssen solange erfolgsneutral bleiben, bis sie aus der Sicht des Konzerns realisiert sind. Erfolgswirksam wird deshalb nicht der gesamte ermittelte Zwischengewinn, sondern nur seine Veränderung zum Vorjahr (vgl. WP-Handbuch 2006, Bd. 1). Die erfolgswirksame Zwischenergebniseliminierung wird konsolidierungstechnisch durch eine Verrechnung der eliminierungspflichtigen Beträge bei den einzelnen Posten der Konzern-Gewinn- und Verlustrechnung erreicht. Dies sind im Wesentlichen die Innenumsatzerlöse, Bestandsveränderungen, andere aktivierte Eigenleistungen, Materialaufwand und die sonstigen betrieblichen Aufwendungen bei Anwendung des Gesamtkostenverfahrens (§ 275 Abs. 2 HGB). Bei der Anwendung des Umsatzkostenverfahrens (§ 275 Abs. 3 HGB) sind dies im Wesentlichen die Innenumsatzerlöse, Herstellungskosten und sonstige betriebliche Aufwendungen/Erträge.

Die Zwischenergebnisse der Vorperiode haben sich in den Einzelabschlüssen der Konzernunternehmen im Jahresergebnis nicht auswirken können, wohl aber in anderen Eigenkapitalpositionen des abgelaufenen Geschäftsjahres, weshalb diese erfolgsneutral eliminiert werden müssen. Hierbei wird unterstellt, dass im Vorjahr eliminierte Zwischenergebnisse im abgelaufenen Geschäftsjahr noch nicht ausgeschüttet wurden und somit im Ergebnisvortrag oder in den Gewinnrücklagen des abgelaufenen Geschäftsjahres enthalten sind. Es entspricht daher dem Wesen des Konzernabschlusses die eliminierten Zwischenergebnisse in der Zeit zwischen der erfolgswirksamen Zwischeneliminierung und der ebenfalls erfolgswirksamen Realisierung erfolgsneutral wie einen Ergebnisvortrag zu behandeln oder mit den Gewinnrücklagen zu verrechnen (vgl. WP-Handbuch 2006, Bd. 1). Nach *Wysocki/Wohlgemuth* ist es für die Aussagefähigkeit des Konzernabschlusses zweckmäßiger, den erfolgsunwirksam zu behandelnden Betrag der Zwischenergebnisse in einen Konzernabschluss spezifischen Posten einzustellen, da alle Positionen des Eigenkapitals einen eindeutig abgegrenzten Inhalt besitzen. *Wysocki/Wohlgemuth* schlagen vor, diese Position z. B. als „Bewertungsdifferenzen aus der Zwischenergebniseliminierung nach dem Stand am Ende des Vorjahres" zu bezeichnen.

Beispiel

	t_0	t_1	t_2	t_3	t_4
Summe der Einzeljahresergebnisse	1.000	1.000	1.000	1.000	1.000
Zwischenergebniseliminierung abgelaufenes Geschäftsjahr	- 250	0	- 300	- 200	+ 50
Zwischenergebnis aus Vorjahr		+ 250	0	+ 300	+ 200
Summe = Veränderung der Zwischenergebnisse abgelaufenes Geschäftsjahr zu Vorjahr (ergebniswirksam)	- 250	+ 250	- 300	+ 100	+ 250
Konzernjahresergebnis	750	1.250	700	1.100	1.250
Zwischenergebnisse des Vorjahres im Eigenkapital enthalten (erfolgsneutral)		- 250	0	- 300	- 200
Konzernbilanzergebnis	750	1.000	700	800	1.050

5.6.2.4 Befreiung

Die Verpflichtung zur Eliminierung von Zwischenergebnissen kann entfallen, wenn die Behandlung der Zwischenergebnisse für die Vermittlung eines den tatsächlichen Verhältnissen entsprechenden Bildes der Vermögens-, Finanz- und Ertragslage des Konzerns nur von untergeordneter Bedeutung ist (§ 304 Abs. 2 HGB).

Aufgabe 55 > Seite 442

5.6.3 Aufwands- und Ertragskonsolidierung

5.6.3.1 Vollkonsolidierte Konzern-Gewinn- und Verlustrechnung

Grundsätzlich sind sämtliche Aufwendungen und Erträge aus Lieferungen oder Leistungen zwischen den in den Konzernabschluss einbezogenen Unternehmen in der Konzern-Gewinn- und Verlustrechnung zu verrechnen und evtl. umzugliedern (§ 305 HGB). Dabei ist zu unterscheiden zwischen

▶ der Konsolidierung der Innenumsatzerlöse (§ 305 Abs. 1 Nr. 1 HGB) und

▶ der Konsolidierung der anderen Erträge aus konzerninternen Lieferungen und Leistungen (§ 305 Abs. 1 Nr. 2 HGB).

Bei der Aufwands- und Ertragskonsolidierung ist von den folgenden Positionen der Gewinn- und Verlustrechnung auszugehen:

▶ **Gesamtkostenverfahren**

(1) Umsatzerlöse

(2) Bestandsveränderungen

(3) andere aktivierte Eigenleistungen

(4) Materialaufwand

(5) sonstige betriebliche Erträge

(6) sonstige betriebliche Aufwendungen

(7) Erträge aus Beteiligungen

(8) Erträge aus anderen Wertpapieren und Ausleihungen des Anlagevermögens

(9) sonstige Zinsen und ähnliche Erträge

(10) Zinsen und ähnliche Aufwendungen

Ausweis vor Pos. 20 Jahresüberschuss/-fehlbetrag (nur bei Tochtergesellschaften):

(11) Erträge aus Verlustübernahmen

(12) Aufwendungen aus Gewinnabführungsverträgen

▶ **Umsatzkostenverfahren**

Anstelle der unter (2) bis (4) genannten Positionen ist beim Umsatzkostenverfahren die Position Herstellungskosten der zur Erzielung der Umsatzerlöse erbrachten Leistungen betroffen.

5.6.3.2 Verfahren der Konsolidierung

Die **Erlöse aus Lieferungen und Leistungen** zwischen den in den Konzernabschluss einbezogenen Unternehmen, die Innenumsatzerlöse, sind in der Konzern-Gewinn- und Verlustrechnung entweder

▶ mit den auf sie entfallenden Aufwendungen zu verrechnen (Beispiel A)

oder

▶ als andere aktivierte Eigenleistungen bzw. als Erhöhung des Bestands an unfertigen und fertigen Erzeugnissen auszuweisen (Beispiel B) (§ 305 Abs. 1 Nr. 1 HGB).

Andere Erträge aus konzerninternen Lieferungen und Leistungen sind

▶ mit den auf sie entfallenden Aufwendungen zu verrechnen

oder

▶ als andere aktivierte Eigenleistungen auszuweisen (Beispiel C) (§ 305 Abs. 1 Nr. 2 HGB).

Im Allgemeinen handelt es sich bei diesen Erträgen um Miet- und Pachterträge, Patent- und Lizenzerträge, Erträge aus Speditionsleistungen, Kundendienst- und Reparaturarbeiten sowie sonstige Dienstleistungen. Den Erträgen stehen in der Regel gleich hohe Aufwendungen beim Empfänger der Leistung gegenüber, sodass die Konsolidierung durch Saldierung mit den entsprechenden Aufwandsposten vorzunehmen ist (*Adler/Düring/Schmaltz, Küting/Weber*).

Beispiele

Verrechnung der Innenumsatzerlöse mit den auf sie entfallenden Aufwendungen

Das Konzernlieferunternehmen TU-A liefert am 28.12.01 an das Konzernempfängerunternehmen TU-B 10.000 Telefongehäuse aus eigener Produktion für 1.000 € (Konzernherstellungskosten 800 €), die sich am Bilanzstichtag beim Konzernempfängerunternehmen zur Herstellung von Telefonen in der nächsten Produktionsstufe befinden.

GuV-Position	GuV TU-A		GuV TU-B		Konsolidierung		Konzern-GuV	
	S	H	S	H	S	H	S	H
Umsatzerlöse		1.000			1.000			
Bestandsveränderungen	800			1.000	200			
Aufwendungen für bezogene Leistungen			1.000			1.000		
Jahresüberschuss	200					200		
Summe	1.000	1.000	1.000	1.000	1.200	1.200		

Die Konsolidierungtabelle zeigt die Auswirkungen des Geschäftsvorfalls sowohl in der GuV des Konzernlieferunternehmens als auch in der GuV des Konzernempfängerunternehmens. Da sich der Geschäftsvorfall in der Konzern-GuV nicht niederschlagen darf, werden gem. § 305 Abs. 1 HGB die Innenumsatzerlöse mit den auf sie entfallenden Aufwendungen konsolidiert. Die Konsolidierung des Zwischengewinns in Höhe von 200 € war bereits Bestandteil der Zwischenergebniseliminierung.

Ausweis der Innenumsatzerlöse aus Leistungen als andere aktivierte Eigenleistungen.

Das Konzernleistungsunternehmen TU-A führt an das Konzernempfängerunternehmen TU-B Montageleistungen für neue Maschinen innerhalb einer neuen Produktionsstrecke durch. Die durchgeführten Montageleistungen werden dem Konzernempfängerunternehmen mit 1.000 € in Rechnung gestellt.

GuV-Position	GuV TU-A		GuV TU-B		Konsolidierung		Konzern-GuV	
	S	H	S	H	S	H	S	H
Umsatzerlöse		1.000			1.000			
Andere aktivierte Eigenleistungen						1.000		1.000
Löhne und Gehälter	1.000						1.000	
Jahresüberschuss								
Summe	1.000	1.000	0	0	1.000	1.000	1.000	1.000

Die Konsolidierungstabelle zeigt, dass sich der Geschäftsvorfall nur im Konzernleistungsunternehmen in der GuV niedergeschlagen hat, da das Konzernempfängerunternehmen die Montagearbeiten als Anschaffungsnebenkosten aktiviert hat. Da aus Konzernsicht die Aufwendungen bereits durch die Verbuchung der Innenumsatzerlöse neutralisiert wurden, sind unter dem Blickwinkel der Einheitstheorie die Innenumsatzerlöse als andere aktivierte Eigenleistungen auszuweisen.

Ausweis der anderen Erträge als andere aktivierte Eigenleistungen

Konzernunternehmen TU-A berät das Konzernunternehmen TU-B bei der Erstellung einer Schweinemastanlage und berechnet dafür ein Beratungshonorar in Höhe von 1.000 €.

GuV-Position	GuV TU-A		GuV TU-B		Konsolidierung		Konzern-GuV	
	S	H	S	H	S	H	S	H
Andere aktivierte Eigenleistungen						1.000		1.000
sonst. betr. Erträge		1.000			1.000			
Löhne und Gehälter	1.000						1.000	
Jahresüberschuss								
Summe	1.000	1.000	0	0	1.000	1.000	1.000	1.000

Auch in diesem Fall wurde das Beratungshonorar vom Konzernunternehmen B als Anschaffungsnebenkosten der Schweinemastanlage behandelt, sodass die GuV nicht berührt wurde. Konzernunternehmen A betreibt einen Lebensmittelgroßhandel, sodass die Beratungsleistungen als sonstige betriebliche Erträge erfasst werden. Auch in diesem Fall werden die sonstigen betrieblichen Erträge wie unter Beispiel B. als aktivierte Eigenleistungen umgegliedert.

Die o.a. Beispiele beziehen sich ausschließlich auf die Konsolidierung der Innenumsatzerlöse aus Lieferungen und Leistungen sowie die anderen Erträge aus Lieferungen und Leistungen entsprechend § 305 HGB. Darüber hinaus gibt es aber zahlreiche Beispiele, die entsprechend der Einheitstheorie andere Konsolidierungsmaßnahmen im Bereich der Konzerngewinn- und -verlustrechnung erforderlich machen (vgl. ausführliche Beispiele v. *Wysocki/Wohlgemuth*).

Zu den in § 305 HGB nicht explizit genannten Konsolidierungsfällen zählen die Ergebnisse aus Ergebnisübernahmen, Übernahmeverträge sowie Beteiligungsverträge.

Ergebnisse aus Ergebnisübernahmeverträgen werden jeweils in der Periode, in der sie entstanden sind, übertragen. Da die Aufwendungen und Erträge aus einer Ergebnisübernahme in gleicher Höhe bestehen, können sie unmittelbar gegeneinander aufgerechnet werden.

Bei **Ergebnissen aus Beteiligungen ohne Ergebnisübernahmevertrag** ist der Beteiligungsertrag der empfangenden Gesellschaft aus dem summierten Abschluss zu eliminieren und der Jahresüberschuss noch in diesem Jahr in gleicher Höhe zu mindern. Werden die Beteiligungserträge zeitverschoben vereinnahmt, wird der gleiche Ertrag im Jahr der Entstehung und im Jahr der Vereinnahmung in der Summen-Gewinn- und Verlustrechnung ausgewiesen. Deshalb muss der Beteiligungsertrag im Jahr der Vereinnahmung zu Lasten des Konzernergebnisses aufgelöst werden.

Aufgabe 56 > Seite 443
Aufgabe 57 > Seite 444

5.7 Steuerabgrenzung

Die Behandlung der latenten Steuern im Konzernabschluss regelt der nach BilMoG neugefasste § 306 HGB. Die Abgrenzung latenter Steuern erfolgte bislang nach dem GuV-orientierten Timing-Konzept. Mit Einführung des BilMoG folgt das HGB im Einzel- und Konzernabschluss dem international gebräuchlichen bilanzorientierten **Temporary-Konzept**. Die Änderungen des § 306 HGB sind im Wesentlichen redaktionelle Folgeänderungen, die aus der Änderung des § 274 HGB im Einzelabschluss resultieren. Zu den Änderungen des BilMoG bei der latenten Steuerabgrenzung im Einzelabschluss vgl. meine Ausführungen unter Abschnitt F.3.10.

Folgende Übersicht fasst die konzernspezifischen Besonderheiten zur Abgrenzung von latenten Steuern zusammen:

Latente Steuern im Konzernabschluss		
	HGB a. F.	**HGB n. F.**
Wo geregelt?	§ 306 i. V. m. § 274	
Abgrenzungskonzept	GuV-orientiert	bilanzorientiert
Ansatzpflicht	aktive und passive latente Steuern	
		Saldierungsoption
Ansatzverbote	► Differenz aus erstmaligem Ansatz eines Goodwill oder negativen Unterschiedsbetrags ► Differenzen zwischen steuerlichem Wertansatz einer Beteiligung und Wertansatz des im Konzernabschluss angesetzten Nettovermögens (outside basis differences)	

5.8 Konzernanhang

Aufgaben und Inhalt des Konzernanhangs sind in den §§ 313 f. HGB geregelt. Der Konzernanhang ergibt sich nicht aus der Zusammenfassung der Anhänge aus den Einzelabschlüssen. Er enthält nur:

(1) die Angaben, die für den Konzernanhang vorgeschrieben sind, nämlich Erläuterungen zur Konsolidierung (§ 313 Abs. 1 HGB):

  ▶ die angewandten Bilanzierungs- und Bewertungsmethoden

  ▶ die Grundlagen der Währungsumrechnung

  ▶ Angaben und Begründungen für Abweichungen von Bilanzierungs-, Bewertungs- und Konsolidierungsmethoden; deren Einfluss auf die Vermögens-, Finanz- und Ertragslage ist gesondert darzustellen.

(2) Angaben über Tochterunternehmen, Gemeinschaftsunternehmen, assoziierte und andere Unternehmen (§ 313 Abs. 2 HGB)

(3) sonstige Pflichtangaben (§ 314 HGB).

5.9 Konzernlagebericht

Der Konzernlagebericht entspricht inhaltlich grundsätzlich dem von Kapitalgesellschaften aufzustellenden Lagebericht (§ 315 HGB). Er berichtet jedoch über die Lage des Konzerns und ist damit nicht nur eine Zusammenfassung sämtlicher Angaben aus den Lageberichten der konsolidierten Einzelunternehmen.

6. Prüfung und Offenlegung des Konzernabschlusses und des Konzernlageberichtes

6.1 Prüfung

Konzernabschluss und Konzernlagebericht sind durch einen Abschlussprüfer zu prüfen (§ 316 Abs. 2 HGB). Hat keine Prüfung stattgefunden, so kann der Konzernabschluss nicht gebilligt werden. Die für die Prüfung des Konzernabschlusses geltenden Regelungen sind in den §§ 316 - 324 HGB mit den für den Einzelabschluss geltenden Vorschriften zusammengefasst.

6.2 Offenlegung

Im Wesentlichen gelten dieselben Vorschriften wie für die Offenlegung, Veröffentlichung und Vervielfältigung der Einzelabschlüsse.

Spätestens vor Ablauf des zwölften Monats des dem Konzernabschlussstichtag folgenden Geschäftsjahres sind die folgenden Unterlagen beim Betreiber des elektronischen Bundesanzeigers bekannt zu machen (§ 325 Abs. 3 HGB):

(1) Konzernabschluss bestehend aus Konzernbilanz, Konzern-Gewinn- und Verlustrechnung, Konzernanhang, Kapitalflussrechnung und Eigenkapitalspiegel

(2) Bestätigungs- oder Versagungsvermerk

(3) Konzernlagebericht

(4) Bericht des Aufsichtsrats.

Die Offenlegungsfrist von 12 Monaten nach dem Abschlussstichtag beträgt für kapitalmarktorientierte Unternehmen nur 4 Monate (§ 325 Abs. 4 HGB).

7. Konzernabschluss nach internationalen Rechnungslegungsstandards

Mit der EU-Verordnung vom 19.07.2002 zur Anwendung der IAS wurde die Harmonisierung der Finanzinformationen von kapitalmarktorientierten Gesellschaften zum Kernziel erklärt. Insbesondere soll damit eine hohe **Transparenz** und **Vergleichbarkeit der Abschlüsse** und damit der Funktionsweise des Kapitalmarktes sichergestellt werden. Danach werden kapitalmarktorientierte Unternehmen (Zulassung von Wertpapieren zum Handel in einem geregelten Markt) verpflichtet, ihren Konzernabschluss nach IFRS zu erstellen.

§ 315a Abs. 1 HGB legt für kapitalmarktorientierte Konzerne fest, welche nationalen Rechnungslegungsnormen neben den IFRS anzuwenden sind. Im Wesentlichen sind folgende Vorschriften zu berücksichtigen:

- ▶ §§ 290 - 293 HGB (Anwendungsbereich)
- ▶ §§ 316 ff. HGB (Prüfung)
- ▶ §§ 325 ff. HGB (Offenlegung).

Nicht kapitalmarktorientierte Konzerne dürfen wahlweise einen Konzernabschluss nach IFRS aufstellen (§ 315a Abs. 3 HGB).

Zur Vertiefung der Bilanzierung nach IFRS verweise ich auf *Ditges/Arendt*, Internationale Rechnungslegung nach IFRS, 3. Auflage.

Lösung

1. Wo ist gesetzlich geregelt, was ein Konzern ist?	S. 283
2. Wo sind die Tatbestände angeführt, die eine Verpflichtung zur Aufstellung eines Konzernabschlusses begründen?	S. 284
3. Unter welchen Voraussetzungen ist eine GmbH & Co. KG zur Aufstellung eines konsolidierten Jahresabschlusses verpflichtet?	S. 284
4. Wo ist die Konzernrechnungslegung für Nicht-Kapitalgesellschaften geregelt?	S. 284
5. Wann liegt nach den Vorschriften des HGB ein Konzern vor?	S. 283
6. Welche Wesensmerkmale weist ein Unterordnungskonzern auf?	S. 288
7. Welche Besonderheiten sind bei den Bewertungsmethoden des Konzernabschlusses zu beachten?	S. 289
8. Aus welchen Teilen setzt sich ein Konzernabschluss zusammen?	S. 288
9. In welchen Fällen sind Mutterunternehmen von der Aufstellung eines Konzernabschlusses befreit?	S. 285
10. Aus welchen Kriterien lässt sich ein Konsolidierungswahlrecht ableiten?	S. 287 f.
11. Wo ist die Kapitalflussrechnung inhaltlich geregelt?	S. 288
12. Was ist der Zweck der „Vollkonsolidierung"?	S. 291
13. Wie werden die in die Konzernbilanz zu übernehmenden Anteile des Gemeinschaftsunternehmens bei Anwendung der Quotenkonsolidierung ermittelt?	S. 295
14. Wie werden die in die Konzernbilanz zu übernehmenden Anteile an einem assoziierten Unternehmen ermittelt?	S. 296 f.
15. Was verstehen Sie unter einer Schuldenkonsolidierung?	S. 298 f.
16. In welchem Fall kommt es zu einer ergebniswirksamen Schuldenkonsolidierung?	S. 299
17. Auf welche Weise kommen konzerninterne Zwischengewinne zu Stande?	S. 300 ff.
18. Wie werden bei der Erfolgskonsolidierung die Bezugskosten für Vorräte aus konzerninternen Transporten behandelt?	S. 300
19. Bestimmen Sie anhand der Gliederungsvorschriften des § 275 HGB, welche Positionen der Gewinn- und Verlustrechnung konzerninterne Aufwendungen und Erträge enthalten können, die bei der Aufwands- und Ertragskonsolidierung zu berücksichtigen wären. Nehmen Sie die Prüfung für das Gesamtkostenverfahren und für das Umsatzkostenverfahren vor.	S. 305
20. Zu welchen Punkten muss der Konzernanhang Auskunft geben?	S. 309

21. Inwiefern unterscheidet sich der Konzernlagebericht von den Lageberichten der konsolidierten Einzelunternehmen?	S. 309
22. Nach der Intensität der Unternehmensbeteiligungen werden (a) Mutter- und Tochterunternehmen, (b) Gemeinschaftsunternehmen und (c) assoziierte Unternehmen unterschieden. Wie lauten die Definitionen zu diesen Begriffen?	S. 291 ff.
23. Praktische Übung: Beschaffen Sie sich einen oder mehrere Konzernabschlüsse und Konzernlageberichte und prüfen Sie diese – soweit die Veröffentlichung es zulässt – hinsichtlich a) der einbezogenen Unternehmen, b) der Methode der Konsolidierung, c) des Ausweises von Unterschiedsbeträgen und Steuerabgrenzungen, d) des Einblicks in die Vermögens-, Finanz- und Ertragslage.	–
24. Welche Unternehmen müssen den Konzernabschluss nach IFRS aufstellen?	S. 310

G. Bilanzanalyse

Unter der Bilanzanalyse versteht man die kritische Beurteilung und wirtschaftliche **Auswertung von Bilanzen einschließlich der dazugehörigen GuV** sowie – bei publizitätspflichtigen Unternehmen – unter Berücksichtigung der Lageberichte.

Die Bilanzanalyse führt zu zusätzlichen Informationen, wenn vergleichbare Daten vorliegen. So sagt beispielsweise der Tatbestand, dass ein Unternehmen eine Rentabilität von 8 % erwirtschaftet habe dann nichts aus, wenn keine Beurteilungsmaßstäbe vorhanden sind. Diese können im Rahmen eines **Objektvergleiches** gegeben sein. Wenn beispielsweise bekannt ist, ein ähnlich strukturiertes Unternehmen habe eine Rentabilität von 8 % erzielt oder der Branchendurchschnitt liege bei einer Rentabilität von 10 %. Hieraus können Schlüsse für das betrachtete Unternehmen gezogen werden, sofern eine Vergleichbarkeit mit anderen Unternehmen der Branche zu unterstellen ist.

Möglich ist auch ein **Zeitvergleich**, mithilfe dessen die Rentabilität des betreffenden Unternehmens in mehreren aufeinander folgenden Perioden betrachtet wird. Eine Rentabilität, die in den letzten Jahren z. B. bei 6 %, 7 %, 8 %, 5 % lag, gibt dem Bilanzanalytiker wertvolle Hinweise für die Beurteilung des Unternehmens.

In der betrieblichen Praxis stellt sich häufig aber nicht die Frage, entweder einen Objektvergleich oder einen Zeitvergleich vorzunehmen. Vielmehr kann es sich als notwendig erweisen, einen Zeitvergleich durch einen Objektvergleich (oder umgekehrt) zu ergänzen. So wird der Bilanzanalytiker, der beim obigen Zeitvergleich feststellen musste, dass die Rentabilität des Unternehmens zunächst stetig angestiegen war, jedoch in der letzten Periode eine abrupte Verminderung erfuhr, sich die Frage stellen, wie die Entwicklung der Rentabilität bei einem vergleichbaren Unternehmen oder in der gesamten Branche verlaufen ist. Eine ähnliche Entwicklung bei weiteren Unternehmen der Branche könnte auf Veränderungen des Marktes schließen lassen, die vom betrachteten Unternehmen nicht ohne weiteres zu vertreten wären. Hat sich dagegen die Rentabilität anderer Unternehmen der Branche auch im letzten Jahr weiter gesteigert, muss die Frage gestellt werden, inwieweit das Management des angesprochenen Unternehmens ein Verschulden trifft.

Mithilfe der Bilanzanalyse kann eine Vielzahl von Zielen verfolgt werden, wie

(1) **Informationsverdichtung**
Tatsachen und Zusammenhänge, die der Jahresabschluss nicht unmittelbar aufzeigt, sollen sichtbar gemacht werden. Hierzu dienen hauptsächlich die **Kennzahlen**.

(2) **Wahrheitsfindung**
Der Jahresabschluss wird entsprechend den handels- und steuerrechtlichen Vorschriften erstellt. Er ist richtig, wenn er diesen Vorschriften entspricht. Damit ist er im Sinne der betrieblichen Wirklichkeit aber keineswegs wahr. Im Rahmen der Bilanzanalyse kann versucht werden, **realitätsbezogene Daten** zu ermitteln, z. B.

> ► das wahre Periodenergebnis, indem Scheingewinne vom ausgewiesenen Periodenergebnis abgezogen werden

> ► die tatsächlich vorhandenen Vermögenswerte, indem zu den ausgewiesenen Vermögenswerten die stillen Reserven hinzugerechnet werden.

(3) **Urteilsbildung**

Der Jahresabschluss als monetäres Ergebnis der während des Abrechnungszeitraumes getroffenen unternehmerischen Entscheidungen kann dazu dienen, diese **Entscheidungen wertend zu beurteilen**. Dabei ist es möglich,

> ► die Qualität der Entscheidungsträger

> ► die Qualität einzelner Entscheidungen

> ► die Qualität einzelner Entscheidungsfelder

> ► die Qualität des ganzen Unternehmens

einer Analyse zu unterziehen.

Im Vordergrund werden Beurteilungen finanzwirtschaftlicher und rentabilitätsbezogener Art stehen, z. B. im Rahmen einer Kreditwürdigkeitsprüfung.

(4) **Entscheidungsfindung**

Die Erkenntnisse aus der Bilanzanalyse können dazu verwendet werden, **künftige Entscheidungsprozesse zu lenken bzw. zu beeinflussen**. Dies ist heute durch den Einsatz der EDV gut möglich, mittels derer Bilanzen und ihre zielgerichteten Auswertungen sowie Prognoserechnungen kurzfristig verfügbar sind.

Die Entscheidungsfindung betrifft

> ► die **Entscheidungsträger**, denen die Ergebnisse aus der Bilanzanalyse hinsichtlich des Anspruchsniveaus, der Alternativenbildung und Alternativenbewertung sowie Entscheidungsdurchsetzung nützlich sind

> ► den **Entscheidungsprozess**, der aus

> > - Anregungsphase

> > - Suchphase

> > - Optimierungsphase

> > - Realisationsphase

> > - Kontrollphase

besteht und durch die Ergebnisse aus der Bilanzanalyse positiv unterstützt werden kann

> ► die **Entscheidungsfelder**, deren Gestaltung aufgrund der Ergebnisse der Bilanzanalyse möglich ist, deren Gestaltung sich aber auch daran orientieren kann, wie die Entscheidungen sich auf den Jahresabschluss auswirken werden. Diese Überlegung ist besonders dann anzustellen, wenn die Bilanzadressaten bestimmte Vorstellungen bzw. Erwartungen haben.

1. Arten

Folgende Arten von Bilanzanalysen sollen unterschieden werden:

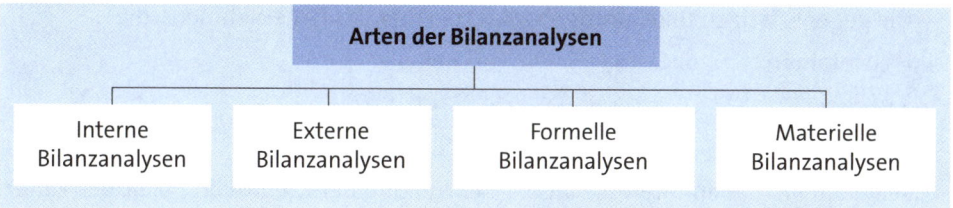

1.1 Interne Bilanzanalysen

Interne Bilanzanalysen werden **innerhalb eines Unternehmens** erstellt. Sie dienen vor allem der Informationsverdichtung, Urteilsbildung und Entscheidungsfindung.

Bei der Durchführung interner Bilanzanalysen ist von besonderem Vorteil, dass der interne Bilanzanalytiker nicht nur über die im Jahresabschluss publizierten Daten verfügt, sondern auch das gesamte im Unternehmen vorhandene Zahlenmaterial – insbesondere aus dem Rechnungswesen – besitzt oder auf einfache Weise beschaffen kann. Aufgrund dieses Materials stellt sich dem internen Bilanzanalytiker nicht die Notwendigkeit, Wahrheitsfindung zu betreiben.

Da bei den internen Bilanzanalysen nicht nur die Bilanzen einschließlich GuV und – soweit vorhanden – Geschäftsberichte die Informationsquellen sind, sondern auch andere Daten eines Unternehmens verarbeitet werden, kann anstelle von internen **Bilanzanalysen** auch von **Betriebsanalysen** gesprochen werden.

1.2 Externe Bilanzanalysen

Externe Bilanzanalysen werden außerhalb der jeweils bilanzierenden Unternehmen auf der Grundlage der von ihnen für bestimmte Zwecke (wie Kreditwürdigkeitsprüfungen) zur Verfügung gestellten oder veröffentlichten Bilanzen einschließlich GuV, Anhang und gegebenenfalls Lageberichten durchgeführt.

Externe Bilanzanalysen dienen vor allem der Informationsverdichtung, Wahrheitsfindung und Urteilsbildung. Ihre Ergebnisse sind besonders für folgende Interessengruppen von Bedeutung:

(1) **Anteilseigner**
Gegenwärtige und künftige Anteilseigner möchten feststellen, welche Verwendung die von ihnen zur Verfügung gestellten bzw. zu stellenden finanziellen Mittel finden und welcher Erfolg damit erzielt wird. Die aus dem Jahresabschluss gewonnenen Informationen ermöglichen die Entscheidung, ob **Anteile an einem Unternehmen erworben, erweitert, vermindert oder abgestoßen** werden sollen. Außerdem sind sie die Grundlage für eine wirkungsvolle Wahrnehmung der aus

dem Anteil resultierenden Mitbestimmungsrechte (s. auch unter Abschnitt G.7.2 Shareholder Value-Gedanke).

(2) **Geschäftspartner**

Die gegenwärtigen und künftigen Marktpartner des Unternehmens, die

- ► Lieferanten
- ► Kunden
- ► Kreditgeber

sein können, haben Interesse an der Beurteilung der **Kreditwürdigkeit** des Unternehmens. Kreditgeber des kurzfristigen Kapitals sind insbesondere an der Kenntnis der gegenwärtigen Liquidität, Vermögens- und Kapitalstruktur sowie Umsatzsituation interessiert. Kreditgeber des langfristigen Kapitals richten ihre Analyse vornehmlich auf die künftige Erwartung, Ertragskraft und Rentabilität. Kunden, die von dem Unternehmen spezielle, am Markt nur in engem Umfang erhältliche Leistungen beziehen, sind in besonderer Weise daran interessiert, die Solidität ihres Lieferanten festzustellen, da sie von ihm abhängig sind.

Das Erfordernis der möglichst sicheren Beurteilung aller Risikofaktoren, die die Existenz des Unternehmens gefährden können, ist schon vor dem Hintergrund der Risikoanalyse nach „Basel II" virulent.

Mit „Basel II" hat die Bank für Internationalen Zahlungsausgleich (BIZ) internationale Standards für die Kreditvergabe geschaffen, die in Rangklassen Kreditausfallwahrscheinlichkeiten abbilden. Diese Standards sollen zu einem vergleichbaren Ratingergebnis führen und als Entscheidungshilfe für die Höhe der Eigenkapitalunterlegung der kreditgebenden Bank dienen. Dies wiederum hat Auswirkungen auf die Kalkulation der Zinssätze.

(3) **Arbeitnehmer**

Die Arbeitnehmer als einzelne, aber auch in einer organisierten Mehrzahl, beispielsweise in einer Form der Gewerkschaften, sind am Jahresabschluss interessiert. Sie haben ein berechtigtes Interesse, da ihr Arbeitsplatz und Einkommen, ihre berufliche Entwicklung und möglicherweise ihre Bezüge vom Unternehmen nach Erreichen der Altersgrenze von der Unternehmensentwicklung abhängen.

(4) **Interessierte Öffentlichkeit**

Die interessierte Öffentlichkeit geht über die bisher genannten Interessengruppen – Anteilseigner, Geschäftspartner, Arbeitnehmer – hinaus und umfasst alle mit wirtschaftlichen bzw. wirtschaftspolitischen Fragen befassten Personen und Institutionen wie Presse, Forschungsinstitute, Verbände, Politiker.

Voraussetzung für die Erstellung einer aussagefähigen externen Bilanzanalyse ist, dass der Bilanzanalytiker die Besonderheiten des zu analysierenden Unternehmens weitestgehend kennt oder in Erfahrung bringt, da Eigenarten des Unternehmens in der Bilanz ihren Niederschlag finden werden.

Eine externe Bilanzanalyse wird meist wegen der beschränkten Aussagefähigkeit der veröffentlichten Bilanz – insbesondere durch Informationslücken – erschwert, denn diese Bilanz gibt beispielsweise keine Auskunft darüber,

- welche Kreditlinien gegeben sind

- inwieweit kurzfristige Kredite revolvierend nutzbar sind

- inwieweit Reparaturen oder außerplanmäßige Abschreibungen unterlassen wurden.

Ebenso ist nicht ersichtlich, welche Vermögensgegenstände zur Fortführung der Leistungserstellung nicht notwendig sind, auf die aber bei starker Liquiditätsanspannung zurückgegriffen werden kann. Auch fehlen Angaben über am Bilanzstichtag rechtlich fixierte Forderungen und Verbindlichkeiten aus schwebenden Geschäften.

Der **Veröffentlichungszeitpunkt** der Bilanz stellt ein weiteres Problem dar. Nach dem AktG muss die Hauptversammlung innerhalb 8 Monaten nach Ende des Geschäftsjahres stattfinden (§ 175 Abs. 1 AktG), erst danach kann der Jahresabschluss offen gelegt bzw. veröffentlicht werden. So haben mittelgroße und große Kapitalgesellschaften spätestens vor Ablauf des neunten Monats des dem Abschlussstichtag nachfolgenden Geschäftsjahres

- den Jahresabschluss (Bilanz, GuV, Anhang, ggf. Kapitalflussrechnung, Eigenkapitalspiegel und fakultativ Segmentberichterstattung)

- den Bestätigungs- oder Versagungsvermerk

- den Lagebericht

- den Bericht des Aufsichtsrates, sofern ein solcher besteht und

- den Vorschlag für die Verwendung des Ergebnisses oder den Beschluss über die Verwendung

beim Betreiber des elektronischen Bundesanzeigers einzureichen (§ 325 Abs. 1 HGB). Die Analyse wird erschwert, wenn mittelgroße Kapitalgesellschaften bei der Offenlegung Erleichterungen in Anspruch nehmen (§ 327 HGB):

- Die Bilanz der kleinen Kapitalgesellschaften darf nach § 266 Abs. 1 Satz 3 HGB in verkürzter Form zum Handelsregister eingereicht werden.

- Im Anhang dürfen bestimmte Angaben unterbleiben (§ 288 HGB).

Große Kapitalgesellschaften müssen dieselben Unterlagen wie mittelgroße Kapitalgesellschaften, jedoch ungekürzt vor Ablauf des zwölften Monats des nachfolgenden Geschäftsjahres zum Handelsregister einreichen und mit Ausnahme der Aufstellung des Anteilssitzes im Bundesanzeiger veröffentlichen (§ 325 Abs. 1 HGB).

Kapitalmarktorientierte Kapitalgesellschaften, die nicht zur Aufstellung eines Konzernabschlusses verpflichtet sind, haben den Jahresabschluss um eine Kapitalflussrechnung und einen Eigenkapitalspiegel zu erweitern. Sie können darüber hinaus eine Segmentberichterstattung vornehmen.

Alle Informationsbedürfnisse kann der Jahresabschluss nicht erfüllen. Auch dokumentiert er nur die Verhältnisse des abgelaufenen Geschäftsjahres, während sich die Informationsbedürfnisse der Adressaten meist auf die Zukunft erstrecken.

1.3 Formelle Bilanzanalysen

Die formellen Bilanzanalysen dienen dazu, die **formelle Übereinstimmung** der Bilanzen einschließlich GuV, Anhang, Kapitalflussrechnung, Eigenkapitalspiegel und gegebenenfalls Lageberichten **mit den gesetzlichen Vorschriften** festzustellen. Das bedeutet, dass vor allem folgende Gesichtspunkte Beachtung finden müssen:

(1) Grundsätze ordnungsgemäßer Buchführung (§ 238 und 239 HGB)

(2) Grundsätze ordnungsgemäßer Inventur (§§ 240, 241 und 241a HGB)

(3) Grundsätze ordnungsgemäßer Bilanzierung und Bewertung (§§ 242 - 256a HGB), deren wichtigste die der

- Bilanzklarheit
- Bilanzwahrheit
- Bilanzkontinuität
- Bilanzidentität

sind.

Dazu kommen die ergänzenden Vorschriften der §§ 264 - 289a HGB zum Jahresabschluss und Lagebericht der Kapitalgesellschaften und solche OHG und KG, bei denen nicht wenigstens ein natürlicher Gesellschafter direkt oder indirekt persönlich haftet (264a HGB).

(1) Generalnorm in § 264 Abs. 2 Satz 1 HGB

(2) Allgemeine Grundsätze der Gliederung (§ 265 HGB)

(3) Gliederung der Bilanz (§ 266 HGB)

(4) Vorschriften zu einzelnen Posten der Bilanz (§§ 268 - 274 HGB)

(5) Gliederung der GuV (§ 275 HGB)

(6) Vorschriften zu einzelnen Posten der GuV (§ 277 HGB)

(7) Vorschriften zu den Angaben im Anhang (§§ 284 - 288 HGB)

(8) Vorschriften zum Inhalt des Lageberichts (§ 289 HGB).

Der externe Bilanzanalytiker wird **Schwierigkeiten** haben, die formelle Richtigkeit der Bilanz einschließlich GuV nach allen Gesichtspunkten und umfassend prüfen zu können. So hat er wahrscheinlich keine Möglichkeit festzustellen, inwieweit z. B. die Grundsätze ordnungsmäßiger Inventur eingehalten wurden.

Dieses Problem stellt sich dem Analytiker des nach HGB und PublG veröffentlichten Jahresabschlusses einer mittelgroßen oder großen Kapitalgesellschaft nicht. Deren Jahresabschlüsse und Lageberichte sind gemäß § 316 HGB von einem **Wirtschaftsprüfer** zu prüfen. Der Wirtschaftsprüfer bescheinigt mit seinem Testat, dass der Jahresabschluss den Vorschriften von Gesetz und Satzung entspricht.

1.4 Materielle Bilanzanalysen

Während die formellen Bilanzanalysen sich damit befassen, die Tatsache der Einhaltung rechtlicher Vorschriften zu prüfen, ist es Aufgabe der materiellen Bilanzanalysen, die Informationen aus dem Jahresabschluss **inhaltlich zu analysieren**. Beispielsweise wird im Rahmen der formellen Bilanzanalyse geprüft, ob die Rücklagen getrennt vom gezeichneten Kapital ausgewiesen werden, die Analyse der wertmäßigen Höhe der Rücklagen erfolgt aber durch die materielle Bilanzanalyse.

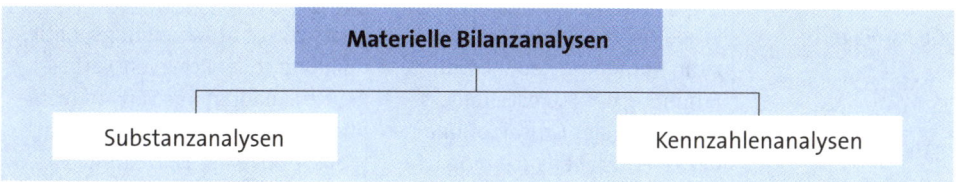

1.4.1 Substanzanalysen

Substanzanalysen dienen dazu, die **Posten des Jahresabschlusses auf ihr Zustandekommen**, ihre Zusammensetzung und ihre **Entwicklung hin zu überprüfen**. Daraus lassen sich wertvolle Hinweise auf die wirtschaftliche Entwicklung eines Unternehmens ziehen.

Der **Anlagenspiegel** (Anlagengitter) zeigt die Entwicklung des Anlagevermögens während des Geschäftsjahres. Aber auch hier kann der externe Bilanzbetrachter nicht alle Bewegungen erkennen:

▶ Die auf den Abgang entfallenden kumulierten Abschreibungen sind nicht ersichtlich.

▶ Die im Anlagenspiegel ausgewiesenen Jahresabschreibungen stimmen betragsmäßig nicht mit denen in der GuV überein. Die Differenz ergibt sich dann aus der Höhe der Abschreibungen auf geringwertige Wirtschaftsgüter. Ab dem Jahr 2008 gilt dies für solche, die die Wertgrenze von 150 € (ohne USt) nicht überschreiten.

Die Abschreibungen müssen deshalb, soweit sie für die Ermittlung von Kennzahlen herangezogen werden, aus der GuV entnommen werden, nicht aus dem Anlagenspiegel.

Im Rahmen eines Zeitvergleiches können Veränderungen der einzelnen Bilanzposten zu folgenden Rückschlüssen führen:

Position	Erhöhung	Minderung
Konzessionen, gewerbliche Schutzrechte u. ähnl. Rechte u. Werte sowie Lizenzen an solchen Rechten u. Werten	Verbesserung und/oder Ausdehnung des Produktionsprogramms, Erhöhung des Umsatzes und der Rendite in Folgejahren	Spezialisierung oder Einschränkung der Produktpalette
Sachanlagen	Erhöhung der Produktionskapazität, Aufnahme neuer Produkte, Erhöhung des Fixkostenblocks, Steigerung des Umsatzes und der Rendite, aber auch mögliche Finanzierungsrisiken und Gefahr der Überrationalisierung	Vorsichtige Abschreibungspolitik, Bildung stiller Reserven, verbesserte Liquidität aus Verkauf nicht betriebsnotwendiger Vermögensteile, Abbau des Fixkostenblocks, Kapazitätsabbau, Aufgabe eines Produktzweiges
Finanzanlagen	Gutschrift nicht ausgezahlter Gewinne aus Beteiligungen, langfristig gesicherte Liquidität, Kontrolle über andere Unternehmen, bei gleichzeitigem Abbau von Sachanlagevermögen, Übergang zur Dachgesellschaft	Außerordentliche Abschreibung wegen Entwertung, Bildung stiller Reserven, Auflösung von Konzernbeziehungen, Finanzierung von Zugängen im Anlage- oder Umlaufvermögen, angespannte Liquiditätslage
Vorräte an Roh-, Hilfs- und Betriebsstoffen	Ausweitung der Produktion, Vorratskäufe, z. B. wegen günstigen Rohstoffpreises, erhöhte Einstandspreise, Beschäftigungs- und Umsatzrückgang, bei gleichzeitigem Rückgang der Verbindlichkeiten aus Lieferungen und Leistungen, Anstieg der Lagerkosten	Produktionssteigerung, wenn gleichzeitig der Bestand an unfertigen und fertigen Erzeugnissen wächst, Entwertung der Vorräte wegen erhöhter Lagerdauer oder Preisverfall, stille Reserven durch Abschreibungen, Gefahr der Produktionsstockung wegen Materialmangels
Unfertige und fertige Erzeugnisse und Waren	Umsatzsteigerungen bei gleichzeitigem Anstieg des Forderungsbestands, der Vorräte an Roh-, Hilfs- und Betriebsstoffe und der Verbindlichkeiten aus Lieferungen und Leistungen, Produktion auf Vorrat, wenn Forderungen aus Lieferungen und Leistungen nicht mitwachsen, Verteuerung der Produktion durch Lohn- und/oder Materialkostensteigerungen, Kapitalbindung, Gefahr der Illiquidität, Rationalisierungsdruck	Umsatzsteigerung, Abschreibungen wegen überhöhter Lagerdauer oder wegen Preisverfalles am Absatzmarkt, Konkurrenzdruck, Auftragsrückgang, unzureichende Fertigungskapazität bei den Sachanlagen und/oder Arbeitskräften, unzureichende Vorräte an Roh-, Hilfs- und Betriebsstoffen, wenn diese gleichzeitig überproportional zurückgegangen sind

Position	Erhöhung	Minderung
Forderungen aus Lieferungen und Leistungen	Umsatzsteigerung, schleppender Zahlungseingang, Verlängerung des Zahlungsziels, Gefahr des Forderungsausfalls und der Illiquidität	Umsatzrückgang bei gleichzeitiger Bestandsmehrung, beschleunigter Zahlungseingang durch Kürzung des Zahlungsziels und Gewährung von Skonto, Forderungen wurden abgeschrieben
Wertpapiere des Umlaufvermögens	Gute Liquidität, vorübergehend keine Möglichkeit der Erweiterung des Anlagevermögens oder der Vorräte, Kapazitätserweiterungen sind für nahe Zukunft geplant, Umsatzerhöhungen sind zurzeit nicht erzielbar	Abbau von Liquiditätsreserven wegen Illiquidität, Finanzierung von Investitionen, Ausnutzung günstiger Einkaufsmöglichkeiten bei gleichzeitigem Ansteigen der Vorräte, stille Reserven durch Abschreibungen, Mitnahme von Kursgewinnen oder Vermeidung von Kursverlusten
Zahlungsmittel	Guter Zahlungseingang bei gleichzeitigem Abbau der Forderungen, verzögerter Einkauf bei gleichzeitigem Abbau der Vorräte, längere Zahlungsziele bei gleichzeitigem Ansteigen der Verbindlichkeiten, Investitionen oder Großeinkäufe sind für die nächste Zukunft geplant, bei hohem Jahresüberschuss ist eine hohe Ausschüttung geplant	Verbesserte Auslastung, verstärkter Einkauf bei gleichzeitigem Anstieg der Vorräte, Investitionen wurden getätigt, Tilgung von Schulden bei gleichzeitigem Abbau von Verbindlichkeiten, schleppender Zahlungseingang bei gleichzeitigem Anwachsen der Forderungen, Gefahr des Forderungsausfalls, der Illiquidität, Zwang zur Aufnahme teurer Bankkredite, Einstieg in Spekulationsgeschäfte
Eigenkapital	Beteiligungsfinanzierung oder Selbstfinanzierung aus nicht ausgeschütteten Gewinnen, insbesondere bei gleichzeitigem Abbau von Fremdkapital	Verluste, hohe Entnahmen
Rückstellungen	Vorsichtige Bewertung, Bildung stiller Reserven, gestiegene Risiken	Gewinnsteigerung durch Auflösung von Rückstellungen, keine Auswirkung auf den Gewinn bei Inanspruchnahme

Position	Erhöhung	Minderung
Verbindlichkeiten gegenüber Kreditinstituten a) langfristig	Konsolidierung kurzfristiger Schulden bei ungünstiger Liquiditätslage, Finanzierung von Anlagevermögen bei Kapazitätserweiterung, Hypotheken und Grundschulden können wegen der Unkündbarkeit die gleiche Bedeutung haben wie Eigenkapital, belasten jedoch die Liquidität, insbesondere in mageren Geschäftsjahren	Rückzahlung aus liquiden Mitteln (Gewinnen), Beteiligungsfinanzierung
b) kurzfristig	Belastung der Liquidität, Belastung des Ergebnisses durch hohe Zinsen, Gefahr kurzfristiger Kündigung der Kredite	Verbesserung der Liquidität, kurzfristige Rückzahlung aus Forderungseingängen, Verkauf von Anlagevermögen, Einlagen der Gesellschafter, Erwirtschaftung von Gewinnen, Verlängerung der Zahlungsziele auf der Einkaufsseite
erhaltene Anzahlungen auf Bestellungen	Verbesserung der Liquidität, Auftragsbestände, Gewinnerwartungen	eventuell Rückgang der Auftragsbestände, Anspannung der Liquidität, wachsende Konkurrenz
Verbindlichkeiten aus Lieferungen und Leistungen	Verstärkte Einkaufsaktivität bei gleichzeitiger Zunahme der Anlageinvestitionen und/oder der gekauften Vorräte, verlängerte Zahlungsziele, Zahlungsrückstände bei gleichzeitig geringen liquiden Mitteln	Rückgang bei den Einkäufen wegen zu hoher Lagerbestände oder Umsatzrückgang oder angespannter Liquiditätslage, Inanspruchnahme von Skonto bei gleichzeitig guter Liquiditätslage, Umstellung auf Bareinkauf

1.4.2 Kennzahlenanalysen

Materielle Bilanzanalysen werden außerdem als Kennzahlenanalysen betrieben. Die handelsrechtliche Gliederung des Jahresabschlusses ist dabei nur bedingt geeignet, als Grundlage zu dienen. Das bedeutet, dass **Vorbereitungen** zu treffen sind, um Kennzahlenanalysen durchzuführen.

1.4.2.1 Vorbereitungen

Die Jahresabschlüsse können nicht in der üblicherweise vorgelegten Form für die Kennzahlenanalysen verwendet werden, auch wenn sie nach den Vorschriften des HGB erstellt sind. Wichtig ist, die **Jahresabschlüsse** (Bilanzen, Gewinn- und Verlust-Rechnungen) einheitlich und nach betriebswirtschaftlichen Gesichtspunkten **umzugestalten**. Zusätzlich müssen die Angaben im Anhang entsprechend der Gliederung der Bilanz und der GuV strukturiert werden. Damit soll eine Vergleichbarkeit verschiedener Jahresabschlüsse gewährleistet und eine Auswertung ermöglicht werden.

Zwei Schritte müssen den Kennzahlenanalysen vorangehen:

(1) **Bilanzbereinigung**

Wertberichtigungen (bei Einzelunternehmen und Personengesellschaften) sind mit den entsprechenden Posten auf der Aktivseite zu saldieren. **Aktive Rechnungsabgrenzungsposten** werden den kurzfristigen Forderungen zugerechnet.

Passive Rechnungsabgrenzungsposten erhöhen die kurzfristigen Verbindlichkeiten. Der zur Ausschüttung vorgesehene **Gewinn** zählt zum kurzfristigen Fremdkapital, der Rest gehört zum Eigenkapital.

Ein **Bilanzverlust** ist vom Eigenkapital abzusetzen.

(2) **Bilanzaufbereitung**

Die Bilanzpositionen werden in zweckmäßiger Weise zusammengefasst und gruppiert. Die Vermögensseite wird nach Liquiditätsgesichtspunkten, die Kapitalseite nach Herkunft und Fristigkeit des Kapitals gruppiert, z. B.:

AKTIVA	Bilanzstruktur	PASSIVA

I. Anlagevermögen
II. Umlaufvermögen
  1. Vorräte
  2. Forderungen
  3. Flüssige Mittel
		I. Eigenkapital
		II. Fremdkapital
		  1. langfristig
		  2. mittelfristig
		  3. kurzfristig

Durch die Ermittlung des prozentualen Verhältnisses der einzelnen Gruppen innerhalb dieser Struktur zur Bilanzsumme wird die Überschaubarkeit und die Vergleichbarkeit erhöht. Die Bilanzanalyse kann dabei als Einzelanalyse, Periodenvergleich oder zwischenbetrieblicher Vergleich bzw. Branchenvergleich durchgeführt werden.

Die **Einzelanalyse** ist eine statische Betrachtung. Sie sagt wenig aus, da keine Vergleiche möglich sind:

Beispiel

AKTIVA			Bilanz der Maschinenbau AG		PASSIVA
	T€	%		T€	%
Anlagevermögen			**Eigenkapital**	138	67,7
Sachanlagen	82	40,2			
Finanzanlagen	28	13,7			
(gesamt)	(110)	(53,9)			
Umlaufvermögen			**Fremdkapital**		
Vorräte	58	28,4	langfristig	46	22,5
Forderungen	26	12,8	mittelfristig	8	3,9
flüssige Mittel	10	4,9	kurzfristig	12	5,9
(gesamt)	(94)	(46,1)	(gesamt)	(66)	(32,3)
	204	100		204	100

Der **Periodenvergleich** ermöglicht eine dynamische Analyse. Durch Gegenüberstellung der Bilanzen mehrerer Perioden wird die Entwicklung des Unternehmens sichtbar.

Beispiel

AKTIVA					Bilanz der Maschinenbau AG				PASSIVA
	31.12.00		31.12.01			31.12.00		31.12.01	
	T€	%	T€	%		T€	%	T€	%
Anlagevermögen					**Eigenkapital**	138	67,7	150	70,7
Sachanlagen	82	40,2	84	39,6					
Finanzanlagen	28	13,7	29	13,7					
(gesamt)	(110)	(53,9)	(113)	(53,3)					
Umlaufvermögen					**Fremdkapital**				
Vorräte	58	28,4	61	28,8	langfristig	46	22,5	40	18,9
Forderungen	26	12,8	27	12,7	mittelfristig	8	3,9	9	4,2
flüssige Mittel	10	4,9	11	5,2	kurzfristig	12	5,9	13	6,2
(gesamt)	(94)	(46,1)	(99)	(46,7)	(gesamt)	(66)	(32,3)	(62)	(29,3)
	204	100	202	100		204	100	212	100

Der **zwischenbetriebliche Vergleich** stellt Bilanzen verschiedener Unternehmen nebeneinander. Bei einem **Branchenvergleich** werden Kennzahlenwerte des eigenen Unternehmens mit Werten anderer Unternehmen der gleichen Branche verglichen. Dabei wird die wirtschaftliche Stellung des Unternehmens im Vergleich zur Konkurrenz und dem „Klassenbesten" sichtbar:

Beispiel

AKTIVA					Bilanz der Maschinenbau AG					PASSIVA
		Untern. A		Untern. B			Untern. A		Untern. B	
		T€	%	T€	%		T€	%	T€	%
Anlagevermögen						**Eigenkapital**	138	67,7	98	48,5
Sachanlagen		82	40,2	120	59,4					
Finanzanlagen		28	13,7	14	6,9					
(gesamt)		(110)	(53,9)	(134)	(66,3)					
Umlaufvermögen						**Fremdkapital**				
Vorräte		58	28,4	32	15,9	langfristig	46	22,5	60	29,7
Forderungen		26	12,8	18	8,9	mittelfristig	8	3,9	24	11,9
flüssige Mittel		10	4,9	18	8,9	kurzfristig	12	5,9	20	9,9
(gesamt)		(94)	(46,1)	(99)	(33,7)	(gesamt)	(66)	(32,3)	(104)	(51,5)
		204	100	202	100		204	100	212	100

Die Aufbereitung der zu analysierenden Jahresabschlüsse kann, soweit die Informationen vorliegen, sogar auf Niederlassungs- oder Filialebene durchgeführt werden. Im Zeitvergleich dieser tief gegliederten Analyseergebnisse erhält der Analyst aussagekräftige Informationen über die Unternehmensentwicklung.

Niederlassung/Filiale	Firma: Branche:						
Geschäftsjahr	01	02	03				
1 Kasse, Bank, Wechsel							
2 börsengängige Wertpapiere							
3 Warenanforderungen							
4 flüssige Mittel							
5 Vorräte: Roh-, Hilfs- u. Betriebsstoffe							
6 unfertige Erzeugnisse							
7 fertige Erzeugnisse							
8 liquides Umlaufvermögen							
9 sonstige Forderungen							
10 Beteiligungen							
11 Grundstücke/Gebäude							
12 im Bau befindliche Anlagen/Anzahlungen							
13 Ford. an Inh./ausst. Einlagen							
14 Verlust einschl. Vortrag							
15 Bilanzsumme							

Niederlassung/Filiale	**Firma:** **Branche:**							
16 Warenschulden 17 Akzepte 18 kurzfristige Bankschulden 19 erhaltene Anzahlungen 20 sonstige Verbindlichkeiten 21 kurzfristige Rückstellungen 22 Wertber. z. liqu. Umlaufvermögen 23 kurzfristige Verbindlichkeiten								
24 mittel- und langfr. Darlehen, Hypotheken								
25 Unterstützungs./Pensionsrückstellungen								
26 langfristige Verbindlichkeiten 27 (davon innerhalb von 5 Jahren fällig)								
28 unversteuerte Rücklagen (solange noch bilanziert) 29 gezeichnetes Kapital 30 Kapitalrücklage 31 Gewinn-Rücklagen 32 Jahresüberschuss einschl. Vortrag								
33 Summe der eigenen Mittel (28 bis 32) - (13 + 14)								
34 Liquidität I. Ordnung 35 Liquidität II. Ordnung 36 Nettoverschuldung (23 + 26) - (1 + 2 + 22 + 25)								
37 Avale 38 Giroverbindlichkeiten 39 Steuerschulden (soweit nicht passiviert) 40 Leasingverpflichtungen p. a. 41 haftendes Vermögen außerhalb der Bilanz 42 Entnahmen/Ausschüttungen 43 Sonstige Kapitalveränderungen (sep. erläutern) 44 Zugang im Sachanlagevermögen								

Erfolgsrechnung								
Geschäftsjahr	01	02	03					
1 Umsatzerlöse 2 Erlösschmälerungen 3 Bestandsveränd. der Erzeugnisse + - 4 aktivierte Eigenleistungen								

Erfolgsrechnung							
5 Gesamtleistung							
6 Materialaufwand, Fremdleistungen							
7 Materialaufwand in % der Gesamtleistung							
8 Handelswareneinsatz							
9 (darin berücksichtigt Lieferantenskonti)							
10 Rohertrag							
11 Rohertrag in % der Gesamtleistung							
12 Erträge/Verluste aus Beteiligungen + -							
13 Erträge aus Zinsen							
14 sonstige ordentliche Erträge							
15 Summe der ordentlichen Erträge							
16 Personalaufwendungen							
17 Personalaufwend. in % d. Gesamtleistung							
18 Steuern (ohne St. v. Einkommen u. Ertrag)							
19 sonstige ordentliche Aufwendungen							
20 Summe der ordentlichen Aufwendungen							
21 Betriebsergebnis							
22 Zinsaufwendungen							
23 Geschäftserg. vor Anlagenabschr. + -							
24 Geschäftserg. in % des Geschäftsumsatzes							
25 planmäßige Abschreibung auf Anlagen							
26 außerplanmäßige Abschreibung a. Anlagen							
27 a. o. Aufwand							
28 Zuführung zur Pensionsrückstellung							
29 a. o. Ertrag							
30 unversteuertes Ergebnis + -							
31 Steuern v. Einkommen und Ertrag							
32 Jahresüberschuss/Fehlbetrag							
33 Auflösung/Zuweisung zu Rückl. + -							
34 Jahresgewinn/-verlust (Auch ausfüllen, falls auf Organmutter übertragen)							
35 Cashflow (Zeile 23 - Zeile 31)							
36 Nettoverschuldung : Cashflow							
37 Nettoverschuldung : Cashflow (ohne Anz.)							
38 Umsatzerlöse : Vorräte							
39 Umsatzerlöse : Warenforderungen							
40 Beschäftigtenzahl							
41 Auftragsbestand							
42 davon Exportanteil (in %)							

1.4.2.2 Kennzahlen

Kennzahlen sind Zahlen, die sich auf wichtige Tatbestände beziehen und diese in konzentrierter Form darstellen. Die Bilanzanalyse ist im Wesentlichen eine **Kennzahlenrechnung**, die durch andere zusätzliche Informationen ergänzt und abgerundet wird. Zu unterscheiden sind:

(1) Absolute Kennzahlen (Grundzahlen)

Sie besitzen eine begrenzte Aussagekraft, weil sie nur absolute Veränderungen berücksichtigen, z. B. Einzelzahlen, Summen, Differenzen.

Beispiele

► Anzahl der Mitarbeiter am 01.01.01

► Betrag des Umlaufvermögens am 31.12.01

► Umsatz im Jahr 01 in T€.

(2) Relative Kennzahlen (Verhältniszahlen)

Die Aussagefähigkeit der relativen Kennzahlen ist höher als die der absoluten, weil hier eine Größe zu einer anderen in Beziehung gesetzt wird. Verhältniszahlen können **Gliederungszahlen, Beziehungszahlen oder Indexzahlen** sein:

► **Gliederungszahlen**

Als Gliederungszahlen zeigen die Kennzahlen das Verhältnis eines Teils zum Ganzen. Sie sind häufig Prozentzahlen, die strukturelle Verhältnisse offen legen.

Beispiele

► Umlaufvermögen in Prozent zur Bilanzsumme

► Anteil der Angestellten an der Gesamtbelegschaft

► Anteil des Produktes A am Gesamtumsatz

► Anteil der Materialkosten an den Herstellungskosten

► **Beziehungszahlen**

Beziehungszahlen sind wesensverschiedene, zueinander in Beziehung gesetzte Größen, die jedoch in einem logisch sinnvollen Zusammenhang stehen.

- ► Umsatz je qm Verkaufsfläche
- ► Umsatz je 1.000 € Gesamtkapital
- ► Lohnkosten je Produkteinheit
- ► Umsatz je Mitarbeiter

► **Indexzahlen**

Indexzahlen werden als Verhältnis zweier gleichartiger Größen gebildet, die aber zu verschiedenen Zeitpunkten oder an verschiedenen Orten entstanden sind. Eine Größe erhält den Wert 100 und die andere wird an diesem Index gemessen. Indexzahlen verdeutlichen die Entwicklung bestimmter Merkmale.

Beispiele

- ► Preisentwicklung bei Anlagen, Rohstoffen usw.
- ► Entwicklung der Löhne und Gehälter
- ► Entwicklung des Unternehmensgewinns
- ► Lohnkosten anderer Länder im Vergleich zur Bundesrepublik

In der Bilanzanalyse werden sowohl absolute als auch relative Kennzahlen verwendet. **Relative Kennzahlen** können gebildet werden als

(2.1) Relationen auf der Kapitalseite der Bilanz

Je größer das Eigenkapital im Verhältnis zum Fremdkapital ist, desto solider und krisenfester ist die Finanzierung.

AKTIVA	PASSIVA
	Eigenkapital
	Fremdkapital

Beispiel

$$\text{Finanzierung} = \frac{\text{Eigenkapital}}{\text{Fremdkapital}}$$

329

Vorteile:

- ► weniger Zinsbelastung (Zinsen müssen auch gezahlt werden, wenn keine Gewinne erwirtschaftet werden)
- ► Haftung des Eigenkapitals
- ► kein Mitspracherecht der Gläubiger
- ► Eigenkapital kann nicht von Außenstehenden gekündigt werden.

Kapitalstruktur 2006 in Prozent (durchschnittlich) der Bilanzsumme:

Branche	Eigen-kapital	Rückstel-lungen	langfrist. Verbindl.	kurzfr. Verbindl.
Chemische Industrie	33,8	19,3	12,3	34,5
Maschinenbau	25,0	20,1	8,5	46,3
Metallerzeugnisgewerbe	27,6	18,0	14,7	39,6
Ernährungsgewerbe	26,8	14,8	18,7	39,7
Elektrotechnik	29,5	22,3	6,0	41,7
Baugewerbe	11,0	13,5	14,8	60,6
Großhandel	24,5	11,8	10,4	53,1
Einzelhandel	19,0	9,7	19,0	51,8

(Quelle: *Monatsberichte der Deutschen Bundesbank, Januar 2009*)

(2.2) Relationen auf der Vermögensseite der Bilanz

AKTIVA	PASSIVA
Anlagevermögen Umlaufvermögen	

Beispiel

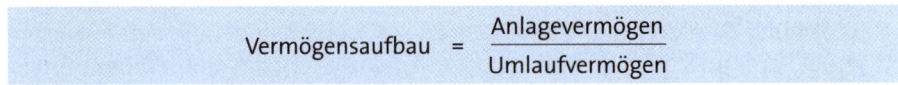

$$\text{Vermögensaufbau} = \frac{\text{Anlagevermögen}}{\text{Umlaufvermögen}}$$

Diese Kennzahl erfasst das Verhältnis des Anlagevermögens zum Umlaufvermögen. Sie ist je nach Branche unterschiedlich auszulegen. Das Anlagevermögen verursacht feste Kosten wie Abschreibungen, Instandhaltung, Zinsen, Steuern, beinhaltet ein wirtschaftliches und technisches Risiko und macht den Betrieb unflexibel. Aber auch ein zu hohes Umlaufvermögen bindet unnötig Kapital, verursacht Lagerkosten und beinhaltet Risiken.

Vermögensstruktur 2006 in Prozent der Bilanzsumme:

Branche	Sachanlagen	Vorräte	Forderungen
Chemische Industrie	14,0	8,3	36,3
Maschinenbau	14,5	32,1	32,9
Metallerzeugnisgewerbe	27,5	24,9	32,2
Ernährungsgewerbe	33,5	14,6	34,0
Elektrotechnik	10,7	13,6	31,0
Baugewerbe	21,4	28,6	35,2
Großhandel	14,0	23,8	45,2
Einzelhandel	19,2	31,2	28,5

(Quelle: Monatsberichte der Deutschen Bundesbank, Januar 2009)

(2.3) Relationen von Kapital- und Vermögensseite der Bilanz

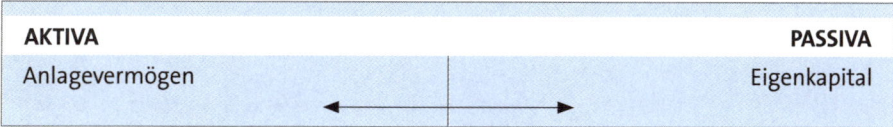

Beispiel

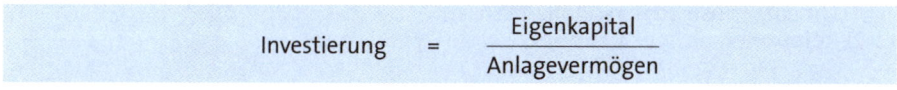

Je mehr Eigenkapital zur Finanzierung des Anlage- und darüber hinaus des Umlaufvermögens zur Verfügung steht, um so sicherer ist die Liquiditätslage des Unternehmens. Da sich jedoch i. d. R. die Ertragslage des Unternehmens bei vollständiger Eigenkapitalfinanzierung nicht optimal darstellt, kann diese durch die Nutzung des Leverage-Effektes verbessert werden, indem in einem ausgewogenen Verhältnis auch Fremdkapital zur Finanzierung des Unternehmens herangezogen wird.

(2.4) Relationen auf der Aufwandsseite der GuV

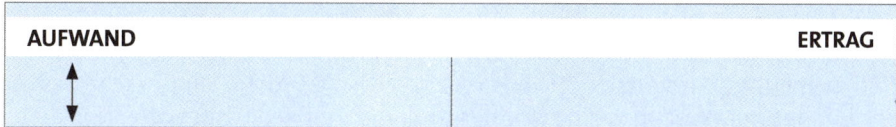

Beispiel

Materialkosten zu Personalkosten

(2.5) Relationen auf der Ertragseite der GuV-Rechnung

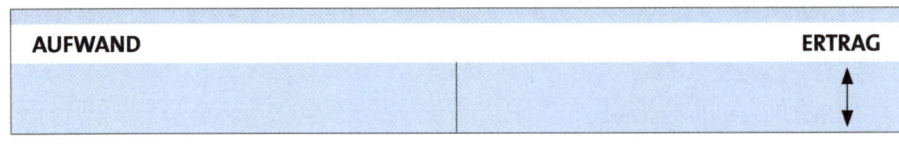

Beispiel

Umsatzerlöse zu sonstigen Erträgen

(2.6) Relationen von Aufwands- und Ertragsseite der GuV-Rechnung

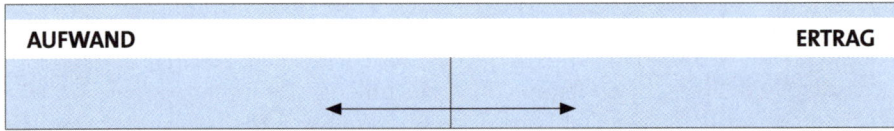

Beispiel

Umsatzerlöse zu Personalkosten

(2.7) Relationen zwischen Größen der Bilanz und der GuV-Rechnung

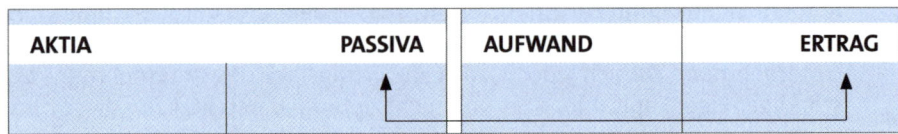

Beispiel

Umsatz zu eingesetztem Kapital

1.4.2.3 Kennzahlensysteme

Es liegt nahe, die Vielzahl der Kennzahlen aus Gründen der Übersichtlichkeit zu systematisieren. So kann man

► betriebliche Kennzahlen nach dem Ort des Ursprungs oder nach dem Inhalt zu **Gruppen** zusammenfassen, wie

 - Bilanzkennzahlen, GuV-Kennzahlen

 - Rentabilitätskennzahlen, Umschlagskennzahlen

 - personalwirtschaftliche Kennzahlen, fertigungswirtschaftliche Kennzahlen, lagerwirtschaftliche Kennzahlen

 - anlagenwirtschaftliche Kennzahlen usw.

► **Kennzahlensysteme** bilden, die nicht nur einzelne, isoliert nebeneinander stehende Kennzahlen betrachten, sondern betriebswirtschaftliche Zusammenhänge in ihren Wechselwirkungen offen legen. Ein Kennzahlensystem geht immer von einer bestimmten Ausgangskennzahl aus und entwickelt sich baumförmig weiter. Die Ausgangskennzahl bestimmt das Untersuchungsziel.

Gebräuchliche Kennzahlen sind das Du-Pont-System, das ZVEI-Kennzahlensystem und das RL-System.

Das **Du-Pont-System** geht von der Kennzahl Return on Investment (RoI), dem Ertrag aus dem investierten Kapital, aus. Es zeigt auf, wie die geplanten Einsatz-, Ertrags- und Erfolgsgrößen in einen sinnvollen Zusammenhang gebracht werden können. Das Du-Pont-System ist ein typisches **Rechensystem**. Dieses Kennzahlensystem ist besonders für die **externe Analyse** geeignet. Bei der externen Analyse informieren sich Kapitalgeber und potenzielle Anleger, Banken, Lieferer, Kunden, Konkurrenzunternehmen und die interessierte Öffentlichkeit für die Vermögens-, Finanz- und Ertragslage des Unternehmens.

Du-Pont-Kennzahlensystem

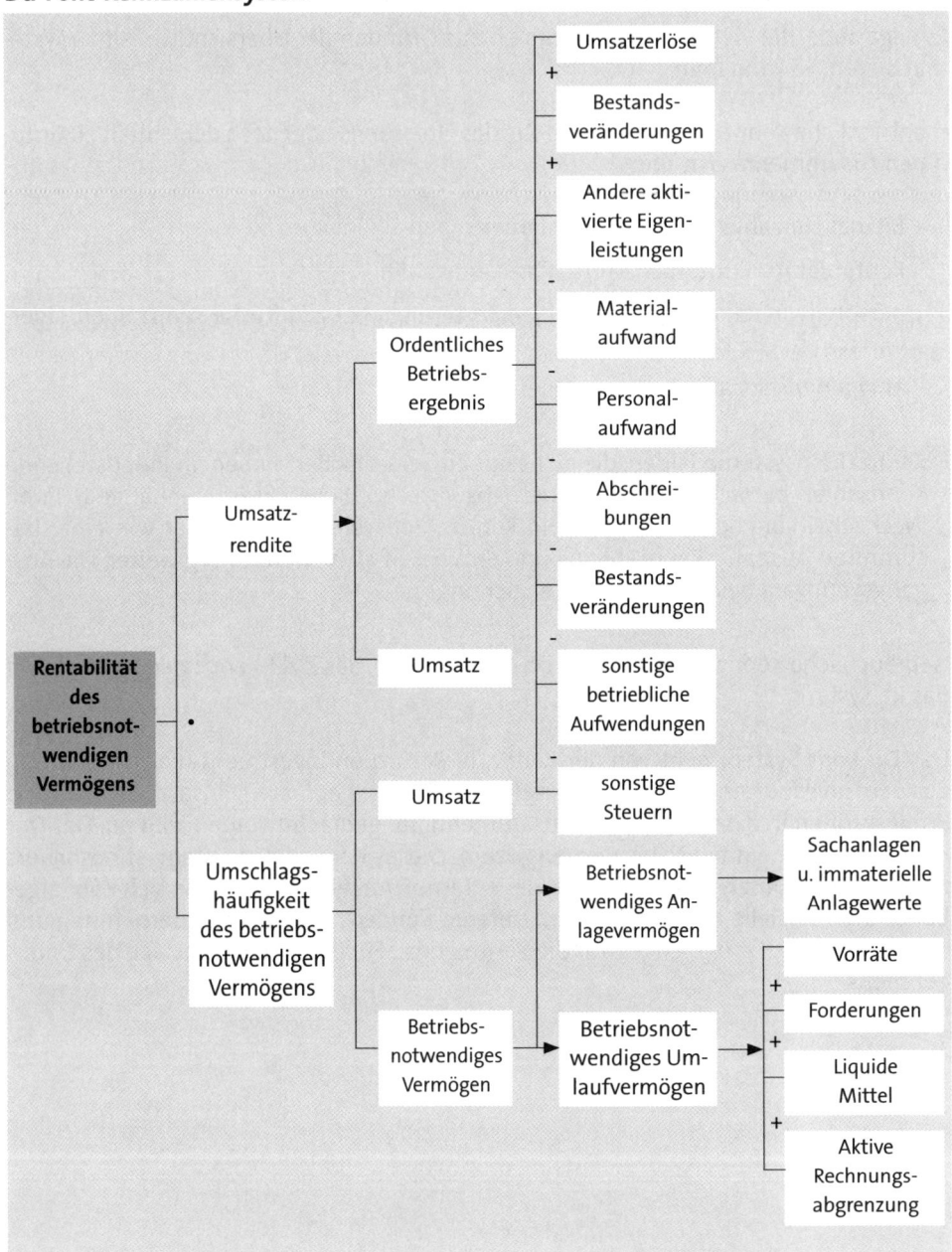

► Die **Wachstumsanalyse** gibt Auskunft über die gewählten Wachstumsindikatoren. Sie zeigt Veränderungen im Zeitablauf mithilfe bestimmter Indexzahlen.

► Die **Strukturanalyse** untersucht die Unternehmenseffizienz in den Sektoren Rentabilität, Ergebnisbildung, Kapitalstruktur, Kapitalbindung. Sie untersucht die Risikobelastung des Unternehmens. Während bei der Wachstumsanalyse drei Kennzahlengruppen isoliert nebeneinander analysiert werden, strukturiert die Strukturanalyse Kennzahlen aus der Betriebsbuchhaltung und verdichtet sie zur Spitzenkennzahl Eigenkapital-Rentabilität.

Das **ZVEI-Kennzahlensystem** wurde vom Zentralverband der Elektrotechnischen Industrie e. V. als ein mit etwa 200 Kennzahlen sehr umfangreiches Kennzahlensystem entwickelt. Nur etwa 80 Kennzahlen haben einen eigenen Aussagewert. Die restlichen „Kennzahlen" dienen der mathematischen Verknüpfung im Gesamtsystem. Das ZVEI-Kennzahlensystem sieht grundsätzlich den Kennzahlen-Vergleich und die Kennzahlen-Zerlegung vor und umfasst die beiden analystischen Bereiche der **Wachstumskomponenten** und der **Strukturkomponenten**, die gemeinsam ein Bild über die Effizienz eines Unternehmens liefern.

ZVEI-Kennzahlensystem

Wachstumsanalyse:

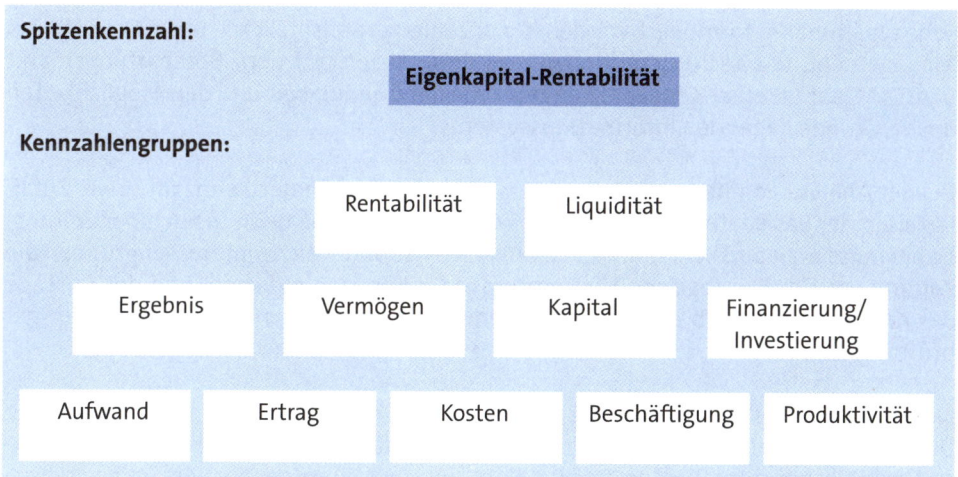

Das ZVEI-System ist ein **Ordnungssystem** nach den Gruppen Rentabilität, Ergebnisbildung, Kapitalstruktur und Kapitalbindung.

Das **RL-Kennzahlensystem** von *Reichmann/Lachnit* baut auf den Spitzenkennzahlen Rentabilität und Liquidität auf. Es kommt anders als das ZVEI-Kennzahlensystem ohne mathematische Verknüpfungen über Hilfskennzahlen und deshalb mit nur einem

Bruchteil der Kennzahlen des ZVEI-Systems aus. Der Kernteil enthält nur die Kennzahlen, die die Unternehmensleitung regelmäßig braucht, während Sonderteile des Kennzahlensystems im Einzelfall solche zusätzlichen Aufgaben aufnehmen sollen, die in Abhängigkeit von der jeweiligen Branche, Unternehmensart und Unternehmenssituation erforderlich sind.

Das RL-Kennzahlensystem besteht aus einem allgemeinen Teil und einem Sonderteil. Der **allgemeine Teil** dient der Ermittlung der Rentabilität und der Liquidität. Im **Sonderteil** werden ergänzend zu den allgemeinen Kennzahlen zur Rentabilität, Umschlagshäufigkeit des Kapitals, der Vorräte und der Forderungen, des RoI, des Cashflow, des Working Capital und der Anlagendeckung firmenindividuelle Kennzahlen ermittelt, die der vertiefenden Analyse der Einflussfaktoren auf Rentabilität und Liquidität dienen.

1.4.2.4 Grenzen von Kennzahlen und Kennzahlensystemen

Der Aussagewert einzelner Kennzahlen ist begrenzt. Die Aussage ist umso zuverlässiger, je mehr zusätzliche Kennzahlen für die Analyse eines Sachverhalts herangezogen werden. Erst mehrere Kennzahlen im Zusammenhang liefern eine qualitative Information. Eine einzelne Kennzahl enthält auch lediglich **eine** einzelne quantitative Information zu **einem** Sachverhalt. Nicht mehr und nicht weniger.

Kennzahlen müssen als Wert- oder Mengengrößen qualifizierbar sein. Sachverhalte im Unternehmen, bei denen dies nicht möglich ist, können lediglich über Drittwerte kennzahlenmäßig formuliert werden. Dazu zählen grundsätzlich z. B. die Qualität des Management, das technische Know-how, Präferenzen auf dem Beschaffungsmarkt u. Ä. Die Qualität einer Kennzahl hängt ab von der Genauigkeit und den Möglichkeiten des zu Grunde liegenden Informationssystems.

Bei der Analyse von Kennzahlen müssen Ziel und Aufgabe der Kennzahl sowie Zufälligkeiten der Basisdaten berücksichtigt werden. Das ist wie beim Lesen einer Zeitung. Dabei muss man auch wissen, wer Herausgeber ist und welche Interessengruppen die Zeitung vertritt. Der logische Hintergrund jeder Kennzahlenformel und der Aussage der Kennzahl innerhalb des Gesamtsystems Unternehmen muss immer wieder geprüft werden.

Neben dem Vorteil des Controlling mit Kennzahlen durch Verdichtung großer, schwer überblickbarer Datenmengen zu wenigen aussagefähigen Größen müssen auch einige Nachteile beachtet werden. Das Problem, aus der Menge der zur Verfügung stehenden Informationen das Optimum herauszuholen, kann auch zur Kennzahleninflation führen. Aussagewert und Erstellungsaufwand stehen dann nicht mehr in einem wirtschaftlich vertretbaren Verhältnis. Die Verwendung mehrerer Kennzahlen in einem Kennzahlensystem kann zu widersprüchlichen Aussagen führen (mangelnde Konsistenz).

Es ist sinnlos, alle nur möglichen Kennzahlen auch auf ein gegebenes Unternehmen anzuwenden. Ein effizientes Kennzahlensystem muss auf die individuellen Bedürfnisse des Unternehmens zugeschnitten sein, d. h. der Qualitätsstruktur der Mitarbeiter, der Komplexität des Unternehmens. Es muss außerdem dem Volumen der Vermögens- und Kapitalwerte entsprechen.

Kennzahlensysteme

- ▶ sind eine Zusammenstellung von quantitativen Variablen.
- ▶ stellen Kennzahlen in eine sachlich sinnvolle Beziehung zueinander.
- ▶ dienen der integrierten Erfassung von Kennzahlen.
- ▶ haben Erklärungsfunktion.
- ▶ erfassen Abhängigkeiten zwischen den Bereichen und den Zielsetzungen.
- ▶ bilden in knapper und konzentrierter Form finanz- und betriebswirtschaftliche Vorgänge ab.
- ▶ vermeiden Mehrdeutigkeiten und Missverständnisse bei der Interpretation.
- ▶ bilden Zielgrößen ab.
- ▶ haben adressatenbezogen eine externe und eine interne Funktion.
- ▶ sollen einzelne Entscheidungsträger mit hinreichender Genauigkeit und Aktualität informieren.
- ▶ sind Analyse- und Planungsinstrument für die Unternehmenssteuerung.

2. Investitionsanalyse

Die Investitionsanalyse ist die Analyse der Vermögensseite der Bilanz. Sie bezieht sich vor allem auf folgende Fragestellungen:

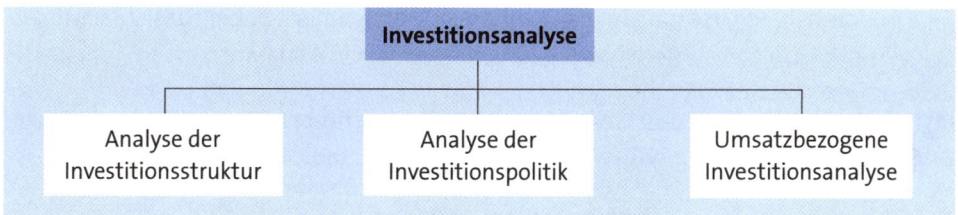

2.1 Analyse der Investitionsstruktur

Die Kennzahlen der Investitionsstruktur sollen die Flexibilität und damit die Stabilität eines Unternehmens sowie den **Umfang der Kapazitätsnutzung** anzeigen. Beide Gesichtspunkte sind grundsätzlich um so positiver zu beurteilen, je geringer der Anteil des Anlagevermögens ist.

Die wichtigsten **Kennzahlen** der Investitionsstruktur sind:

(1) Vermögenskonstitution
Sie drückt die Art der Beziehung zwischen Anlagevermögen und Umlaufvermögen aus:

$$\text{Vermögenskonstitution} = \frac{\text{Anlagevermögen} \cdot 100}{\text{Umlaufvermögen}}$$

Die Verwendung dieser Kennzahl hat beim **Vergleich der Entwicklung über mehrere Perioden** in einem bestimmten Unternehmen einen Sinn. Zwischenbetriebliche Vergleiche sind wegen unterschiedlicher Größe und Strukturierung der Unternehmen von geringer Aussagekraft.

(2) Anlageintensität
Sie gibt über den Grad der Beweglichkeit des Unternehmens Auskunft und wird errechnet:

$$\text{Anlageintensität} = \frac{\text{Anlagevermögen} \cdot 100}{\text{Gesamtvermögen}}$$

Ein **umfangreiches Anlagevermögen** birgt eine gewisse Starrheit in sich, da bei Rezessionen oder rückläufigen Unternehmensentwicklungen die erforderliche Verringerung des Anlagevermögens nur sehr schwer vorgenommen werden kann. Bei anlageintensiven Unternehmen führen hohe Fixkosten bei nicht voll ausgenutzten Kapazitäten zu großen finanziellen Belastungen.

Eine **große Anlagenintensität** kann auf mehrere Gründe zurückzuführen sein:

▸ Sie kann branchenbedingt sein, z. B. bei Schiffsbau- und Transportunternehmen.

▸ Sie kann durch Rationalisierungsmaßnahmen hervorgerufen worden sein, z. B. beim Einsatz von Automatenstraßen.

▸ Sie kann ihren Ursprung in mangelhaftem Management haben, das einer Modernisierung des veralteten Maschinenparkes verschlossen ist.

(3) Umlaufintensität
Sie gibt die Beziehung zwischen Umlaufvermögen und Gesamtvermögen an:

$$\text{Umlaufintensität} = \frac{\text{Umlaufvermögen} \cdot 100}{\text{Gesamtvermögen}}$$

Das **Umlaufvermögen** ist – durch die Verschiedenartigkeit der Branchen bedingt – entweder vorratsintensiv orientiert, d. h. durch einen hohen Materialbestand gekennzeichnet oder es besteht überwiegend aus einem hohen Forderungsbestand (s. auch Abschnitt 2.3 Umsatzbezogene Investitionsanalyse (4)).

Ein überdurchschnittlicher Umlaufintensitätsgrad lässt bei materialintensiven Unternehmen auf einen hohen Lagerbestand von Material und Umsatzgütern schließen und damit auf erhebliche Lagerhaltungskosten.

(4) Vorratsintensität

Sie zeigt das in den Vorräten gebundene Kapital, das sich auf die Rentabilität und die Liquidität auswirkt.

$$\text{Vorratsintensität} = \frac{\text{Vorräte} \cdot 100}{\text{Umlaufvermögen}}$$

Ursachen hoher Vorratsintensität können sein: Einkauf großer Mengen wegen günstiger Einkaufsbedingungen, mangelhafte Lagerorganisation und Lagerbuchhaltung, lange Fertigungszeiten materialintensiver Erzeugnisse.

2.2 Analyse der Investitionspolitik

Von großer Wichtigkeit im Rahmen der Investitionsanalyse ist auch, das **Verhalten eines Unternehmens als Investor** zu beurteilen. Wichtige Kennzahlen zur Analyse der Investitionspolitik sind:

(1) Investitionsquote

Sie soll Aufschluss darüber geben, welche **Investitionsneigung** in einem Unternehmen besteht:

$$\text{Investitionsquote} = \frac{\text{Nettoinvestition bei Sachanlagen} \cdot 100}{\text{Anfangsbestand der Sachanlagen}}$$

Der Vergleich der Investitionsquote eines Unternehmens im Zeitablauf gibt Hinweise darauf, inwieweit sich seine Investitionstätigkeit verändert hat.

(2) Investitionsdeckung

Mit der Investitionsdeckung wird offen gelegt, inwieweit ein wirkliches Wachstum des Unternehmens gegeben ist, denn die Kennzahl zeigt, ob und in welchem Umfang Anlagenzugänge aus Abschreibungen finanziert werden:

$$\text{Investitionsdeckung} = \frac{\text{Abschreibungen auf Sachanlagen} \cdot 100}{\text{Anfangsbestand der Sachanlagen}}$$

Liegt die Investitionsdeckung über 100 %, dann wurden die Abschreibungen nicht voll reinvestiert. Bei einem Wert von unter 100 % liegt die Quote der Reinvestition über den Abschreibungen.

(3) Abschreibungsquote

Sie macht bei Betrachtung mehrerer aufeinander folgender Perioden transparent, ob – bei steigender Quote – stille Reserven zu Lasten des Gewinns gebildet oder – bei sinkender Quote – zu Gunsten des Gewinnes aufgelöst werden.

$$\text{Abschreibungsquote} = \frac{\text{Abschreibungen auf Sachanlagen} \cdot 100}{\text{Endbestand an Sachanlagen}}$$

2.3 Umsatzbezogene Investitionsanalyse

Bei der umsatzbezogenen Investitionsanalyse wird vor allem untersucht, welche Beziehung zwischen Vermögensteilen eines Unternehmens und den Umsatzerlösen besteht. Damit lassen sich Informationen über die geschäftliche Entwicklung gewinnen. Wichtige Kennzahlen sind:

(1) Anlagennutzung

Mit dieser Kennzahl soll offen gelegt werden, inwieweit eine Ausnutzung der Sachanlagen gegeben ist:

$$\text{Anlagennutzung} = \frac{\text{Umsatz} \cdot 100}{\text{Sachanlagen}}$$

Ein Ansteigen der Kennzahl lässt den Schluss zu, dass die Sachanlagen eine verbesserte Ausnutzung erfahren, d. h. eine Erhöhung der Beschäftigung erkennbar ist.

(2) Vorratshaltung

Sie zeigt an, in welchem Verhältnis die Vorräte zum Umsatz eines Unternehmens stehen:

$$\text{Vorratshaltung} = \frac{\text{Vorräte} \cdot 100}{\text{Umsatz}}$$

Ein Sinken der Vorratshaltung wird erreicht, indem die Vorräte bei steigenden Umsätzen nicht (ebenso stark) erhöht werden, bei gleich bleibenden Umsätzen vermindert werden oder bei sinkenden Umsätzen stärker abnehmen als die Umsätze. Dies lässt den Schluss zu, dass die Vorratshaltung wirtschaftlicher gestaltet wird.

(3) Umschlagshäufigkeit

Sie gibt an, wie oft ein Vermögensposten in einer Periode umgeschlagen wurde und wird ermittelt als:

$$\text{Umschlagshäufigkeit des Anlagevermögens} = \frac{\text{Abschreibungen des Anlagevermögens} + \text{Abgänge}}{\varnothing \text{ Bestand des Anlagevermögens}}$$

$$\text{Umschlagshäufigkeit des Umlaufvermögens} = \frac{\text{Umsatz}}{\emptyset \text{ Bestand des Umlaufvermögens}}$$

$$\text{Umschlagshäufigkeit des Gesamtvermögens} = \frac{\text{Umsatz}}{\text{Gesamtvermögen}}$$

Durchschnittliche Bestände werden grundsätzlich in folgender Weise errechnet:

$$\text{durchschnittlicher Bestand} = \frac{\text{Anfansbestand+ Endbestand}}{2}$$

Die Umschlagshäufigkeit zeigt die Bindungsdauer des Vermögens bzw. von Vermögensteilen und gibt Hinweise auf die Höhe des Kapitalbedarfes. Sie ist umso positiver zu beurteilen, je höher sie ist.

(4) **Laufzeit der Forderungen**

Mit dieser Kennzahl lassen sich Rückschlüsse auf das Zahlungsverhalten der Kunden ziehen, nach wie vielen Tagen die Umsatzerlöse liquiditätswirksam werden.

$$\text{Laufzeit der Forderungen} = \frac{\emptyset \text{ Bestand an Warenforderungen} \cdot 365}{\text{Umsatz}}$$

Eine lange Laufzeit lässt meist auf schlechte Zahlungsmoral der Kunden schließen. Andererseits bedeutet dies, dass sich ein Unternehmen bei einem Liquiditätsengpass durch entsprechende Gestaltung der Zahlungsbedingungen finanzielle Mittel beschaffen kann.

$$\text{Umschlagshäufigkeit der Forderungen} = \frac{\text{Umsatz}}{\emptyset \text{ Bestand an Forderungen}}$$

$$\text{Kundenziel} = \frac{365}{\text{Umschlagshäufigkeit der Forderungen}}$$

3. Finanzierungsanalyse

Die Finanzierungsanalyse ist die **Analyse der Kapitalseite** mit dem Ziel, Informationen über die Quellen sowie die Zusammensetzung des Kapitals nach Art, Sicherheit und Fristigkeit zu gewinnen.

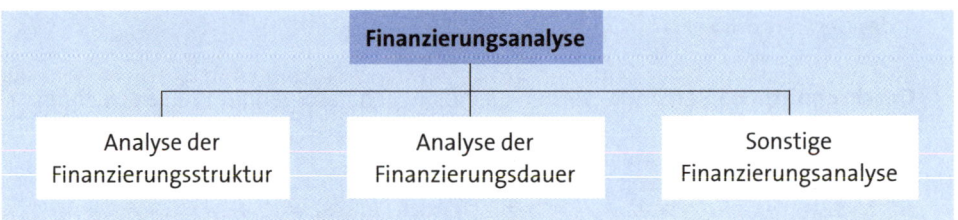

3.1 Analyse der Finanzierungsstruktur

Die Finanzierungsstruktur eines Unternehmens kann mithilfe der folgenden Kennzahlen analysiert werden:

(1) **Eigenkapitalanteil**

$$\text{Eigenkapitalanteil} \ = \ \frac{\text{Eigenkapitalanteil} \cdot 100}{\text{Gesamtkapital}}$$

Der Eigenkapitalanteil drückt die Beziehung zwischen Eigenkapital und Gesamtkapital aus:

Die Kennzahl kann keine präzise Aussage liefern, da das Eigenkapital sich z. B. aus dem gezeichneten Kapital und den Rücklagen sowie den stillen Reserven zusammensetzt. Inwieweit Bewertungsschwankungen auf der Vermögensseite die Eigenkapitalgröße beeinflusst haben, ist ungewiss. Diese Minderung der Aussagekraft muss der Bilanzanalytiker bei der Verwendung der Kennzahl berücksichtigen.

(2) **Rücklagenquote und Selbstfinanzierungsgrad**
Die Rücklagenquote gibt den Anteil der gesamten Rücklagen am Eigenkapital an.

$$\text{Rücklagenquote} \ = \ \frac{\text{Rücklagen} \cdot 100}{\text{Eigenkapital}}$$

Die Rücklagenquote zeigt die Selbstfinanzierung aus Gewinnen an. Ihre Höhe ist eine wichtige Voraussetzung für das Wachstum des Unternehmens.

Der **Selbstfinanzierungsgrad** gibt an, in welchem Umfang die Gewinnrücklagen zur Bildung des Gesamtkapitals beigetragen haben.

$$\text{Selbstfinanzierungsgrad} \ = \ \frac{\text{Gewinnrücklagen} \cdot 100}{\text{Gesamtkapital}}$$

(3) **Anspannungskoeffizient**

Der Anspannungskoeffizient – auch Kapitalanspannung genannt – gibt den relativen Anteil des Fremdkapitals an der Gesamtsumme des Kapitals an:

$$\text{Anspannungskoeffizient} = \frac{\text{Fremdkapital} \cdot 100}{\text{Gesamtkapital}}$$

Wie hoch der Anteil der Schulden am Gesamtkapital sein kann, ist nicht generell festlegbar, sondern ist von Branche, Unternehmen und Situation her unterschiedlich zu beurteilen (s. unter Abschnitt G.1.4.2.2 Nr. (2.1)).

(4) **Verschuldungskoeffizient**

Der Verschuldungskoeffizient wird aus der Beziehung zwischen Fremdkapital und Eigenkapital ermittelt:

$$\text{Verschuldungskoeffizient} = \frac{\text{Fremdkapital} \cdot 100}{\text{Eigenkapital}}$$

Der Verschuldungskoeffizient ist eine besonders wichtige Kennzahl der Kapitalseite. Er gibt an, inwieweit das Unternehmen von außenstehenden Dritten finanziert wurde im Verhältnis zu dem Anteil der Unternehmenseigentümer. Es geht hier ebenfalls um das Problem der **vertikalen Finanzierungsregeln**. Das sind Normen, die das Verhältnis von Eigen- und Fremdkapital sowie die Relationen der einzelnen Eigen- und Fremdkapitalarten zueinander regeln.

Die bekannteste Finanzierungsregel dieser Art ist die **1 : 1-Regel**, welche die Forderung aufstellt, dass Eigen- und Fremdkapital gleich groß sein sollten. Solche starren Relationsnormen können aber nicht als richtig angesehen werden, da branchen- und unternehmensbedingte Risikofaktoren ohne Beachtung bleiben.

Aus den Kapitalkennzahlen sind die Kapitaldeckung sowie sich daraus ergebende Liquiditätsprobleme nicht ersichtlich, da die Zusammensetzung des vorhandenen Vermögens nicht berücksichtigt wird.

3.2 Analyse der Rentabilität der Finanzierung

Eine **ausreichende Beurteilung** des Verhältnisses der verschiedenen Kapitalarten zueinander ist erst gegeben wenn bekannt ist, wie lange die fremden Mittel in dem Unternehmen verbleiben, ob sie also kurz-, mittel- oder langfristig fällig sind. Um die Aussagefähigkeit der Kapitalkennzahlen zu erhöhen, sind weitere Relationen zu bilden:

$$\frac{\text{langfristiges Fremdkapital}}{\text{Gesamtkapital}}$$

$$\frac{\text{mittel- und kurzfristiges Fremdkapital}}{\text{Gesamtkapital}}$$

Dabei beträgt die Laufzeit für

- **kurzfristiges Fremdkapital** drei Monate, branchenbedingt bis zu sechs oder zwölf Monaten
- **mittelfristiges Fremdkapital** bis zu fünf Jahren
- **langfristiges Fremdkapital** mehr als fünf Jahre.

Der Betrag der Verbindlichkeiten mit einer Restlaufzeit bis zu einem Jahr ist bei jedem Posten gesondert zu vermerken (§ 268 Abs. 5 Satz 1 HGB). Im Anhang ist zusätzlich zu den in der Bilanz ausgewiesenen Verbindlichkeiten der Gesamtbetrag der Verbindlichkeiten mit einer Restlaufzeit von mehr als fünf Jahren anzugeben (§ 285 Nr. 1a HGB). Diese Angaben sind deshalb wichtig, da nach § 266 Abs. 3 HGB die Verbindlichkeiten nicht mehr in jedem Fall nach der Fristigkeit – z. B. bei den Verbindlichkeiten gegenüber Kreditinstituten – gegliedert sind.

Neben der Fristigkeit sind auch die **Verzinsung**, die **steuerliche Absetzbarkeit**, eine eventuelle **Einflussnahme auf die Geschäftsführung**, die **Kapitalsicherung** und die **Folgen einer Geldentwertung** bei der Analyse zu berücksichtigen.

Für die Gestaltung des Fremdkapital-Eigenkapitalverhältnisses sind besonders die **Rentabilitätswirkungen** des Fremdkapitals von Bedeutung. Bei einer bestimmten Eigenkapitalrendite kann nämlich durch die Aufnahme von Fremdkapital die Verzinsung des Eigenkapitals erhöht werden, wenn die Kosten für das zusätzliche Fremdkapital niedriger sind als die bestehende Eigenkapitalrendite.

Man geht bei dieser Überlegung vom Reingewinn aus, dem Gewinn nach Abzug der Fremdkapitalzinsen, der sich zusammensetzt aus

- der Verzinsung des Eigenkapitals gemäß der internen Rendite (**Gesamtkapitalrentabilität**) sowie
- aus dem Reingewinn, der mithilfe des Fremdkapitals erwirtschaftet wird.

Unter der Voraussetzung, dass die erwirtschaftete interne Rendite höher ist als der zu zahlende Zinssatz für das Fremdkapital, steigt die Gesamtrentabilität:
wobei

$$R = \frac{EK \cdot r_i + FK \cdot r_i}{100} - k$$

R = Reingewinn (Jahresübersicht)
EK = Eigenkapital
FK = Fremdkapital
ri = interne Rendite (Gesamtkapitalrentabilität)
k = Fremdkapitalzins

Wird der Reingewinn auf das Eigenkapital bezogen, so erhält man die **Rentabilität des Eigenkapitals** (Unternehmerrentabilität):

$$\frac{R \cdot 100}{EK}$$

wobei r_e = Rendite des Eigenkapitals

Wird der Reingewinn auf das Gesamtkapital bezogen, erhält man die **Rentabilität des Gesamtkapitals** (Unternehmungsrentabilität):

$$r_i = \frac{(R + k) \cdot 100}{EK + FK}$$

Beispiel

Interne Rendite	15 %			
Zinsen für Fremdkapital	10 %			
Eigenkapital	10.000	7.000	4.000	1.000
Fremdkapital	0	3.000	6.000	9.000
Gesamtkapital	10.000	10.000	10.000	10.000
Gewinn plus Zinsen	1.500	1.500	1.500	1.500
- Zinsen des Fremdkapitals	0	300	600	900
Reingewinn	1.500	1.200	900	600
Rentabilität des Eigenkapitals =	15 %	17,1 %	22,5 %	60 %
Rentabilität des Gesamtkapitals	15 %	15 %	15 %	15 %

Es ist zu erkennen, dass die interne Rendite und die Rendite des Eigenkapitals dann übereinstimmen, wenn kein Fremdkapital aufgenommen worden ist. Mit steigendem Fremdkapital erhöht sich die Rendite des Eigenkapitals, sofern die interne Rendite (Gesamtkapitalrentabilität) größer ist als der Fremdkapitalzins. Diesen Tatbestand nennt man **Leverage Effect**. Sein Optimum liegt bei dem Fremdkapitalvolumen, bei dem die Grenzkosten der Finanzierung den Grenzerträgen der Investition entsprechen.

Wenn sich die interne Rendite verschlechtert und/oder der Fremdkapitalzins ansteigt, sodass ri < k, dann ergibt sich ein negativer Effekt, d. h. mit steigendem Fremdkapitalanteil verringert sich die Rendite des Eigenkapitals.

Die Folgerungen aus den obigen Überlegungen müssten naturgemäß für jede Unternehmensleitung derart sein, dass bei ri > k ein größtmöglicher Fremdkapital-Anteil anzustreben wäre; dies ist jedoch durchaus problematisch, denn es werden keine Risikoüberlegungen berücksichtigt.

Rentabilität	= Verhältnis von Gewinn an Kapital
Kapitalstruktur	= Verhältnis von Fremdkapital zu Eigenkapital

Mit zunehmendem Fremdkapital-Anteil vergrößert sich nicht nur – unter den genannten Voraussetzungen – die Eigenkapitalrendite, sondern auch das **Investitionsrisiko** und das **Kapitalstrukturrisiko** für die Beteiligten. Dieser Aspekt, bezogen auf das Risiko einer Niedrig- oder Negativverzinsung des Eigenkapitals, findet in der Literatur als **Leverage Risk** Beachtung.

3.3 Sonstige Finanzierungsanalyse

Zum Abschluss der Finanzierungsanalyse sollen noch zwei aufschlussreiche Kennzahlen angesprochen werden:

(1) **Bilanzkurs**

Der Bilanzkurs zeigt die einer Aktie immanente Substanz auf, indem das prozentuale Verhältnis von Eigenkapital und gezeichnetem Kapital ermittelt wird:

$$\text{Bilanzkurs} = \frac{\text{Eigenkapitalanteil} \cdot 100}{\text{gezeichnetes Kapital}}$$

Im Vergleich mit dem Börsenkurs der Aktie kann offen gelegt werden, in welchem Umfang Faktoren den Wert eines Unternehmens verändern, die nicht aus der Bilanz ersichtlich sind, beispielsweise die stillen Reserven und der Goodwill des Unternehmens.

(2) **Kreditanspannung**

Mithilfe dieser Kennzahl können die **Möglichkeiten der Finanzierung durch Lieferantenkredite** angedeutet werden:

$$\text{Kreditanspannung} = \frac{\text{Wechselverbindlichkeiten}}{\text{Warenschulden}}$$

Steigende Kreditanspannung lässt vermuten, dass Lieferantenkredite weitgehend ausgeschöpft sein könnten, was bei Nichtausnutzung von Skonti zu einer Verminderung der Rentabilität führen würde.

4. Liquiditätsanalyse

Bei der Liquiditätsanalyse werden sowohl Positionen der Vermögensseite als auch der Kapitalseite der Bilanz untersucht. Als Liquidität wird die Fähigkeit eines Unternehmens bezeichnet, seinen Zahlungsverpflichtungen jederzeit nachkommen zu können.

Die Liquiditätsanalyse kann als statische oder als dynamische Analyse durchgeführt werden:

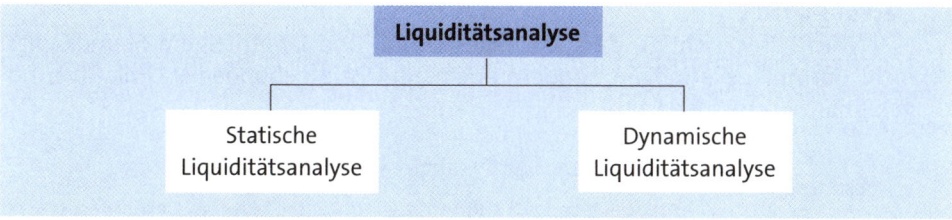

4.1 Statische Liquiditätsanalyse

Die statische Liquiditätsanalyse bezieht sich auf einen **bestimmten Zeitpunkt** im Unternehmensleben. Sie kann als langfristige und als kurzfristige Liquiditätsanalyse durchgeführt werden.

4.1.1 Langfristige Liquiditätsanalyse

Im Rahmen der langfristigen Liquiditätsanalyse sollen die traditionell verwendeten Deckungsgrade dargelegt werden. Dazu kommen die Finanzierungsregeln, die Empfehlungen über die Zusammensetzung und Deckung der Kapitalstruktur durch die Vermögensteile geben.

4.1.1.1 Deckungsgrade

In der betrieblichen Praxis verwendet man vornehmlich drei Deckungsgrade als Kennzahlen zur Liquiditätsanalyse:

(1) **Deckungsgrad A**
Er besagt, in welchem Umfang die langfristig investierten Vermögensteile durch Eigenkapital gedeckt sind.

$$\text{Deckungsgrad A} = \frac{\text{Eigenkapital} \cdot 100}{\text{Anlagevermögen}}$$

(2) **Deckungsgrad B**
Bei diesem Deckungsgrad wird dem Gesichtspunkt Rechnung getragen, dass für langfristige Investitionen neben dem Eigenkapital auch langfristiges Fremdkapital Einsatz finden kann.

$$\text{Deckungsgrad B} = \frac{(\text{Eigenkapital} + \text{langfristiges Fremdkapital}) \cdot 100}{\text{Anlagevermögen}}$$

(3) **Deckungsgrad C**
Hier wird berücksichtigt, dass mit Eigenkapital und langfristigem Fremdkapital nicht nur Anlagevermögen, sondern auch langfristig gebundenes Umlaufvermögen finanziert werden kann.

$$\text{Deckungsgrad C} = \frac{(\text{Eigenkapital} + \text{langfristiges Fremdkapital}) \cdot 100}{\text{Anlagevermögen} + \text{langfristig gebundenes Anlagevermögen}}$$

Diese Deckungsgrade dienen – im Gegensatz zu den Liquiditätsgraden – der langfristigen Betrachtung. Wie bei der Finanzierungsanalyse gibt es auch hier Überlegungen, welches Verhältnis zwischen den einzelnen Werten als günstig anzusehen wäre. Sie finden in den **horizontalen Finanzierungsregeln** ihren Niederschlag.

4.1.1.2 Horizontale Finanzierungsregeln

Horizontale Finanzierungsregeln beziehen sich auf die Aktiv- und Passivseite der Bilanz, d. h. sie befassen sich mit der Zweckmäßigkeit der Gestaltung der Vermögens-Kapital-Struktur:

(1) **Goldene Finanzierungsregel**
Die goldene Finanzierungsregel – häufig auch als **goldene Bankregel** bezeichnet – besagt, dass kurzfristige Finanzierungsmittel nur kurzfristig gebunden und andererseits langfristige Mittel auch langfristig angelegt werden sollen. Abgestellt wird somit auf Fristenkongruenz zwischen Mittelherkunft und Mittelverwendung.

Diese Regel kann nur gültig sein, wenn zum einen das fällige Kapital aus den Erlösen zurückbezahlt wird und zum anderen neues Kapital fristgerecht beschaffbar ist. Beide Bedingungen aber müssen nicht gegeben sein, was besonders in Verlustperioden deutlich wird. Die Einhaltung dieser Regel ist dann nicht erforderlich, wenn Kapitalsubstitutions- bzw. -prolongationsmöglichkeiten gegeben sind.

Die **praktische Bedeutung** der goldenen Finanzierungsregel wird dadurch stark eingeengt, dass – vom Planungsstadium abgesehen – die Zurechnung von Kapitalbeschaffung und Kapitalverwendung vom Zeitpunkt der Investition ab kaum lösbar erscheint.

Letztlich ist nicht die Kongruenz der Fristen und Beträge der Kapitalbildung und -überlassung maßgebend für die Aufrechterhaltung des finanziellen Gleichgewichtes, sondern primär die wertmäßige und zeitliche Übereinstimmung aller Einzahlungen und Auszahlungen in einer Periode. So gesehen kann die goldene Finanzierungsregel nicht als Garantie für die Liquidität des Unternehmens herangezogen werden.

(2) **Goldene Bilanzregel**
Das Postulat der Fristenkongruenz – wie im letzten Abschnitt dargelegt – erfährt durch die goldene Bilanzregel eine **bilanzielle Präzisierung**:

➤ **Goldene Bilanzregel im engeren Sinne**
Die goldene Bilanzregel im engeren Sinne fordert, dass das Anlagevermögen mit langfristigem Kapital zu finanzieren sei. Entsprechend muss das Umlaufvermögen durch kurzfristige Verbindlichkeiten abgedeckt werden.

Hier wird nicht berücksichtigt, dass die einzelnen Vermögens- und Kapitalteile von unterschiedlicher Fristigkeit sind oder sein können. So sind Anlage- und Umlaufvermögen nicht automatisch mit den Attributen lang- bzw. kurzfristig gleichzusetzen.

➤ **Goldene Bilanzregel im weiteren Sinne**
Etwas realistischer wird das Problem der Fristigkeit bei der goldenen Bilanzregel im weiteren Sinne berücksichtigt, wenn gefordert wird, dass das Anlagevermögen und die dauernd gebundenen Teile des Umlaufvermögens (eiserne Bestände) mit langfristigem Kapital zu finanzieren sind. Demzufolge wären die nicht dauernd gebundenen Teile des Umlaufvermögens durch kurzfristiges Kapital finanzierbar.

(3) **Working Capital**
Das Working Capital ist die Differenz aus Umlaufvermögen und kurzfristigen Verbindlichkeiten. Als besondere Form der Liquiditätsanalyse entspricht diese Kennziffer weitgehend der der Liquidität 3. Grades. Sie baut auf der bankers rule auf, einer Forderung amerikanischer Banken, nach der das Umlaufvermögen mindestens doppelt so groß sein soll wie das kurzfristige Fremdkapital.

Das Working Capital kann positiv oder negativ sein:

Beispiele

Bilanz (mit positivem Working Capital)			
Anlagevermögen	100	Eigenkapital und langfristiges Fremdkapital	150
Umlaufvermögen	100	kurzfristiges Fremdkapital	50
(**positives Working Capital**)	**50**		
	200		**200**

Bilanz (mit negativem Working Capital)			
Anlagevermögen	170	Eigenkapital und langfristiges Fremdkapital	100
Umlaufvermögen	30	kurzfristiges Fremdkapita	100
		negatives Working Capital	**70**
	200		200

Bei **positivem Working Capital** übersteigt das Umlaufvermögen das kurzfristige Fremdkapital (in obiger Bilanz um 50). Unregelmäßigkeiten aus Zahlungsabweichungen, Preisbewegungen und sonstigen Markteinflüssen können aufgefangen werden.

Bei **negativem Working Capital** übersteigt das kurzfristige Fremdkapital das Umlaufvermögen (in obiger Bilanz um 70). Das Unternehmen hat kurzfristig fällige Mittel langfristig angelegt und riskiert eine vorübergehende Illiquidität.

Obwohl bei deutschen Unternehmen das Umlaufvermögen nur selten doppelt so groß ist wie die kurzfristigen Verbindlichkeiten, muss deren Liquidität nicht gefährdet sein. Zu allen genannten Finanzierungsregeln ist **kritisch** anzumerken:

- Für alle Finanzierungsregeln gilt, dass sie weder dem Gedanken der Bindung noch dem Problem der Sicherheit in der Unternehmensfinanzierung gerecht werden können, da nicht alle Einzahlungen und Auszahlungen erfasst werden.

- Vertikale Finanzierungsregeln stellen primär auf die Eigenkapitalausstattung ab. Sie haben lediglich eine gewisse Berechtigung im Sinne von Faustregeln.

- Generell gültige Normen können nicht als gegeben angenommen werden, da regelmäßig branchen- und unternehmensbedingte Unterschiede berücksichtigt werden müssen.

- Horizontale Finanzierungsregeln sind vorwiegend im Hinblick auf die Sicherung der Liquidität aufgestellt. Das Postulat der Fristenkongruenz geht jedoch regelmäßig von einer partiellen Betrachtungsweise aus, obwohl es nicht auf die Kongruenz einzelner Transaktionen ankommt, sondern auf die insgesamt stattfindenden Einzahlungs- und Auszahlungsreihen.

- Rentabilitätsüberlegungen bleiben außer Acht.

4.1.2 Kurzfristige Liquiditätsanalyse

Bei der kurzfristigen Liquiditätsanalyse bedient man sich der Liquiditätsgrade. Man unterscheidet:

(1) **Liquidität 1. Grades**
   Sie stellt die greifbaren Zahlungsmittel den kurzfristigen Verbindlichkeiten gegenüber:

$$\text{Liquidität 1. Grades} = \frac{\text{Zahlungsbestand} \cdot 100}{\text{Kurzfristige Verbindlichkeiten}}$$

Als **Zahlungsmittelbestand** gelten folgende Positionen:
Kasse, Bundesbank, Guthaben bei Kreditinstituten, diskontfähige Wechsel, Schecks, ggf. auch Wertpapiere des Umlaufvermögens.

Kurzfristige Verbindlichkeiten sind Verbindlichkeiten aus Warenlieferungen und Leistungen, Schuldwechsel, Schulden bei Kreditinstituten, erhaltene Anzahlungen, Dividenden, wenn diese Positionen innerhalb von 3 Monaten fällig werden.

(2) **Liquidität 2. Grades**
Hier werden über den Zahlungsmittelbestand hinaus noch fungible Wertpapiere, kurzfristige Forderungen und aktive Rechnungsabgrenzungsposten einbezogen, sofern diese innerhalb von 3 Monaten fällig werden.

$$\text{Liquidität 2. Grades} = \frac{\text{Kurzfristiges Umlaufvermögen} \cdot 100}{\text{Kurzfristige Verbindlichkeiten}}$$

(3) **Liquidität 3. Grades**
Es erfolgt eine Ausweitung auf das gesamte Umlaufvermögen, d. h. nun werden auch die Vorräte an Roh-, Hilfs- und Betriebsstoffen sowie unfertigen, fertigen Erzeugnissen und Waren einbezogen:

$$\text{Liquidität 3. Grades} = \frac{\text{Gesamtes Umlaufvermögen} \cdot 100}{\text{Kurzfristige Verbindlichkeiten}}$$

Die genannten Liquiditätsgrade sind eng mit der Bilanz verknüpft. Ob ein Unternehmen liquide ist, wird aus den einzelnen aktiven und passiven Bilanzpositionen allein nicht ohne weiteres zu entnehmen sein. Es sei daran erinnert, dass aus der Bilanz nicht alle Zahlungsverpflichtungen ersichtlich sind. Sie enthält nur die bereits gebuchten Größen und sagt nichts über die sonstigen Aus- und Einzahlungen für den Produktionsprozess aus. Auch die Angaben zu den **sonstigen finanziellen Verpflichtungen** im Anhang des Jahresabschlusses der Kapitalgesellschaften (§ 285 Nr. 3 HGB) und die Haftungsverhältnisse (§ 251 HGB) müssen in die Beurteilung einbezogen werden.

4.2 Dynamische Liquiditätsanalyse

Während die statische Liquiditätsanalyse nur zeitpunktbezogen ist, also nur Aussagen für einen bestimmten Stichtag machen kann, ist die dynamische Liquiditätsanalyse **zeitraumbezogen**.

Der dynamischen Liquiditätsanalyse dienen zwei Verfahren:

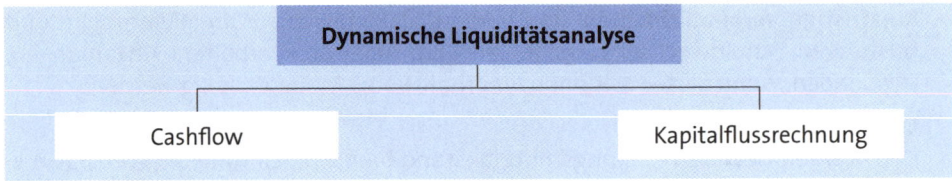

4.2.1 Cashflow

Der Cashflow gibt im Allgemeinen an, **wie viel Geld das Unternehmen erwirtschaftet** hat. Seine Ermittlung kann auf unterschiedliche Weise erfolgen. Die Geschäftsberichte vieler Gesellschafter enthalten über die Pflichtveröffentlichungen hinaus Angaben über den Cashflow. Nicht immer ist aber klar und nachvollziehbar, wie er errechnet wurde.

4.2.1.1 Arten

Grundsätzlich lassen sich zwei Arten der Berechnung des Cashflow unterscheiden:

(1) **Cashflow im engeren Sinne**

Der Cashflow im engeren Sinne zeigt das Ausmaß der Unternehmensfinanzierung aus den Umsatzerlösen, den „Kassenüberschuss", der über die reine Aufwandsdeckung hinausreicht und dem Unternehmen zur (Innen)Finanzierung von Investitionen, zur Rückzahlung von Verbindlichkeiten und zur Ausschüttung von Gewinnen zur Verfügung steht. Neben der Ertragslage dokumentiert die Kennzahl den **Selbstfinanzierungsspielraum** eines Unternehmens.

	Bilanzgewinn
+/-	Veränderung der Rücklagen
+/-	Veränderung des Sonderpostens
+	Abschreibungen
=	**Cashflow im engeren Sinne**

(2) **Cashflow im weiteren Sinne**

Demgegenüber will der Cashflow im weiteren Sinne nicht mehr allein die aus Selbstfinanzierung stammenden Mittel erfassen, sondern zudem auch fremdfinanzierte Mittel, die bis zum Zeitpunkt ihrer Inanspruchnahme im Unternehmen verbleiben. Leitgedanke ist, sämtliche Liquiditätszuflüsse zu erfassen.

	Jahresüberschuss
-	Gewinnvortrag
+	Verlustvortrag
+	Erhöhung der Rücklagen zu Lasten des Ergebnisses
-	Auflösung der Rücklagen zu Gunsten des Ergebnisses
-	Auflösung des Sonderpostens mit Rücklageanteil
+	Erhöhung der langfristigen Rückstellungen
-	Auflösung langfristiger Rückstellungen zu Gunsten des Ergebnisses
+	Abschreibungen und Wertberichtigungen auf Sachanlagen und Beteiligungen
=	**Cashflow im weiteren Sinne**

Aufgabe 58 > Seite 445

4.2.1.2 Aussagekraft

Der Cashflow ist **Indikator für die Finanzkraft** des Unternehmens insofern, als der Spielraum zur Innenfinanzierung, Schuldentilgung und Dividendenzahlung zum Ausdruck gebracht wird.

Aus der Cashflow-Kennzahl wird geschlossen, inwieweit das Unternehmen dauernd fähig ist, die erforderlichen Finanzmittel aus eigener Kraft für Ersatz und Erweiterungsinvestitionen zur Verfügung zu stellen.

$$\text{Innenfinanzierungsgrad} = \frac{\text{Cashflow} \cdot 100}{\text{Zugänge des Anlagevermögens}}$$

Zudem geben die im Cashflow enthaltenen Posten an, in welchem Maße das Unternehmen fähig ist, Schulden zu tilgen und Zinsverbindlichkeiten zu erfüllen, sodass im Rahmen der Analyse nicht nur die **Kreditfähigkeit** aus unternehmensinterner Sicht, sondern darüber hinaus auch die **Kreditwürdigkeit** extern beurteilt werden kann.

$$\text{Dynamischer Verschuldungsgrad} = \frac{\text{Fremdkapital - Zahlungsmittel}}{\text{Cashflow}}$$

4.2.2 Kapitalflussrechnung

Da die herkömmliche Beständebilanz nur unzureichend zur Darstellung finanzwirtschaftlicher Vorgänge in der Lage ist, setzt man zur Finanzanalyse die Kapitalflussrechnung ein. Hier werden Mittelverwendung und Mittelherkunft in Form einer **Bewegungsbilanz** einander gegenübergestellt.

Im Gegensatz zur Beständebilanz stellt die Bewegungsbilanz keine Zeitpunktrechnung, sondern eine Zeitraumrechnung dar, in der die Veränderungen der Bilanzpositionen während einer Rechnungsperiode aufgezeigt werden.

Die Bewegungsbilanz beruht auf dem Vergleich zweier Jahresbilanzen. Dabei kann sich die Anschaffung von Maschinen als Bilanzmehrung auswirken, wenn den Zugängen der Position Maschinen auf der Aktivseite eine Erhöhung der mittel- oder langfristigen Verbindlichkeiten auf der Passivseite gegenübersteht oder als Aktivtausch, wenn dabei liquide Mittel eingesetzt worden sind. Die Ablösung von Schulden kann ebenfalls zur Minderung liquider Mittel oder zur Mehrung von Verbindlichkeiten oder von Eigenkapital führen. Die daraus entstehende Bewegungsbilanz weist auf der Aktivseite die Mittelverwendung und auf der Passivseite die Mittelherkunft aus.

Mittelverwendung	Bewegungsbilanz	Mittelherkunft
Aktivmehrungen Passivminderungen		Aktivminderungen Passivmehrungen

Die Kapitalflussrechnung erfasst die Bestandsveränderungen. Sie ist primär als Instrument zu sehen, finanzwirtschaftliche Vorgänge aufzuzeigen und als Nebenprodukt das Zustandekommen des Erfolgs der Unternehmenstätigkeit zu offenbaren.

4.2.2.1 Zwecke

Die Jahresbilanz des Unternehmens ist als Zeitpunktrechnung nicht ohne weiteres in der Lage, ausreichende Informationen über die Bereiche der Finanzierung und Investition zu vermitteln, was auch mithilfe der Gewinn- und Verlustrechnung nur unwesentlich verbessert werden kann. Die Kapitalflussrechnung verdeutlicht dagegen die durch die Bilanz und die GuV nicht zum Ausdruck gebrachten Vorgänge im Bereich der Finanzierung und der Investierung. Sie ist eine **ergänzende Informationsquelle** zum Jahresabschluss und enthält insbesondere Aussagen über

▸ die Höhe der Betriebseinnahmen aus Umsatzerlösen

▸ die Betriebsausgaben für Material, Personal, Fremdleistungen und Abgaben

▸ den Überschuss der Betriebseinnahmen über die Betriebsausgaben

▸ die Ausgaben für Investitionen, Entwicklung und Markterschließung

▸ den Finanzbedarf, wenn die Ausgaben für Investitionen den Überschuss der Betriebseinnahmen über die Betriebsausgaben übersteigen

▸ die Außenfinanzierung aus Eigen- und Fremdkapital

▸ die Veränderung der liquiden Mittel.

Wird eine Kapitalflussrechnung von außenstehenden Dritten erstellt, handelt es sich um eine **externe Kapitalflussrechnung**. Dabei werden zum einen die Bilanzen zu Beginn und Ende einer Rechnungsperiode, zum anderen die GuV in derselben Weise einander gegenübergestellt.

Der **Informationsgehalt** derartiger Kapitalflussrechnungen ist abhängig:

- von der Gliederung der Bilanz und GuV
- von zusätzlichen Angaben, die darüber hinaus zur Verfügung stehen (z. B. Anhang, ggf. Eigenkapitalspiegel und Segmentberichterstattung, Angaben „unter dem Strich" gemäß §§ 251, 268 Abs. 7 und 285 Nr. 3 HGB).

Da nach § 268 Abs. 4 HGB der Betrag der Forderungen mit einer Restlaufzeit von mehr als einem Jahr und nach § 268 Abs. 5 HGB der Betrag der Verbindlichkeiten mit einer Restlaufzeit bis zu einem Jahr bei jedem gesondert ausgewiesenen Posten in der Bilanz zu vermerken sind, erleichtert die Rechnungslegung die Aufstellung der Kapitalflussrechnung.

4.2.2.2 Erstellung

Die Kapitalflussrechnung kann nach dem folgenden Schema erfolgen (Kapitalfluss-rechnung auf der Grundlage des Finanzmittelfonds gemäß dem „Deutscher Rech-nungslegungsstandard Nr. 2"):

Jahresergebnis
Abschreibungen (+) / Zuschreibungen (-) auf
Gegenstände des Anlagevermögens
Zunahme (+) / Abnahme (-) der Rückstellungen
Auflösung (-) zum Sonderposten
mit Rücklageanteil
sonstige zahlungsunwirksame Aufwendungen (+) / Erträge (-)

Brutto-Cashflow

Veränderung Working Capital

Gewinn (-) / Verlust (+) aus dem Abgang von Gegenständen
des Anlagevermögens
Zunahme (-) / Abnahme (+) der Vorräte, der Forderungen
aus Lieferungen und Leistungen sowie anderer Aktiva
Zunahme (+) / Abnahme (-) der Verbindlichkeiten
aus Lieferungen und Leistungen sowie anderer Passiva

Cashflow aus laufender Geschäftstätigkeit (1)

Einzahlungen (+) aus Abgängen von Gegenständen des
Anlagevermögens
Auszahlungen (-) für Investitionen in das Anlagevermögen

Cashflow aus der Investitionstätigkeit (2)

Auszahlungen (-) aus Gewinnausschüttung an
(stille) Gesellschafter
Einzahlungen (+) aus der Aufnahme von Krediten
Auszahlungen (-) für die Tilgung von Krediten

Cashflow aus der Finanzierungstätigkeit (3)

zahlungswirksame Veränderungen des Finanzmittelbestandes
Finanzmittelbestand am Anfang der Periode

Finanzmittelbestand am Ende der Periode

Die Summe aus (1), (2) und (3) ergibt die Zu- oder Abnahme des Finanzmittelbestan-des.

Nach folgendem Schema könnte die Bewegungsbilanz aus der Handelsbilanz abgeleitet werden:

Bewegungsbilanz

Aktiva	Mittel-verwendung +	Mittel-herkunft −	Passiva	Mittel-verwendung +	Mittel-herkunft −
A. Anlage-vermögen . . .			A. Eigen-kapital . . .		

Aufgabe 59 > Seite 446

5. Ergebnisanalyse

Im Rahmen der Ergebnisanalyse interessiert den Bilanzanalytiker neben der Höhe und der Herkunft insbesondere die Zusammensetzung des Unternehmenserfolges. Dazu muss die Ergebnisstruktur analysiert werden.

5.1 Analyse der Erfolgsquellen

Die GuV weist den Jahresüberschuss/Jahresfehlbetrag als Saldo aller Aufwendungen der Abrechnungsperiode aus (**Gesamtkostenverfahren**). Die Quellen des Erfolgs, nämlich die Erträge bestimmter Tätigkeiten (Aktionsbereiche der Unternehmung) und die dazugehörigen Aufwendungen sind nicht ersichtlich, wenn keine Segmentberichterstattung vorliegt. Das Ergebnis ist dann wenig aussagefähig. Es muss aufgespalten werden, wenn Erkenntnisse über seine Zusammensetzung gewonnen werden sollen.

Bei Anwendung des **Umsatzkostenverfahrens** wird Außenstehenden eine Information über das Betriebsergebnis zusätzlich erschwert, weil die Herstellungskosten der zur Erzielung der Umsatzerlöse erbrachten Leistungen nicht die gesamten Aufwendungen des Geschäftsjahres enthalten.

In Deutschland ist die Ergebnisspaltung in ein **Betriebsergebnis** und ein **neutrales Ergebnis** üblich. Im Betriebsergebnis (kurzfristige Erfolgsrechnung) werden die regelmäßig anfallenden Kosten und Leistungen aus der eigentlichen betrieblichen Tätigkeit (Produktion und Verkauf) einander gegenübergestellt. Das neutrale Ergebnis stellt den Saldo aus allen Aufwendungen und Erträgen dar, die nicht durch die eigentliche betriebliche Tätigkeit entstanden sind (betriebsfremd) oder die so unregelmäßig anfallen (betrieblich außerordentlich), dass sie nicht im Betriebsergebnis ausgewiesen werden und auch nicht in die Kalkulation eingehen sollen oder als im Vorjahr verursachte Aufwendungen und Erträge (periodenfremde) nicht dem Betriebsergebnis der

Abrechnungsperiode zugerechnet werden dürfen. Das neutrale Ergebnis zeigt den Anteil am Gesamtergebnis, der neben der eigentlichen betrieblichen Tätigkeit erwirtschaftet wurde.

5.1.1 Veränderungen im Zeitablauf

Diese oft bereits in der Buchhaltung vorgesehene Aufteilung in zwei Erfolgsbereiche wird nicht in die Gewinn- und Verlustrechnung nach § 275 HGB übernommen. Obwohl einzelne Posten gleichzeitig sowohl betriebliche als auch neutrale Aufwendungen bzw. Erträge enthalten können, erlaubt das Gliederungsschema des § 275 HGB eine grobe Aufschlüsselung des Ergebnisses.

Neben der Aufschlüsselung in

- betriebliche
- außerordentliche
- periodenfremde und
- betriebsfremde

Aufwendungen und Erträge muss auch die Veränderung **im Zeitablauf** analysiert werden.

Gliederung gemäß § 275 Abs. 2 und § 277 Abs. 3 HGB	Berichts-jahr	Vor-jahr	Verände-rung
1. Umsatzerlöse			
2. Erhöhung oder Verminderung des Bestands an unferti-gen und fertigen Erzeugnissen			
3. andere aktivierte Eigenleistungen			
4. sonstige betriebliche Erträge			

5. Materialaufwand
   a) Aufwendungen für Roh-, Hilfs- und Betriebsstoffe und für bezogene Waren
   b) Aufwendungen für bezogene Leistungen			

Rohergebnis (Rohgewinn)			

6. Personalaufwand:
   a) Löhne und Gehälter
   b) soziale Abgaben und Aufwendungen für die Altersver-sorgung und Unterstützung
   - davon für Altersversorgung
7. Abschreibungen:
   a) auf immaterielle Vermögensgegenstände des Anla-gevermögens und Sachanlagen
   b) auf Vermögensgegenstände des Umlaufvermögens, soweit diese die in der Kapitalgesellschaft üblichen Abschreibungen überschreiten
8. sonstige betriebliche Aufwendungen			

Betriebsergebnis			

9. Erträge aus Beteiligungen
   - davon aus verbundenen Unternehmen
10. Erträge aus anderen Wertpapieren und Ausleihungen des Finanzanlagenvermögens
   - davon aus verbundenen Unternehmen
11. sonstige Zinsen und ähnliche Erträge
   - davon an verbundene Unternehmen
12. Abschreibungen auf Finanzanlagen und Wertpapiere des Umlaufvermögens
13. Zinsen und ähnliche Aufwendungen
   - davon an verbundene Unternehmen			

Finanzergebnis			
14. **Ergebnis der gewöhnlichen Geschäftätigkeit**			
15. außerordentliche Erträge			
16. außerordentliche Aufwendungen			
17. **außerordentliches Ergebnis**			
18. Steuern vom Einkommen und vom Ertrag			
19. sonstige Steuern			
20. **Jahresüberschussbetrag/Jahresfehlbetrag**			

(1) **Rohergebnis**

Das Rohergebnis oder der Rohertrag ist der Betrag, um den die Umsatzerlöse und die Bestandsveränderungen an unfertigen und fertigen Erzeugnissen den Materialeinsatz übersteigen. Das Rohergebnis ist eine wichtige Kennzahl für den Betriebsvergleich und für die Kalkulation. Es zeigt die „Wertschöpfung", die Stellung der Unternehmung zwischen Beschaffungs- und Absatzmarkt.

(2) **Betriebsergebnis**

Die **Positionen 1 - 8** enthalten weitgehend betriebliche Erträge und betriebliche Aufwendungen. Mischposten sind lediglich die sonstigen betrieblichen Erträge (Pos. 4) und die sonstigen betrieblichen Aufwendungen (Pos. 8).

Die Position **„sonstige betriebliche Erträge"** enthält in der Praxis überwiegend solche Erträge, die nicht dem Betriebsergebnis zuzuordnen sind wie Erträge aus dem Abgang von Vermögensgegenständen des Anlagevermögens. Zuschreibungen zum Anlagevermögen, Erträge aus der Auflösung von Rückstellungen, der Herabsetzung der Pauschalwertberichtigung, der Auflösung von Einzelwertberichtigungen, Entnahmen aus dem Sonderposten mit Rücklageanteil, Gewinne aus Beteiligungen, Zahlungseingänge zu in früheren Jahren abgeschriebenen Forderungen, Erträge aus dem Verkauf von Wertpapieren des Anlage- und des Umlaufvermögens, Schuldennachlässe, die nicht auf gesellschaftsrechtlicher Grundlage beruhen, Währungsgewinne, Erhöhung des Festwerts, wenn kein Aufwand des Jahres vorliegt, Erlöse aus Nebenbetrieben wie Kantine, Erholungsheim, aus dem Verkauf von Abfällen der laufenden Produktion und aus Schadensersatz.

Periodenfremde Erträge innerhalb der sonstigen betrieblichen Erträge sind hinsichtlich Art und Betrag im Anhang zu erläutern (§ 277 Abs. 4 Satz 2 f. HGB). Auch Erträge aus der Auflösung des Sonderpostens mit Rücklageanteil sind gesondert auszuweisen oder im Anhang anzugeben (§ 281 Abs. 2 HGB a. F.).

Die **„sonstigen betrieblichen Aufwendungen"** (Position 8) enthalten neben den allgemeinen Verwaltungskosten und den Sonderkosten des Vertriebs, Sonderkosten der Fertigung, soweit sie nicht den Materialkosten zugeordnet werden, Verpackungsmaterial im Vertriebsbereich, wenn dieses nicht unter dem Materialaufwand ausgewiesen wurde und Abschreibungen auf Forderungen, soweit diese den üblichen Rahmen nicht überschreiten, auch Verluste aus dem Abgang von Gegenständen des Anlagevermögens und des Umlaufvermögens (außer Vorräte und Pauschalwertberichtigungen), Einstellungen in die Rückstellungen.

Die **„Erhöhung oder Verminderung des Bestands an fertigen und unfertigen Erzeugnissen"** setzt sich aus mengen- und wertmäßigen Veränderungen zusammen (§ 277 Abs. 2 HGB). Nach WP-Handbuch 2006, Band I, S. 550 sollten hier auch die Veränderungen **selbst erzeugter** Roh-, Hilfs- und Betriebsstoffe ausgewiesen werden. Die Aktivierung in Höhe aller aktivierungsfähigen Herstellungskosten wirkt sich besonders am Ende umsatzschwacher Geschäftsjahre mit umfangreichen Bestandsmehrungen positiver auf das ausgewiesene Ergebnis aus, als wenn lediglich zu aktivierungspflichtigen Herstellungskosten aktiviert wird. Allerdings dürfen die auf den vorhergehenden Abschluss angewandten Bewertungsmethoden grundsätzlich nicht geändert werden. Falls dies möglich ist, muss der **Einfluss von Abweichungen** in den Bilanzierungs- und Bewertungsmethoden im Anhang dargelegt und der Einfluss auf die Vermögens- und Ertragslage gesondert dargestellt (§ 284 Abs. 2 Nr. 3 HGB) werden. Wesentliche Abschreibungsbeträge sind ebenfalls im Anhang zu erläutern (§ 284 Abs. 2 Nr. 1 HGB).

Der **Betriebserfolg** hat die größte Aussagekraft hinsichtlich der Beurteilung der Ertragsentwicklung. Eine Beeinflussung ist wie beim Rohergebnis möglich über die Bewertung der Vorräte und den Liefertermin größerer Aufträge, besonders wenn diese bei einem extrem positiven oder negativen Ergebnis noch im letzten Monat des abgelaufenen oder im ersten Monat des folgenden Geschäftsjahres zur Auslieferung gelangen (s. hierzu unter Abschnitt E. Bilanzpolitik).

(3) **Finanzergebnis und Ergebnis aus der gewöhnlichen Geschäftätigkeit**
Die Positionen 9 - 13 enthalten das Finanzergebnis (neutrale Erträge und Aufwendungen). Das Ergebnis aus der gewöhnlichen Geschäftätigkeit (Positionen 6 - 13) enthält somit neben den betrieblichen auch betriebsfremde, außerordentliche und periodenfremde Aufwendungen und Erträge. Nur die für die Unternehmung untypischen Erfolgsbestandteile werden dem außerordentlichen Ergebnis (Position 17) zugeordnet. Die Posten sind im Anhang zu erläutern, soweit sie betragsmäßig für die Beurteilung der Ertragslage von Bedeutung sind (§ 277 Abs. 4 Satz 3 HGB).

Das Finanzergebnis (Positionen 9 - 13) lässt sich unter Berücksichtigung der „Davon-Posten" noch einmal aufspalten in den „Finanzerfolg der Unternehmung" und den „Verbunderfolg" aus Konzernbeziehungen.

Der **Finanzerfolg** ist in erster Linie von den Gegebenheiten des Geld- und Kapitalmarktes abhängig, weniger von der Leistung des Managements. Über den anteiligen **Verbunderfolg** aus Beteiligungs- und Konzernbeziehungen besteht die Möglichkeit der Manipulation des Ergebnisses. Deshalb dürfen die davon-Posten und die Hinweise im Anhang nicht übersehen werden.

(4) **Außerordentliches Ergebnis**
Außerordentlich sind nur solche Aufwendungen und Erträge, die **außerhalb der normalen Geschäftätigkeit** anfallen (§ 277 Abs. 4 Satz 1 HGB), z. B. Verluste und Gewinne aus der Veräußerung eines Teilbetriebes, Abschreibungen auf Vorräte und Sachanlagen im Rahmen der Aufgabe eines Arbeitsgebietes, Abfindungen an Mitarbeiter, soweit sie betragsmäßig wesentlich sind, sonstige Aufwendungen und Erträge aus der Aufnahme bzw. Aufgabe eines Arbeitsgebietes, Aufwendungen und Erträge aus der Einführung neuer bzw. der Aufgabe bisheriger Produkte, Abfindungen für die Unterlassung einer betrieblichen Tätigkeit, Nachlässe auf Verbindlichkeiten bei Erlassvergleich, Aufwand aus dem Totalschaden eines fast neuen Fahrzeuges, Erträge aus verlorenen öffentlichen Zuschüssen und Ähnliche.

Betriebsfremde Aufwendungen und Erträge sind **nur dann außerordentlich**, wenn sie gleichzeitig ungewöhnlich sind, selten vorkommen (keine Wiederholung) und von einiger materieller Bedeutung sind. Periodenfremde Aufwendungen und Erträge sind nicht den außerordentlichen zuzuordnen.

Außerordentliche Erträge, die für die Beurteilung der Ertragslage von Bedeutung sind, müssen nach Art und Höhe des Betrages im Anhang erläutert werden (§ 277 Abs. 4 Satz 2 HGB).

Über das außerordentliche Ergebnis wird oft durch **Auflösung oder Bildung stiller Reserven** das Gesamtergebnis beeinflusst (Bewertungs- und Liquidationserfolg). Derartige Maßnahmen lassen sich durch einen Periodenvergleich leicht aufdecken.

(5) **Steuern**

Innerhalb der Steuern werden auch Steuernachzahlungen und latente Steuern ausgewiesen. Steuererstattungen fallen ebenfalls unter diese Position wie auch Erträge aus der Auflösung von Rückstellungen zu Steuern. Alle Kapitalgesellschaften müssen im Anhang angeben, in welchem Umfang die Steuern vom Einkommen und vom Ertrag das außerordentliche und das Ergebnis der gewöhnlichen Geschäftstätigkeit belasten (§ 285 Nr. 6 HGB). Außerordentliche Aufwendungen aus anderen Geschäftsjahren sind zu erläutern, wenn sie nicht von untergeordneter Bedeutung sind (§ 277 Abs. 4 HGB).

Bei zwischenbetrieblichen Vergleichen ist nicht auszuschließen, dass einige Unternehmen die Kostensteuern nicht unter den „sonstigen Steuern", sondern innerhalb der „sonstigen betrieblichen Aufwendungen" und die zugehörigen Steuererstattungen unter den „sonstigen betrieblichen Erträgen" ausweisen.

Aufgrund der Angaben im Anhang ist meistens eine tiefere Untergliederung der GuV-Positionen möglich. Bei allen Ergebnissen erhöht ein Periodenvergleich die Aussagekraft hinsichtlich der zukünftigen Entwicklung.

5.1.2 Kritische Analyse der Verursachung

Der externe Bilanzkritiker wird die Werte der Gewinn- und Verlustrechnung soweit wie möglich in einer Tabelle aufteilen:

GuV-Position	Werte der GuV	davon			
		betrieb-lich	außeror-dentlich	perioden-fremd	betriebs-fremd
1. Umsatzerlöse 2. Erhöhung des Bestands an fertigen und unfertigen Erzeugnissen usw.					

Dabei werden Posten, wie Umsatzerlöse, Löhne und Gehälter, voll dem **betrieblichen Ergebnis** zugeordnet. Mischposten, wie sonstige betriebliche Erträge und sonstige betriebliche Aufwendungen, sind nach kritischer Beurteilung aufzulösen, im Zweifelsfall zur Hälfte als betrieblich einzustufen und zur anderen Hälfte auf das außerordentliche und das periodenfremde Ergebnis zu verteilen. Die Positionen 9 „Erträge aus Beteiligungen" - 13 „Zinsen und ähnliche Aufwendungen" werden grundsätzlich dem betriebsfremden Ergebnis zugerechnet, die Positionen 15 und 16 dem außerordentlichen Ergebnis. Weitere Hinweise zur Aufteilung erhält der Externe durch die „davon-Posten", aus dem Anhang und in Einzelfällen aus dem Lagebericht. Der geübte Bilanzleser wird auch aus dem Vermögensaufbau in der Bilanz eine ungefähre Aufteilung der Mischposten ableiten können.

5.2 Analyse der Ergebnisstruktur

Die Ergebnisstruktur kann analysiert werden, indem Relationen einzelner Positionen der Aufwandsseite bzw. Ertragsseite gebildet werden:

Hier sind mehrere Kennzahlen zu unterscheiden, z. B.:

▸ **Personalintensität**

Sie ist ein Maßstab für die Wirtschaftlichkeit des Faktors Arbeit.

$$\text{Personalintensität} = \frac{\text{Personalaufwand} \cdot 100}{\text{Gesamtaufwand}}$$

Der Personalaufwand umfasst die Löhne und Gehälter, die sozialen Abgaben und die Aufwendungen für Altersversorgung und Unterstützung.

Mithilfe der Personalintensität kann die Entwicklung der **Wirtschaftlichkeit des Personaleinsatzes** im Zeitablauf überprüft werden. Eine Verschlechterung muss nicht unbedingt vom Management zu vertreten sein, sondern kann darauf beruhen, dass Lohn- und Gehaltserhöhungen stärker gestiegen sind als der Gesamtaufwand. Im zwischenbetrieblichen Vergleich ist diese Kennzahl für die Beurteilung des Mechanisierungs- und Automationsniveaus der Unternehmen nützlich.

Die Aussage zur Personalintensität kann abgerundet werden durch die Kennzahl zur Personalproduktivität:

$$\text{Pro-Kopf-Umsatz} = \frac{\text{Umsatz}}{\text{Anzahl Mitarbeiter}}$$

▸ **Materialintensität**

Sie legt den Anteil des Materialaufwandes am Gesamtaufwand offen. Als Materialaufwand dient der Aufwand für Roh-, Hilfs- und Betriebsstoffe sowie bezogene Waren.

$$\text{Materialintensität} = \frac{\text{Materialaufwand} \cdot 100}{\text{Gesamtaufwand}}$$

Grundsätzlich ist mit der Materialintensität die **Wirtschaftlichkeit des Materialeinsatzes** festzustellen. Auch hier ist aber zu beachten, dass Veränderungen in den Beschaffungspreisen die Wirtschaftlichkeit beeinflussen.

► **Abschreibungsintensität**

Sie ist ein Maßstab für die Wirtschaftlichkeit des eingesetzten Sachanlagevermögens. Diese Kennzahl ist insofern schwierig zu ermitteln, als der Abschreibungsaufwand durch bilanzpolitische Maßnahmen stark beeinflusst ist.

$$\text{Abschreibungsintensität} = \frac{\text{Abschreibungsaufwand} \cdot 100}{\text{Gesamtaufwand}}$$

6. Rentabilitätsanalyse

Die Rentabilitätsanalyse soll Aufschluss über den **Erfolg** eines Unternehmens geben. In ihr wird der Gewinn bzw. der Cashflow anderen Größen gegenübergestellt. Rentabilitätskennzahlen besitzen im Rahmen der Bilanzanalyse eine **besondere Bedeutung** als Beurteilungskriterien.

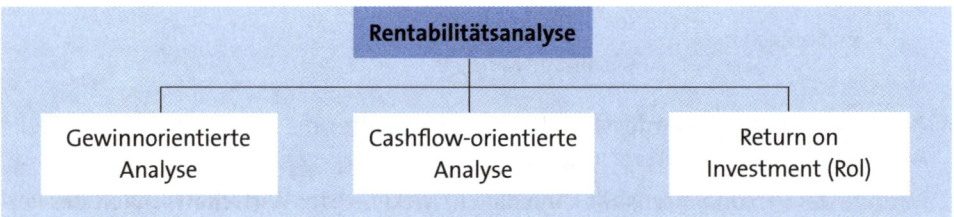

Die **Problematik der Rentabilitätskennzahlen** liegt in der richtigen Ermittlung des Gewinns. Die handelsrechtliche Erfolgsrechnung zeigt z. B. nur den verteilungsfähigen Reingewinn, also den Gewinn nach Abzug von Steuern, die aus dem Gewinn zu zahlen sind und nach Abzug von Gewinnanteilen, die aus Rücklagen überführt worden sind. Der ausgewiesene Gewinn kann außerdem durch Bildung stiller Reserven verfälscht sein. Er ist ferner nicht nur durch den Umsatzprozess der Betriebsleistungen, sondern auch durch außerordentliche und periodenfremde Erträge entstanden.

Unter Inkaufnahme der weiter bestehenden, eingeschränkten Vergleichbarkeit haben sich zur Herstellung einer höheren Transparenz der tatsächlichen Verhältnisse in den Unternehmen insbesondere die folgenden Definitionen des Erfolges gebildet:

EBT   = Earning before Taxes (Gewinn von Ertragsteuern)
EBIT   = Earning before Interest and Taxes (Gewinn vor Zinsen und Ertragsteuern)
EBITDA = Earning before Depreciation, Interest and Taxes
          (Gewinn vor Abschreibungen, Zinsen und Ertragsteuern)

6.1 Gewinnorientierte Rentabilitätsanalyse

An dieser Stelle sollen die Kennzahlen der gewinnorientierten Rentabilitätsanalyse zusammenhängend dargestellt werden. Die Tatsache, dass hier der Vollständigkeit wegen noch einmal auf die bereits unter „3.2 Rentabilität der Finanzierung" angesprochenen Kennziffern verwiesen wird, macht den vielseitigen Informationsgehalt einzelner Kennziffern je nach Kontext deutlich.

(1) **Eigenkapitalrentabilität**

Die Eigenkapitalrentabilität ergibt sich, indem Gewinn und Eigenkapital gegenübergestellt werden:

$$\text{Eigenkapitalrentabilität} = \frac{\text{Gewinn} \cdot 100}{\text{Eigenkapital}}$$

Als Gewinn wird hier der Jahresüberschuss der Handelsbilanz verstanden, der um die Steuern vom Einkommen und Ertrag vermindert wird. Das Eigenkapital besteht aus dem gezeichneten Kapital, den Rücklagen und dem nicht ausgeschütteten Teil des Jahresgewinnes.

(2) **Gesamtkapitalrentabilität**

Die Gesamtkapitalrentabilität stellt die Verzinsung des in einem Unternehmen insgesamt eingesetzten Kapitals dar. Bei der Ermittlung der Gesamtkapitalrentabilität sind die Fremdkapitalzinsen zu berücksichtigen:

$$\text{Gesamtkapitalrentabilität} = \frac{(\text{Gewinn} + \text{Fremdkapitalzinsen} \cdot 100)}{\text{Gesamtkapital}}$$

(3) **Umsatzrentabilität**

Die Umsatzrentabilität wird ermittelt, indem der Gewinn dem Umsatz gegenübergestellt wird:

$$\text{Umsatzrentabilität} = \frac{(\text{Gewinn} \cdot 100)}{\text{Umsatz}}$$

Zweckmäßigerweise kann anstelle des Gewinnes das Betriebsergebnis (s. Abschnitt G.5.1.1) verwendet werden, weil dann betriebsfremde oder außerordentliche Aktivitäten des Unternehmens unberücksichtigt bleiben:

$$\text{Umsatzrentabilität} = \frac{(\text{Betriebsergebnis} \cdot 100)}{\text{Umsatz}}$$

6.2 Cashflow-orientierte Rentabilitätsanalyse

Die gleichen Rentabilitätskennzahlen – wie oben beschrieben – können auch auf der Basis des Cashflow ermittelt werden.

Die Cashflow-orientierte Analyse der Rentabilität hat den Vorteil, dass sie über den Gewinn hinaus auch andere Einflussgrößen berücksichtigt und somit ein umfassenderes Bild ermöglicht, insbesondere unter finanzwirtschaftlichen Aspekten.

(1) Eigenkapitalrentabilität

$$\text{Eigenkapitalrentabilität} = \frac{\text{Cashflow} \cdot 100}{\text{Eigenkapital}}$$

Die so errechnete Eigenkapitalrentabilität gibt Auskunft darüber, wie viel Prozent des Eigenkapitals der Cashflow ausmacht. Dadurch kann die Finanzierungs- und Ertragskraft eines Unternehmens fundierter analysiert werden als bei der Gewinn orientierten Betrachtung.

(2) Gesamtkapitalrentabilität

$$\text{Gesamtkapitalrentabilität} = \frac{\text{Cashflow} \cdot 100}{\text{Gesamtkapital}}$$

(3) Umsatzrentabilität

$$\text{Umsatzrentabilität} = \frac{\text{Cashflow} \cdot 100}{\text{Umsatz}}$$

Aufgabe 60 > Seite 449

6.3 Return on Investment (RoI)

Bei der RoI-Kennziffer handelt es sich um eine erweiterte Form der Gesamtkapitalrentabilität. Durch Einbeziehung der Umschlagshäufigkeit des investierten Kapitals werden die Beziehungen zwischen Gewinn, Umsatz und eingesetztem Kapital dargestellt. Die Umsatzrendite wird nicht isoliert, sondern im Zusammenhang mit dem investierten Kapital gesehen. Die Kennziffer ist auch unter dem Namen „Du-Pont-Formel" bekannt (s. Abschnitt 1.4.2.3).

Die ursprüngliche Kennziffer des RoI knüpft an die Gesamtkapitalrentabilität an:

$$\text{RoI} = \frac{\text{Gewinn} \cdot 100}{\text{investiertes Kapital}}$$

Sie wird erweitert durch die Einbeziehung des Umsatzes:

$$\text{Erweiterung} \ = \ \frac{\text{Umsatz}}{\text{Umsatz}}$$

Anschließend erfolgt eine Zerlegung der Formel in die Teile Umsatzrentabilität und Kapitalumschlag:

$$\text{RoI} \ = \ \frac{\text{Gewinn} \cdot 100}{\text{Umsatz}} \ \cdot \ \frac{\text{Umsatz}}{\text{investiertes Kapital}}$$

Die Kennziffer kann auch definiert werden:

$$\text{RoI} \ = \ \text{Umsatzrentabilität} \cdot \text{Umschlagshäufigkeit des investierten Kapitals}$$

Der RoI erteilt Auskunft darüber, ob eine Veränderung der Gesamtkapitalrentabilität auf einer Veränderung der Umsatzrentabilität oder des Kapitalumschlags beruht. Die Kennziffer kann beeinflusst werden durch Umsatzsteigerungen (Preiserhöhung), Erhöhung der Umsatzrentabilität, Verringerung des betriebsnotwendigen Kapitals (Erhöhung der Umschlagsgeschwindigkeit) und auch durch Kostensenkungen.

Aufgabe 61 > Seite 451

Lösung

1. Was versteht man unter der Bilanzanalyse?	S. 313
2. Welche Formen des Vergleiches lassen sich bei der Bilanzanalyse unterscheiden?	S. 313
3. Welche Ziele werden von der Bilanzanalyse verfolgt?	S. 313 f.
4. Aus welchen Phasen besteht ein Entscheidungsprozess?	S. 314
5. Zählen Sie die Arten der Bilanzanalysen auf!	S. 315
6. Welchen Vorteil kann sich der interne Bilanzanalytiker zunutze machen?	S. 315
7. Wozu dienen externe Bilanzanalysen vor allem?	S. 315 ff.
8. Welche Interessengruppen haben besonderes Interesse an Bilanzanalysen?	S. 315 f.
9. Was ist die Voraussetzung dafür, dass ein externer Bilanzanalytiker seine Aufgabe hinreichend gut bewältigen kann?	S. 315 f.
10. Worüber gibt die Bilanz keine Auskunft?	S. 315 f.
11. Erläutern Sie, wozu formelle Bilanzanalysen dienen!	S. 318
12. Wozu dienen materielle Bilanzanalysen?	S. 319
13. Welche Arten materieller Bilanzanalysen sind zu unterscheiden?	S. 319
14. Welche Aufgabe hat die Substanzanalyse?	S. 319
15. Inwieweit ist das Bilanzschema des HGB geeignet, eine Grundlage zur Ermittlung von Kennzahlen darzustellen?	S. 322
16. Welche Vorbereitungen sind zu treffen, um zu einem auswertbaren Schema der Bilanz zu gelangen?	S. 323 f.
17. Was versteht man unter Kennzahlen?	S. 328
18. Welche Arten von Kennzahlen lassen sich unterscheiden?	S. 328 ff.
19. Welche Relationen lassen sich beim Jahresabschluss grundsätzlich bilden?	S. 329 ff.
20. Welchen Zweck verfolgen Kennzahlensysteme?	S. 333
21. Worin unterscheiden sich das Du-Pont-System und das ZVEI-System grundsätzlich?	S. 333 ff.
22. Was versteht man unter der Investitionsanalyse?	S. 337
23. Welche Arten der Investitionsanalyse lassen sich unterscheiden?	S. 337
24. Wozu dient die Analyse der Investitionsstruktur?	S. 337
25. Welche Kennzahlen können im Rahmen der Analyse der Investitionsstruktur gebildet werden?	S. 338 f.
26. Welche Aussage soll die Analyse der Investitionspolitik vermitteln?	S. 339 f.
27. Nennen und erläutern Sie die Kennzahlen, die Aussagen über die Investitionspolitik eines Unternehmens ermöglichen!	S. 339 f.

28. Zu welchem Zweck werden umsatzbezogene Investitionsanalysen durchgeführt?	S. 340
29. Welche Kennzahlen dienen der umsatzbezogenen Investitionsanalyse?	S. 340 f.
30. Was versteht man unter der Finanzierungsanalyse?	S. 342
31. Welche Arten der Finanzierungsanalyse können unterschieden werden?	S. 342
32. Nennen und erläutern Sie Kennzahlen der Finanzierungsstruktur!	S. 342 f.
33. Welche Aussagen treffen vertikale Finanzierungsregeln?	S. 343
34. Welche Bedeutung haben die Rentabilitätswirkungen des Fremdkapitals im Rahmen der Gestaltung des Fremdkapital-Eigenkapitalverhältnisses?	S. 344
35. Erläutern Sie an einem Beispiel die Wirkungsweise des leverage effects!	S. 345
36. Was versteht man unter der Liquiditätsanalyse und welche beiden Arten unterscheidet man?	S. 347
37. Nennen und erläutern Sie die Kennzahlen der langfristigen Liquiditätsanalyse!	S. 347 ff.
38. Welche Aussagen treffen horizontale Finanzierungsregeln?	S. 348 ff.
39. Worin unterscheiden sich die Rentabilität des Eigenkapitals und die Rentabilität des Gesamtkapitals?	S. 345
40. Nennen und erläutern Sie die Kennzahlen der kurzfristigen Liquiditätsanalyse!	S. 350 f.
41. Welche Aussagen ermöglicht der Cash-flow?	S. 352
42. Wie kommt ein positives Working Capital zu Stande?	S. 349 f.
43. Wozu kann ein negatives Working Capital führen?	S. 349 f.
44. Beschreiben Sie, was unter Kapitalflussrechnungen zu verstehen ist und weshalb sie in jüngster Zeit verstärkt Anwendung finden!	S. 353 ff.
45. Stellen Sie den Zweck der Ergebnisanalyse dar und zeigen Sie, worauf diese sich im Einzelnen beziehen kann!	S. 357 ff.
46. Nennen und erläutern Sie Kennzahlen, die Informationen über die Ergebnisstruktur vermitteln!	S. 363 f.
47. Beschreiben Sie, was unter der Rentabilitätsanalyse zu verstehen ist, und erläutern Sie die einzelnen Kennzahlen!	S. 364 ff.
48. Aus welchen Formeln setzt sich die Formel für die Ermittlung des Return on Investment zusammen?	S. 366 f.
49. Auf welche Fragen gibt die Kennziffer des RoI Auskunft?	S. 367
50. Durch welche innerbetrieblichen Maßnahmen kann der RoI beeinflusst werden?	S. 367
51. Praktische Übung: Beschaffen Sie sich den Jahresabschluss einer Kapitalgesellschaft und führen Sie die externe Bilanzanalyse aus der Sicht eines künftigen Anteilseigners durch.	–

H. Sonderbilanzen

1. Arten der Bilanzen

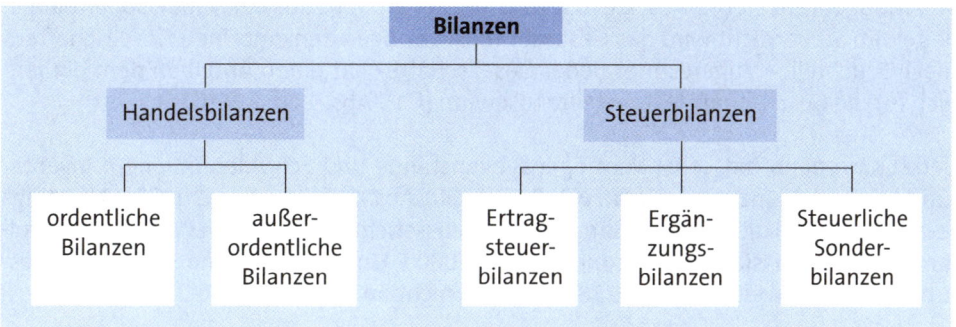

1.1 Handelsbilanzen

Die Eröffnungs-, Zwischen- und Schlussbilanzen bestehender Unternehmen (going concerns) werden als **ordentliche Bilanzen** bezeichnet. **Außerordentliche Bilanzen** oder **Sonderbilanzen** werden nur zu besonderen Anlässen erstellt, und zwar i. d. R. nur einmalig. Sonderbilanzen in diesem Sinne sind:

- ► Gründungsbilanzen (erste Eröffnungsbilanz bei der Gründung)
- ► Umwandlungsbilanzen und Verschmelzungsbilanzen
- ► Auseinandersetzungsbilanzen
- ► Sanierungsbilanzen
- ► Insolvenzbilanzen
- ► Liquidationsbilanzen.

1.2 Steuerbilanzen

Die Steuerbilanz ist i. d. R. eine aus der **Handelsbilanz** abgeleitete Bilanz. Ertragsteuerbilanzen werden jährlich zum Zwecke der Veranlagung zur Einkommensteuer bzw. der Körperschaftsteuer erstellt. Rechtsgrundlagen sind AO, HGB, EStG, KStG und GewStG.

1.3 Steuerliche Ergänzungsbilanzen

1.3.1 Notwendigkeit steuerlicher Sonder- und Ergänzungsbilanzen

1.3.1.1 Gesamthandsbilanz und Sonder- und Ergänzungsbilanzen

Steuerliche Sonderbilanzen und Ergänzungsbilanzen treten nur bei Personenhandelsgesellschaften auf, nicht dagegen bei Einzelkaufleuten und Kapitalgesellschaften. Die §§ 705 ff. BGB rechnen die Personengesellschaften zu den Gesamthandsgemeinschaften. Das Gesellschaftsvermögen steht den Gesellschaftern zur gesamten Hand zu.

Nach § 238 Abs. 1 HGB sind Personenhandelsgesellschaften selbstständig buchführungspflichtig. Diese Pflicht muss die Gesellschaft auch im Interesse der Besteuerung erfüllen (BFH v. 23.10.1990, BStBl 1991 II S. 401, VIII 142/85). Wegen des Grundsatzes der Maßgeblichkeit (§ 5 Abs. 1 EStG) wird die Steuerbilanz aus der Handelsbilanz abgeleitet. Im Steuerrecht wird das Gesamthandsvermögen den einzelnen Gesellschaftern nach Bruchteilen zugerechnet. Jeder Gesellschafter hat einen Anteil an dem einheitlich für die Gesellschaft festgestellten Gewinn (§ 15 Abs. 1 Nr. 2 EStG).

Jeder Kaufmann hat seine Vermögensgegenstände und Schulden in einem Inventar und in einer Bilanz zusammenzustellen (§ 240 Abs. 1, § 242 Abs. 1 HGB). Allerdings brauchen Einzelkaufleute, die an den Abschlussstichtagen von zwei aufeinander folgenden Geschäftsjahren nicht mehr als 500.000 € Umsatzerlöse **und** 50.000 € Jahresüberschuss aufweisen, die §§ 238 - 241 HGB nicht anzuwenden.

Die Vorschriften des HGB knüpfen an das bürgerlich-rechtliche Eigentum an. Entsprechend rechnet auch das Steuerrecht die Wirtschaftsgüter grundsätzlich dem zivilrechtlichen Eigentümer zu (§ 39 Abs. 1 AO). Die Handelsbilanz der Personengesellschaft (Gesamthandsbilanz) enthält nicht das gesamte Vermögen, mit dem die Gesellschaft arbeitet, sondern nur das Gesamthandsvermögen. Wirtschaftsgüter, die nicht zum zivilrechtlichen Eigentum der Mitunternehmerschaft, d. h. nicht der Gesellschaft, gehören, sind grundsätzlich den einzelnen Gesellschaftern zuzurechnen.

Werden Wirtschaftsgüter zur Nutzung und dem Werte nach eingebracht, ohne dass durch die Einbringung die dingliche Stellung des rechtlichen Eigentümers berührt wird, sind sie dem Gesellschaftsvermögen zuzurechnen. Außerdem sind solche Wirtschaftsgüter dem Vermögen der Gesellschaft zuzurechnen, an denen diese unter anderen Gesichtspunkten wirtschaftliches Eigentum erworben hat (§ 39 Abs. 2 AO).

Problem: In der Handelsbilanz dürfen keine Wirtschaftsgüter ausgewiesen werden, die nicht der Personengesellschaft gehören. Steuerlich sind jedoch auch solche Wirtschaftsgüter zum Betriebsvermögen zu rechnen, die dem Betrieb der Personengesellschaft unmittelbar und überwiegend dienen oder der Beteiligung eines Gesellschafters zu dienen bestimmt sind, aber nur einem oder mehreren Mitunternehmern – und eben nicht der Gesamthand – gehören.

1.3.1.2 Unterschiede zwischen Ergänzungs- und Sonderbilanzen

Die bezogen auf die einzelnen Mitunternehmer bei der Besteuerung nach dem Einkommen zu beachtenden Besonderheiten können in der Steuerbilanz der Gesellschaft nicht berücksichtigt werden. Deshalb müssen zusätzliche Bilanzen erstellt werden. Dabei sind Sonderbilanzen und Ergänzungsbilanzen zu unterscheiden:

- **Ergänzungsbilanzen** werden erforderlich im Zusammenhang mit der Einbringung eines Betriebes, Teilbetriebes oder Mitunternehmeranteils. Sie weisen keine Wirtschaftsgüter aus, sondern ordnen Wertdifferenzen zwischen den in der Gesamthandsbilanz ausgewiesenen Buchwerten und den Anteilen einzelner Gesellschafter an den Vermögensgegenständen der Gesellschaft (Mehr- oder Minderkapital) sachgerecht zu.

- Steuerliche **Sonderbilanzen** weisen die von Mitunternehmern der Gesellschaft zur betrieblichen Nutzung überlassenen Wirtschaftsgüter als **Sonderbetriebsvermögen** aus und erfassen die mit dem Sonderbetriebsvermögen im Zusammenhang stehenden Einnahmen und Ausgaben des Gesellschafters. Sonderbilanzen enthalten Wirtschaftsgüter, die in der **Gesamthandsbilanz** nicht erfasst sind, aber zusammen mit dem Gesamthandsvermögen das **Betriebsvermögen** der Personengesellschaft bilden.

1.3.1.3 Erstellung der Bilanzen und Veranlagung

Die Verpflichtung zur Führung steuerlicher Sonderbilanzen und Ergänzungsbilanzen obliegt der Gesellschaft (§ 141 Abs. 1 AO). Sie werden in der Buchhaltung der **Mitunternehmerschaft** (Personengesellschaft) erstellt. Die Veranlagung der einzelnen Mitunternehmer (Gesellschafter) erfolgt im gesonderten und einheitlichen Gewinnfeststellungsverfahren (§ 180 Abs. 1 Nr. 2a AO). Dabei wird der steuerliche Gewinn der Gesellschaft einschließlich der Ergebnisse aus den Sonderbilanzen und Ergänzungsbilanzen festgestellt. Der Gewinnfeststellungsbescheid ist ein Grundlagenbescheid für den Einkommensteuerbescheid des einzelnen Mitunternehmers (§ 171 Abs. 10 AO). Die Steuererklärung für die Durchführung des Feststellungsverfahrens muss die Mitunternehmerschaft abgeben.

1.3.2 Ergänzungsbilanzen

Ergänzungsbilanzen werden ergänzend zur Gesamthandsbilanz der Personengesellschaft erstellt und dienen der gesonderten Feststellung des anteiligen Gewinns der Gesellschafter aus der unternehmerischen Tätigkeit. Ergänzungsbilanzen sind Korrekturbilanzen zur Gesamthandsbilanz. Die Vermögensgegenstände werden in der Bilanz der Gesellschaft ausgewiesen. Die Ergänzungsbilanz weist die auf den einzelnen Gesellschafter entfallende Wertdifferenz gegenüber dem Wert in der Gesamthandsbilanz als Mehr- oder Minderkapital aus. Die in der Ergänzungsbilanz aktivierte Wertdifferenz wird gezahlt für den ideellen Anteil an den Wirtschaftsgütern bzw. für die erworbenen stillen Reserven.

Die Aufstellung einer Ergänzungsbilanz wird erforderlich bei

► Gesellschafterwechsel, der die Übertragung stiller Reserven erforderlich macht

► Gründung einer Personenhandelsgesellschaft oder bei Austritt eines Gesellschafters aus oder Eintritt eines Gesellschafters in eine bestehende Gesellschaft

► Änderung der Beteiligungsverhältnisse der Gesellschafter

► Verschmelzung von Personengesellschaften.

Ergänzungsbilanzen werden erstmalig zum Zeitpunkt des Eintritts eines neuen Gesellschafters erstellt. Sie sind dann so lange neben der Gesamthandsbilanz zu erstellen, bis die darin ausgewiesenen Mehr- oder Minderwerte abgeschrieben, entnommen oder veräußert worden sind. Da die Ergänzungsbilanz nur die dem einzelnen Gesellschafter zuzurechnenden Mehr- oder Minderwerte erfasst, ist eine gesonderte Buchführung nicht erforderlich. Die Ergänzungsbilanzen erstellt der Buchhalter einer Personengesellschaft i. d. R. statistisch. Die Wertansätze in den Ergänzungsbilanzen müssen hinsichtlich der Abschreibungsmethoden mit denen in der Bilanz der Gesellschaft übereinstimmen, denn Bewertungswahlrechte können grundsätzlich nur einheitlich ausgeübt werden.

Aufgabe 62 > Seite 453
Aufgabe 63 > Seite 453
Aufgabe 64 > Seite 454
Aufgabe 65 > Seite 454

1.3.3 Steuerliche Sonderbilanzen

Überlässt ein Gesellschafter der Mitunternehmerschaft Wirtschaftsgüter zur betrieblichen Nutzung, sind diese in Sonderbilanzen auszuweisen, und zwar unabhängig davon, ob

► die Wirtschaftsgüter ganz oder nur teilweise im Eigentum des überlassenden Mitunternehmers stehen

► die Überlassung entgeltlich oder unentgeltlich erfolgt.

Zum Sondervermögen gehören von der Funktion her zwei Gruppen, die als Sonderbetriebsvermögen I und Sonderbetriebsvermögen II bezeichnet werden.

Sonderbetriebsvermögen I sind solche Wirtschaftsgüter, die dem Betrieb der Personengesellschaft (Mitunternehmerschaft) dienen oder zu dienen bestimmt und geeignet sind. Diese Wirtschaftsgüter überlässt der Mitunternehmer der Gesellschaft zur Nutzung. Auch die Vergabe eines Darlehens an die Mitunternehmerschaft führt zu notwendigem Sonderbetriebsvermögen. Der Forderung im Sonderbetriebsvermögen steht immer eine Verbindlichkeit im Gesamthandsvermögen gegenüber.

Sonderbetriebsvermögen II sind solche Wirtschaftsgüter, die unmittelbar zur Begründung oder Stärkung der Beteiligung bestimmt sind.

Beispiele

Beispiele für Sonderbetriebsvermögen II:

- Beteiligung eines Kommanditisten an einer GmbH & Co. KG
- Beteiligung an einer Kapitalgesellschaft, die den Vertrieb für die Personengesellschaft übernimmt
- Beteiligung an einer Kapitalgesellschaft, deren Produkte die Mitunternehmerschaft vertreibt
- Beteiligung an einer Kapitalgesellschaft, an die die Mitunternehmerschaft ihr Anlagevermögen vermietet hat

Verbindlichkeiten im wirtschaftlichen Zusammenhang mit einer Beteiligung, z. B. Kredite, die zur Finanzierung der Kommanditeinlage oder von Wirtschaftsgütern des Sondervermögens aufgenommen worden sind, führen zu negativem Sonderbetriebsvermögen.

Die Geschäftsvorfälle zum Sonderbetriebsvermögen bucht der Buchhalter der Personengesellschaft in einem gesonderten Buchungskreis, weil das Sondervermögen nicht zum Vermögen der Gesellschaft zählt.

Aufgabe 66 > Seite 455

2. Gründungsbilanzen

2.1 Arten der Gründung und Gründungsbilanzen

Die Gründung ist ein Ereignis, durch das ein Unternehmen ins Leben gerufen wird. Bei einer **Neugründung** wird ein neues, bisher nicht vorhandenes Unternehmen geschaffen. Bei der **Umgründung** erfolgt lediglich die Überführung eines bestehenden Unternehmens in eine neue Rechtsform durch formelle Liquidation.

Im Handelsrecht wird die Gründungsbilanz als **Eröffnungsbilanz** bezeichnet. Jeder Kaufmann hat zu Beginn seines Handelsgewerbes einen das Verhältnis seines Vermögens und seiner Schulden darstellenden Abschluss, die Eröffnungsbilanz, aufzustellen. Auf die Eröffnungsbilanz sind die für den Jahresabschluss geltenden Vorschriften entsprechend anzuwenden, soweit sie sich auf die Bilanz beziehen (§ 242 Abs. 1 HGB). Mit der Eröffnungsbilanz beginnt die Pflicht zur kaufmännischen Buchführung (§ 238 HGB).

Die „Gründungsbilanz" als erste Eröffnungsbilanz unterscheidet sich von den Eröffnungsbilanzen nachfolgender Geschäftsjahre dadurch, dass in der Gründungsbilanz bestimmte Posten, wie „Eigene Anteile" nicht vorkommen können.

Die Gründungsbilanz dient

- ▸ bei allen Kaufleuten der Darstellung des Vermögens und der Schulden im Zeitpunkt der Aufnahme des Geschäftsbetriebs und als Basis für die Buchführung und die künftigen Jahresabschlüsse.
- ▸ bei Einzelkaufleuten und Personengesellschaften der Abgrenzung des Betriebsvermögens von dem nicht betrieblich genutzten Privatvermögen.
- ▸ bei Kapitalgesellschaften als rechnungsmäßiger Abschluss der Gründungsperiode und Schlussbilanz der Vor- oder Gründergesellschaft.

Bilanzstichtag ist der Tag, an dem das Handelsgewerbe des Kaufmanns beginnt. Das ist in der Regel der Tag der Gewerbeanmeldung, der Abschluss eines Gesellschaftsvertrags oder die Aufnahme von Geschäftsbeziehungen zu Kunden und Lieferanten. Die Gründungsbilanz der Kapitalgesellschaften ist frühestens auf den Tag der Errichtung spätestens auf den Tag der Eintragung aufzustellen. Bei Kapitalgesellschaften in Gründung ist meist der Tag des Abschlusses des Gesellschaftsvertrages Stichtag für die Erstellung der Gründungsbilanz. Die steuerliche Buchführungspflicht (§ 141 AO) kann dazu führen, dass bereits in einem früheren Zeitpunkt eine Gründungsbilanz erstellt werden muss. Eine weitere Eröffnungsbilanz auf den Zeitpunkt der Eintragung ist dann nicht mehr erforderlich.

2.1.1 Bargründung und Sachgründung

Bei einer **Bargründung** bringen der Inhaber oder die Gesellschafter bzw. Gründer Bargeld, Bankguthaben oder Schecks ein. Das Eigenkapital entspricht dann dem Vermögen in Gestalt der liquiden Mittel, die zum Nominalwert anzusetzen sind.

Beispiele

Fall 1: A und B gründen am 01.07.01 die A&B-OHG. Vereinbarungsgemäß leistet jeder von ihnen eine Geldeinlage von 100.000 €. Der Gesellschaftsvertrag sieht vor, dass A und B zu je 50 % am Gewinn und an den stillen Reserven beteiligt sein sollen. Die Gründungsbilanz sieht wie folgt aus:

AKTIVA	Gründungsbilanz der A&B-OHG		PASSIVA
	Euro		Euro
Geldkonto	200.000	Kapital A	100.000
		Kapital B	100.000
	200.000		200.000

Fall 2: Wie vor, jedoch werden 50 % der Pflichteinlage des B zunächst gestundet:

AKTIVA	Gründungsbilanz der A&B-OHG		PASSIVA
	Euro		Euro
Geldkonto	150.000	Kapital A	100.000
		Kapital B	50.000
	150.000		150.000

Fall 3: Wie vor, jedoch ist die restliche Pflichteinlage des B eingefordert:

AKTIVA	Gründungsbilanz der A&B-OHG		PASSIVA
	Euro		Euro
eingefordertes, noch nicht eingezahltes Kapital	50.000	Kapital A	100.000
Geldkonto	150.000	Kapital B	100.000
	200.000		200.000

Bei der **Sachgründung** werden Vorräte, Sachanlagen und immaterielle Vermögensgegenstände eingebracht. Vorgeleistete Aufwendungen für einen Geschäfts- oder Firmenwert (§ 246 Abs. 1 HGB) können nicht eingebracht werden. Die Sacheinlagen müssen in der Satzung oder im Gesellschaftsvertrag konkret festgelegt werden (§ 27 Abs. 1 Satz 2 AktG, § 5 Abs. 4 GmbHG). Bei der Sachgründung können sich bei der Aufstellung der Gründungsbilanz Bewertungsprobleme ergeben, die insbesondere von der Rechtsform des Unternehmens abhängig sind.

Werden sowohl liquide Mittel als auch Realgüter und Rechte (Sacheinlagen) eingebracht, liegt eine **Mischgründung** vor.

Beispiel

A und B gründen zum 01.01.01 eine OHG, an der jeder zu 50 % beteiligt sein soll. Die Gesellschafter verpflichten sich zu folgenden Einlagen: A bringt ein unbebautes Grundstück mit einem Verkehrswert (= Teilwert) von 50.000 € ein. Das Grundstück hat A 2 Jahre vor der Einlage für 40.000 € erworben. B bringt seinen bisher ebenfalls zum Privatvermögen gehörenden Kombinationskraftwagen ein, den er vor vier Jahren erworben hat, Verkehrswert 30.000 €, und leistet eine Geldeinlage von 20.000 €. Die Eröffnungsbilanz sieht wie folgt aus:

AKTIVA	Eröffnungsbilanz der A&B-OHG		PASSIVA
	Euro		Euro
Grundstück	50.000	Kapital A	50.000
Kraftwagen	30.000	Kapital B	50.000
Geldkonto	20.000		
	100.000		100.000

Da das Grundstück in der **Steuerbilanz** nur mit den ursprünglichen Anschaffungskosten von 40.000 € (§ 6 Abs. 1 Nr. 5 EStG) ausgewiesen werden darf, muss die Differenz als Minderkapital des A in einer steuerlichen Ergänzungsbilanz ausgeglichen werden:

AKTIVA	Negative Eröffnungsbilanz A		PASSIVA
	Euro		Euro
Minderkapital A	10.000	Minderwert Grundstück	10.000
	10.000		10.000

Sacheinlagen werden in der Gründungs- oder Eröffnungsbilanz nach dem Anschaffungskostenprinzip (§ 253 Abs. 1 Satz 1 HGB) und dem Grundsatz der Einzelbewertung (§ 252 Abs. 1 Nr. 3 HGB) bewertet. Maßgeblich ist in der Regel der Zeitwert bzw. der Realisationswert (§ 252 Abs. 1 Nr. 3 HGB). Wurde das Wirtschaftsgut innerhalb der letzten 3 Jahre vor dem Zeitpunkt der Einlage angeschafft oder hergestellt, erfolgt die Bewertung zum Teilwert im Zeitpunkt der Zuführung, höchstens aber zu den fortgeführten Anschaffungs- oder Herstellungskosten (§ 6 Abs. 1 Nr. 5 Satz 1 f. EStG).

Wird ein Wirtschaftsgut eingelegt, das vor der Zuführung aus einem Betriebsvermögen des Steuerpflichtigen entnommen worden ist, so tritt an die Stelle der Anschaffungs- oder Herstellungskosten der Entnahmewert und an die Stelle des Zeitpunkts der Anschaffung oder Herstellung der Zeitpunkt der Entnahme (§ 5 Abs. 1 Nr. 5 Satz 3 EStG).

2.1.2 Inventur und Eröffnungsinventar

Jeder Kaufmann hat zu Beginn seines Handelsgewerbes ein Inventar aufzustellen (§ 240 Abs. 1 Satz 1 HGB). Für die Inventur im Rahmen der Gründung gelten die allgemeinen Vorschriften des § 240 Abs. 3 f. HGB und die Inventurvereinfachungsverfahren nach § 241 HGB mit Ausnahme der permanenten Inventur (§ 241 Abs. 2 HGB) und der vor- oder nachverlegten Inventur (§ 241 Abs. 3 HGB). Dies gilt nicht für Einzelkaufleute im Sinn von § 241a HGB.

2.1.3 Ansatzvorschriften

Für die Gründungsbilanz gelten die Ansatzvorschriften des § 242 Abs. 1 HGB unter Berücksichtigung der Grundsätze ordnungsmäßiger Buchführung (§ 243 Abs. 1 HGB) sowie zusätzlich die Vorschriften der §§ 246 bis 251 HGB. Mögliche Ansatzwahlrechte dürfen ausgeübt werden.

Nicht aktiviert werden dürfen (§ 248 Abs. 1 HGB):

(1) **Aufwendungen für die Gründung** des Unternehmens, wie Beratungs-, Notar- und Registerkosten, Gründungsprüfung, Veröffentlichung und Wertgutachten bei Einlage gebrauchter Sachanlagen

(2) **Aufwendungen für die Beschaffung des Eigenkapitals**, wie Bankspesen, Kosten für die Erstellung von Prospekten und Anteilsurkunden

(3) **Aufwendungen für den Abschluss von Versicherungsverträgen.**

Die Kosten für die Gründung und die **Beschaffung des Eigenkapitals** führen zum Ausweis eines Bilanzverlustes in der Eröffnungsbilanz. Eine Verrechnung mit der Kapitalrücklage aus dem vereinbarten Aufgeld bei Kapitalgesellschaften ist nicht möglich. Dagegen sind Aufwendungen für die **Beschaffung von Fremdkapital**, wie Damnum, Disagio, Gebühren, Provisionen und Gebühren für Kreditbürgschaften zu aktivieren (§ 250 Abs. 1 und 3 HGB).

Eigene Anteile (§ 272 Abs. 1a HGB) dürfen in der Gründungsbilanz nicht vorkommen, da die Voraussetzungen für den Erwerb noch nicht vorliegen können (§ 71 AktG, § 33 GmbHG).

Für die Handelsbilanz der Einzelkaufleute und der Personengesellschaften bestehen keine besonderen Ansatzvorschriften zum **Eigenkapital**. Bei der KG sollte das unveränderliche Kommanditkapital jedoch getrennt vom Komplementärkapital ausgewiesen werden (s. Abschnitt 2.2.1.2). Bei der Erstellung der Gründungsbilanz der Kapitalgesellschaften ist § 272 Abs. 1 f. HGB zu berücksichtigen.

Das Ansatzwahlrecht für **immaterielle Wirtschaftsgüter**, die nicht entgeltlich erworben wurden (§ 248 Abs. 2 HGB), ist bei der Gründung von Kapital- und Personengesellschaften nicht relevant, da hier für die erwerbende Gesellschaft ein Erwerbspreis in Höhe der gewährten Gesellschaftsrechte vorliegt.

Durch den Geschäftsbetrieb veranlasste oder im Zusammenhang mit eingebrachten Sacheinlagen zusammenhängende **Schulden**, z. B. Hypotheken-, Grund- und Rentenschulden, sind zu passivieren (§ 246 Abs. 1 HGB). Für ungewisse Verbindlichkeiten oder drohende Verluste aus schwebenden Geschäften sind bereits in der Gründungsbilanz **Rückstellungen** zu bilden (§ 249 Abs. 1 HGB). Das Passivierungswahlrecht für unmittelbare Zusagen laufender **Pensionen** oder einer Anwartschaft auf eine Pension aus der Zeit vor dem 01.01.1987 (Art. 28 Abs. 1 EGHGB) gilt nicht für die Gründungsbilanz. Art. 28 EGHGB stellt lediglich eine Erleichterung für bereits bestehende Unternehmen dar.

2.1.4 Gliederung

Die Eröffnungsbilanz oder Gründungsbilanz ist die Basis für die Buchführung, die zur Schlussbilanz am Ende des ersten Geschäftsjahres hinführen soll. Deshalb ergeben sich die Anforderungen an die Gliederung der Gründungsbilanz aus § 242 Abs. 1 Satz 2 i. V. m. § 247 Abs. 1 HGB.

Bei Kapitalgesellschaften sind die ergänzenden Vorschriften der §§ 265 - 274 HGB zu beachten, so weit keine Abweichungen aufgrund besonderer Formularvorschriften für Kreditinstitute oder Versicherungsunternehmen erforderlich sind. Kleine Kapitalgesellschaften (§ 267 Abs. 1 HGB) brauchen nur eine verkürzte Gründungsbilanz aufzustellen (§ 266 Abs. 1 Satz 3 HGB).

Sofern am Stichtag der Gründungsbilanz Eventualverbindlichkeiten (§ 251 HGB) bestehen, die nicht auf der Passivseite der Bilanz auszuweisen sind, sind diese „unter der Bilanz" anzugeben. Kapitalgesellschaften und Genossenschaften müssen darüber hinaus die einzelnen Haftungsverhältnisse jeweils gesondert unter der Bilanz oder im Anhang unter Angabe der gewährten Pfandrechte und sonstigen Sicherheiten angeben (§ 268 Abs. 7 HGB).

2.1.5 Bewertung

Vermögensgegenstände des Anlagevermögens sind mit den fortgeschriebenen Anschaffungs- oder Herstellungskosten zu bewerten (§ 242 Abs. 1 Satz 2 i. V. m. § 253 und § 255 Abs. 1 f. HGB). Außerplanmäßige Abschreibungen sind vorzunehmen, um die Vermögensgegenstände mit dem niedrigeren Wert anzusetzen, der ihnen am Stichtag der Eröffnungsbilanz beizulegen ist (§ 253 Abs. 3 Satz 3 HGB). Wegen der Generalklausel in § 264 Abs. 2 HGB ist dieser Wert bei Kapitalgesellschaften gleichzeitig der Mindestwert. Während es bei Einzelkaufleuten allein auf die ursprünglichen Anschaffungs- oder Herstellungskosten ankommt, ist bei Kapitalgesellschaften und Personengesellschaften zusätzlich der Wert der für den Erwerb der Vermögensgegenstände gewährten Gesellschaftsanteile zu berücksichtigen.

Vermögensgegenstände des Umlaufvermögens sind mit den ursprünglichen Anschaffungs- oder Herstellungskosten (§ 253 Abs. 1 Satz 1 HGB) bzw. dem niedrigeren Börsen- oder Marktpreis am Stichtag der Gründungsbilanz zu bewerten (§ 253 Abs. 4 Satz 1 HGB). Ist ein Börsen- oder Marktpreis nicht festzustellen, ist mit dem niedrigeren beizulegenden Wert zu bewerten (§ 253 Abs. 4 Satz 2 HGB). Bei Kapitalgesellschaften und Personengesellschaften kann im Falle eines gestiegenen Verkehrswertes auch eine Bewertung in Höhe des Wertes der für die Gegenstände gewährten Gesellschaftsanteile infrage kommen.

Verbindlichkeiten sind mit ihrem Erfüllungsbetrag, Rentenverpflichtungen, für die eine Gegenleistung nicht mehr zu erwarten ist, zu ihrem Barwert und Rückstellungen nur in Höhe des Erfüllungsbetrags anzusetzen, der nach vernünftiger kaufmännischer Beurteilung notwendig ist (§ 253 Abs.1 Satz 2 HGB). Der Wertansatz der **Rechnungsabgrenzungsposten** entspricht dem Betrag der vor dem Stichtag der Eröffnungsbilanz geleisteten oder empfangenen Zahlungen.

2.2 Gründungsbilanzen bei verschiedenen Unternehmensformen

2.2.1 Gründung von Einzelunternehmen und Personengesellschaften

2.2.1.1 Einzelunternehmen

Für Einzelunternehmen gelten bei der Gründung keine zwingenden Rechtsvorschriften. Erfordert das Unternehmen nach Art und Umfang einen in kaufmännischer Weise eingerichteten Geschäftsbetrieb (§ 1 Abs. 2 HGB), ist die Anmeldung zur Eintragung in das Handelsregister vorzunehmen. Die Gründung eines Einzelunternehmens löst keine Steuerpflicht aus. Allein im Falle des Grundstückerwerbs im Rahmen der Gründung fällt Grunderwerbsteuer an (§ 11 Abs.1 GrEStG).

2.2.1.2 Personengesellschaften

Die Einbringung einzelner Vermögensgegenstände aus dem Einzelunternehmen eines Gesellschafters stellt eine umsatzsteuerbare Lieferung oder Leistung dar. Die Einlage von Geld ist allerdings umsatzsteuerfrei (§ 4 Nr. 8 UStG). Wird jedoch ein Unternehmen oder ein gesonderter Betrieb im Ganzen entgeltlich oder unentgeltlich in eine Gesellschaft eingebracht, unterliegt dies nicht der Umsatzsteuer (§ 1 Abs. 1 Nr. 1a UStG). Die Übertragung des Eigentums an einem Grundstück unterliegt der Grunderwerbsteuer. Nach § 5 Abs. 2 GrEStG entfällt die Steuerpflicht allerdings insoweit, als der Übertragende anteilmäßig am Gesamthandsvermögen beteiligt ist.

(1) **Offene Handelsgesellschaft (OHG)**
Die OHG (§§ 105 - 160 HGB, ergänzend §§ 705 - 740 BGB) ist die vertragliche Vereinigung von zwei oder mehr Personen zum Betrieb eines Handelsgewerbes unter gemeinschaftlicher Firma mit unbeschränkter Haftung aller Gesellschafter. Die OHG entsteht im **Innenverhältnis** durch den Abschluss eines Gesellschaftsvertrages, der zwischen mindestens zwei Gesellschaftern erfolgen muss. Der Gesellschafts-

vertrag ist nicht an Formvorschriften gebunden. Er kann schriftlich, mündlich oder stillschweigend vereinbart werden und bedarf nicht der notariellen Beurkundung. Im **Außenverhältnis** entsteht die OHG, sobald ein Gesellschafter Geschäfte in ihrem Namen tätigt, spätestens jedoch mit der Eintragung der Gesellschaft in das Handelsregister. Die Eintragung hat nur deklaratorische Bedeutung.

Die **Kapitalanteile** aller Gesellschafter können in der Bilanz zusammengefasst oder einzeln unter den Namen der Gesellschafter ausgewiesen werden. Sofern einer der Gesellschafter schon vor Beginn der eigentlichen Geschäftstätigkeit bestimmte **Vorarbeiten** geleistet hat, können die ihm dadurch entstandenen Ausgaben auf die zu leistende Einlage angerechnet werden.

Beispiel

A und B gründen eine OHG. A legt 200.000 € und einen Kraftwagen im Wert von 60.000 € ein. B legt 240.000 € ein.

Buchungen im Rahmen der Gründung:

a) aufgrund der Vereinbarungen		
Einbringungskonto Gesellschafter A	260.000 €	
an Eigenkapital Gesellschafter A		260.000 €
Einbringungskonto Gesellschafter B	240.000 €	
an Eigenkapital Gesellschafter B		240.000 €
b) bei Einlage		
Bankguthaben	200.000 €	
Geschäftsausstattung	60.000 €	
an Einbringungskonto Gesellschafter A		260.000 €
Bankguthaben	240.000 €	
an Einbringungskonto Gesellschafter B		240.000 €

AKTIVA	Gründungsbilanz der A&B-OHG		PASSIVA
	Euro		Euro
Geschäftsausstattung	60.000	Eigenkapital A	260.000
Bankguthaben	440.000	Eigenkapital B	240.000
	500.000		500.000

(2) Kommanditgesellschaft (KG)

Die KG (§§ 161 - 177a HGB, ergänzend §§ 105 - 160 HGB und §§ 705 - 740 BGB) entsteht durch vertragliche Vereinigung zweier oder mehrerer Personen zum Betrieb eines Handelsgewerbes unter gemeinschaftlicher Firma. Dabei haftet mindestens ein Gesellschafter unbeschränkt und mindestens ein weiterer Gesellschafter beschränkt. Im Innenverhältnis entsteht die KG durch den Abschluss eines Gesellschaftsvertrages. Für den Gründungsvertrag gelten keine Formvorschriften. Im **Außenverhältnis** empfiehlt es sich, die Firma unverzüglich nach Beginn ihrer Geschäfte zum Handelsregister anzumelden, da vor der Eintragung auch die Teilhafter im Sinne einer GbR haften.

Die Kapitalanteile der Komplementäre und der Kommanditisten werden in der Eröffnungsbilanz i. d. R. einzeln ausgewiesen. Als **Mindestgliederung** muss eine Trennung in die Gruppen Komplementärkapital und Kommanditkapital erfolgen. Die **Einlagen der Kommanditisten** lauten auf einen bestimmten Betrag. Der im Zeitpunkt der Gründung noch nicht eingelegte Teil der Kommanditeinlage wird analog zum vorgeschriebenen Nettoausweis für Kapitalgesellschaften nach § 272 Abs. 1 HGB vom gezeichneten Kommanditkapital offen abgesetzt. Eine ausstehende Komplementär- bzw. Kommanditeinlage wird nur dann im Umlaufvermögen aktiviert, wenn sie eingefordert ist.

Beispiel

Der Kommanditist B mit einer Kommanditeinlage von 40.000 € hat Vorarbeiten für 10.000 € geleistet und zahlt bei der Gründung 20.000 € auf das Bankkonto ein. Der Komplementär A legt einen Kraftwagen im Wert von 20.000 € ein, Vorräte im Wert von 20.000 € und zahlt 20.000 € auf das Bankkonto ein.

AKTIVA	Gründungsbilanz der KG		PASSIVA
	Euro		Euro
Kraftwagen	20.000	Komplementärkapital	60.000
Vorräte	20.000	Kommanditkapital	40.000
Bankguthaben	40.000	- nicht eingeforderte	- 10.000
		ausstehende Einlagen	30.000
		Verlust	- 10.000
	80.000		80.000

(3) Stille Gesellschaft

Die stille Gesellschaft (§§ 230 - 236 HGB, ergänzend §§ 705 - 740 BGB) ist die vertragliche Vereinigung zwischen einem Geschäftsinhaber und einem Kapitalgeber, dessen Einlage in das Vermögen des Geschäftsinhabers übergeht. Die stille Gesellschaft besitzt keine Rechtsfähigkeit. Sie entsteht durch den Abschluss eines Gesellschaftsvertrages zwischen dem Geschäftsinhaber und dem stillen Gesellschafter, für den keine besonderen Formvorschriften gelten. Die stille Gesellschaft ist eine reine Innengesellschaft. Bei der Gründung ist folgende Buchung vorzunehmen:

Einlage (Vermögensgegenstände oder Zahlungsmittel)

an Verbindlichkeiten gegenüber stillem Gesellschafter

2.2.2 Gründung von Kapitalgesellschaften und Genossenschaften

Bei der Gründung von Kapitalgesellschaften müssen die Gründer ein bestimmtes **Mindestnennkapital** einlegen, und zwar 50.000 € Grundkapital bei Gründung einer AG oder einer KGaA (§ 7 AktG) bzw. 25.000 € Stammkapital bei Gründung einer GmbH (§ 5 Abs. 1 GmbHG). Die gesetzliche **Mindesteinzahlung** beträgt bei der AG und der KGaA 25 % zuzüglich Agio (§ 36a Abs. 1 AktG) bzw. 25 %, mindestens aber 12.500 € bei der GmbH (§ 7 Abs. 2 GmbHG) auf das im Gesellschaftsvertrag festgelegte Nennkapital. Die Einlage muss vor Anmeldung zum Handelsregister geleistet sein. Ein vereinbartes Aufgeld muss sofort voll eingezahlt werden.

2.2.2.1 Gesellschaft mit beschränkter Haftung (GmbH)

Die GmbH kann durch eine oder mehrere Personen errichtet werden (§ 1 GmbHG). Bis zur notariellen Beurkundung des Gesellschaftsvertrages (§ 2 GmbHG) liegt eine **Vorgründergesellschaft** vor. Die Vorgründergesellschaft ist eine GbR. Ausnahmsweise ist sie eine OHG, wenn sie bereits Handelsgeschäfte betreibt. Vom Zeitpunkt der notariellen Beurkundung bis zur Eintragung in das Handelsregister liegt eine Vorgesellschaft vor. Die **Vorgesellschaft** (Vor-GmbH) ist noch keine juristische Person. Sie unterliegt aber bereits dem Recht der GmbH, soweit dieses nicht die Eintragung voraussetzt. Die GmbH entsteht erst mit der Eintragung (§ 11 Abs. 1 GmbHG). Ist vor der Eintragung im Namen der Gesellschaft gehandelt worden, so haften die Handelnden persönlich und solidarisch (§ 11 Abs. 2 HGB).

Beispiel

Bargründung einer GmbH

A und B gründen eine GmbH. Am Stammkapital von 200.000 € sind A und B je zu 50 % beteiligt. Die Gesellschafter zahlen am Tag der notariellen Beurkundung 50 % des Stammkapitals ein. Eingefordert, aber noch nicht eingezahlt sind 60.000 €, sodass das nicht eingeforderte Kapital 40.000 € beträgt.

AKTIVA	Gründungsbilanz der GmbH		PASSIVA
	Euro		Euro
B Umlaufvermögen:		Gezeichnetes Kapital	200.000
eingefordertes, noch nicht		- nicht eingeforderte	
eingezahltes Kapital	60.000	Einlagen	40.000
Bankguthaben	100.000	Eingefordertes Kapital	160.000
	160.000		160.000

Gemäß § 5a Abs. 1 GmbHG darf eine Unternehmergesellschaft (haftungsbeschränkt) mit einem Stammkapital unter 25.000 € gegründet werden. Eine solche Gesellschaft muss aus der Firmenbezeichnung erkennbar sein und planmäßig nach § 5a Abs. 3 GmbHG Rücklagen dotieren bzw. verwenden. Darüber hinaus sind nach § 5a Abs. 2 GmbHG Sacheinlagen ausgeschlossen.

2.2.2.2 Aktiengesellschaft (AG)

Wie bei der GmbH durchläuft die AG bei ihrer Gründung die Stadien der Vorgründergesellschaft und der Vorgesellschaft. Die Gründung der AG ist im Zweiten Teil des Ersten Buches des AktG geregelt und hat folgenden Ablauf:

1. Feststellung der Satzung durch notarielle Beurkundung (§ 23 AktG)
2. Errichtung durch Übernahme der Aktien durch die Gründer (§ 29 AktG)
3. Bestellung der Organe
4. Einzahlungen des Kapitals – mindestens 25 % vom Nennbetrag (§ 36a AktG)
5. Erstellung eines schriftlichen Gründungsberichts
6. Gründungsprüfung (§§ 33 und 34 AktG)
7. Anmeldung zum Handelsregister (§ 36 AktG)
8. Prüfung durch das Gericht (§ 38 AktG)
9. Entstehung durch Eintragung (§ 39 AktG).

2.2.2.3 Genossenschaft (eG)

Die Errichtung der Genossenschaft erfolgt mit der Feststellung der Satzung (§§ 6 f. GenG). Die Genossenschaft entsteht rechtlich mit der Eintragung in das Genossenschaftsregister (§ 10 GenG). Für die Bilanzierung gelten die Vorschriften der §§ 264 ff. und 336 ff. HGB. Werden rückständige fällige Einzahlungen auf Geschäftsanteile in der Bilanz als Geschäftsguthaben ausgewiesen, so ist der entsprechende Betrag auf der Aktivseite unter der Bezeichnung „Rückständige fällige Einzahlungen auf Geschäftsanteile" einzustellen (§ 337 Abs. 1 Satz 3 HGB).

2.2.3 Prüfung

Die Mitglieder des Vorstands und des Aufsichtsrates der **AG** haben den Hergang der Gründung zu prüfen (§ 33 Abs. 1 AktG). Außerdem muss in den Fällen des § 33 Abs. 2 AktG eine Prüfung durch einen oder mehrere unabhängige Gründungsprüfer stattfinden. Die Prüfung kann anstelle des Gründungsprüfers auch der beurkundende Notar vornehmen, wenn keine Sachgründung vorliegt oder kein Mitglied des Vorstands oder Aufsichtsrats sich Vorteile ausbedungen hat. Der externe Gründungsprüfer (§ 33 Abs. 2 AktG) hat die Eröffnungsbilanz der Gesellschaft zu prüfen. Die Prüfung hat sich gem. § 34 Abs. 1 AktG namentlich darauf zu erstrecken, ob die Angaben der Gründer richtig und vollständig sind. Zudem muss geprüft werden, ob der Wert der Sondereinlagen oder Sachübernahmen den geringsten Angabebetrag der dafür zu gewährenden Aktien oder dem Wert der dafür zu gewährenden Leistungen erreicht.

Lediglich im Falle einer Sachgründung müssen die Gründer der **GmbH** einen entsprechenden Sachgründungsbericht erstellen und die Angemessenheit der Leistungen für Sacheinlagen darlegen (§ 5 Abs. 4 GmbHG).

Die Gründung der **Genossenschaften** wird gerichtlich geprüft (§ 11a GenG). Das Gericht hat die Eintragung abzulehnen, wenn der Prüfungsverband erklärt, dass Sacheinlagen überbewertet sind (§ 11a Abs. 2 GenG).

Die im ersten Jahresabschluss anzugebenden Vergleichszahlen des Vorjahres (§ 265 Abs. 2 HGB) entsprechen den Wertansätzen in der Eröffnungsbilanz. Auf diese Weise erfolgt eine Kontrolle der Wertansätze in der Eröffnungsbilanz indirekt im Zusammenhang mit der Prüfung des Jahresabschlusses am Ende des ersten Geschäftsjahres.

2.2.4 Unterzeichnung, Feststellung, Offenlegung und Aufbewahrung

Die Gründungsbilanz ist vom Kaufmann unter Angabe des Datums zu unterzeichnen. Sind mehrere persönlich haftende Gesellschafter vorhanden, so haben sie alle zu unterzeichnen (§ 245 HGB). Auch hinsichtlich der Unterzeichnung der Gründungsbilanzen der Kapitalgesellschaften und Genossenschaften gelten die gleichen Vorschriften, die auch auf die Jahresbilanzen zutreffen.

Bei Einzelkaufleuten und Personengesellschaften ist die Gründungsbilanz mit der Unterzeichnung auch festgestellt. Die Eröffnungsbilanz der Kapitalgesellschaften und Genossenschaften bedarf ebenfalls keiner förmlichen **Feststellung** durch die zuständigen Organe, wie sie für die Jahresbilanzen dieser Unternehmensformen vorgeschrieben ist (§§ 172 f., 286 Abs. 1 AktG, § 46 Nr. 1 GmbHG, § 48 Abs. 1 GenG).

Die Gründungsbilanz ist weder zum Handelsregister einzureichen noch in einer anderen Weise bekannt zu machen. Lediglich aus § 258 Abs. 1 HGB könnte sich im Einzelfall eine Verpflichtung zur **Offenlegung** ergeben, wenn das Gericht bei einem Rechtsstreit auf Antrag oder von Amts wegen die Vorlage anordnet. Die unterzeichnete Gründungsbilanz ist 10 Jahre lang aufzubewahren (§ 257 Abs. 4 HGB). Der Ort der **Aufbewahrung** muss in der Bundesrepublik Deutschland liegen (§ 146 Abs. 2 Satz 1 AO) und so gewählt sein, dass ein jederzeitiger Zugriff möglich ist.

Aufgabe 67 > Seite 455
Aufgabe 68 > Seite 456
Aufgabe 69 > Seite 456

3. Umwandlungs- und Verschmelzungsbilanzen

3.1 Gründe für Umwandlung und Verschmelzung

Die Gründe für die Umwandlung durch eine **Änderung der Rechtsform** sind vielfältiger Natur. Es lassen sich vor allem nennen:

- erhöhter Kapitalbedarf nach Expansion
- Verminderung des Risikos durch Haftungsbeschränkung
- Vorbereitung einer Verschmelzung
- Verringerung der steuerlichen Belastung
- Tod eines Gesellschafters
- Übergang des Unternehmens auf eine Erbengemeinschaft.

Gründe für eine **Fusion (Verschmelzung)** können sein:

- Stärkung der Stellung des Unternehmens auf dem Absatzmarkt
- Stärkung der Stellung des Unternehmens auf dem Beschaffungsmarkt
- Stärkung der Stellung des Unternehmens bei Forschung und Entwicklung
- Stärkung der Kapitalbasis des Unternehmens
- Reduktion der Fixkosten
- Bereinigung des Absatzprogrammes
- Bereinigung des Absatzmarktes
- Beseitigung eines finanziellen Engpasses
- Synergieeffekte auf den verschiedensten Gebieten.

Gesamtwirtschaftlich betrachtet können die mit Fusionen angestrebten Ziele mit Gefahren für die marktwirtschaftliche Ordnung verbunden sein. Aus diesem Grund hat der Gesetzgeber die Durchführung von Unternehmenszusammenschlüssen einer staatlichen Kontrolle unterworfen, die inzwischen auf die europäische Ebene ausgedehnt worden ist.

3.2 Arten der Umwandlung und Verschmelzung

Das Umwandlungsgesetz ermöglicht den **Rechtsträgern** Einzelunternehmen, Personengesellschaften, Kapitalgesellschaften, Genossenschaften und Vereinen, ohne Liquidation durch Gesamtrechtsnachfolge, Sonderrechtsnachfolge oder Vollübertragung die Rechtsform zu verändern, sich miteinander zu verbinden oder sich zu teilen.

Unter **Umwandlung** versteht man die Änderung der Rechstform eines Unternehmens, unabhängig davon, ob zunächst eine Liquidation des bisherigen Unternehmens erfolgt oder ob der Übergang zu einer neuen Rechtsform ohne förmliche Liquidation möglich ist.

§ 1 Abs. 1 UmwG unterscheidet die Umwandlung durch

(1) Verschmelzung

(2) Spaltung (Aufspaltung, Abspaltung, Ausgliederung)

(3) Vermögensübertragung und

(4) Formwechsel.

Sämtliche Umwandlungsformen erfordern das Einhalten normierter Formalien wie Verschmelzungsberichte, Verschmelzungsprüfungen, Bilanzen, Spaltungspläne, Umwandlungsprüfungen. Neben dem Umwandlungsgesetz gilt das Umwandlungssteuergesetz.

3.2.1 Verschmelzung (§§ 2 - 122 UmwG)

Verschmelzungen sind denkbar durch Aufnahme (Verschmelzung durch Aufnahme) eines oder mehrerer Rechtsträger in ein bereits bestehendes Unternehmen (Rechtsträger) oder durch Fusion mehrerer Unternehmen zu einem neuen Unternehmen (Verschmelzung durch Neugründung). Kapitalgesellschaften und Personengesellschaften des Handelsrechts können beispielsweise verschmolzen werden, indem die eine Gesellschaft die andere aufnimmt. Mehrere Personengesellschaften können zu einer Kapitalgesellschaft oder mehrere Kapitalgesellschaften können zu einer Personengesellschaft verschmolzen werden (§ 3 Abs. 1 UmwG). Im Falle der Übernahme des Vermögens einer Kapitalgesellschaft durch die natürliche Person des alleinigen Gesellschafters liegt ebenfalls eine Verschmelzung vor (§§ 3 und 120 UmwG).

Hält die übernehmende Gesellschaft alle Anteile an der zu übernehmenden Gesellschaft, ergeben sich keine Bewertungsprobleme. Die übernehmende Gesellschaft ersetzt ihren Beteiligungsbuchwert durch die Buchwerte der übernommenen Vermögenswerte und Schuldposten, wie sie sich z. B. aus der Schlussbilanz der untergehenden Gesellschaft ergeben. § 24 UmwG lässt hier jedoch ein Wahlrecht zu. Dadurch soll die Entstehung vor Übernahmeverlusten vermieden werden, falls die untergehenden Anteile einen höheren Buchwert haben als das zu übergehende Vermögen in der Schlussbilanz des übertragenden Rechtsträgers.

Hält die übernehmende Gesellschaft nicht alle oder gar keine Anteile an dem zu übernehmenden Unternehmen, dann werden Anteile „getauscht". In einem solchen Fall ist ein Umtauschverhältnis zu ermitteln. Dieses Umtauschverhältnis beziffert den Wert der Anteile am untergehenden Unternehmen im Verhältnis zu dem Wert, den die Anteile am Zielunternehmen haben.

Es wird also die Frage beantwortet, wie viel Anteile des „Neuunternehmens" bekommt der Gesellschafter des „Altunternehmens" mit ggf. welchem Spitzenausgleich in Euro pro Anteil. Das Umtauschverhältnis wird aus den eigens ermittelten Unternehmenswerten gebildet. Basis für die Ermittlung der Unternehmenswerte der beteiligten Unternehmen ist der IDW Standard: Grundsätze zur Durchführung von Unternehmensbewertungen (IDWS 1). Danach wird der Unternehmenswert nach dem **Ertragswert-Verfahren** oder dem **Discounted Cashflow-Verfahren** berechnet.

Die Verschmelzung ist zur Eintragung in das Handelsregister anzumelden (§ 16 UmwG). Mit der Anmeldung ist eine Schlussbilanz des übertragenden Rechtsträgers einzureichen, die auf einen höchstens acht Monate vor der Anmeldung liegenden Stichtag aufgestellt ist (§ 17 Abs. 2 UmwG).

Mit der Eintragung der Verschmelzung in das Handelsregister des Sitzes des übernehmenden Rechtsträgers gehen die Vermögensteile und die Schulden des übertragenden Rechtsträgers auf den übernehmenden Rechtsträger über. Der übertragende Rechtsträger erlischt ohne besondere Löschung. Die Anteilseigner des übertragenden Rechtsträgers werden im Regelfall Anteilseigner des übernehmenden Rechtsträgers.

3.2.2 Spaltung (§§ 123 - 173 UmwG)

Übersicht über die Formen der Spaltung gem. § 123 UmwG:

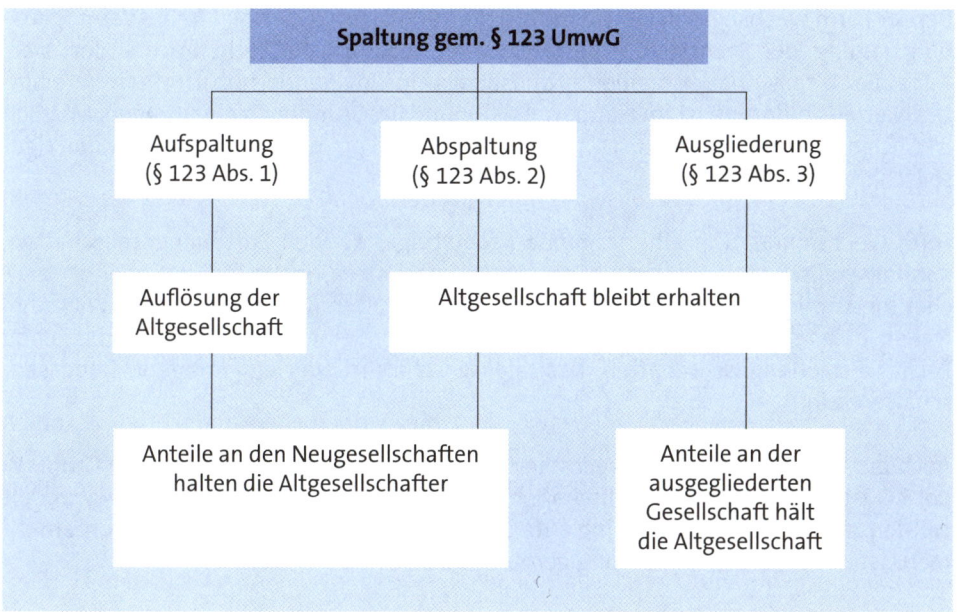

Die Spaltung ist möglich als **Aufspaltung** durch Auflösung eines Unternehmens (Rechtsträger) ohne Abwicklung und Übertragung des Vermögens auf mehrere bestehende Rechtsträger. Ebenso können durch die Aufspaltung mehrere neue Rechtsträger entstehen (§ 123 Abs. 1 UmwG).

Wenn der bisherige Rechtsträger weiterbesteht und die abgespalteten Vermögensteile auf ein oder mehrere bereits bestehende oder neu gegründete Unternehmen (Rechtsträger) übergehen, liegt eine **Abspaltung** vor (§ 123 Abs. 2 UmwG).

Eine weitere Form der Spaltung ist die **Ausgliederung** von Vermögensteilen in eine bestehende oder neue Tochtergesellschaft (§ 123 Abs. 3 UmwG). Auch bei der Überführung eines Einzelunternehmens auf eine Gesellschaft liegt eine Ausgliederung vor.

Im Zusammenhang mit der Spaltung kann auch die Realteilung von Kapitalgesellschaften oder Personengesellschaften erfolgen.

3.2.3 Vermögensübertragung (§§ 174 - 189 UmwG)

Die Vermögensübertragung ist eine spezielle Form der Umwandlung von einer Kapitalgesellschaft auf eine Gebietskörperschaft oder der Zusammenschluss von Gebietskörperschaften sowie von einer Versicherungs-AG auf einen Versicherungsverein auf Gegenseitigkeit oder auf öffentlich-rechtliche Versicherungsunternehmen oder umgekehrt (§ 175 UmwG).

3.2.4 Formwechsel (§§ 190 - 304 UmwG)

Bei der Form wechselnden Umwandlung (§§ 190 ff. UmwG) erfolgt **keine Vermögensübertragung**, der Rechtsträger besteht weiter, **lediglich die Rechtsform ändert sich.** Auch die Anteilsinhaber bleiben grundsätzlich in unverändertem Umfang beteiligt. Die Namensänderung ist im Handelsregister und im Grundbuch einzutragen. Möglich ist auch die Form wechselnde Umwandlung von Personengesellschaften in Kapitalgesellschaften (§ 191 UmwG).

Form wechselnde, d. h. übertragende Rechtsträger können Personengesellschaften, Kapitalgesellschaften, eingetragene Genossenschaften, rechtsfähige Vereine, Versicherungsvereine aG und Körperschaften oder Anstalten des öffentlichen Rechts sein. Neuer, d. h. übernehmender Rechtsträger können eine Gesellschaft bürgerlichen Rechts, Personengesellschaften, Kapitalgesellschaften oder eingetragene Genossenschaften sein.

Auch die unmittelbare Form wechselnde Umwandlung einer **GmbH** in eine **GmbH & Co. KG** ist möglich. Eine **Gesellschaft bürgerlichen Rechts** kann nicht umgewandelt werden, aber durch Umwandlung entstehen. Die Umwandlung eines **Einzelunternehmens** ist nur durch Ausgliederung gemäß § 152 UmwG möglich.

Bei einem Formwechsel von einer **Kapitalgesellschaft in eine GbR** oder eine Personengesellschaft nach Handelsrecht liegt eine Identität wahrende Umwandlung vor. Auf die Aufstellung einer Übertragungsbilanz durch die Kapitalgesellschaft und eine Eröffnungsbilanz durch die Personengesellschaft kann nach Handelsrecht verzichtet werden. Im Unterschied zur Verschmelzung entsteht die Personengesellschaft erst durch den Formwechsel. Zur Vorbereitung des Formwechsels hat das Vertretungsorgan des Form wechselnden Rechtsträgers lediglich einen Umwandlungsbericht (§ 192 UmwG) zu erstellen, der den Anteilseignern vor der Beschlussfassung über den Formwechsel vorzulegen ist (§§ 230, 232 Abs. 1 UmwG).

Die neue Rechtsform muss zur Eintragung in das Handelsregister angemeldet werden (§ 198 Abs. 1 UmwG). Der Anmeldung sind die Niederschrift des Umwandlungsbeschlusses, die erforderlichen Zustimmungserklärungen, der Umwandlungsbericht oder die Erklärungen über den Verzicht auf seine Erstellung, ein Nachweis über die Zuleitung nach § 194 Abs. 2 UmwG sowie, wenn der Formwechsel der staatlichen Genehmigung bedarf, die Genehmigungsurkunde beizufügen (§ 199 UmwG).

3.3 Bewertung und Bilanzierung

3.3.1 Buchwertfortführung

Verschmelzung, Spaltung und Formwechsel erfolgen grundsätzlich unter Berücksichtigung der gemeinen Werte der Wirtschaftsgüter, allerdings sind Buchwerte zulässig (§§ 3, 5, 9, 14 UmwStG). Die Buchwertfortführung setzt voraus, dass

(1) die Vermögensgegenstände nach der Umwandlung steuerliches Betriebsvermögen bleibt

(2) das in Deutschland weiterhin der Besteuerung unterliegt

(3) eine Gegenleistung nicht gewährt wird.

Entschließt sich der übertragende Rechtsträger zur Fortführung der Buchwerte, entspricht die Schlussbilanz der am Ende des Geschäftsjahres zu erstellenden Handelsbilanz und der daraus abzuleitenden Steuerbilanz.

3.3.2 Aufdeckung stiller Reserven

Stockt der übertragende Rechtsträger in der Schlussbilanz den Wert auf, wird der Buchgewinn „normal" besteuert. Entsprechend erhöhen sich die Anfangswerte für die steuerliche Gewinnermittlung beim übernehmenden Rechtsträger (§ 4 Abs. 1 UmwStG). Eine Veränderung der Buchwerte auf einen höheren Wert bis zu den fortgeschriebenen Anschaffungs- oder Herstellungskosten (§ 6 Abs. 1 Nr. 1 Satz 4, Nr. 2 Satz 3 EStG, § 253 Abs. 1 HGB), der höchstens dem **Teilwert** bzw. dem am Bilanzstichtag **beizulegenden Wert** entsprechen darf, muss also bereits in der Schlussbilanz des übertragenden Rechtsträgers erfolgen. Das **Wahlrecht** zwischen dem Buchwert und einem höheren Wert steht also allein dem **übertragenden Rechtsträger** zu. Die absolute Buchwertverknüpfung führt dazu, dass die Bilanzierung beim übernehmenden Rechtsträger durch die Schlussbilanz des übergebenden Rechtsträgers bestimmt wird.

Werden nicht sämtliche stillen Reserven aufgedeckt, sind die stillen Reserven bei sämtlichen in Betracht kommenden Wirtschaftsgütern anteilmäßig aufzudecken. Der entsprechende Prozentsatz ist auch auf etwaige vorhandene Sonderposten (§ 6b EStG) anzuwenden.

Stockt der übertragende Rechtsträger den Buchwert auf, muss der übernehmende Rechtsträger – außer im Falle Gebäude-AfA nach § 7 Abs. 4 Satz 1 oder Abs. 5 EStG – unter Beibehaltung der bisherigen Abschreibungsmethode den Buchwert auf die Restnutzungsdauer verteilen.

3.3.3 Umwandlung einer Kapitalgesellschaft in eine Personengesellschaft

Bei einem Formwechsel einer Kapitalgesellschaft in eine Personengesellschaft (§§ 226, 228 - 237 UmwG) tritt ein besonderes Problem auf, weil das Steuerrecht Kapitalgesellschaften und die an ihnen beteiligten Gesellschafter als selbstständige Steuersubjekte betrachtet. Kapitalgesellschaften unterliegen mit ihrem Einkommen der Körperschaftsteuer, ihre Gesellschafter – soweit sie natürliche Personen sind – der Einkommensteuer. Personengesellschaften sind zudem nicht selbst einkommensteuerpflichtig. Ihr Gewinn wird unmittelbar den Gesellschaftern zugerechnet und bei diesen der Einkommensteuer unterworfen. Die unterschiedlichen Regelungen über die Besteuerung der Gesellschaftsformen machen es erforderlich, den Formwechsel von Kapitalgesellschaften in Personengesellschaften steuerlich wie eine übertragende Umwandlung (Verschmelzung) von Kapitalgesellschaften auf Personengesellschaften zu behandeln.

Bei der Schlussbilanz der übertragenden Kapitalgesellschaft handelt es sich gleichzeitig um die Steuerbilanz, die der Veranlagung zur Körperschaftsteuer für das abgelaufene Wirtschaftsjahr bzw. das Rumpfwirtschaftsjahr der Kapitalgesellschaft zu Grunde zu legen ist.

Die übernehmende Personengesellschaft kann nicht abweichend von der übertragenden Kapitalgesellschaft Bewertungswahlrechte bei den übernommenen Wirtschaftsgütern ausüben. Die übernehmende Personengesellschaft tritt in die Rechtsstellung der übertragenden Kapitalgesellschaft ein (§ 4 Abs. 2 UmwStG) und zwar hinsichtlich

- ► der Fortführung der AfA, der Sonderabschreibungen und erhöhten Absetzungen
- ► der Fortführung eines niedrigeren Buchwerts nach einer Abschreibung auf den niedrigeren beizulegenen Wert
- ► der Bemessung der Dauer der Zugehörigkeit eines Wirtschaftsgutes zum Betriebsvermögen
- ► der Inanspruchnahme von steuerlichen Bewertungsfreiheiten oder eines Bewertungsabschlages
- ► der Fortführung der den steuerlichen Gewinn mindernden Rücklagen.

Verrechenbare Verluste, verbleibende Verlustvorträge oder vom übertragenden Rechtsträger nicht ausgeglichene negative Einkünfte gehen nicht auf die übernehmende Gesellschaft über.

Die Einschränkungen gelten auch dann, wenn die übertragende Kapitalgesellschaft die stillen Reserven ganz oder teilweise aufgedeckt hat.

3.3.4 Umwandlung mit Neubewertung

Für die buchhalterische Umwandlung ist ausschlaggebend, ob es sich um eine Umwandlung ohne Neubewertung oder eine Umwandlung mit Neubewertung handelt. Bei einer **Umwandlung unter Beibehaltung der Buchwerte** sind lediglich die folgenden Arbeiten der Buchhaltung erforderlich:

(1) Errichtung eines Umwandlungskontos, über das alle Konten abgeschlossen werden

(2) Eröffnung der neuen Kapitalkonten über Übergabekonten

(3) Buchung der übergebenen Werte über die Übergabekonten.

Im Falle der **Umwandlung mit Neubewertung** sind in der Buchhaltung die folgenden Schritte erforderlich:

(1) Einrichtung eines Neubewertungskontos

(2) Übertragung des Saldos des Neubewertungskontos auf das Umwandlungskonto

(3) Abschluss der bisherigen Kapitalkonten zum Umwandlungskonto

(4) Eröffnung der neuen Kapitalkonten mit der Buchung: Umwandlungskonto an Kapitalkonten

(5) Übertragen aller Vermögens- und Schuldenbestände auf das neue Bilanzkonto.

Aufgabe 70 > Seite 457
Aufgabe 71 > Seite 458
Aufgabe 72 > Seite 459

4. Auseinandersetzungsbilanzen

4.1 Begriff der Auseinandersetzung

Eine Auseinandersetzung wird erforderlich, wenn ein Gesellschafter aus einer **Personengesellschaft** ausscheidet, das Unternehmen aber von den übrigen Gesellschaftern weitergeführt wird. Die Auseinandersetzung trifft damit zu auf die Personenhandelsgesellschaften OHG (§ 105 ff. HGB) und die KG (§§ 161 ff. HGB), die Stille Gesellschaft (§§ 230 ff., insbesondere § 234 HGB) und die Gesellschaft bürgerlichen Rechts (§§ 705 ff., insbesondere §§ 738 - 740 BGB).

Scheidet ein Gesellschafter aus, so wächst sein Anteil am Gesellschaftsvermögen den übrigen Gesellschaftern zu. Die verbleibenden Gesellschafter finden den Ausscheidenden für seinen Anteil am Gesellschaftsvermögen ab. Der ausscheidende Gesellschafter

► erhält die Gegenstände zurück, die er der Gesellschaft zur Nutzung überlassen hatte (§ 738 Abs.1 BGB).

▸ wird von den gemeinschaftlichen Schulden befreit (§ 738 Abs.1 BGB).

▸ hat einen Abfindungsanspruch gegen die Gesellschaft, der auf der Grundlage des Wertes des fortgeführten Unternehmens zu berechnen ist.

Bei der Ermittlung des Abfindungsguthabens ergibt sich oft ein Widerstreit der Interessen bei den Beteiligten. Während der Ausscheidende eine möglichst hohe Bewertung der betrieblichen Vermögenswerte verlangt, sind die verbleibenden Gesellschafter daran interessiert, dass das Unternehmen durch eine möglichst niedrige Abfindung des ausscheidenden Gesellschafters kapitalmäßig und liquiditätsmäßig nicht zu stark belastet wird. Um diesem Interessengegensatz vorzubeugen, wird in der Regel bereits im Gesellschaftsvertrag festgelegt, wie die Bewertung im Falle einer Auseinandersetzung vorzunehmen ist. Soweit der **Gesellschaftsvertrag** keine Regelung vorsieht, ist die Höhe des Abfindungsanspruchs zu schätzen (§ 738 Abs. 2 BGB). Maßgeblich ist der Verkehrswert unter Berücksichtigung der stillen Reserven und des Firmenwerts am **Tag des Ausscheidens** des Gesellschafters. Im Falle des Ausscheidens durch Ausschlussklage (§ 140 Abs. 2 HGB) gilt der Tag der Klageerhebung als **Stichtag**.

Scheidet ein Gesellschafter einer **Kapitalgesellschaft** aus, findet keine Auseinandersetzung, sondern ein **Anteilsverkauf** statt.

4.2 Auseinandersetzungsbilanz

Die Auseinandersetzungs- oder Abfindungsbilanz dient der Feststellung der Vermögenslage der Gesellschaft zum Stichtag des Ausscheidens eines Gesellschafters. Sie ist eine Vermögensbilanz (Vermögens-Status) und weist den Verkehrswert des Unternehmens aus. Weicht der Stichtag des Ausscheidens von dem Stichtag des Jahresabschlusses ab, entsteht handelsrechtlich keine Pflicht zur Aufstellung einer Zwischenbilanz zwecks Abrechnung eines Rumpfwirtschaftsjahres. Enthält der Gesellschaftsvertrag keine Regelung über die Beteiligung des ausscheidenden Gesellschafters am laufenden Jahresergebnis, sind die Buchwerte der letzten Schlussbilanz statistisch, d. h. außerhalb der Buchhaltung, auf den Stichtag des Ausscheidens fortzuentwickeln. Die Ermittlung kann auch auf dem Wege der Schätzung erfolgen.

An der Aufstellung und Feststellung sind grundsätzlich alle Gesellschafter einschließlich des Ausscheidenden beteiligt. Die Feststellung kann durch einen Vertrag oder stillschweigend zu Stande kommen.

4.2.1 Bilanzierungsgrundsätze

Die Auseinandersetzungsbilanz dient allein der Ermittlung des Auseinandersetzungsanspruchs. Sie unterliegt keinen gesetzlichen Bilanzierungsvorschriften. Während die Grundsätze der Bilanzwahrheit und -klarheit sowie der Grundsatz der Einzelbewertung zu beachten sind, finden die Grundsätze der Bilanzkontinuität, das Realisations- und das Imparitätsprinzip keine Anwendung. Für besondere Verlustrisiken werden Rückstellungen gebildet.

4.2.2 Ansatz- und Bewertungsgrundsätze

Alle Vermögensgegenstände und Schulden zum Stichtag sind in die Bilanz aufzunehmen. **Geldmittel** sind mit ihrem Nominalwert anzusetzen. Bei den **Forderungen** sind eventuell Delkredereabschläge (§ 253 Abs. 3 HGB) vorzunehmen. Ein anstelle der Abschreibung auf die einzelnen Außenstände gebildetes Delkrederekonto ist hinsichtlich des tatsächlichen Minderwertes zu überprüfen. Stellt sich zu einem späteren Zeitpunkt heraus, dass in der Abschichtungsbilanz zum vollen Wert angesetzte Forderungen sich nicht in vollem Umfang realisieren lassen, führt dies nicht zu einem Anspruch auf Bilanzberichtigung.

Vorräte, die am Markt ohne Schwierigkeiten erhältlich sind, können in der Abschichtungsbilanz in Höhe des Preises angesetzt werden, den das Unternehmen im Zeitpunkt des Ausscheidens des Gesellschafters hätte entrichten müssen. Unter dem Aspekt der Verwertbarkeit der Vorräte und infolge der allgemeinen Preis- und Konjunkturentwicklung können die **Wiederbeschaffungskosten** über oder unter den tatsächlichen Anschaffungs- oder Herstellungskosten liegen. Vorhandene stille Reserven sind auch hier aufzulösen. Für selbst geschaffene Erzeugnisse sind die Herstellungskosten maßgeblich, d. h. Material- und Lohnkosten inklusive Gemeinkosten, aber ohne Vertriebskosten. Ein Gewinnzuschlag darf nicht berücksichtigt werden.

Die Bewertung der **Verbindlichkeiten** bereitet i. d. R. keine Schwierigkeiten. Sie sind mit ihrem Rückzahlungsbetrag anzusetzen. Ist, wie beispielsweise im Fall von Bürgschaften, der Inhalt der Verpflichtung unsicher, so ist eine Schätzung erforderlich. Für Risiken, die bereits am Stichtag der Auseinandersetzung begründet sind, sind **Rückstellungen** zu bilden. **Latente Steuern** können in der Auseinandersetzungsbilanz nicht ausgewiesen werden.

4.2.3 Voraussichtliche Ergebnisse aus schwebenden Geschäften

Ob schwebende Geschäfte in die Auseinandersetzungsbilanz aufgenommen werden müssen, ist umstritten. Einige Autoren sind der Auffassung, dass die Gewinne aus schwebenden Geschäften mit dem Ansatz eines Firmenwerts abgegolten sind. Die Rechtsprechung folgt dem jedoch nicht. So fordert der BGH trotz Abfindung eines anteiligen Firmenwertes eine **Sonderrechnung** für schwebende Geschäfte außerhalb der Auseinandersetzungsbilanz (BGH-Urteil vom 07.12.1992 II ZR 248/91). Dem folgt die überwiegende Mehrheit im Schrifttum, nach der schwebende Geschäfte außerhalb der Auseinandersetzungsbilanz gesondert abgerechnet werden müssen.

4.3 Buchhalterische Behandlung

Die Durchführung der Auseinandersetzung kann buchhalterisch unterschiedlich behandelt werden. Grundlage ist in jedem Falle die Ermittlung des Gesamtwertes des Unternehmens. Die **Neubewertung** erfolgt in der Weise, dass Höherbewertungen zu Gunsten eines Neubewertungskontos erfolgen. Dabei sind drei Verfahren zu unterscheiden:

- **Alle Neubewertungen** werden auf dem Neubewertungskonto erfasst. In der Auseinandersetzungsbilanz werden die neu bewerteten Vermögensgegenstände und alle sich aus der Neubewertung ergebenden Kapitalanteile ausgewiesen, d. h. auch die Kapitalanteile der verbleibenden Gesellschafter werden mit dem höheren Kapitalwert ausgewiesen.

- **Nur der auf den ausscheidenden Gesellschafter entfallende Anteil** an der Neubewertung wird ausgewiesen. Die Kapitalanteile der verbleibenden Gesellschafter bleiben unberührt, nur der Kapitalanteil des ausscheidenden Gesellschafters wird verändert (Auseinandersetzungsguthaben). Die stillen Reserven werden nur insoweit aufgelöst, wie sie zum Auseinandersetzungsguthaben des Ausscheidenden gehören. Entsprechendes gilt für die Aktivierung des Firmenwerts und für eventuelle Gewinne aus schwebenden Geschäften.

- Auch der **auf den ausscheidenden Gesellschafter entfallende Anteil an der Neubewertung unterbleibt**. Diesen Anteil an der Neubewertung bringen die verbleibenden Gesellschafter persönlich auf. Das geschieht entweder aus dem Privatvermögen der verbleibenden Gesellschafter oder zu Lasten ihrer Kapitalkonten. Damit ist die Auseinandersetzungsbilanz bei diesem Verfahren identisch mit der letzten ordentlichen Bilanz.

Aufgabe 73 > Seite 460

5. Sanierungsbilanzen

5.1 Begriff und Arten der Sanierung

5.1.1 Begriff der Sanierung

Sanieren heißt: gesund machen, heilen. Unter Sanierung werden alle Maßnahmen verstanden, die – ohne die Hilfe der Gläubiger – zur Gesundung eines sich in einer Krise befindlichen Unternehmens geeignet sind und den Fortbestand des Unternehmens sichern.

5.1.2 Äußere Merkmale

In einem Betrieb können Störungen auftreten, die zu Umsatzrückgang, nachlassenden Gewinnen und schließlich Verlusten führen. Die Folgen sind Liquiditätsschwierigkeiten, Verschuldung und Schrumpfen des Eigenkapitals. Die Ursachen können innerbetrieblicher Natur sein oder außerhalb des Unternehmens liegen.

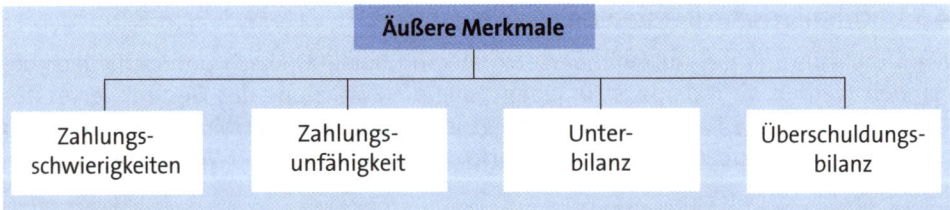

Unter **Zahlungsschwierigkeiten** versteht man das auf Mangel an Zahlungsmitteln beruhende Unvermögen des Schuldners, seine sofort zu erfüllenden Geldschulden im Wesentlichen zu begleichen.

Zahlungsunfähigkeit i. d. R. anzunehmen, wenn der Schuldner seine Zahlungen eingestellt hat (§ 17 Abs. 2 Satz 2 InsO). Zahlungseinstellung ist mehr als bloße Nichtzahlung. Sie ist beispielsweise erkennbar an der Erklärung gegenüber den Gläubigern, dass die Zahlungen eingestellt werden. Sie ist gem. § 17 Abs. 1 InsO allgemeiner Eröffnungsgrund für das Insolvenzverfahren.

Eine **Unterbilanz** liegt vor, wenn bei einer Kapitalgesellschaft nach Verrechnung mit den offenen Rücklagen ein Verlust vorliegt, der **einen Teil des gezeichneten Kapitals aufgezehrt** hat. Das Vermögen ist größer als die Schulden. Es wird unter Beachtung der Ansatz- und Bewertungsregeln des HGB ermittelt.

„Ergibt sich bei Aufstellung der Jahresbilanz oder einer Zwischenbilanz oder ist bei pflichtmäßigem Ermessen anzunehmen, dass ein Verlust in Höhe der Hälfte des Grundkapitals besteht, so hat der Vorstand unverzüglich die Hauptversammlung einzuberufen ....“ (§ 92 Abs. 1 AktG). Die Geschäftsführer der GmbH müssen in diesem Fall unverzüglich die Versammlung der Gesellschafter einberufen, wenn sich aus der Jahresbilanz oder aus einer im Laufe des Geschäftsjahres aufgestellten Bilanz ergibt, dass die Hälfte des Stammkapitals verloren ist (§ 49 Abs. 3 GmbHG).

Beispiel

AKTIVA		Unterbilanz		PASSIVA
	T€			T€
Anlagevermögen	1.000	Eigenkapital		
Umlaufvermögen	1.000	I. Gezeichnete Kapital		1.200
		II. Jahresfehlbetrag	- 600	600
		Verbindlichkeiten		1.400
	2.000			2.000

Die **Überschuldungsbilanz** wird auf der Grundlage der Buchführung, jedoch außerhalb der laufenden Buchführung erstellt. Sie ist eine Vermögensbilanz, in der ohne Bindung an die ursprünglichen Anschaffungs- oder Herstellungskosten zu Zeitwerten bewertet wird. Trotz Neubewertung zum Zeitwert ist das Vermögen geringer als die Schulden. Es liegt ein Verlust vor, der **das gesamte Eigenkapital aufgezehrt** hat.

Beispiel

AKTIVA	Unterbilanz		PASSIVA
	T€		T€
Anlagevermögen	1.000	Eigenkapital	
Umlaufvermögen	1.000	I. Gezeichnetes Kapital	1.200
Nicht durch Eigenkapital		II. Jahresfehlbetrag	- 1.600
gedeckter Fehlbetrag	400		- 400
		Verbindlichkeiten	2.400
	2.400		2.400

Maßstab für die Verlustanzeige ist die Bilanz nach HGB, Maßstab für die Feststellung der Überschuldung ist eine Vermögensbilanz nach besonderen Bewertungsgrundsätzen. Nach § 19 Abs. 2 InsO erfolgt die Bewertung der Vermögensgegenstände und Schulden unter Berücksichtigung des Ergebnisses einer Fortführungsprognose. Ist die Fortführung des Unternehmens überwiegend wahrscheinlich, werden **Fortführungswerte**, sonst **Liquidationswerte** angesetzt.

Dieses Verfahren wird als zweistufiges Verfahren zur Ermittlung der tatsächlichen Überschuldung bezeichnet.

§ 19 Abs. 2 InsO wurde vorübergehend geändert. Für die Zeit vom 20.10.2008 bis zum 31.12.2013 gilt folgender Text: *„Überschuldung liegt vor, wenn das Vermögen des Schuldners die bestehenden Verbindlichkeiten nicht mehr deckt, es sei denn, die Fortführung des Unternehmens ist nach den Umständen überwiegend wahrscheinlich."* Faktisch dürfte damit bei einer positiven Fortführungsprognose die Überschuldung als Insolvenzgrund außer Kraft gesetzt sein.

Bei einer juristischen Person ist neben der Zahlungsunfähigkeit grundsätzlich die Überschuldung Grund für die Beantragung der Eröffnung eines Insolvenzverfahrens (§ 15a Abs. 1 InsO). Auch eine OHG, bei der kein Gesellschafter eine natürliche Person ist, muss bei Zahlungsunfähigkeit oder Überschuldung die Eröffnung des Insolvenzverfahrens beantragen. Das Gleiche gilt für eine KG, deren Komplementäre keine natürliche Personen sind.

5.1.3 Gesundung oder Auflösung des Unternehmens

Gerät ein Unternehmen – aus welchen Gründen auch immer – in eine Krise, beschleunigt sich dieser Zustand in der Regel von selber. Skontoabzüge und zinslose Lieferantenkredite können nicht mehr in Anspruch genommen werden, Bankkredite sind – wenn überhaupt – nur zu erhöhten Zinsen zu erhalten. Zur Vermeidung einer weiter wachsenden Verschuldung sind so schnell wie möglich Sanierungsmaßnahmen, das Insolvenzverfahren oder die Auflösung des Unternehmens durch Liquidation oder im Rahmen eines Insolvenzverfahrens einzuleiten.

Der **Begriff der Sanierung** ist in keinem Gesetz näher bestimmt. Allgemein werden unterschieden:

5.1.4 Sanierungsmaßnahmen

Zu unterscheiden sind die Sanierung im weiteren und die Sanierung im engeren Sinne:

Sanierung im weiteren Sinne oder stille Sanierung durch

- personelle Maßnahmen, wie Umbesetzung, Abbau oder Einstellung von Führungskräften
- organisatorische Maßnahmen, wie Rationalisierung, Automatisierung, Verschlankung, Reorganisation
- sachliche Maßnahmen, wie Teilschließungen, Outsourcing, Straffung oder Veränderung der Produktpalette
- finanzielle Maßnahmen, wie Veräußerung nicht betriebsnotwendiger Vermögensgegenstände, Privateinlagen, Aufnahme neuer Gesellschafter, Zahlungsaufschub, Aufnahme von Darlehen.

Sanierung im engeren Sinne durch Angleichung des nominellen Kapitals an das tatsächliche Kapital.

Hier soll die Sanierung im engeren Sinne dargestellt werden. Die Maßnahmen haben eine Neuordnung der Kapitalverhältnisse zum Ziel. Diese Maßnahmen allein können den Fortbestand des Unternehmens jedoch nicht gewährleisten. In Bezug auf die Gesamtheit der erforderlichen Sanierungsmaßnahmen eines in der Krise befindlichen Unternehmens haben sie nur einen flankierenden Charakter.

5.1.5 Voraussetzungen für eine Sanierung

Bereits im Falle einer Unterbilanz ist oft fraglich, ob eine Sanierung erfolgversprechend ist. Deshalb sind zunächst die Voraussetzungen für eine Sanierung zu prüfen:

- **Sanierungsbedürftigkeit** besteht bereits bei Vorliegen einer Unterbilanz.
- **Sanierungsfähigkeit** setzt voraus, dass keine Überschuldung vorliegt.
- **Sanierungswürdigkeit** liegt nur dann vor, wenn Aussicht auf eine nachhaltige wirtschaftliche Gesundung des Unternehmens besteht.

5.1.6 Formen finanzieller Sanierungsmaßnahmen

Die Sanierung kann durch betriebsinterne Maßnahmen und/oder durch Heranziehen der Gläubiger erfolgen. Dabei sind insbesondere die folgenden Maßnahmen zu nennen:

- ► Herabsetzung des Eigenkapitals
- ► Einziehung von Aktien
- ► Zuzahlung der Gesellschafter
- ► Zahlungsaufschub durch die Gläubiger (evtl. Stundungsvergleich)
- ► Teilverzicht der Gläubiger (evtl. Erlassvergleich)
- ► Umwandlung kurzfristiger in langfristige Verbindlichkeiten
- ► Umwandlung von Verbindlichkeiten in Eigenkapital.

In der Regel kommt es zu einer Kombination der vorstehenden Möglichkeiten.

Die verschiedenen Formen der formellen Sanierungsmaßnahmen können eingeteilt werden in diejenigen der vereinfachten bzw. ordentlichen Kapitalherabsetzung und derjenigen der Einziehung von Aktien.

5.1.6.1 Vereinfachte Kapitalherabsetzung

Die Sanierung erfolgt hier ohne Veränderung der flüssigen Mittel durch vereinfachte Kapitalherabsetzung. Die Angleichung des ausgewiesenen an das niedrigere, tatsächliche Eigenkapital dient oft als Vorstufe für eine Kapitalerhöhung gegen Einlagen. Bei der vereinfachten Kapitalherabsetzung (§§ 229 - 236 AktG) bleibt das Gesellschaftsvermögen voll erhalten. Rückzahlungen an die Aktionäre sind nicht gestattet. Die vereinfachte Kapitalherabsetzung dient dem Ausgleich von Wertminderungen, der Deckung von sonstigen Verlusten und der Zuführung zur Kapitalrücklage.

5.1.6.2 Ordentliche Kapitalherabsetzung

Im Falle der ordentlichen Kapitalherabsetzung (§§ 222 - 228 AktG) erfolgt eine Herabsetzung des Nennbetrags der Aktien (§ 222 Abs. 4 Nr.1 AktG) bzw. die Zusammenlegung von Aktien (§ 222 Abs. 4 Nr.2 AktG). § 58 GmbHG macht entsprechend die Herabsetzung des Stammkapitals möglich. Die ordentliche Kapitalherabsetzung ist keine Sanierungsmaßnahme, da z. B. gem. § 225 AktG eine Sperrfrist von 6 Monaten zu beachten ist.

5.1.6.3 Einziehung von Aktien

Bei der Einziehung von Aktien (§§ 237 - 239 AktG) wird das Grundkapital um den Gesamtbetrag der eingezogenen Aktien herabgesetzt. Es bestehen die Möglichkeiten der zwangsweisen Einziehung, der Einziehung nach Erwerb durch die Gesellschaft und der Einziehung nach unentgeltlicher Überlassung.

Aufgabe 74 > Seite 461
Aufgabe 75 > Seite 462

6. Liquidationsbilanzen

6.1 Begriff und Formen der Liquidation

6.1.1 Begriff der Liquidation

Die Liquidation ist die freiwillige, planmäßige Auflösung des Unternehmens. Mit der Auflösung beginnt bei der AG die Abwicklung (§§ 262 ff. AktG), bei der GmbH (§§ 60 ff. GmbHG), bei der Genossenschaft (§§ 78 ff. GenG) und den Personengesellschaften (§ 145 ff. und § 161 Abs. 2 HGB) beginnt die Liquidation. Die Abwicklung oder Liquidation setzt der Erwerbstätigkeit (werbende Tätigkeit) des Unternehmens ein Ende. Aus der Erwerbsgesellschaft wird eine Abwicklungsgesellschaft, deren Aufgabe in der Verwertung der Vermögensgegenstände, in der Umwandlung aller Unternehmenswerte in Geld besteht. Aus dem Erlös werden die Gläubiger befriedigt. Die Verteilung des verbleibenden Vermögens erfolgt an die Gesellschafter im Verhältnis der Kapitalanteile, wie sie sich aufgrund der Schlussbilanz ergeben (§155 HGB, § 271 AktG, § 72 GmbHG).

6.1.2 Formen der Liquidation

Die Formen der Liquidation können unterschieden werden nach dem Umfang und nach der rechtlichen Form.

6.1.2.1 Liquidation nach dem Umfang

Vor der Liquidation ist zu prüfen, ob das Unternehmen als Einheit noch lebensfähig ist. Die Veräußerung eines „going concern" bringt in der Regel mehr liquide Mittel ein als die Veräußerung der einzelnen Vermögensteile.

In Einzelfällen kann eine **Teilliquidation** die Fortführung des Unternehmens ermöglichen. Bei einer Teilliquidation erfolgt die Auflösung und Versilberung (Umsetzen in liquide Mittel) von Teilbereichen des Unternehmens. Sie kann freiwillig durch Gesellschafterbeschluss erfolgen oder zwangsweise, wenn Gläubiger Sicherungsrechte geltend machen. Der rechtliche Fortbestand des Unternehmens erfährt keine Veränderung.

Im Falle der **Totalliquidation** erfolgt die Auflösung des gesamten Unternehmens. Sie kann in Form der formellen oder der materiellen Liquidation erfolgen. Die **formelle Liquidation** besteht im Vermögens- und Schuldenübergang auf eine neue Rechtsform des Unternehmens im Wege der Einzelrechtsnachfolge. Die **materielle Liquidation** führt zur Einstellung der wirtschaftlichen Tätigkeit, der Veräußerung des Vermögens und der Rückzahlung der Kapitaleinlagen, ohne dass der rechtliche Rahmen des Unternehmens betroffen wird.

In diesem Beitrag wird die materielle Liquidation behandelt.

6.1.2.2 Liquidation nach der rechtlichen Form

Nach der rechtlichen Form ist die stille Liquidation ohne förmlichen Auflösungsbeschluss von der Liquidation mit förmlichem Auflösungsbeschluss zu unterscheiden.

Wenn die Gesellschaft nur über wenige Vermögensgegenstände und auch nur geringe Verbindlichkeiten verfügt, ist die **stille Liquidation** vorzuziehen. Dabei erfolgt keine öffentliche Bekanntmachung und auch die Einhaltung eines Sperrjahres ist nicht vorgeschrieben. Die Löschung im Handelsregister kann wegen Vermögenslosigkeit erfolgen (§ 141a FGG).

In jeder Beziehung wesentlich aufwändiger ist die **Liquidation oder Abwicklung nach einem förmlichen Auflösungsbeschluss**, die hier vorgestellt werden soll.

6.2 Ablauf des Liquidationsverfahrens

1. **Eröffnung des Verfahrens**
   Die Auflösung wird zur Eintragung in das Handelsregister (HR) angemeldet (§ 143 Abs. 1 HGB, § 263 AktG, § 65 GmbHG). Die Firma erhält den Zusatz „i. L.". Die Liquidatoren (§ 146 HGB, § 66 GmbHG) bzw. die Abwickler (§ 265 AktG) werden bestellt. Die Liquidatoren nehmen i. d. R. eine Neubewertung der Vermögensteile und Schulden vor und erstellen die Liquidations-Eröffnungsbilanz (§ 154 HGB, § 270 Abs. 1 AktG, § 71 Abs. 1 GmbHG).

2. **Abwicklung der laufenden Geschäfte, Veräußerung der Vermögensgegenstände und Begleichung der Schulden**
   Bei Industriebetrieben läuft die Produktion aus und es erfolgt – wie bei den Handelsbetrieben – der Ausverkauf aller Erzeugnisse und Handelswaren. Während der Liquidation dürfen nur noch Käufe getätigt werden, die zur vollständigen Abwicklung des Auftragsbestandes notwendig sind. Das „Nachschieben" von Handelswaren ist verboten.

   Die Vermögensgegenstände werden so früh wie möglich verkauft. Die Forderungen werden eingezogen. Aus den Liquidationserlösen werden die Gläubiger befriedigt. Die Liquidatoren vertreten innerhalb ihres Geschäftskreises die Gesellschaft gerichtlich und außergerichtlich (§ 149 HGB, §§ 268, 269 AktG, § 70 GmbHG, § 88 GenG).

   Dauert die Liquidation oder Abwicklung länger als ein Jahr, sind Liquidations-Jahres-(schluss)bilanzen, die Gewinn- und Verlustrechnung und für Kapitalgesellschaften zusätzlich ein Anhang und ein Lagebericht zu erstellen (§ 270 AktG, § 71 GmbHG).

3. **Beendigung des Verfahrens**
   Die Liquidatoren erstellen eine Liquidations-Schlussbilanz und die Schlussrechnung. Sie melden die Beendigung des Verfahrens zur Eintragung ins Handelsregister an. Die Gesellschaft wird gelöscht (§ 273 Abs. 1 AktG, § 74 Abs. 1 GmbHG, § 157 Abs. 1 HGB).

   Die Liquidationsdividende wird im Verhältnis der Kapitalanteile an die Anteilseigener verteilt (§ 155 HGB, § 271 AktG, § 72 GmbHG, § 91 GenG). Kapitalgesellschaften und Genossenschaften dürfen die nach Durchführung der Liquidation verbleibenden Überschussbeträge erst auszahlen, wenn seit der dritten Aufforderung an die Gläubiger zur Anmeldung ihrer Ansprüche ein Jahr (Sperrjahr) verstrichen ist (§ 272 Abs. 1 AktG, § 73 Abs. 1 GmbHG). Bei Genossenschaften genügt die einmalige Bekanntgabe (§ 90 Abs. 1 GenG).

6.3 Liquidation der Kapitalgesellschaften

6.3.1 Schlussbilanz der werbenden Gesellschaft

Eine Schlussbilanz der werbenden Gesellschaft ist weder handels- noch steuerrechtlich vorgeschrieben. Fällt jedoch der Zeitpunkt des Beschlusses über die Auflösung mit dem Ende des Geschäftsjahres zusammen, so ist ein Jahresabschluss nach § 242 Abs. 1 Satz 1 und § 264 Abs. 1 Satz 1 HGB zu erstellen.

Unter den beiden Gesichtspunkten, dass

- ▸ mit der Beendigung der werbenden Gesellschaft eine neue Abrechnungsperiode beginnt
- ▸ dass es sich bei der Liquidations-Eröffnungsbilanz um eine Vermögensbilanz handelt, deren Bilanzwerte von denen in der regulären Bilanz abweichen

wird in der Praxis jedoch auch dann zuweilen ein handelsrechtlicher Jahresabschluss erstellt, wenn der Zeitpunkt des Beschlusses über die Auflösung nicht mit dem Ende des Geschäftsjahres zusammenfällt. Dabei wird übersehen, dass die Rechnungslegung während der Liquidation weitgehend der der werbenden Gesellschaft entspricht und auch das Anschaffungswertprinzip grundsätzlich weiterhin gilt.

Das Geschäftsjahr ist in der Satzung der Gesellschaft geregelt. Fehlt eine solche Regelung, gilt das Kalenderjahr. Von dem Geschäftsjahr kann im Falle der Liquidation nicht durch Bildung eines Rumpfwirtschaftsjahres abgewichen werden. Auch unter diesem Gesichtspunkt ist eine Liquidations-Schlussbilanz eben keine Schlussbilanz, sondern eine Zwischenbilanz.

6.3.2 Liquidations-Eröffnungsbilanz

Soweit die folgenden Ausführungen nicht auf Besonderheiten eingehen, gelten die auf die regelmäßigen Jahresabschlüsse anzuwendenden Ansatz- und Bewertungsvorschriften.

6.3.2.1 Stichtag und Aufstellungsfristen

Die Liquidatoren oder Abwickler erstellen auf den Stichtag der Auflösung (Tag des Auflösungsbeschlusses) eine Liquidations-Eröffnungsbilanz (Liqu-EB) und einen erläuternden Bericht (§ 154 HGB, § 270 Abs. 1 AktG, § 71 Abs. 1 GmbHG). Die Liquidatoren der Kapitalgesellschaften müssen die Liquidations-Eröffnungsbilanz innerhalb von 3 Monaten vom Tag des Auflösungsbeschlusses an erstellen (§ 264 Abs. 1 Satz 2 HGB).

Für kleine Kapitalgesellschaften kann diese Frist in Einzelfällen 6 Monate betragen, wenn dies einem ordnungsmäßigen Geschäftsgang entspricht (§ 264 Abs. 1 Satz 3 HGB). Die Verlängerung auf bis zu 6 Monate kann nicht bei drohender Zahlungsfähigkeit oder Überschuldung in Anspruch genommen werden.

6.3.2.2 Inventur und Inventar

Als Grundlage für die Erstellung der Liquidations-Eröffnungsbilanz ist ein Anfangsinventar zu erstellen (§ 240 Abs. 1 HGB). Alle Inventuraufnahmeverfahren sind zulässig. Wegen der Notwendigkeit einer möglichst kurzfristigen Erstellung wird auf die Inventur-Vereinfachungsverfahren (§ 241 HGB) zurückzugreifen sein, wie Stichprobeninventur, permanente und nachverlegte Inventur. Bei prüfungspflichtigen Unternehmen muss der Prüfer im üblichen Umfang bei der Bestandsaufnahme zugegen sein oder sich anhand von Aufzeichnungen, Rückrechnungen und nachträglicher Besichtigung von Vorratsposten ein zutreffendes Bild von der Ordnungsmäßigkeit der Inventur verschaffen.

6.3.2.3 Ansatz

Es gelten die Ansatzvorschriften der §§ 246 - 251 HGB, § 42 GmbHG. Auch das **Vollständigkeitsgebot** (§ 246 Abs. 1 HGB) und das Saldierungsverbot (§ 246 Abs. 2 HGB) sind zu beachten.

Bei Kapitalgesellschaften entspricht das (steuerliche) **Anfangsvermögen** bei der Abwicklung dem Betriebsvermögen, das am Schluss des der Liquidation vorangegangenen Wirtschaftsjahres der Ermittlung der Körperschaftsteuer zu Grunde gelegen hat (§ 11 Abs. 4 Satz 1 KStG). Die Beachtung des Grundsatzes des Bilanzzusammenhangs (§ 4 Abs. 1 EStG) stellt die vollständige Erfassung der stillen Reserven sicher.

Aufwendungen für die Ingangsetzung und Erweiterung des Geschäftsbetriebs (§ 269 HGB) dürfen nicht mehr angesetzt werden, da sie keinen realisierbaren Vermögenswert darstellen. Aus dem gleichen Grunde kann auch ein derivativer **Geschäfts- oder Firmenwert** (§ 246 Abs. 1 HGB) nicht angesetzt werden.

Für nicht entgeltlich erworbene **immaterielle Vermögensgegenstände** gilt das Aktivierungswahlrecht gem. § 248 Abs. 2 HGB.

Das Wertaufholungsgebot des § 253 Abs. 5 HGB gilt in vollem Umfang.

Auf der Aktivseite sind Ausgaben vor dem Stichtag der Bilanz als **Rechnungsabgrenzungsposten** auszuweisen, soweit sie Aufwand für eine bestimmte Zeit nach dem Stichtag der Bilanz sind (§ 250 Abs. 1 HGB). Auch das Aktivierungswahlrecht für das Disagio (§ 250 Abs. 3 HGB) kann ausgeübt werden.

Die Maßgeblichkeit der Handelsbilanz für die Steuerbilanz gilt nicht für die Abwicklung. Auch aufgrund § 11 KStG gelten die handelsrechtlichen Bilanzierungsvorschriften nicht mehr für die Zeit der Liquidation.

Laufende Pensionen, unverfallbare Anwartschaften sowie unmittelbare und mittelbare Pensionszusagen sind zu passivieren. Auch für vor dem 01.07.1987 gemachte Zusagen, für die gemäß Art. 28 EGHGB in der Regelbilanz keine Passivierungspflicht besteht, sind **Pensionsrückstellungen** zu bilden.

Rückstellungen sind zu passivieren für drohende Verluste aus schwebenden Geschäften (§ 249 Abs. 1 Satz 1 HGB) sowie für Sozialplanverpflichtungen und sonstige Kosten, die der Tätigkeit der werbenden Gesellschaft zuzurechnen sind. Der Ansatz von pauschalen Rückstellungen für zukünftige Liquidationskosten, wie Verpflichtungen aus noch zu erstellenden Sozialplänen und die Kosten für die Liquidatoren ist in der Liquidations-Eröffnungsbilanz der Kapitalgesellschaften nicht zulässig, da sie zum Zeitpunkt des Auflösungsbeschlusses noch nicht verursacht sind. Jedoch ist im Erläuterungsbericht darauf einzugehen.

Für Kosten, die bereits vor dem Stichtag der Liquidations-Eröffnungsbilanz rechtlich entstanden sind, wie Abfindungen aus Sozialplänen, Abfindungen an die Geschäftsführer, die nicht zu Liquidatoren bestellt wurden, für ungewisse Steuerverpflichtungen und die Aufarbeitung von Buchführungsrückständen sind als **Rückstellungen für ungewisse Verbindlichkeiten** zu passivieren (§ 249 Abs. 1 Satz 1 HGB). Rückstellungen für Tantiemen der Vorstandsmitglieder und der Aufsichtsratsmitglieder (§ 113 AktG) sind auf der Grundlage der bis zum Tag des Auflösungsbeschlusses erwirtschafteten Erträge zu bilden.

Die vorzeitige Kündigung von Dauerschuldverhältnissen, wie Miet-, Pacht- und Leasingverträgen sowie aus nicht erfüllten Liefer- und Leistungsverträgen und Kündigung von Darlehens- und Versicherungsverträgen kann die Bildung von **Rückstellungen für drohende Verluste aus schwebenden Geschäften** erforderlich machen.

Bei Rückstellungen für **im Geschäftsjahr unterlassene Instandhaltungsarbeiten** ist im Einzelfall zu prüfen, ob eine Auflösung erforderlich ist, weil mit der Liquidation der Grund hierfür entfallen ist (§ 249 Abs. 2 Satz 2 HGB):

Soweit vor der Auflösung ein Gewinnverteilungsbeschluss gefasst worden ist, sind die **Gewinnansprüche der Gesellschafter** als Verbindlichkeiten zu erfassen. Bis zum Tag des Auflösungsbeschlusses nicht durch Gesellschafterbeschluss verteilte Gewinne gehen in das Liquidationsvermögen ein.

Die **Haftungsverhältnisse** (§ 251 HGB) sind in der Liquidations-Eröffnungsbilanz oder in deren Erläuterungsbericht zu vermerken (§ 268 Abs. 7 HGB).

6.3.2.4 Bewertung

Für die Zeit der Abwicklung gelten grundsätzlich die Vorschriften der §§ 240, 252 - 256a; § 270 Abs. 2 Satz 2 AktG; § 71 Abs. 2 Satz 2 GmbHG. Neben dem Prinzip der Vorsicht, dem Realisationsprinzip und dem Imparitätsprinzip gilt auch für die Liquidationsbilanzen grundsätzlich das Prinzip der Bewertungsstetigkeit (§ 252 Abs. 1 Nr. 6 HGB).

Die Auflösung einer Kapitalgesellschaft wird in der Literatur überwiegend als ein begründeter Ausnahmefall i. S. d. § 252 Abs. 2 HGB angesehen. Demnach ist es möglich, in der Liquidations-Eröffnungsbilanz Bewertungswahlrechte neu auszuüben. Kommt es anlässlich der Auflösung in der Liquidations-Eröffnungsbilanz zu einer Abweichung vom Stetigkeitsgebot, muss der Einfluss auf die Vermögenslage im Anhang dargestellt werden (§ 284 Abs. 2 Nr. 3 HGB). Für die dann folgenden Liquidations-Jahresschlussbilanzen gilt der Grundsatz der Bewertungsstetigkeit wieder ohne Einschränkungen.

Da die Wertansätze in der Liquidations-Eröffnungsbilanz mit den Abschlusssalden der werbenden Gesellschaft übereinstimmen müssen (§ 252 Abs. 1 Nr. 1 HGB), müssen bereits die Abschlusssalden der werbenden Gesellschaft die Verhältnisse im Zeitpunkt der Auflösung berücksichtigen. Deshalb sind noch bei der werbenden Gesellschaft Umbewertungen vorzunehmen:

- Das **nicht mehr benötigte Anlagevermögen** ist wie das Umlaufvermögen nach dem strengen Niederstwertprinzip (§ 253 Abs. 3 Satz 1 HGB) zu bewerten, weil die Veräußerung innerhalb eines übersehbaren Zeitraums beabsichtigt ist und diese Vermögensgegenstände nicht mehr dem Geschäftsbetrieb dienen (§ 270 Abs. 2 Satz 3 AktG; § 71 Abs. 2 Satz 3 GmbHG). Soweit ein niedrigerer Börsen- oder Marktpreis nicht existiert, ist auf den niedrigeren beizulegenden Wert (§ 253 Abs. 4 Satz 2 HGB) abzuschreiben.

- Die **Restnutzungsdauer** der Vermögensgegenstände ist unter Beachtung der voraussichtlichen Dauer der Abwicklung neu festzulegen.

- Kapitalgesellschaften müssen **Zuschreibungen** vornehmen, sofern der Grund für frühere außerordentliche Abschreibungen im Zeitpunkt der Auflösung nicht mehr besteht (§ 253 Abs. 5 HGB).

- Der Grundsatz der Unternehmensfortführung (§ 252 Abs. 1 Nr. 2 HGB) trifft nicht mehr zu.

- Bei **Finanzanlagen** und bei **Vorräten** ist bei der Anwendung des Niederstwertprinzips von den Verhältnissen am Absatzmarkt auszugehen. Die Anschaffungs- oder Herstellungskosten sind durch außerplanmäßige Abschreibungen zu mindern (§ 253 Abs. 4 HGB). Unfertige Erzeugnisse und unfertige Leistungen sind ggf. abzuschreiben.

- **Forderungen** und **sonstige Vermögensgegenstände** sind auf ihren wahrscheinlichen (beizulegenden) Wert abzuwerten, uneinbringliche Forderungen sind abzuschreiben, nicht oder niedrig verzinsliche Forderungen sind abzuzinsen, soweit diese Arbeiten wirtschaftlich sinnvoll durchgeführt werden können.

6.3.2.5 Gliederung

Die allgemeinen Gliederungsvorschriften der §§ 247, 265 f., 268, 270 - 272, 274 HGB gelten auch für die Liquidations-Eröffnungsbilanz und die Liquidations-Jahresbilanzen. Die in § 265 Abs. 2 HGB geforderte Angabe der Vorjahresbeträge entfällt in der Liquidations-Eröffnungsbilanz, weil diese keine Jahresbilanz ist. Bei der Erstellung der Bilanzen einer GmbH sind die Forderungen und Verbindlichkeiten gegenüber Gesellschaftern auszuweisen (§ 42 Abs. 3 GmbHG).

Das **Eigenkapital** kann entsprechend der Gliederungsvorschrift des § 266 HGB in Gezeichnetes Kapital, Kapitalrücklage und Gewinnrücklagen, Gewinn-/Verlustvortrag, Jahresüberschuss/-fehlbetrag aufgegliedert werden oder – dem Liquidationszweck entsprechend – zu einem Posten Liquidationskapital zusammengefasst werden.

6.3.2.6 Erläuternder Bericht

Die Abwickler oder Liquidatoren haben einen die Liquidations-Eröffnungsbilanz erläuternden Bericht aufzustellen (§ 270 Abs. 1 AktG und § 71 Abs.1 GmbHG). Auf den erläuternden Bericht sind die Vorschriften über den Jahresabschluss entsprechend anzuwenden (§ 270 Abs. 2 Satz 2 AktG und § 71 Abs. 2 Satz 2 GmbHG). Der erläuternde Bericht entspricht weitgehend dem Anhang gemäß § 160 AktG und damit grundsätzlich dem Anhang im Jahresabschluss der Kapitalgesellschaften (§§ 284 - 288 HGB, § 160 AktG, § 42 Abs. 3 GmbHG) und dem Lagebericht (§ 289 HGB). Der Bericht wird jedoch einen wesentlich geringeren Umfang haben als der Anhang im Regelabschluss.

Der Bericht muss **besonders eingehen auf Elemente des Anhangs**, wie

- die angewandten Bilanzierungs- und Bewertungsmethoden
- Änderungen der Methoden und der Abschreibungspläne
- außerplanmäßige Abschreibungen aus Umbewertung
- Wertaufholungen
- stille Reserven aus höheren Veräußerungswerten gegenüber den an das Anschaffungswertprinzip gebundenen Bilanzwerten
- Auflösung von Sonderposten mit Rücklageanteil
- Angaben zu Einzelposten in der Bilanz, die in Ausübung eines Wahlrechts nicht in die Bilanz aufgenommen worden sind (§ 284 Abs. 1 HGB), wie Mitzugehörigkeitsvermerke (§ 265 Abs. 3 HGB) und Haftungsverhältnisse (§§ 251 und 268 Abs. 7 HGB)
- die sonstigen Pflichtangaben gemäß § 285 HGB
- im Falle der GmbH auf Ausleihungen, Forderungen und Verbindlichkeiten gegenüber Gesellschaftern (§ 42 Abs. 3 GmbHG)
- im Falle der AG auf den Bestand, Zugang, Zahl der Aktien, Nennbeträge, genehmigtes Kapital, Zahl der Wandelschuldverschreibungen, Genussrechte, wechselseitige Beteiligungen (§ 160 AktG)

und auf **Elemente des Lageberichts**, wie

► Vorgänge von besonderer Bedeutung nach dem Stichtag der Liquidations-Eröffnungsbilanz

► bisheriger Verlauf der Abwicklung

► bisherige Aufgabe von Teilbereichen des Unternehmens

► Lage der Gesellschaft

► geplante Schritte der Abwicklung

► voraussichtliche Dauer der Abwicklung

► voraussichtliche Kosten der Liquidation.

6.3.2.7 Prüfung und Offenlegung

Die Prüfungspflicht ergibt sich bei der AG aus § 270 Abs. 2 Satz 2 AktG, bei der GmbH aus § 71 Abs. 2 Satz 2 GmbHG. Die Vorschriften zur Offenlegung des Jahresabschlusses (§§ 325 - 329 HGB) treffen auch auf die Liquidations-Eröffnungsbilanz zu. Die Liquidatoren haben die Liquidations-Eröffnungsbilanz und den erläuternden Bericht zum Handelsregister einzureichen und bekannt zu machen.

6.3.3 Liquidations-Jahresabschlüsse

6.3.3.1 Jahresbilanzen auf den Geschäftsjahresschluss während der Abwicklung

Die Abwickler oder Liquidatoren haben für den Schluss eines jeden Jahres einen Jahresabschluss und einen Lagebericht zu erstellen (§ 270 Abs. 1 AktG, § 71 Abs. 1 GmbHG). Seit Einführung des AktG 1965 hat sich immer mehr die Auffassung durchgesetzt, dass die Abwicklung oder Liquidation nicht zu einer Änderung des im Gesellschaftsvertrag festgelegten Geschäftsjahres führen kann. Entsprechend ist davon auszugehen, dass die Liquidations-Eröffnungsbilanz, sofern deren Stichtag nicht zufällig mit dem Geschäftsjahresschluss übereinstimmt, lediglich eine Zwischenbilanz ist, die den Vermögensstatus zum Zeitpunkt des Beschlusses der Auflösung darstellt. Die Liquidations-Jahresbilanzen werden weiter im Rhythmus der Regelbilanzen erstellt. Sie sind die Fortschreibung der Liquidations-Eröffnungsbilanz. Insofern entsprechen auch Ansatz, Bewertung und Gliederung denen in der Liquidations-Eröffnungsbilanz. Wie bereits oben angeführt, erfolgt lediglich gleitend eine Umgliederung und Umbewertung der Vermögensteile.

Die gemäß § 265 Abs. 2 HGB anzugebenden Vorjahresbeträge für die erste Liquidations-Jahres(schluss)bilanz sind nicht der Liquidations-Eröffnungsbilanz, sondern der letzten Regelbilanz zu entnehmen. Es ist allerdings sinnvoll, die Werte aus der Liquidations-Eröffnungsbilanz unter entsprechendem Hinweis als zweiten Vergleichswert anzugeben. Für den Ausweis des **Eigenkapitals** gelten die Ausführungen unter Abschnitt G.6.3.2.5 Gliederung der Liquidations-Eröffnungsbilanz.

6.3.3.2 Gewinn- und Verlustrechnung

Im Gegensatz zur Rechnungslegung bei Beginn der Liquidation ist am Ende der einzelnen Abwicklungsjahre auch eine GuV von besonderem Interesse. Sie soll die Entstehung des Abwicklungserfolges nach den Quellen sichtbar machen.

Es gelten die Vorschriften der §§ 265 und 275 - 277 HGB, die auch auf die GuV im Rahmen des Jahresabschlusses der werbenden Gesellschaft anzuwenden sind. In der ersten GuV nach dem Beschluss der Auflösung der Gesellschaft sind die Vorjahreswerte aus der letzten GuV der werbenden Gesellschaft als Vergleichszahlen anzuführen. Am Ende des ersten Jahres nach dem Auflösungsbeschluss sollten sämtliche Aufwendungen und Erträge für die Zeit vom letzten regulären Jahresabschluss bis zum Tag des Auflösungsbeschlusses (Stichtag der Liquidations-Eröffnungsbilanz) und die Aufwendungen und Erträge vom Tag des Auflösungsbeschlusses bis zum Stichtag der Liquidations-Jahresbilanz getrennt angegeben werden. Da die GuV in Staffelform zu erstellen ist (§ 275 Abs. 1 Satz 1 HGB), könnten die Werte wie folgt aufgeteilt werden:

GuV-Position	Werbende Gesellschaft 01.01.02 bis 30.04.02 €	Abwicklung 01.05.02 bis 31.12.02 €	02 insgesamt €	01 insgesamt €
1. Umsatzerlöse	700.000	680.000	1.380.000	2.500.000
2. Bestandsveränderungen an unfert. u. fort. Erzeugn.	- 20.000	- 120.000	- 140.000	+ 240.000
3. and. aktiv. Eigenleistungen	5.000	100	5.100	53.000
4. sonstige betriebliche Erträge	18.000	102.000	120.000	60.000

Denkbar ist bei fortschreitender Liquidation die folgende, weiter gehende Untergliederung der **sonstigen betrieblichen Erträge** und der **sonstigen betrieblichen Aufwendungen** entweder direkt in der GuV nach § 275 HGB oder aber im Anhang. Diese beiden Positionen zeigen die Quellen des Liquidationserfolges:

4. Sonstige betriebliche Erträge
Erlöse aus Vermietung und Verpachtung
Verwertungserlöse

- ► Grundstücke und Gebäude

- ► Maschinen, Betriebs- und Geschäftsausstattung

- ► Beteiligungen, Wertpapiere

- ► übriges Anlagevermögen

- ► Umlaufvermögen

Übrige sonstige Erträge

- ► Zuschreibungen

- ► Auflösungen aus Rückstellungen

- ► Wegfall von Verbindlichkeiten

- ► usw.

8. **Sonstige betriebliche Aufwendungen**
   Verluste aus der Verwertung von Vermögen

   - ► Grundstücke und Gebäude

   - ► Maschinen, Betriebs- und Geschäftsausstattung

   - ► Beteiligungen, Wertpapiere

   Kosten der Liquidation

   - ► Beratungs- und Gutachterkosten

   - ► Prüfungskosten

   - ► Löhne und Gehälter

   - ► Abfindungen, Sozialplanaufwendungen

   - ► Aufwendungen zur Ablösung bestehender Verträge

   Übrige sonstige Aufwendungen

6.3.3.3 Anhang

Die handelsrechtlichen Vorschriften zum Anhang und Lagebericht sind auf den Jahresabschluss der in Liquidation befindlichen Unternehmen sinngemäß anzuwenden (§ 270 Abs. 1 AktG, § 71 Abs. 1 GmbHG).

Die Aufgaben des Anhangs zu den Liquidations-Jahresbilanzen entsprechen denen des Anhangs zu den Regelbilanzen. Der Anhang erläutert die Werte in der Bilanz und in der GuV. Dabei erfüllt er eine Korrektur-, eine Erläuterungs-, eine Entlastungs- und eine Ergänzungsfunktion. Die Auslagerung von Detailangaben in den Anhang erhöht die Klarheit und Übersichtlichkeit der Bilanz. Es gelten deshalb uneingeschränkt die Bestimmungen der §§ 284 - 288 HGB und § 160 AktG einschließlich der größenabhängigen Erleichterungen (§ 288 HGB) und der Schutzklauseln (§ 286 HGB). Führen besondere Verhältnisse dazu, dass der Jahresabschluss ein den tatsächlichen Verhältnissen entsprechendes Bild der Vermögens-, Finanz- und Ertragslage nicht vermittelt, so sind im Anhang zusätzliche Angaben zu machen (§ 264 Abs. 2 Satz 2 HGB).

Im Anhang der Kapitalgesellschaften „i. L." ist insbesondere auch über die angewandten Bilanzierungs- und Bewertungsmethoden zu berichten (§ 284 Abs. 2 Nr. 1 HGB). Den externen Bilanzleser interessieren die durch die Liquidation bedingten Änderungen bei den Bewertungsmethoden und deren Einfluss auf die Vermögens-, Finanz- und Ertragslage (§ 284 Abs. 2 Nr. 3 HGB).

Ausnahmen: Die in § 285 Nr. 5 und Nr. 13 HGB geforderten Angaben über den Einfluss steuerlicher Maßnahmen auf das Jahresergebnis und zu den Gründen für die planmäßige Abschreibung des Geschäfts- oder Firmenwertes entfallen im Anhang zur Liquidations-Jahresbilanz.

6.3.3.4 Lagebericht

Die Liquidatoren haben für den Schluss eines jeden Jahres einen Lagebericht zu erstellen (§ 270 Abs. 1 AktG, § 71 Abs. 1 GmbHG). Der Lagebericht soll den Geschäftsverlauf und die Lage der Gesellschaft so darstellen, dass ein den tatsächlichen Verhältnissen entsprechendes Bild vermittelt wird (§ 289 Abs. 1 HGB). Im Falle des Liquidations-Jahresabschlusses soll er Aufschluss geben über

- den bisherigen Verlauf der Abwicklung, einschließlich der Stilllegung und der Veräußerung von Betriebsteilen, des Abbaus beim Auftragsbestand, der Stornierung von Verträgen
- Personalabbau
- Vorgänge von besonderer Bedeutung, die nach dem Bilanzstichtag eingetreten sind
- die voraussichtliche Entwicklung der wirtschaftlichen Verhältnisse
- Forschungs- und Entwicklungsprojekte, die noch abzuschließen sind.

6.3.3.5 Prüfung und Offenlegung

Die Prüfungspflicht ergibt sich für Aktiengesellschaften aus § 270 Abs. 2 Satz 2 AktG, für die GmbH aus § 71 Abs. 2 Satz 2 GmbHG. Das Gericht kann von der Prüfung des Liquidations-Jahresabschlusses und des Lageberichts befreien, wenn die Verhältnisse der Gesellschaft so überschaubar sind, dass eine Prüfung im Interesse der Gläubiger und Gesellschafter nicht geboten erscheint (§ 270 Abs. 3 AktG, § 71 Abs. 3 GmbHG). Die Publizitätspflicht bleibt in jedem Falle bestehen.

Die Vorschriften zur Offenlegung des Jahresabschlusses und des Lageberichts (§§ 325 - 329 HGB) treffen auch auf die Liquidations-Jahresbilanzen zu. Die Liquidatoren haben als gesetzliche Vertreter des Unternehmens „i. L." den Jahresabschluss und den Lagebericht zum HR einzureichen und bekannt zu machen.

6.3.3.6 Liquidations-Schlussbilanz

Die Liquidatoren erstellen eine Liquidations-Schlussbilanz (§ 154 HGB, § 270 Abs. 1 AktG, § 71 Abs. 1 GmbHG). In der Schlussbilanz sind sämtliche Vermögenswerte anzugeben, einschließlich der immateriellen Vermögensgegenstände, die nicht entgeltlich erworben wurden. Die handelsrechtlichen Aktivierungsverbote sind aufgehoben. Sofern nicht schon früher eine Auflösung erfolgte, sind bei der Erstellung die eigenen Anteile mit der Rücklage für eigene Anteile zu verrechnen. Für der Höhe nach noch nicht feststehende Verpflichtungen sind Rückstellungen zu bilden. Dies gilt insbesondere für die Kosten für die Löschung, die letzte Gesellschafterversammlung, die Liquidatoren, noch zu zahlende Steuern und für die Aufbewahrung der Bücher und Schriften.

Die Liquidations-Schlussbilanz ist die letzte Rechnungslegung für externe Zwecke vor der Verteilung des Reinvermögens an die Gesellschafter. Die Schlussbilanz und die GuV zeigen **das Ergebnis aus der Liquidation** seit der letzten auf den Schluss des Geschäftsjahres fallenden Bilanz und GuV sowie **das zur Verteilung unter den Gesellschaftern**

verbleibende Vermögen (§ 271 Abs. 1 AktG, § 72 GmbHG). Zusammen mit der Schluss-bilanz legen die Liquidatoren einen **Verteilungsplan** vor, der im Anhang zur Schlussbilanz erläutert werden sollte.

Die **Prüfung** der Liquidations-Schlussbilanz kann nur dann unterbleiben, wenn nach Befriedigung der Gläubiger keine nennenswerten Vermögensgegenstände mehr vorhanden sind oder das Registergericht eine Befreiung von der Prüfung angeordnet hat (§ 270 Abs. 3 AktG, § 71 Abs. 3 GmbHG).

6.3.4 Schlussrechnung und Verteilung des Vermögens

Wenn die Abwicklung einschließlich aller eventuellen Rechtsstreitigkeiten beendet ist, die Gläubiger befriedigt und durch Hinterlegung abgesichert sind (§ 272 Abs. 2 AktG, § 73 Abs. 2 Satz 1 GmbHG), die steuerlichen Veranlagungen abgeschlossen sind und außerdem das Sperrjahr abgelaufen ist (§ 272 Abs. 1 AktG, § 73 Abs. 2 Satz 1 GmbHG), müssen die Liquidatoren eine Schlussrechnung erstellen (§ 273 Abs. 1 Satz 1 AktG, § 74 Abs. 1 Satz 1 GmbHG).

Die Schlussrechnung dient der Rechenschaftslegung i. S. von § 259 BGB. Formvorschriften bestehen nicht. Eine Einnahmen-Ausgaben-Rechnung genügt. Soweit die Gesellschafter dies nicht mit Mehrheit bestimmen, besteht keine Prüfungs- und Offenlegungspflicht für die Schlussrechnung. Die Liquidatoren legen die Schlussrechnung der Gesellschafterversammlung vor. Sie prüft die Schlussrechnung und entlastet die Liquidatoren.

6.3.5 Schluss der Abwicklung und Aufbewahrung der Unterlagen

Ist die Abwicklung beendet und die Schlussrechnung gelegt, so haben die Abwickler den Schluss der Abwicklung zur Eintragung ins Handelsregister anzumelden. Die Gesellschaft ist zu löschen (§ 273 Abs. 1 AktG, § 74 Abs. 1 GmbHG).

Die Bücher und Schriften (im Sinne § 257 HGB) der Gesellschaft sind an einem vom Registergericht bestimmten Ort zur Aufbewahrung auf zehn Jahre zu hinterlegen (§ 273 Abs. 2 AktG, § 74 Abs. 2 GmbHG). Der Fristablauf beginnt mit dem auf die Hinterlegung folgenden Tag (§ 187 Abs. 1 BGB). Die kürzeren Aufbewahrungsfristen für Belege und Handelsbriefe des § 257 Abs. 1 Nr. 2 - 4 HGB gelten nicht.

Aufgabe 76 > Seite 463

6.4 Liquidation von Personengesellschaften

6.4.1 Rechtsvorschriften

Die Vorschriften der §§ 145 - 158 HGB über die Liquidation der Gesellschaft sind nur bei einem förmlichen Auflösungsverfahren anzuwenden. In Zweifelsfällen kann bei der Liquidation von Personengesellschaften auf die die Kapitalgesellschaften betreffenden Regelungen zurückgegriffen werden.

6.4.2 Liquidatoren

Die Liquidation erfolgt durch sämtliche Gesellschafter als Liquidatoren, sofern sie nicht durch Beschluss der Gesellschafter oder den Gesellschaftsvertrag einzelnen Gesellschaftern oder anderen Personen übertragen ist (§ 146 Abs. 1 HGB). Auf Antrag eines Gesellschafters oder eines Gläubigers kann aus wichtigen Gründen die Ernennung von Liquidatoren durch das Gericht erfolgen (§ 146 Abs. 2 HGB).

Die Liquidatoren sind von sämtlichen Gesellschaftern zur Eintragung in das Handelsregister anzumelden (§ 148 Abs. 1 Satz 1 HGB). Sind mehrere Liquidatoren vorhanden, so können sie die zur Liquidation gehörenden Handlungen nur in Gemeinschaft vornehmen, sofern nicht bestimmt ist, dass sie einzeln handeln können. Eine solche Bestimmung ist in das Handelsregister einzutragen (§ 150 Abs. 1 HGB). Durch einstimmigen Beschluss oder auf Antrag eines Beteiligten kann eine **Abberufung** der Liquidatoren durch das Gericht erfolgen (§ 147 HGB).

6.4.3 Liquidations-Eröffnungsbilanz

Die Liquidatoren der OHG haben bei Beginn und bei der Beendigung der Liquidation eine Bilanz aufzustellen (§ 154 HGB). Im Falle der Liquidation einer KG haben die Vollhafter die Bilanzen aufzustellen (§ 161 Abs. 2 i. V. m. § 154 HGB). Die Liquidations-Eröffnungsbilanz der Personengesellschaft ist – anders als bei den Kapitalgesellschaften – keine besondere Handelsbilanz. Nach allgemeiner Auffassung handelt es sich bei der Liquidations-Eröffnungsbilanz der Personengesellschaften um eine Vermögensbilanz, die einen Überblick über die Liquidationsmasse gewähren soll.

Die **Bewertung** erfolgt deshalb allein zum Zeit-, Veräußerungs- oder Verkehrswert der Vermögensgegenstände unter Auflösung der stillen Reserven, sofern die Gesellschafter nicht eine andere Bewertung beschließen. Eine Neubewertung kann über die fortgeschriebenen Anschaffungs- oder Herstellungskosten hinausgehen. Das Anschaffungswertprinzip, das Niederstwertprinzip und die handelsrechtlichen Aktivierungswahlrechte sowie Aktivierungsverbote gelten nicht. Selbst ein originärer Geschäfts- oder Firmenwert darf aktiviert werden, wenn eine Veräußerungsmöglichkeit besteht.

Alle **Verbindlichkeiten und Rückstellungen** einschließlich der Altzusagen bei den Pensionsrückstellungen sind zu passivieren. Anders als in der Liquidations-Eröffnungsbilanz der Kapitalgesellschaften berücksichtigen Personengesellschaften bereits alle zukünftigen Verpflichtungen aus der Liquidation, die erst nach dem Tag des Auflösungsbeschlusses rechtlich entstehen.

6.4.4 Rechnungslegung im Außenverhältnis

Die Vorschrift des § 154 HGB betrifft nur die Rechnungslegung im Innenverhältnis. Bis zur Löschung der Firma müssen unter Beibehaltung des Geschäftsjahres jährliche Schlussbilanzen unter Beachtung der handelsrechtlichen Vorschriften erstellt werden.

6.4.5 Liquidations-Schlussbilanz und Schlussrechnung

Die **Liquidations-Schlussbilanz** (§ 154 HGB) zeigt das zu verteilende Vermögen nach Befriedigung der Gläubiger. Sie unterliegt wie die Liquidations-Eröffnungsbilanz der Personengesellschaften nicht den handelsrechtlichen Ansatz- und Bewertungsvorschriften. Die **Schlussrechnung** ist eine Rechnungslegung nach § 259 BGB. Sie dokumentiert den Verlauf der Liquidation und der Verteilung des Liquidationsüberschusses.

6.4.6 Verteilung des Gesellschaftsvermögens

Das nach Begleichung der Schulden verbleibende Vermögen ist nach dem Verhältnis der Kapitalanteile in der Schlussbilanz **unter die Gesellschafter zu verteilen** (§ 155 Abs. 1 HGB). Ein Sperrjahr wie bei den Kapitalgesellschaften ist für Personengesellschaften nicht vorgeschrieben. Das während der Liquidation entbehrliche Geld kann vorläufig verteilt werden. Zur Deckung noch nicht fälliger oder streitiger Verbindlichkeiten sind Beträge zurückzubehalten (§ 155 Abs. 2 HGB).

6.4.7 Nach Beendigung der Liquidation

Das Erlöschen der Firma ist von den Liquidatoren zur Eintragung in das Handelsregister anzumelden (§ 157 Abs. 1 HGB). Die Bücher und Papiere der aufgelösten Gesellschaft werden einem der Gesellschafter oder einem Dritten in Verwahrung gegeben (§ 157 Abs. 2 HGB). Die Ansprüche gegenüber einem Gesellschafter aus Verbindlichkeiten der Gesellschaft verjähren in 5 Jahren vom Tag der Eintragung der Auflösung an (§ 159 Abs. 1 und 2 HGB). Wird der Anspruch des Gläubigers erst nach der Eintragung fällig, so beginnt die Verjährung mit dem Zeitpunkt der Fälligkeit (§ 159 Abs. 3 HGB).

Aufgabe 77 > Seite 464
Aufgabe 78 > Seite 464
Aufgabe 79 > Seite 465
Aufgabe 80 > Seite 465

Lösung

1.	Worin unterscheiden sich Sonderbilanzen von den ordentlichen Bilanzen?	S. 371
2.	In welchem Zusammenhang wird die Erstellung steuerlicher Ergänzungsbilanzen erforderlich?	S. 373 f.
3.	Welchen Zweck hat die Erstellung steuerlicher Sonderbilanzen?	S. 374 f.
4.	Wie wird der Stichtag der Eröffnungs- oder Gründungsbilanz bestimmt?	S. 376
5.	Welche Aufgaben hat die Eröffnungs- oder Gründungsbilanz?	S. 376
6.	Nennen Sie Aufwendungen in Zusammenhang mit der Gründung, die gemäß § 248 Abs. 1 HGB nicht aktiviert werden dürfen!	S. 379
7.	Warum sind neben den Vorschriften zum Ansatz und zur Bewertung auch die Vorschriften zur Gliederung der Jahresbilanzen auf die Gründungsbilanz anzuwenden?	S. 380 f.
8.	In welche Posten muss das Eigenkapital einer Kommanditgesellschaft mindestens aufgeteilt werden?	S. 383
9.	In welchen Fällen ist in der Gründungsbilanz einer KG der Ausweis ausstehender Einlagen auf das Eigenkapital erforderlich?	S. 383
10.	Welche Rechtsformen kann die Vorgründergesellschaft einer GmbH haben?	S. 384
11.	Wann spricht man bei der Gründung einer GmbH von einer Vorgesellschaft?	S. 384
12.	In welchen neun Stufen oder Schritten wird die Gründung einer AG vollzogen?	S. 385
13.	Was versteht man unter einer Umwandlung?	S. 387 f.
14.	Was versteht man unter einer Verschmelzung?	S. 388 f.
15.	Wie wird im Falle der Fusion zweier Aktiengesellschaften das Umtauschverhältnis der Aktien ermittelt?	S. 388 f.
16.	Was geschieht im Falle einer Form wechselnden Umwandlung?	S. 390
17.	Werden im Rahmen der Umwandlung einer Kapitalgesellschaft in eine Personengesellschaft stille Reserven aufgedeckt?	S. 392
18.	Welcher Tag ist der Stichtag der Auseinandersetzungsbilanz?	S. 394
19.	Wann spricht man von einer Auseinandersetzung?	S. 393
20.	Welches sind die Merkmale eines notleidenden Unternehmens?	S. 396 f.
21.	Definieren Sie die Begriffe „Zahlungsunfähigkeit" und „Zahlungsschwierigkeiten".	S. 397
22.	Worin unterscheiden sich eine Unterbilanz von einer Überschuldungsbilanz?	S. 397
23.	Welches sind die Voraussetzungen für eine Sanierung?	S. 399

25.	In welchen Schritten wird die Liquidation eines Unternehmens vollzogen?	S. 402 f.
26.	Welches ist der Stichtag der Liquidations-Eröffnungsbilanz?	S. 403 f.
27.	Welche Unterschiede bestehen zwischen den Ansatzvorschriften für die Jahresbilanzen und den Ansätzen in der Liquidations-Eröffnungsbilanz?	S. 404 f.
28.	Worin unterscheidet sich die Bewertung in den Jahresbilanzen von der in der Liquidations-Eröffnungsbilanz?	S. 406
29.	Auf welche Punkte sollte der Erläuterungsbericht zur Liquidations-Eröffnungsbilanz besonders eingehen?	S. 407 f.
30.	Die Liquidation eines Unternehmens kann sich über mehrere Jahre erstrecken. Durch welche Gestaltungsmaßnahmen kann der Abwicklungserfolg im Zeitablauf transparent gemacht werden?	S. 408
31.	Worin unterscheiden sich Liquidations-Schlussbilanz und Schlussrechnung?	S. 411 f.

Aufgabe 1: Kreis der Buchführungspflichtigen

Ein Einzelhandelskaufmann, dem die „Schreibarbeiten" über den Kopf wachsen, hat Sie als Bürokraft eingestellt. Seiner Meinung nach ist die relativ umfangreiche „Bücherführung" auf das Steuerrecht zurückzuführen. Was meint er damit?

Lösung s. Seite 467

Aufgabe 2: Ordnungsmäßigkeit der Buchführung

Sie werden mit der Überprüfung eines Kassenbuches beauftragt, das ein Auszubildender mehr oder weniger lustlos geführt hatte und stellen u. a. Radierungen, Leerräume und fehlende Belege fest.

(1) Um welche Art von Verstößen gegen die GoB handelt es sich?
(2) Welche Folgen haben derartige Verstöße im Steuerrecht?

Lösung s. Seite 467

Aufgabe 3: Aufbewahrungsfristen

Zum Jahreswechsel 2011/2012 quillt die Aktenablage förmlich über. Sie sollen für die Belegordner des abgelaufenen Geschäftsjahres Platz schaffen. Welche Unterlagen dürfen Sie ab 01.01.2012 bedenkenlos in den Papierwolf stecken?

Lösung s. Seite 467

Aufgabe 4: Erstellung eines Inventars

Ein Möbelfabrikant macht am 31.12. Inventur und stellt folgende Bestände fest:

Fabrikgebäude 80.000 €; Maschinen lt. Verzeichnis 1: 130.000 €; Werkzeuge lt. Verzeichnis 2: 23.000 €; Fuhrpark lt. Verzeichnis 3: 34.000 €; Geschäftsausstattung lt. Verzeichnis 4: 16.000 €.

Rohstoffe lt. Verzeichnis 5: 25.000 €; Hilfs- und Betriebsstoffe lt. Verzeichnis 6: 7.000 €; Unfertige Erzeugnisse lt. Verzeichnis 7: 15.000 €; Fertigerzeugnisse lt. Verzeichnis 8: 38.000 €; Kundenforderungen lt. Verzeichnis 9: 27.000 €; Kassenbestand 2.000 €; Bankguthaben bei der Deutschen Bank, Köln 40.000 €.

Verbindlichkeiten an Lieferer lt. Verzeichnis 10: 49.000 €; Hypothekenschulden 82.000 €; Darlehen bei der Stadtsparkasse Köln 24.000 €. Stellen Sie das Inventar auf und ermitteln Sie das Reinvermögen (= Eigenkapital)!

Lösung s. Seite 468

Aufgabe 5: Erleichterungen bei Vornahme einer Inventur

Ein Schrottgroßhandel besitzt ein umfangreiches Lager an Schrotteisen, Lumpen, Papieren und Nichteisenmetallen verschiedener Art, deren Zu- und Abgänge im Lagerbuch verzeichnet sind. Die Buchführung entspricht den GoB.

Ist die Firma verpflichtet, die Bestände körperlich aufzunehmen?

Lösung s. Seite 469

Aufgabe 6: Grundsätze ordnungsmäßiger Inventur

Bilanzstichtag ist der 31.12. Prüfen Sie, ob folgende Vorschläge mit den Grundsätzen ordnungsmäßiger Inventur zu vereinbaren sind:

(1) Die Aufnahmelisten mit den Einzelpositionen sollen nach Aufstellung des Inventars vernichtet werden, weil die Angaben dann im Inventar enthalten sind.

(2) Zur Verteilung der Arbeitsbelastung soll die Warenbestandsaufnahme zum einen Anfang November und zum anderen Anfang März des folgenden Jahres durchgeführt werden.

(3) Anhand von Lagerbüchern (Lagerkarteien) lassen sich die Bestandsänderungen eines bestimmten Warenlagers zwischen dem Bilanzstichtag und dem Tag der Bestandsaufnahme nach Art und Menge ordnungsgemäß belegen. Es handelt sich um eine leicht verdunstende Flüssigkeit. Die Bestandskontrolle soll im Herbst stattfinden.

Lösung s. Seite 469

Aufgabe 7: Verstoß gegen die Grundsätze ordnungsmäßiger Bilanzierung

Beurteilen Sie, inwieweit bei den folgenden Bilanzansätzen ein Verstoß gegen die Grundsätze ordnungsmäßiger Bilanzierung vorliegt:

(1) In der Bilanz einer großen GmbH werden Bargeld, Postgiro- und Bankguthaben unter einer Sammelposition „Liquide Mittel" ausgewiesen.

(2) Um einen Absatzrückgang nicht offen legen zu müssen, sollen die bisher getrennt ausgewiesenen Roh-, Hilfs- und Betriebsstoffe, fertige und unfertige Erzeugnisse in einer Bilanzposition ausgewiesen werden. Ein entsprechender Vermerk soll selbstverständlich unterbleiben.

(3) Der Marktwert eines Betriebsgrundstückes ist zwischenzeitlich auf das Fünffache gestiegen. Dieser Wertansatz soll deshalb im Interesse der Bilanzwahrheit entsprechend erhöht werden.

(4) Die im Dezember des abgelaufenen Geschäftsjahres gezahlten Versicherungsprämien für das erste Quartal des Folgejahres wurden nicht im Jahresabschluss ausgewiesen.

Lösung s. Seite 469

Aufgabe 8: Bilanzausweis von Forderungen und Verbindlichkeiten

Beurteilen Sie die Zulässigkeit folgender Bilanzansätze:

(1) Eine Firma unterhält bei einer Geschäftsbank ein Girokonto und hat dort ebenfalls einen langfristigen Investitionskredit in Anspruch genommen. Die Konten weisen zum Jahresende ein Guthaben von 10.000 € bzw. eine Restschuld von 80.000 € aus. Es soll lediglich der Saldo von 70.000 € als Verbindlichkeit bilanziert werden.

(2) Am Bilanzstichtag stehen sich aufrechnungsfähige Forderungen und Verbindlichkeiten im Sinne der §§ 387 ff. BGB aus gegenseitigen Lieferungen und Leistungen gegenüber. Hier soll gleichfalls nur der Saldo bilanziert werden.

Lösung s. Seite 470

Aufgabe 9: Grundsätze ordnungsmäßiger Buchführung und Bilanzierung

Gegen welchen Grundsatz verstoßen jeweils die folgenden Tatbestände:

(1) Verschiedene Maschinen wurden zusammengefasst und als Gesamtheit im Jahresabschluss bewertet.

(2) Teilweise wurden Forderungen und Verbindlichkeiten sowie Aufwendungen und Erträge für den Bilanzausweis gegeneinander aufgerechnet.

(3) Besondere Umstände führten dazu, dass der Jahresabschluss der AG kein den tatsächlichen Verhältnissen entsprechendes Bild der Vermögens-, Finanz- und Ertragslage vermittelt. Auf diesen Tatbestand wird an keiner Stelle im Jahresabschluss hingewiesen.

(4) Aufwendungen und Erträge wurden entsprechend dem Zeitpunkt ihrer Ausgabe oder Einnahme und nicht immer entsprechend ihrer wirtschaftlichen Zugehörigkeit zum Geschäftsjahr berücksichtigt.

(5) Bei der Bewertung der Wirtschaftsgüter wurde davon ausgegangen, dass das Unternehmen kurzfristig aufgelöst werden könnte.

(6) Am Abschlussstichtag wurden auch Gewinne aus noch nicht ausgelieferten Aufträgen berücksichtigt. Vorhersehbare Risiken und Verluste, die im Geschäftsjahr oder früher entstanden sind, wurden nicht berücksichtigt.

(7) In den letzten Jahren wurden in jedem Jahresabschluss vom jeweiligen Vorjahr abweichende Ansatz- und Bewertungsmethoden zu Grunde gelegt.

(8) Sachlich verschiedene Bilanzpositionen werden in einer Position ausgewiesen.

(9) Die Wertansätze zwischen der Schlussbilanz des Geschäftsjahres und der Eröffnungsbilanz des folgenden Geschäftsjahres stimmen nicht überein.

(10) In die Bilanz wurden nicht alle bilanzierungsfähigen Vermögensgegenstände aufgenommen, selbst dann nicht, wenn das Gesetz kein Wahlrecht einräumt.

Lösung s. Seite 470

Aufgabe 10: Bilanzierung von Warenvorräten, Bilanzberichtigung

Ein Gewerbetreibender hat seine Warenvorräte in der Bilanz zum 31.12. mit Anschaffungskosten von 80.000 € bewertet und die Bilanz beim Finanzamt eingereicht. Nachträglich beantragt er, den Wertansatz auf den niedrigeren Teilwert von 70.000 € abzuändern, weil dieser objektiv bis zur Veräußerung von Dauer sein wird.

Das Finanzamt lehnt ab. Beurteilen Sie den Sachverhalt hinsichtlich der Rechtslage!

Lösung s. Seite 470

Aufgabe 11: Ermittlung des Betriebsergebnisses durch Betriebsvermögensvergleich

(1) Ermitteln Sie aus folgenden Daten das Betriebsergebnis durch Betriebsvermögensvergleich:

	T€ a	T€ b	T€ c
Betriebsvermögen am Schluss des Wirtschaftsjahres	40	30	20
Betriebsvermögen am Schluss des vorangegangenen Wirtschaftsjahres	10	40	30
Privatentnahmen	–	25	5
Privateinlagen	20	–	–

(2) Ein Unternehmer bewertet am 31.12. des Vorjahres seinen Warenbestand mit 70.000 € (richtig wären 75.000 € gewesen). Am 31.12. des Berichtsjahres bewertet er ihn mit 75.000 € (richtig wären 70.000 € gewesen). Die Warenentnahme zum Einkaufspreis belief sich im Vorjahr auf 3.000 €, im Berichtsjahr legte er Waren für 2.000 € ein. Weder die Entnahme noch die Einlage wurde verbucht.

Welche Auswirkungen ergeben sich bei richtiger Bewertung?

Lösung s. Seite 471

Aufgabe 12: Gewillkürtes Betriebsvermögen

(1) Die Maschinenbau GmbH bilanziert ein unbebautes Grundstück, dessen endgültige Verwendung noch offen ist. Die Geschäftsführung beabsichtigt, dieses Grundstück gegen ein unmittelbar betrieblich zu nutzendes Grundstück zu tauschen.

(2) Der Einzelkaufmann Olaf Lange, dessen Wirtschaftsjahr mit dem Kalenderjahr übereinstimmt, hat am 01.03. Wertpapiere zum Anschaffungspreis von 20.000 € erworben und auf dem Wertpapierkonto aktiviert. Bis zum Ende des Jahres ist der Kurswert auf 35.000 € gestiegen. Da Lange die Wertpapiere zu verkaufen beabsichtigt, bucht er im Rahmen der vorbereitenden Abschlussbuchungen: Privatentnahmen an Wertpapiere 20.000 €.

(3) Der Fabrikant Dieter Vossen baut eine Schwimmhalle. Die Schwimmhalle nutzt er privat, gestattet aber auch seinen Mitarbeitern die Nutzung zu bestimmten Zeiten. Die Halle wurde im Anlagevermögen bilanziert.

(4) Der Gastwirt Fritz Biermann nutzt seinen Pkw zu 5 % gewerblich und zu 95 % privat. Der Gastwirt will den Pkw im Anlagevermögen führen und die private Nutzung als Entnahme erfassen.

Begründen Sie, ob die Bilanzierung gerechtfertigt ist.

Lösung s. Seite 471

Aufgabe 13: Sondervermögen eines Gesellschafters

In der Katz und Maus OHG sind Katz und Maus mit je 50 % am Erfolg beteiligt. Laut Gesellschaftsvertrag erhält Gesellschafter Katz für besonderen Einsatz im Rahmen der Geschäftsführertätigkeit einen Arbeitsanteil von 40.000 €. Das Unternehmen hat im Abschlussjahr ein vorläufiges Ergebnis von 605.630 € erwirtschaftet.

Besondere Aktivitäten des Gesellschafters Maus:

a) Maus hat der OHG ein **bebautes Grundstück** vermietet. Der Buchwert zum 01.01.02 beträgt für Grund und Boden 80.000 €, für das Gebäude 200.000 €. Der zuletzt festgestellte Einheitswert des Grundbesitzes beläuft sich auf 60.000 €. Den Aufwand für Instandhaltung mit 4.000 € netto im Jahr 02, die Gebäudeversicherung mit 400 € und die Grundsteuer von 650 € trägt die OHG. Die Aufwendungen hat Maus von seinem privaten Bankkonto überwiesen. Maus erhält Mieteinnahmen von monatlich 2.500 € plus 19 % USt. Die AfA beläuft sich auf 2 % von 240.000 €.

b) Maus hat der OHG am 01.04.01 ein **Darlehen** in Höhe von 100.000 € zu 8 % Zinsen gewährt. Das Darlehen ist am 31.03.06 fällig.

c) Maus hat einen Pkw an die OHG vermietet. Den Pkw hat Maus am 05.05.01 zum Anschaffungswert von 50.000 € plus 19 % USt privat erworben und schreibt das Fahrzeug über 5 Jahre linear ab. Zusätzlich zu den Abschreibungen hatte er in 02 2.000 € Aufwendungen plus 19 % USt. Maus hat die Aufwendungen von seinem privaten Bankkonto überwiesen. Die OHG hat 12 Monatsmieten von 1.200 € plus 19 % USt an Maus überwiesen.

Wegen zwingender steuerrechtlicher Regelungen sind bei der Ermittlung des Steuerbilanzgewinns zu folgenden Posten in der Handelsbilanz Korrekturen erforderlich:

a) Für Werbezwecke wurden 200 Geschenke für Geschäftsfreunde im Wert von je 90 € gekauft.

b) Die OHG leistet eine Spende an die Caritas i. H. v. 4.200 €.

1. Erstellen Sie die Sonderbuchhaltung für den Gesellschafter Maus für das Jahr 02.
2. Stellen Sie die Gewinnanteile für das Jahr 02 der beiden Gesellschafter in einer Gewinnverteilungstabelle dar. Bei der Gewinnverteilung sollen Katz vorab 34.000 € und Maus 30.000 € Zinsen auf das eingesetzte Kapital erhalten (§ 121 Abs. 1 HGB).

Lösung s. Seite 472

Aufgabe 14: Gründung einer Personengesellschaft

A und B gründen zum 01.01.02 eine OHG, in die A sein Einzelunternehmen zur Fortführung einbringt:

Teilwert des Unternehmens	500.000 €
Buchwert	300.000 €
stille Reserven	**200.000 €**

Die Gesellschafter sollen zu je 50 % beteiligt werden. B leistet an A eine Zuzahlung von 250.000 €, die nicht in das Betriebsvermögen der OHG eingehen soll.

AKTIVA	Bilanz des Einzelunternehmers A zum 31.12.01		PASSIVA
	Euro		Euro
Grundstücke	90.000	Eigenkapital	300.000
Gebäude	110.000	Fremdkapital	200.000
Maschinen	100.000		
Sonstige Vermögensgegenstände	200.000		
	500.000		500.000

Aufteilung der stillen Reserven zum 31.12.01:

	Buchwert	Teilwert	Stille Reserven
Grundstücke	90.000	200.000	110.000
Gebäude	110.000	180.000	70.000
Maschinen	100.000	120.000	20.000
	300.000	**500.000**	**200.000**

(1) Ermitteln Sie den von A zu versteuernden Gewinn aus der Veräußerung der stillen Reserven.

(2) Erstellen Sie die Eröffnungsbilanz der OHG und die Ergänzungsbilanz des B zum 01.01.02.

Lösung s. Seite 475

Aufgabe 15: Geschäfts- oder Firmenwert

Die Südbaden AG, die bisher nur hochwertige Weine produziert und verkauft, kauft zur Erweiterung der Produktpalette am 02.01.01 die Vermögensgegenstände und Schulden der Sektkellerei GmbH, die Sekt herstellt und verkauft.

Nach langen Verhandlungen einigt man sich auf den Kaufpreis von 10 Mio. €. Dabei wurde berücksichtigt, dass die verschiedenen Sekte der Sektkellerei GmbH einen hervorragenden Ruf genießen und die Belegschaft ein sehr kompetentes Team bildet. Die Buchwerte des Anlagevermögens der Sektkellerei GmbH betragen 6 Mio. €, die des Umlaufvermögens 5 Mio. €. Im Anlagevermögen sind stille Reserven in Höhe von 1 Mio. € enthalten, im Umlaufvermögen in Höhe von 1,5 Mio. €. Die Schulden (Verbindlichkeiten und Rückstellungen) weisen einen Betrag in Höhe von 4 Mio. € aus. Ein Geschäfts- oder Firmenwert hat eine Nutzungsdauer von 5 Jahren.

Aufgrund einer Veröffentlichung eines Verbraucherverbandes wird am 12.12.02 bekannt, dass die Sekte giftige Stoffe enthalten. Der Wert der Marke sinkt erheblich, sodass der Geschäftswert vollständig aufgebraucht sein dürfte.

Im Jahr 03 gelingt es der Südbaden AG nachzuweisen, dass die Veröffentlichung des Verbraucherverbandes fehlerhaft ist. Daher nimmt der Verbraucherverband seine Veröffentlichung am 15.02.03 zurück.

a) Berechnen Sie den Geschäfts- oder Firmenwert.

b) Wie ist der Geschäfts- oder Firmenwert zum 31.12.01, 31.12.02 und 31.12.03 nach HGB zu behandeln? Begründen Sie Ihre Antwort jeweils kurz.

Lösung s. Seite 476

Aufgabe 16: Erstellen des Anlagenspiegels

Die folgenden Werte vom 01.01.01 sollen in den Anlagenspiegel eingehen:

	Anschaffungs- oder Herstell- lungskosten €	Abschreibungen aus Vorjahren €
A. Anlagevermögen		
I. Immaterielle Vermögensgegenstände		
1. Selbst erstellte Software	400.000	185.530
2. Lizenzen	580.000	–
3. Geschäftswert	800.000	1.769.500
II. Sachanlagen		
1. Grundstücke, grundstücksgleiche Rechte und Bauten	12.000.930 19.551.310	7.071.436
2. technische Anlagen und Maschinen		2.268.430
3. andere Anlagen, Betriebs- und Geschäfts- ausstattung	4.690.428 134.900	–
4. geleistete Anzahlungen und Anlagen im Bau	440.000	–
III. Finanzanlagen		
1. Anteile an verbundenen Unternehmen	300.000	–
2. Ausleihungen an verbundene Unternehmen	250.000	50.000
3. Beteiligungen		
4. Ausleihungen an Unternehmen, mit denen ein Beteiligungsverhältnis besteht	50.000 430.000	–
5. Wertpapiere des Anlagevermögens	230.500	–
6. sonstige Ausleihungen		
	39.858.068	**11.344.896**

Die Abschreibungen des abgelaufenen Geschäftsjahres 01 setzen sich zusammen aus Abschreibungen für

A. Anlagevermögen
    I. Immaterielle Vermögensgegenstände

1. Selbst erstellte Software	100.000 €
2. Lizenzen	49.970 €
3. Geschäftswert	200.000 €

    II. Sachanlagen

1. Grundstücke, grundstücksgleiche Rechte und Bauten	210.500 €
2. technische Anlagen und Maschinen	924.250 €
3. andere Anlagen, Betriebs- und Geschäftsausstattung	104.500 €

Bei den folgenden Positionen sind für die Zeit vom 01.01.01 bis zum 31.12.01 Zugänge, Abgänge, Umbuchungen und Zuschreibungen zu berücksichtigen. Die Klammern enthalten die gesamten auf die Abgänge entfallenden Abschreibungen:

	Zugänge €	Abgänge €	Umbuch. €	Zuschr. €
B. Anlagevermögen				
I. Immaterielle Vermögensgegenstände				
1. Lizenzen		20.000		
II. Sachanlagen				
1. Grundstücke, grundstücksgleiche		(50.000)		
Rechte und Bauten	130.000	160.000		
2. technische Anlagen und		(100.000)		
Maschinen	710.000	230.000	+ 134.900	160.000
3. andere Anlagen, Betriebs- und		(300.000)		
Geschäftsausstattung	630.000	380.400		
4. geleistete Anzahlungen und			- 134.900	
Anlagen im Bau	122.000			
III. Finanzanlagen				
1. Anteile an verbundenen				
Unternehmen		44.000		
2. Ausleihungen an verbundene				
Unternehmen		100.000		
3. Beteiligungen			+ 150.000	
6. sonstige Ausleihungen		10.500	- 150.000	

Außerdem wurden in 01 für 101.430 € geringwertige Wirtschaftsgüter gem. § 6 Abs. 2a EStG angeschafft, die sämtlich der Betriebs- und Geschäftsausstattung zuzurechnen sind.

Erstellen Sie den Anlagenspiegel.

Lösung s. Seite 477

Aufgabe 17: Bilanzausweis

Für ein Unternehmen ergeben sich folgende Gliederungsprobleme:

(1) Es wurde von einem japanischen Hersteller die Lizenz für die Produktion von bestimmten Elektroartikeln gegen Zahlung erworben. Zudem war es der eigenen Forschungsabteilung nach langjährigem Bemühen gelungen, ein Produktionsverfahren zu entwickeln, für das in- und ausländische Patente erteilt wurden. Der Entwicklungsaufwand betrug 10 Mio. €.

(2) Bau einer Fabrikhalle in Leichtbauweise auf einem gepachteten Grundstück.

(3) Kauf einer neuen Trafostation. Die alte Anlage wurde mit einem Buchgewinn von 20.000 € veräußert.

(4) Die neue Trafostation erforderte diverse Betriebsvorrichtungen, die nach § 94 BGB wesentliche Bestandteile des Gebäudes darstellen.

Beurteilen Sie, unter welcher Position die einzelnen Vermögensgegenstände in der Bilanz ausgewiesen werden müssen.

Lösung s. Seite 477

Aufgabe 18: Bilanzierung von Kommissionsware

Ein Einzelhändler hat von seinem Lieferanten Ware bezogen. Teilweise handelte es sich um

(1) Kommissionsware, teilweise um

(2) Ware, die noch nicht bezahlt ist.

Es wurde vereinbart, dass die Ware bis zur endgültigen Bezahlung Eigentum des Lieferanten bleibt.

Wer bilanziert die Ware?

Lösung s. Seite 479

Aufgabe 19: Rückstellung für unterlassene Instandhaltung

Die X-GmbH vergab im Dezember 01 einen Reparaturauftrag. Die beauftragte Firma erklärte sich sofort bereit, die Reparatur durchzuführen, teilte aber auch mit, dass sie infolge zahlreicher anderer Auftragseingänge und durch krankheitsbedingten Ausfall einiger Fachkräfte nicht in der Lage sei, diese Reparatur vor dem 01.04.02 durchzuführen. Der Reparaturauftrag der GmbH wurde dann schließlich in den Monaten Mai/Juni 02 ausgeführt. Die beauftragte Firma stellte der GmbH Anfang August 02 für die Reparatur 10.000 € zuzüglich Umsatzsteuer in Rechnung.

Das Wirtschaftsjahr der GmbH stimmt mit dem Kalenderjahr überein.

Prüfen Sie, ob die GmbH in der Handelsbilanz und/oder in der Steuerbilanz eine Rückstellung bilden darf bzw. bilden muss.

Lösung s. Seite 479

Aufgabe 20: Instandhaltungsarbeiten innerhalb der Dreimonatsfrist

Am Lieferwagen der Dörte Lange GmbH ist am 30.12.01 ein Motorschaden aufgetreten. Eine Anfrage in der Reparaturwerkstatt des Autohändlers hat ergeben, dass der Schaden in den ersten Januartagen zu einem Preis von 2.100 € (ohne Umsatzsteuer) behoben werden kann. Das Fahrzeug wurde für den 03.01.02 zur Reparatur angemeldet. Auch ohne den Motorschaden wäre das Fahrzeug im alten Jahr nicht mehr eingesetzt worden.

Kann in diesem Fall eine Rückstellung gebildet werden?

Lösung s. Seite 479

Aufagbe 21: Verstöße gegen die Gliederungsvorschriften der §§ 266 und 272 HGB

AKTIVA		PASSIVA	
	Euro		Euro
Umlaufvermögen		Verbindlichkeiten	
Liquide Mittel	28.000	a) aus W + L	70.000
Forderungen	42.000	b) gegenüber Banken	40.000
Vorräte	150.000	c) sonstige	35.000
Anlagevermögen		Warenverbrauch	95.000
Beteiligungen	30.000	gezeichnetes Kapital	300.000
Mobilien	120.000	andere Gewinnrücklagen	60.000
Immobilien	250.000	eingefordertes, noch nicht	
Bilanzgewinn	30.000	eingezahltes Kapital	50.000
	650.000		650.000

Prüfen Sie,

(1) welche erkennbaren Verstöße gegen die Gliederungsvorschriften des § 266 HGB die Bilanz der Aktiengesellschaft enthält.

(2) ob der Kreditnehmer oder die Bank ausweispflichtig werden, wenn der Kreditnehmer der Bank Vermögensteile sicherungsübereignet hat.

Lösung s. Seite 479

Aufgabe 22: Rücklage für Ersatzbeschaffung

Zum Betriebsvermögen der Olaf Lange GmbH gehört ein Lagerplatz am Stadtrand von Herne (Buchwert 125.000 €). Das Grundstück muss in 01 wegen des Baus einer Autobahn und der daraus **drohenden Enteignung** für 300.000 € veräußert werden. Mit Kaufvertrag vom 04.03.02 kauft die GmbH ein Ersatzgrundstück für 250.000 €. Eigentum und Nutzungsmöglichkeiten gehen jedoch erst am 01.03.03 mit der Zahlung des Kaufpreises auf die GmbH über.

a) Welche Buchungen sind in den Jahren 01, 02 und 03 erforderlich?

b) Muss im Anhang auf die Übertragung der stillen Reserven hingewiesen werden?

c) Wie wird der Zugang des Ersatzgrundstückes im Anlagenspiegel dargestellt?

Lösung s. Seite 480

Aufgabe 23: Gewinn aus Veräußerung (1)

Zum Betriebsvermögen einer GmbH gehört seit 10 Jahren ein **unbebautes Grundstück**, dessen Buchwert zum 31.08.01 noch 160.000 € beträgt. Die GmbH veräußert das Grundstück zum 01.09.01 für 260.000 € (Banküberweisung). Noch im Dezember 01 kauft die Gesellschaft ein unbebautes Grundstück für 320.000 €. Die GmbH möchte die Besteuerung der stillen Reserven hinausschieben.

Welche Buchungen sind im Jahr 01 vorzunehmen?

Lösung s. Seite 482

Aufgabe 24: Gewinn aus Veräußerung (2)

Zum Betriebsvermögen der Waggonbau AG gehört seit 8 Jahren ein **unbebautes Grundstück** mit einem Buchwert von 300.000 €. Die AG veräußert das Grundstück im Jahr 01 für 580.000 € (Banküberweisung). Im Jahr 02 erwirbt die Gesellschaft ein unbebautes Grundstück für 250.000 €. Auf diesem Grundstück errichtet die AG in 03 ein Bürogebäude mit 300.000 € Herstellungskosten. Das Gebäude wird am 30.06.03 fertig gestellt und am 01.07.03 bezogen. Der Antrag auf Baugenehmigung wurde im Jahr 02 gestellt.

Welche Buchungen sind vorzunehmen, wenn die Besteuerung der stillen Reserven hinausgeschoben werden soll?

Lösung s. Seite 483

Aufgabe 25: Anschaffungskosten

Ein Fabrikant erwirbt eine Werkzeugmaschine. Die Eingangsrechnung lautet über 20.000 € zuzüglich 19 % Umsatzsteuer. Für den Transport erhält der Fabrikant eine Rechnung über 100 € plus 19 % USt und für die Montage eine Rechnung über 900 € plus 19 % USt.

Die Rechnungen über Fracht und Montage bezahlt der Fabrikant bar ohne Zahlungsabzug. Mit dem Maschinenlieferanten rechnet er wie folgt ab:

Rechnungsbetrag einschl. 19 % USt	23.800 €
- 3 % Skonto	714 €
	23.086 €
Überweisung vom betrieblichen Bankkonto	13.086 €
Restbetrag	**10.000 €**

Über diesen Restbetrag akzeptiert der Fabrikant einen Wechsel über 10.238 €. Der Beleg des Lieferanten lautet:

Diskont	170 €	
Spesen	30 €	
	200 €	
+ 19 % USt	38 €	238 €
+ Wechselbetrag		10.000 €
Summe		**10.238 €**

Ermitteln Sie die Anschaffungskosten der Werkzeugmaschine.

Lösung s. Seite 485

Aufgabe 26: Anschaffungskosten von verschiedenen Wirtschaftsgütern

Bestimmen Sie den Wertansatz:

(1) Sie haben einen Betriebs-Pkw gekauft; Listenpreis 20.000 €, Überführung 300 €, Zulassung etc. 100 €, Schonbezüge 500 €, Autoradio 400 €, Reisekosten zur Besichtigung des Pkw 200 €.

(2) Eine Güternahverkehrskonzession ist mit 10.000 € bilanziert. Der gemeine Wert beläuft sich auf 15.000 €. Diese Güternahverkehrskonzession wird gegen eine Güterfernverkehrskonzession getauscht, die beim Veräußerer nicht bilanziert war, da sie unentgeltlich erworben wurde (§ 5 Abs. 2 EStG).

Der Erwerber bilanziert nach dem Tausch weiterhin 10.000 €.

Lösung s. Seite 485

Aufgabe 27: Herstellungskosten

Eine GmbH hat ein fertiges Erzeugnis kalkuliert. Für die Einzelkosten liegen Belege vor. Die Materialgemeinkosten, die Fertigungsgemeinkosten und die Verwaltungsgemeinkosten wurden in einem besonderen Betriebsabrechnungsbogen ermittelt.

50.000 €	Materialeinzelkosten
100.000 €	Lohneinzelkosten (einschl. gesetzliche und tarifliche Sozialaufwendungen)
50.000 €	Sondereinzelkosten der Fertigung
10.000 €	Sondereinzelkosten des Vertriebs
4.000 €	Fremdkapitalzinsen
10 %	Materialgemeinkosten
500 %	Fertigungsgemeinkosten
20 %	Verwaltungsgemeinkosten
25 %	Vertriebsgemeinkosten

Bei den Material-, Fertigungs- und Verwaltungsgemeinkosten handelt es sich um Kostenansätze nach R 6.3 EStR.

Die Fremdkapitalzinsen dienen zur Finanzierung der Fertigung des Auftrages. Sie entfallen allein auf den Zeitraum der Fertigung.

Ermitteln Sie

(1) die in der Handelsbilanz aktivierbaren Kosten

(2) die höchstens in der Steuerbilanz aktivierbaren Kosten.

Lösung s. Seite 486

Aufgabe 28: Bewertung des Anlagevermögens

Für eine zum Anlagevermögen eines Kaufmanns gehörende Maschine (Anschaffungskosten im Januar 02: 100.000 €, Nutzungsdauer 10 Jahre, lineare Abschreibung) ergeben sich folgende Bilanzansätze:

Zugang Januar 02	100.000 €
Abschreibung 02	10.000 €
Buchwert 31.12.02	90.000 €
Abschreibung 03	10.000 €
Buchwert 31.12.03	**80.000 €**

Die Maschine hat folgende Teilwerte:

31.12.04   80.000 €
31.12.05   55.000 €

Dem Teilwert vom 31.12.05 liegt keine voraussichtlich dauernde Wertminderung zu Grunde.

Kann zum 31.12.04 und 05 der Teilwert angesetzt werden?

Lösung s. Seite 486

Aufgabe 29: Sofortabschreibung

Kauf einer Schreibmaschine auf Ziel: 300 € plus 19 % Umsatzsteuer. Betriebsgewöhnliche Nutzungsdauer: 4 Jahre.

Wie lauten die Buchungssätze der Anschaffung und der Abschreibung am Ende des Wirtschaftsjahres?

Lösung s. Seite 487

Aufgabe 30: Aufwendungen für Forschung und Entwicklung

Die Software-GmbH hat ihre Produktpalette um ein neues Betriebssystem erweitert. Bis zur Aufnahme der Produktion der neuen Software sind dabei im abgelaufenen Geschäftsjahr 400.000 € für die Forschungs- und 200.000 € für die Entwicklungsphase angefallen. Zeigen Sie auf, in welchem Rahmen die Gesellschaft die Darstellung ihrer Vermögenslage in der Handelsbilanz gestalten kann.

Lösung s. Seite 487

Aufgabe 31: Aktivierung des Firmenwerts

Beim Kauf der Steuerberatungskanzlei Piffig & Partner hat sich ein Firmenwert von 200.000 € ergeben. Wie ist dieser Wert in der Handels- und in der Steuerbilanz zu behandeln?

Lösung s. Seite 488

Aufgabe 32: Angleichung des Festwertes

Ein Bauunternehmer führt für Gerüst- und Schalungsteile mit einer betriebsgewöhnlichen Nutzungsdauer von 5 Jahren einen Festwert in Höhe von 20.000 € (= 40 % der Anschaffungskosten). Die alle drei Jahre erforderliche Bestandsaufnahme ergibt zum 31.12.01 einen Wert von 32.000 € (= 40 % der Anschaffungskosten). Im Jahr 01 wurden Gerüst- und Schalungsteile zum Nettopreis von 9.500 €, im Jahr 02 von 10.000 € erworben.

Welche Festwerte sind zum 31.12.01 und zum 31.12.02 zu bilanzieren?

Lösung s. Seite 488

Aufgabe 33: Festwerte

Ein Steinbruchunternehmen muss zur ständigen Einsatzbereitschaft der schweren Abraumgeräte ein umfangreiches Lager an Spezial-Ersatzteilen unterhalten. Die Einzelteile sind zwar gleichartig, jedoch nicht gleichwertig.

Die Preise für die Ersatzteile sind stabil. Es sind jedoch drei Gruppen von Ersatzteilen zu erkennen und jede von ihnen hat einen hohen Wert.

(1) Sind die Voraussetzungen für eine Gruppenbewertung erfüllt?

(2) Ist eine Festbewertung möglich?

Lösung s. Seite 489

Aufgabe 34: Bilanzierung einer GmbH-Beteiligung mit gesunkenem Wert

Sie haben eine Beteiligung an einer GmbH für 220.000 € erworben. Durch eine völlig verfehlte Geschäftspolitik verliert die GmbH an Image und Substanz. Trotz intensiver Bemühungen gelingt es Ihnen nicht, die Beteiligung abzustoßen. Niemand will Ihnen mehr als 110.000 € geben.

Wie ist die Beteiligung zu bewerten?

Lösung s. Seite 489

Aufgabe 35: Teilwertabschreibung

1. Die A-GmbH hat eine Maschine zu Anschaffungskosten von 100.000 € erworben. Die Nutzungsdauer beträgt 10 Jahre. Die Maschine wird linear abgeschrieben. Im Jahre 02 beträgt der Teilwert noch 30.000 € bei einer Restnutzungsdauer von 8 Jahren.

2. Wie unter 1, nur beträgt der Teilwert 50.000 €.

3. Die GmbH führt im Anlagevermögen ein mit Altlasten verseuchtes Grundstück, das einmal für 200.000 € erworben worden ist. Zum Bilanzstichtag ist das Grundstück lt. Gutachten nur noch 10.000 € wert. Die GmbH ist aus umweltrechtlichen Gründen grundsätzlich verpflichtet, die Altlast zu beseitigen. Da aber keine akute Gefährdung der Umwelt vorliegt, wird die zuständige Behörde die Beseitigung des Schadens jedoch erst fordern, wenn die GmbH die derzeitige Nutzung des Grundstücks ändert.

Prüfen Sie, ob in den vorstehenden Fällen 1 - 3 steuerlich eine Teilwertabschreibung zulässig ist.

Lösung s. Seite 489

Aufgabe 36: Außerplanmäßige Abschreibung

Die Olaf Lange GmbH hat in 01 ein Grundstück erworben. Anschaffungskosten 150.000 €. Am Bilanzstichtag 31.12.03 beträgt der Tageswert

(a) 180.000 €.

(b) 140.000 €. Die Wertminderung ist voraussichtlich nicht von Dauer.

(c) 100.000 €. Im Falle c handelt es sich um eine Wertminderung, die auf ein Bauverbot für das Grundstück zurückzuführen ist.

Ermitteln, begründen und buchen Sie eventuell erforderliche Abschreibungen jeweils bei der Einzelkauffrau Anna Sonnenschein und bei der Olaf Lange GmbH.

Lösung s. Seite 490

Aufgabe 37: Wertaufholung beim nicht abnutzbaren Anlagevermögen

Wie ist im Falle der vorstehenden Aufgabe 36 zu verfahren, wenn im Jahre 08 der Grund für die außerplanmäßige Abschreibung zum 31.12.03 entfällt?

Lösung s. Seite 490

Aufgabe 38: Wertaufholung beim abnutzbaren Anlagevermögen

Am 04.01.01 wurde eine Maschine für die Herstellung von Damenstrümpfen mit Nähten angeschafft. Anschaffungswert 100.000 €, betriebsgewöhnliche Nutzungsdauer 10 Jahre. Abschreibung linear.

a) Ende 03 beträgt der beizulegende Wert der Maschine nur noch 30.000 €, da wegen des Modewandels fast nur noch nahtlose Strümpfe verkauft werden können. Es wird eine voraussichtlich dauernde Wertminderung angenommen.

b) Das Weihnachtsgeschäft 06 zeigt, dass sich der Käufergeschmack gewandelt hat. Die Naht ist wieder gefragt.

Bestimmen Sie jeweils den Buchwert zum 31.12. und bilden Sie die Buchungssätze der Abschreibung zum 31.12.

Lösung s. Seite 490

Aufgabe 39: Bewertung zu Durchschnittspreisen

Eine GmbH unterhält ein umfangreiches Lager an Roh-, Hilfs- und Betriebsstoffen. Bei den Vorräten handelt es sich sämtlich um vertretbare Wirtschaftsgüter. Zu einem gekauften Einzelteil liegen die nachstehenden Daten aus der Lagerbuchhaltung vor. Ermitteln Sie den Wert am Bilanzstichtag unter Berücksichtigung

(1) der Methode des gewogenen Durchschnittspreises

(2) der Methode des gleitenden Durchschnittspreises.

- **Anfangsbestand** am 01.01.:   200 Stück zu 30 €

- **Zugänge** im lfd. Geschäftsjahr: am 22.01.   300 Stück zu 32 €

                                            am 15.05.   250 Stück zu 28 €
                                            am 18.09.   280 Stück zu 33 €

- **Abgänge** im lfd. Geschäftsjahr: am 29.01.   100 Stück

                                            am 02.06.   200 Stück
                                            am 07.10.   250 Stück

- **Marktpreis** (Tageswert) am 31.12.   29 € je Stück

Lösung s. Seite 492

Aufgabe 40: Durchschnitts- und Verbrauchsfolgemethoden

Eine Stahlmetallbau-Firma erhielt im laufenden Geschäftsjahr folgende Lieferungen an Profilleisten:

15.01.: 200 m zu je 12 €/m
17.03.: 350 m zu je 11 €/m
31.07.: 250 m zu je 15 €/m
30.11.: 200 m zu je 13 €/m

Am Bilanzstichtag befinden sich noch 300 m auf Lager. An diesem Tag werden die Leisten mit 11,90 € gehandelt.

(1) Welche Verfahren der Vorratsbewertung kommen nach Handelsrecht in Betracht? Ermitteln Sie die infrage kommenden Wertansätze und prüfen Sie ihre Zulässigkeit.

(2) Mit welchem Wert muss die Firma ihren Lagerbestand in der Handelsbilanz und in der Steuerbilanz zum 31.12. ansetzen, wenn sie einen möglichst hohen Gewinn ausweisen will?

Lösung s. Seite 493

Aufgabe 41: Bewertung des Umlaufvermögens

Zum 31.12. des Wirtschaftsjahres befanden sich im Betriebsvermögen eines Kunstschmiedemeisters u. a.

100 kg Feinsilber   30.000 €
4 selbst hergestellte Teekannen aus Feinsilber (Handarbeit)   2.480 €

Die Buchwerte wurden wie folgt ermittelt:

Feinsilber
Der Silberpreis wurde auf 300 € pro kg geschätzt.

Teekannen

Kalkulation für 1 Teekanne:

Materialeinzelkosten (500 g Feinsilber)	150 €
Materialgemeinkosten (20 %)	30 €
	180 €
Fertigungseinzelkosten (Lohn)	400 €
Fertigungsgemeinkosten (10 %)	40 €
Herstellungskosten	**620 €**

• 4 Kannen = **2.480 €**

Der Feinsilberbestand des Vorjahres von 50 kg wurde korrekt mit 12.500 € bewertet. Im laufenden Jahr wurde Feinsilber wie folgt eingekauft (ohne Mehrwertsteuer):

Datum	Menge	Preis je kg	Summe
18.02.	60 kg	310 €	18.600 €
15.06.	40 kg	290 €	11.600 €
28.08.	50 kg	300 €	15.000 €
11.12.	70 kg	295 €	20.650 €
	220 kg		**65.850 €**

Der Börsenpreis für Feinsilber betrug am 31.12. für 1 kg

Fall a) 300 €
Fall b) 200 €

Die Fertigungseinzelkosten und die prozentualen Gemeinkostenzuschläge haben sich gegenüber dem Vorjahr nicht verändert. Die bis zum 31.12. entstandenen Verwaltungskosten betragen 5 % der Herstellungskosten; Vertriebskosten sind nicht angefallen. Der Verkaufspreis für 1 Teekanne beträgt unverändert 1.000 € zuzüglich Umsatzsteuer.

Überprüfen Sie die Bewertung des Feinsilbers und der Teekannen zum 31.12.!

Lösung s. Seite 494

Aufgabe 42: Bilanzierung von Waren

Sie ermitteln Ihren Gewinn nach § 5 EStG und haben im Jahr 01 Waren für 15.000 € gekauft. Am 31.12.01 war der Einkaufspreis für diese Waren 13.800 €, am 31.12.02 14.200 € und am 31.12.03 15.800 €.

Wie können/müssen Sie jeweils am 31.12. bewerten?

Lösung s. Seite 496

Aufgabe 43: Bewertung der Forderungen

Die Summenbilanz der GmbH weist in der Summen- und Saldenliste zum 31.12.01 einen Forderungsbestand von 1.033.000 € aus. Davon sind 200.000 € umsatzsteuerfreie Auslandsforderungen. Tag der Bilanzerstellung ist der 03.03.02.

Im Forderungsbestand enthalten sind die Forderung von 52.000 € gegenüber dem Schweizer Kunden Rütli und die Forderung von 59.500 € (einschließlich 19 % Umsatzsteuer) gegenüber der B&B OHG in Hamburg. Am 27.02.02 erfährt die GmbH, dass Rütli im Dezember 01 die Eröffnung des Insolvenzverfahrens beantragt hat. Es ist davon auszugehen, dass die Forderung zu 100 % uneinbringlich ist.

Bei der Prüfung des Forderungsbestands zum 31.12.01 auf Einbringlichkeit ist mit einem 50%igen Ausfall der Forderung gegenüber der B&B OHG zu rechnen.

Das pauschale Ausfallrisiko bei den Auslandsforderungen beträgt 5 %, bei den Inlandsforderungen 4 %.

Die Forderungen sind zum 31.12.01 zu bewerten. Erforderliche Wertberichtigungen sind zu buchen. Der Ausweis im Jahresabschluss 01 und die Auswirkungen auf das Ergebnis sind darzustellen. Die Lösung ist anhand der handels- und steuerrechtlichen Vorschriften zu begründen.

Lösung s. Seite 497

Aufgabe 44: Entnahmen bzw. Einlagen

Ein Unternehmer (Gewinnermittlung nach § 5 EStG) entnahm im Januar 01 seinem Unternehmen Wertpapiere zum Buchwert von 50.000 €. Der Kurswert betrug bei der Entnahme 60.000 €. Am 01.12.05 legte er die Wertpapiere mit 50.000 € wieder in den Betrieb ein. Der Kurswert betrug zu diesem Zeitpunkt 75.000 €. Am 31.12.05 bewertete er die Papiere mit 50.000 €, obwohl nun der Kurswert bei 73.000 € lag.

Waren die Bewertungen richtig? Wenn nicht, welche Auswirkungen waren zu berücksichtigen?

Lösung s. Seite 498

Aufgabe 45: Wechselbilanzierung/aktive Rechnungsabgrenzung

Bestimmen Sie die jeweiligen Wertansätze für die Handels- und Steuerbilanz zum 31. 12. 01:

(1) Zum Bilanzstichtag sind u. a. Besitzwechsel über 10.000 € zu bewerten, Verfalltag: 31.03. des Folgejahres, Diskontsatz der Hausbank: 6 %.

(2) Im laufenden Geschäftsjahr 01 wurde eine Werbefläche angemietet. Der Vertrag läuft vier Jahre lang jeweils vom 01.06. - 31.05.; die Mietvorauszahlungen für die 4 Jahre betrugen 120.000 €.

Lösung s. Seite 498

Aufgabe 46: Maßgeblichkeit der handelsrechtlichen Bilanzierungsvorschriften für die Steuerbilanz

Welche Bedeutung kommt den handelsrechtlichen Bilanzierungsvorschriften für die Steuerbilanz in folgenden Fällen zu?

(1) Ein Gewerbetreibender hat ein Grundstück auf Rentenbasis erworben und in der Handelsbilanz die Rentenverpflichtung mit ihrem Barwert angesetzt (§ 253 Abs. 1 S. 2 HGB).

(2) Ein Großhandelsunternehmen ist infolge umfangreicher Exportgeschäfte mit einem erheblichen Unternehmerwagnis behaftet. Aus diesem Grunde soll eine Rückstellung gebildet werden.

(3) Beim Erwerb eines Unternehmens hat ein Gewerbetreibender einen Betrag von 100.000 € für den Geschäftswert gezahlt. Ein entsprechender Aktivposten wurde in der Handelsbilanz nicht angesetzt.

(4) Nach § 256 HGB sind bei der Bewertung des Vorratsvermögens sowohl das Lifo- als auch das Fifo-Verfahren zulässig.

(5) Eine GmbH möchte die Vermögenslage möglichst positiv darstellen und aktiviert deshalb die selbst erstellte Software.

Lösung s. Seite 499

Aufgabe 47: Erstellung einer Gewinn- und Verlustrechnung

Sie sind beauftragt, zum Abschlussstichtag 31.12. eine GuV nach § 275 Abs. 2 HGB und § 158 Abs. 1 AktG zu erstellen und haben dazu seitens der Finanzbuchhaltung folgende Angaben (Werte in Euro) erhalten:

| Bestandskonten: | a) Fertige Erzeugnisse | AB = 35.000 | EB = 51.000 |
| | b) Unfertige Erzeugnisse | AB = 31.000 | EB = 30.000 |

Löhne und Gehälter	210.000
Arbeitgeberanteil zur gesetzlichen Sozialversicherung	50.000
Wareneingang der Rechnungsperiode = 700.000,	
Wareneinsatz =	460.000
Lieferantenskonto = 20.000, davon entfallen auf den Wareneinsatz	11.000
Steuern vom Einkommen und Ertrag	18.000
sonstige Steuern	3.000
Verspätungs- und Säumniszuschläge auf sonstige Steuern	1.000
Abschreibungen auf Sachanlagen	40.000
auf derivativen Firmenwert	20.000
Abschreibungen auf Forderungen (üblicher Rahmen)	15.000
Abschreibung der Forderung gegenüber der Kundin Brau AG	20.000
Verkaufserlöse: Handelsware und Erzeugnisse (netto)	880.000
Rohstoffabfälle aus der Produktion (netto)	70.000
Instandhaltung (durch Fremdfirmen)	10.000
Ertrag aus Verkauf einer Kundendatei (wegen Rückzug aus dem Absatzgebiet)	15.000
Aufwendungen für die Abfindung der Vertreter	
(aus dem aufgegebenen Absatzgebiet)	20.000
Zinsaufwendungen	6.000
Zinserträge aus festverzinslichen Wertpapieren des Anlagevermögens	20.000
Ertrag aus der Auflösung eines Sonderpostens nach § 6b EStG	4.000
Gewinnvortrag aus dem Vorjahr	13.000

Lösung s. Seite 499

Aufgabe 48: Prüfung des Jahresabschlusses

Beschaffen Sie sich den Jahresabschluss (Bilanz, GuV-Rechnung und Anhang) einer Kapitalgesellschaft. Prüfen Sie, ob die inhaltliche Übereinstimmung mit den gesetzlichen Vorschriften der §§ 264 Abs. 2, 265, 266, 268, 274 - 277, 284 - 288, 291 Abs. 2 Nr. 3 und 327 Nr. 1 HGB gegeben ist.

▸ Bei einer AG sollten Sie zusätzlich die Berücksichtigung der §§ 58 Abs. 2a, 152 Abs. 2 f., 160 Abs. 1, 240 S. 3 und 261 Abs. 1 AktG und

▸ bei einer GmbH die Einhaltung der Vorschriften der §§ 29 Abs. 4 und 42 Abs. 3 GmbHG prüfen.

Lösung s. Seite 500

Aufgabe 49: Bilanz und GuV der kleinen GmbH

Erstellen Sie das Gliederungsschema der verkürzten Bilanz und der verkürzten Gewinn- und Verlustrechnung (Gesamtkostenverfahren) einer kleinen GmbH unter Berücksichtigung § 266 Abs. 1, § 274a, 276 HGB.

Lösung s. Seite 501

Aufgabe 50: Funktionen des Anhangs

Der Anhang erläutert die Werte in der Bilanz und in der Gewinn- und Verlustrechnung. Dabei erfüllt er eine **Korrektur**-, eine **Erläuterungs**-, eine **Entlastungs**- und eine **Ergänzungsfunktion**. Alle zusätzlichen Informationen, die nicht in der Bilanz und in der Gewinn- und Verlustrechnung enthalten, für die Beurteilung der Vermögens-, Finanz- und Ertragslage jedoch von Bedeutung sind, nimmt der Anhang auf.

Erklären Sie die Funktionen anhand von Beispielen in wenigen Sätzen.

Lösung s. Seite 503

Aufgabe 51: Termini zur Berichtspflicht im Anhang

Der Gesetzgeber sieht Unterschiede nach der Art und dem Umfang in der Berichtspflicht vor, die sich aus den folgenden Termini ergeben:

- ► Angabe
- ► Aufgliederung
- ► Ausweis
- ► Begründung
- ► Darstellung
- ► Erläuterung
- ► Hinweis

Beschreiben Sie, was unter den jeweiligen Begriffen zu verstehen ist.

Lösung s. Seite 503

Aufgabe 52: Gestaltung des Lageberichts

Alle Kapitalgesellschaften müssen nach § 264 Abs. 1 S. 1 HGB neben dem Jahresabschluss einen Lagebericht erstellen. Kleine Kapitalgesellschaften brauchen den Lagebericht nicht aufzustellen.

Schlagen Sie eine Gliederung des Lageberichts vor und stellen Sie in Stichworten dar, über was unter den Gliederungspunkten berichtet werden sollte.

Lösung s. Seite 504

Aufgabe 53: Kapitalkonsolidierung

Ein Konzern besteht aus dem Mutterunternehmen A (MU-A) und den Tochterunternehmen B und C (TU-B und TU-C). Das Mutterunternehmen hält **100 % der Anteile** an dem Tochterunternehmen. Die folgende Tabelle enthält die Schlussbilanzen der drei Unternehmen in T€. Das in den Bilanzen ausgewiesene Anlagevermögen wird über 10 Jahre linear abgeschrieben.

	Handels-bilanz MU-A		Handels-bilanz TU-B		Handels-bilanz TU-C	
	A	P	A	P	A	P
Aktiva						
Grundstücke	1.000		200		400	
Gebäude	1.000		100		200	
techn. Anlagen/Maschinen	2.000		200		500	
Betriebs-/Geschäftsausstattung	1.000		100		100	
Anteile an TU-B	1.500					
Anteile an TU-C	2.000					
sonstige Aktiva	6.000		1.500		1.800	
Passiva						
Eigenkapital		6.500		900		1.400
Sonstige Passiva		8.000		1.200		1.600
	14.500	**14.500**	**2.100**	**2.100**	**3.000**	**3.000**

In den Aktivposten der Tochterunternehmen sind stille Reserven enthalten. Die Zeitwerte betragen:

	TU-B	TU-C
Grundstücke	300	600
Gebäude	200	300
technische Anlagen/Maschinen	280	600

Für die übrigen Posten wird unterstellt, dass Buchwert und Zeitwert übereinstimmen.

1. Erstellen Sie die Erstkonsolidierng nach der Neubewertungsmethode.

2. Führen Sie die entsprechende Folgekonsolidierung nach der Neubewertungsmethode durch.

3. Führen Sie die Erstkonsolidierung nach der Neubewertungsmethode durch mit der Unterstellung, dass das Mutterunternehmen an der TU-B mit 80 % und an der TU-C mit 70 % beteiligt ist.

4. Auf die Berücksichtigung von latenten Steuern bei der Bemessung der stillen Reserven wird aus Vereinfachungsgründen verzichtet.

Lösung s. Seite 504

Aufgabe 54: Forderungs- und Schuldenkonsolidierung

1.

AKTIVA	Bilanz des Mutterunternehmens		PASSIVA
	T€		T€
Forderungen gegen Dritte	500	Verbindlichkeiten gegenüber Dritten	540
Forderungen gegen Tochterunternehmen	200	Verbindlichkeiten gegenüber Tochterunternehmen	310
Übrige Aktiva	1.300	Übrige Passiva	1.050
		Jahresüberschuss	100
	2.000		2.000

AKTIVA	Bilanz des Tochterunternehmens		PASSIVA
	T€		T€
Forderungen gegen Dritte	200	Verbindlichkeiten gegenüber Dritten	300
Forderungen gegen Tochterunternehmen	310	Verbindlichkeiten gegenüber Tochterunternehmen	200
Übrige Aktiva	990	Übrige Passiva	950
		Jahresüberschuss	50
	1.500		1.500

Erstellen Sie die **Konzernbilanz**.

2. Einer Forderung des Mutterunternehmens in Höhe von 100 T€ steht zum 31.12.01 eine Verbindlichkeit des Tochterunternehmens gegenüber. Wie lautet die erforderliche Konsolidierungsbuchung?

3. Zum 31.12.02 wertet das Mutterunternehmen die Forderung aus Aufgabe 2 wegen Zahlungsschwierigkeiten des Tochterunternehmens um 40 % ab. Wie lautet die erforderliche Konsoldierungsbuchung?

4. Die Summenbilanzen der Geschäftsjahre 01 bis 03 enthalten folgende Posten:

	01	02	03
	T€	T€	T€
Forderungen an einbezogene Unternehmen	500	400	450
Verbindlichkeiten gegen einbezogene Unternehmen	700	550	620
Jahresüberschuss lt. Summenbilanz	500	400	500

a) Ermitteln Sie unter Außerachtlassung aller übrigen Konsolidierungsmaßnahmen die Aufrechnungsdifferenzen und den Konzerngewinn für die Geschäftsjahre 01 - 03.

b) Unter welchem Posten werden die Differenzbeträge im Jahresabschluss ausgewiesen?

5. Stellen Sie das vollständige Schema der um die Aufrechnungsdifferenzen aus Schuldenkonsolidierung erweiterten Konzern-GuV dar.

6. Das Tochterunternehmen kauft vom Mutterunternehmen Obligationen, nominal 100.000 € zum Kurs von 105 %. Das Agio schreibt das Tochterunternehmen über 5 Jahre ab, während das Mutterunternehmen den Betrag sofort ergebniswirksam werden lässt.

Lösung s. Seite 510

Aufgabe 55: Zwischenergebniskonsolidierung

1. Die Konzerntochter A hat im Jahr 01 1.000 Stück eines Erzeugnisses für insgesamt 120.000 € an die Konzerntochter B verkauft. Die Herstellungskosten bei A beliefen sich auf 100.000 €. Von den Erzeugnissen befinden sich am Bilanzstichtag noch 300 Stück am Lager von B. Den Rest hat B zum Preis von 160 € je Stück an dritte Unternehmen verkauft.

a) Ermitteln Sie zunächst den Anschaffungswert je Stück und den Stückpreis im Einzelabschluss der Konzerntochter B und dann den Wertansatz im Konzernabschluss und den sich daraus ergebenden Zwischengewinn. Geben Sie die Konsolidierungsbuchung aa) nach dem Gesamtkostenverfahren und bb) nach dem Umsatzkostenverfahren an.

b) Im Jahr 02 verkauft die Konzerntochter B die restlichen 300 Stück zum Einzelpreis von 170 €. Welche Konsolidierungsbuchung ergibt sich daraus?

c) Wie b), jedoch wird der Restbestand zu einem Stückpreis von nur 100 € verkauft.

2. Konzernunternehmen A stellt in Periode 01 mit 50.000 € Rohstoffaufwand und 50.000 € Lohnaufwand Erzeugnisse her, die im gleichen Jahr für 120.000 € an Konzernunternehmen B weiterverkauft werden. Die Erzeugnisse stellen für Konzernunternehmen B Rohstoffe dar. B verarbeitet die Erzeugnisse mit einem Rohstoffaufwand von 5.000 € und einem Lohnaufwand von 5.000 € weiter. Welche Konsolidierungsbuchungen sind Ende 01 erforderlich, wenn das Gesamtkostenverfahren angewendet wird?

3. Welche Konsolidierungsbuchungen sind Ende 02 erforderlich, wenn die Erzeugnisse inzwischen mit Gewinn an ein Drittunternehmen verkauft worden sind?

4. Welche Buchungen wären hinsichtlich des in Periode 01 eliminierten Zwischengewinns in Periode 02 erforderlich, wenn die Erzeugnisse in Periode 02 mit Verlust an ein Drittunternehmen verkauft worden wären?

5. Die Konzerntochter A hat im Jahr 01 1.000 Stück eines Erzeugnisses für insgesamt 70.000 € an die Konzerntochter B verkauft. Die Herstellungskosten bei A beliefen sich auf 100.000 €. Von den Erzeugnissen befinden sich am Bilanzstichtag noch 300

Stück am Lager von B. Den Rest hat B zum Preis von 100 € je Stück an dritte Unternehmen verkauft.

a) Ermitteln Sie zunächst den Anschaffungswert je Stück und den Stückpreis im Einzelabschluss der Konzerntochter B und dann den Wertansatz im Konzernabschluss und den sich daraus ergebenden Zwischenverlust. Geben Sie die Konsolidierungsbuchung aa) nach dem Gesamtkostenverfahren und bb) nach dem Umsatzkostenverfahren an.

b) Im Jahr 02 verkauft die Konzerntochter B die restlichen 300 Stück zum Einzelpreis von 170 €. Welche Konsolidierungsbuchung ergibt sich daraus?

Lösung s. Seite 512

Aufgabe 56: Aufwands- und Ertragskonsolidierung

1. Das Konzernunternehmen L (= Lieferunternehmen) liefert bei L hergestellte Güter mit einem Umsatzerlös von 100 T€ an das Konzernunternehmen E (= Empfängerunternehmen). L hat 45 T€ Materialkosten und 35 T€ sonstige Kosten aufgewendet. E verkauft diese Güter noch im selben Geschäftsjahr nach Weiterbearbeitung unter Einsatz von 10 T€ Materialkosten und 5 T€ sonstige Kosten für 125 T€ an den nicht zum Konzern gehörigen Kunden K.

2. Wie Aufgabe 1, nur hat E die Güter bis zum Bilanzstichtag noch nicht an Dritte außerhalb des Konzerns weiterverkauft.

3. Konzernunternehmen L liefert bei L hergestellte Güter mit einem Umsatzerlös von 100 T€ an das Konzernunternehmen E. L hat 45 T€ Materialkosten und 35 T€ Sonstige Kosten aufgewendet. E nimmt die Güter unverändert auf Lager. Dort liegen die Güter noch zum Bilanzstichtag.

4. Bei den innerhalb der vorstehenden Aufgaben bei L hergestellten und an E gelieferten Gütern soll es sich um Maschinen handeln, die E im Anlagevermögen aktiviert. E schreibt die Maschinen über eine 10-jährige Nutzungsdauer linear ab.

5. L hat die Güter unter Aufgabe 1 bereits im Vorjahr an E geliefert. E hat diese unverarbeitet auf Lager genommen. Im Abschlussjahr nimmt E die Weiterverarbeitung vor und verkauft an den nicht zum Konzern gehörigen Kunden K.

6. L hat außerhalb des Konzerns Rohstoffe für 40 T€ gekauft und liefert diese ohne Be- und Verarbeitung gegen Berechnung von 50 T€ an Konzernunternehmen E. Zum Bilanzstichtag liegen die Rohstoffe unverändert am Lager von E.

7. E verkauft die in Aufgabe 6 von L erworbenen Rohstoffe noch im selben Jahr für 60 T€ an den nicht zum Konzern gehörigen Kunden K weiter.

8. L handelt mit Bürocomputern und verkauft einen für 6 T€ außerhalb des Konzerns gekauften Computer in der zweiten Hälfte des gleichen Jahres für 9 T€ an das Konzernunternehmen E. E aktiviert den Computer und schreibt ihn linear über 3 Jahre ab.

9. Das Mutterunternehmen L hat dem Tochterunternehmen E einen Kredit von 100 T€ gewährt, der mit jährlich 8 % verzinst wird.

10. Das Mutterunternehmen L hat dem Tochterunternehmen E einen Lagerplatz verpachtet. Jahrespacht 12 T€.

Lösung s. Seite 515

Aufgabe 57: Konzernabschluss

Bilanzen der verbundenen Unternehmen

	Handelsbilanz MU		Handelsbilanz TU	
	A	P	A	P
Aktiva				
Grundstücke	2.000		800	
Gebäude	3.500		1.200	
Maschinen	2.500		1.000	
Geschäftsausstattung	1.000		500	
Anteile an verbundenen Unternehmen	3.500		–	
Ausleihungen an verbundenen Unternehmen	500		–	
Vorräte	2.000		500	
Forderungen	1.500		800	
Zahlungsmittel	500		200	
Passiva				
Eigenkapital	–	8.000	–	2.500
Jahresüberschuss	–	1.000	–	200
Rückstellungen	–	2.000	–	500
Verbindlichkeiten	–	6.000	–	1.300
Verbindlichkeiten gegenüber verbund. Unternehmen	–	–	–	500
	17.000	**17.000**	**5.000**	**5.000**

Gewinn- und Verlustrechnungen der verbundenen Unternehmen

	GuV MU		GuV T	
	Aufwand	Ertrag	Aufwand	Ertrag
Umsatzerlöse		30.000		10.000
Bestandsveränderungen		1.000		500
Zinserträge		100		20
Sonstige Erträge		3.000		1.080
Zinsaufwendungen	50	–	50	–
Sonstige Aufwendungen	33.050	–	11.250	–
Jahresüberschuss	1.000	–	300	–
	34.100	**34.100**	**11.600**	**11.600**

Das Mutterunternehmen (MU) hat Waren im Wert von 300 T€ an das Tochterunternehmen (TU) geliefert. Die Waren wurden bis zum Bilanzstichtag noch nicht an Dritte weiterveräußert. Die Konzernherstellungskosten belaufen sich auf 250 T€.

Die Grundstücke des Tochterunternehmens enthalten stille Reserven in Höhe von 70 T€.

Das Mutterunternehmen hat dem Tochterunternehmen ein Darlehen von 500 T€ zu 7 % Zinsen gewährt.

a) Wie lauten die Konsolidierungsbuchungen bei einer Erstkonsolidierung nach der Neubewertungsmethode?

b) Entwickeln Sie den Konzernabschluss in einer Tabelle mit den Spalten (1) Handelsbilanz II/GuV Mutterunternehmen, (2) Handelsbilanz II/GuV Tochterunternehmen, (3) Summenbilanz, (4) Erfolgskonsolidierung (Zwischengewinn- und Aufwands- und Ertragskonsolidierung), (4) Schuldenkonsolidierung, (5) Kapitalkonsolidierung (einschließlich Verrechnungsdifferenz), (6) Konzernabschluss.

Lösung s. Seite 518

Aufgabe 58: Ermittlung des Cashflow

Der Jahresabschluss eines Unternehmens enthält die folgenden Werte: Bilanzgewinn 500 T€, Gewinnvortrag 10 T€, Abschreibungen auf Sachanlagen 300 T€, Abschreibungen auf Beteiligungen 40 T€, außerordentliche, betriebs- und periodenfremde Aufwendungen 200 T€, außerordentliche, betriebs- und periodenfremde Erträge 150 T€, Erhöhung der Pensionsrückstellungen 50 T€, Auflösung anderer langfristiger Rückstellungen 30 T€, Zuschreibungen 20 T€, Erhöhung der Rücklagen zu Lasten des Ergebnisses 100 T€.

Ermitteln Sie den Cashflow im weiteren Sinne.

Lösung s. Seite 521

Aufgabe 59: Bewegungsbilanz

Die AG hat zum 31.12.01 und zum 31.12.02 die folgenden Abschlüsse aufgestellt:

AKTIVA	31.12.02	31.12.01
A. Anlagevermögen		
I. Immaterielle Vermögensgegenstände	500 T€	400 T€
II. Sachanlagen	20.000 T€	18.000 T€
III. Finanzanlagen	100 T€	200 T€
B. Umlaufvermögen		
I. Vorräte		
1. Roh-, Hilfs- und Betriebsstoffe	4.000 T€	3.800 T€
2. Unfertige Erzeugnisse	10.000 T€	11.000 T€
3. Fertige Erzeugnisse	3.000 T€	4.000 T€
II. Forderungen und sonstige Vermögensgegenstände		
1. Forderungen und Lieferungen und Leistungen	14.000 T€	13.000 T€
2. Sonstige Vermögensgegenstände	200 T€	300 T€
III. Kassenbestand und Guthaben bei Kreditinstituten	2.000 T€	4.000 T€
C. Aktiver Rechnungsabgrenzungsposten	200 T€	300 T€
	54.000 T€	55.000 T€

PASSIVA	31.12.02	31.12.01
A. Eigenkapital	20.000 T€	20.000 T€
I. Gezeichnetes Kapital	8.000 T€	8.000 T€
II. Kapitalrücklage	5.000 T€	3.000 T€
III. Gewinnrücklagen	2.600 T€	3.700 T€
IV. Bilanzgewinn		
B. Rückstellungen	1.700 T€	1.600 T€
1. Pensionsrückstellungen	1.000 T€	1.300 T€
2. Steuerrückstellungen	3.000 T€	2.300 T€
3. Sonstige Rückstellungen		
C. Verbindlichkeiten		
1. Verbindlichkeiten gegenüber Kreditinstituten	8.000 T€	11.000 T€
2. Verbindlichkeiten aus Lieferungen und Leistungen	4.500 T€	4.000 T€
3. Sonstige Verbindlichkeiten	200 T€	100 T€
	54.000 T€	55.000 T€

Gewinn- und Verlustrechnung	31.12.02	31.12.01
1. Umsatzerlöse	90.000 T€	88.000 T€
2. Erhöhung oder Verminderung des Bestands an fertigen und unfertigen Erzeugnissen	- 2.000 T€	2.500 T€
3. andere aktivierte Eigenleistungen	300 T€	200 T€
4. sonstige betriebliche Erträge	2.000 T€	1.000 T€
5. Materialaufwand	- 44.000 T€	- 43.000 T€
6. Personalaufwand	- 22.000 T€	- 21.000 T€
7. Abschreibungen	- 4.000 T€	- 4.000 T€
8. sonstige betriebliche Aufwendungen	- 10.000 T€	- 11.000 T€
9. sonstige Zinsen und ähnliche Erträge	500 T€	400 T€
10. Zinsen und ähnliche Aufwendungen	- 800 T€	- 900 T€
11. Ergebnis der gewöhnlichen Geschäftstätigkeit	10.000 T€	12.200 T€
12. Steuern vom Einkommen und vom Ertrag	- 5.100 T€	- 6.200 T€
13. sonstige Steuern	- 500 T€	- 400 T€
14. Jahresüberschuss	4.400 T€	5.600 T€
15. Gewinnvortrag aus dem Vorjahr	200 T€	100 T€
16. Einstellung in andere Gewinnrücklagen	- 2.000 T€	- 2.000 T€
17. Bilanzgewinn	2.600 T€	3.700 T€

Anlagenspiegel zum 31.12.02 in T€

	Anschaffungskosten 01.01.02	Zu-gänge	Ab-gänge	Umbu-chun-gen	Abschreibungen		Buch-wert 31.12.02
					kumu-liert	davon für 02	
I. Immaterielle Vermögensgegenstände	800	300	0	0	600	200	500
II. Sachanlagen	53.000	5.800	800	0	38.000	3.800	20.000
III. Finanzanlagen	200	0	100	0	0	0	100
gesamt	**54.000**	**6.100**	**900**	**0**	**38.600**	**4.000**	**20.600**

Verbindlichkeitenspiegel zum 31.12.02 in T€

	Gesamt-betrag	1 jahr Rest-lauf-zeit	mehr als 1 bis 5 Jahre Rest-laufzeit	mehr als 5 Jahre Rest-laufzeit	davon durch Pfand-rechte u. ä. Rechte gesichert	Art und Form der Sicherheit
1. Verbindl. gegenüber Kreditinstituten	8.000	1.000	4.000	3.000	8.000	Grund-schulden
2. Verbindl. aus L. u. L.	4.500	4.500	0	0	0	
3. Sonstige Verbindlichk.	200	200	0	0	0	
Gesamt	**12.700**	**5.700**	**4.000**	**3.000**	**8.000**	
Geamt Vorjahr	**15.100**	**7.100**	**4.500**	**3.500**	**9.000**	

Im Rahmen der jährlichen Berichterstattung ist die Bewegungsbilanz für das Jahr 02 gemäß folgendem Schema zu erstellen.

Mittelverwendung	Bewegungsbilanz	Mittelherkunft
A. Ausschüttung		A. Kapitaleinlagen
B. Investitionen im Anlagevermögen		B. Desinvestition
C. Zunahme des Umlaufvermögens		C. Cashflow
D. Tilgung von Fremdkapital		D. Abnahme des Umlaufvermögens und des aktiven Rechnungsabgrenzungspostens
E. Zunahme der liquiden Mittel		E. Erhöhung des Fremdkapitals
		F. Abnahme der liquiden Mittel

Lösung s. Seite 521

Aufgabe 60: Analyse des Jahresabschlusses einer AG

Die nachstehenden Bilanzen und Gewinn- und Verlustrechnungen liegen Ihnen zur Analyse des Jahresabschlusses vor. Die Darstellung wurde für interne Zwecke teilweise über die Gliederungsvorschriften der §§ 266 und 275 HGB hinaus aufgegliedert.

Bilanzen AKTIVA	Vorjahr T€	Berichtsjahr T€
A. Anlagevermögen		
I. Sachanlagen		
1. Grundstücke und Bauten	80	95
- bebaute Grundstücke	5	5
- unbebaute Grundstücke	17	20
2. technische Anlagen und Maschinen		
3. andere Anlagen, Betriebs- und Geschäftsausstattung	10	10
II. Finanzanlagen		
1. Beteiligungen	35	40
2. sonstige Ausleihungen	1	1
B. Umlaufvermögen		
I. Vorräte		
1. Roh-, Hilfs- und Betriebsstoffe	20	24
2. unfertige Erzeugnisse	30	28
3. fertige Erzeugnisse	25	20
II. Forderungen und sonstige Vermögensgegenstände		
1. Forderungen aus L. u. L.		
- Forderungen	68	78
- Wechsel	1	2
2. sonstige Vermögensgegenstände	6	10
III. Kassenbestand, Bundesbankguthaben, Guthaben bei Kreditinstituten und Schecks	26	30
C. Rechnungsabgrenzungsposten	4	5
	328	368

PASSIVA	T€	T€
A. Eigenkapital		
I. Gezeichnets Kapital	100	100
II. Gewinnrücklagen		
1. gesetzliche Rücklage	7	7
2. andere Gewinnrücklagen	25	40
III. Bilanzgewinn	40	30
B. Rückstellungen		
1. Rückstellungen für Pensionen	30	36
2. sonstige Rückstellungen	20	24
C. Verbindlichkeiten		
1. Verbindlichkeiten gegenüber Kreditinstituten	81	103
- davon Restlaufzeiten bis 1 Jahr	24	30
- davon Restlaufzeit mehr als 5 Jahre	57	73
2. Verbindlichkeiten aus L. u. L.	12	18
3. sonstige Verbindlichkeiten	12	8
D. Rechnungsabgrenzungsposten	1	2
	328	368

	Vorjahr		Berichtsjahr	
Gewinn- und Verlustrechnung	T€	T€	T€	T€
1. Umsatzerlöse	441		510	
2. Erhöhung oder Verminderung des Bestands an fertigen und unfertigen Erzeugnissen	+ 3	444	- 7	503
3. Aufwendungen für Roh-, Hilfs- und Betriebsstoffe		95		115
		349		388
Rohergebnis				
4. Personalaufwand				
a) Löhne und Gehälter	150		160	
b) soziale Abgaben	20		38	
5. Abschreibungen auf Sachanlagen	29		40	
6. sonstige betriebliche Aufwendungen	50		45	
7. Zinsen und ähnliche Aufwendungen	15	264	20	303
8. **Ergebnis aus der gewöhnlichen Geschäftstätigkeit**		85		85
9. Steuern vom Einkommen und vom Ertrag	30		35	
10. sonstige Steuern	5	35	5	40
11. **Jahresüberschuss**		50		45
12. Einstellung in andere Gewinnrücklagen		10		15
13. Bilanzgewinn		40		30

Zusatz-Informationen:

(1) Das unbebaute Grundstück betrifft einen Zufahrtsweg mit einer Fläche von 100 qm. Der qm-Preis lag im Vorjahr bei 80 € und im Berichtsjahr bei 100 €.

(2) Die Position technische Anlagen und Maschinen enthält stille Reserven von 2 T€ im Vorjahr und 4 T€ im Berichtsjahr.

(3) Bei den anderen Anlagen, Betriebs- und Geschäftsausstattung wurden bis einschließlich Vorjahr 10 T€ stille Reserven gelegt. Im Berichtsjahr wurden hier zusätzlich stille Reserven in Höhe von 10 T€ gelegt.

(4) Entsprechend den Vorjahren ist mit einer Inanspruchnahme aus Pensionsverpflichtungen in Höhe von zwei Drittel der eingestellten Pensionsrückstellungen zu rechnen.

Aufgabe:

(1) Bereiten Sie die Bilanzen der beiden Jahre für eine Bilanzanalyse auf.

(2) Berechnen und erläutern Sie folgende Relationen:

- ▸ Vermögensstruktur
- ▸ Kapitalstruktur
- ▸ Finanzstruktur
- ▸ Liquidität
- ▸ Rentabilität des Gesamtkapitals

(3) Bereiten Sie die GuV der beiden Jahre so auf, dass die Aufwendungen als Hauptgruppen und das Ergebnis in Prozent der Gesamtleistung ausgedrückt werden.

Lösung s. Seite 523

Aufgabe 61: Planung des RoI im Kapitalertrags-Stammbaum

Ein Unternehmen erstellt die folgende Bilanz und Gewinn- und Verlustrechnung:

AKTIVA			Bilanz		PASSIVA
	T€	T€		T€	T€
Grundstücke und Gebäude	500		Eigenkapital		1.000
Techn. Anlagen u. Maschinen	500		Langfristige Verbindlichk.		
Betriebs- u. Geschäftsausst.	200		gegen Kreditinstitute		500
Summe Anlagevermögen		1.200	Verbindlichk. aus L. u. L.	300	
Vorräte	500		Sonstige Verbindlichk.	200	
Forderungen	250		Summe kurzfristige Verb.		500
Zahlungsmittel	50				
Summe Umlaufvermögen		800			
		2.000			2.000

AKTIVA		GuV	PASSIVA
	T€		T€
Roh-, Hilfs- und Betriebsstoffe	1.700	Umsatzerlöse	3.300
Aufwend. für bezogene Leistungen	300		
Personalkosten fix	400		
Personalkosten proportional	400		
Abschreibungen	100		
Fremdkapitalkosten	40		
Sonstige fixe Kosten	260		
Gewinn	100		
	3.300		3.300

Formel für den Return in Investment:

$$\text{Return on Investment (RoI)} = \frac{\text{Gewinn} \cdot 100}{\text{Umsatz}} \cdot \frac{\text{Umsatz}}{\text{Invest. Kapital}} = \frac{\text{Gewinn} \cdot 100}{\text{Invest. Kapital}}$$

Kapitalertrags-Stammbaum:

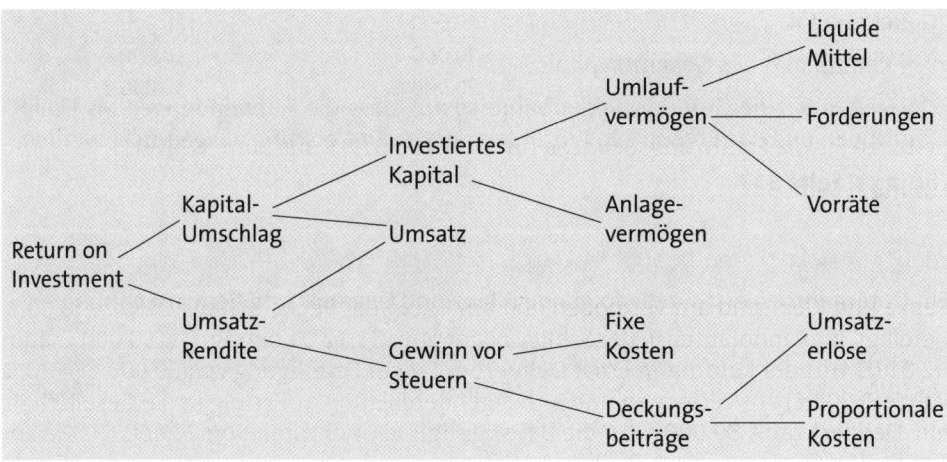

1. Berechnen des RoI auf der Basis der im Sachverhalt angeführten Bilanz und GuV.

2. Ermittlung der Veränderung des RoI, wenn der Umsatz mengenmäßig um 3 % gesteigert wird. Ausgangsdaten sind hier und bei den folgenden Teilaufgaben 3 - 5 die Bilanz und die GuV im Sachverhalt.

3. Ermittlung des RoI, wenn die Umsatzerlöse (wertmäßig) um 5 % gesteigert werden.

4. Ermittlung des RoI, wenn die fixen Kosten um 10 % gesenkt werden können.

5. Ermittlung des RoI, wenn das Vorratsvermögen um 20 % abgebaut wird.

Lösung s. Seite 530

Aufgabe 62: Mehrwerte bei Eintritt eines neuen Gesellschafters

A wird zum 01.01.01 Gesellschafter der XY-OHG und erwirbt für 260.000 € einen Anteil von 200.000 € an der Gesellschaft. Den Betrag von 60.000 € zusätzlich zum Buchwert zahlt A für den erworbenen Anteil an den stillen Reserven in der Gesamthandsbilanz. An der Gesellschaft sind A, X und Y zu gleichen Teilen beteiligt. Das Geschäftsjahr der XY-OHG stimmt mit dem Kalenderjahr überein.

AKTIVA	Bilanz der XY-OHG zum 31.12.00		PASSIVA
	Euro		Euro
Grundstücke	180.000	Kapital X	300.000
Maschinen	160.000	Kapital Y	300.000
übrige Aktiva	460.000	Verbindlichkeiten	200.000
	800.000		800.000

Die XY-OHG schreibt die Maschinen mit 30 % und die übrigen Posten mit durchschnittlich 20 % ab.

	Stille Reserven	Anteil A an der stillen Reserve
Grundstücke	60.000 €	20.000 €
Maschinen	30.000 €	10.000 €
übrige	90.000 €	30.000 €

Erstellen Sie die Ergänzungsbilanzen für A zum 01.01.01 und zum 31.01.01.

Lösung s. Seite 531

Aufgabe 63: Eintritt eines neuen Gesellschafters in eine OHG

Pepke und Klein sind am Vermögen und am Erfolg der Pepke & Klein OHG zu je 50 % beteiligt. Ihr Kapitalanteil in der Schlussbilanz zum 31.12.01 beträgt je 150.000 €. Zum 02.01.01 tritt der Kaufmann Ernst Dehnert mit einer Beteiligung von 60.000 € (= 20 % von 300.000 €) am Vermögen und anteiliger Beteiligung am Erfolg in die Gesellschaft ein. Dehnert zahlt 80.000 € für die Beteiligung. Der Mehrpreis von 20.000 € ist je zur Hälfte den Gesellschaftern Pepke und Klein zuzurechnen. In dieser Höhe übernimmt Dehnert stille Reserven von den bisherigen Gesellschaftern.

AKTIVA	Bilanz der Pepke & Klein OHG zum 31.12.01		PASSIVA
	Euro		Euro
Grundstücke	90.000	Kapital Pepke	150.000
Gebäude	110.000	Kapital Klein	150.000
Maschinen	100.000	Fremdkapital	200.000
Sonstige Vermögensgegenstände	200.000		
	500.000		500.000

Stille Reserven:

Bilanzposten	Buchwert	Teilwert	Stille Reserven	Anteil
Grundstücke	90.000	140.000	50.000	25.000
Gebäude	110.000	130.000	20.000	10.000
Maschinen	100.000	110.000	10.000	5.000
Firmenwert	0	20.000	20.000	10.000
Summe	**300.000**	**400.000**	**100.000**	**50.000**

Die OHG schreibt die Gebäude jährlich mit 2 % ab und die Maschinen mit 10 %. Der Firmenwert soll mit jährlich 25 % abgeschrieben werden (§ 253 Abs. 3 HGB).

Erstellen Sie

a) die Eröffnungsbilanz der Pepke, Klein & Dehnert OHG zum 01.01.02,

b) die Ergänzungsbilanzen für Dehnert und Pepke zum 01.01.02,

c) die Ergänzungsbilanzen für Dehnert und Pepke zum 31.12.02.

Lösung s. Seite 532

Aufgabe 64: Minderwert bei Gesellschafter X und Mehrwert bei Gesellschafter Y

X bringt zum 01.01.01 sein Einzelunternehmen in die mit Y gegründete XY-OHG ein. Das Eigenkapital des Einzelunternehmens beträgt 100.000 €, das eingebrachte Vermögen enthält stille Reserven in Höhe von 200.000 €. Der einfachen Nachvollziehbarkeit wegen wird hier unterstellt, dass die Vermögensteile jährlich mit 10 % linear abgeschrieben werden. Die XY-OHG führt die Buchwerte des Einzelunternehmens fort.

Y leistet eine Bareinlage von 300.000 €. X und Y sind zu gleichen Teilen an der OHG beteiligt.

Erstellen Sie die **Eröffnungsbilanz** der XY-OHG und die **Ergänzungsbilanzen** für X und Y zum 01.01.01 und zum 31.12.01.

Lösung s. Seite 534

Aufgabe 65: Anteilige Rücklage im Sinne des § 6b EStG

1. Die A & B OHG hat nach der Veräußerung eines Grundstücks in ihrer Steuerbilanz eine Rücklage nach § 6b EStG gebildet. B betreibt neben seiner Beteiligung an der A & B OHG ein Einzelunternehmen und will seinen Anteil an der Rücklage auf ein für das Einzelunternehmen beschafftes Grundstück mit aufstehendem Gebäude übertragen.

2. Das Einzelunternehmen des X wurde in die X & Y OHG umgewandelt. X will eine im Einzelunternehmen gebildete Rücklage nach § 6b EStG auf ein Reinvestitionsgut im Gesamthandsvermögen der OHG übertragen.

Nehmen Sie Stellung zu den beiden Vorhaben.

Lösung s. Seite 535

Aufgabe 66: Entgeltliche Überlassung eines Grundstücks

A und B sind mit je 50 % an einer OHG beteiligt. A hat „seiner OHG" ab dem 01.01.02 ein Grundstück mit aufstehendem Gebäude zur Nutzung überlassen. Grundstückswert zum 01.01.02.: 40.000 €, Gebäudewert zum 01.01.02: 100.000 €. Für das Jahr 02 nimmt A eine Abschreibung von 4.000 € auf das Gebäude vor. Vereinbarte Jahresmiete 12.000 €. Die Miete für Dezember 02 überweist die Mitunternehmerschaft erst im Januar 03 an A. Bei A fallen 5.000 € Betriebsausgaben für die Bewirtschaftung des Grundstücks an. Aus der Finanzierung des Gebäudes besteht zum 31.12.02 eine Verbindlichkeit in Höhe von 50.000 €.

Erstellen Sie die Sonderbilanz für A zum 01.01.02 und die Gewinn- und Verlustrechnung sowie die Sonderbilanz für A zum 31.12.02.

Ermitteln Sie den steuerlichen Gewinn der Gesellschafter A und B für 02. Dabei soll der Gewinn lt. Gesamthandbilanz insgesamt 70.000 € und der Verlust lt. Ergänzungsbilanz B 6.667 € betragen.

Lösung s. Seite 535

Aufgabe 67: Ermittlung des Anschaffungswertes eines Unternehmens

Der durchschnittliche Jahresüberschuss eines Unternehmens beträgt 96.000 €. Die außerordentlichen Kosten betragen 15.000 €, die außerordentlichen Erlöse 11.000 €. Der Wiederbeschaffungswert der Vermögensteile beläuft sich auf 1.000.000 €, der Wert der Schulden auf 300.000 €.

Ein Einzelunternehmer hat zunächst 850.000 € auf das betriebliche Bankkonto eingelegt und erwirbt das Unternehmen zum Mittelwert. Er zahlt durch Überweisung vom Bankkonto.

(1) Ermitteln Sie den
   (a) **Substanzwert** (Reproduktionswert)
   (b) **Ertragswert** (Zukunftswert) bei einem landesüblichen Zinsfuß von 6 % und einer Risikoprämie von 2 %
   (c) **Mittelwert** als Unternehmenswert unter Berücksichtigung des Zukunftserfolges und des Risikos aus der zukünftigen Entwicklung
   (d) **Firmenwert** für den Fall, dass das Unternehmen zum Mittelwert erworben wird.
(2) Stellen Sie die Eröffnungsbuchungen unter Einschaltung eines Übernahmekontos dar.
(3) Erstellen Sie die Eröffnungsbilanz.

Lösung s. Seite 536

Aufgabe 68: Gründung eines Einzelunternehmens mit stillem Gesellschafter

Die Kauffrau Dörte Langen gründet zum 01.01.01 ein Einzelunternehmen. Frau Langen bringt ein:

(a) Ein Gebäude im Wert von 180.000 €, das langfristig in Höhe von 80.000 € finanziert wurde. Der Bankkredit wird mit 6 % verzinst. Die Zinszahlung erfolgt jeweils nachträglich zum 31.03. und am 30.09.

(b) Eine Maschine im Wert von 20.000 €. Die Montagekosten in Höhe von 200 € plus 19 % Prozent Umsatzsteuer sind noch nicht bezahlt.

(c) Eine Büroausstattung im Wert von 12.000 €.

(d) Waren im Wert von 45.000 €.

(e) Ein Bankguthaben von 34.000 €.

(f) Am Tag der Gründung wird Frank Harms mit einer Einlage von 30.000 € als stiller Gesellschafter aufgenommen. Die Einlage ist bereits im Bankguthaben von 34.000 € enthalten.

(1) Erstellen Sie das Gründungsinventar.

(2) Erstellen Sie die Gründungsbilanz.

Lösung s. Seite 538

Aufgabe 69: Gründung einer GmbH

Günter Siegmann, sein Freund Friedrich Zeller und das Ehepaar Lenz gründen zum 01.08.01 ein Industrieunternehmen in der Rechtsform der GmbH.

Das Stammkapital beträgt 200.000 €.

Davon übernehmen	Günter Siegmann	100.000 €
	Friedrich Zeller	20.000 €
	Otto Lenz	50.000 €
	Nina Lenz	30.000 €

Eingebracht werden von

Siegmann:	Ein bebautes Grundstück, Verkehrswert 58.000 €, finanziert mit einem langfristigen Bankkredit in Höhe von 7.200 € (8 % Zinsen, Zinstermine: April/Oktober).	

Maschinen	21.000 €
Betriebs- u. Geschäftsausstattung	10.000 €
Warenbestände	15.000 €
Rest durch Banküberweisung	

Zeller:	Patente	9.000 €
	Bankguthaben	7.000 €
	nach 6 Monaten	4.000 €

Lenz:	5 %-Anleihen im Nennwert von 80.000 € (50.000 € Herr Lenz, 30.000 € Frau Lenz) zum Tageskurs von 90 % (Zinsen bleiben hier unberücksichtigt). Die Wertpapiere sollen wegen des niedrigen Kurswerts längerfristig dem Unternehmen zur Verfügung stehen.
	Rest jeweils durch Banküberweisung.

Gründungskosten in Höhe von 6.000 € werden durch Banküberweisung beglichen.

Weiter sind zu berücksichtigen: 3,5 % Grunderwerbsteuer und 2.970 € Notar- und Grundbuchkosten.

(1) Stellen Sie die Gründungsbuchungen dar.

(2) Erstellen Sie die Gründungsbilanz.

Lösung s. Seite 539

Aufgabe 70: Fusion zweier Aktiengesellschaften (1)

Die Hauptversammlungen der Möbelbau AG und der Holzbau AG haben die Verschmelzung der beiden Gesellschaften beschlossen. Die Möbelbau AG soll von der Holzbau AG aufgenommen werden. Die Aktien werden im Verhältnis 1 : 1 umgetauscht. Das Grundkapital der Holzbau AG wird entsprechend erhöht.

AKTIVA	Bilanz der Holzbau AG zum 31.12.01		PASSIVA
	Euro		Euro
Sachanlagen	2.200.000	Gezeichnetes Kapital	3.000.000
Vorräte	900.000	Gewinnrücklagen	300.000
Forderungen	600.000	Verbindlichkeiten	700.000
Guthaben bei Kreditinstituten	300.000		
	4.000.000		4.000.000

AKTIVA	Bilanz der Möbelbau AG zum 31.12.01		PASSIVA
	Euro		Euro
Sachanlagen	800.000	Gezeichnetes Kapital	1.000.000
Vorräte	200.000	Gewinnrücklagen	200.000
Forderungen	300.000	Verbindlichkeiten	300.000
Guthaben bei Kreditinstituten	200.000		
	1.500.000		1.500.000

Erstellen Sie die Verschmelzungsbilanz.

Lösung s. Seite 541

Aufgabe 71: Fusion zweier Aktiengesellschaften (2)

Die Hauptversammlungen der Maschinenbau AG und der Apparatebau AG habe eine Fusion beschlossen. Die Maschinenbau AG soll die Apparatebau AG aufnehmen.

Der Wert der Maschinenbau-Aktien beträgt 300 €, der der Apparatebau-Aktien 150 €. Der Wert der Aktien soll unter Berücksichtigung der Regeln des IDW Standards S 1 ermittelt worden sein.

AKTIVA	Bilanz der Maschinenbau AG		PASSIVA
	Euro		Euro
Anlagevermögen	300.000	Gezeichnetes Kapital	480.000
Vorräte	300.000	Rücklagen	60.000
Zahlungsmittel	300.000	Verbindlichkeiten	360.000
	900.000		900.000

AKTIVA	Bilanz der Apparatebau AG		PASSIVA
	Euro		Euro
Anlagevermögen	240.000	Gezeichnetes Kapital	360.000
Vorräte	210.000	Rücklagen	30.000
Zahlungsmittel	180.000	Verbindlichkeiten	240.000
	630.000		630.000

Das Anlagevermögen der Apparatebau AG ist mit 120.000 € überbewertet, die Vorräte mit 90.000 €.

Erstellen Sie

(1) die Übernahmebilanz

(2) die Übergabebilanz der Apparatebau AG

(3) die Fusionsbilanz.

Lösung s. Seite 541

Aufgabe 72: Buchungen bei einer Verschmelzung

Die A-AG fusioniert mit der B-AG. Dabei übernimmt die A-AG die B-AG. Grundlage für die Verschmelzung sind die folgenden Jahresbilanzen:

AKTIVA	Bilanz der A-AG		PASSIVA
	Euro		Euro
A. Anlagevermögen		**A. Eigenkapital**	
I. Sachanlagen	5.000	I. Grundkapital	3.500
II. Finanzanlagen		II. Kapitalrücklage	350
Beteiligungen	600	III. Gewinnrücklage	1.000
		IV. Jahresüberschuss	20
B. Umlaufvermögen			
I. Vorräte	300	**B. Verbindlichkeiten**	
II. Forderungen a. L.u.L.	510	I. Anleihen	2.400
III. Wertpapiere		II. Verbindlichkeiten	
Eigene Aktien	60	gegenüber Kreditinstituten	200
IV. Liquide Mittel	1.600	III. Verbindlichkeiten aus L.u.L.	600
	8.070		8.070

AKTIVA	Bilanz der B-AG		PASSIVA
	Euro		Euro
A. Anlagevermögen		**A. Eigenkapital**	
I. Sachanlagen	3.000	I. Grundkapital	3.400
II. Finanzanlagen		II. Jahresfehlbetrag	- 1.030
Beteiligungen	600		
B. Umlaufvermögen			
I. Vorräte	1.700	**B. Verbindlichkeiten**	
II. Forderungen aus L. u. L.	900	I. Anleihen	3.200
III. Wertpapiere		II. Verbindlichkeiten	
Eigene Aktien	100	gegenüber Kreditinstituten	700
IV. Liquide Mittel	770	III. Verbindlichkeiten aus L. u. L.	800
	7.070		7.070

Im Verschmelzungsvertrag wurde festgelegt, dass das Umtauschverhältnis unter Berücksichtigung der Regeln des IDW Standards S 1 errechnet werden soll.

Erläuterungen zu den Bilanzpositionen:

► Bei der Beteiligung der A-AG handelt es sich um Aktien der B-AG. Der Buchwert beträgt 50 % des Nennwerts.

► Der Buchwert der eigenen Aktien der A-AG beträgt 150 % des Nennwerts.

► In den Wertpapieren des Anlagevermögens der B-AG sind Aktien der A-AG im Nennwert von 300.000 € enthalten. Der Buchwert beträgt 150 % des Nennwerts.

► Der Buchwert der eigenen Aktien der B-AG beträgt 50 % des Nennwerts.

► An Fusionskosten fallen 20.000 € an, die die A-AG übernimmt.

► Der Wert der Aktien der A-AG beträgt 140 %, der der B-AG 70 %; Die Anzahl der gezeichneten Aktien ist bei beiden Gesellschaften identisch.

(1) Ermitteln Sie das Umtauschverhältnis.

(2) Wie viele A-AG-Aktien sind (nominal) für den Umtausch erforderlich?

(3) Ermitteln Sie die notwendige Kapitalerhöhung.

(4) Stellen Sie die Buchungen dar.

(5) Stellen Sie die Verschmelzungsbilanz dar.

Lösung s. Seite 543

Aufgabe 73: Auseinandersetzungsbilanz bei Ausscheiden eines Gesellschafters aus einer OHG

An einer OHG sind die Gesellschafter A, B und C beteiligt. Nach vorheriger Kündigung gem. § 132 HGB scheidet der Gesellschafter C zum Ende des Geschäftsjahres aus. Nach dem Gesellschaftsvertrag ist im Falle einer Auseinandersetzung der sich aus der Neubewertung ergebende Mehrwert zu gleichen Teilen den Gesellschaftern zuzurechnen. Als Kapitalisierungszinsfuß wurden 10 % (6 % + 4 % Branchenzuschlag) vereinbart. Der bereinigte durchschnittliche Gewinn der letzten Jahre beläuft sich auf 300.000 €. Der Zeitwert des Anlagevermögens ist 15 %, der des Umlaufvermögens ist 10 % höher als die Bilanzwerte. Grundlage für die Auseinandersetzung ist die Jahresschlussbilanz zum Stichtag des Ausscheidens.

AKTIVA	Jahresschlussbilanz		PASSIVA
	Euro		Euro
Anlagevermögen	900.000	Kapital A	450.000
Umlaufvermögen	900.000	Kapital B	400.000
		Kapital C	350.000
		Verbindlichkeiten	600.000
	1.800.000		1.800.000

(1) Ermitteln Sie den Substanzwert.

(2) Ermitteln Sie den Ertragswert.

(3) Ermitteln Sie den Mehrwert des Unternehmens und die Anteile der Gesellschafter am Mehrwert.

(4) Stellen Sie die Buchungen dar.

(5) Stellen Sie die Auseinandersetzungsbilanz dar.

Lösung s. Seite 546

Aufgabe 74: Sanierung einer AG durch vereinfachte Kapitalherabsetzung

AKTIVA	Bilanz vor der Sanierung		PASSIVA
	Euro		Euro
Grundstücke	60.000	Gezeichnetes Kapital	200.000
Gebäude	110.000	Gesetzliche Rücklagen	10.000
Maschinen	90.000	Bilanzverlust	- 50.000
Vorräte	160.000	Grundschuld	90.000
Forderungen	70.000	Verbindlichkeiten aus L. u. L.	350.000
Zahlungsmittel	10.000		
	500.000		500.000

Buchen Sie die folgenden Sanierungsmaßnahmen und erstellen Sie die Sanierungs-Schlussbilanz.

(1) Das Grundkapital wird im Verhältnis 4 : 3 herabgesetzt, soweit nicht Zuzahlung von 60 % geleistet wird. Auf 1.500 Aktien im Nennwert von je 100 € werden 60 % zugezahlt.

(2) Ein Teil des Grundstücks mit Buchwert von 30.000 € wird für 70.000 € verkauft.

(3) Die Gläubiger verzichten auf 10 % ihrer Forderungen.

(4) Die Vorräte sind zu hoch bewertet. Eine Abschreibung von 10.000 € ist zu buchen.

(5) Für erwartete Sanierungskosten wird eine Rückstellung von 4.000 € gebildet.

(6) Im Rahmen der Verwendung des Sanierungsgewinns ist die gesetzliche Rücklage auf 10 % des neuen Grundkapitals aufzustocken.

Bitte unterstellen Sie, dass eine Ertragsbesteuerung des Sanierungsgewinns durch Erlass entfällt.

Lösung s. Seite 547

Aufgabe 75: Sanierung einer AG durch Herabsetzung des Nennbetrags der Aktien

AKTIVA		Sanierungs-Eröffnungsbilanz		PASSIVA
		Euro		Euro
Grundstücke	150.000	Gezeichnetes Kapital		1.200.000
Gebäude	300.000	Gesetzliche Rücklage		60.000
Maschinen	200.000	Bilanzverlust		- 400.000
Betriebs- und		Darlehen		160.000
Geschäftsausstattung	100.000	Verbindlichkeiten		200.000
Vorräte	170.000			
Forderungen	260.000			
Zahlungsmittel	40.000			
	1.220.000			1.220.000

Das gezeichnete Kapital setzt sich zusammen aus 6.000 Aktien zu je 200 € Nennwert. Gemäß 3/4-Mehrheitsbeschluss der Hauptversammlung soll der Nennbetrag jeder Aktie um 50 % auf 100 € herabgesetzt werden.

Sanierungsmaßnahmen:

(a) Außerplanmäßige Abschreibung auf Grundstücke   20.000 €
    Außerplanmäßige Abschreibung auf Maschinen   45.000 €
    Abschreibungen auf Vorräte   25.000 €
    Abschreibungen auf Forderungen   45.000 €

(b) Es werden Sanierungskosten in Höhe von 6.000 € erwartet.

(1) Prüfen Sie, ob die Herabsetzung des Nennbetrags zulässig ist.

(2) Buchen Sie die Sanierungsmaßnahmen.

(3) Erstellen Sie die Sanierungs-Schlussbilanz.

Lösung s. Seite 548

Aufgabe 76: Liquidationseröffnung mit Neubewertungstabelle

Die Hauptversammlung der Metallbau AG hat die Liquidation zum 01.01.01 beschlossen. Aus der Schlussbilanz zum 31.12.00 wurde die folgende Tabelle zur Neubewertung entwickelt:

Bilanzposten	Bilanz- wert 00-12-31	Veräuße- rungswert	Neube- wertung	Begründung
Aktiva	€	€	€	
Grundst./Gebäude	1.800.000	1.700.000	- 100.000	Sonderabschreibung
Maschinen	800.000	750.000	- 50.000	unverkäufliche Spezialmaschine
Betriebs- u. Geschäfts- ausstattung	200.000	140.000	- 60.000	voraussichtlicher Veräuße- rungswert liegt unter dem
RHB	600.000	650.000	+ 50.000	Buchwert Zuschreibung auf
Unfertige Erzeugnisse	400.000	400.000	0	den Tageswert
Fertige Erzeugnisse	200.000	200.000	0	
Wertpapiere	100.000	180.000	+ 80.000	
Forderungen	800.000	800.000	0	
Kasse	10.000	10.000	0	
Bank	150.000	150.000	0	
Unterbilanz	740.000	740.000	0	
Summe der Aktiva	5.800.000	5.720.000	- 80.000	
Gezeichnetes Kapital	4.600.000	4.600.000	0	
Wertberichtigung auf Forderungen	50.000	80.000	+ 30.000	Erhöhung auf 10 %, da zusätzli- che Ausfälle erwartet werden
Darlehen	650.000	650.000	0	
Verbindlichkeiten	500.000	500.000	0	
Summe der Passiva	**5.800.000**	**5.830.000**	**+ 30.000**	

(1) Buchen Sie die Neubewertung auf dem Neubewertungskonto (NBK).

(2) Buchen Sie eine Rückstellung in Höhe von 50.000 € für voraussichtliche Liquidationskosten.

(3) Schließen Sie das Neubewertungskonto zum Konto Liquidationskapital ab.

(4) Buchen Sie das gesamte Eigenkapital auf das Konto Liquidationskapital.

(5) Erstellen Sie die Liquidations-Eröffnungsbilanz.

Lösung s. Seite 549

Aufgabe 77: Liquidation einer OHG

Der Liquidator der Adolf Dehnert OHG hat die folgende Liquidations-Eröffnungsbilanz erstellt:

AKTIVA	Liquidations-Eröffnungsbilanz		PASSIVA
	Euro		Euro
Grundstücke	220.000	Kapital Dehnert	400.000
Gebäude	110.000	Kapital Platte	200.000
Maschinen	180.000	Darlehen	110.000
Geschäftsausstattung	80.000	Verbindlichkeiten	111.200
Vorräte	110.000		
Forderungen	91.200		
Kassenbestand	10.000		
Bankguthaben	20.000		
	821.200		821.200

(1) Richten Sie ein Liquidationsabwicklungskonto (LAK) ein und buchen Sie folgende Vorfälle:

   (a) Verkauf der Vorräte für 130.000 € plus 19 % USt gegen Bankscheck.

   (b) Barverkauf der Maschinen für 150.000 € plus 19 % USt.

   (c) Grundstücke und Gebäude werden für 380.000 € gegen Bankscheck verkauft.

   (d) Begleichung des Darlehens durch Banküberweisung.

   (e) 85.250 € Forderungen gehen auf dem Bankkonto ein. Der Rest ist uneinbringlich (USt 19 %).

   (f) Die Verbindlichkeiten werden durch Banküberweisung beglichen.

   (g) Die Geschäftsausstattung wird für 70.000 € plus 19 % USt. bar verkauft.

   (h) Einzahlung auf das Bankkonto 190.000 €.

   (i) Liquidationskosten bar 13.000 € plus 19 % USt.

   (j) Ermittlung und Überweisung der Umsatzsteuer-Zahllast.

(2) Erstellen Sie die Liquidations-Schlussbilanz.

(3) Verteilen Sie den Liquidationsgewinn entsprechend den Kapitalanteilen.

Lösung s. Seite 551

Aufgabe 78: Liquidation einer KG

Die Olaf Lange KG wird ab 01.01.02 liquidiert. Die Jahresbilanz zum 31.12.01 weist folgende Werte aus:

AKTIVA		Bilanz zum 31.12.01	PASSIVA
	Euro		Euro
Ausstehende Kommanditeinlage	10.000	Komplementärkapital Lange	50.000
Grundstück	30.000	Kommanditkapital Recke	30.000
Gebäude	60.000	Darlehen	40.000
Geschäftsausstattung	12.000	Verbindlichkeiten aus L. u. L.	33.000
Forderungen aus L. u. L.	10.000		
Waren	25.000		
Zahlungsmittel	6.000		
	153.000		153.000

Die Aktiva werden versilbert für:

Grundstück	60.000 €	
Gebäude	70.000 €	
Geschäftsausstattung	6.000 €	plus 19 % USt.
Waren	20.000 €	plus 19 % USt.

Die Forderungen gehen voll ein. Darlehen, Umsatzsteuer und 30.000 € Verbindlichkeiten werden bezahlt, die restlichen Verbindlichkeiten hat ein Gläubiger aus der Schweiz erlassen. Die Liquidationskosten betragen 5.000 €.

Der Liquidationsgewinn wird im Verhältnis 3 : 2 verteilt.

(1) Erstellen Sie die Liquidations-Eröffnungsbilanz.

(2) Buchen Sie die Liquidations-Vorgänge.

(3) Erstellen Sie die Liquidations-Schlussbilanz.

(4) Erstellen Sie die Verteilungstabelle für den Liquidationserlös.

Lösung s. Seite 554

Aufgabe 79: Gewinn senkende steuerbilanzpolitische Maßnahmen

Skizzieren Sie bitte beispielhaft bilanzpolitische Maßnahmen, die den Steuerbilanzgewinn senken. Begründen Sie jeweils die Vorschläge mit den handels- oder steuerrechtlichen Regeln.

Lösung s. Seite 555

Aufgabe 80: Gewinn erhöhende bilanzpolitische Maßnahmen

Skizzieren Sie bitte beispielhaft bilanzpolitische Maßnahmen, die den ausgewiesenen Gewinn erhöhen. Begründen Sie jeweils die Vorschläge mit den handels- der steuerrechtlichen Regeln.

Lösung s. Seite 556

Lösung zu 1: Kreis der Buchführungspflichtigen

Der Kreis der Steuerpflichtigen, dem nicht bereits nach Handelsrecht Rechnungslegungspflichten auferlegt werden, wird unter bestimmten Voraussetzungen tatsächlich erst durch das Steuerrecht rechnungslegungspflichtig:

- ▶ Es sind Bücher zu führen und aufgrund jährlicher Bestandsaufnahme regelmäßig Abschlüsse zu machen, wenn das Unternehmen eine gewisse Mindestgröße erreicht (vgl. § 141 AO).

- ▶ Die übrigen (kleinen) Unternehmen haben immerhin die umsatzsteuerlich relevanten Sachverhalte aufzuzeichnen (§ 22 UStG, §§ 63 - 68 UStDV), müssen als gewerbliche Unternehmer den Wareneingang (§ 143 Abs. 1 AO) und, wenn sie nach der Art ihres Geschäftsbetriebes Waren regelmäßig an andere gewerbliche Unternehmer zur Weiterveräußerung oder zum Verbrauch als Roh- oder Hilfsstoffe liefern, den erkennbar für diese Zwecke bestimmten Warenausgang (§ 144 Abs. 1 AO) gesondert aufzeichnen.

Lösung zu 2: Ordnungsmäßigkeit der Buchführung

(1) Man unterscheidet formelle und materielle Buchführungsmängel. Hier liegen ausschließlich formelle Verstöße vor, da lediglich die Organisation der Buchführung betroffen ist.

(2) Formelle Mängel führen nicht schlechthin dazu, eine Buchführung als nicht ordnungsgemäß zu verwerfen (vgl. R 5.2 Abs. 2 EStR). Steuervergünstigungen, die eine Gewinnermittlung nach § 4 Abs. 1 oder § 5 EStG voraussetzen, können jedoch allgemein nicht gewährt werden, wenn der Gewinn durch Vollschätzung ermittelt wird (OFD Düsseldorf 29.05.1978/S 2130 A).

Lösung zu 3: Aufbewahrungfristen

Die steuerrechtlichen Aufbewahrungspflichten (§ 147 AO) gehen sowohl hinsichtlich des Personenkreises als auch hinsichtlich des Umfanges des aufbewahrungspflichtigen Materials über die handelsrechtlichen (§ 257 HGB) hinaus. Jedoch ist zu beachten, dass gegenüber den handelsrechtlichen Bestimmungen die steuerliche Aufbewahrungsfrist nicht abläuft, soweit und solange die Unterlagen für Steuern von Bedeutung sind, für welche die Festsetzungsfrist (§ 169 AO) noch nicht abgelaufen ist. Die verlängerte Festsetzungsfrist bei Steuerhinterziehung (§ 370 AO) oder bei leichtfertiger Steuerverkürzung (§ 378 AO) wirkt sich auf die Aufbewahrungsfrist nicht aus, wohl aber auf die Ablaufhemmung i. S. d. § 171 AO.

Im Einzelnen gelten folgende Aufbewahrungsfristen:

(1) Bücher und Aufzeichnungen, (Handels- und Steuer-)Bilanzen, dazu gehören auch die Gewinn- und Verlustrechnungen, der Anhang und der Lagebericht, Inventare, Buchungsbelege sowie die zu ihrem Verständnis erforderlichen Arbeitsanweisungen und sonstigen Organisationsunterlagen 10 Jahre, d. h. ab dem 01.01.2012 dürfen Sie die Unterlagen aus der Zeit vor dem 01.01.2002 vernichten.

(2) empfangene Handels- oder Geschäftsbriefe, Wiedergaben der abgesandten Handels- oder Geschäftsbriefe und sonstige für die Besteuerung bedeutsame Unterlagen 6 Jahre; d. h. zum 01.01.2012 solche aus der Zeit vor dem 01.01.2006, sofern nicht in anderen Steuergesetzen kürzere Aufbewahrungsfristen bestimmt sind.

Haben Rechnungen, Belege usw. Buchfunktionen, z. B. bei der Offene-Posten-Buchhaltung, so müssen sie 10 Jahre aufbewahrt werden. Diese Aufbewahrungsfrist trifft bei der Speicherbuchführung auch auf die Datenträger zu, auf denen die entsprechenden Daten aufbewahrt werden.

Lösung zu 4: Erstellung eines Inventars

Inventar zum 31.12. Fa. _____

	Euro
A. Vermögensteile	
I. Anlagevermögen	
1. Fabrikgebäude	80.000
2. Maschinen lt. Verzeichnis 1	130.000
3. Werkzeuge lt. Verzeichnis 2	23.000
4. Fuhrpark lt. Verzeichnis 3	34.000
5. Geschäftsausstattung lt. Verzeichnis 4	16.000
II. Umlaufvermögen	
1. Rohstoffe lt. Verzeichnis 5	25.000
2. Hilfs- und Betriebsstoffe lt. Verzeichnis 6	7.000
3. Unfertige Erzeugnisse lt. Verzeichnis 7	15.000
4. Fertige Erzeugnisse lt. Verzeichnis 8	38.000
5. Forderungen aus L. u. L. lt. Verzeichnis 9	27.000
6. Kassenbestand	2.000
7. Bankguthaben Deutsche Bank, Köln	40.000
Summe der Vermögensteile	**437.000**
B. Schulden	
1. Hypothek	82.000
2. Darlehen Stadtsparkasse Köln	24.000
3. Verbindlichkeiten aus L. u. L. lt. Verzeichnis 10	49.000
Summe der Schulden	**155.000**
C. Ermittlung des Reinvermögens	
Summe der Vermögensteile	437.000
- Summe der Schulden	155.000
= Reinvermögen (= Eigenkapital)	**282.000**

Lösung zu 5: Erleichterungen bei Vornahme einer Inventur

Grundsätzlich sind alle Gegenstände körperlich durch Inventur zu erfassen und in das Inventar aufzunehmen. Dabei muss u. a. auch der Grundsatz der Wirtschaftlichkeit des Rechnungswesens beachtet werden. Im vorliegenden Fall ist es unzumutbar, den Bestand durch Wiegen zu ermitteln. Es genügt, wenn durch eine möglichst genaue Schätzung in Verbindung mit den Eingangsrechnungen der Bestand am Bilanzstichtag festgestellt wird.

Lösung zu 6: Grundsätze ordnungsmäßiger Inventur

(1) Die Inventurunterlagen dürfen nach Aufstellung des Inventars nicht vernichtet werden, um den Grundsatz der Nachprüfbarkeit nicht zu verletzen. Die Aufbewahrungsfrist beträgt 10 Jahre.

(2) Nach § 241 Abs. 3 Nr. 1 HGB und R 5.3 Abs. 2 EStR kann die körperliche Bestandsaufnahme ganz oder teilweise innerhalb der letzten drei Monate vor oder der ersten zwei Monate nach dem Bilanzstichtag durchgeführt werden. Sie muss also spätestens Ende Februar abgeschlossen sein und darf nicht Anfang März erfolgen.

(3) Eine permanente Inventur (§ 241 Abs. 3 Nr. 2 HGB und R 5.3 Abs. 2 EStR) und auch die zeitverschobene Inventur sind unzulässig, wenn bei den Beständen durch Schwund, Verdunsten, Verderb und ähnliche Vorgänge unkontrollierbare Abgänge eintreten, die ins Gewicht fallen (R 5.3 Abs. 3 EStR).

Lösung zu 7: Verstoß gegen die Grundsätze ordnungsmäßiger Bilanzierung

(1) In diesem Fall liegt ein Verstoß gegen den Grundsatz der Bilanzklarheit (§ 243 Abs. 2 HGB) und gegen die Gliederungsvorschriften (§ 266 HGB) vor.

(2) Die vorliegende Handlungsweise verstößt gegen den Grundsatz der formellen Bilanzkontinuität (§ 265 Abs. 1 HGB) und ist außerdem nicht mit dem Grundsatz der Bilanzklarheit vereinbar. Sie erfolgte ohne sachliche Gründe.

(3) Der allgemeine Grundsatz der Bilanzwahrheit erfährt insbesondere durch Bewertungsvorschriften Einschränkungen. In diesem Fall schafft das Anschaffungswertprinzip eine objektivierte Obergrenze in Höhe der Anschaffungskosten, das Grundstück darf handels- und steuerrechtlich höchstens zum Anschaffungswert angesetzt werden (§ 253 Abs. 1 HGB, § 6 Abs. 1 EStG).

(4) Aufwendungen und Erträge für das Geschäftsjahr sind ohne Rücksicht auf den Zeitpunkt ihrer Ausgabe oder Einnahme im Jahresabschluss zu berücksichtigen. Hier wurde gegen den Grundsatz der Periodenabgrenzung (§ 252 Abs. 1 Nr. 5 HGB) verstoßen. Die Versicherungsprämien sind als aktive Rechnungsabgrenzungsposten im Jahresabschluss auszuweisen (§ 250 Abs. 1 HGB).

Lösung zu 8: Bilanzausweis von Forderungen und Verbindlichkeiten

(1) Grundsätzlich sind Forderungen und Verbindlichkeiten unsaldiert auszuweisen (Bruttoprinzip), um dem Grundsatz der Bilanzklarheit zu entsprechen (§ 246 Abs. 2 Satz 1 HGB).

(2) Gläubiger und Schuldner sind identisch. Forderungen und Verbindlichkeiten sind nach Ursprung und Sicherung gleichartig. Die Zeiten der Fälligkeit stimmen überein. Ausnahmsweise dürfen aufrechnungsfähige Forderungen und Verbindlichkeiten saldiert werden, da hier durch die Aufrechnung Klarheit und Übersichtlichkeit des Jahresabschlusses gefördert werden (§ 243 Abs. 2 HGB).

Lösung zu 9: Grundsätze ordnungsmäßiger Buchführung und Bilanzierung

(1) Grundsatz der **Einzelbewertung** (§ 252 Abs. 1 Nr. 3 HGB). Der Grundsatz der Einzelbewertung kann nur in besonderen Fällen durchbrochen werden, z. B. bei der Verbrauchsfolgebewertung, der Festbewertung, der Pauschalierung der Abschreibungen bei Sachanlagen (Gruppenabschreibung) und bei Forderungen, bei pauschalierten Rückstellungen (Gewährleistung) usw.

(2) Grundsatz des **Verrechnungsverbots – auch Saldierungsverbot** (§ 246 HGB).

(3) Grundsatz der **Wahrheit** (§ 264 Abs. 2 Satz 2 HGB).

(4) Grundsatz der **Periodenabgrenzung** (§ 252 Abs. 1 Nr. 5 HGB).

(5) Grundsatz der **Fortsetzung der Unternehmenstätigkeit** (Going-Concern-Prinzip) (§ 252 Abs. 1 Nr. 2 HGB).

(6) Grundsatz der **Vorsicht** (§ 252 Abs. 1 Nr. 4 HGB).

(7) Grundsatz der **materiellen Bilanzkontinuität** (§ 252 Abs. 1 Nr. 6 HGB, Bewertungsstetigkeit § 246 Abs. 3 HGB, Ansatzstetigkeit).

(8) Grundsatz der **Klarheit und Übersichtlichkeit** (§ 243 Abs. 2 HGB).

(9) Grundsatz der **Bilanzidentität** (§ 252 Abs. 1 Nr. 1 HGB).

(10) Grundsatz der **Vollständigkeit** (§ 246 Abs. 1 HGB).

Lösung zu 10: Bilanzierung von Warenvorräten, Bilanzberichtigung

Da der Steuerpflichtige seinen Gewinn wegen § 141 AO nach § 5 EStG ermitteln muss, gelten für ihn die GoB; d. h. das strenge Niederstwertprinzip für das Umlaufvermögen (§ 253 Abs. 3 HGB) ist auch steuerlich zu beachten (Maßgeblichkeit der Handels- für die Steuerbilanz, § 5 Abs. 1 EStG). Deshalb hat er kein Wahlrecht nach § 6 Abs. 1 Nr. 2 Satz 2 EStG, sondern er unterliegt dem Zwang zum Ansatz des niedrigeren Wertes. Demnach ist sein Bilanzansatz falsch. Es liegt ein Antrag auf **Bilanzberichtigung** vor, dem stattzugeben ist (§ 4 Abs. 2 EStG).

Lösung zu 11: Ermittlung des Betriebsergebnisses durch Betriebsvermögensvergleich

1)

	T€	T€	T€
	a	b	c
Betriebsvermögen am Ende des Jahres	40	30	20
Betriebsvermögen am Ende des Vorjahres	10	40	30
+ Unterschiedsbetrag	+ 30	- 10	- 10
- Privatentnahmen	–	25	5
Privateinlagen	20	–	–
= **Gewinn/Verlust**	**+ 10**	**+ 15**	**- 5**

(2) **Auswirkungen des Warenbestandes**

Eine Korrektur im Vorjahr von 70.000 € auf 75.000 € hat eine Gewinnerhöhung von 5.000 € für das Vorjahr zur Folge. Diese Gewinnerhöhung hat für das Berichtsjahr eine Gewinnminderung von 5.000 € zur Folge, da bei richtiger Bewertung das vom Betriebsvermögen des Berichtsjahres abzuziehende Betriebsvermögen des Vorjahres um 5.000 € höher wäre. Bei richtiger Bewertung ergibt sich für das Berichtsjahr eine weitere Gewinnminderung von 5.000 €.

Auswirkungen der Entnahmen bzw. Einlagen

Die nicht gebuchte Entnahme führt für das Vorjahr zu einer Gewinnerhöhung von 3.000 €, für das Berichtsjahr ergeben sich hierdurch keine Änderungen. Die nicht gebuchte Einlage mindert den Gewinn des Berichtsjahres um 2.000 €.

Fazit

Gewinnerhöhung für Vorjahr: (5.000 + 3.000 =)   8.000 €
Gewinnminderung für Berichtsjahr: (5.000 + 5.000 + 2.000 =) 12.000 €

Lösung zu 12: Gewillkürtes Betriebsvermögen

(1) Bilanziertes Vermögen der GmbH ist immer in der Bilanz auszuweisen.

(2) Die Entnahme kann nur erfolgswirksam zum Teilwert von 35.000 € erfolgen.

(3) Eine leichte und zweifelsfreie Trennung der betrieblichen und privaten Nutzung ist im Falle dieses gemischt genutzten Wirtschaftsgutes nicht möglich. Eine Aktivierung als gewillkürtes Betriebsvermögen ist nicht erlaubt.

(4) Die betriebliche Nutzung ist unbedeutend. Der Pkw gehört deshalb zum notwendigen Privatvermögen.

Lösung zu 13: Sondervermögen eines Gesellschafters

1. Sonderbuchhaltung für den Gesellschafter Maus

Buchungen betreffend **Grundstück und Gebäude**:

Grundstücksaufwendungen	4.000 €	
an Vorsteuer		760 €
an Sonder-Privatkonto		4.760 €

Grundstücksaufwendungen	400 €	
an Sonder-Privatkonto		400 €

Grundstücksaufwendungen	650 €	
an Sonder-Privatkonto		650 €

Sonder-Privatkonto	35.700 €	
an Mieterträge		30.000 €
an USt		5.700 €

AfA	4.800 €	
an Gebäude		4.800 €

Buchungen das **Darlehen** betreffend:

Sonder-Privatkonto	8.000 €	
an Zinserträge		8.000 €

Buchungen den **Pkw** betreffend:

Kfz-Aufwendungen	2.000 €	
an Vorsteuer		380 €
an Sonder-Privatkonto		2.380 €

AfA	10.000 €	
an Pkw		10.000 €

Sonder-Privatkonto	17.136 €	
an Mieterträge		14.400 €
an Umsatzsteuer		2.736 €

Abschluss der **Umsatzsteuerkonten**:

Umsatzsteuer	1.140 €	
an Vorsteuer		1.140 €

Umsatzsteuer	7.296 €	
an Sonder-SBK Maus		7.296 €

Es folgen der Abschluss der Erfolgskonten zum Sonder-GuV-Konto, der Abschluss des Sonder-GuV-Kontos und des Sonder-Privatkontos zum Sonderkapital-Konto und endlich der Abschluss der Bestandskonten der Sonderbuchhaltung zum Sonder-SBK Maus.

AKTIVA		Sonderbilanz Maus 01.01.02		PASSIVA
	Euro			Euro
Grund und Boden	80.000	Sonderkapital		420.000
Gebäude	200.000			
Darlehensforderung	100.000			
Pkw	40.000			
	420.000			420.000

S	Grund und Boden		H		S	Sonderkapital		H
AB	80.000	SB	80.000		Privat	51.494	AB	420.000
					SB	399.056	GuV	30.550
						450.550		450.550

S	Gebäude		H		S	Vorsteuer		H
AB	200.000	(5)	4.800		(1)	760	(10)	1.140
		SB	195.200		(7)	380		
	200.000		200.000			1.140		1.140

S	Pkw		H		S	Umsatzsteuer		H
AB	40.000	(8)	10.000		(10)	1.140	(9)	2.736
		SB	30.000		(11)	7.296	(4)	5.700
	40.000		40.000			8.436		8.436

S	Darlehensforderung		H		S	Zinserträge		H
AB	100.000	SB	100.000		GuV	8.000	(6)	8.000

S	Grundstücksaufwand		H
(1)	4.000	GuV	5.050
(2)	400		
(3)	650		
	5.050		5.050

S	Mieterträge		H
GuV	44.400	(4)	30.000
		(9)	14.400
	44.400		44.400

S	AfA		H
(5)	4.800	GuV	14.800
(8)	10.000		
	14.800		14.800

S	Sonder-SBK Maus 31.12.02		H
Grund und Boden	80.000	Sonderkapital	397.904
Gebäude	195.200	Umsatzsteuer	7.296
Darlehensford.	100.000		
Pkw	30.000		
	405.200		405.200

S	Kfz-Aufwendungen		H
(7)	2.000	GuV	2.000

S	Sonder-Privatkonto		H
(4)	35.700	(1)	4.760
(6)	8.000	(2)	400
(9)	17.136	(3)	650
		(7)	2.380
		Sonderkapital	52.646
	60.836		60.836

S	Sonder-GuV-Konto Maus		H
Kfz-Aufw.	2.000	Mieterträge	44.400
Grundst.-aufwend.	5.050	Zinserträge	8.000
AfA	14.800		
Sonderkapital	30.550		
	52.400		52.400

AKTIVA	Sonderbilanz Maus 01.01.02		PASSIVA
	Euro		Euro
Grund und Boden	80.000	Sonderkapital	397.904
Gebäude	195.200	Umsatzsteuer	7.296
Darlehensforderung	100.000		
Pkw	30.000		
	405.200		405.200

2. Gewinnverteilungstabelle

	Gesamt €	Katz €	Maus €
Gewinn lt. Handelsbilanz	605.630		
zuzüglich:			
a) nicht abzugsfähige Geschenke an			
Geschäftsfreunde (§ 4 Abs. 5 Nr. 1 EStG)	18.000		
b) Spendenabzug gem. § 10b nur als Sonder-			
ausgaben der Gesellschafter zulässig	4.200		
steuerpflichtiger Gewinn	627.830		
Verteilung			
Kapitalverzinsung	- 64.000	34.000	30.000
Arbeitsanteil	- 40.000	40.000	
Rest	523.830	261.915	261.915
Sonderbetriebseinnahmen		–	30.550
Einkünfte aus Gewerbebetrieb gem. § 15 Abs. 1 Nr. 2 EStG		335.915	322.465

Lösung zu 14: Gründung einer Personengesellschaft

(1) Mit dem Kauf des Miteigentumsanteils von 250.000 € beteiligt sich B zur Hälfte an dem von A eingebrachten Einzelunternehmen. A entnimmt die Gegenleistung und bringt sein Unternehmen in die OHG ein. B bringt den erworbenen Miteigentumsanteil ein.

A erzielt durch den Verkauf einen laufenden Gewinn in Höhe der stillen Reserven:

Verkaufspreis	250.000 €
- Buchwert des Anteils	150.000 €
= Gewinn	**100.000 €**

Da nur ein Teil der stillen Reserven entnommen worden ist, kann A diesen Gewinn nicht durch eine negative Ergänzungsbilanz der Besteuerung entziehen (s. auch §§ 16 und 34 EStG sowie § 24 Abs. 2 UmwStG).

(2) Die Veräußerung der Anteile an den Vermögensgegenständen ist ein Geschäftsvorfall des eingebrachten Unternehmens. Die Einbringung vollzieht sich in den Schritten:

▶ Der Veräußerungsgewinn wird vor der Einbringung aus dem Betriebsvermögen entnommen.

▶ Der Betrieb wird mit den Werten nach Entnahme des Veräußerungsgewinns eingebracht. B hat je die Hälfte der stillen Reserven erworben. Der Ausweis erfolgt in einer Ergänzungsbilanz:

AKTIVA	Eröffnungsbilanz der OHG zum 01.01.02		PASSIVA
	Euro		Euro
Grundstücke	90.000	Kapital A	150.000
Gebäude	110.000	Kapital B	150.000
Maschinen	100.000	Fremdkapital	200.000
Sonstige Vermögens-gegenstände	200.000		
	500.000		500.000

B hat je die Hälfte der stillen Reserven erworben. Der Ausweis erfolgt in einer Ergänzungsbilanz:

AKTIVA	Eröffnungsbilanz des B zum 01.01.02		PASSIVA
	Euro		Euro
Grundstücke	55.000	Mehrkapital	100.000
Gebäude	35.000		
Maschinen	10.000		
	100.000		100.000

Lösung zu 15: Geschäfts- oder Firmenwert

§ 246 Abs. 1 Satz 4 HGB: Der entgeltlich erworbener Geschäfts- oder Firmenwert gilt als zeitlich begrenzt nutzbarer Vermögensgegenstand. Die Abschreibung erfolgt planmäßig über die Nutzungsdauer. Übersteigt die Nutzungsdauer 5 Jahre, muss dies im Anhang begründet werden (§ 285 Nr. 13 HGB).

a) Geschäfts- oder Firmenwert = Kaufpreis - Nettovermögen zu Zeitwerten
    (d. h. Aufdeckung der stillen Reserven)
    GoF = 10 Mio. - (6 Mio. + 5 Mio. + 1 Mio. + 1,5 Mio. - 4 Mio.)
    GoF = 0,5 Mio. €

b) Planmäßige Abschreibung des GoF mit 1/5
    Jährliche Abschreibung: 0,5 Mio. : 5 Jahre = 0,1 Mio. €

Bilanzansatz 31.12.01: 0,4 Mio. €

Jahr 02: voraussichtliche dauerhafte Wertminderung, d. h. außerplanmäßige Abschreibung (§ 253 Abs. 3 HGB)

Bilanzansatz 31.12.02: 0 €

Jahr 03: Grund der Wertminderung entfällt: § 253 Abs. 5 Satz 2 HGB: niedrigerer Wertansatz des entgeltlich erworbenen Ge-schäfts- oder Firmenwerts muss beibehalten werden

Bilanzansatz 31.12.03: 0 €

Lösung zu 16: Erstellen des Anlagenspiegels

Anlagenspiegel zum 31.12.01 (siehe nächste Seite).

Lösung zu 17: Bilanzausweis

(1) Bei der Lizenz handelt es sich um einen entgeltlich erworbenen immateriellen Anlagewert. Gegen eine Aktivierung bestehen keine Bedenken. Dagegen wurde das Patent nicht entgeltlich erworben, sondern selbst geschaffen, sodass mit Einführung des BilMoG die Entwicklungskosten für die Patente auch aktiviert werden können (§ 248 Abs. 2 HGB). Es besteht insoweit ein Wahlrecht. Auf die Ausschüttungssperre gemäß § 268 Abs. 8 HGB sei verwiesen.

(2) Ohne Rücksicht auf die Art des Gebäudes muss der Ausweis innerhalb der Sachanlagen als „Bauten auf fremden Grundstücken" erfolgen.

(3) Die neue Trafostation ist unter der Position „technische Anlagen und Maschinen" auszuweisen. Der Buchgewinn muss in der GuV nach § 275 Abs. 2 HGB unter der Position 4 „sonstige betriebliche Erträge" erfasst werden.

(4) Die juristische Zugehörigkeit zum Gebäude ist für die Bilanzierung nicht maßgebend. Es kommt allein auf die wirtschaftliche Zugehörigkeit (§ 246 Abs. 1 Satz 2 HGB) an. Deshalb muss der Ausweis unter der Position „technische Anlagen und Maschinen" erfolgen (§ 266 Abs. 2 HGB).

Bilanzposition	Anschaffungs- oder Herstellungskosten €	Zugänge €	Abgänge €	Umbuchungen €	Abschreibungen (kumuliert) €	Zuschreibungen €	Buchwert 31.12.01 €	Abschreibung 01 €
A. Anlagevermögen								
I. Immaterielle Vermögensgegenstände								
1. Selbst erstellte Software	400.000	–	–	–	100.000	–	300.000	100.000
2. Lizenzen	580.000	–	20.000	–	235.500	–	324.500	49.970
3. Geschäftswert	800.000	–	–	–	200.000	–	600.000	200.000
II. Sachanlagen								
1. Grundstücke, grundstücksgleiche Rechte und Bauten	12.000.930	130.000	160.000	–	1.930.000	–	10.040.930	210.500
2. technische Anlagen und Maschinen	19.551.310	710.000	230.000	+ 134.900	7.895.686	160.000	12.430.524	924.250
3. andere Anlagen, Betriebs- und Geschäftsausstattung	4.690.428	731.430	380.400	–	2.093.216	–	2.948.242	124.786
4. geleistete Anzahlungen und Anlagen im Bau	134.900	122.000	–	- 134.900	–	–	122.000	–
III. Finanzanlagen								
1. Anteile an verbundenen Unternehmen	440.000	–	44.000	–	–	–	396.000	–
2. Ausleihungen an verbundene Unternehmen	300.000	–	100.000	–	–	–	200.000	–
3. Beteiligungen	250.000	–	–	+ 150.000	50.000	–	350.000	–
4. Ausleihungen an Unternehmen, mit denen ein Beteiligungsverhältnis besteht	50.000	–	–	–	–	–	50.000	–
5. Wertpapiere des Anlagevermögens	430.000	–	–	–	–	–	430.000	–
6. sonstige Ausleihungen	230.500	–	10.500	- 150.000	–	–	70.000	–
	39.858.068	1.693.430	944.900	–	12.504.402	160.000	28.262.196	1.609.506

Ab 2010 besteht ein Wahlrecht, die Sofortabschreibung für geringwertige Wirtschaftsgüter bis 410 € oder die Poolabschreibung für alle Wirtschaftsgüter zwischen 100 € und 1.000 € anzuwenden. Die Lösung bildet die Variante der Poolabschreibung ab.

Lösung zu 18: Bilanzierung von Kommissionsware

Für die Bilanzierung ist nicht rechtliches Eigentum, sondern die wirtschaftliche Zugehörigkeit eines Wirtschaftsgutes entscheidend (§ 246 Abs. 1 Satz 2 HGB).

(1) Bei der Verkaufskommission erwirbt der Kommissionär weder Eigentum noch ist ihm die Ware wirtschaftlich zuzurechnen. Folglich hat der Lieferant diesen Teil der Ware in seiner Bilanz auszuweisen.

(2) Die tatsächlich und endgültig gewollten rechtlichen Eigentumsverhältnisse sind maßgebend. Demnach sind diese Wirtschaftsgüter dem Einzelhändler als Käufer zuzurechnen. Er hat den noch nicht gezahlten Kaufpreis als Verbindlichkeit aus Warenlieferungen und Leistungen zu passivieren.

Lösung zu 19: Rückstellung für unterlassene Instandhaltung

Für unterlassene Instandhaltungsarbeiten dürfen keine Rückstellungen gebildet werden, wenn diese nach Ablauf der Dreimonatsfrist nachgeholt werden (§ 249 Abs. 1 Satz 3 HGB). Dies gilt sowohl für die Handels- als auch für die Steuerbilanz. Somit erfolgt die Erfassung der Reparatur erst im Jahr 02.

Lösung zu 20: Instandhaltungsarbeiten innerhalb der Dreimonatsfrist

Für unterlassene Instandhaltungen, die im folgenden Geschäftsjahr innerhalb von drei Monaten nachgeholt werden, muss eine Rückstellung gebildet werden. Aufgrund der handelsrechtlichen Passivierungspflicht muss wegen des Maßgeblichkeitsgrundsatzes auch in der Steuerbilanz eine Rückstellung gebildet werden, wenn es sich um grundsätzlich unaufschiebbare umfangreiche Erhaltungsarbeiten handelt, die bei wirtschaftlicher Betrachtungsweise bis zum Bilanzstichtag erforderlich gewesen wären, aber erst innerhalb von drei Monaten nach dem Bilanzstichtag durchgeführt werden können.

Obwohl das Fahrzeug im alten Jahr auch ohne den Schaden nicht mehr eingesetzt worden wäre, ist hier eine Rückstellung zu bilden.

Lösung zu 21: Verstöße gegen die Gliederungsvorschriften der §§ 266 und 272 HGB

(1) Verstöße gegen die **Gliederungs**vorschriften:

- ▶ Die gewählte Reihenfolge der Bilanzpositionen auf der Aktiv- und Passivseite entspricht nicht den handelsrechtlichen Vorschriften.

- ▶ Die Bezeichnung der Bilanzposten weicht von den Vorschriften des § 266 HGB ab.

- ▶ Eine Aufgliederung der Einzelpositionen ist erforderlich.

- ▶ Der Warenverbrauch ist eine Position der GuV.

- ▶ Der Bilanzgewinn und das eingeforderte, noch nicht eingezahlte Kapital werden auf der falschen Bilanzseite ausgewiesen.

Verstöße gegen **Einzel**vorschriften zur Bilanzgliederung:

▸ Wenn „andere Gewinnrücklagen" ausgewiesen werden, muss bei einer AG auch eine gesetzliche Rücklage vorhanden sein (§ 150 AktG).

▸ Rückstellungen fehlen ebenfalls. Es liegt die Vermutung nahe, dass sie als „sonstige Verbindlichkeiten" aufgeführt wurden und damit ein Verstoß gegen § 249 HGB vorliegt.

▸ Zu den Forderungen und Verbindlichkeiten werden keine Restlaufzeiten ausgewiesen (§ 268 Abs. 4 und 5 HGB).

(2) Die Bank hat die entsprechenden Wirtschaftsgüter weder zu bilanzieren noch in einer Vorspalte zu vermerken. Es bedarf auch keines Hinweises.

Der Kreditnehmer muss den Gesamtbetrag der Verbindlichkeiten, die durch Pfandrechte oder ähnliche Rechte gesichert sind, unter Angabe von Art und Form der Sicherheiten im Anhang angeben (§ 285 Nr. 1b HGB).

Lösung zu 22: Rücklage für Ersatzbeschaffung

a) **Buchungen in den Jahren 01, 02 und 03**

Bank	300.000 €
an Grund und Boden	125.000 €
an sons. betr. Erträge	175.000 €

Buchung zum 31.12.01 in der Steuerbilanz:

sonst. betr. Aufwendungen	175.000 €
an Sonderposten	175.000 €

In der Handelsbilanz darf für diesen Sachverhalt kein Sonderposten mit Rücklageanteil mehr gebildet werden. In der Steuerbilanz kann dagegen die steuerliche Bemessungsgrundlage um 175.000 € gem. R 6.6 (4) EStR durch die Bildung einer Rücklage für Ersatzbeschaffung gemindert werden. Dieser Passivposten in der Steuerbilanz begründet die Verpflichtung zur Bildung einer latenten Steuerverbindlichkeit in Höhe der zu erwartenden Steuerbelastung, z. B. 15 % Körperschaftsteuer + davon 5,5 % Solidaritätszuschlag + 14 % Gewerbesteuer = insgesamt 29,83 % von 175.000 € Buchung zum 31.12.01 in der Handelsbilanz:

Latente Steuern	52.193 €
an Passive latente Steuern	52.193 €

Bilanzierung zum 31.12.02:

Die Entschädigung (300.000 €) wird nicht in voller Höhe für die Beschaffung des Ersatzwirtschaftsgutes (Anschaffungskosten = 250.000 €) verwendet (Abschn. 6.6 EStR). Da die Anschaffungskosten des Ersatzwirtschaftsgutes feststehen, ist in der Steuerbilanz eine Teilauflösung vorzunehmen.

Buchung der Teilauflösung in der Steuerbilanz:

Sonderposten	29.167 €
an sonst. betr. Erträge	29.167 €

Da der Sonderposten in der Steuerbilanz ergebniswirksam aufgelöst wurde, realisiert sich entsprechend ein Teil der passiven latenten Steuern. Bei unveränderten Ertragssteuern ergäbe sich in der Handelsbilanz folgende Umbuchung in die Steuerrückstellungen (29.167 € · 29,83 % = 8.700,52 €.

Latente Steuern	8.700,52 €
an Steuerrückstellungen	8.700, 52 €

Buchung bei der Ersatzbeschaffung in 03:

Grund und Boden	250.000 €
an Bank	250.000 €

In der Handelsbilanz verbleibt es bei diesen Anschaffungskosten. In der Steuerbilanz dürfen die noch verbliebenen stillen Reserven (175.000 € - 29.167 €) auf die Anschaffungskosten des Grundstücks übertragen werden.

Buchungen Ende 03 in der Steuerbilanz:

Abschreibungen	145.833 €
an Grund und Boden	145.833 €
Sonderposten	145.833 €
an sonst. betr. Erträge	145.833 €

Durch die Übertragung der stillen Reserven ergibt sich eine quasi permanente Differenz zwischen dem Wert in der Handelsbilanz und der Steuerbilanz. Auch hierfür ist die latente Steuerbelastung auszuweisen. Es bleibt deshalb bei der Passivierung i. H. v. 43.492,48 €.

b) **Angaben im Anhang**

Im Anhang ist unter den Angaben der Bewertungsmethoden auf die Inanspruchnahme der steuerlichen Abschreibungen hinzuweisen (§ 284 Abs. 2 HGB).

c) **Darstellung des Ersatzgrundstücks im Anlagenspiegel**

Im Anlagenspiegel wird das Grundstück mit dem Zugang von 250.000 € gezeigt.

Lösung zu 23: Gewinn aus Veräußerung (1)

Durch die Veräußerung wurde eine stille Reserve von 100.000 € offen gelegt. Im vorliegenden Fall sind die nach § 6b EStG erforderlichen Voraussetzungen gegeben, aufgrund derer die GmbH die Reserve aus der veräußerten Immobilie zu 100 % auf das neue Grundstück übertragen darf. Da die Anschaffung des neuen Grundstücks im gleichen Wirtschaftsjahr erfolgt, entfällt die Speicherung der stillen Reserve als Sonderposten in der Bilanz. Folgende Buchungen sind vorzunehmen:

a) **Bei Veräußerung:**

Bank	260.000 €
an unbebaute Grundstücke	160.000 €
an sonst. betr. Erträge	100.000 €

b) **Bei Anschaffung:**

Unbebaute Grundstücke	320.000 €
an Bank	320.000 €

Übertragung der stillen Reserve (nur in der Steuerbilanz):

Abschreibungen	100.000 €
an unbebaute Grundstücke	100.000 €

Durch die Übertragung der stillen Reserven ergibt sich wieder eine quasi permanente Differenz, die bei Kapitalgesellschaften in der Handelsbilanz zum Ausweis von latenten Steuern führt. Bei einem angenommenen Steuersatz von 29,83 % (vgl. 1. Aufgabe 21) ergibt sich in der Handelsbilanz folgende Buchung:

Latente Steuern	29.830 €
an passive latente Steuern	29.830 €

Lösung zu 24: Gewinn aus Veräußerung (2)

Nach § 6b EStG kann die aufgedeckte stille Reserve auf ein neu angeschafftes Grundstück mit aufstehendem Gebäude übertragen werden, soweit der Gewinn aus der Veräußerung von Grund und Boden bzw. Gebäuden entstanden ist. Die Übertragung kann erst in den Folgejahren erfolgen. Aus diesem Grunde kann im Jahr der Veräußerung des Grundstücks in der Steuerbilanz ein Sonderposten gebildet werden.

Buchungen in 01 (Handels- und Steuerbilanz):

Bank	580.000 €	
an unbebaute Grundstücke		300.000 €
an sonst. betr. Erträge		280.000 €

Buchung in 01 in der Steuerbilanz:

Sonst. betriebl. Aufwendungen	280.000 €	
an Sonderposten gem. § 6b EStG		280.000 €

Buchung in 01 in der Handelsbilanz:

latente Steuern	83.524 €	
an passive latente Steuern		83.524 €

Buchungen in 02 (Handels- und Steuerbilanz):

unbebaute Grundstücke	250.000 €	
an Bank		250.000 €

Buchungen in 02 in der Steuerbilanz:

Abschreibungen	250.000 €	
an Sonderposten gem. § 6b EStG		250.000 €
an sonst. betr. Erträge		250.000 €

Buchungen in 02 in der Handelsbilanz:
Keine erforderlich: Zwar vermindert sich in der Steuerbilanz der Passivposten „Rücklage gem. § 6 EStG", aber gleichzeitig vermindert sich ebenfalls in der Steuerbilanz der ausgewiesene Aktivposten „unbebaute Grundstücke" in derselben Höhe. Eine Auswirkung auf die Position „Latente Steuern" ist nicht gegeben.

Buchungen in 03 (Handels- und Steuerbilanz):

Gebäude	300.000 €
an im Bau befindl. Gebäude	300.000 €

Buchungen in 03 in der Steuerbilanz:

außerplanm. Abschreibungen	300.000 €	
an Gebäude		300.000 €
Sonderposten gem. § 6b EStG	300.000 €	
an sonst. betr. Erträge		300.000 €

Buchungen in 03 in der Handelsbilanz:

(1) Keine Veränderung der Position „Latente Steuern" in Folge der Übertragung von 30.000 € auf die Herstellungskosten in der Steuerbilanz.
(2) Basis für die planmäßige Abschreibung

in der Handelsbilanz	300.000 €
in der Steuerbilanz	270.000 €
deshalb bei 3 % Afa für 6 Monate	
in der Handelsbilanz	4.500 €
in der Steuerbilanz	4.050 €

3 % Abschreibungen nach § 7 Abs. 4 Nr. 1 EStG (in der Steuerbilanz):

planmäßige Abschreibungen	4.050 €
an Gebäude	4.050 €

3 % Abschreibungen (in der Handelsbilanz):

planmäßige Abschreibungen	4.500 €
an Gebäude	4.500 €

Die Abweichung des Wertansatzes in den Bilanzen nach der Buchung der Abschreibung beträgt nur noch 279.550 € (250.000 € + 29.550 €). Bei einem Steuersatz von 29,83 % beträgt die latente Steuerbelastung nur noch ≈ 83.390 €. Daraus folgt in der Handelsbilanz die Buchung:

Passive latente Steuern	134 €
an Ertragssteueraufwand	134 €

Lösung zu 25: Anschaffungskosten

Zu den Anschaffungskosten gehören auch die sog. Anschaffungsnebenkosten (§ 255 Abs. 1 HGB). Zahlungsabzüge mindern die Anschaffungskosten. Die abziehbare Vorsteuer gehört nicht zu den Anschaffungskosten (§ 9b Abs. 1 Satz 1 EStG). Wechseldiskont und Wechselspesen stehen in unmittelbarem Zusammenhang mit der Finanzierung. Sie sind Anschaffungskosten des Kredits.

Die Finanzierungskosten sind grundsätzlich durch aktive Rechnungsabgrenzung auf die Laufzeit des Kredits zu verteilen. Wegen Geringfügigkeit wird hier auf den Ansatz eines Rechnungsabgrenzungspostens verzichtet.

	Rechnungsbetrag	20.000 €
+	Transport	100 €
+	Montage	900 €
		21.000 €
-	Skonto	600 €
=	**Anschaffungskosten**	**20.400 €**

Lösung zu 26: Anschaffungskosten von verschiedenen Wirtschaftsgütern

(1) Alle genannten Beträge sind Anschaffungskosten bzw. Anschaffungsnebenkosten. Zu den Anschaffungskosten rechnen nämlich alle Aufwendungen, die erforderlich sind, um ein Wirtschaftsgut in die eigene Verfügungsmacht zu bringen. Auch das Autoradio gehört wegen der Bedeutung von Verkehrsinformationen dazu (BFH 24.10.1972).

Hinweis: Reisekosten im Warenanschaffungsbereich zählt der BFH zu den laufenden Betriebsausgaben.

(2) Die Anschaffungskosten für das eingetauschte Wirtschaftsgut entsprechen dem gemeinen Wert des hingetauschten Wirtschaftsgutes, also 15.000 €. Laut Rechtsprechung des BFH gilt der Grundsatz, dass nicht nur der Buchwert des hingegebenen Gegenstandes, sondern auch die stillen Reserven zur Anschaffung aufgewendet werden. Es ist nicht zulässig, die stillen Reserven des ausgeschiedenen Wirtschaftsgutes (= 5.000 €) auf das Ersatzgut zu übertragen, d. h. Gewinnrealisierung in Höhe von 5.000 €.

Lösung zu 27: Herstellungskosten

(1) In der Handelsbilanz können aktiviert werden:

	Materialeinzelkosten	50.000 €
+	Materialgemeinkosten (10 %)	5.000 €
+	Lohneinzelkosten 100.000 €	100.000 €
+	Fertigungsgemeinkosten (500 %)	500.000 €
=	**Herstellungskosten I**	**655.000 €**
+	Fremdkapitalzinsen	4.000 €
+	Sondereinzelkosten der Fertigung	50.000 €
=	**Herstellungskosten II**	**709.000 €**
+	Verwaltungsgemeinkosten (20 %)	141.800 €
	aktivierbare Herstellungskosten	**850.800 €**

Pflichtansatz (Herstellungskosten I bis II)

Wahlrecht (Verwaltungsgemeinkosten)

In den meisten Betrieben werden die Verwaltungsgemeinkosten auf die Herstellungskosten I bezogen.

(2) Die nach R 6.3 EStR **höchstens** in der **Steuerbilanz** zu aktivierenden Herstellungskosten entsprechen den nach § 255 Abs. 2 f. HGB **höchstens** in der **Handelsbilanz** zu aktivierenden Herstellungskosten.

Für den Ansatz der aktivierten Herstellungskosten gilt der Grundsatz der Bewertungsstetigkeit (§ 252 Abs. 1 Nr. 6 HGB).

Lösung zu 28: Bewertung des Anlagevermögens

Ein Ansatz des Teilwertes kann erfolgen, wenn er niedriger ist als der Wert, der sich ergibt, wenn von den Anschaffungskosten die AfA abgesetzt worden ist (§ 6 Abs. 1 Nr. 1 Satz 2 EStG und § 253 Abs. 2 Satz 3 HGB). Aus § 6 Abs. 1 Nr. 1 Satz 1 EStG i. V. m. § 7 Abs. 1 Satz 1 EStG folgt, dass die AfA zwingend in Anspruch zu nehmen ist. § 253 Abs. 2 Satz 3 bestimmt, dass der niedrigere Wert am Bilanzstichtag zwingend beizulegen ist, wenn eine voraussichtlich dauernde Wertminderung vorliegt.

Danach ergibt sich für 04:

Buchwert 31.12.03	80.000 €
Abschreibung 04	10.000 €
Buchwert 31.12.04	**70.000 €**

Da der Teilwert mit 80.000 € höher ist als der Buchwert von 70.000 €, kommt für 04 ein Ansatz des Teilwerts nicht in Betracht.

Zum 31.12.05 ergibt sich zunächst folgender Bilanzansatz:

	Pflichtansatz
Buchwert 31.12.04	70.000 €
Abschreibung 05	10.000 €
Buchwert 31.12.05	**60.000 €**

Der Teilwert beträgt zum selben Zeitpunkt 55.000 €. Gemäß § 253 Abs. 3 Satz 3 HGB besteht kein Wahlrecht bezüglich des Ansatzes des niedrigeren Teilwerts. Steuerrechtlich erfordert der Ansatz eines niedrigeren Teilwerts ebenfalls eine voraussichtlich dauernde Wertminderung (§ 6 Abs. 1 Nr. 1 f. EStG).

Lösung zu 29: Sofortabschreibung

Die Sofortabschreibung ist bei Anschaffungskosten bis zu 150 € möglich. Bei Anschaffungskosten zwischen 150 € und 1.000 € ist die Poolabschreibung über 5 Jahre anzuwenden.

bei der Anschaffung:

Pool-WG	300 €
Vorsteuer	57 €
an Verbindlichkeiten	357 €

am Jahresende:

Abschreibungen	60 €
an Pool-WG	60 €

Seit 2010 besteht ein Wahlrecht, die Sofortabschreibung für geringwertige Wirtschaftsgüter bis 410 € oder die Poolabschreibung für alle Wirtschaftsgüter zwischen 150 € und 1.000 € anzuwenden.

Lösung zu 30: Aufwendungen für Forschung und Entwicklung

Gemäß § 248 Abs. 2 Satz 1 HGB i. V. m. § 255 Abs. 2a Satz 1 HGB dürfen die bei der Entwicklung eines selbst erstellten immateriellen Vermögensgegenstands des Anlagevermögens angefallenen Herstellungskosten aktiviert werden. Forschungskosten sind dagegen immer als Aufwand zu erfassen. Somit könnte die Software GmbH die Entwicklungskosten in Höhe von 200.000 € ganz oder teilweise aktivieren. Nach der Fertigstellung des selbst geschaffenen immateriellen Vermögensgegenstands des Anlagevermögens gelten die normalen Abschreibungsmodalitäten gemäß § 253 Abs. 3 HGB.

Zu beachten ist die Ausschüttungssperre gemäß § 268 Abs. 8 HGB. Steuerlich gilt weiterhin ein Aktivierungsverbot, wodurch es künftig auch zur Bildung passiver latenter Steuern kommt.

Lösung zu 31: Aktivierung des Firmenwerts

Mit Einführung des BilMoG und der Neugestaltung des § 246 Abs. 1 Satz 4 HGB besteht bei derivativen Geschäfts- oder Firmenwerten Aktivierungspflicht. Somit sind die 200.000 € zu aktivieren und gemäß § 253 Abs. 3 Satz 1 f. HGB in den Folgejahren planmäßig abzuschreiben. Beträgt die Nutzungsdauer mehr als 5 Jahre, ist die längere Nutzungsdauer gemäß § 285 Nr. 13 HGB im Anhang zu erläutern.

Steuerlich besteht unverändert Aktivierungspflicht (§ 5 Abs. 2 EStG). Die Abschreibung erfolgt aber zwingend linear über einen Zeitraum von 15 Jahren (§ 7 Abs. 1 Satz 3 EStG).

Lösung zu 32: Angleichung des Festwerts

Die Abweichung beträgt mehr als 10 %. Gemäß § 240 Abs. 3 HGB und R 5.4 Abs. 4 EStR ist der Festwert um die Zugänge im Jahr 01 bis maximal zum Wert der Bestandsaufnahme aufzustocken. Der Ansatz des vollen Wertes der Bestandsaufnahme ist nicht möglich, da im Jahr 01 nur Gerüst- und Schalungsteile für 9.500 € angeschafft und in den Aufwand gebucht wurden.

	Alter Festwert	20.000 €
+	Zugänge in 01	9.500 €
	Festwert 31.12.01	29.500 €
-	Bestandsaufnahme 31.12.01	32.000 €
	nach 02 zu übertragen	**2.500 €**

Buchung Ende 01:

Betriebs- und Geschäftsausstattung	9.500 €
an Aufwendungen für Betriebsstoffe	9.500 €

Zum 31.12.02 ist eine Aufstockung auf 32.000 € erforderlich.

Buchungen in 02:

Aufwendungen für Betriebsstoffe	10.000 €
an Verbindlichkeiten	10.000 €
Betriebs- und Geschäftsausstattung	2.500 €
an Aufwendungen für Betriebsstoffe	2.500 €

Lösung zu 33: Festwerte

(1) Bei einer großen Zahl von Ersatzteilen, die im Rahmen einer normalen Vorratshaltung auf dem Lager bereitgehalten werden müssen, ist die vom Handels- und Steuerrecht (§ 252 Abs. 1 Nr. 3 HGB, § 6 Abs. 1 EStG) geforderte Einzelbewertung der Gegenstände kaum noch durchzuführen. Da es sich im vorliegenden Fall um gleichartige Gegenstände mit bekanntem Durchschnittswert handelt, sind zur Bewertung der drei Gruppen nach § 240 Abs. 4 HGB die Voraussetzungen jeweils gegeben.

(2) Vorrätige, für die Eigenverwendung bestimmte Spezial-Ersatzteile, gelten als nicht selbständig nutzbare Teile des Anlagevermögens. Wenn der Bestand in seiner Größe, seinem Wert und seiner Zusammensetzung nur geringen Veränderungen unterliegt, ist eine Festbewertung gem. § 240 Abs. 3 HGB möglich.

Lösung zu 34: Bilanzierung einer GmbH-Beteiligung mit gesunkenem Wert

Entscheidend für den Wertansatz ist die Gewinnermittlungsart. Sie müssen Ihren Gewinn nach § 5 EStG ermitteln (vgl. §§ 141 ff. AO), sodass das Betriebsvermögen nach den handelsrechtlichen GoB auszuweisen ist. Parallel zum Umlaufvermögen, wo gem. § 253 Abs. 4 HGB generell das strenge Niederstwertprinzip gilt, schreibt § 253 Abs. 3 Satz 3 HGB bei voraussichtlich dauernder Wertminderung auch für das Anlagevermögen ausnahmsweise den niedrigeren Tages- bzw. Zeitwert vor. Steuerlich wirksame Abschreibungen auf Beteiligungen, die von natürlichen Personen im Betriebsvermögen gehalten werden, sind gem. § 3c Abs. 3 EStG nur noch zur Hälfte und diejenigen, die von Kapitalgesellschaften gehalten werden, können gem. § 8b Abs. 3 KStG nicht mehr geltend gemacht werden.

Lösung zu 35: Teilwertabschreibung

Gemäß § 6 Abs. 1 Nr. 1 f. EStG ist eine Teilwertabschreibung geboten, wenn eine voraussichtlich dauernde Wertminderung vorliegt. Außerdem wurde ein striktes Wertaufholungsgebot eingeführt.

1. Die Teilwertabschreibung auf 30.000 € ist zulässig. Die Minderung ist voraussichtlich von Dauer, da der Wert der Maschine zum Bilanzstichtag bei planmäßiger Abschreibung erst nach 5 Jahren, nämlich erst nach mehr als der Hälfte der Restnutzungsdauer erreicht wird.

2. Die Minderung ist voraussichtlich nicht von Dauer, da der Wert der Maschine zum Bilanzstichtag bei planmäßiger Abschreibung schon nach 3 Jahren, nämlich nach mehr als der Hälfte der Restnutzungsdauer, erreicht wird. Eine Teilwertabschreibung ist unzulässig.

3. Die GmbH ist zwar grundsätzlich verpflichtet, die Altlast zu beseitigen. Vor dem Hintergrund einer eventuellen Nutzungsänderung des Grundstücks ist allerdings nicht zu erwarten, dass die Behörde die GmbH in absehbarer Zeit auffordert, den Schaden zu beseitigen. Aus der Sicht am Bilanzstichtag ist daher von einer voraussichtlich dauernden Wertminderung des Grundstücks auszugehen. Die Teilwert-

abschreibung auf 10.000 € ist deshalb zulässig. Nach einer späteren Beseitigung der Altlast muss die GmbH wegen des zwingenden Wertaufholungsgebotes eine Zuschreibung bis höchstens zu den Anschaffungskosten vornehmen.

Lösung zu 36: Außerplanmäßige Abschreibung

a) Gemäß § 253 Abs. 1 HGB und § 6 EStG dürfen sowohl bei Einzelkaufleuten und Personengesellschaften als auch bei Kapitalgesellschaften höchstens die Anschaffungskosten angesetzt werden. Der Wertansatz von 150.000 € ist deshalb beizubehalten. Keine Buchung.

b) Die Olaf Lange GmbH und Anna Sonnenschein **dürfen keine** Abschreibung mehr vornehmen. Die mit dem BilMoG geänderten Vorschriften lassen – wenn die voraussichtliche Wertminderung nicht von Dauer ist – außerplanmäßige Abschreibungen nur bei Vermögensgegenständen des Finanzanlagevermögens zu (§ 279 Abs. 3 HGB). Keine Buchung.

c) Da die Wertminderung voraussichtlich von Dauer ist, müssen sowohl die Kauffrau als auch die Kapitalgesellschaft eine Abschreibung auf den niedrigeren beizulegenden Wert (§ 253 Abs. 3 HGB) bzw. Teilwert (§ 6 Abs. 1 EStG) vornehmen.

Buchung:

außerplanmäßige Abschreibung	50.000 €
an Grundstück	50.000 €

Lösung zu 37: Wertaufholung beim nicht abnutzbaren Anlagevermögen

Rechtsformunabhängig besteht handelsrechtlich mit Einführung des BilMoG grundsätzlich ein Wertaufholungsgebot (§ 253 Abs. 5 Satz 1 HGB).

Buchung im Falle einer Zuschreibung:

Grundstücke	50.000 €
an Erträge aus Werterhöhungen/sonst. betriebl. Erträge	50.000 €

Lösung zu 38: Wertaufholung beim abnutzbaren Anlagevermögen

a) Die Teilwertabschreibung ist zulässig. Die Wertminderung ist voraussichtlich von Dauer, da der Wert des Wirtschaftsguts zum Bilanzstichtag bei planmäßiger Abschreibung erst nach mehr als der Hälfte der Restnutzungsdauer erreicht wird. Das Unternehmen muss eine Abschreibung auf den niedrigeren beizulegenden Wert (§ 253 Abs. 3 HGB) bzw. Teilwert (§ 6 Abs. 1 EStG) vornehmen. Der Ansatz in der Handelsbilanz ist maßgeblich für die Steuerbilanz (§ 5 Abs. 1 EStG). Die Restnutzungsdauer wird auf 3 Jahre geschätzt. Entwicklung des Buchwerts:

Zugang 04.01.01	100.000 €	
- planmäßige Abschreibung 01	10.000 €	
Buchwert 31.12.01	90.000 €	
- planmäßige Abschreibung 02	10.000 €	
Buchwert 31.12.02	80.000 €	
- planmäßige Abschreibung 03	10.000 €	
- außerplanmäßige Abschreibung 03	40.000 €	
= Buchwert 31.12.03	**30.000 €**	

Von 03 an erfolgt die Verteilung des Restbuchwerts auf die voraussichtliche Restnutzungsdauer.

Buchung zum 31.12.03:

planmäßige Abschreibung	10.000 €	
an Maschinen		10.000 €
außerplanmäßige Abschreibung	40.000 €	
an Maschinen		40.000 €

b) **Handelsrechtlich** besteht gemäß § 253 Abs. 5 Satz 1 HGB eine Zuschreibungspflicht.

Bei Wirtschaftsgütern, die bereits am Schluss des vorangegangenen Wirtschaftsjahres zum Anlagevermögen gehört haben, hat das Unternehmen in den folgenden Wirtschaftsjahren auch **steuerlich** den Teilwert anzusetzen, wenn er höher ist als der letzte Bilanzansatz. Es dürfen jedoch höchstens die Anschaffungs- oder Herstellungskosten vermindert um die planmäßigen Absetzungen für Abnutzung angesetzt werden. Steuerlich gilt das Wertaufholungsgebot.

Entwicklung des Buchwerts	ohne außerplanmäßige	mit Abschreibung:
Zugang 04.01.01	100.000 €	100.000 €
- planmäßige Abschreibung 01	10.000 €	10.000 €
Buchwert 31.12.01	90.000 €	90.000 €
- planmäßige Abschreibung 02	10.000 €	10.000 €
Buchwert 31.12.02	80.000 €	80.000 €
- planmäßige Abschreibung 03	10.000 €	10.000 €
Buchwert 31.12.03	70.000 €	40.000 €
		30.000 €
- planmäßige Abschreibung 04	10.000 €	4.286 €
Buchwert 31.12.04	60.000 €	25.714 €
- planmäßige Abschreibung 05	10.000 €	4.286 €
Buchwert 31.12.05	50.000 €	21.428 €
- planmäßige Abschreibung 06	10.000 €	4.286 €
= **Buchwert 31.12.03**	**40.000 €**	**17.142 €**

Zum 31.12.06 muss eine Zuschreibung auf 40.000 € erfolgen.

Buchung der Zuschreibung:

Abschreibungen	4.286 €	
an Maschinen		4.286 €
Maschinen	22.858 €	
an Erträge aus Werterhöhungen		22.858 €

Lösung zu 39: Bewertung zu Durchschnittspreisen

(1) Gewogener Durchschnitt

200	Stück zu 30 € =	6.000 €
300	Stück zu 32 € =	9.600 €
250	Stück zu 28 € =	7.000 €
280	Stück zu 33 € =	9.240 €
1.030	Stück	31.840 € / 31.840 : 1.030 = 30,91 €

	Anfangsbestand	200 Stück
+	Zugänge	830 Stück
-	Abgänge	550 Stück
=	**Endbestand**	**480 Stück**

Nach diesem Verfahren beläuft sich der Durchschnittspreis auf 30,91 €. Der Marktpreis am Bilanzstichtag beträgt 29,00 €. Da das strenge Niederstwertprinzip anzuwenden ist, wird der Endbetrag mit

480 Stück · 29,00 € = 13.920,00 €

bewertet.

(2) Gleitender Durchschnitt

Anfangsbestand	01.01.	200 Stück	zu	30,00 €	=		6.000,00 €
Zugang	22.01.	300 Stück	zu	32,00 €	=		9.600,00 €
Bestand	22.01.	500 Stück	zu	31,20 €	= [1])		15.600,00 €
Abgang	29.01.	100 Stück	zu	31,20 €	=		3.120,00 €
Bestand	29.01.	400 Stück	zu	31,20 €	=		12.480,00 €
Zugang	15.05.	250 Stück	zu	28,00 €	=		7.000,00 €
Bestand	15.05.	650 Stück	zu	29,97 €	=		19.480,00 €
Abgang	02.06.	200 Stück	zu	29,97 €	=		5.994,00 €
Bestand	02.06.	450 Stück	zu	29,97 €	=		13.486,00 €
Zugang	18.09.	280 Stück	zu	33,00 €	=		9.240,00 €
Bestand	18.09.	730 Stück	zu	31,13 €	=		22.726,00 €
Abgang	07.10.	250 Stück	zu	31,13 €	=		7.782,50 €
Bestand	**31.12.**	**480 Stück**	**zu**	**31,13 €**	**=**		**14.943,50 €**

[1]) 15.600 : 500 = 31,20 €

Gegenüber dem gewogenen Durchschnitt stellt das gleitende Durchschnittsverfahren eine **Verfeinerung** dar. Es kommt den tatsächlichen Anschaffungskosten näher.

Der Durchschnittspreis nach der Skontrationsmethode beträgt 31,13 €. Für die Bewertung ist nach dem strengen Niederstwertprinzip der Tageswert von 29,00 € einzusetzen.

480 Stück · 29,00 € = 13.920,00 €

Lösung zu 40: Durchschnitts- und Verbrauchsfolgemethoden

(1) Verfahren der Vorratsbewertung

a) Durchschnittsbewertung

200 m	·	12 €	=	2.400 €
350 m	·	11 €	=	3.850 €
250 m	·	15 €	=	3.750 €
200 m	·	13 €	=	2.600 €
1.000 m				12.600 €

12.600 € : 1.000 m = 12,60 €/m

Dieser Wertansatz ist unzulässig, da er den Tageswert am Bilanzstichtag übersteigt.

b) Fifo-Verfahren

$$
\begin{array}{llll}
200\ m & \cdot & 13\,€ & = & 2.600\,€ \\
100\ m & \cdot & 15\,€ & = & 1.500\,€ \\
300\ m & & & & 4.100\,€ \quad \text{Anschaffungskosten}
\end{array}
$$

4.100 € : 300 m =   13,67 €/m

Dieser Wertansatz ist unzulässig, da er den Tageswert am Bilanzstichtag übersteigt.

c) Fifo-Verfahren

$$
\begin{array}{llll}
200\ m & \cdot & 12\,€ & = & 2.400\,€ \\
100\ m & \cdot & 11\,€ & = & 1.100\,€ \\
300\ m & & & & 3.500\,€ \quad \text{Anschaffungskosten}
\end{array}
$$

3.500 € : 300 m =   11,67 €/m

Dieser Wertansatz ist zulässig, da er den Tageswert am Bilanzstichtag nicht übersteigt. Dabei ist unerheblich, dass im Endbestand ein Posten (200 m zu 12 €/m) mit einem höheren Wert als dem Tageswert bewertet ist. Es kommt nur darauf an, dass der Gesamtwert des Endbestandes nicht höher angesetzt wird als sein Tageswert.

Wählt das Unternehmen die Durchschnittsbewertung oder das Fifo-Verfahren (§ 240 Abs. 4 HGB), muss es am Bilanzstichtag nach § 253 Abs. 4 HGB den niedrigeren Tageswert von 11,90 €/m ansetzen (strenges Niederstwertprinzip). Es kann jedoch in der Handelsbilanz nach dem Lifo-Verfahren auch mit 11,67 €/m bewerten.

(2) Wertansatz des **Lagerbestandes**

In der **Handelsbilanz** ergibt sich der höchstmögliche Gewinn bei Verwendung des **Fifo-Verfahrens** (Wertansatz: 13,67 €/m).

In der **Steuerbilanz** ist von den Verbrauchsfolge-Verfahren nur das Lifo-Verfahren zugelassen (§ 6 Abs. 2a EStG). Der höchste mögliche Wertansatz in der Steuerbilanz ist dann 12,60 €/m bei der Durchschnittsbewertung.

Lösung zu 41: Bewertung des Umlaufvermögens

Silber und daraus gefertigte Erzeugnisse gehören bei einem Kunstschmied zum Umlaufvermögen (Vorratsvermögen). Bei dem Feinsilber handelt es sich um Rohstoffe, bei den Teekannen um fertige Erzeugnisse.

Handelsrechtlich ist beim Umlaufvermögen statt der Anschaffungs- oder Herstellungskosten der Börsen- oder Marktpreis bzw. der sog. „beizulegende Wert" anzusetzen, wenn dieser niedriger ist (§ 253 Abs. 4 Satz 1 HGB). Da es sich hier um einen Grundsatz ordnungsgemäßer Buchführung handelt (Imparitätsprinzip), ist er auch steuerrechtlich zu beachten (§ 5 Abs. 1 EStG).

Bewertung des Feinsilbers

Für Silber besteht ein Börsenpreis. Zum Vergleich sind ferner die Anschaffungskosten zu ermitteln. Der niedrigere von beiden Werten ist zu Grunde zu legen. Bei Schwankungen der Einstandspreise ist der Wert im Schätzungswege zu ermitteln. Hierbei stellt die Durchschnittsbewertung ein zweckentsprechendes Schätzungsverfahren dar (vgl. R 6.8 Abs. 3 EStR und § 240 Abs. 4 HGB). Der Durchschnittswert (= Anschaffungskosten) beträgt für 1 kg Feinsilber:

Einkäufe lfd. Jahr	220 kg	Anschaffungskosten	65.850 €
Bestand 31.12.	50 kg	Buchwert	12.500 €
Summen	**270 kg**		**78.350 €**

d. h.: 78.350 € : 270 kg = 290 €/kg.

Fall a): Der Feinsilberbestand vom 31.12. ist mit den (durchschnittlichen) Anschaffungskosten von 29.000 € (aus: 100 kg · 290 €) zu bewerten, da der Börsenpreis höher ist und wegen des strengen Niederstwertprinzips der höhere Wert nicht angesetzt werden darf.

Fall b): Wegen des strengen Niederstwertprinzips ist der Börsenpreis zu Grunde zu legen, d. h. 100 kg · 200 € = 20.000 €.

Bewertung der Teekannen

Für die Teekannen besteht weder ein Börsen- noch ein Marktpreis. Handelsrechtlich ist deshalb der sog. „beizulegende Wert" zu Grunde zu legen, der in diesem Fall dem steuerlichen Teilwert entspricht (§ 6 Abs. 1 Nr. 2 Satz 2 EStG, R 6.8 Abs. 1 EStR). Der beizulegende Wert kann bei fertigen Erzeugnissen retrograd vom Absatzmarkt (voraussichtlicher Verkaufserlös) oder von der Beschaffungsseite (Herstellungskosten) her ermittelt werden.

Retrograde Ermittlung:

> Voraussichtlicher Verkaufserlös
> - Erlösschmälerungen
> - noch entstehende Verpackungskosten und Ausgangsfrachten
> - noch entstehende sonstige Vertriebskosten
> - noch entstehende Verwaltungskosten
> - Zinsverlust zwischen Abschlussstichtag und voraussichtl. Zahlungseingang
> - noch entstehende Produktionskosten
>
> **= am Abschlussstichtag beizulegender Wert**

Bei Erzeugnisbeständen entspricht der Teilwert in der Regel den Wiederherstellungskosten. Bei seiner Ermittlung sind u. a. die bis zum Stichtag im Fertigungsbereich angefallenen Verwaltungskosten zu berücksichtigen. Der sich danach ergebende Wert bildet die Obergrenze für den Teilwert Der Verkaufspreis kann allenfalls als Untergrenze dienen.

Fall a): Die Herstellungskosten errechnen sich auf der Basis von 290 € für 1 kg Feinsilber (vgl. oben):

Materialeinzelkosten (500 g Silber) • 290 E/kg	145 €
+ Materialgemeinkosten (20 %)	29 €
=	174 €
+ Fertigungskosten (unverändert)	440 €
= Herstellungskosten I	614 €
+ Verwaltungskosten (wahlweise gem. R 33 Abs. 4 EStR) - 5 % - rd.	31 €
= **Herstellungskosten II**	**645 €**

Die Teekannen sind entweder mit

4 • 614 € = 2.456 € oder mit
4 • 645 € = 2.580 € zu bewerten.

Fall b): Bei gesunkenen Rohstoffpeisen sind die Wiederherstellungskosten aufgrund der gefallenen Preise zu ermitteln. Es ergibt sich folgender Teilwert:

Materialeinzelkosten (500 g Silber)	100 €
+ Materialgemeinkosten (20 %)	20 €
+ Fertigungskosten (unverändert)	440 €
= Herstellungskosten I	560 €
+ Verwaltungskosten (5 %)	28 €
= **Herstellungskosten II**	**588 €**

Nach den GoB ist der Niederstwert anzusetzen (§ 253 Abs. 4 HGB). Handelswaren und Erzeugnisse, die keinen Börsen- oder Marktpreis haben, können jedoch mit den Anschaffungs- oder Herstellungskosten oder mit einem zwischen diesen Kosten und dem niedrigeren Teilwert liegenden Wert angesetzt werden, wenn bei einer späteren Veräußerung der angesetzte Wert zuzüglich der Veräußerungskosten zu erlösen ist (vgl. R 6.8 Abs. 1 EStR). Das ist hier der Fall, da der Verkaufspreis netto 1.000 € beträgt, d. h. es besteht die Wahl zwischen 560 €/588 € und 614 €/645 € und jedem dazwischenliegenden Wert.

Lösung zu 42: Bilanzierung von Waren

(1) **Wertansatz zum 31.12.01**
Es ist der Teilwert von 13.800 € anzusetzen (strenges Niederstwertprinzip, § 5 EStG i. V. m. § 253 Abs. 4 Satz 1 HGB = GoB).

(2) **Wertansatz zum 31.12.02**
Zu diesem Bilanzstichtag ist es handelsrechtlich Pflicht (§ 253 Abs. 5 HGB), den Wert von 13.800 € auf 14.200 € anzuheben. Steuerrechtlich muss auf ebenfalls 14.200 € zugeschrieben werden (§ 6 Abs. 1 Nr. 1 Satz 4 EStG).

(3) **Wertansatz zum 31.12.03**

Der maximale Ansatz beträgt 15.000 € = Anschaffungskosten. Es besteht handels- und steuerrechtlich ein generelles Zuschreibungsgebot.

Lösung zu 43: Bewertung der Forderungen

1.

	Gesamter Forderungsbestand	1.033.000 €
-	umsatzsteuerfreie Ausfuhrlieferungen	200.000 €
=	**umsatzsteuerpflichtige Forderungen**	**833.000 €**

2. Bewertung der Auslandsforderungen:

a) Die GmbH erhält nach dem Bilanzstichtag, aber vor dem Tag der Bilanzerstellung neue Kenntnisse über die Verhältnisse am Bilanzstichtag. Wegen der Wertaufhellung (§ 252 Abs. 1 Nr. 4 HGB) ist die Forderung in voller Höhe einzeln wertzuberichtigen. Es ist von einem 100 %igen Ausfall auszugehen. Der Ausfall ist jedoch noch nicht gewiss. Der Nennbetrag muss deshalb auf den wahrscheinlichen Wert abgeschrieben werden (§ 6 Abs. 1 u. 2 i. V. m. § 5 Abs. 1 EStG, § 253 Abs. 3 Satz 2 HGB).

b) Pauschalwertberichtigung zu den Auslandsforderungen:

	Summe der Auslandsforderungen	200.000 €
-	einzeln wertberichtigte Forderung Rütli	52.000 €
=	**Basis für die Ermittlung der Pauschalwertberichtigung**	**148.000 €**
	davon 5 % Pauschalwertberichtigung	**7.400 €**

3. Bewertung der Inlandsforderungen:

a) Die Forderung gegenüber der B&B-OHG ist einzeln wertzuberichtigen. Da der endgültige Ausfall noch nicht feststeht, entfällt die Berichtigung der Umsatzsteuer (§ 17 Abs. 1 UStG).

Forderung brutto	59.500 €
Forderung netto	50.000 €
davon 50 % Ausfall	25.000 €

b) Pauschalwertberichtigung zu Inlandsforderungen:

Summe der Inlandsforderungen	833.000 €
einzeln wertberichtigte Forderung	59.500 €
pauschal wertzuberichtigen brutto	773.500 €
pauschal wertzuberichtigen netto	650.000 €
davon 4 % Pauschalwertberichtigung	26.000 €

4. Ausweis im Jahresabschluss:

Forderungen lt. Summen- und Saldenliste			1.033.000 €
- EWB Ausland	52.000 €		
- EWB Inland	25.000 €	77.000 €	
- PWB Ausland	7.400 €		
- PWB Inland	26.000 €	33.400 €	110.400 €
Ausweis der Forderungen in der Bilanz zum 31.12.01			922.600 €

II. Forderungen und sonstige Vermögensgegenstände:

1. Forderungen aus Lieferungen und Leistungen	922.600 €

5. Buchungen:

Abschreibungen auf Forderungen	77.000 €
an Einzelwertberichtigungen auf Forderungen	77.000 €
Abschreibungen auf Forderungen	33.400 €
an Pauschalwertberichtigung auf Forderungen	33.400 €

6. Die Abschreibungen auf Forderungen führen zu einer Minderung des Ergebnisses um 110.400 €.

Lösung zu 44: Entnahmen bzw. Einlagen

Hier handelt es sich um Entnahmen bzw. Einlagen i. S. d. § 4 Abs. 1 EStG. **Entnahmen** sind gem. § 6 Abs. 1 Nr. 4 Satz 1 EStG mit dem Teilwert anzusetzen, der hier dem Kurswert entspricht. Demnach wäre der richtige Ansatz 60.000 € gewesen, und es ergibt sich eine Gewinnkorrektur von + 10.000 €. Die **Einlage** am 01.12.05 musste ebenfalls mit dem Teilwert von 75.000 € erfolgen, da die Papiere länger als 3 Jahre im Privatvermögen lagen (§ 6 Abs. 1 Nr. 5 EStG). Im Jahr 05 erhöhen sich also die Einlagen um 25.000 €.

Am 31.12.05 mussten die Wertpapiere (Umlaufvermögen) gem. § 5 EStG i. V. m. § 253 Abs. 4 Satz 1 HGB (GoB, strenges Niederstwertprinzip) mit 73.000 € bewertet werden, d. h. Erhöhung des Bilanzansatzes um 23.000 €.

Insgesamt ergibt sich für 05 eine Gewinnminderung von 2.000 € (25.000 € höhere Einlage, 23.000 höherer Bilanzansatz).

Lösung zu 45: Wechselbilanzierung/aktive Rechnungsabgrenzung

(1) Wechsel sind gem. § 253 Abs. 1 und 4 HGB mit dem Barwert zu bewerten:

Wechselsumme	10.000 €
- Abzinsung für die Zeit vom 01.01.-31.03. (3 Monate, 6 % Diskont)	150 €
= **Barwert zum 31.12.**	**9.850 €**

Buchung zum 31.12.:
Zinsaufwand 150 €
an Besitzwechsel 150 €.

Der Handelsbilanzansatz gilt wegen des Maßgeblichkeitsprinzips grundsätzlich auch für die Steuerbilanz. Er entspricht dem Teilwert nach § 6 Abs. 1 EStG.

(2) Es liegt ein aktiver Rechnungsabgrenzungsposten in Höhe von 102.500 € vor. Der Differenzbetrag von 17.500 € (7/48) ist Aufwand der Rechnungsperiode, die restlichen 41/48 sind Aufwand für eine bestimmte Zeit nach dem Bilanzstichtag (§ 250 Abs. 1 HGB, § 5 Abs. 5 EStG).

Lösung zu 46: Maßgeblichkeit der handelsrechtlichen Bilanzierungsvorschriften für die Steuerbilanz

(1) Da der Ansatz den GoB entspricht und somit handelsrechtlich geboten ist, muss die Rentenverpflichtung auch in der Steuerbilanz passiviert werden.

(2) Nach § 249 Abs. 2 Satz 1 HGB ist die Bildung einer Rückstellung für ein allgemeines Unternehmerwagnis ausgeschlossen. Damit kann auch für die Steuerbilanz eine Rückstellung nicht in Betracht kommen.

(3) Sowohl in der Handelsbilanz (§ 246 Abs. 1 Satz 4) als auch in der Steuerbilanz müssen die Anschaffungskosten angesetzt werden, da auch steuerlich Aktivierungspflicht besteht (§ 5 Abs. 2 EStG i. V. m. § 7 Abs. 1 Satz 3 EStG).

(4) Hier handelt es sich nicht um ein handelsrechtliches Bilanzierungs-, sondern um ein Bewertungswahlrecht. Nach § 6 Abs. 1 Nr. 2a EStG ist steuerlich nur das Lifo-Verfahren zulässig (siehe auch R 6.9 Abs. 4 EStR).

(5) Bei der selbst erstellten Software handelt es sich um handelsrechtliches Aktivierungswahlrecht (§ 255 Abs. 2a HGB) und deshalb müssen diese Aufwendungen im Jahr des Anfalls das Ergebnis der Steuerbilanz mindern. Eine Aktivierung ist in der Steuerbilanz nicht möglich (§ 5 Abs. 2 EStG).

Lösung zu 47: Erstellung einer Gewinn- und Verlustrechnung

Gewinn- und Verlustrechnung für die Zeit vom 01.01. bis 31.12.

	Euro	Euro
1. Umsatzerlöse	950.000	1)
2. Erhöhung des Bestands an fertigen und unfertigen Erzeugnissen	15.000	
3. Sonstige betriebliche Erträge	4.000	
(davon aus der Auflösung von Sonderposten mit Rücklageanteil 4.000 €)		969.000
4. Materialaufwand:		
a) Aufwendungen für Roh-, Hilfs- und Betriebsstoffe und für bezogene Waren	449.000	2)
b) Aufwendungen für bezogene Leistungen	10.000	459.000
Rohergebnis		510.000

5. Personalaufwand:

a) Löhne und Gehälter	210.000	
b) soziale Abgaben und Aufwendungen für Alters-versorgung und für Unterstützung	50.000	
- davon für Altersversorgung 0 €		260.000

6. Abschreibungen:

a) auf immaterielle Vermögensgegenstände des Anlagevermögens und Sachanlagen	60.000	3)
b) auf Vermögensgegenstände des Umlaufvermögens, soweit diese die üblichen Abschreibungen überschreiten	20.000	80.000

7. Sonstige betriebliche Aufwendungen	15.000
Betriebsergebnis	155.000
8. Erträge aus anderen Wertpapieren und Ausleihungen des Finanzanlagevermögens	20.000
9. Zinsen und ähnliche Aufwendungen 4)	(7.000)
10. **Ergebnis aus der gewöhnlichen Geschäftstätigkeit**	168.000

11. Außerordentliche Erträge	15.000	
12. Außerordentliche Aufwendungen	20.000	
13. **Außerordentliches Ergebnis**		(5.000)
14. Steuern vom Einkommen und vom Ertrag	18.000	
15. Sonstige Steuern	3.000	(21.000)

16. **Jahresüberschuss**	142.000
17. Gewinnvortrag aus dem Vorjahr	13.000
18. **Bilanzgewinn**	**155.000**

Zusammensetzung der Beträge

1) 880.000 + 70.000   3) 40.000 + 20.000

2) 460.000 - 11.000   4) 6.000 +   1.000 (ADS, § 275 HGB)

Lösung zu 48: Prüfung des Jahresabschlusses

Kein allgemein gültiger Lösungsvorschlag.

Lösung zu 49: Bilanz und GuV der kleinen GmbH

(1) Verkürzte Bilanz der kleinen GmbH

Aktiva   **31.12.02**   **31.12.01**

A. Anlagevermögen
    I. Immaterielle Vermögensgegenstände
    II. Sachanlagen
    III. Finanzanlagen

B. Umlaufvermögen
    I. Vorräte
    II. Forderungen und sonstige Vermögensgegenstände
      - davon mit einer Restlaufzeit von mehr als einem Jahr €
      (01: €____)
    III. Wertpapiere
    IV. Kassenbestand, Bundesbankguthaben, Guthaben bei Kreditinstituten
      und Schecks

C. Rechnungsabgrenzungsposten

Passiva

A. Eigenkapital
    I. Gezeichnetes Kapital
    II. Kapitalrücklage
    III. Gewinnrücklagen
    IV. Bilanzgewinn

B. Rückstellungen

C. Verbindlichkeiten
    - davon mit einer Restlaufzeit bis zu einem Jahr €
    (01: €____)
    - davon aus Steuern €
    (01: €____)
    - davon im Rahmen der sozialen Sicherheit €
    (01: €____)

D. Rechnungsabgrenzungsposten

(2) **Verkürzte Gewinn- und Verlustrechnung der kleinen GmbH nach dem Gesamtkostenverfahren**

	31.12.02 €	31.12.01 €

1. **Rohergebnis**
2. Personalaufwand:
   a) Löhne und Gehälter
   b) soziale Abgaben und Aufwendungen für Altersversorgung und Unterstützung
      - davon für Altersversorgung €
      (01: €___)
3. Abschreibungen:
   a) auf immaterielle Vermögensgegenstände des Anlagevermögens und Sachanlagen
   b) außerplanmäßige Abschreibungen auf Vermögens-gegenstände des Anlagevermögens
   c) auf Vermögensgegenstände des Umlaufvermögens, soweit diese die in der Kapitalgesellschaft üblichen Abschreibungen überschreiten
   d) außerplanmäßige Abschreibungen auf Vermögens-gegenstände des Umlaufvermögens
4. sonstige betriebliche Aufwendungen

Betriebsergebnis

5. Erträge aus Beteiligungen
   - davon aus verbundenen Unternehmen
   (01: €___)
6. Erträge aus anderen Wertpapieren und Ausleihungen des Finanzanlagevermögens
   - davon aus verbundenen Unternehmen
   (01: €___)
7. sonstige Zinsen und ähnliche Erträge
   - davon aus verbundenen Unternehmen
   (01: €___)
8. Abschreibungen auf Finanzanlagen und Wertpapiere des Umlaufvermögens
9. Zinsen und ähnliche Aufwendungen
   - davon aus verbundenen Unternehmen
   (01: €___)
10. **Ergebnis aus der gewöhnlichen Geschäftstätigkeit**
11. außerordentliche Erträge
12. außerordentliche Aufwendungen
13. **außerordentliches Ergebnis**
14. Steuern vom Einkommen und Ertrag
15. sonstige Steuern
16. **Jahresüberschuss (Jahresfehlbetrag)**

Lösung zu 50: Funktionen des Anhangs

Die Funktionen des Anhangs lassen sich in wenigen Sätzen erklären:

▶ **Korrekturfunktion**

Handels- und Steuerbilanz sind wegen des Grundsatzes der Maßgeblichkeit miteinander verbunden. Zahlreiche Steuervergünstigungen können nur dann in Anspruch genommen werden, wenn die Handelsbilanz entsprechend gestaltet wurde. So führen beispielsweise steuerliche Sonderabschreibungen zu einem erhöhten Aufwand im Jahr der Inanspruchnahme und zu weniger Aufwand in den Folgejahren. Diese Verzerrung wird im Anhang richtig gestellt.

▶ **Erläuterungsfunktion**

Viele Positionen in der Bilanz und in der GuV werden erst verständlich, wenn sie verbal erläutert und relativiert werden. Diese Erläuterung gewinnt umso mehr an Bedeutung, je weniger Zusatz- und Davon-Posten aus Gründen der Übersichtlichkeit oder einfach wegen der Ästhetik in der Bilanz und in der GuV ausgewiesen werden. Die Erläuterungen beziehen sich meistens auf die Inanspruchnahme von Bilanzierungs-, Bewertungs- oder Auswahlrechten und die Klärung unterschiedlich auslegbarer Ansätze.

▶ **Entlastungsfunktion**

Durch die Auslagerung vieler Einzelangaben und Erläuterungen in den Anhang werden die Bilanz und die GuV entlastet. Sie bleiben kurz und übersichtlich. Zur Entlastung gehört neben vielen anderen auch das Recht, die mit arabischen Ziffern versehenen Posten der Bilanz und der GuV nur im Anhang gesondert anzugeben (§ 265 Abs. 7 Nr. 2 HGB).

▶ **Ergänzungsfunktion**

Zahlreiche Informationen wie die Anzahl der beschäftigten Arbeitnehmer, die Haftungsverhältnisse und die sonstigen finanziellen Verpflichtungen, die wegen des Gliederungsschemas und der traditionellen Gesamtstruktur der Bilanz und der Gewinn- und Verlustrechnung nicht mitgeteilt werden können, lassen sich im Anhang ergänzend anführen.

Lösung zu 51: Termini zur Berichtspflicht im Anhang

▶ **Angabe**: Der Sachverhalt ist im Anhang ohne weitere Zusätze zu nennen. Zahlen, Methoden oder Namen sind lediglich beispielsweise aufzuführen.

▶ **Aufgliederung**: Die Werte sind in Teilbeträge aufzugliedern, um die Zusammensetzung zu verdeutlichen.

▶ **Ausweis**: Die tatsächlichen Zahlen müssen angegeben werden.

▶ **Begründung**: Die Überlegungen und Motive oder die Rechtsvorschriften für ein bestimmtes Verhalten sind zu nennen.

▶ **Darstellung**: Der darzustellende Sachverhalt soll durch einen in Zahlen gefassten Bericht zur Entwicklung bestimmter Größen oder in einem verbalen Bericht anschaulich gemacht werden.

▶ **Erläuterung**: Der Sachverhalt soll verbal kommentiert werden, damit der Inhalt, der Charakter und das Zustandekommen erkennbar werden.

▶ **Hinweis**: Der Leser wird auf Informationen an anderen Stellen aufmerksam gemacht.

Lösung zu 52: Gestaltung des Lageberichts

Zur Lösung verweise ich auf meine Ausführungen in Abschnitt D.

Lösung zu 53: Kapitalkonsolidierung

1. Erstkonsolidierung nach der Neubewertungsmethode

Bei der Erstkonsolidierung ergeben sich die folgenden Arbeitsschritte:

1. Schritt: Übernahme der Handelsbilanzen der Muttergesellschaft und der beiden Tochterunternehmen.

Neubewertung der Wertansätze in den Bilanzen der Tochtergesellschaften. Die stillen Reserven werden den Bilanzpositionen zugerechnet, zu denen sie gehören, und sie beeinflussen gleichzeitig die Höhe des Eigenkapitals.

2. Schritt: Die Bilanzen der drei Unternehmen und die Spalten „stille Reserve"(Neubewertung) der beiden Tochtergesellschaften werden positionsweise in den Summenabschluss addiert.

3. Schritt: Erst jetzt erfolgt die Konsolidierung. Die noch in der Summenbilanz auf der Aktivseite ausgewiesenen Beteiligungen werden durch eine Gegenbuchung auf der Habenseite aufgehoben. Gleichzeitig werden sie im Rahmen der Konsolidierungsbuchungen im Soll am gesamten Eigenkapital gekürzt:

	Anschaffungskosten der Beteiligung an TU-B	1.500 T€	
+	Anschaffungskosten der Beteiligung an TU-C	2.000 T€	
=	Anschaffungskosten der Beteiligungen insgesamt		3.500 T€
	Eigenkapital TU-B	900 T€	
+	Eigenkapital TU-C	1.400 T€	
+	stille Reserven TU-B insgesamt	280 T€	
+	stille Reserven TU-C insgesamt	400 T€	
=	bereinigtes Eigenkapital der Tochterunternehmen		2.980 T€
	Geschäfts- oder Firmenwert		**520 T€**

4. Schritt: Erstellung der Konzernbilanz durch Addition der einzelnen Posten des Summenabschlusses und der Konsolidierungsbuchungen.

Hinweis: Die Konsolidierungsbuchungen können auch in **einer** Doppelspalte „Konsolidierung" zusammengefasst werden.

1. Erstkonsolidierung nach der Neubewertungsmethode in T€

| | Übernahme der Einzelbilanzen und Neubewertung | | | | | | | | | | Konsolidierungsbuchungen | | | | | |
| | Handelsbilanz MU-A | | Handelsbilanz TU-B | | Ergänzungsbilanz TU-B | | Handelsbilanz TU-C | | Ergänzungsbilanz TU-C | | Summenabschluss | | Verrechnung des EK mit Beteiligung | | Konzernbilanz | |
	A	P	A	P	A	P	A	P	S	H	S	H	S	H	A	P
Aktiva																
Geschäfts- oder Firmenwert													520		520	
Grundstücke	1.000		200		100		400		200		1.900				1.900	
Gebäude	1.000		100		100		200		100		1.500				1.500	
technische Anlagen/ Maschinen	2.000		200		80		500		100		2.880				2.880	
Betriebs-/Geschäfts- ausstattung	1.000		100				100				1.200				1.200	
Anteile an TU-B	1.500										1.500			1.500		
Anteile an TU-C	2.000										2.000			2.000		
sonstige Aktiva	6.000		1.500				1.800				9.300				9.300	
Passiva																
Eigenkapital		6.500		900				1.400		400		9.480	2.980			6.500
Sonstige Passiva		8.000		1.200		280		1.600				10.800				10.800
	14.500	14.500	2.100	2.100	280	280	3.000	3.000	400	400	20.280	20.280	3.500	3.500	17.300	17.300

Handelsbilanz II TU-B

Handelsbilanz II TU-C

505

2. Folgekonsolidierung nach der Neubewertungsmethode

Bei der Folgekonsolidierung ergeben sich die folgenden Arbeitsschritte:

1. Schritt: Das Anlagevermögen der drei Gesellschaften wird mit 10 % linear abgeschrieben. Die Abschreibung führt zur Erhöhung der „sonstigen Aktiva", da dieser Betrag für Ersatzinvestitionen zur Verfügung steht, den Cashflow also erhöht.

Die Erhöhung des Eigenkapitals bei TU-B um 100 T€ und bei TU-C um 150 T€ führt ebenfalls gleichzeitig zu einer Erhöhung der „sonstigen Aktiva".

2. Schritt: Die Neubewertungsbilanzen der Tochterunternehmen TU-B und TU-C werden unverändert übernommen.

3. Schritt: Aus den Einzelbilanzen und den Neubewertungsbilanzen wird der Summenabschluss erstellt.

4. Schritt: Erstellen der Korrekturbuchungen. Die bei der Erstkonsolidierung durch die Neubewertung aufgedeckten stillen Reserven werden entsprechend den ihnen zugrunde liegenden Vermögensgegenständen abgeschrieben. Sie werden im Rahmen der Umbuchungen entsprechend abgeschrieben. Umbuchung:

Gebäude   (10 + 10 =) 20 T€
Technische Anlagen/Maschinen   (8 + 10 =) 18 T€

Der nach Auflösung der stillen Reserven verbleibende Geschäftswert oder Firmenwert aus der Erstkonsolidierung ist im Rahmen der Umbuchungen zu 25 % abzuschreiben (unterstellte Nutzungsdauer 4 Jahre). Umbuchung:

Unterschiedsbetrag (25 % von 520 T€ =)   130 T€

Die Abschreibungen mindern das Eigenkapital.

5. Schritt: Erstellen der Konzernbilanz aus dem Summenabschluss, der aus der Erstkonsolidierung übernommenen Verrechnung des Eigenkapitals mit den Beteiligungen und aus den Umbuchungen. Hinweis: Die Konsolidierungsbuchungen können auch in einer Doppelspalte „Konsolidierung"ausgewiesen werden.

Eigenkapital TU-B	900 T€	
+ Eigenkapital TU-C	1.400 T€	
+ stille Reserven TU-B insgesamt	280 €	
+ stille Reserven TU-C insgesamt	400 T€	
= bereinigtes Eigenkapital der Tochterunternehmen		**2.980 T€**
Anteile fremde TU-B (20 % v. 900 T€)	180 T€	
+ Anteile fremde TU-C (30 % v. 1.400 T€)	420 T€	
+ stille Reserven TU-B (20 % v. 280 TE)	56 T€	
+ stille Reserven TU-C (30 % v. 400 T€)	120 T€	
= Anteile anderer Gesellschafter		+ 776 T€
Geschäfts- oder Firmenwert		**1.296 T€**

3. Erstkonsolidierung nach der Neubewertungsmethode mit Anteilen anderer Gesellschafter

1. und 2. Schritt: Die Arbeiten entsprechen der Lösung zu Punkt 2.

3. Schritt: Erst jetzt erfolgt die Konsolidierung. Die noch in der Summenbilanz auf der Aktivseite ausgewiesenen Beteiligungen werden durch eine Gegenbuchung auf der Habenseite aufgehoben. Gleichzeitig werden sie im Rahmen der Konsolidierungsbuchungen im Soll am gesamten Eigenkapital gekürzt:

	Anschaffungskosten der Beteiligung an TU-B	1.500 T€
+	Anschaffungskosten der Beteiligung an TU-C	2.000 T€
=	**Anschaffungskosten der Beteiligungen insgesamt**	**3.500 T€**

4. Schritt: Erstellung der Konzernbilanz durch Addition der einzelnen Posten des Summenabschlusses und der Konsolidierungsbuchungen.

Hinweis: Die Konsolidierungsbuchungen können auch hier in **einer** Doppelspalte „Konsolidierung"zusammengefasst werden.

2. Folgekonsolidierung nach der Neubewertungsmethode in T€

| | Übernahme der Einzelbilanzen und der Ergänzungsbilanzen | | | | | | | | | | | | Konsolidierung | | | | Konzernbilanz | |
	Handelsbilanz MU-A		Handelsbilanz TU-B		Ergänz.-bilanz TU-B		Handelsbilanz TU-C		Ergänz.-bilanz U-C		Summen-abschluss		Verrech-nung des EK mit Beteili.		Korrektur-buchun-gen		Konzern-bilanz	
	A	P	A	P	A	P	A	P	S	H	S	H	S	H	S	H	A	P
Aktiva																		
Geschäfts- oder Firmenwert													520			130	390	
Grundstücke	1.000		200		100		400		200		1.900						1.900	
Gebäude	900		90		100		180		100		1.370					20	1.350	
technische Anlagen/ Maschinen	1.800		180		80		450		100		2.610					18	2.592	
Betriebs-/Geschäfts-ausstattung	900		90				90				1.080						1.080	
Anteile an TU-B	1.500										1.500			1.500				
Anteile an TU-C	2.000										2.000			2.000				
sonstige Aktiva	6.400		1.640				2.030				10.070						10.070	
Passiva																		
Eigenkapital		6.500		1.000		280		1.550		400		9.730	2.980		168		390	6.582
Sonstige Passiva		8.000		1.200				1.600				10.800						10.800
	14.500	14.500	2.200	2.200	280	280	3.150	3.150	400	400	20.530	20.530	3.500	3.500	168	168	17.382	17.382

3. Erstkonsolidierung nach der Neubewertungsmethode in T€ mit Anteilen anderer Gesellschafter

	Handelsbilanz MU-A		Handelsbilanz TU-B		Ergänzungsbilanz TU-B		Handelsbilanz TU-C		Ergänzungsbilanz TU-C		Summenabschluss		Verrechnung des EK mit Beteiligung		Konzernbilanz	
			Übernahme der Einzelbilanzen und Neubewertung								Konsolidierungsbuchungen					
	A	P	A	P	A	P	A	P	S	H	S	H	S	H	A	P
Aktiva																
Geschäfts- oder Firmenwert													1.296		1.296	
Grundstücke	1.000		200		100		400		200		1.900				1.900	
Gebäude	1.000		100		100		200		100		1.500				1.500	
technische Anlagen/ Maschinen	2.000		200		80		500		100		2.880				2.880	
Betriebs-/Geschäftsausstattung	1.000		100				100				1.200				1.200	
Anteile an TU-B	1.500										1.500			1.500		
Anteile an TU-C	2.000										2.000			2.000		
sonstige Aktiva	6.000		1.500				1.800				9.300				9.300	
Passiva																
Eigenkapital		6.500		900		280		1.400		400		9.480	2.980			6.500
Ausgleichsposten für Anteile anderer Gesellschafter														776		776
Sonsige Passiva		8.000		1.200				1.600				10.800				10.800
	14.500	14.500	2.100	2.100	280	280	3.000	3.000	400	400	20.280	20.280	4.276	4.276	18.076	18.076

Handelsbilanz II TU-B (Handelsbilanz TU-B + Ergänzungsbilanz TU-B)

Handelsbilanz II TU-C (Handelsbilanz TU-C + Ergänzungsbilanz TU-C)

Lösung zu 54: Forderungs- und Schuldenkonsolidierung

1. Forderungen und Verbindlichkeiten der in den Konzernabschluss einbezogenen Unternehmen stehen sich in gleicher Höhe gegenüber. Aufrechnungsdifferenzen entstehen deshalb nicht.

AKTIVA	Bilanz des Mutterunternehmens		PASSIVA
	T€		T€
Forderungen gegen Dritte	700	Verbindlichkeiten gegenüber	
Übrige Aktiva	2.290	Dritten	840
		Übrige Passiva	2.000
		Jahresüberschuss	150
	2.990		2.990

2. Die Forderungen und Verbindlichkeiten sind gegeneinander aufzurechnen.

Bilanzposten	Mutter-unter-nehmen		Tochter-unter-nehmen		Summen-bilanz		Konsoli-dierungs-buchung		Konzern-bilanz	
	S	H	S	H	S	H	S	H	S	H
Forderungen gegen verbundene Unternehmen	100				100			100	0	
Verbindlichkeiten gegen verbundene Unternehmen				100		100	100			0

Konsolidierungsbuchung:

Verbindlichkeiten gegen verbundene Unternehmen	100.000 €	
an Forderungen gegen verbundene Unternehmen		100.000 €

3. Das Mutterunternehmen hatte „Abschreibungen auf Forderungen an Wertberichtigungen auf Forderungen 40.000 €" gebucht. In der Konzernbilanz wird der Vorfall innerhalb der Ermittlung der Periodenabgrenzung der Aufrechnungsdifferenzen (vgl. 4.) berücksichtigt.

4. a) Im vorliegenden Fall kommt es zur Verrechnung einer passiven Aufrechnungsdifferenz.

	01 T€	02 T€	03 T€
Forderungen an einbezogene Unternehmen	500	400	450
Verbindlichkeiten gegen einbezogene Unternehmen	700	550	620
Aufrechnungsdifferenz	200	150	170
Jahresüberschuss lt. Summenbilanz	500	400	500
Änderung der Aufrechnungsdifferenz	+ 200	- 50[1]	+ 20[2]
Jahresüberschuss	700	350	520
Aufrechnungsdifferenz aus dem Vorjahr	0	+ 200	+ 150
Konzerngewinn	700	550	670

[1] Aufrechnungsdifferenz 01 = 200
   Aufrechnungsdifferenz 02 = 150 = - 50

[2] Aufrechnungsdifferenz 02 = 150
   Aufrechnungsdifferenz 02 = 170 = + 20

Im Konzernabschluss darf nur der im Abschlussjahr entstandene Teil der Aufrechnungsdifferenz verrechnet werden. Die erstmalig entstandene Aufrechnungsdifferenz erhöht den Jahresüberschuss in der Konzernbilanz. In den Folgejahren wird lediglich die Veränderung erfolgswirksam erfasst. Der Bestand der Aufrechnungsdifferenz aus dem Vorjahr wird im Abschlussjahr erfolgsneutral behandelt. Auf diese Weise wird eine mehrfache Beeinflussung des Konzernergebnisses durch dieselben Beträge vermieden.

b) Die aus den Vorjahren vorgetragenen Differenzen werden im Rahmen der Ergebnisverwendungsrechnung gesondert ausgewiesen. Möglich ist auch eine Einbeziehung in den Gewinn- bzw. Verlustvortrag oder die Verrechnung mit den Gewinnrücklagen.

5.

	Summe der Beträge aus den Jahresüberschüssen/-fehlbeträgen der Bilanzen aller einbezogenen Unternehmen
+/-	Erhöhung/Verminderung der passiven Aufrechnungsdifferenz im Abschlusjahr
-/+	Erhöhung/Verminderung der aktiven Aufrechnungsdifferenz im Abschlussjahr
=	Konzernjahresüberschuss/-fehlbetrag
+/-	Summe der Aufrechnungsdifferenzen Ende des Vorjahres
=	**Konzerngewinn/-verlust**

6. Der Kauf bzw. Verkauf der Obligationen wird in der Konzernbilanz rückgängig gemacht. Das Disagio wird innerhalb der Ermittlung der Periodenabgrenzung der Aufrechnungsdifferenzen berücksichtigt.

Lösung zu 55: Zwischenergebniskonsolidierung

1a) Die Herstellungskosten je Stück betragen (100.000 : 1.000) = 100 €. Dieser Wert ist auch in den Konzernabschluss zu übernehmen. Der Zwischengewinn beträgt (120 - 100 =) 20 € je Stück. Zu eliminieren sind (300 Stück · 20 € =) 6.000 €.

Zwischengewinne resultieren aus Umsätzen zwischen den in den Konzernabschluss einbezogenen Konzernunternehmen. Es bietet sich an, die Zwischengewinne bei den Umsatzerlösen (bzw. den sonstigen betrieblichen Erträgen) zu kürzen, da diese Posten die nicht realisierten Erträge enthalten.

Analog der periodenübergreifenden Verrechnung von Aufrechnungsdifferenzen bei der Schuldenkonsolidierung wird das Konzernergebnis durch Veränderungen der Bestände beeinflusst. Die eliminierten Zwischengewinne dürfen sich erst dann wieder auf das Konzernergebnis auswirken, wenn sie realisiert sind. Bis dahin sind sie erfolgsneutral zu behandeln.

aa) **Konsolidierungsbuchungen bei Abrechnung nach dem Gesamtkostenverfahren:**

Umsatzerlöse	(300 · 120 =)	36.000 €
an Bestandsveränderungen	(300 · 100 =)	30.000 €
an Vorräte	(300 · 20 =)	6.000 €

bb) **Konsolidierungsbuchungen bei Abrechnung nach dem Umsatzkostenverfahren:**

Umsatzerlöse	(300 · 120 =)	36.000 €
an Herstellungskosten	(300 · 100 =)	30.000 €
an Vorräte	(300 · 20 =)	6.000 €

Da die Buchungen nur die Zwischengewinne der laufenden Periode berücksichtigen, wird beim Lösungsansatz unterstellt, dass keine Zwischenergebnisse in der Vorperiode vorhanden waren, sodass die Veränderung der Zwischengewinne zur laufenden Periode 6.000 € beträgt. Denn nur der Saldo ist in der Konzern G+V ergebniswirksam zu berücksichtigen. Wenn der Stand der Zwischenergebnisse in der Vorperiode also gleich „Null"war, verändert sich der Konzernbilanzgewinn durch Gewinnverwendung der Konsolidierungsrücklage ebenfalls nicht.

b) Der im Jahr 01 eliminierte Zwischengewinn ist nun realisiert und erhöht den Saldo der zu eliminierenden Zwischengewinne der Periode 02 zur Periode 01. Nur der Saldo beeinflusst ergebniswirksam die Vorräte. Die Konsolidierungsrücklage vermindert den Konzernbilanzgewinn in Höhe des Zwischengewinns aus Periode 01.

Konsolidierungsbuchung:

Vorräte	6.000 €
an Bestandsveränderungen	6.000 €

Ergebniswirksam in der Konzern GuV der Periode 02 sind also 6.000 €, da über die Gewinnverwendungsrechnung aber 6.000 € der Konsolidierungsrücklage des Vorjahres zu entnehmen sind, vermindert sich der Bilanzgewinn um 6.000 €.

c) Da die Vorräte verkauft worden sind, ist die Buchung wie unter b) vorzunehmen. Der Verlust aus dem Verkauf schlägt sich im Ergebnis der Konzerntochter B nieder.

2. Die Konzern-GuV ist so aufzustellen, als sei der Konzern ein einheitliches Unternehmen. Die an B verkauften Erzeugnisse (bei B = Rohstoffe) werden einschließlich des noch nicht durch Verkauf an konzernfremde Unternehmen realisierten Zwischengewinns zurückgebucht. Der Zwischengewinn wird neutralisiert durch die Buchung:

Bestandsveränderungen	20.000 €
an Vorräte	20.000 €

Die Konsolidierungsbuchungen bei den Aufwendungen und Erträgen ergeben sich aus der folgenden Tabelle.

Stornierung des Umsatzes in der Gewinn- und Verlustrechnung:

GuV	Mutter-unter-nehmen		Tochter-unter-nehmen		Summen-GuV		Konsoli-dierungs-buchung		Konzern-GuV	
	S	H	S	H	S	H	S	H	S	H
Umsatzerlöse		120				120	120			
Bestandsveränderungen				130		130				130
Lohnaufwand	50		5		55			50	5	
Rohstoffaufwand	50		125		175			50	125	
Jahresüberschuss	20				20			20		
	120	120	130	130	250	250	120	120	130	130

Rohstoffaufwand bei Unternehmen B: 120.000 €   Einstandspreis
                                       + 5.000 €   Rohstoffaufwand
                                       ─────────
                                       125.000 €

3. Der Zwischengewinn ist nun realisiert worden. Die in Periode 01 erfolgte Eliminierung ist zu stornieren (vgl. 1b).

4. Auch in diesem Falle wäre der Zwischengewinn zu stornieren. Der Verlust würde sich im Erfolg des Konzernunternehmens B niederschlagen und von dort in den Konzernabschluss übernommen.

5a) Die Herstellungskosten je Stück betragen (100.000 : 1.000 =) 100 €. Dieser Wert ist auch in den Konzernabschluss zu übernehmen. Der Zwischenverlust beträgt (100 - 70 =) 30 € je Stück. Zu eliminieren sind (300 Stück · 30 € =) 9.000 €.

aa) **Konsolidierungsbuchungen bei Abrechnung nach dem Gesamtkostenverfahren:**

Umsatzerlöse	(300 · 70 =)	21.000 €
Vorräte		9.000 €
an Bestandsveränderungen	(300 · 100 =)	30.000 €

bb) **Konsolidierungsbuchungen bei Abrechnung nach dem Umsatzkostenverfahren:**

Umsatzerlöse	(300 · 70 =)	21.000 €
Vorräte		9.000 €
an Herstellungskosten	(300 · 100 =)	30.000 €

Zur Periodenabgrenzung vgl. 1 bb).

5b) Der in Periode 01 eliminierte negative Zwischengewinn ist nun realisiert. Buchungen wie unter 1b).

Wird unterstellt, dass die Summe der Einzeljahresergebnisse der Konzernunternehmen vor Zwischenergebniskonsoldierung gleich „Null" waren, sowie in der Periode t_1 und t_2 keine Zwischenergebnisse bestanden, so sind die Auswirkungen der beschriebenen Geschäftsvorfälle auf das Konzernjahresergebnis und das Konzernbilanzergebnis wie folgt:

	t_1	t_2
Summe der Einzeljahresergebnisse	0	0
Zwischenergebniseliminierung abgelaufenes Geschäftsjahr		
- Aufgabe 1aa)	- 6.000	0
- Aufgabe 4)	- 20.000	0
- Aufgabe 7aa)	9.000	0
Zwischenergebniseliminierung Vorjahr		
- Aufgabe 1b) + c), 5, 6, 7b)	0	17.000
Summe = Veränderung der Zwischenergebnisse abgelaufenes Geschäftsjahr zu Vorjahr (ergebniswirksam)	- 17.000	17.000
Konzernjahresergebnis	- 17.000	17.000
Zwischenergebnisse des Vorjahres im Eigenkapital enthalten (erfolgsneutral)		
- Aufgabe 1aa), 4, 7aa)	0	
- Aufgabe 1b) + c), 5, 6, 7b)		- 17.000
Konzernbilanzergebnis	**- 17.000**	**0**

Aufgabe zu 56: Aufwands- und Ertragskonsolidierung

1. Im Rahmen der Konsolidierung sind der Umsatzerlös von L und der Einsatz für bezogene Teile bei E gegeneinander aufzurechnen. In der Konzern-GuV werden sämtliche Aufwendungen, die innerhalb des Konzerns angefallen sind, den Erlösen von 125 T€ gegenübergestellt, die außerhalb des Konzerns erzielt wurden. Der Jahresüberschuss in der Konzern-GuV entspricht der Summe der in den GuV der beteiligten Konzernunternehmen ausgewiesenen Jahresüberschussbeträgen.

	GuV L		GuV E		Konsolid.		Konzern-GuV	
	Aufw.	Ertr.	Aufw.	Ertr.	Soll	Haben	Aufw.	Ertr.
Umsatzerlöse		100		125	100			125
Aufw. bezog. Teile			100			100		
Material Aufw.	45		10				55	
Sonstige Aufw.	35		5				40	
Jahresüberschuss	20		10				30	
Summe	**100**	**100**	**125**	**125**	**100**	**100**	**125**	**125**

2. Da die Güter den Konzern noch nicht verlassen haben, können sie nicht in den Umsatzerlösen der Konzern-GuV enthalten sein. Die Umsatzerlöse bei L werden deshalb innerhalb der Konsolidierungsbuchungen gegen die bezogenen Teile bei E verrechnet. Der Jahresüberschuss bei L wird im Rahmen der Zwischenergebniselemination gegen die Bestandsveränderungen verrechnet. Für den Konzern ergibt sich ein Mehrbestand von

Materialaufwand bei L	45 T€	
Materialaufwand bei E	10 T€	55 T€
Sonstige Kosten bei L	35 T€	
Sonstige Kosten bei E	5 T€	40 T€
Bestandsveränderung		**95 T€**

	GuV L		GuV E		Konsolid.		Konzern-GuV	
	Aufw.	Ertr.	Aufw.	Ertr.	Soll	Haben	Aufw.	Ertr.
Umsatzerlöse		100			100			
Bestandsveränd.				115	20			95
Aufw. bezog. Teile			100			100		
Material Aufw.	45		10				55	
Sonstige Kosten	35		5				40	
Jahresüberschuss	20					20		
Summe	**100**	**100**	**115**	**115**	**120**	**120**	**95**	**95**

3. Für E stellen die unverarbeitet eingelagerten Güter bezogene Teile (oder Materialaufwand) dar, die aktiviert wurden und nicht in der GuV erscheinen. Der Umsatzerlös aus dem Konzernunternehmen L wird innerhalb der Konsolidierungsbuchungen rückgängig gemacht. Auf den Konzern bezogen liegt eine Bestandsmehrung im Wert von 80 T€ vor, der Aufwendungen von 45 + 35 = 80 T€ gegenüberstehen.

Der Jahresüberschuss bei L wird im Rahmen der Zwischenergebniseleminierung gegen die Bestandsveränderung verrechnet.

	GuV L		GuV E		Konsolid.		Konzern-GuV	
	Aufw.	Ertr.	Aufw.	Ertr.	Soll	Haben	Aufw.	Ertr.
Umsatzerlöse		100			100			
Bestandsveränd.								80
Aufw. bezog. Teile						80		
Material Aufw.	45						45	
Sonstige Kosten	35						35	
Jahresüberschuss	20					20		
Summe	**100**	**100**			**100**	**100**	**80**	**80**

4. Auf den Konzern bezogen liegen aktivierte Eigenleistungen im Wert von 80 T€ vor. Konzernunternehmen E hat 100 T€ aktiviert und mit 10 % linear = 10 T€ abgeschrieben. Innerhalb der Konsolidierungsbuchungen ist der Umsatzerlös zu stornieren, da die Güter den Konzern nicht verlassen haben. Aus dem gleichen Grunde ist der Jahresüberschuss bei L zu stornieren. Dabei ist zu beachten, dass auf den Konzern bezogen bereits 10 % des Jahresüberschusses bei L durch die Abschreibungen bei E storniert wurden. Der Jahresüberschuss bei L wird im Rahmen der Zwischenergebniseleminierung gegen die Bestandsveränderungen und Abschreibungen anteilmäßig verrechnet.

	GuV L		GuV E		Konsolid.		Konzern-GuV	
	Aufw.	Ertr.	Aufw.	Ertr.	Soll	Haben	Aufw.	Ertr.
Umsatzerlöse		100			100			
akt. Eigenleist.						80		80
Material Aufw.	45						45	
Sonstige Kosten							35	
Abschreibungen	35		10			2	8	
Jahresüberschuss	20			10	18			8
Summe	**100**	**100**	**10**	**10**	**100**	**100**	**88**	**88**

5. Die Aufwendungen und Erträge zwischen den Konzernunternehmen L und E wurden bereits im Vorjahr, dem Jahr der Lieferung von L an E, konsolidiert. Im Abschlussjahr liegt lediglich ein Umsatz zwischen dem Konzernunternehmen E und dem Dritten vor. Da die Güter den Konzern verlassen haben, bleibt der Umsatz aus Konzernsicht wirksam. Der eleminierte Zwischengewinn des Vorjahres erhöht nun das Konzernjahresergebnis. Das Konzernbilanzergebnis führt zu einer entsprechenden Minderung.

	GuV L		GuV E		Konsolid.		Konzern-GuV	
	Aufw.	Ertr.	Aufw.	Ertr.	Soll	Haben	Aufw.	Ertr.
Umsatzerlöse				125				125
Aufw. bezog. Teile			100			20	80	
Material Aufw.			10				10	
Sonstige Kosten			5				5	
Jahresüberschuss			10		20		30	
Summe			**125**	**125**	**20**	**20**	**125**	**125**

6. Die Rohstoffe haben den Konzern nicht verlassen. Auf die GuV des Konzernunternehmens E wirken sich die Vorgänge nicht aus. Aus Konzernsicht ist lediglich die Lieferung von L an E zu stornieren. Der Jahresüberschuss bei L wird im Rahmen der Zwischenergebniseleminierung gegen die Bestände verrechnet.

	GuV L		GuV E		Konsolid.		Konzern-GuV	
	Aufw.	Ertr.	Aufw.	Ertr.	Soll	Haben	Aufw.	Ertr.
Umsatzerlöse		50			50			
Material Aufw.	40					40		
Jahresüberschuss	10					10		
Summe	**50**	**50**			**50**	**50**		

7. Im Rahmen der Konsolidierung sind der Umsatzerlös von L und der Materialaufwand bei E gegeneinander aufzurechnen. In der Konzern-GuV werden die Aufwendungen von 40 T€, die innerhalb des Konzerns angefallen sind, den Erlösen von 60 T€ gegenübergestellt, die außerhalb des Konzerns erzielt wurden. Der Jahresüberschuss in der Konzern-GuV entspricht der Summe der in den GuV der beteiligten Konzernunternehmen ausgewiesenen Jahresüberschussbeträge.

	GuV L		GuV E		Konsolid.		Konzern-GuV	
	Aufw.	Ertr.	Aufw.	Ertr.	Soll	Haben	Aufw.	Ertr.
Umsatzerlöse		50		60	50			60
Material Aufw.	40		50			50	40	
Jahresüberschuss	10		10				20	
Summe	**50**	**50**	**60**	**60**	**50**	**50**	**60**	**60**

8. Konzernunternehmen E hat 9 T€ aktiviert und mit 33,33 % = 3 T€ abgeschrieben. Innerhalb der Konsolidierungsbuchungen ist der Umsatzerlös zu stornieren, da der Computer den Konzern nicht verlassen hat. Aus dem gleichen Grunde ist der Jahresüberschuss bei L zu stornieren. Dabei ist zu beachten, dass auf den Konzern bezogen bereits 10 % des Jahresüberschusses bei L durch die Abschreibungen bei E storniert wurden.

	GuV L		GuV E		Konsolid.		Konzern-GuV	
	Aufw.	Ertr.	Aufw.	Ertr.	Soll	Haben	Aufw.	Ertr.
Umsatzerlöse		9				9		
akt. Eigenleist.								
Material Aufw.	6					6		
Abschreibungen			3			1	2	
Jahresüberschuss	3			3		2		2
Summe	**9**	**9**	**3**	**3**	**9**	**9**	**2**	**2**

9. Die Aufwendungen und Erträge entstehen in jeweils gleicher Höhe und werden deshalb gegeneinander aufgerechnet.

	GuV L		GuV E		Konsolid.		Konzern-GuV	
	Aufw.	Ertr.	Aufw.	Ertr.	Soll	Haben	Aufw.	Ertr.
Zinserträge		8			8			
Zinsaufwendungen			8			8		
Jahresüberschuss	8			8				
Summe	**8**	**8**	**8**	**8**	**8**	**8**		

10. Die Lösung entspricht der der vorstehenden Aufgabe:

	GuV L		GuV E		Konsolid.		Konzern-GuV	
	Aufw.	Ertr.	Aufw.	Ertr.	Soll	Haben	Aufw.	Ertr.
Pachterträge		12			12			
Pachtaufwend.			12					
Jahresüberschuss	12			12		12		
Summe	**12**	**12**	**12**	**12**	**12**	**12**		

Lösung zu 57: Konzernabschluss

a) Konsolidierungsbuchungen

1. Erfolgskonsolidierung

1.1 Aufwands- und Ertragskonsolidierung (§ 305 HGB):

Umsatzerlös	300 T€
an Bestandsveränderungen	300 T€

1.2 Zwischengewinnkonsolidierung (§ 304 HGB): In der Konzern-GuV erfolgt eine Stornierung des Zwischengewinns.

Bestandsveränderungen	50 T€
an Vorräte	50 T€

2. Schuldenkonsolidierung (§ 303 Abs. 1 HGB): Im vorliegenden Fall stehen sich konzerninterne Forderungen und konzerninterne Verbindlichkeiten in gleicher Höhe gegenüber.

2.1

Verbindlichkeiten gegenüber verbundenen Unternehmen	500 T€
an Ausleihungen an verbundene Unternehmen	500 T€

2.2

Zinserträge	35 T€
an Zinsaufwendungen	35 T€

Es dürfte nichts dagegen einzuwenden sein, wenn die Verrechnung der auf das Darlehen von 500 T€ entfallenden Zinsen im Rahmen der Zwischengewinnkonsolidierung vorgenommen wird.

3. Kapitalkonsolidierung Neubewertungsmethode

3.1 Die mit den Anschaffungskosten bezahlten stillen Reserven werden aufgedeckt und den entsprechenden Vermögensgegenständen in der HB II der Tochtergesellschaft zugeordnet.

Buchung der Verrechnungsdifferenz aus stillen Reserven:

Grundstück	70 T€
an Umberwertungsdiferenz	70 T€

3.2 Der nicht aufteilbare aktive Unterschiedsbetrag ist als Geschäfts- oder Firmenwert in der Konzernbilanz auszuweisen und in den Folgejahren planmäßig abzuschreiben.

Verrechnung Eigenkapital und Beteiligungen:

Geschäfts- oder Firmenwert	930 T€
Eigenkapital (+ Umechnungsdifferenz aus stillen Reserven, Grundstück)	2.570 T€
an Anteile an verbundenen Unternehmen	3.500 T€

b) Entwicklung des Konzernabschlusses (Neubewertungsmethode)

	Handelsbilanz II MU		Handelsbilanz II TU		Summenbilanz		Erfolgskonsolidierung		Schuldenkonsolidierung		Kapitalkonsolidierung		Konzernabschluss	
	A	P	A	P	A	P	S	H	S	H	S	H	A	P
Aktiva														
Grundstücke	2.000		870		2.870								2.870	
Gebäude	3.500		1.200		4.700								4.700	
Maschinen	2.500		1.000		3.500								3.500	
Geschäftsausstattung	1.000		500		1.500								1.500	
Anteile an verbundenen Unternehmen	3.500		0		3.500							3.500	–	
Ausleihungen an verbund. Unternehmen	500		0		500					500			–	
Geschäfts- oder Firmenwert	0		0		0						930		930	
Vorräte	2.000		500		2.500			50					2.450	
Forderungen	1.500		800		2.300								2.300	
Zahlungsmittel	500		200		700								700	
Passiva														
Eigenkapital		– 8.000		– 2.500		– 10.500					2.500			– 8.000
Jahresüberschuss		– 1.000		– 200		– 1.200	50							– 1.150
Umbewertungsdifferenz		–		70		70					70			–
Rückstellungen		– 2.000		– 500		– 2.500								– 2.500
Verbindlichkeiten		– 6.000		– 1.300		– 7.300								– 7.300
Verb. gegenüber verbund. Unternehmen		–		– 500		– 500			500					–
	17.000	17.000	5.070	5.070	22.070	22.070	50	50	500	500	3.500	3.500	18.950	18.950
GuV-Rechnung	Aufw.	Ertrag	Aufw.	Ertrag	Aufw.	Ertrag	Aufw.	Ertrag	Aufw.	Ertrag	Aufw.	Ertrag	Aufw.	Ertrag
Umsatzerlöse		30.000		10.000		40.000	300							39.700
Bestandsveränderungen		1.000		500		1.500		250						1.750
Zinserträge		100		20		120			35					85
Sonstige Erträge		3.000		1.080		4.080								4.080
Zinsaufwendungen	50		50		100					35			65	
Sonstige Aufwendungen	– 33.050		– 11.250		– 44.300								– 44.300	
Jahresüberschuss	1.000		300		1.300			50					1.250	

Lösung zu 58: Ermittlung des Cashflow

Der Cashflow kann nach dem folgenden Schema ermittelt werden:

	Bilanzgewinn	500 T€
-	Gewinnvortrag	10 T€
+	Erhöhung der Rücklagen zu Lasten des Ergebnisses	100 T€
+	Erhöhung der Pensionsrückstellungen	50 T€
-	Auflösung anderer langfristiger Rückstellungen	30 T€
-	Zuschreibungen	20 T€
+	Abschreibungen auf Sachanlagen	300 T€
+	Abschreibungen auf Beteiligungen	40 T€
=	**Cashflow im weiteren Sinne**	**930 T€**

Lösung zu 59: Bewegungsbilanz

Mittelverwendung		Bewegungsbilanz	Mittelherkunft	
	T€			T€
A. Ausschüttung	3.500	A. Kapitaleinlagen		0
B. Investitionen im Anlage-vermögen	6.100	B. Desinvestition		100
		C. Cashflow		8.500
C. Zunahme des Umlauf-vermögens	1.200	D. Abnahme des Umlaufvermögens und des akt. RAP		2.200
D. Tilgung von Fremdkapital	2.700	E. Erhöhung des Fremdkapitals		700
		F. Abnahme der liquiden Mittel		2.000
	13.500			13.500

Berechnungen:

1. Mittelverwendung

   A. Ausschüttung

Bilanzgewinn 01	3.700 T€
Gewinnvortrag lt. GuV 02	200 T€
	3.500 T€

   B. Investitionen

Zugänge lt. Anlagenspiegel	6.100 T€

   C. Zunahme des Umlaufvermögens

RHB	200 T€
Forderungen aus L. u. L.	1.000 T€
	1.200 T€

D. Tilgung von Fremdkapital lt. Verbindlichkeitenspiegel

langfristige Verbindlichkeiten:	01	3.500 T€	
	02	3.000 T€	500 T€
mittelfristige Verbindlichkeiten:	01	4.500 T€	
	02	4.000 T€	500 T€
kurzfristige Verbindlichkeiten:	01	7.100 T€	
	02	5.700 T€	1.400 T€
Steuerrückstellungen:	01	1.300 T€	
	02	1.000 T€	300 T€
gesamt			**2.700 T€**

2. Mittelherkunft
   B. Desinvestition

Buchwerte 31.12.01		
Immaterielle Vermögensgegenstände	400 T€	
Sachanlagen	18.000 T€	
Finanzanlagen	200 T€	18.600 T€
+ Zugänge lt. Anlagenspiegel		6.100 T€
- Abschreibungen in 02		- 4.000 T€
- Buchwerte 31.12.02		- 20.600 T€
		+ 100 T€

C. Cashflow

Jahresüberschuss 02	4.400 T€	
Erhöhung der Pensionsrückstellungen	100 T€	
Abschreibungen 02	4.000 T€	8.500 T€

D. Abnahme des Umlaufvermögens und des akt. RAP

Unfertige Erzeugnisse	1.000 T€	
Fertige Erzeugnisse	1.000 T€	
Sonstige Vermögensgegenstände	100 T€	
Rechnungsabgrenzungsposten	100 T€	2.200 T€

E. Erhöhung des Fremdkapitals

Sonstige Rückstellungen 31.12.02	3.000 T€	
31.12.01	2.300 T€	700 T€

F. Abnahme der liquiden Mittel

31.12.02	4.000 T€	
31.12.01	2.000 T€	2.000 T€

Lösung zu 60: Analyse des Jahresabschlusses einer AG

(1) Die Aufbereitung einer Bilanz umfasst Umwertungen und Umgliederungen.

Unter **Umwertungen** ist die Auflösung von stillen Reserven zu verstehen.

Umgliederungen betreffen:

▸ Bilanzbereinigung, z. B. Saldierungen von Wertberichtigungen mit den entsprechenden Gegenposten der Bilanz

▸ Zusammenfassung der einzelnen Bilanzpositionen zu Auswertungszwecken.

Beispiel

AKTIVA	Bilanz	PASSIVA
I. Anlagevermögen	I. Eigenkapital	
II. Umlaufvermögen	II. Fremdkapital	
1. Mittel I. Grades	1. kurzfristig	
2. Mittel II. Grades	2. mittelfristig	
3. Mittel III. Grades	3. langfristig	

Die Aufbereitung erfolgt in einem Zug, d. h. Umgliederungen und Umwertungen werden **gleichzeitig** vorgenommen:

	Vorjahr T€	Berichtsjahr T€
Aktiva		
I. Anlagevermögen		
Bilanzansätze „Sachanlagen"	112	130
+ stille Reserven:		
a) Grundstück	3	5
b) Maschinen	2	4
c) Betriebs- + Geschäftsausstattungen	10	20
	127	159
Bilanzansätze „Finanzanlagen"	36	41
	163	200
II. Umlaufvermögen		
1. Mittel I. Grades		
Schecks, Kassenbestand, Bundesbank- und Postgiroguthaben, Guthaben bei Kreditinstituten	26	30
2. Mittel II. Grades		
Wechsel	1	2
Forderungen L. u. L. 50 %	34	39
sonstige Vermögensgegenstände 50 %	3	5
(50 % aufgrund vorsichtiger Schätzung)	38	46
3. Mittel III. Grades		
Forderungen L. u. L. 50 %	34	39
sonstige Vermögensgegenstände 50 %	3	5
Vorräte	75	72
Aktive Rechnungsabgrenzung	4	5
	116	121
Summe Aktiva	343	397

Passiva

I. Eigenkapital		
Gezeichnetes Kapital	100	100
Rücklagen	32	47
Bilanzgewinn	40	30
Stille Reserven Aktiva	15	29
Stille Reserven Passiva	10	12
	197	218
II. Fremdkapital		
1. kurzfristig		
Andere Rückstellungen	20	24
Verbindlichkeiten aus L. u. L.	12	18
Verbindlichkeiten gegenüber Kreditinstituten 50 %	12	15
Sonstige Verbindlichkeiten 50 %	6	4
Passive Rechnungsabgrenzung	1	2
	51	63
2. mittelfristig		
Verbindlichkeiten gegenüber Kreditinstituten 50 %	12	15
Sonstige Verbindlichkeiten 50 %	6	4
	18	19
3. langfristig		
Pensionsrückstellungen	20	24
Verbindlichkeiten gegenüber Kreditinstituten	57	73
	77	97
Summe Passiva	343	397

Erläuterungen zur Aufbereitung

Die Einteilung des Umlaufvermögens in Mittel I., II. und III. Grades sowie des Fremd-kapitals in kurz-, mittel- und langfristig kann keinen Anspruch auf volle Richtigkeit erheben. Auf jeden Fall wurde im Interesse des Gläubigerschutzes die Aufbereitung vorsichtig vorgenommen, d. h. Mittel, bei denen es fraglich ist, welchem Grad sie zuzu-ordnen sind, wurden in den höheren Grad eingestellt.

Die stillen Reserven wurden zu den entsprechenden Aktivposten addiert, bei den Pen-sionsrückstellungen auf der Passivseite dagegen abgezogen. Zum Ausgleich erhöhte sich das Eigenkapital um den Betrag der gesamten stillen Reserve.

(2) Bildung und Erläuterung der Relationen

Überblick mit Prozentausweis:

Aktiva	Vorjahr T€	%	Berichtsjahr T€	%
I. Anlagevermögen	163	47,5	200	50,4
II. Umlaufvermögen				
Mittel I. Grades	26	7,6	30	7,5
Mittel II. Grades	38	11,1	46	11,6
Mittel III. Grades	116	33,8	121	30,5
	180	52,5	197	49,6
	343	100,0	397	100,0
Passiva				
I. Eigenkapital	197	57,4	218	54,9
II. Fremdkapital				
kurzfristig	51	14,9	63	15,9
mittelfristig	18	5,2	19	4,8
langfristig	77	22,5	97	24,4
	146	42,6	179	45,1
	343	100,0	397	100,0

Vermögensstruktur

Die Vermögensstruktur gibt darüber Auskunft, wie anlageintensiv ein Unternehmen ist:

	Vorjahr		Berichtsjahr	
Anlagevermögen	163 T€	47,5 %	200 T€	50,4 %
Umlaufvermögen	180 T€	52,5 %	197 T€	49,6 %
	343 T€	100,0 %	397 T€	100,0 %

Das Unternehmen ist anlageintensiv. Die Steigerung des Vorjahres gegenüber dem Berichtsjahr könnte auf Kapazitätserweiterung und/oder Rationalisierungsmaßnahmen schließen lassen.

Weiteren Aufschluss gibt eventuell ein Vergleich mit Branchendurchschnittszahlen, die im Einzelfall dem Statistischen Jahrbuch der Bundesrepublik Deutschland zu entnehmen sind.

Kapitalstruktur

Die Kapitalstruktur drückt das Verhältnis Eigenkapital zu Fremdkapital aus:

	Vorjahr		Berichtsjahr	
Eigenkapital	197 T€	57,4 %	218 T€	54,9 %
Fremdkapital	146 T€	42,6 %	179 T€	45,1 %
	343 T€	100,0 %	397 T€	100,0 %

Ebenso wie bei der Vermögensstruktur kann man auch hier nicht ein bestimmtes Verhältnis als gut oder schlecht bezeichnen. Dementsprechend ist wiederum ein Vergleich mit dem Branchendurchschnitt sehr aufschlussreich.

Allgemein besteht die Forderung, dass das Eigenkapital möglichst hoch sein soll, um seine investitionstechnische, kreditwirtschaftliche und betriebspolitische Funktion optimal erfüllen zu können.

Die Eigenkapitalstruktur hat sich im Vergleich Vorjahr zu Berichtsjahr leicht verschlechtert, da die Steigerung des Eigenkapitals durch den gleichzeitigen Anstieg des Fremdkapitals mehr als kompensiert wurde. Die Stärkung der Kapitaldecke dürfte wahrscheinlich ein unternehmenspolitisches Ziel der Zukunft sein.

Finanzstruktur

	Vorjahr	Berichtsjahr
Eigenkapital	57,4 %	54,9 %
Anlagevermögen	47,5 %	50,4 %
Anlagevermögen	+ 9,9 %	+ 4,5 %
Langfristiges Fremdkapital	22,5 %	24,4 %
	32,4 %	**28,9 %**

Das Anlagevermögen wird in beiden Jahren voll durch Eigenkapital gedeckt. Diese Situation kann durchaus als zufriedenstellend bezeichnet werden, auch wenn mit dem Anstieg des Anlagevermögens eine Minderung der Eigenkapitaldeckung verbunden ist. Es ist gelungen, die Zugänge im Anlagevermögen größtenteils durch Aufnahme zusätzlicher langfristiger Mittel zu finanzieren.

Liquidität

Eine externe Liquiditätsbeurteilung anhand des Jahresabschlusses enthält aus verschiedenen Gründen Ungenauigkeiten. Der Feststellung der einzelnen Liquiditätsgrade und der Ermittlung der Über-/Unterdeckung kommt deshalb nur Näherungscharakter zu.

	Vorjahr		Berichtsjahr	
	T€	%	T€	%
Liquidität I. Grades				
Mittel I. Grades	26	7,6	30	7,5
Fremdkapital (kurzfristig)	51	14,9	63	15,9
Unterdeckung	25	7,3	33	8,4
Liquidität II. Grades				
Mittel II. Grades	38	11,1	46	11,6
Fremdkapital (mittelfristig)	18	5,2	19	4,8
Überdeckung	20	5,9	27	6,8
- Unterdeckung I. Grades	25	7,3	33	8,4
Unterdeckung	5	1,4	6	1,6
Liquidität III. Grades				
Mittel III. Grades	116	33,8	121	30,5
Fremdkapital (langfristig)	77	22,5	97	24,4
Überdeckung	39	11,3	24	6,1
- Unterdeckung II. Grades	5	1,4	6	1,6
Überdeckung	34	9,9	18	4,5

Die Liquiditätslage des Unternehmens ist zufriedenstellend. Es ergibt sich zwar erst bei der Liquidität III. Grades eine Überdeckung, dem ist aber entgegenzuhalten, dass die Aufteilung der Mittel und des Fremdkapitals mit großer Vorsicht vorgenommen wurde. Zudem ist zu berücksichtigen, dass der Jahresabschluss nach dem Stichtagsprinzip erstellt wird, während die Liquidität eine zeitraumbezogene Rechnung ist.

Zu einer noch günstigeren Liquiditätsbeurteilung gelangt man, wenn Zahlen der GuV Berücksichtigung finden. In der Praxis wird häufig die Differenz zwischen den wichtigsten Aufwendungen und den Umsatzerlösen herangezogen:

	Vorjahr	Berichtsjahr
	T€	T€
Umsatzerlöse (netto)	441	510
- Aufwendungen für Roh-, Hilfs- und Betriebsstoffe	95	115
- Personalkosten	170	198
	176	197
Liquiditätsüberschuss pro Monat (1/12)	14	16

Rentabilität des Gesamtkapitals

Es errechnen sich folgende Relationen:

	Vorjahr		Berichtsjahr	
	T€	%	T€	%
Jahresüberschuss (Reingewinn)	50		45	
+ Fremdkapitalzinsen	15		20	
+ Legung stiller Reserven	25		41	
	90	26,2	106	26,7
Gesamtkapital	343	100,0	397	100,0

Es ergibt sich eine Verzinsung des Gesamtkapitals von 26,2 % und 26,7 %. Geht man von einer Normalverzinsung von 7 % aus und berücksichtigt ein allgemeines Unternehmerrisiko, das je nach Branche zwischen 2 % und 8 % liegt, kann von einer ausreichenden Rentabilität erst ab etwa 13 % gesprochen werden. Das Unternehmen übertrifft diesen Wert in beachtlicher Höhe. Eine Kürzung um den Unternehmerlohn kommt hier nicht in Betracht, da es sich um eine Kapitalgesellschaft handelt.

(3) Aufbereitung der GuV

Wegen mangelnder Vergleichsmöglichkeiten mit Zahlen anderer Betriebe gleicher Art und Größe gilt für die aufbereitete GuV das Wirtschaftlichkeitsprinzip. Die Aufwendungen sollen absolut und bezogen auf die Gesamtleistung so niedrig wie möglich sein, während andererseits für die Erträge möglichst hohe Werte erreicht werden sollen:

	Vorjahr			Berichtsjahr		
	T€	%	T€	T€	%	T€
Gesamtleistung		100	444		100	503
Aufwendungen für Roh-, Hilfs- und Betriebsstoffe	95	21,4		115	22,9	
Personalkosten	170	38,3		198	39,4	
übrige Aufwendungen	94	21,2		105	20,9	
Steuern	35	7,9	394	40	7,9	458
Ergebnis		11,2	**50**		8,9	**45**

Parallel zur Steigerung der Gesamtleistung erhöhten sich Stoffverbrauch und Personalkosten. Die Kostenstruktur hat sich kaum verändert. Den Personalkosten kommt im Berichtsjahr weiterhin entscheidende Bedeutung zu. Ihr Anstieg um 1,1 % fällt allerdings im Hinblick auf Tarifforderungen erfreulich gering aus.

Das Ergebnis sank im Berichtsjahr gegenüber dem Vorjahr um 5 T€ ab. Ob dieses Ergebnis dem Durchschnitt entspricht oder nicht, kann nur im Rahmen eines Branchenvergleichs beurteilt werden. Dabei gewinnt die absolute und relative Höhe der Werte an Aussagekraft, wenn die Entwicklung der Aufwendungen und Erträge über mehrere Jahre verfolgt werden kann.

Zusammenfassend kann die augenblickliche Lage des Unternehmens jedoch zweifellos als gut bezeichnet werden.

Lösung zu 61: Planung des RoI im Kapitalertrags-Stammbaum

1. RoI auf der Basis der Bilanz und GuV

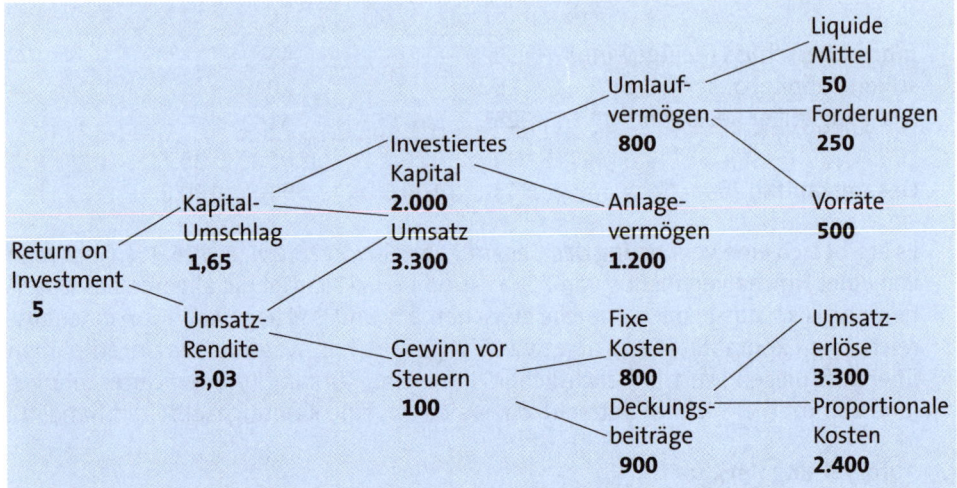

Zunächst werden die Werte aus der Bilanz und der GuV in den Kennzahlenbaum übertragen. Anschließend werden die noch fehlenden Werte berechnet.

Roh-, Hilfs- und Betriebsstoffe	1.700 T€
+ Aufwendungen für bezogene Leistungen	300 T€
+ Personalkosten proportional	400 T€
= Summe proportionale Kosten	2.400 T€
Personalkosten fix	400 T€
+ Abschreibungen	100 T€
+ Fremdkapitalzinsen	40 T€
+ Sonstige fixe Kosten	260 T€
= Summe fixe Kosten	**800 T€**

Umsatzerlöse	3.300 T€
- Proportionale Kosten	2.400 T€
= Deckungsbeiträge	**900 T€**

$$\text{Kapitalumschlag} = \frac{\text{Umsatzerlöse}}{\text{Investiertes Kapital}} = \frac{3.300}{2.400} = 1,65$$

$$\text{Umsatzrendite} = \frac{\text{Gewinn} \cdot 100}{\text{Umsatz}} = \frac{100 \cdot 100}{3.300} = 3,03$$

Rol = 1,65 · 3,03 = 5

oder

$$Rol = \frac{1,00 \cdot 100}{2.000} = 5$$

2. **Rol bei einer mengenmäßigen Erhöhung des Umsatzes um 3 %**

Die Erlöse verändern sich auf	(3.300 + 3 % =)	3.399 T€.
Die proportionalen Kosten verändern sich auf	(2.400 + 3 % =)	2.472 T€.
Der Deckungsbeitrag verändert sich auf	(3.399 - 2.472 =)	927 T€.
Der Gewinn verändert sich auf	(3.399 - 800 - 2.472 =)	127 T€.
Der Kapitalumschlag verändert sich auf	(3.399 : 2.000 =)	1,7
Die Umsatzrendite verändert such auf	(127 · 100 : 3.399 =)	3,74 %
Der Rol verändert sich auf	(1,7 · 3,74 =)	6,35
bzw. auf	(127 · 100 : 2.000 =)	6,35

3. **Rol bei einer wertmäßigen Erhöhung des Umsatzes um 5 %**

Die Umsatzerlöse verändern sich auf	(3.300 + 5 % =)	3.465 T€.
Die proportionalen Kosten bleiben unverändert.		
Der Gewinn verändert sich auf	(3.465 - 800 - 2.400 =)	265 T€.
Der Kapitalumschlag verändert sich auf	(3.465 : 2.000 =)	1,73
Die Umsatzrendite verändert sich auf	(265 · 100 : 3.465 =)	7,65 %
Der Rol verändert sich auf	(1,73 · 7,65 =)	13,2
bzw. auf	(265 · 100 : 2.000 =)	13,2

4. **Rol bei einer Senkung der fixen Kosten um 10 %**

Der Gewinn steigt auf	(3.300 - 720 - 2.400 =)	180 T€
Die Umsatzrendite verändert sich auf	(180 · 100 : 3.300 =)	5,45 %
Der Rol verändert sich auf	(1,65 · 5,45 =)	9
bzw. auf	(180 · 100 : 2.000 =)	9

5. **Rol bei einer Minderung des Vorratsvermögens um 20 %**

Das Umlaufvermögen verändert sich auf		700 T€.
Das investierte Kapital verändert sich auf		1.900 T€.
Der Kapitalumschlag verändert sich auf	(3.300 : 1.900 =)	1,73
Die Umsatzrendite verändert sich auf	(100 · 100 : 3.300 =)	3,03 %
Der Rol verändert sich auf	(1,73 · 3,03 =)	5,2
bzw. auf	(100 · 100 : 1.900 =)	5,2

Lösung zu 62: Mehrwerte bei Eintritt eines neuen Gesellschafters

AKTIVA	Ergänzungsbilanz A zum 01.01.01		PASSIVA
	Euro		Euro
Mehrwert Grundstücke	20.000	Mehrkapital	60.000
Mehrwert Maschinen	10.000		
Mehrwert Übrige	30.000		
	60.000		60.000

Die anteiligen stillen Reserven in den Ergänzungsbilanzen für A werden in den Folgejahren im Rahmen der einheitlichen Gewinnfeststellung (§§ 179 ff. AO) mit den gleichen Prozentsätzen abgeschrieben, die auch in der Gesamthandsbilanz angewendet werden.

AKTIVA		Ergänzungsbilanz A zum 31.12.01		PASSIVA
	Euro			Euro
Mehrwert Grundstücke	20.000	Mehrkapital		60.000
Mehrwert Maschinen	7.000	- Verlust		9.000
Mehrwert Übrige	20.000			
	51.000			51.000

Lösung zu 63: Eintritt eines neuen Gesellschafters in eine OHG

a) Bilanz der OHG zum 01.1.02:

AKTIVA	Ergänzungsbilanz der Pepke, Klein & Dehnert OHG zum 01.01.02				PASSIVA
	Euro	Euro		Euro	Euro
Grundstücke		90.000	Kapital Pepke	150.000	
Gebäude		110.000	+ 10.000		160.000
Maschinen		100.000	Kapital Klein	150.000	
Sonstige Vermögens-			+ 10.000		160.000
gegenstände	200.000		Kapital Dehnert		60.000
Zuzahlung Dehnert	80.000	280.000	Fremdkapital		200.000
		580.000			580.000

b) Die anteiligen stillen Reserven aktiviert Dehnert in einer Ergänzungsbilanz:

AKTIVA		Ergänzungsbilanz Dehnert zum 01.01.02		PASSIVA
	Euro			Euro
Mehrwert Grundstücke	10.000	Mehrkapital		20.000
Mehrwert Gebäude	4.000			
Mehrwert Maschinen	2.000			
Firmenwert (anteilig)	4.000			
	20.000			20.000

Pepke und Klein haben in Höhe der veräußerten stillen Reserven einen Veräußerungsgewinn, der in der OHG verbleibt. Sie können diesen Veräußerungsgewinn durch Aufstellen einer Ergänzungsbilanz neutralisieren:

AKTIVA	Ergänzungsbilanz Pepke zum 01.01.01		PASSIVA
	Euro		Euro
Minderkapital	10.000	Minderwert Grundstücke	5.000
		Minderwert Gebäude	2.000
		Minderwert Maschinen	1.000
		Firmenwert	2.000
	10.000		10.000

Die Ergänzungsbilanz für Klein entspricht der Ergänzungsbilanz für Pepke.

c) **Ergänzungsbilanzen für Dehnert und Pepke zum 31.12.02:**

AKTIVA		Ergänzungsbilanz Dehnert zum 31.12.02		PASSIVA
	Euro	Euro		Euro
Mehrwert Grundstücke		10.000	Mehrkapital	18.720
Mehrwert Gebäude	4.000			
- Maschinen	80	3.920		
Mehrwert Maschinen	2.000			
- Abschreibung	200	1.800		
Firmenwert	4.000			
- Abschreibung	1.000	3.000		
		18.720		18.7200

Der zusätzliche Verlust für Dehnert beträgt 1.280 €.

AKTIVA	Ergänzungsbilanz Pepke zum 31.12.02			PASSIVA
	Euro		Euro	Euro
Minderkapital	9.360	Mehrwert Grundstücke		5.000
		Mehrwert Gebäude	2.000	
		- Maschinen	40	1.960
		Mehrwert Maschinen	1.000	
		- Abschreibung	100	900
		Firmenwert	2.000	
		- Abschreibung	500	1.500
				9.360

Die Ergänzungsbilanz für Klein entspricht der Ergänzungsbilanz für Pepke.

Der zusätzliche Gewinn für Pepke und Klein beträgt je 640 €. Zu einer Besteuerung der stillen Reserven bei den Grundstücken kommt es erst bei deren Veräußerung.

Lösung zu 64: Minderwert bei Gesellschafter X und Mehrwert bei Gesellschafter Y

AKTIVA	Eröffnungsbilanz der YY-OHG		PASSIVA
	Euro		Euro
Betriebsvermögen X	100.000	Kapital X	200.000
Bareinlage Y	300.000	Kapital Y	200.000
	400.000		400.000

Für X wird in der Bilanz der XY-OHG gegenüber der Schlussbilanz seines Einzelunternehmens ein Mehrkapital von 100.000 € ausgewiesen. Zur Vermeidung dieses Veräußerungsgewinns wird für ihn eine Ergänzungsbilanz mit einem Minderkapital von 100.000 € geführt.

Y hat 300.000 € für seinen Anteil aufgewendet. Der Mehrbetrag gegenüber seinem Eigenkapitalanteil von 200.000 € ist das Entgelt für seinen Anteil von 100.000 € an den stillen Reserven. Für Y wird deshalb eine Ergänzungsbilanz mit einem Mehrkapital von 100.000 € geführt.

AKTIVA	Eröffnungsbilanz des X zum 01.01.01		PASSIVA
	Euro		Euro
Minderkapital	100.000	Mindervermögen	100.000

AKTIVA	Eröffnungsbilanz des Y zum 01.01.01		PASSIVA
	Euro		Euro
Mehrvermögen	100.000	Mehrkapital	100.000

Bei Ermittlung des Gewinnanteils von Y sind zusätzliche Abschreibungen auf den Mehrwert der Aktiva zu berücksichtigen. Für die Auflösung des Minderwerts der Aktiva ergeben sich für X zusätzliche Erträge.

AKTIVA	Eröffnungsbilanz des X zum 31.12.01		PASSIVA
	Euro		Euro
Minderkapital	90.000	Mindervermögen	100.000
		- Abschreibung	10.000
	90.000		90.000

AKTIVA	Eröffnungsbilanz des Y zum 31.12.01		PASSIVA
	Euro		Euro
Mehrvermögen	100.000	Mehrkapital	90.000
- Abschreibung	10.000		
	90.000		90.000

Das Ergebnis der XY-OHG wird durch die zusätzlichen Abschreibungen nicht berührt. Aus den Ergänzungsbilanzen fließen allerdings die zusätzlichen Aufwendungen und Erträge in die Gewinnverteilung ein, die die Steuerbelastung der Gesellschafter X und Y beeinflussen.

Lösung zu 65: Anteilige Rücklage im Sinne des § 6b EStG

1. Die begünstigten Veräußerungsgewinne dürfen nach § 6b Abs. 4 Satz 1 Nr. 3 EStG nur auf begünstigte Reinvestitionsgüter übertragen werden, die zum Anlagevermögen einer inländischen Betriebsstätte gehören. Im Gesamthandsvermögen von Mitunternehmerschaften aufgedeckte stille Reserven dürfen anteilig, soweit sie auf den Mitunternehmer entfallen auf Reinvestitionsgüter im Einzelunternehmen dieses Mitunternehmens übertragen werden (s. auch R 6b.2 Abs. 7 Nr. 3 EStR).

2. Eine Übertragung der Rücklage ist nur auf Reinvestitionsgüter im Sonderbetriebsvermögen des X möglich. X darf in einem solchen Fall die Rücklage in einer Sonderbilanz fortführen (R 6b.2 Abs. 9 Satz 1 EStR).

Lösung zu 66: Entgeltliche Überlassung eines Grundstücks

AKTIVA	Sonderbilanz des A zum 01.01.02		PASSIVA
	Euro		Euro
Grundstück	40.000	Eigenkapital	90.000
Gebäude	100.000	Verbindlichkeiten	50.000
	140.000		140.000

AKTIVA	Gewinn- und Verlustrechnung A		PASSIVA
	Euro		Euro
Abschreibungen	4.000	Mieteinnahmen	12.000
Sonstige Betriebsausgaben	50.000		
Gewinn	3.000		
	12.000		12.000

AKTIVA		Gewinn- und Verlustrechnung A		PASSIVA
		Euro		Euro
Grundstück		40.000	Eigenkapital (AB)	90.000
Gebäude		96.000	- Entnahmen	6.000
Sonst. Forderungen		1.000	+ Gewinn	3.000
			Eigenkapital (SB)	87.000
			Verbindlichkeiten	50.000
		137.000		137.000

Steuerlicher Gewinn für 02:

	Gewinn lt. Gesamthandelsbilanz	70.000 €
+	Gewinn lt. Ergänzungsbilanz A	4.000 €
+	Gewinn lt. Sonderbilanz A	3.000 €
-	Verlust lt. Ergänzungsbilanz B	6.667 €
=	**Steuerlicher Gewinn für 02 (§ 15 Abs. 1 Nr. 2 EStG) 70.333 €**	

Gewinnverteilung

	Gewinnanteil A	Gewinnanteil B
Gewinn lt. Gesamthandelsbilanz	35.000 €	35.000 €
+/- Gewinn/Verlust lt. Ergänzungsbilanz	+ 4.000 €	- 6.667 €
+ Gewinn lt. Sonderbilanz	+ 3.000 €	
gesamt	**42.000 €**	**28.333 E**

Lösung zu 67: Ermittlung des Anschaffungswertes eines Unternehmens

(1a)	Vermögen (zu Wiederbeschaffungskosten)	1.000.000 €
	- Schulden	300.000 €
	= Substanzwert	**700.000 €**

(1b)

$$\text{Ertragswert} = \frac{\text{Ertrag} \cdot 100}{\text{Kapitalisierungszinsfuß}}$$

	Jahresüberschuss	96.000 €
	+ außerordentliche Kosten	15.000 €
	- außerordentliche Erlöse	11.000 €
	= bereinigter Jahresüberschuss	**100.000 €**

$$\text{Ertragswert} = \frac{100.000 \cdot 100}{6 + 2} = \frac{10.000.000}{8} = 1.250.000 \text{ €}$$

(1c)

$$\text{Mittelwert} = \frac{\text{Substanzwert} + \text{Ertragswert}}{2} = \frac{700.000 + 1.250.000}{2} = 975.000\ €$$

(1d) **Firmenwert** = Kaufpreis - Substanzwert = 975.000 - 700.000 = 275.000 €

(2)

Bank	975.000 €
an Eigenkapital	975.000 €

Übernahmekonto	975.000 €
an Bank	975.000 €

Aktive

Bestandskonten	1.000.000 €
an Übernahmekonto	1.000.000 €

Übernahmekonto	300.000 €
an Fremdkapitalkonten	300.000 €

Firmenwert	275.000 €
an Übernahmekonto	275.000 €

(3)

AKTIVA	Eröffnungsbilanz		PASSIVA
	Euro		Euro
Firmenwert	275.000	Eigenkapital	975.000
Vermögensgegenstände	1.000.000	Fremdkapital	300.000
	1.275.000		1.275.000

Lösung zu 68: Gründung eines Einzelunternehmens mit stillem Gesellschafter

(1) Gründungsinventar:

A. Vermögen

Gebäude	180.000 €	
Maschinen	20.200 €[1]	
Büroausstattung	12.000 €	
Waren	45.000 €	
Sonstige Forderungen	38 €[2]	
Bankguthaben	34.000 €	291.238 €

B. Schulden

Bankkredit	80.000 €	
Verbindlichkeiten gegenüber stillem Gesellschafter	30.000 €[3]	
Verbindlichkeiten aus L. u. L.	238 €[4]	
Sonstige Verbindlichkeiten	1.200 €[5]	111.438 €

C. Reinvermögen — 179.800 €

[1] einschl. Montagekosten netto

[2] Vorsteuer auf Montagekosten

[3] Die Einlage des stillen Gesellschafters geht in das Vermögen der Inhaberin des Handelsgeschäfts über (§ 230 Abs. 1 HGB). Die stille Gesellschaft ist eine reine Innengesellschaft, Der stille Gesellschafter hat Gläubigerrechte (§ 236 HGB).

[4] Montagekosten brutto

[5] Zinsen für die Zeit vom 01.10.00 zum 01.01.01

(2)

AKTIVA		Gründungsbilanz	PASSIVA
	Euro		Euro
A. Anlagevermögen		C. Eigenkapital	179.800
Gebäude	180.000		
Maschinen	20.200	D. Fremdkapital	
Büroausstattung	12.000	Verbindlichkeiten gegenüber Kreditinstitut	80.000
B. Umlaufvermögen		Verbindlichkeit gegenüber	
Waren	45.000	stillem Gesellschafter	30.000
Sonstige Forderungen	38	Verbindlichkeiten aus L. u. L.	238
Bankguthaben	34.000	Sonstige Verbindlichkeiten	1.200
	291.238		291.238

Lösung zu 69: Gründung einer GmbH

Gründungsbuchungen:

(1)

Einbringungskonto Siegmann	100.000 €
Einbringungskonto Zeller	20.000 €
Einbringungskonto Otto Lenz	50.000 €
Einbringungskonto Nina Lenz	30.000 €
an Stammkapital	200.000 €

(2)

Grundstücke und Gebäude	58.000 €
an Einbringungskonto Siegmann	50.608 €
an Bankkredit	7.200 €
an Sonstige Verbindlichkeiten	192 €
(8 % auf den Kredit für 4 Monate)	

(3)

Maschinen	21.000 €
an Einbringungskonto Siegmann	21.000 €

(4)

Betriebs- und Geschäftsausstattung	10.000 €
an Einbringungskonto Siegmann	10.000 €

(5)

Betriebs- und Geschäftsausstattung	15.000 €
an Einbringungskonto Siegmann	15.000 €

(6)

Bank	3.392 €
an Einbringungskonto Siegmann	3.392 €

(7)

Patente	9.000 €
an Einbringungskonto Zeller	9.000 €

(8)

Bank	7.000 €
an Einbringungskonto Zeller	7.000 €

(9)

Ausstehende Einlagen	4.000 €
an Einbringungskonto Zeller	4.000 €

(10)

Wertpapiere	45.000 €
an Einbringungskonto Otto Lenz	45.000 €

(11)

Bank	5.000 €
an Einbringungskonto Otto Lenz	5.000 €

(12)

Wertpapiere	27.000 €
an Einbringungskonto Nina Lenz	27.000 €

(13)

Bank	3.000 €
an inbringungskonto Nina Lenz	3.000 €

(14)

Grundstücke und Bauten	5.000 €
(3,5 % Grunderwerbsteuer gem.	
§ 11 GrEStG plus Notariatskosten	
an Bank	5.000 €

(15)

Gründungskosten	6.000 €
an Bank	6.000 €

(16)

Gewinn- und Verlustkonto	6.000 €
an Gründungskosten	6.000 €

Vollziehen Sie die Buchungen auf T-Konten nach, um die folgende Bilanz zu entwickeln.

AKTIVA		Gründungsbilanz zum 01.08.01		PASSIVA
	Euro		Euro	Euro
A. Anlagevermögen		**A. Eigenkapital**		
I. Immaterielle Vermögensgegenstände		I. Gezeichn. Kapital	200.000	
Patente	9.000	Nicht eingeforderte		
II. Sachanlagen		ausstehende Einlagen	- 4.000	
1. Grundstücke u. Bauten	63.000	II. Verlustvortrag	- 6.000	190.000
2. Maschinen	21.000			
3. Betriebs- u. Geschäftsausst.	10.000	**B. Verbindlichkeiten**		
III. Finanzanlagen		I. Verbindlichkeiten gegenüber		
Wertpapiere d. Anlagevermögens	72.000	Kreditinstituten		7.200
		II. Sonstige Verbindlichkeiten		192
C. Umlaufvermögen				
I. Vorräte				
Warenbestände	15.000			
II. Guthaben bei Kreditinstituten	7.392			
	197.392			197.392

Lösung zu 70: Fusion zweier Aktiengesellschaften (1)

AKTIVA		Verschmelzungsbilanz	PASSIVA
	Euro		Euro
Sachanlagen	3.000.000	Gezeichnetes Kapital	4.000.000
Vorräte	1.100.000	Gewinnrücklagen	500.000
Forderungen aus L. u. L.	900.000	Verbindlichkeiten aus L. u. L.	1.000.000
Zahlungsmittel	500.000		
	5.500.000		5.500.000

Lösung zu 71: Fusion zweier Aktiengesellschaften (2)

Das Umtauschverhältnis zwischen den Maschinenbau-Aktien und den Apparatebau-Aktien beträgt 1 : 2 (150 : 300), d. h. die Maschinenbau-AG muss für 180.000 € (= $\frac{1}{2}$ von 360.000 € gezeichnetes Kapital der Apparatebau AG) neue Aktien ausgeben. Das führt zu folgender Übernahmebilanz der Maschinenbau AG.

AKTIVA		Übernahmebilanz der Maschinenbau AG	PASSIVA	
	Euro			Euro
Anlagevermögen	300.000	Gezeichnetes Kapital		660.000
Vorräte	300.000	Rücklagen		60.000
Zahlungsmittel	300.000	Verbindlichkeiten		360.000
Gesellschaft Apparatebau	180.000			
	1.080.000			1.080.000

Bei der Angleichung der Bilanz der Apparatebau-AG ist die Differenz zwischen dem ursprünglichen Eigenkapital von 390.000 € und dem dafür gewährten Entgelt von 180.000 € wegen der Überbewertung beim Anlagevermögen und bei den Vorräten abzuschreiben:

Maschinenbau AG			
Gezeichnetes Kapital		480.000 €	
Rücklagen		60.000 €	
Apparatebau AG			
Gezeichnetes Kapital		360.000 €	
Rücklagen		30.000 €	930.000 €
Überbewertung bei der Apparatebau AG			
Anlagevermögen		120.000 €	
Vorräte		90.000 €	210.000 €
(aus gezeichnetes Kapital 660.000 € + Rücklagen 60.000 €)			720.000 €

AKTIVA		Übergabebilanz der Apparatebau AG	PASSIVA	
	Euro			Euro
Anlagevermögen	120.000	Gezeichnetes Kapital		180.000
Vorräte	120.000	Verbindlichkeiten		240.000
Zahlungsmittel	180.000			
	420.000			420.000

AKTIVA		Fusionsbilanz	PASSIVA	
	Euro			Euro
Anlagevermögen	420.000	Gezeichnetes Kapital		660.000
Vorräte	420.000	Rücklagen		60.000
Zahlungsmittel	480.000	Verbindlichkeiten		600.000
	1.320.000			1.320.000

Lösung zu 72: Buchungen bei einer Verschmelzung

(1) Ermittlung des Umtauschverhältnisses:

140 : 70 = 2 : 1

(2) Erforderliche Umtauschaktien:

B-AG: Grundkapital	3.400 T€
- eigene Aktien (bewertet zu 50 % = 100)	- 200 T€
	3.200 T€

A-AG: hält B-AG-Aktien im Wert von 600 T€ (bewertet zu 50 %).

$$\frac{600 \cdot 100}{50} = 1.200 \qquad\qquad - 1.200 \text{ T€}$$

Nennwert der B-AG-Aktien, die
umgetauscht werden müssen = 2.000 T€

Für den Umtausch sind $\dfrac{2.000 \text{ T€}}{2}$ = 1.000.000 A-AG-Aktien (nominal) erforderlich.

(3) Notwendige Kapitalerhöhung:

Umtauschaktien	1.000 T€
bei der A-AG vorhandene Aktien:	

$$\text{Nennwert} = \frac{60.000 \text{ Buchwert} \cdot 100}{150 \,\%} = \qquad\qquad - 40 \text{ T€}$$

Bei der B-AG vorhandene Aktien zum Nennwert	- 300 T€
Kapitalerhöhung durch den Umtausch von B-Aktien in A-Aktien	660 T€

(4) Buchungen:

a) Eröffnung der Bestandskonten bei der A-AG:

alle Aktivkonten	8.070 T€	
an Bilanzkonto		8.070 T€
Bilanzkonto	8.070 T€	
an alle Passivkonten		8.070 T€

b) Kapitalerhöhung:

Umtauschaktienkonto	660 T€	
an Grundkapital		660 T€

c) Übernahme der Vermögensteile und Schulden der B-AG:

Sachanlagen	3.000 T€
Wertpapiere	600 T€
Vorräte	1.700 T€
Forderungen aus L. u. L.	900 T€
Übernommene B-Aktien	100 T€

Liquide Mittel	770 T€	
Übernommener Fehlbetrag	1.030 T€	
an Übernahmekonto		8.100 T€
Übernahmekonto	8.100 T€	
an übernommenes B-Kapital		3.400 T€
an Anleihen		3.200 T€
an Verbindlichkeiten aus L. u .L.		800 T€
an Verb. gegenüber Kreditinstituten		700 T€

d) Gegenbuchung der Umtauschverpflichtung gegenüber B-Aktionären:
Übernommenes B-Kapital

e) Ausgleich des Umtauschaktienkontos durch Hingabe eigener A-AG-Aktien:

Umtauschaktienkonto	40 T€	
Fusionsertragskonto	20 T€	
an übernommene B-Aktien		60 T€
und der von der B-AG eingebrachten Aktien:		
Umtauschaktienkonto	300 T€	
Fusionsertragskonto	150 T€	
an Wertpapiere		450 T€

f) Verrechnung der übernommenen B-Aktien
mit dem übernommenen B-Kapital:

Übernommenes B-Kapital	200 T€	
an Übernommene B-Aktien		200 T€
Übernommene B-Aktien	100 T€	
an Fusionsertragskonto		100 T€

g) Die unter „Beteiligungen" bilanzierten B-Aktien werden mit dem
B-Kapitalkonto aufgerechnet:

Übernommenes B-Kapital	1.200 T€	
an Beteiligungen/Finanzanlagen		1.200 T€
Beteiligungen/Finanzanlagen	600 T€	
an Fusionsertragskonto		600 T€

h) Übertragung des übernommenen B-AG-Verlusts und des übernommenen
B-Kapitals auf das Fusionsertragskonto:

Fusionsertragskonto	1.030 T€	
an B-AG-Verlust		1.030 T€
Übernommenes B-Kapital	1.000 T€	
an Fusionsertragskonto		1.000 T€

i) Überweisung der Fusionskosten:

Fusionsertragskonto	20 T€
an Liquide Mittel	20 T€

j) Einstellung des Verschmelzungsgewinns in die Kapitalrücklage

Fusionsertragskonto	480 T€
an Kapitalrücklage	480 T€

k) Abschluss der Konten:

Fusionsbilanzkonto	13.910 T€
an alle Aktivkonten	13.910 T€
alle Passivkonten	13.910 T€
an Fusionsbilanzkonto	13.910 T€

SOLL		Übernommenes B-Kapital	HABEN
	Euro		Euro
d) Umtauschaktienkonto	1.000	c) Übernahmekonto	3.400
f) übernommene B-Aktien	200		
g) Beteiligungen	1.200		
h) Fusionsertragskonto	1.000		
	3.400		3.400

(5) Verschmelzungsbilanz

AKTIVA		Bilanz der A-AG	PASSIVA
	T€		T€
A. Anlagevermögen		**A. Eigenkapital**	
I. Sachanlagen	8.000	I. Grundkapital	4.160
II. Finanzanlagen		II. Kapitalrücklage	830
Wertpapiere des AL	150	III. Gewinnrücklagen	1.000
		IV. Jahresüberschuss	20
B. Umlaufvermögen			
I. Vorräte	2.000	**B. Verbindlichkeiten**	
II. Forderungen aus L. u. L.	1.410	1. Anleihen	5.600
III. Liquide Mittel	2.350	2. Verbindlichkeiten	
		gegenüber Kreditinstituten	900
		3. Verbindlichkeitern aus L. u. L.	1.400
	13.910		13.910

Lösung zu 73: Auseinandersetzungsbilanz bei Ausscheiden eines Gesellschafters aus einer OHG

(1) Ermittlung des Substanzwerts:

Anlagevermögen	1.035.000 €
+ Umlaufvermögen	990.000 €
= Vermögen bei Auseinandersetzung	2.025.000 €
- Schulden	600.000 €
= Substanzwert bei Auseinandersetzung	**1.425.000 €**

(2) Ermittlung des Ertragswerts:

$$\frac{\text{Bereinigter Durchschnittsgewinn} \cdot 100}{\text{Kapitalisierungszinsfuß}} = \frac{300.000 \cdot 10}{10} = 3.000.000 \text{ €}$$

(3) Mehrwert des Unternehmens:

Wert des Unternehmens	3.000.000 €
- Bilanzwert (buchmäßigesKapital)	1.200.000 €
= Mehrwert des Unternehmens	**1.800.000 €**

Gesellschafter	Anteile	Mehrwert
A	45	675.000 €
B	40	600.000 €
C	35	525.000 €
	120	1.800.000 €

Anteil des C an den stillen Reserven im Anlagevermögen	39.375 €
Anteil des C an den stillen Reserven im Umlaufvermögen	26.250 €
Anteil des C am Firmenwert	459.375 €
Mehrkapital des C	**525.000 €**

(4) Buchungen:

Anlagevermögen	39.375 €	
Umlaufvermögen	26.250 €	
an Neubewertungskonto		65.625 €
Firmenwert	459.375 €	
an Neubewertungskonto		459.375 €
Neubewertungskonto	525.000 €	
an Kapital C		525.000 €

(5) Auseinandersetzungsbilanz:

AKTIVA		Übernahmebilanz der Maschinenbau AG	PASSIVA
	Euro		Euro
Anlagevermögen	939.375	Kapital A	450.000
Umlaufvermögen	939.375	Kapital B	400.000
Firmenwert	459.375	Abschichtungsguthaben C	875.000
		Verbindlichkeiten	600.000
	2.325.000		2.325.000

Lösung zu 74: Sanierung einer AG durch vereinfachte Kapital- herabsetzung

(1) Kapitalherabsetzung = 200.000 € - 150.000 € = 50.000, davon $^3/_4$ = 37.500 €
50.000 - 37.500 = 12.500 €

Gezeichnetes Kapital	12.500 €
an Sanierungskonto	12.500 €

Zuzahlung = 1.500 · 100 · 60 % = 90.000 €

Zahlungsmittel	90.000 €
an Sanierungskonto	90.000 €

(2)

Zahlungsmittel	70.000 €
an Grundstücke	30.000 €
an Sanierungskonto	40.000 €

(3)

Verbindlichkeiten	35.000 €
an Sanierungskonto	35.000 €

(Auf die Vorsteuerberichtigung soll hier nicht eingegangen werden.)

(4)

Sanierungskonto	10.000 €
an Vorräte	10.000 €

(5)

Sanierungskonto	4.000 €
an Sonst. Rückstellungen	4.000 €

(6)

Sanierungskonto	163.490 €	
an Bilanzverlust		150.000 €
an Gesetzl. Rücklagen		8.750 €
an Kapitalrücklage		4.740 €

S	Gez. Kapital	H	S	Zahlungsmittel	H	S	Sanierungskonto	H
1)	12.500	AB 200.000	AB	10.000	SB 170.000	4)	10.000	1) 12.500
SB	187.500		1)	90.000		5)	4.000	1) 90.000
			2)	70.000		6)	150.000	2) 40.000
						6)	8.750	3) 35.000
						6)	4.750	
							177.500	177.500

AKTIVA	Sanierungs-Schlussbilanz		PASSIVA
	Euro		Euro
Grundstücke	30.000	Gezeichnetes Kapital	187.500
Gebäude	110.000	Kapitalrücklage	4.750
Maschinen	90.000	Gesetzliche Rücklagen	18.750
Vorräte	150.000	Rückstellungen	4.000
Forderungen	70.000	Grundschuld	90.000
Zahlungsmittel	170.000	Verbindlichkeiten aus L.u.L.	315.000
	620.000		620.000

Lösung zu 75: Sanierung einer AG durch Herabsetzung des Nennbetrags der Aktien

(1) Zulässigkeit der Herabsetzung des Nennbetrags:
   Die Herabsetzung des Nennbetrags der Aktien ist zulässig (§ 222 Abs. 4 AktG), denn der Mindestnennbetrag (§ 8 Abs. 2 AktG) wird nicht unterschritten.

(2) Buchungen:

1) Sanierungskonto	135.000 €	
an Grundstücke		20.000 €
an Maschinen		45.000 €
an Vorräte		25.000 €
an Wertberichtigung auf Ford.		45.000 €
2) Sanierungskonto	6.000 €	
an Sonstige Rückstellungen		6.000 €
3) Gezeichnetes Kapital	600.000 €	
an Sanierungskonto		600.000 €
4) Sanierungskonto	400.000 €	
an Bilanzverlust		400.000 €
5) Sanierungskonto	59.000 €	
an Kapitalrücklage		59.000 €

(3) Sanierungs-Schlussbilanz:

AKTIVA	Sanierungs-Schlussbilanz		PASSIVA
	Euro		Euro
Grundstücke	130.000	Gezeichnetes Kapital	600.000
Gebäude	300.000	Kapitalrücklage	59.000
Maschinen	155.000	Gesetzliche Rücklagen	60.000
Betriebs- und		Sonstige Rückstellungen	6.000
Geschäftsausstattung	100.000	Darlehen	160.000
Vorräte	145.000	Verbindlichkeiten	200.000
Forderungen	215.000		
Zahlungsmittel	40.000		
	1.085.000		1.085.000

Lösung zu 76: Liquidationseröffnung mit Neubewertungstabelle

(1)

Neubewertungskonto	80.000 €	
Roh-, Hilfs-, Betriebsstoffe	50.000 €	
Wertpapiere	80.000 €	
an Grundstücke und Gebäude		100.000 €
an Maschinen		50.000 €
an Betriebs- und Geschäftsausstattung		60.000 €
Neubewertungskonto	30.000 €	
an Wertberichtigungen auf Forderungen		30.000 €

(2)

Neubewertungskonto	50.000 €	
an Rückstellungen		50.000 €

(3)

Liquidationskapital	160.000 €	
an Neubewertungskonto		160.000 €

(4)

Liquidationskapital	740.000 €	
an Unterbilanz		740.000 €

Gezeichnetes Kapital	4.600.000 €	
an Liquidationskapital		4.600.000 €

S	Neubewertungskonto		H		S	Liquidationskapital		H
1)	80.000	3)	160.000		3)	160.000	4)	4.600.000
1)	30.000				4)	740.000		
2)	50.000				SB	3.700.000		
	160.000		160.000			4.600.000		4.600.000

S	Unterbilanz		H		S	Gezeichnetes Kapital		H
AB	740.000	4)	740.000		f)	4.600.000	AB	4.600.000

(5)

AKTIVA	Liquidations-Eröffnungsbilanz		PASSIVA
	Euro		Euro
Grundstücke und Gebäude	1.700.000	Liquidationskapital	3.700.000
Techn. Anlagen u. Masch.	750.000	Wertbericht. zu Forderungen	80.000
Betriebs-/Geschäftsausstatt.	140.000	Rückstellungen	50.000
Roh-, Hilfs- u. Betriebsstoffe	650.000	Darlehen	650.000
Unfertige Erzeugnisse	400.000	Verbindlichkeiten	500.000
Fertige Erzeugnisse	200.000		
Sonstige Wertpapiere	180.000		
Forderungen	800.000		
Kassenbestand	10.000		
Bankguthaben	150.000		
	4.980.000		4.980.000

Lösung zu 77: Liquidation einer OHG

1. **Buchen der Geschäftsvorfälle (LAK = Liquidationsabwicklungskonto):**

a) Bank   154.700 €
   an LAK   20.000 €
   an Vorräte   110.000 €
   an USt   24.700 €

b) Kasse   178.500 €
   an Maschinen   180.000 €
   LAK   30.000 €
   an USt   28.500 €

c) Bank   380.000 €
   an Grundstücke   220.000 €
   an Gebäude   110.000 €
   an LAK   50.000 €

d) Bankdarlehen   110.000 €
   an Bank   110.000 €

e) Bank   85.250 €
   LAK   5.000 €
   USt   950 €
   an Forderungen   91.200 €

f) Verbindlichkeiten   111.200 €
   an Bank   111.200 €

g) Kasse   83.300 €
   an Betriebs- u. Geschäftsausst.   80.000 €
   LAK   10.000 €
   an USt   13.300 €

h) Bank   190.000 €
   an Kasse   190.000 €

i) LAK   13.000 €
   Vorsteuer   2.470 €
   an Kasse   15.470 €

j) USt   2.470 €
   an Vorsteuer   2.470 €
   USt   63.080 €
   an Bank   63.080 €

S	Grundstücke		H
AB	220.000	c)	220.000

S	Gebäude		H
AB	110.000	4)	4.600.000

S	Geschäftsausstattung		H
AB	80.000	g)	80.000

S	Maschinen		H
AB	180.000	n)	180.000

S	Vorsteuer		H
i)	2.470	j)	2.470

S	Umsatzsteuer		H
e)	950	a)	24.700
j)	2.470	b)	28.500
j)	63.080	g)	13.300
	66.500		66.500

S	Darlehen		H
d)	110.000	AB	110.000

S	Verbindlichkeiten		H
f)	111.200	AB	111.200

S	Kapital Dehnert		H
SB	400.000	AB	400.000

S	Kapital Platte		H
SB	200.000	AB	200.000

S	LAK		H
b)	30.000	a)	20.000
e)	5.000	c)	50.000
g)	10.000		
i)	13.000		
Gewinn	12.000		
	70.000		70.000

S	Kasse		H
AB	10.000	h)	190.000
b)	178.500	i)	15.470
g)	83.300	SB	66.330
	271.800		271.800

S	Bank		H
AB	20.000	d)	110.000
a)	154.700	f)	111.200
c)	380.000	j)	63.080
e)	85.250	SB	545.670
h)	190.000		
	829.950		829.950

2. **Liquidations-Schlussbilanz:**

AKTIVA	Liquidations-Schlussbilanz		PASSIVA
	Euro		Euro
Kassenbestand	66.330	Kapital Dehnert	400.000
Bankguthaben	545.670	Kapital Platte	200.000
		Liquidationsgewinn	12.000
	612.000		612.000

3. **Verteilung des Liquidationsgewinns:**

Gesell-schafter	Kapital-anteil	Teile	Liquidations-gewinn	Liquidations-erlös	zu zahlen aus	
					Kasse	Bank
Dehnert	400.000	2	8	408.000	45.000	363.000
Platte	200.000	1	4	204.000	21.330	182.670
Summen	**600.000**	**3**	**12**	**612.000**	**66.330**	**545.670**

Buchung der Auszahlung:

LAK	12.000 €
an Kapital Dehnert	8.000 €
an Kapital Platte	4.000 €
Kapital Dehnert	408.000 €
an Kasse	45.000 €
an Bank	363.000 €
Kapital Platte	204.000 €
an Kasse	21.330 €
an Bank	182.670 €

Die Kapitalanteile für Dehnert und Platte hätten auch auf einem Konto „Abwicklungskapital" zusammengefasst werden können.

Lösung zu 78: Liquidation einer KG

1. **Liquidations-Eröffnungsbilanz:**

AKTIVA	Liquidations-Eröffnungsbilanz		PASSIVA
	Euro		Euro
Grundstück	30.000	Abwicklungskapital	70.000
Gebäude	60.000	Darlehen	40.000
Geschäftsausstattung	12.000	Verbindlichkeiten aus L. u. L.	
Forderungen aus L. u. L.	10.000		
Waren	25.000		
Zahlungsmittel	6.000		
	143.000		143.000

2. **Buchung der Liquidationsvorgänge:**

a) Kapital Lange   50.000 €
   Kommanditeinlage Recke   30.000 €
    an Abwicklungskonto   80.000 €

b) Zahlungsmittel   60.000 €
    an Grundstücke   30.000 €
    an Abwicklungskonto   30.000 €
   Zahlungsmittel   70.000 €
    an Gebäude   60.000 €
    an Abwicklungskonto   10.000 €
   Zahlungsmittel   7.140 €
    an Geschäftsausstattung   12.000 €
    an Umsatzsteuer   1.140 €
   Zahlungsmittel   23.800 €
    an Waren   25.000 €
   Abwicklungskonto   5.000 €
    an Umsatzsteuer   3.800 €
   Zahlungsmittel   10.000 €
    an Forderungen   10.000 €

c) Darlehen   40.000 €
    an Zahlungsmittel   40.000 €
   Verbindlichkeiten   33.000 €
    an Zahlungsmittel   30.000 €
    an Abwicklungskonto   3.000 €
   Umsatzsteuer   4.940 €
    an Zahlungsmittel   4.940 €

d) Abwicklungskonto   5.000 €
    an Zahlungsmittel   5.000 €

S	Zahlungsmittel		H
AB	6.000	c)	40.000
b)	60.000		30.000
	70.000		4.940
	7.140		5.000
	23.800	EB	97.000
	10.000		
	176.940		176.940

3. Liquidations-Schlussbilanz:

AKTIVA	Liquidations-Schlussbilanz		PASSIVA
	Euro		Euro
Zahlungsmittel	97.000	Abwicklungskapital	
Gebäude	–	Lange	50.000
Geschäftsausstattung	–	Recke	20.000
Forderungen aus L. u. L.	–	Liquidationsgewinn	27.000
	97.000		97.000

4. Verteilung des Liquidationserlöses:

Gesellschafter	Kapital	Anteil	Liquidations-gewinn	Liquidations-erlös
Lange	50.000 €	3	16.200 €	66.200 €
Recke	20.000 €	2	10.800 €	30.800 €
Summen	70.000 €	5	27.000 €	97.000 €

Lösung 79: Gewinn senkende steuerbilanzpolitische Maßnahmen

1. Nutzung von Ansatzwahlrechten, die den Steuerbilanzgewinn senken

► Personengesellschaften und Einzelfirmen haben die Möglichkeit der Nichtbilanzierung von Vermögensgegenständen bzw. Wirtschaftsgütern, soweit es sich um nicht betriebsnotwendige Wirtschaftsgüter handelt. Dies ist bei einer betrieblichen Nutzung von weniger als 50 % anzunehmen. Unter Berücksichtigung späterer Verkaufserlöse sind Fälle denkbar, die bei vergleichbarem wirtschaftlichen Erfolg zu einem insgesamt niedrigeren zu versteuernden Ergebnis führen. Dies ist dann der Fall, wenn die verrechenbaren Betriebsausgaben für das im Privatvermögen gehaltene Wirtschaftsgut höher sind als die alternativ im Betriebsvermögen bilanzierten Wirtschaftsgüter durch Haltung und Veräußerung verursachen würden. Eine exakte Planung wird die notwendige Klarheit ergeben.

- Investitionszuschüsse sollten nicht als Ertrag, sondern anschaffungskostenmindernd verbucht werden. Dadurch wird der Ergebnisbeitrag auf die Nutzungsdauer der Wirtschaftsgüter verteilt.

- Prüfung der Sachverhalte darauf, ob selbst erstellte immaterielle Wirtschaftsgüter (z. B. Software) dem Anlagevermögen oder dem Umlaufvermögen zuzuordnen sind. Für Anlagevermögen gilt hier ein Ansatzverbot, wogegen für Umlaufvermögen die Vorschriften über die Herstellungskosten beachtlich sind (vgl. R 5.5 EStR).

- Alle Möglichkeiten zur Nutzung der Regelungen mit Rücklageanteil nach §§ 6b, 7g EStG oder R 6.6 EStR prüfen.

2. **Nutzung von Bewertungswahlrechten, die den Steuerbilanzgewinn senken**

2.1 Anlagevermögen

- Nutzung der degressiven Abschreibung gem. § 7 Abs. 2 EStG. Dies ist für Anschaffungen möglich, die nach dem 31.12.2008 und vor dem 01.01.2011 erfolgen.

- Prüfung der Berücksichtigung von Leistungsabschreibungen statt der linearen oder degressiven Abschreibung.

- Prüfung der Berücksichtigung von Sonderabschreibungen der §§ 7 ff. EStG.

2.2 Vorratsvermögen

- Nur aktivierungspflichtige Kostenbestandteile i. S. v. R 6.3 EStR in die Bewertung der Wirtschaftsgüter einbeziehen. Verzicht auf die Aktivierung von Kosten der allgemeinen Verwaltung und Aufwendungen für soziale Einrichtungen der Betriebe, Zinsen für Fremdkapital, für freiwillige soziale Leistungen und für betriebliche Altersversorgung sowie für Prüfung von Einzelabwertungen auf Vorratsvermögensposten, z. B. durch Gängigkeitsabschreibungen.

- Prüfung der Bewertung nach der Lifo-Methode, ggf. unter Berücksichtigung von Layer (vgl. R 6.9 EStR).

- Prüfung der Möglichkeiten von Fest-, Durchschnitts- und Gruppenbewertungen i. S. v. R 6.8 EStR.

2.3 Rückstellungen

- Klassische Bewertungswahlrechte gibt es nicht, aber im Rahmen plausibler Schätzergebnisse können ergebnismindernde Wirkungen realisiert werden.

Lösung zu 80: Gewinn erhöhende bilanzpolitische Maßnahmen

Im Gegensatz zur Frage 79 sollen hier stichwortartig Ansatz- und Bewertungswahlrechte der Handels- und Steuerbilanz dargestellt werden, die das Eigenkapital erhöhen.

1. **Ansatzwahlrechte**

Nur handelsrechtlich zulässig ist die Aktivierung der selbst geschaffenen immateriellen Vermögensgegenstände des Anlagevermögens. Werden zulässigerweise diese Aufwendungen aktiviert, erhöhen sie nicht das Steuerbilanzergebnis. Dasselbe gilt für die aktive Steuerabgrenzung i. S. v. § 274 Abs. 2 HGB, wenn sie in der Handelsbilanz gebildet wird.

1.1 Anlagevermögen

Investitionszuschüsse werden nicht anschaffungskostenmindernd, sondern sofort als Ertrag ausgewiesen. Handelsrechtlich ist eine sofortige erfolgswirksame Vereinnahmung in Ausnahmefällen sachgerecht.

1.2 Aktive Rechnungsabgrenzung

Wenn ein Darlehen mit einem Auszahlungsabschlag ausgereicht wurde, dann darf der Unterschiedsbetrag gem. § 250 Abs. 3 HGB als Rechnungsabgrenzungsposten auf der Aktivseite ausgewiesen werden. Da steuerlich eine Aktivierungspflicht besteht, ist das steuerliche Ergebnis aufgrund der Aktivierung des Auszahlungsbetrages in der Handelsbilanz nicht höher als das handelsrechtliche Ergebnis.

2. **Nutzung von Bewertungswahlrechten, die das Eigenkapital erhöhen**

Bildung von Herstellungskosten der Wirtschaftsgüter des Anlage- und Umlaufvermögens einschließlich der Verwaltungsgemeinkosten sowie der Aufwendungen für soziale Leistungen und Fremdkapitalzinsen.

Umstellung von der degressiven AfA auf die lineare AfA, sofern dies zu einem geringeren AfA-Betrag führt bzw. Verzicht auf die Möglichkeit des Ansatzes von Sonderabschreibungen.

3. **Nutzung von Ermessensspielräumen**

In erheblichem Umfang wurden dem Bilanzierenden Ermessensspielräume eröffnet.

► Entwicklungskosten (§ 255 Abs. 2a HGB) hinsichtlich der Abgrenzung von Forschungs- und Entwicklungsaufwand sowie der Beurteilung, ob mit hoher Wahrscheinlichkeit ein Vermögensgegenstand entsteht.

► Sonstige Rückstellungen (§ 255 Abs. 1 S. 2 Abs. 2 HGB) hinsichtlich der Bestimmung des Erfüllungsbetrages unter Berücksichtigung von Preis- und Kostensteigerungen und der Festlegung der Fristigkeit und damit des Abzinsungssatzes.

► Pensionsrückstellungen (§§ 253 Abs. 1 f.; 246 Abs. 2 HGB) hinsichtlich der Prognose von Lohn- und Gehaltssteigerungen sowie Rententrends, des Vorliegens der Voraussetzungen zur Saldierung mit Planvermögen sowie der Zeitwertbestimmung der „Pensionsaktiva" bei Saldierung wertpapiergebundener Pensionszusagen.

► Latente Steuern (§ 274 HGB) hinsichtlich der Höhe des Wertansatzes.

► Bewertungseinheiten (§ 254 HGB) hinsichtlich des Vorliegens der Anwendungsvoraussetzungen.

A. Grundlagen

Adler/Düring/Schmaltz, Rechnungslegung und Prüfung der Unternehmen, Loseblattwerk, 6. Auflage, Stuttgart 1995

Bähr/Fischer-Winkelmann, Buchführung und Jahresabschluss, 9. Auflage, Wiesbaden 2006

Beck'sches Handbuch der Rechnungslegung, E. Castan (Hrsg.), 1. Auflage, München 2007

Beck'scher Bilanzkommentar, 6. Auflage, München 2005

Bitz/Schneeloch/Wittstock, Der Jahresabschluss, 4. Auflage, München 2003

Buchner, R., Buchführung und Jahresabschluss, 7. Auflage, München 2005

Buchner, R., Rechnungslegung und Prüfung der Kapitalgesellschaft, 3. Auflage, Stuttgart 1996

Bussiek/Ehrmann, Buchführung, 9. Auflage, Herne 2010

Coenenberg, A., Jahresabschluss und Jahresabschlussanalyse, 20. Auflage, Landsberg/Lech 2005

Döllerer, G., Grundsätze ordnungswidriger Bilanzierung, BB 1982

Endriss, H.-W. (Hrsg.), Bilanzbuchhalter-Handbuch, 6. Auflage, Herne/Berlin 2007

Falterbaum/Reiß/Bolk, Buchführung und Bilanz, 20. Auflage, Achim 2007

Federmann, R., Bilanzierung nach Handels- und Steuerrecht, 12. Auflage, Berlin u. a. 2007

Glade, A., Praxishandbuch der Rechnungslegung und Prüfung, 2. Auflage, Herne/Berlin 1999

Göllert/Ringling, Bilanzrecht. Einführung in Jahresabschluss und Konzernabschluss, Heidelberg 1991

Grefe, C., Kompakt-Training Bilanzen, 7. Auflage, Herne 2011

Heinen, E., Handelsbilanzen, 12. Auflage, Wiesbaden 1986

Heinhold, M., Der Jahresabschluss, 4. Aufl., München 2007

Knobbe-Keuk, B., Bilanz- und Unternehmenssteuerrecht, 9. Auflage, Köln 1993

Küting/Weber, Handbuch der Rechnungslegung, 5. Auflage, Stuttgart 2006

Langenbeck, J., Buchführungspraxis in Fällen und Lösungen, 3. Auflage, Herne/Berlin 2004

Langenbeck/Wolf, Buchführung und Jahresabschluss, NWB-Studienbücher, 2. Auflage, Herne/Berlin 1996

Lätsch, R., Die Rechnungslegung nach dem neuen Bilanzrichtlinien-Gesetz, 2. Auflage, Freiburg 1987

Le Coutre, W., Grundzüge der Bilanzkunde, 4. Auflage, Wolfenbüttel 1949

Leffson, U., Die Grundsätze ordnungsmäßiger Buchführung, 7. Auflage, Düsseldorf 1987

Meyer, C., Bilanzierung nach Handels- und Steuerrecht, 18. Auflage, Herne/Berlin 2007

Moxter, A., Bilanzrechtsprechung, 5. Auflage, Tübingen 1999

Müller, A., Umweltorientiertes betriebliches Rechnungswesen, 2. Auflage, München u. a. 1995

Olfert, K., Kostenrechnung, 16. Auflage, Herne 2010

Olfert, K., Finanzierung, 15. Auflage, Herne 2011

Schildbach, T., Der handelsrechtliche Jahresabschluss, 7. Auflage, Herne/Berlin 2004

Schmalenbach, E., Dynamische Bilanz, 13. Auflage, Köln 1995

Wöhe, E., Bilanzierung und Bilanzpolitik, 9. Auflage, München 1997

B. Bilanz

1. Grundsätze ordnungsmäßiger Bilanzierung

Adler/Düring/Schmaltz, Rechnungslegung und Prüfung der Unternehmen, Loseblattwerk, 6. Auflage, Stuttgart 1995

Endriss, H.-W. (Hrsg.), Bilanzbuchhalter-Handbuch, 6. Auflage, Herne/Berlin 2007

Ernst & Young GmbH, Die Unternehmenssteuerreform 2008, Stollfuß 2007

Fey, G., Grundsätze ordnungsmäßiger Bilanzierung für Haftungsverhältnisse, Düsseldorf 1989

Heinen, E., Handelsbilanzen, 12. Auflage, Wiesbaden 1986

Kraus, S., Rückstellungen in der Handels- und Steuerbilanz, Bergisch Gladbach 1987

Lammers, A., Aktivierungsfähigkeit und Aktivierungspflicht immaterieller Werte, München 1981

Langenbeck, J., Buchführungspraxis in Fällen und Lösungen, 3. Auflage, Herne/Berlin 2004

Leffson, U., Die Grundsätze ordnungsmäßiger Buchführung, 7. Auflage, Düsseldorf 1987

Schmidt, L., EStG-Kommentar, 26. Auflage, München 2007

Uhlig, A., Grundsätze ordnungsmäßiger Bilanzierung für Zuschüsse, Düsseldorf 1989

Vogt, S., Die Maßgeblichkeit des Handelsbilanzrechts für die Steuerbilanz, Düsseldorf 1991

Weller/Fischer, Einführung in das praxisorientierte Bilanzieren, 2. Auflage, Bad Homburg v. d. H. 1992

Wöhe, G., Bilanzierung und Bilanzpolitik, 9. Auflage, München 1997

2. Bewertung

a) Wertbegriffe und Bewertungsgrundsätze

Haeger, B., Der Grundsatz der umgekehrten Maßgeblichkeit in der Praxis, Stuttgart 1989

Hafner, R., Der Grundsatz der Bewertungsstetigkeit nach § 252 Abs. 1 Nr. 6 HGB, WPg 1985

Meyer-Scharenberg, D., Vermögensgegenstand und Wirtschaftsgutbegriff, Steuer und Studium 1988

Moxter, A., Selbständige Bewertbarkeit als Aktivierungsvoraussetzung, BB 1987

Roland, H., Der Begriff des Vermögensgegenstands i. S. der handels- und aktienrechtlichen Rechnungslegungsvorschriften, Göttingen 1980

b) Anschaffungskosten

Glanegger, P., Anschaffungs- und Herstellungskosten bei Grundstücken und Gebäuden, DB 1987

Groh, M., Bilanzierung öffentlicher Zuschüsse, DB 1988

Hartmann, B., Anschaffungen im Handels- und Steuerrecht anhand typischer Fälle, Freiburg 1980

Knobbe-Keuk, B., Die Bilanzierung unentgeltlich erworbener Vermögensgegenstände in Handels- und Steuerbilanz, StuW 1978

Kupsch, P., Zur Problematik der Ermittlung von Anschaffungskosten, StB-Jahrbuch 1989/90

Märkle, R.-W., Teilentgeltlichkeit bei der Übertragung von Betrieben, Mitunternehmeranteilen und betrieblichen Einzelwirtschaftsgütern, StB-Jahrbuch 1987/88

c) Herstellungskosten

Bohn, H., Die Behandlung von Modernisierungskosten in der Handelsbilanz, WPg 1983

Freidank, C.-C., Bilanzierungsprobleme bei unterausgelasteten Kapazitäten im Jahresabschluss der Aktiengesellschaft, BB 1984

Kretschmer, H.-J., Probleme der Gemeinkostenzurechnung bei der Bewertung fertiger und unfertiger Erzeugnisse, BFuP 1981

Küting, K., Aktuelle Probleme bei der Ermittlung handelsrechtlicher Herstellungskosten, BB 1989

Küting/Lorson, Grundsatzfragen bei Ermittlung von Herstellungskosten in der Handelsbilanz, DStR 1994

Schneeloch, D., Herstellungskosten in Handels- und Steuerbilanz, DB 1989

Steilen, U.-P., Herstellungskosten: Bewertung zu Einzelkosten auch in der Steuerbilanz?, BB 1991

Stobbe, T., Eingeschränkte Maßgeblichkeit bei den Herstellungskosten, FR 1994

Wilhelm, S., Bewertungswahlrechte bei den Herstellungskosten, BB 1991

d) Rückstellungen

Beck/Oser/Pfitzer/Wollmert, Aktuelle Fragen der Rückstellungsbilanzierung, DB 1994

Borstell, T., Aufwendungsrückstellungen nach neuem Bilanzrecht, Köln 1988

Christiansen, A., Steuerliche Rückstellungsbildung, Berlin u. a. 1993

Coenenberg, A., Aufwandsrückstellungen für Substanzerhaltung?, BB 1986

Fürst/Angerer, Die vernünftige kaufmännische Beurteilung in der neuesten Rechtsprechung des BFH bei der Rückstellungsbildung, WPg 1993

Groh, M., Verbindlichkeitsrückstellungen und Verlustrückstellungen, BB 1988

Hartung, W., Berücksichtigung aufwandsgleicher Gemeinkosten bei der Bewertung von Rückstellungen, BB 1985

Hirte, E., Die Bewertung langfristiger Rückstellungen, DB 1971

Höchendorfer, S., Grundsätze ordnungsmäßiger Bilanzierung von Rückstellungen für Jahresabschlusskosten, Frankfurt u. a. 1986

Kessler, H., Rückstellungen und Dauerschuldverhältnisse, Stuttgart 1992

Küting/Kessler, Handels- und steuerbilanzielle Rückstellungsbildung: Ansatzprobleme, DStR 1989

Kupsch, P., Neue Entwicklungen bei der Bilanzierung und Bewertung von Rückstellungen, DB 1989

Langenbeck, J., Buchführungspraxis in Fällen und Lösungen, 3. Auflage, Herne/Berlin 2004

Leineweber, B., Einbeziehung von fixen Kosten bei der Bildung von Rückstellungen für ungewisse Verbindlichkeiten, DB 1984

Naumann, K.-P., Die Bewertung von Rückstellungen in der Einzelbilanz nach Ertrags- u. Steuerrecht, Düsseldorf 1994

Sarrazin, V., Zweifelsfragen zur Rückstellungsbildung, WPg 1993

e) Zeitwert/Teilwert

Brenner, D., Teilwertabschreibungen auf Finanzanlagen, StB-Jahrbuch 1991/92

Christiansen, A., Probleme der Teilwertermittlung beim Vorratsvermögen, StB-Jahrbuch 1991/92

Euler, R., Zur Verlustantizipation mittels des niedrigeren beizulegenden Wertes und des Teilwertes, ZfbF 1991

Piltz, J., Teilwert bei Unrentabilität des Unternehmens, StB-Jahrbuch 1991/92

Schildbach, T., Niedriger Zeitwert versus Teilwert und das Verhältnis von Handels- und Steuerbilanz, StB-Jahrbuch 1990/91

f) Abschreibungen

Ballwieser, W., Abschreibungen, in: Handwörterbuch unbestimmter Rechtsbegriffe im Bilanzrecht (HuRB), Köln 1986

Breidert, U., Grundsätze ordnungsmäßiger Abschreibungen auf abnutzbare Anlagegegenstände, Düsseldorf 1994

Jakob/Wittmann, Vom Zweck und Wesen steuerlicher AfA, FR 1988

Schneeloch, D., Abschreibungen und Zuschreibungen, WPg 1988

C. Gewinn- und Verlustrechnung

Baetge/Fischer, Zur Aussagefähigkeit der Gewinn- und Verlustrechnung nach neuem Recht, ZfB Ergänzungsheft 1/1987

Dörner, D., Wann und für wen empfiehlt sich das Umsatzkostenverfahren?, WPg 1987

Ehl, G., Behandlung der Umsatzsteuer im Jahresabschluss, BB 1987

Förschle/Kropp, Mindestinhalt der Gewinn- und Verlustrechnung für Einzelkaufleute und Personengesellschaften, DB 1989

Endriss, H.-W. (Hrsg.), Bilanzbuchhalter-Handbuch, 6. Auflage, Herne/Berlin 2007

Freidank, C.-C., Auswirkungen des Umsatzkostenverfahrens auf die Rechnungslegung von Kapitalgesellschaften, DB 1988

Glade, A., Die Gewinn- und Verlustrechnung nach dem Umsatzkostenverfahren – Grundsatzfragen und Probleme, BFuP 1987

Großfeld/Leffson, Außerordentliche Erträge und Aufwendungen; gewöhnliche Geschäftstätigkeit, in: HuRB

Harrmann, A., Gesamt- und Umsatzkostenverfahren nach neuem Recht, BB 1986

Langenbeck, J., Buchführungspraxis in Fällen und Lösungen, 3. Auflage, Herne/Berlin 2004

Langenbeck/Wolf, Buchführung und Jahresabschluss, NWB-Studienbücher, 2. Auflage, Herne/Berlin 1996

Leffson, U., Der Ausweis des Außerordentlichen nach dem HGB, WPg 1986

Otto, B., Das Umsatzkostenverfahren – Eine Chance für Klein- und Mittelbetriebe?, BB 1987

Rogler, S., Vermittelt das Umsatzkostenverfahren ein besseres Bild der Ertragslage als das Gesamtkostenverfahren?, DB 1992

Selchert, F.-W., Herstellungskosten im Umsatzkostenverfahren, DB 1986

D. Anhang und Lagebericht

Döbel, K., Leitfaden für die Erstellung des Anhangs von Kapitalgesellschaften, BB 1987

Endriss, H.-W. (Hrsg.), Bilanzbuchhalter-Handbuch, 6. Auflage, Herne/Berlin 2007

Forster, K.-H., Verbesserung der Aussagefähigkeit des Jahresabschlusses und seine Ergänzung durch Zusatzrechnungen, ZfbF Sonderheft 10/1980

Krumbholz, M., Die Qualität publizierter Lageberichte, Düsseldorf 1994

Schöne, W.-D., Anhang und Lagebericht nach dem BiRiLiG, Berlin 1989

Schloen, B., Jahresabschluss und Lagebericht der GmbH und ihre Prüfung, Achim 1990

Stobbe, T., Der Lagebericht, BB 1988

E. Bilanzpolitik

Adler/Düring/Schmaltz, Rechnungslegung und Prüfung der Unternehmen, Loseblattwerk, 6. Auflage, Stuttgart 1995

Endriss, H.-W. (Hrsg.), Bilanzbuchhalter-Handbuch, 6. Auflage, Herne/Berlin 2007

Hardes, W., Bilanzpolitik mit Pensionsrückstellungen, München 1984

Langenbeck, J., Buchführungspraxis in Fällen und Lösungen, 3. Auflage, Herne/Berlin 2004

Langenbeck/Wolf, Buchführung und Jahresabschluss, NWB-Studienbücher, 2. Auflage, Herne/Berlin 1996

Leffson, U., Die Grundsätze ordnungsmäßiger Buchführung, 7. Auflage, Düsseldorf 1987

Pfleger, G., Die neue Praxis der Bilanzpolitik, 4. Auflage, Freiburg 1991

Pfleger, G., Zur Gestaltung der Bewertung im Jahresabschluss als Mittel künftiger Bilanzpolitik, DB 1984

Schulze zur Wiesche, D., Stille Reserven im Jahresabschluss der Einzelkaufleute und Personengesellschaften, WPg 1987

Wöhe/Döring, Bilanzierung und Bilanzpolitik, 9. Auflage, München 1997

F. Konzernrechnungslegung

Baetge/Dörner/Kleekämper/Wollmert/Kirsch (Hrsg.), Rechnungslegung nach International Accounting Standards (IAS) – Kommentar auf der Grundlage des deutschen Bilanzrechts, 2. Auflage, Stuttgart 2002

Baetge/Kirsch/Thiele, Bilanzen, 8. Auflage, Düsseldorf 2005

Busse von Colbe/Ordelheide/Gebhardt, Konzernabschlüsse, 8. Auflage, Wiesbaden 2006

Endriss, H.-W. (Hrsg.), Bilanzbuchhalter-Handbuch, 6. Auflage, Herne/Berlin 2007

EU, Verordnung des Europäischen Parlaments und des Rates vom 19.07.2002 L 243/1

Everling/Niederreiter, Konzernrechnungslegung, Herne/Berlin 1990

Förschle/Holland/Kroner, Internationale Rechnungslegung, IAS und HGB – Geplante Änderungen des IASB und Anhang-Checkliste, 6. Auflage, Heidelberg 2003

Grünberger/Grünberger, IAS/IFRS und US-GAAP 2004, Ein systematischer Praxis-Leitfaden, 5. Auflage, Herne/Berlin 2006

Hayn/Graf/Waldersee, IFRS/US-GAAP/HGB im Vergleich, Synoptische Darstellung für den Einzel- und Konzernabschluss, 6. Auflage, Stuttgart 2006

Heinen, E., Handelsbilanzen, 12. Auflage, Wiesbaden 1986 (HFA-Entwurf, WPG 1998 S. 549 ff.)

IASC (Hrsg.), International Accounting Standards, London 2003

IASC (Hrsg.), International Accounting Standads – Deutsche Fassung, Stuttgart 2002

IDW (Hrsg.), Stellungnahme zur Rechnungslegung: Einzelfragen zur Anwendung von IAS (IDW RS HFS 2), Loseblattsammlung IDW Prüfungsstandards, IDW Stellungnahmen zur Rechnungslegung, IDW-Standards, Düsseldorf 2002

Küting/Weber, Handbuch der Konzernrechnungslegung, 2. Auflage, Stuttgart 1998

Küting/Weber, Der Konzernabschluss. Lehrbuch und Fallstudie zur Praxis der Konzernrechnungslegung, 10. Auflage, Stuttgart 2006

Ordelheide, D., Der Konzern als Gegenstand betriebswirtschaftlicher Forschung, BFuP 1986

Scherrer, G., Konzernrechnungslegung nach HGB und IFRS, 2. Auflage, München 2006

Schildbach, T., Der handelsrechtliche Konzernabschluss, 7. Auflage, München/Wien 2004

Schindler, J., Kapitalkonsolidierung nach dem Bilanzrichtlinien-Gesetz, Frankfurt u. a. 1986

Wöhe, G., Bilanzierung und Bilanzpolitik, 9. Auflage, München 1997

WP-Handbuch 2006, Band I, Düsseldorf 2006

v. Wysocki/Wohlgemuth, Konzernrechnungslegung, 4. Auflage, Düsseldorf 1996

Zenhäusern, M., Konzernrechnungslegung und -prüfung, 2. Auflage, Chur 1991

G. Bilanzanalyse

Burger, A., Jahresabschlussanalyse, München/Wien 1995

Coenenberg, A., Jahresabschluss und Jahresabschlussanalyse, 20. Auflage, Landsberg 2005

Endriss, H.-W. (Hrsg.), Bilanzbuchhalter-Handbuch, 6. Auflage, Herne/Berlin 2007

Friedag/Schmidt, Balanced Scorecard, 2. Auflage, Freiburg/Berlin/München 2004

Galli/Wagner, Der Betrieb 1999, S. 1965-1969

Gräfer, H., Bilanzanalyse. Eine Einführung mit Aufgaben und Lösungen, 9. Auflage, Herne/Berlin 2005

Hauschildt, J., Erfolgs-, Finanz- und Bilanzanalyse, 3. Auflage, Köln 1996

Hesse/Frailing, Wie beurteilt man eine Bilanz?, 20. Auflage, Gütersloh 2000

Hüls, D., Früherkennung insolvenzgefährdeter Unternehmen, Düsseldorf 1995

Juesten/Behringer, Cash-Flow und Unternehmensbeurteilung, 9. Auflage, Berlin 2007

Kaplan/Norton, Balanced Scorecard, Stuttgart 1997

Kerth/Wolf, Bilanzanalyse und Bilanzpolitik, 2. Auflage, München 1993

Küting/Weber, Die Bilanzanalyse, 8. Auflage, Stuttgart 2006

Langenbeck, J., Kompakt-Training Bilanzanalyse, 3. Auflage, Ludwigshafen 2007

Langenbeck, J., PC-gestützte Betriebsführung mit Hilfe von Kennzahlen, Herne/Berlin 1997

Leffson, U., Bilanzanalyse, 3. Auflage, Stuttgart 1984

Meyer, C., Bilanzierung nach Handels- und Steuerrecht, 18. Auflage, Herne/Berlin 2007

Olfert, K., Finanzierung, 15. Auflage, Herne 2011

Reichmann, T., Controlling mit Kennzahlen und Managementberichten, 7. Auflage, München 2006

Rehkugler/Poddig, Bilanzanalyse, 4. Auflage, München/Wien 1998

Riebell, C., Die Praxis der Bilanzauswertung, 8. Auflage, Stuttgart 2006

Riemer, R., Bilanzanalysen, 3. Auflage, Bonn 1987

Schult, E., Bilanzanalyse, 11. Auflage, Freiburg 2003

Serfling, K., Die Kapitalflussrechnung, Herne/Berlin 1984

Siener, F., Der Cash-Flow als Instrument der Bilanzanalyse, Stuttgart 1991

Zimmerer, C., Industriebilanzen lesen und beurteilen, 7. Auflage, München 1991

Wirtschaftsprüfer Handbuch 2006, Bd. 1, 13. Auflage, IDW-Verlag

H. Sonderbilanzen

Biener, H., StB-Jahrbuch 1995/96, Köln, S. 59

Biener, H., Bilanzierung im Spannungsfeld von Europa-, Umwandlungs- und Steuerrecht. StB-Jahrbuch 1995/96, Köln, S. 29-52

Budde/Förschle, Sonderbilanzen, 3. Auflage, München 2002

Dörner, D., Prüfung in Umwandlungsfällen, Wirtschaftsprüfer-Handbuch 1998, Band II, Düsseldorf, S. 203 - 253, S. 255 - 297

Endriss, H.-W. (Hrsg.), Bilanzbuchhalter-Handbuch, 6. Auflage, Herne/Berlin 2007

Müller-Gatermann, G., Umwandlungssteuerrecht, WPg 1996, S. 868 ff.

Priester, H.-J., Kapitalgrundlage beim Formwechsel, DB 1995, S. 911 ff.

Schmidt, K., ZIP 1995, S. 1389

Schmidt, K., Volleinzahlungsgebot beim Formwechsel in die AG oder GmbH?, ZIP 1995, S. 1385-1391

Wengel/Scheld, Grundzüge der neuen Insolvenzordnung, WP 12/2000 S. 556 - 563

A